U0343034

"十二五"国家重点图书出版规划项目

中国工程院重大咨询项目

淮河流域环境与发展问题研究
综合卷

中国工程院淮河流域环境与发展问题研究项目组　编著

中国水利水电出版社
www.waterpub.com.cn

内 容 提 要

"淮河流域环境与发展问题研究"是中国工程院重大咨询项目，本书是该项目研究报告的综合卷，重点研究了淮河流域生态环境与经济社会发展的依存制约关系。全书分综合报告和7个专题报告，内容包括淮河流域自然环境及人为影响问题研究、淮河流域生态保育问题研究、淮河流域环境污染防治问题研究、淮河流域工矿产业发展与环境问题研究、淮河流域土地利用及农业发展与环境问题研究、淮河流域城镇化进程与环境问题研究、淮河流域水资源与水利工程问题研究。

本书对相关区域的职能管理决策部门具有重要参考价值，也可供科研人员和高等院校相关专业师生参考使用。

图书在版编目（CIP）数据

淮河流域环境与发展问题研究. 综合卷 / 中国工程院淮河流域环境与发展问题研究项目组编著. -- 北京 : 中国水利水电出版社，2016.5
中国工程院重大咨询项目
ISBN 978-7-5170-4343-0

Ⅰ．①淮… Ⅱ．①中… Ⅲ．①淮河－流域环境－环境保护－可持续性发展 研究 Ⅳ．①X321.254

中国版本图书馆CIP数据核字(2016)第106499号

审图号：GS（2015）3271号

书　　名	中国工程院重大咨询项目 **淮河流域环境与发展问题研究 综合卷**
作　　者	中国工程院淮河流域环境与发展问题研究项目组 编著
出版发行	中国水利水电出版社 （北京市海淀区玉渊潭南路1号D座 100038） 网址：www.waterpub.com.cn E-mail：sales@waterpub.com.cn 电话：(010) 68367658（发行部）
经　　售	北京科水图书销售中心（零售） 电话：(010) 88383994、63202643、68545874 全国各地新华书店和相关出版物销售网点
排　　版	中国水利水电出版社微机排版中心
印　　刷	北京嘉恒彩色印刷有限责任公司
规　　格	184mm×260mm 16开本 38.5印张 712千字
版　　次	2016年5月第1版 2016年5月第1次印刷
印　　数	0001—1500册
定　　价	**200.00元**

前言

QIANYAN

　　淮河流域地处我国东中部，介于长江与黄河两大流域之间，东经 $111°55'$~$121°20'$、北纬 $30°55'$~$36°20'$，西起伏牛山、桐柏山，东临黄海，北以黄河南堤和沂蒙山脉与黄河流域接壤，南以大别山、江淮丘陵、通扬运河及如泰运河与长江流域毗邻，总面积约为 27 万 km²。流域以废黄河为界，分为淮河和沂沭泗河两大水系，面积分别为 19 万 km² 和 8 万 km²，京杭大运河、分淮入沂水道和徐洪河贯通其间，沟通两大水系。

　　淮河流域地跨湖北、河南、安徽、江苏、山东 5 省，涉及 40 个地级市、155 个县（市），具体涉及湖北省随州市、孝感市；河南省郑州市、开封市、平顶山市、许昌市、漯河市、驻马店市、信阳市、南阳市、商丘市、周口市、洛阳市；安徽省淮南市、蚌埠市、滁州市、六安市、阜阳市、亳州市、淮北市、宿州市、合肥市、安庆市；江苏省徐州市、淮安市、宿迁市、扬州市、泰州市、南通市、盐城市、连云港市、南京市、镇江市；山东省枣庄市、济宁市、菏泽市、泰安市、临沂市、淄博市、日照市。

　　流域内人口密集、矿产丰富、水土光热资源匹配条件相对优越，是我国重要的粮食生产基地和能源原材料供应基地；生态功能重要，是长三角和环渤海两大区域间重要的生态过渡与缓冲地带；工业具有一定发展基础，是承接国际和国内发达地区加工制造业转移的重要区域；交通网络相对发达，是国家交通运输体系的重要枢纽。然而，受自然环境、区位条件与发展基础等方面的制约，淮河流域经济发展水平较低、发展模式粗放、环境污染严重，是国内环境与发展矛盾较为突出的区域。

为了厘清淮河流域生态环境与经济社会发展的依存制约关系，探寻流域可持续发展之路，中国工程院于 2011 年 7 月联合清华大学，组织近 20 名院士及数百位相关领域专家，针对淮河流域的环境与发展问题开展了课题研究，形成了专题报告，并且综合了各课题研究成果，完成了项目综合报告。在此基础上，经过反复修改，最终形成本书。

本书是该项目研究报告的综合卷，全书分为综合报告和 7 个专题报告，内容包括淮河流域自然环境及人为影响问题研究、淮河流域生态保育问题研究、淮河流域环境污染防治问题研究、淮河流域工矿产业发展与环境问题研究、淮河流域土地利用及农业发展与环境问题研究、淮河流域城镇化进程与环境问题研究、淮河流域水资源与水利工程问题研究。

书中提出的观点和建议，欢迎读者批评指正。

中国工程院淮河流域环境与发展问题研究项目组

2015 年 10 月

目录 MULU

前言

综合报告

专 题 报 告

综合报告

ZONGHEBAOGAO

一、淮河流域基本情况

(一) 历史沿革

古代淮河水系，干流独流入海，河床宽广。春秋时期，相继开挖了沟通长江、淮河、黄河的人工运河。汉代，大兴水利，发展屯田事业。隋代开凿南北大运河，发展航运。唐宋时期，兴建、整修陂塘灌溉工程，发展农业、繁荣经济。受黄河演变及人类活动的影响，自 12 世纪起，黄河夺淮长达近 700 年，经历了宋、元、明、清四朝，使得淮河水系发生了重大变化——入海故道淤废，壅积成洪泽湖，改流入长江；沂沭泗河水系与淮河水系分离，形成南四湖、骆马湖及其他背河洼地湖泊。由于淮北支流河道、湖沼多遭淤积，沂、沭、泗诸河排水出路受阻，流域内洪涝灾害频发。

新中国成立后，党和政府高度重视淮河治理，把治淮放在国民经济发展的重要位置。国务院先后 12 次召开治淮会议，作出了一系列重大决策部署，编制了一系列流域治理规划，建设了一系列防洪除涝工程。淮河流域基本形成了流域防洪除涝体系，洪涝灾害大幅度减轻。进入 20 世纪 80 年代，随着国民经济和社会的发展，淮河流域用水需求不断增加，水资源供需矛盾日益尖锐；生活污水和工业废水排放量逐年增大，水质日趋恶化，淮河流域陷入资源性、工程性、污染性和管理性缺水并存的困境。21 世纪以来，淮河治理在重视防洪除涝的同时，更加关注水资源管理与水污染治理，国家与地方政府配套制定了一系列相关规划与政策，建设了一批工程项目，逐步完善了淮河水资源利用体系，流域年供水能力超过 600 亿 m^3，淮河污染状况有所缓解，目前干流主要水质指标基本可达到地表水水质Ⅲ类标准。

(二) 自然条件与资源环境特征

1. 地质背景特殊，气候复杂多变

淮河是流域内一条重要的地貌分区界限。以淮河为界，北侧为淮北平原，主要由淮河和黄河冲积物组成，水系平行排列，支流源远河长，坡平流缓。淮河南侧是江淮丘陵岗地，地形起伏，支流源近河短，坡陡流急。淮河流域地形总体由西北向东南倾斜，淮南山丘区、沂沭泗山丘区分别向北和向南倾斜。流域西部、南部、东北部为山丘区，面积约占流域总面积的 1/3；其余为平原（含湖泊和洼地），面积约占流域总面积的 2/3。

淮河流域地处南北气候过渡带，天气气候复杂多变，气象灾害种类多，发

生频繁,影响大,特别是旱涝灾害严重,常出现"大雨大灾,小雨小灾,无雨旱灾"的状况。近 50 年(1961—2010 年),流域年均气温以每 10 年 0.23℃的增长速率明显升高。多年平均年降水量为 875mm,降水年内分配不均,年际变化大,区域差异明显,降水日数在波动中明显减少。进入 21 世纪以来,淮河流域极端天气气候事件发生规律更为复杂,旱涝灾害趋于频繁。

2. 水资源相对短缺,后备土地资源有限

淮河流域多年平均水资源量为 794 亿 m³(1956—2000 年),不足全国水资源总量的 3%,其中淮河水系 583 亿 m³,沂沭泗河水系 211 亿 m³。流域人均水资源量不足 500m³,仅为全国平均水平的 1/4。地表径流主要集中在汛期,占全年的 46%~70%,且年际变化很大,丰水年最大可达 1000 亿 m³,枯水年不及 200 亿 m³。

淮河流域土地垦殖率高,2008 年流域耕地面积约 1.95 亿亩,占土地总面积的 70.29%,人均耕地面积为 1.16 亩,低于全国平均水平,20 世纪 80 年代以来,流域耕地面积呈下降趋势。近 30 年来,流域内城乡工矿及居民用地快速增长,2008 年城乡工矿及居民用地占流域总面积的 13.83%,未利用土地所占比例不足 0.1%,后备土地资源极为紧张。流域内农村居民点用地占城乡建设用地的比例较高,达到 77.6%,人均面积达到 226m²,远超出国家规定人均 150m² 的标准。

3. 能矿资源储量丰富,火力发电发达

淮河流域能矿资源储量丰富。煤炭资源主要分布在淮南、淮北、豫东、豫西、鲁南、徐州等矿区,探明储量达 880 多亿 t,2010 年产量约为 2.8 亿 t,占全国总产量的 1/8 左右。此外,流域内还蕴藏有丰富的石油与天然气资源,主要分布在中原油田延伸区(河南兰考、山东东明)和苏北南部地区(江苏金湖、高邮、溱潼),已探明石油工业储量近 1 亿 t,天然气工业储量近 27 亿 m³。

流域内火力发电较为发达。近年来,建设了多个大型坑口电站,2012 年,流域内火电发电量达到 11521 亿 kW·h,占全国总火电量的 30.4%,成为我国黄河以南地区最大的火电能源基地,华东地区主要的煤电供应基地。

4. 生态系统较为脆弱,水环境质量不容乐观

淮河流域属于东部季风生态大区,涵盖 5 个生态区、14 个生态亚区、80 多个生态功能区,因处于南北过渡地带,生态分异较大。5 个生态区中,以"华北平原农业生态区"面积最大,占流域总面积的 64.34%。流域内森林覆盖率约为 16%,低于全国平均水平 4 个百分点,大量林业用地仍有待实现绿化。单位面积森林蓄积量为 $30\sim40m^3/hm^2$，生产力水平较低。

淮河水系干流基本达到Ⅲ类水质标准，劣Ⅴ类水质断面主要集中在涡河、贾鲁河、新濉河、惠济河、包河等支流部分河段。2010 年流域水功能区达标率为 30.8%，全年Ⅴ类、劣Ⅴ类水质的河段仍占调查河段的近 40%。流域部分地区土壤与河流水系沉积物砷、汞、铬（六价）、铅、镉等严重超标，重金属污染严重。

（三）经济社会发展基本特征

1. 人口密度大，城镇化水平较低

淮河流域人口约为 1.7 亿，占全国人口总数的 13%。流域平均人口密度达到 631 人/km²，是我国人口密度最高的流域，与长江中游平原及四川盆地相当，是全国平均人口密度的 4.5 倍。

近 10 年来，淮河流域城镇化率提高了 15.7 个百分点，增幅高于全国平均水平 2 个百分点，但 2010 年仍低于全国平均水平，仅为 42.5%。流域城镇规模以中小城镇为主，占 63%，10 万人以下的县城占 78%。

2. 经济增速加快，产业结构逐步调整

近 10 年来，淮河流域经济增速快，总量成倍增长，2000—2010 年地区生产总值年均增速为 12.9%，高于全国 10.5% 的平均水平，地区生产总值占全国的比重从 11.7% 增长到 13.7%。流域人均地区生产总值低于全国平均水平，2010 年淮河流域人均地区生产总值为 25613.7 元，仅为全国平均水平的 85%，低于河南、安徽、江苏及山东各省的平均水平。淮河流域第一产业比重逐年降低，第二产业比重快速提高，产业结构由 2000 年的 23.3：43.7：33.0，调整为 2010 年的 13.6：53.5：34.3，流域处于工业化加速发展阶段。

3. 资源型产业主导，能源消费量迅速增长

淮河流域以能源、建材、食品、纺织、机械制造、化工、冶金等资源密集型产业为支柱，产品多以畜肉制品、原煤、烧碱、合成氨等资源产品或初级加工产品为主。

流域能源消耗总量快速增长，2010 年能源消费量接近 5.5 亿 t 标准煤，为 2000 年的 3.5 倍，占全国能源消耗总量的 14.5%，高于流域地区生产总值占全国的比重。随着节能减排工程的实施，流域单位能耗创造的地方生产总值有所提升，但仍低于东部 11 省（直辖市）的平均水平。

4. 中游地区发展水平偏低，流域内部发展差异大

流域中游地区以农业生产为主，工业化、城镇化发展相对滞后，地级市城

镇化率大多低于40%，人均地区生产总值普遍低于1.5万元，农村居民人均纯收入普遍低于5000元。国家14个集中连片贫困区之一的大别山区涉及流域内23个县，贫困人口占到户籍人口的40%，为各片区中最高。

流域周边地区涉及或毗邻中原经济区、合肥经济圈、皖江城市带、沿江城市群、山东半岛蓝色经济区等国家战略区域，发展水平明显高于流域中部地区。不论是经济总量，还是人均收入，流域均呈现出"周边城市高，中部城市低"的空间分布，而且在近10年中，流域中部"洼地"与周边"高地"间的差距不断增大。

5. 高等教育质量不高，科技投入不足

淮河流域建有大专院校470余所，占全国大专院校总数的11%，与流域人口占全国总人口的比例相当。然而，进入211工程的大专院校极少，仅有5所，占全国总数的5%，而且，除了江苏徐州的中国矿业大学外，其余4所211大专院校均位于流域边缘。

近年来，淮河流域的科技投入逐年增多，科技支出占财政支出的比例由2007年的0.98%增加到2010年的1.14%，但仍远低于全国3.62%的平均水平。

二、淮河流域面临的问题与挑战

淮河流域是我国经济发达、文化繁荣较早的地区之一，也是中华民族灿烂文化的发祥地之一，在我国数千年文明发展史上，始终占有极其重要的位置，素有"江淮熟，天下足"的美誉。随着"东部率先、中部崛起"国家发展战略的实施，"2020年全面建成小康社会"目标的提出，淮河流域将进入加快发展的重要时期。然而，由于流域特殊的自然条件与社会经济特征，淮河流域可持续发展的任务将更加艰巨而复杂，流域未来的发展也将面临更多的问题与挑战。

（一）农业基础设施能力有限，难以支撑现代农业发展

按照淮河流域各省对中低产田的定义进行测算，流域内中低产田比重达到48.5%，农田现代化水平低。2010年，流域农田节水灌溉面积仅为5871万亩，其中微喷灌为524万亩，分别占总灌溉面积的33%与2.9%，节水灌溉比例低于全国平均水平8个百分点。农田水利工程缺失，田间灌溉系统建设滞后，桥、涵、闸等构筑物配套不全，对于伸入到田间地头的支渠、毛渠等排灌设施投入严重不足。农田道路、电力设施等建设迟滞，适合于平原区的大马

力、自动化、智能化节本增效机械基本没有得到普及应用，秸秆还田等综合配套设备基本未得到有效推广。农户经营模式分散，严重制约了农业物资装备水平的提高。

（二）产业体系层次低端，发展模式依然粗放

流域以资源依赖型传统产业为主导，产品多为低附加值的资源初加工类产品，产业链延伸不足，深加工产品较少。近些年，淮河流域承接产业转移的趋势明显，但承接的产业大多仍集中在产业链上游。流域长期延续了高能耗、高物耗、高排放的粗放发展模式，工业能耗与污染物排放强度均高于流域各省的非淮河流域区域。"十二五"期间，流域内的城市总体上效仿东部发达地区的发展路径，规划的主导产业多为资源消耗高、环境影响大的重化工产业，这必将会导致流域环境与发展之间的矛盾进一步加剧。

（三）城镇功能不健全，聚集能力偏低

淮河流域城镇基础设施落后，公共服务设施不健全，大部分城镇第二、第三产业极不发达，缺乏对人口、资金、产业等的吸引聚集能力。尤其是淮河干流两岸及中游地区，受水患影响及交通制约，城镇发育普遍较差。流域内一些地区在城镇化的方式上贪大求快、相互攀比，特别是城市新区规划建设扩张过快、规模过大，农村新型社区规划建设片面追求"全覆盖"，存在"一刀切"的拆并村庄、大规模建设集中居住区等问题。

（四）水土流失与采矿塌陷严重，生态安全面临风险

淮河流域水土流失严重，以沂蒙山区、中部平原和低山丘陵区最为突出。沂蒙山区天然植被破坏严重，造林条件差，水土流失在整个流域中最为严重。中部平原和低山丘陵区是流域的农业主产区，土地重新沙化与水土流失问题突出。淮河流域持续的煤炭开采导致流域内塌陷区面积与深度不断增加，致使采煤已成为流域占用耕地量最大、对区域生态影响最显著、治理难度极大的开发活动。大面积的采煤塌陷直接影响到相关地区的泄洪排涝，威胁到淮河中游防洪安全及南水北调东线工程的安全。采煤塌陷区的持续扩大，将大范围破坏耕地和民居，改变河流水系的格局，成为重大生态与环境问题。

（五）防灾减灾体系薄弱，旱涝灾害形势依然严峻

新中国成立以来，淮河流域基本建成了防洪除涝工程体系，洪涝灾害大大减轻。但由于气候和地形条件的制约，黄河夺淮的深远影响，不合理的人类活

动以及不完善的气象和地质防灾减灾体系等，流域内水旱灾害仍时常发生，连续干旱多发。1949—2000年，淮河流域水灾成灾率12.2%；旱灾成灾率11.8%，且呈上升趋势，尤其是20世纪90年代，流域旱灾成灾率高达22.5%，成灾面积有3年超过6000万亩。20世纪90年代以来，淮河流域年降水日数明显减少，降雨更加集中，导致旱涝更加频繁。根据预估，未来淮河流域气候变暖趋势将可能持续，全流域降水呈显著增加趋势，降水变率增大，极端天气气候事件的发生规律变得更为复杂，将对淮河流域的农业生产和经济社会发展带来更大压力，相当长一段时间内流域防灾减灾形势依然严峻。

（六）农业面源、重金属污染严重，水环境质量依旧恶劣

经过近20年的整治，淮河流域工业与城市生活污染的排放都有所下降，化学需氧量与氨氮的排放量约占全国排放总量的10%，点源治理取得一定成效，但距控制排污总量的要求仍有较大差距，污染反弹的风险很大。由于农业基地的特殊定位，淮河流域农业面源污染严重，污染物主要来源于畜禽养殖和化肥施用。据匡算，农业面源化学需氧量的排放与城市生活排放水平相当，是流域氮磷污染的重要来源。与此同时，近年来流域重金属污染物的产生量和排放量都呈较快的上升趋势，地表水、底泥和土壤的重金属污染问题日益严峻，部分地区出现较为严重的环境健康问题，沙颍河、涡河、奎河等沿岸部分地区恶性肿瘤高发，人群暴露砷的致癌风险和非致癌风险均较高，暴露六价铬存在非致癌风险。

三、淮河流域发展的战略思路

国务院关于促进中部地区崛起战略，以及"探索不以牺牲农业和粮食、生态和环境为代价的工业化、城镇化和农业现代化协调发展的路子"的要求，完全符合淮河流域的实际。为破解淮河流域环境与发展之间的矛盾与问题，需要从根本上转变发展思路，改变发展方式，明确"一区、三基地"的发展定位，采取强劲有效的战略举措和对策措施，全面提升流域资源环境承载能力，促进流域全面协调可持续发展。

（一）指导思想

按照党的十八大精神，深入贯彻落实科学发展观，将生态文明建设融入经济社会发展全过程。以维护生态空间，加强生态保育，大力开展污染防治，持续提升生态环境质量；以提高粮食综合生产能力为重点，加快推进农业现代化

建设；以中小城镇发展为抓手，着力提高城镇化质量；以推进工业化与信息化融合发展为动力，推动产业结构战略性调整。探索具有中国特色的流域经济社会发展与环境保护统筹协调新模式，促进淮河流域实现融合发展、创新发展、绿色发展，以淮海城镇群为核心区，建设国家农业现代化和生态文明综合示范区。

（二）发展定位

淮河流域应以广泛、深入开展生态文明建设为战略抉择，加快推进农业、制造业和能源产业的绿色发展，调整流域经济结构，转变流域发展方式，促进流域可持续发展。

1. 战略定位：国家农业现代化和生态文明综合示范区

淮河流域南北方特质并存，农业发达，人口密集，资源环境是经济社会发展重要制约因素，同时该流域正处于高速发展期，面临发展道路的抉择，在国内具有典型性和代表性，是我国实现全面建成小康社会目标、建设美丽中国的重点与难点区域。通过建设流域农业现代化和生态文明综合示范区，既可以有效缓解淮河流域未来发展的资源环境约束，又可以为全国在流域层面积累相关经验、提供实践范例。

示范区建设要在国家统一规划、综合协调和政策支持下，以打造农业生产和农副产品精深加工产业链为特色，推动产业绿色化发展，以生态型中小城镇建设为重点，推进城镇绿色化发展，并在创新流域高效管理机制、引导形成流域一体化融合发展新格局以及促进重点领域和重大政策措施新突破等方面进行示范探索。

2. 功能定位一：粮食生产基地

淮河流域是我国粮食主产区，粮食总产量占全国的17％左右，提供的商品粮更高达全国的25％，并有进一步提升的空间和能力，其粮食生产能力的保持与提高，对维护国家粮食安全具有决定性意义。大力推进以粮食优质高产为前提的农业现代化建设，可以有效提升流域农业综合生产能力，促进农民增收，改善农业生态环境。要加快高标准农田建设和中低产田改造，大幅提高吨粮田比重，建设国家粮食生产核心区；要加快现代畜牧业发展，建设全国优质安全畜禽产品生产基地；要推进特色高效农业发展，建设全国重要的油料、棉花、果蔬等生产基地。

3. 功能定位二：现代制造业基地

淮河流域矿产资源、农业资源丰富，制造业发展具有较好的基础，劳动力充裕，拥有承接国内发达地区产业转移的区位优势，具备发展现代制造业的基础条件。应立足流域优势，规划建设一批具有国家战略地位的产业集聚区，大力培育自主研发和创新能力，积极并有选择地承接东部发达地区劳动密集型产业转移，推进现代制造业基地建设。在产业选择上，应优先发展农副产品加工业，将淮河流域培育为国家农副产品精深加工基地。积极发展矿产资源精深加工业。鼓励和支持发展中端装备制造业和高端装备制造业的配套环节。

4. 功能定位三：能源保障基地

淮河流域煤炭资源丰富，是全国 14 个大型煤炭基地之一，也是重要的火电基地，对保障华东地区能源供给具有重要作用。为解决当前煤炭资源开发引发的生态环境问题，应按照安全高效、保护环境、有效保障的原则，控制煤炭开采量和消费量。优化淮河流域的能源结构，大力发展清洁能源和可再生能源，加强煤炭的清洁高效利用，有效控制大气污染物和温室气体排放量。积极推进绿色矿山建设，支持和加快塌陷区生态修复与整治利用。

（三）战略举措

1. 优化国土空间开发格局

为有效组织淮河流域空间开发秩序，引导人口经济集聚与资源环境承载力相适应，有效维护生态空间，应着力构建"两区-两带-三板块"的空间开发格局（图1），打造以淮海城镇群为建设核心区的国家农业现代化和生态文明综合示范区。

两区：建立伏牛-桐柏-大别山生态保育区和沂蒙山生态保育区。构建以森林生态系统为主体，以保护水土、涵养水源地为主要生态服务功能的流域生态安全屏障，并依托林森林资源，适度发展林产品和林下资源加工等生态经济。

两带：建立沿淮河干流生态经济带。完善调节水文、行洪蓄洪、净化水质、维持湿地等生态服务功能，努力改善水质，建设生态廊道，提高综合交通运输能力，设立严格的产业准入标准，发展生态经济。

建立南水北调沿线生态保育带。以严格保护输水水质为核心，强化水资源管理，持续改善水环境质量。营建乔、灌草结合的护岸护坡林带，构建景观生态走廊。

三板块：建立中部平原、江淮丘陵和苏北平原城乡统筹发展板块。协调生态保护与经济社会发展，加快推进农业现代化，实现工业绿色化和城镇生态化发展。在中部平原板块建立农产品加工基地，在苏北平原板块建立制造业基地，在江淮丘陵板块建立产业承接基地。

建设核心区：在"两区-两带-三板块"的空间开发格局下，建立包括徐州

图 1　淮河流域"两区-两带-三板块"的空间开发格局

市、连云港市、宿迁市、淮安市、盐城市、蚌埠市、淮南市、淮北市、宿州市、阜阳市、亳州市、商丘市、周口市、济宁市、枣庄市、临沂市等在内的淮海城镇群农业现代化和生态文明综合示范建设核心区（图2）。以农业现代化为抓手，大力开展生态文明建设。延伸农业上下游产业链，推进基于农业现代化的新型工业化与城镇化。

图 2　淮海城镇群农业现代化和生态文明综合示范建设核心区

2. 推进"四化"协调发展

加快推进农业现代化是淮河流域的首要任务。要开展大规模中低产田改造和高标准农田建设，推进农业科技创新发展，减少化肥、农药的用量，进一步提高淮河流域的农业综合生产能力。采取鼓励政策支持淮河流域发展畜禽养殖业，将其培育为农业的主导产业。积极发展林业和林产品加工业。

促进工业化与信息化融合发展是推进淮河流域工业绿色化发展的重要途径。延伸农业上下游产业链，走科技含量高、经济效益好、资源消耗低、环境污染少、人力资源优势得到充分发挥的新型工业化的道路。努力提升能源原材料工业的绿色化水平，大力发展符合环保要求的农产品精深加工业，鼓励发展汽车和农业机械等加工业，并积极培育新兴产业，大幅度降低工业污染排放量，协调工业发展与保护环境之间的关系。充分发挥淮河流域在连接东西、沟通南北的交通枢纽作用，积极发展以物流为重点的现代服务业。

城镇是淮河流域吸纳农业转移人口、承接发达地区产业转移的主要载体。要以构建合理的城镇体系，积极培育区域中心城市和次中心城市，提高中小城镇人口经济承载能力，努力实现城乡基本公共服务均等化为方向，积极推进新型城镇化进程。

3. 提高发展基础能力

持续开展环境污染防治和生态修复工程，改善环境保育生态，依然是淮河流域的急迫任务。要继续加强城镇和工业污染防治基础能力建设，设定更加严格的流域产业准入环境标准以及污染物排放标准；重视农业面源污染治理，支持畜禽养殖废物综合利用与治理，推广测土配方施肥和生物农药，大幅度减少化肥农药施用量。通过统筹规划、政策扶持，开展大规模塌陷区综合整治与利用，继续开展植树造林工程，水土保持工程，有效保护湿地生态系统，修复和保育流域生态系统。

进一步提高流域抵御旱涝灾害的能力是保障淮河流域可持续发展的基石。针对抵御旱涝灾害的薄弱环节，加快实施一系列基础性的水利工程，提高防灾减灾能力。积极研究实施南水北调工程对于淮河流域中游缺水地区（尤其是皖北地区）支持的有效途径。

完善交通基础设施是提高淮河流域发展水平的重要支撑。重点是进一步加强东西向交通基础设施建设和提高流域内城镇间人流、物流的通畅性，优化发展条件、引导发展方向、增强发展后劲。积极推进沿淮公路、铁路交通基础设施建设，提高内河航运等级，发挥水运对经济发展的促进作用。

4. 提升文化教育水平

在推进淮河流域可持续发展的进程中，弘扬具有流域特色的文化，增强文化创造活力，是提升流域社会发展水平、与全国同步实现全面建成小康社会目标的重要推动力。淮河文化底蕴深厚、南北过渡、兼容并包、丰富多彩，具有突出的交融性、多元性特色。要以继承和发展淮河文化为方向，积极发展文化事业，大力培育发展文化产业，提升流域发展软实力。

淮河流域人口密集，但受教育水平偏低，人口总体素质不高，是制约经济发展方式转变和提高社会发展水平的重要因素。淮河流域要继承崇尚教育的历史传承，发扬新四军在战争时期兴办江淮大学，通过教育提高人员素质的光荣传统，兴建淮海大学或扶持中国矿业大学成为区域的高等教育中心及孵化器，并在若干次中心城市兴办一批职业教育学院，在中小城镇建立一批职业教育培训基地，为流域发展和人力资源输出创造基础条件。

四、淮河流域发展的对策措施

遵循建立国家农业现代化和生态文明综合示范区的战略定位和"两区-两带-三板块"的空间开发格局，以淮海城镇群为建设核心区，针对淮河流域的自然条件、社会经济特征及"三基地"的功能定位，推进流域农业现代化、工业化与城镇化的建设，加强生态环境保护，保障流域可持续发展。

（一）着力提高农业综合生产能力，推进农业现代化

淮河流域应依靠农业科技进步与政策创新，大规模改善农业基础设施条件，积极培育规模化农业经营主体，全面提升现代农业可持续发展能力，巩固流域的农业地位，建立健全流域的现代农业产业体系。

1. 以农业综合生产能力建设为核心，提升农田质量

加快淮河流域中低产田改造。实施农田水利建设工程，推进灌溉、排水、电力等农田基础设施的建设，提高农田的生产力水平；实施土地整理工程，调整农地结构，归并零散地块，复垦废弃土地，严格控制耕地粗放非农化；实施农业科技推广体系提升工程，着力解决中低产田集中分布地区农技推广服务"最后一公里"的问题。实现流域中南部平原的中低产田园田化，沂蒙山区与大别山区的中低产田梯田化。

建立农业优质高产高效生产模式。以流域集中连片耕地为建设重点，实施耕地培育工程 8000 万亩，节水灌溉改造工程 6000 万亩，优质粮食品种连片推广工程 7000 万亩；实施机械化改造工程，新增高效率农机 2500 万 kW；实施仓储物流能力提升工程，建设总仓储能力达到 1 亿 t 的中心城镇高标准粮食仓储物流平台。将淮河流域建成我国农业现代化建设的先行区。

2. 以农业面源污染治理为核心，实施种养业生态化改造

推进种养业生态化改造。开展以村为单位的连片减量施肥与病虫害统防统治工作，实施绿色种植工程；鼓励秸秆还田、饲料化、发电、纤维加工等，实施秸秆综合利用工程；推进场区基础设施现代化改造、养殖业废弃物资源化利用等，实施养殖小区废弃物资源化利用工程。提高全流域种养业规模化、集约化及绿色化的水平，到 2030 年，流域化肥利用率提高 15％，农药施用强度降低 15％，秸秆综合利用达到 90％以上，猪、牛、鸡等规模化养殖达 85％以上，规模化养殖小区废水、废渣处理率达到 100％，养殖业化学需氧量（COD）、总氮（N）、总磷（P）排放分别减少 50％、20％、30％。

3. 以增加生产者收入为核心，试点改革粮食及农业政策

实施规模化优质专用小麦补贴的政策。对郑州、许昌、洛阳、开封、南阳、平顶山、漯河、淄博、宿迁、连云港、淮北、淮南、驻马店、周口、阜阳、商丘、蚌埠、菏泽、济宁、临沂、枣庄、泰安、日照、徐州、宿州、亳州等城市连片种植达到 1000 亩以上的大户、公司、合作社进行补贴，亩补贴 100 元，推进优质强筋、弱筋小麦的集中连片生产。

试点建立主产县粮食生产制度。提高流域产粮大县补贴标准，每亩粮食奖励补贴不低于 50 元。严格规范补贴使用方向，对奖励资金的使用进行管制，提高用于农业基础设施建设、种粮大户奖励、农业技术推广等方面的比例。改革考核机制，将优质耕地面积、农业生态环境、粮食生产投入作为强制性考核指标，严格禁止抢占、挪用农业资源和项目资金等现象。

完善土地流转服务体系。鼓励流域各地以股份制、土地银行、家庭农场、农村合作社等多种形式开展耕地规模化经营。对有偿转出土地的农民，由国家、省级财政拨款使其纳入国家城市社会保障体系，免除后顾之忧，加快土地流转。

扶持农产品加工业发展。增加流域农产品加工骨干企业在基地建设、科研开发、技术服务等方面的投入。把中小型农产品加工企业列为中小企业信用担保体系的优先扶持对象，对企业收购农产品所需的流动资金予以支持。对于"种养加"循环农业发展较好的企业，予以税收减免和资金奖励。

（二）立足资源和产业优势，走新型工业化道路

淮河流域应立足资源禀赋与产业优势，通过创新驱动，助力产业全面升级；实施环境先导，促进工业绿色发展，走出一条适合流域可持续发展的新型工业化道路。

1. 依托区域优势，促进产业集聚

以中部平原城乡统筹发展板块为核心重点打造农产品加工业集群。建成郑州、漯河、许昌、周口、信阳、济宁等营业收入超"千亿级"的"外圈"农产品加工集群，以及商丘、驻马店、阜阳、亳州、六安、滁州、淮北、宿州、菏泽等超"五百亿级"的"内圈"农产品加工集群，以外带内，重点扶持粮油制品、肉制品、乳品果蔬饮料三大优势食品工业，形成具有地方特色的农产品加工集群。

依托淮干生态经济带与流域北边界重点发展林木加工业。形成以宿迁的"林板一体化"、济宁和日照的"林纸一体化"、信阳和阜阳的柳编工艺品以及菏泽的桐木制品及草条工艺品为特色的林木加工经济活跃中心。按照"以板/纸促林、以林/纸促板、林板纸一体化"思路，大力种植速生纸浆林和用材林，发展林木加工企业。

推动流域资源型产业集约式一体化发展。提高流域煤炭产业集中度与技术装备水平，推进地面煤层气开发和采煤采气一体化开发。鼓励煤电联营和一体化发展，增强煤炭、电力企业的互保能力。依托连云港石化产业基地及淮安盐矿建设石化盐化一体化生产基地。依托济宁、枣庄煤矿及徐州盐矿，平顶山煤矿、盐矿及漯河盐矿，阜阳盐矿、煤矿及淮南煤矿建设煤化盐化一体化生产基地。

打造流域装备制造业高地。重点研发食品加工、煤炭采选、大型煤化工、化肥制造等关键装备与配套技术，积极承接东部发达地区中高端装备制造业的配套项目与技术转移。建设以徐州和济宁为中心的工程机械制造基地，以蚌埠为中心的环保设备制造基地，以淮北为中心的煤机装备制造基地，以盐城为中心的内燃机及配件制造产业基地，以日照为中心的农业装备制造基地。以基地建设推动周边城市配套产业发展，推进产业集聚，形成规模化、专业化、系列化的产业发展格局。

2. 加快产业升级，提高资源效率

推进流域资源加工型产品精深加工，延伸产业链。以副产物利用与新品种研发为主要方向，重点发展"小麦-面粉、胚芽蛋白、食品制造-综合利用-饮料及维生素 E"，"畜禽养殖-屠宰-肉制品加工、内脏综合利用-生物制药"等农产品加工业产品链。以生产多功能、高质量、环保型、高附加值的纸质及纸板产品为核心，推动流域林纸、林板一体化产业的精深加工。以精细有机氯产品生产与氯碱及其下游产品精细化加工为重点，延伸流域石化盐化一体化与煤化盐化一体化的产业链。

以装备制造业带动流域资源加工型产业全面升级。研发食品加工关键装备与配套技术，带动农产品加工业转型升级。推广应用煤炭采选、大型煤化工和化肥制造等领域的重大成套装备，促进矿产资源加工产业升级。大力发展现代制造服务业，着力提升服务增值能力，从扩大供给与培育需求两方面增强装备制造企业技术集成和产业化能力。

以创新驱动助推流域产业转型升级。大力推进技术创新与管理创新，加大对流域农产品加工、矿产资源加工及装备制造等领域自主创新成果产业化的支持力度。以流域内9个创新型城市为节点，因地制宜地布局发展战略性新兴产业，牵引带动周边城市，整合流域内高端产业的发展，实现工业转型升级。充分发挥东部地区与淮河流域对口帮扶的机制优势，加强流域内企业与东部先进企业间的技术交流，积极引进高端技术成果。

3. 严把环境容量，实现绿色发展

推行清洁生产，推广绿色技术。从淮河流域的主导产业入手，以企业集中布局、产业集群发展、资源集约利用、功能集合构建为原则，在流域内规划建设生态工业园区，推广应用绿色技术。通过产业链式发展与专业化分工协作进一步增强流域产业的集群协同效应，促进淮河流域循环经济的发展，实现经济与环境效益的同步增长。

大力推进节能减排，加快淘汰落后产能。针对流域的重点行业与重点企业，落实节能减排的目标与责任，加强清洁生产审核，加快淘汰落后产能，为淮河流域工业的发展提供空间。推行基于污染物总量控制的环境容量限批制度，流域内新建、改（扩）建项目必须以环境容量为先导，严格项目审批。

严格环保准入标准，合理承接产业转移。淮河流域应以环境容量为标尺，合理承接发达国家和东部沿海地区的产业转移，实行环境容量限批制度，避免承接淘汰产业与资源消耗量大、污染排放强度高、经济效益低的项目，提升流域产业发展的绿色水平。

（三）着力提高城镇质量，科学推进新型城镇化

淮河流域应以促进城乡良性互动与协调发展为核心，在不牺牲农业和粮食、生态和环境的前提下，走一条健康的、可持续的、具有淮河流域特色的新型城镇化道路。

1. 探索农业地区新型城镇化模式，开展综合配套改革试验

探索典型农业地区新型城镇化的内涵、模式及实现路径。以改革创新为动力，破除制约城镇化科学发展的体制机制，合理引导人口有序迁移，优化城镇

布局，提升城镇功能，创新城镇管理，彰显地域文化，统筹城乡发展，建立具有淮河流域特色的新型城镇化道路。

开展新型城镇化综合配套改革试验。在豫东皖北，如周口、阜阳等人口密集的农业地区，探索农村土地管理制度的改革道路，在保障农民权益的前提下，深入开展农村建设用地整理等试验，加强用地的集约利用，实现城乡建设用地统筹；探索加快"四化"融合、共同推进、协调发展的途径，引导生产要素合理流动与优化配置，发展壮大优势产业；探索有利于人口稳定迁移的体制机制，研究制定进城务工人员市民化的政策与措施；探索新农村或新型农村社区的建设模式，在城乡地位、管理体制、农村发展的可持续机制等方面寻求突破；探索推进基本公共服务均等化的对策，支持教育、卫生等公共服务设施发展，强化对农业现代化的服务支撑。

2. 加快中心城镇发展，提升服务功能

提升流域地级市的辐射带动能力。淮河流域大部分地级市是区域发展轴带上的地区性中心城市，其应依托区域的发展条件，促进产业集聚，有序承接产业转移，提高城市竞争力，带动周边区域产业发展；完善农业社会化服务功能，成为农业科技、金融服务、农产品综合交易的平台，促进农业现代化与城乡统筹发展。

增强流域县域中心城市和中心镇的发展活力。将县域中心城市和中心镇作为淮河流域落实城乡统筹发展的重要着力点，推动基础设施和公共服务向农村延伸，有序合理推进农村人口向城镇转移，强化小城镇对周边农村地区的生产生活服务功能，鼓励有条件的县城逐步发展为中等城市，基础较好的中心镇逐步发展为小城市，为淮河流域推进新型工业化与新型城镇化提供更大的发展空间。

3. 加快淮海城镇群发展，优化基础设施

将淮海城镇密集区纳入全国城镇化发展规划。建议将包括徐州市、连云港市、宿迁市、淮安市、盐城市、蚌埠市、淮南市、淮北市、宿州市、阜阳市、亳州市、商丘市、周口市、济宁市、枣庄市、临沂市等在内的淮海城镇密集区，作为区域重点城镇群纳入全国城镇化发展规划，提高流域竞争力，带动整个流域的发展。

推进沿淮交通基础设施建设。组织开展淮河中部地区与沿海港口"无缝衔接"的沿淮干线铁路、高速公路、内河航运及港口海运一体化综合交通运输通道建设的前期研究工作。通过推进沿淮交通基础设施的建设，带动淮河干流的城镇发展，推动沿淮城镇带的形成。

（四）建立有效的生态保育对策，重构生态安全体系

淮河流域应采取积极有效的生态保育对策，重新构建流域的生态安全体系，打造"山清水秀，蓝天白云，生物多样性丰富，人与自然和谐共处"的美丽淮河。

1. 依照流域生态功能分区，构建生态安全格局

建设淮河流域四大生态功能区。上游山区通过保护森林、植树造林、限制产业准入等措施，保持土壤，涵养水源，保护山地生物多样性，形成流域"西南部—西部—东北部"外围山丘区生态屏障。沿淮及南水北调东线沿线低洼地区营建乔灌草结合的护岸护坡林带，调节水文、行洪蓄洪、净化水质、维持湿地及水生生物多样性，构建景观生态走廊。中部平原和低山丘陵区以面源污染防控、平原林网建设、采煤塌陷区的生态修复与开发利用、治沙防沙等为主要生态保育任务，保障高质量的农业生产。沿海平原及湿地区主要生态功能则是农业生产、沿海湿地生态系统保护、生物多样性维护以及沿海防护林建设。

2. 促进流域水土保持，维护湿地生态系统健康

加强淮河流域森林保育。加大林业投入，提高流域森林资源数量；推动森林结构改造，推进混交造林，提高森林质量；加强林业生态工程建设，完善平原林网，防止再度沙化；积极推进林权制度改革，形成生态公益林建设的长效机制；开展多种经营，提升林业产业。

恢复淮河流域湿地生态系统的结构与功能。建立湿地生态功能保护区，加强专业渔民转产转业方面的政策扶持，完善湿地生态监测体系，开展湿地恢复工程，加强湿地保护的科普教育，充分发挥湿地的生态效益。

3. 健全生态补偿机制，创新生态补偿方式

探索统筹生态保育、环境保护与农业生产的补偿政策。建立集环境补偿机制、资源补偿机制、农业生产补偿机制、用地保障机制、失地农民生活保障机制、洪泛区生态补偿机制等于一体的生态补偿政策，为上游山区生态保育、低洼地区水质改善、平原地区农业生产、塌陷区治理等提供一条可持续的道路。

构建协调全流域的生态补偿机制。按照"谁开发谁保护、谁破坏谁治理、谁受益谁补偿"的原则，建立下游地区对上游地区、开发地区对保护地区、受益地区对受损地区、城市对乡村的生态补偿机制，以平衡各方利益，为建设美丽淮河创造良好政策环境。

（五）强化流域管理，推进流域水利基础设施建设

淮河流域应进一步强化流域管理，加快实施基础性水利工程，健全流域防洪除涝减灾体系与水资源保障体系，为淮河流域的可持续发展与生态文明建设提供更高的基础保障能力。

1. 落实流域立法，强化流域管理

落实流域立法。根据淮河流域管理的实际需求与近期国务院批复的《淮河流域综合规划》的要求，完善流域管理的相关法律，先行研究制订《淮河法》或《江河流域管理法》，并列入国家的立法计划。

创新流域管理的体制与机制。进一步明确淮河流域管理的目标与原则，理顺流域与行政区域（中央和地方）及各部门之间在洪水管理、水资源管理、水利工程管理等方面的事权划分，建立健全以流域管理机构主导、各方共同参与、民主协商、科学决策、分工负责的决策和执行机制。

2. 落实流域规划，推进水利基础设施建设

健全流域防洪除涝减灾体系。兴建出山店、前坪等一批大中型水库，增加拦蓄能力；适时加固病险水库、水闸。采取废弃、改为蓄洪区或适当退建后改为保护区的方式，对淮河中游现有行洪区进行调整，整治河道，扩大中等洪水通道，巩固排洪能力。实施淮河入海水道二期、入江水道整治等工程，增建三河越闸，巩固和扩大淮河入江入海泄洪能力，降低洪泽湖水位。扩大韩庄运河、中运河、新沂河等沂沭泗洪水南下工程的行洪规模，完善防洪湖泊和骨干河道防洪工程体系。治理沿淮、淮北平原、里下河、南四湖滨湖、邳苍郯新、分洪河道沿线等低洼易涝地区，加强城西湖、洪泽湖周边、杨庄、南四湖湖东等蓄滞洪区工程和安全设施建设，推进行蓄洪区和淮河干流滩区居民迁建。治理洪汝河、沙颍河、汾泉河、包浍河等重要支流和中小河流，对流域内21座防洪形势较为严峻的城市进行防洪建设。

完善水资源保障体系。适时启动建设南水北调东线后续工程、引江济淮工程、苏北引江工程等跨流域调水工程，提高引江能力，增加外调水量，从根本上解决淮河流域水资源和水环境承载能力不足的问题。研究利用临淮岗洪水控制工程等现有水利工程与流域湖泊洼地等，增加平原区水资源调蓄能力。建设一批区域性的调水、水库等水资源调配工程，完善流域内水资源配置工程体系，提高水资源调配能力。通过新建、改造水源地等措施，提高城乡供水保障能力，加快灌区改造，推广管灌、喷灌、滴灌等先进灌溉技术。

（六）加大环境保护力度，确保淮河水质

淮河流域仍应将水环境质量改善作为环境保护工作的核心，进一步加大水环境保护力度，重视农业面源污染与重金属污染的防治，全面改善水质，保障流域的可持续发展。

1. 巩固点源治理成果，加强农业面源污染控制

持续开展点源污染治理与监管。以巩固治理成效、防止污染反弹为目标，加快污水处理厂及配套管网的建设与升级改造；重点治理与监管农副产品加工、化工、造纸、皮革、制药等工业污染源；巩固淮河干流水质，深化支流水质治理，确保南水北调东线水质稳定达标。

重视农业面源污染控制。健全农业面源污染治理制度，增强面源污染控制法规的可操作性，建立配套的实施细则。加强农业面源污染治理综合控制措施，以源头控制为重点，迁移途径控制与末端治理为辅助，灵活运用各类工程与非工程措施。落实农业面源污染控制的流域管理机制，建立农业面源污染重点监测点，开展农业面源污染监测与治理效果评估，将面源污染减排量计入环境统计，进行环境管理。

2. 重视源头控制，加强重金属污染治理

控制重金属源头排放。根据国家《产业结构调整目录》和《铅锌行业准入条件》，结合流域实际情况，制定涉重金属行业的产业结构调整方案，进一步确定重金属相关行业的准入条件，加大涉重金属行业落后产能和工艺设备的淘汰力度。根据流域的资源禀赋、环境容量、生态状况及发展规划，布局重金属产业，明确不同区域的功能定位和发展方向，在布局区域外不再规划建设涉及重金属污染物排放的项目。

加强重金属排放企业的监管工作。对重金属排放企业依法实施清洁生产审核，加强污染过程控制，督促企业不断提升清洁生产水平。制定和完善重金属污染突发事件应急预案，加强环境监测和应急体系建设。在重点重金属排放企业安装重金属在线监测装置并与环保部门联网，建立健全特征污染物监测制度，并向社会定期发布环境质量报告。

开展重金属污染治理与修复工作。大力开展重金属污染治理与修复示范工程，在部分重点防控区域组织实施受污染土壤、场地、河流底泥等污染治理与修复试点工程。建立健全重金属健康危害诊疗体系，加强重金属污染防治科普宣传教育。

五、政策建议

为实现"一区、三基地"的发展定位和"两区-两带-三板块"的空间开发格局，推进淮河流域农业现代化和生态文明示范区建设，需要国家采取一系列具体的支持政策，促进流域经济社会可持续发展。

（一）建立农业现代化和生态文明综合示范区

农业现代化与生态文明建设相辅相成，推进农业现代化建设是降低农业生产对环境影响的根本性举措，而大力开展生态文明建设，提升生态环境质量是保障农业可持续发展的基本前提。

1）由国家有关部门组织开展淮河流域农业现代化和生态文明建设总体规划，对于淮河流域农业现代化和生态文明建设做出总体安排。并研究建立流域协调机制，负责部门间、中央与地方间的统筹协调、协同推进。

2）组织编制流域农业现代化和农产品加工业发展的规划，根据各地区资源环境承载能力，统筹安排流域农业生产和农产品加工业布局，严格农产品加工业环境准入标准，用水指标和水污染物排放指标均应达到清洁生产一级水平或国内先进水平。

3）开展流域重化工基地以及"两高一资"产业发展的规划环境影响评价，规划环评未经审查通过的园区禁止项目进入，严格实施规划环评中跟踪监测与后续评价。

4）在淮河流域开展绿色 GDP 核算，干部政绩环境考核，实施流域生态补偿等方面的创新试点。

5）继续加强环境污染治理力度，提高工业点源治理与防控能力，推进城镇环保基础设施建设，强化农业面源污染治理，支持建立一批农业面源污染治理示范基地，持续提高流域环境质量。

（二）实施粮食生产基地建设重大工程

巩固和提升淮河流域国家粮食和现代农业基地的地位，需要在科技创新引领、提高基础能力和发展生态农业等方面有所突破。

1）将淮河流域整体纳入国家以奖代补支持现代农业示范区建设试点。在流域内设立若干国家农业科技园区和高新技术产业示范区，加快农业科技创新与示范推广。在流域内实施规模化优质小麦补贴政策，试点建立主产县粮食生产制度，支持淮河流域快速推进农业现代化建设。

2）实施农田质量提升工程。大力推进粮食稳定增产行动，稳步提升淮河流域国家粮食生产基地的地位和作用。到 2020 年在淮河流域改造 1 亿亩中低产田（约需资金 800 亿元），到 2030 年前建成 1 亿亩旱涝保收吨良田（约需资金 1500 亿元）。

3）实施种养业生态化改造工程（约需投资 840 亿元）。通过采取绿色种植、秸秆综合利用和养殖废物资源化利用等措施，提高淮河流域种养业规模化、集约化及绿色化水平。支持具备条件的地区建立国家级畜禽水产品标准化养殖示范场。在流域内探索试行鼓励发展棉油等经济作物生产和畜禽养殖的政策。

（三）支持建设国家农副产品精深加工基地

以中部平原统筹城乡发展区域为重点，以资源节约，环境友好为前提，建设国家重要的农产品精深加工基地，发挥农业资源优势，实现淮河流域农业与工业互动发展。

1）扶持和培育一批农产品加工骨干企业。重点在加工基地建设、科研开发、技术服务、质量标准和信息网络体系建设等方面加大政策支持力度。

2）扶持发展中小型农副产品加工企业，政府在企业设立、金融服务、入园发展等方面予以政策支持。

3）对于"种养加"循环农业发展较好的企业，在国家循环经济示范项目中予以支持，并实行更加优惠的税收减免政策。

（四）开展新型城镇化综合配套改革试点

在淮河流域探索人口密集、农业人口占比高地区加快城镇化步伐的新模式，走大中小城镇兼顾、多级集聚、生态宜居、民生安全和共同富裕的城镇化新路径在全国具有典型意义。

1）在淮河流域内的豫东皖北等地区，进行新型城镇化综合配套改革试点。以完善中心城市服务功能、增强中小城市集聚人口与经济能力为主攻方向，以农业转移人口市民化为主要任务，探索开展土地、户籍制度等领域的改革，引导人口合理有序迁移，统筹城乡协调发展。

2）将淮海城镇密集区作为国家重点城镇群纳入全国城镇化发展规划。完善区域内城镇功能，加快发展现代服务业与文化、教育及科技事业；加强流域内重点、特色高校建设，支持建设一批职业技术学院，为推动流域经济社会发展提供必要的人才支撑。

（五）进行采煤塌陷区综合整治与利用

煤炭资源开发造成大面积土地塌陷，是导致淮河流域生态破坏最主要原因，也是工业发展占用耕地量最大的行业。历史遗留问题尚未得到解决，新的塌陷区还在加速形成，必须采取有效措施，积极应对。

1）组织编制淮河流域采煤塌陷区综合整治与利用规划。由国土资源、能源与水利等主管部门共同组织开展相关规划工作，统筹考虑流域整体发展与塌陷区防灾，塌陷区地上与地下，淮河干流与支流，采矿业与农业发展的关系等，组织实施采煤塌陷区综合整治与利用。

2）探索采煤塌陷区有效利用的途径和鼓励政策。对于无法实现继续农业利用的集中连片塌陷区，在企业负责赔偿的基础上，实行国家征用，开展综合整治利用。对于历史遗留塌陷区，国家应设立专项资金支持开展综合整治和利用。

（六）组织开展沿淮综合交通运输通道建设研究

为了加快淮河流域新型城镇化、工业化进程，大幅度提高沿淮地区交通基础设施条件显得极其重要，基于沿淮地区东西向交通运输薄弱的现实，为建设沿淮经济带，形成沿淮城镇带，带动流域的整体发展，建议国家有关部门尽快组织开展以沿淮铁路、内河航运、港口为重点的综合交通运输通道建设的前期研究工作。

（七）建设引江济淮和南水北调东中线后续工程，包括以适当线路和方式向黄河下游补水

淮北（皖北、豫东）地区发展滞后，但潜力巨大，主要制约之一是缺水。规划中的引江济淮工程从长江引水过江淮分水岭入淮河，再经淮北支流河道及新开渠道向安徽北部和河南东部供水，为流域和区域发展提供水资源和水环境保障，建议尽早立项开工。

东线南水北调一期工程已建成通水，应向北延伸向河北东部和天津供水，以充分发挥效益；东线引江处水量丰沛，可利用现有线路和淮河及淮北支流向黄河下游补水，作为解决黄河缺水问题的重要选项。中线南水北调一期工程 2014 年通水，也可在落实后续水源的基础上，考虑向黄河下游适当补水。有关工作，建议国家有关部门在规划长江向黄河调水时统筹研究。

附件：

<h1 style="text-align:center">淮河流域环境与发展问题研究
项目设置及主要成员</h1>

一、项目组

顾　问：钱正英　全国政协原副主席，中国工程院院士

　　　　周　济　中国工程院院长，中国工程院院士

　　　　周干峙　原建设部副部长，中国科学院院士，中国工程院院士

　　　　石玉林　中国科学院地理科学与资源研究所研究员，中国工程院院士

　　　　钱　敏　水利部淮河水利委员会原主任，教授级高级工程师

组　长：沈国舫　中国工程院原副院长，中国工程院院士

副组长：陈吉宁　环境保护部部长，教授

　　　　宁　远　国务院南水北调工程建设委员会专家委员会副主任，教授级高级工程师

　　　　钱　易　清华大学环境学院教授，中国工程院院士

二、课题组

1. 淮河流域自然环境及人为影响问题研究课题组

组　长：刘嘉麒　中国科学院地质与地球物理研究所研究员，中国科学院院士

副组长：李泽椿　国家气象中心研究员，中国工程院院士

　　　　秦小光　中国科学院地质与地球物理研究所研究员

2. 淮河流域生态保育问题研究课题组

组　长：沈国舫（兼）

副组长：刘雪华　清华大学环境学院环境生态学教研所所长，副教授

3. 淮河流域环境污染防治问题研究课题组

顾　问：汤云霄　中国科学院生态环境研究中心研究员，中国工程院院士

　　　　唐孝炎　北京大学环境科学与工程学院教授，中国工程院院士

　　　　孙铁珩　中国科学院沈阳应用生态研究所研究员，中国工程院院士

　　　　孟　伟　中国环境科学研究院院长，中国工程院院士

　　　　张忠祥　北京市环境科学院研究员

组　长：钱　易（兼）

副组长：姜永生　水利部淮河水利委员会副主任，教授级高级工程师

　　　　杜鹏飞　清华大学环境学院教授

4. 淮河流域工矿产业发展与环境问题研究课题组

顾　问：袁　亮　淮南矿业（集团）有限责任公司副总经理，中国工程院
　　　　　　　　院士

组　长：齐　晔　清华大学公共管理学院教授

副组长：程红光　北京师范大学环境学院教授

5. 淮河流域土地利用及农业发展与环境问题研究课题组

顾　问：石玉林（兼）

　　　　刘　旭　中国工程院副院长，中国工程院院士

组　长：唐华俊　中国农业科学院副院长，中国工程院院士

副组长：王立新　中国科学院地理科学与资源研究所研究员

6. 淮河流域城镇化进程与环境问题研究课题组

顾　问：周干峙（兼）

　　　　邹德慈　中国城市规划设计研究院原院长，中国工程院院士

组　长：邵益生　中国城市规划设计研究院副院长，研究员

副组长：张　全　中国城市规划设计研究院水务与工程院院长，教授级高
　　　　　　　　级工程师

7. 淮河流域水资源与水利工程问题研究课题组

顾　问：王　浩　中国水利水电科学研究院教授级高级工程师，中国工程
　　　　　　　　院院士

组　长：宁　远（兼）

副组长：顾　洪　水利部淮河水利委员会副主任，教授级高级工程师

8. 淮河流域环境与发展问题综合研究课题组

组　长：陈吉宁（兼）

副组长：石立英　中国工程科技发展战略研究院原副院长，教授

　　　　张庆杰　国家发展和改革委员会国土开发与地区经济研究所副所
　　　　　　　　长，研究员

三、项目办公室

主　任：王振海　中国工程院一局副局长

副主任：李应博　中国工程科技发展战略研究院副教授

成　员：王　波　中国工程院咨询服务中心博士

专题报告

ZHUANTIBAOGAO

报告一

淮河流域自然环境及人为影响问题研究

一、淮河流域的地理环境背景

淮河流域地处我国东中部，介于长江与黄河两大流域之间，东经 $111°55'\sim$ $121°20'$、北纬 $30°55'\sim36°20'$，面积约为 27 万 km^2，包括淮河及沂沭泗河两大水系，流域面积分别为 19 万 km^2 和 8 万 km^2（图 1）。淮河流域西起伏牛山、桐柏山，东临黄海，北以黄河南堤和沂蒙山脉与黄河流域接壤，南以大别山、江淮丘陵、通扬运河及如泰运河与长江流域毗邻。淮河流域地跨湖北、河南、安徽、江苏和山东 5 省，其中，河南、安徽、江苏、山东及湖北境内淮河流域面积分别为 8.83 万 km^2、6.69 万 km^2、6.53 万 km^2、4.86 万 km^2 和 0.14 万 km^2。

淮河发源于河南，三大源地分别是桐柏山、大别山和伏牛山，大别山水系

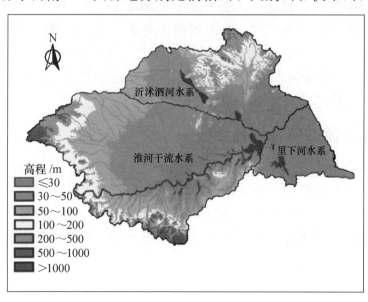

图 1　淮河流域地理位置及水系概况

29

汇入淮河上游，伏牛山水系汇入淮河中游，干流发源于桐柏山脉大复山，东流至淮滨入安徽省境，经淮南、蚌埠，入洪泽湖。

河南省境内淮河干流长 340km。淮河安徽段处于淮河中游，上自豫、皖交界的洪河口起，下至皖、苏交界的洪山头止，河道长度约 430km。淮河在江苏注入洪泽湖，一部分过湖东高良涧闸，经苏北灌溉总渠注入黄海，大部分过湖南岸的三河闸过高邮湖，至扬州的三江营入长江，河道长度约 200km。因此，江苏境内的淮河流域几乎涵盖江苏长江以北的绝大部分地区。沂沭泗河水系位于淮河流域东北部，由沂河、沭河、泗河组成，均发源于沂蒙山区，流经鲁、苏两省。

淮河流域位于中国南北气候变化的过渡带，属亚热带与暖温带过渡的湿润-半湿润气候。降水量由南向北逐渐递减，多年平均年降水量 600～700mm，其中夏秋季节降水量约占年降水量的 60%。

二、淮河流域的气候环境背景

(一) 流域气候特征

淮河流域的气候特点是四季分明。在气候区划中，淮河是中国南北方的一条自然气候分界线。以淮河和苏北灌溉总渠为界，北部属暖温带半湿润区，南部属亚热带湿润区。影响本流域的天气系统众多，既有北方的西风槽和冷涡，又有热带的台风和东风波，还有本地产生的江淮切变线和气旋波，因此流域天气多变。

东亚季风是影响淮河流域天气与气候的主要因素。春季（3—4 月），东北季风减弱，西南季风开始盛行，流域降水逐渐增多；夏季（5—8 月），盛行的西南气流携带大量的暖湿空气，为淮河的雨季提供水汽，这是一年中降水最多的季节；秋季（9—10 月），西南季风开始南退，降水迅速减少；冬季（11 月至翌年 2 月），流域盛行干冷的偏北风。季风的进退形成了流域四季的差异，支配着流域四季降水的多寡。

(二) 淮河流域四省气候特征

1. 河南省气候特征

河南南部为北亚热带气候，中北部为暖温带气候，气候过渡带大致在伏牛山以南至省内淮河流域的南北中线区，省内淮河流域以北亚热带气候和过渡带气候为主要特征。整体上，河南具有气候四季分明、雨热同期、复杂多样、气象灾害频繁的基本特点。

2. 安徽省气候特征

安徽地处中纬度南北气候过渡地带，是季风气候最为明显的区域之一。

"春暖、夏炎、秋爽、冬寒"特征明显。

3. 江苏省气候特征

江苏东临黄海，地处长江、淮河下游，拥有 1000 多千米长的海岸线，海洋对江苏的气候有着显著的影响。气候呈现气候温和、四季分明、季风显著、冬冷夏热、春温多变、秋高气爽、雨热同季、雨量充沛、降水集中、梅雨显著、光热充沛、气象灾害多发等特点。

4. 山东省气候特征

山东省属暖温带季风气候，气候温和，雨量集中，四季分明，春季天气多变，干旱少雨多风；夏季盛行偏南风，炎热多雨；秋季天气清爽，冷暖适中；冬季多偏北风，寒冷干燥。

三、淮河流域近 50 年气候变化及其影响

（一）近 50 年淮河流域气候变化

1. 气温变化特征

淮河流域年平均气温呈明显升高趋势，升高趋势东部沿海大于西部山区；年平均最低气温呈明显上升趋势，1994 年以来连续 17 年年平均最低气温较多年气候均值偏高；年平均最低气温上升趋势不明显。

（1）年平均气温。

近 50 年（1961—2010 年）淮河流域的多年平均气温为 14.5℃，年平均气温呈明显升高的趋势，增长速率约为 0.23℃/10a，20 世纪 90 年代中期以来，淮河流域处于偏暖时期（图 2）。

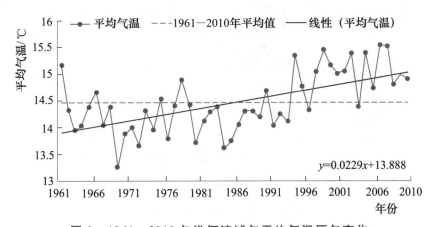

图 2　1961—2010 年淮河流域年平均气温历年变化

从空间分布看，淮河流域大部分区域的年平均气温在 12～16℃ 之间，仅西南端年平均气温高于 16℃，总体上呈现南高北低的准纬向分布特征［图 3（a）］。流域内的年平均气温呈现一致的增加趋势，大部分区域呈显著增加趋势，仅西北部的部分区域增加趋势不显著。总体来说，流域年平均气温升高趋势东部沿海大于西部山区［图 3（b）］。

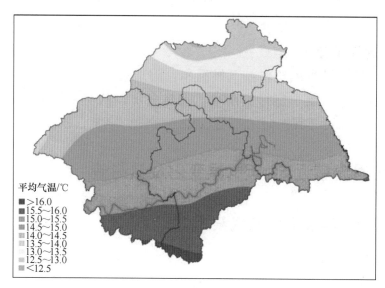

(a) 年平均气温分布

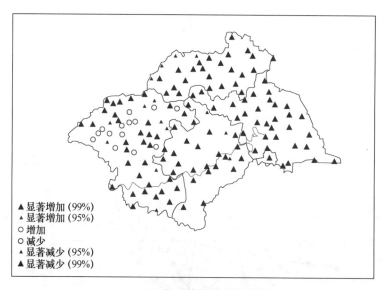

(b) 年平均气温变化趋势

**图 3　淮河流域年平均气温分布及年平均气温
变化趋势（1961—2010 年）**

（2）年平均最低气温。

1961—2010 年，淮河流域年平均最低气温多年平均值为 10.1℃。最近 50 年，呈明显上升趋势，增温幅度为 0.33℃/10a。1994 年以来，连续 17 年年平均最低气温较多年气候均值偏高（图 4）。

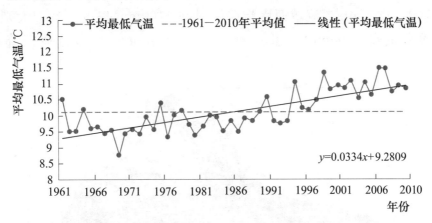

图 4　1961—2010 年淮河流域年平均最低气温历年变化

（3）年平均最高气温。

1961—2010 年，淮河流域年平均最高气温多年平均值为 19.7℃。最近 50 年，与年平均最低气温的变化趋势不同，增温幅度为 0.13℃/10a，趋势不明显（图 5）。

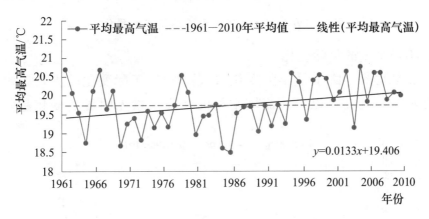

图 5　1961—2010 年淮河流域年平均最高气温历年变化

2. 降水特征

年降水量的空间分布不均，总体呈现南多北少，山区多于平原的特点；年际变化较大，丰水年与枯水年的降水量之比在 2 以上，流域平均的年降水量无明显的变化趋势，除流域东北部和东部沿海以降水量减少为主外，其他区域以降水量增加为主；流域平均的年降水日数下降趋势显著，20 世纪 90 年代以来减少更为明显，流域大部分区域年降水日数呈现显著减少趋势。

（1）年降水量的地区分布。

1961—2010年淮河流域年平均降水量为873mm，降水量的空间分布不均（图6），总体呈现南多北少，山区多于平原的特点。流域大部分地区的降水量变幅为700～1200mm，流域西南端降水量在1100mm以上，其中大别山区最高，年降水量在1200mm以上。淮北平原和沿黄的大部分地区降水量在800mm以下。

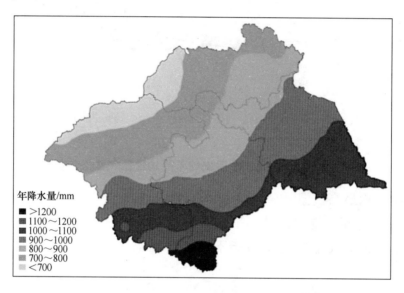

图6　1961—2010年淮河流域年降水量分布

（2）年降水量的年际变化。

从流域平均的年降水量年际变化看（图7），年际变化较大，丰水年与枯水年的降水量之比在2以上，流域平均的年降水量无明显的变化趋势。进入

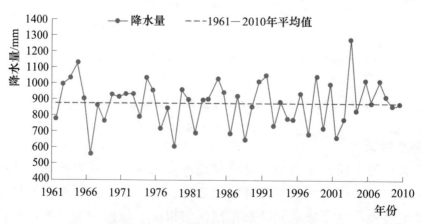

图7　1961—2010年淮河流域年降水量历年变化

21世纪后，季风雨带常在淮河流域停滞，淮河流域洪水灾害呈现不断加剧的趋势，2003—2008年的6年中出现了5次范围较大的洪水。

　　淮河流域年降水量变化趋势存在一定的地区差异，除流域东北部和东部沿海以降水量减少为主外，其他区域以降水量增加为主；降水量的变化趋势不显著（图8）。

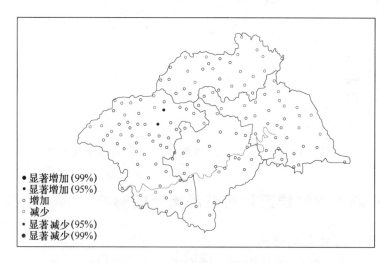

图 8　1961—2010 年淮河流域年降水量变化趋势

（3）年降水日数的年际变化。

　　1961—2010年淮河流域年降水日数平均为123d，从流域平均的年降水日数年际变化看（图9），近50年波动中下降趋势显著，气候倾向率为−5.0d/10a。20世纪90年代以来，年降水日数减少更为明显。

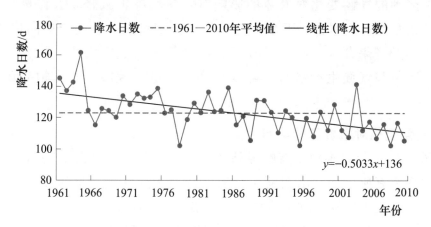

图 9　1961—2010 年淮河流域年降水日数历年变化

　　淮河流域年降水日数变化趋势存在一定的地区差异。除流域东部和西南部的部分区域外，流域大部分区域年降水日数呈现显著减少趋势（图10）。

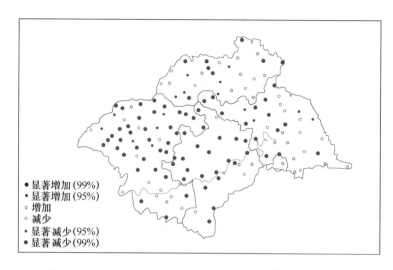

图 10　1961—2010 年淮河流域年降水日数变化趋势

（二）观测到的气候变化对淮河流域的影响

1. 气候变化对农业的影响

已观测到的农业气候资源变化有：热量资源显著增加，尤其是冬温增加显著，各界限温度和无霜期总体呈增加趋势；水分资源变化存在地区差异，降水量、土壤湿度变化均呈北减南增趋势，最大可能蒸散微弱减少，农作物生长发育存在全生育期或季节性水分亏缺，水分资源变化趋势导致北旱南涝更加突出；光照资源减少显著。

已观测到的气候变化对农业的影响有：冬季冻害减轻，农作物生长季延长，复种指数提高，水稻、玉米中晚熟品种面积增加，有利于提高作物产量，设施农业和经济果蔬发展；但是气象灾害和病虫害趋重发生，作物发育期缩短，粮食产量和气候生产潜力年际变异率大，稳产性降低，作物品质受影响较大。

2. 气候变化对水资源的影响

1950—2007 年，淮河干流蚌埠站径流量有下降趋势（图 11）；同时出现极端流量的频率有所增加，汛期发生洪涝以及枯水期发生干旱的频率可能加大，极端水文事件发生的频次和强度增加，如 2003 年淮河大水等情况。

气候变暖背景下，引起水资源在时空上重新分配和水资源总量的改变。淮河流域中西部地区及部分东部地区为洪水灾害危险性等级高值区，干旱和洪涝引发水资源安全问题。自 1980 年以来，淮河干流及涡河、沙颍河、洪汝河等主要支流，沂沭河等骨干河道均出现多次断流，洪泽湖和南四湖经常运行在死

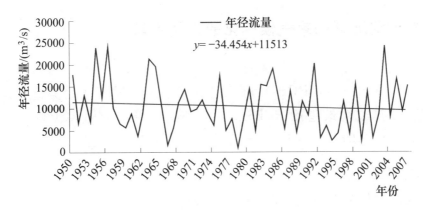

图 11 淮河干流蚌埠站年径流量

水位以下，并且由于水污染十分严重，流域生态危机越来越突出。气候变暖及"南涝北旱"的降水分布格局，使得淮河是我国水资源系统最脆弱的地区之一。

3. 气候变化对自然生态系统的影响

气候变化影响淮河流域的森林生态系统结构和物种组成；热带雨林将可能侵入到目前的亚热带或温带地区，温带森林面积将减少；森林生产力增加；春季物候提前，果实期提前，落叶期推迟，绿叶期延长。淮河流域湿地生态脆弱性表现在：自然灾害频发的干扰性脆弱，湿地水资源紧缺的压力性脆弱，河道断流、湖泊干涸的灾变性脆弱，湿地水体污染严重的胁迫性脆弱，湿地生态系统面临退化威胁的衰退性脆弱。气候变化影响淮河流域湿地水文情势，湖泊水域面积减少，湿地萎缩；破坏湿地生物多样性；使湿地由 CO_2 的"汇"变成"源"。

4. 气候变化对其他领域的影响

气候变化对淮河流域的能源、人体健康等均产生了一定程度的影响：气候变暖导致冬季采暖能耗下降，但夏季制冷能耗增加程度更大，因此综合来看，气候变化加剧了能源需求的紧张局面（图 12）。

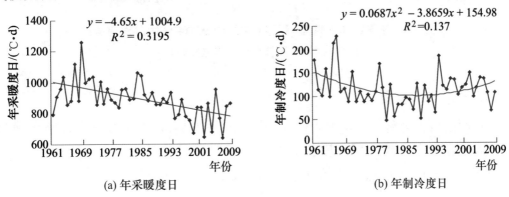

(a) 年采暖度日   (b) 年制冷度日

图 12 1961－2009 年淮河流域采暖度日

（三）淮河流域未来气候变化的可能趋势

本报告利用新一代温室气体排放情景"典型浓度目标"（representative concentration pathways，RCPs）对淮河流域未来气候变化趋势进行预估。新一代温室气体排放情景包括 RCP8.5、RCP6、RCP4.5 及 RCP2.6 四种情景。以 RCP4.5 情景为例，表示到 2100 年全球辐射强迫稳定在 4.5W/m²。

1. 未来气温变化

利用区域气候模式 RegCM4 对 RCP4.5 排放情景下 21 世纪初期（2010—2020 年）、中期（2010—2050 年）淮河流域的变化进行了预估。

在 RCP4.5 情景下，2010—2050 年淮河流域年平均气温增温幅度较 2010—2020 明显：2010—2020 年流域年平均气温增加，升温幅度在流域东南部较高（在 0.2℃ 以上），流域中部升温幅度相对较低（在 0～0.1℃ 之间），其他大部分地区升温值在 0.1～0.2℃ 之间［图 13（a）］；在 2010—2050 年期间，流域呈现为较为一致性的增温，升温幅度在 0.8～1.0℃ 之间［图 13（b）］。

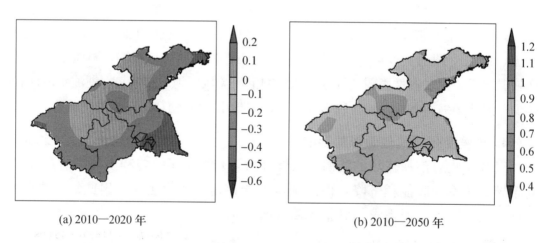

(a) 2010—2020 年　　　　　　　　　　　(b) 2010—2050 年

图 13　在 RCP4.5 情景下区域模式 RegCM4 预估的淮河流域年平均气温的变化（单位：℃）

2. 未来降水量变化

在 RCP4.5 情景下，2010—2020 年期间年平均降水量的变化在整个流域上大都是增加的，增加幅度基本在 10%～25% 之间［图 14（a）］；2010—2050 年期间，年平均降水量的变化在整个流域上表现为增加或变化不大［图 14（b）］。

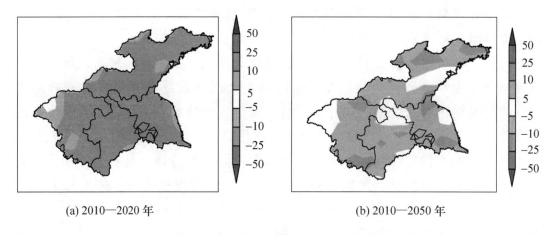

(a) 2010—2020 年   (b) 2010—2050 年

**图 14 在 RCP4.5 情景下区域模式 RegCM4 预估的淮河流域
年平均降水的变化（％）**

（四）淮河流域四省气候变化及其影响

1. 河南省气候变化及其影响

河南省年平均气温为 12～15.5℃ 左右，年平均降水量约为 500～
1300mm，气温和降水均呈现自南向北递减，南北差异大；随着一年内春、
夏、秋、冬季节的更替，四季气候明显各异，以夏季气温最高、降水最多，各
地年内气温和降水的季节性变化趋势一致，呈现出雨热同期。

近 50 年，河南省气温增温显著，年平均气温（1957—2010 年）的增加速
率为 0.141℃/10a；全省年降水量没有趋势性变化，但区域变化特点不同，淮
河流域降水量为增加趋势；年降水日数减少，大雨、暴雨日数有所增加；年日
照时数（1961—2010 年）呈明显减少，减少速率为 100.0h/10a。

过去 50 多年的气候变化，改变了河南的季节分配，对农业的影响有利有
弊，加剧了水资源分布不均，对林业和自然生态、能源和电力、交通运输、旅
游业和人体健康也有一定影响。此外，极端天气气候事件增加，部分气象灾害
及其影响加重。

根据气候模式预估，2011—2050 年河南省年平均温度均呈明显升高趋势，
四季的平均气温均呈上升趋势；年降水量呈波动性变化，不同排放情景下，各
季节降水变化具有差异，在 RCP8.5 情景下，冬季降水量为增加趋势。

2. 安徽省气候变化及其影响

1961—2012 年，安徽省年平均气温明显升高，增暖速率为 0.19℃/10a，
与全国平均增暖速率基本一致，尤其是 20 世纪 90 年代后增速明显加快。从区
域来看，淮北和沿江的增暖趋势最明显；四季之中冬、春季增暖显著，夏季没

有明显变化趋势。全省年降水日数减少，降水量增多，尤以江南南部地区显著，雨日减少而降水总量增加，说明降水强度总体是增加的。

气候变暖改善了安徽省农业生产的热量条件，作物生育期缩短，复种指数提高，倒春寒和寒露风明显减少，但因冬季变暖导致越冬作物发育期普遍提前，故更易受倒春寒危害；此外，气候变暖导致作物病虫害加剧，农业生态环境恶化。20世纪90年代以后旱涝灾害频次增多，造成农业产量波动加大，农业生产的气候不稳定性增加。气候变化对农业的影响总体上是弊大于利。气候变化改变了水资源状况，最近50年，淮河、长江流域径流量整体上呈下降趋势；气候变暖还导致了湖泊水质恶化，巢湖蓝藻暴发比以前频繁，生态环境问题凸现。气候变暖导致安徽省冬季采暖度日减少，但近年来夏季制冷度日明显增多，综合而言，加剧了全省生活能源需求矛盾。

预计安徽省2011—2050年气候将继续增暖，以皖北地区增暖趋势最为明显。降水变化复杂，但总体来看，到21世纪50年代降水量以减少趋势为主，并且降水具有更强的年际波动，旱涝演替可能更加频繁。极端最低和最高气温均为上升，淮北地区升温最显著，冷事件将可能减少，高温热浪更加频繁。

3. 江苏省气候变化及其影响

江苏省年平均气温在13.8～16.4℃之间，分布为自南向北递减，年降水量为715～1280mm，江淮中部到洪泽湖以北地区降水量少于1000mm，以南地区降水量在1000mm以上，降水分布是南部多于北部，沿海多于内陆。

近50年（1961—2010年）上升了1.44℃，特别是近十几年上升趋势加大；各地年平均气温呈现一致的增暖趋势，其中苏南东南部地区最为明显。从季节变化来看，春季、秋季和冬季3个季节平均气温均呈明显的上升趋势，其中冬季最为显著。江苏省年平均降水量为1002.7mm，年平均降水日数109.5d，降水量年际变幅相对平稳，没有明显的上升或下降趋势；年降水量变化趋势空间差异较大，2000年以来淮北地区的变化波动相对较大。从各季降水量来看，冬季和夏季呈增多趋势，而春季和秋季呈减少趋势。特别是近十几年来，夏季降水较为集中，部分地区易发生较为严重的洪涝，而秋季易出现大范围的干旱。

气候变化的影响显著，影响越来越广，越来越重，涉及百姓生活、人类健康、生态环境、水资源、粮食生产、经济发展、大型工程建设、城乡规划等，应对气候变化已成为江苏省各级政府和社会各行业关注的热点。

预计江苏省2011—2050年平均气温呈上升趋势，年降水量的变化更为复杂，前期年降水量呈下降趋势，后期略有增加。

4. 山东省气候变化及其影响

山东省近 50 年来气候变化具有鲜明的区域性特征。气候变暖趋势明显，而冬季变暖趋势最为明显，尤其是 20 世纪 90 年代以来增速加快；1961—2009 年，山东省年平均气温每 10 年升高 0.3℃，49 年间年平均气温共升高 1.5℃。全省各地均变暖，北部和东部变暖明显，冬季变暖最明显，春秋季次之。年际降水量波动大，1961—2009 年，全省年降水量每 10 年减少 13.0mm，49 年间共减少 63.7mm。大部分地区年降水呈减少趋势，夏秋季降水减少，冬春季降水增多；强降水过程有所增加。

气候变化对山东省的影响主要体现在农业和海岸带。气候变暖导致农业热量条件明显改善，复种指数提高，无霜期延长，冬春季温度升高也为山东省设施农业的发展提供了有利条件，同时病虫害的发生危害程度加大，化肥、农药施用量增加，农业成本增加；随着农业经济的发展，极端天气气候事件的影响越来越突出，造成农业产量波动加大，农业气象灾害频繁，旱涝灾害损失加重，灾害发生频率和受灾程度呈增大趋势。海平面变化产生的环境影响与灾害效应对海岸带城市发展、港口建设、工农业生产、资源开发与海洋经济发展产生较大影响。

四、近 10 年气象灾害特征

淮河流域处于我国东部，是高低纬度之间的中纬度地带、南北气候和沿海内陆 3 种过渡带的重叠地区，科学证明一般系孕灾地区，天气变化剧烈，降水时空分布不均，洪涝、旱、风暴潮等灾害频繁发生。流域北部为广阔的平原，西部、南部和东北部为山区和丘陵，特殊的地形也是致灾的主要因素之一。淮河上游河道比降大（5/1000），洪水汇流迅速；淮河中游比降为四五万分之一，地势平缓、低洼，水流缓慢，行蓄洪能力小，河道下泄能力差，不能及时下泄洪水，使河流中、下游高水位持续时间长，涝水无法排水形成"关门淹"。淮河支流众多，整个水系呈扇形羽状不对称分布，北岸支流多而长，流经黄淮平原；南岸支流少而短，流经山地、丘陵，洪水汇集快，历时短。淮河原是一条独流入海的河流，自 12 世纪起，黄河夺淮 700 年，打乱了淮河的自然水系，淤塞了中下游河道，并使淮河失去入海尾闾，破坏了淮河原有的排水系统，加重了淮河水患。

（一）淮河流域旱涝变化特征

1. 与长江流域、黄河流域降水的比较

淮河流域地处我国南北气候过渡带，与长江流域、黄河流域相比，淮河流

域降水变率最大（表1），表明过渡带气候的不稳定性，容易出现旱涝。旱年差不多为2.5年一遇，涝年则将近3年一遇。进入21世纪以来，淮河流域夏季频繁出现洪涝，成为越来越严重的气候脆弱区。

表1　　　　淮河、长江、黄河流域全年/汛期降水量及变率比较

全年/汛期	淮河流域	长江流域	黄河流域
平均降水量/mm	905/492	1355/511	441/257
降水相对变率/%	16/22	11/20	13/17

2. 历史旱涝灾害

淮河流域旱涝灾害时空分布不均，且组合复杂，常常是年内交替出现，流域面上共存。在2000多年的历史里，共发生流域性的水旱灾害336次，平均每6.7年一次，水灾平均每10年一次。1194年黄河南决夺淮后，水灾更加频繁。16—19世纪是淮河流域旱涝灾害最为频繁的时期（图15）。

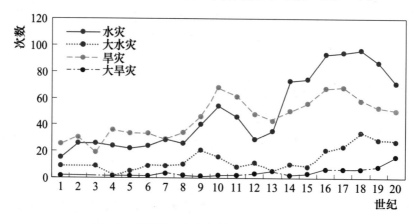

图15　淮河流域历史旱涝灾害发生次数

3. 现代旱涝灾害特征及典型事件

淮河流域旱涝灾害时空分布不均，且组合复杂，常常是年内交替出现，流域面上共存，夏涝秋旱和流域东北部旱、西南洪涝为最常见的组合形式。淮河流域旱涝灾害的另一个特点是春末夏初易出现旱涝急转。特别是进入21世纪以来旱涝灾害趋于频繁。2003年、2005年、2007年淮河流域先后发生大洪水，2001年、2004年、2008—2009年、2010—2011年发生秋冬春三季连旱。从旱涝发生频率来看，流域干旱年发生频率高于湿润年发生频率，中等旱年发生频率最高；从旱涝格局来看，北旱南涝更加突出。

（1）2003年流域性洪涝灾害。

2003年夏季，我国主要多雨区位于黄河与长江之间。6月下旬至7月中

旬，雨带在淮河流域徘徊，降水过程频繁。由于雨区和降雨过程集中、雨量大，导致淮河干、支流水位一度全面上涨，超过警戒水位，发生了流域性特大洪水。淮河流域主汛期为 6 月 21 日—7 月 22 日，期间共出现了 6 次集中降雨过程，过程总降水量达 400～600mm，安徽霍山、宿县及江苏高邮、河南固始等地超过 600mm；与常年同期相比普遍偏多 1～2 倍。6 月 21 日—7 月 22 日淮河流域平均降水量与历年同期相比为近 50 多年来的第二位，仅次于 1954年，淮河上游及沿淮淮北地区降雨量接近或超过了 1991 年，除伏牛山区和淮北各支流上游外，淮河水系 30 天降雨量都超过 400mm，暴雨中心安徽金寨前畈（饭）站降雨量达 946mm。受强降雨影响，淮河流域出现 3 次洪水，为新中国成立以来仅次于 1954 年和 2007 年的第三位流域性大洪水。

主汛期间以 6 月 30 日—7 月 7 日及 7 月 9—14 日两次降水过程持续时间较长，雨量较大。6 月 30 日—7 月 7 日，淮河流域出现了主汛期最强的一次降水过程，河南东部、安徽中部和北部、江苏大部出现大范围的持续性暴雨和大暴雨，8 天总降雨量沿淮地区一般有 150～300mm，部分地区超过了 300mm。7月 9—14 日，淮河流域再次普降大到暴雨，局地出现大暴雨，淮河北部地区过程降水量有 100～150mm，以南地区有 100～200mm。为缓解洪水紧张局势，王家坝分别于 7 月 3 日和 11 日两次开闸泄洪，这是 1991 年淮河大水以后，淮河流域地区首次开闸泄洪。

据安徽、江苏、河南 3 省不完全统计，受灾人口达 5800 多万人，紧急转移 200 多万人；受灾农作物面积 520 多万 hm^2，成灾 340 万 hm^2，绝收 120 万hm^2；倒塌房屋 39 万间；直接经济损失 350 多亿元。

（2）2007 年流域性洪涝灾害。

2007 年汛期，淮河流域出现仅次于 1954 年的特大暴雨洪涝灾害。6 月 29日—7 月 26 日，淮河流域出现持续性强降水天气，总降水量一般有 200～400mm，其中河南南部、安徽中北部、江苏中西部有 400～600mm；降水量普遍比常年同期偏多 5 成至 2 倍，河南信阳偏多达 3 倍。淮河流域平均降水量465.6mm，超过 2003 年和 1991 年同期，仅少于 1954 年，为历史同期第二多。由于降水强度大，持续时间长，淮河发生了新中国成立后仅次于 1954 年的全流域性大洪水，先后启用王家坝等 10 个行蓄（滞）洪区分洪。受暴雨洪水影响，安徽、江苏、河南等省共有 2600 多万人受灾，死亡 30 多人，紧急转移安置 110 多万人；农作物受灾面积 200 多万 hm^2，其中绝收面积 60 多万 hm^2；因灾直接经济损失 170 多亿元。

（3）干旱事件。

2000 年 2—5 月，淮河流域大部地区仅有 50～100mm，比常年同期偏少 3 成以

上，其中河南、山东大部、安徽合肥以北地区、苏北西部，湖北西北部等地偏少
5～8成。此次春夏旱持续时间长、受旱面积大，对农业生产的危害严重。河南省
出现了新中国成立以来罕见的严重春旱，5月上旬，全省受旱农田面积达357.1万
hm²，严重受旱面积186.3万hm²，干枯死亡15.7万hm²，重旱区主要分布在豫
北、豫西和豫中。湖北省内鄂北地区旱情最重，夏收作物大幅减产，春耕春播严重
受阻，截至5月24日，全省农作物受旱面积达278.7万hm²，成灾151.9万hm²，
各类农业经济损失达66亿多元。由于春季旱情严重，淮河水位降至50年来同期最
低点，蚌埠闸等区域先后出现船只严重阻塞的情况。

（4）旱涝急转。

旱涝急转是指某一个地区或者某一个流域发生较长时间干旱时，突然遭遇
集中的强降水，引起河水陡涨的现象。淮河流域由于地处气候带的过渡区域，
季风偏弱时雨带就会长久地滞留在南方从而造成严重洪涝，而季风偏强雨带又
会很快地移过淮河流域造成干旱。由于每年夏季风强弱和雨带从南向北推进的
速度不一致，在淮河流域就会常常反映出"旱涝急转"特征。

1961—2007年，淮河流域共有13年出现了"旱涝急转"事件，分别是
1962年、1965年、1968年、1972年、1975年、1979年、1981年、1989年、
1996年、2000年、2005年、2006年、2007年。从长期来看，2000年以来频
次明显增多。在"旱涝急转"发生年，干旱以全流域发生为主，而洪涝有南部
型和全流域型两种。"旱涝急转"主要出现在6月中下旬（1989年、1996年和
2000年为6月上旬除外），与江淮入梅时间基本同时或略偏晚。春夏之交是淮
河流域小麦、油菜生长的关键期。若降水偏少、土壤缺墒，引发籽粒退化，导
致严重减产；此外，干旱还会影响秋收农作物的适时播种和出苗。夏季，春播
旱作物处于旺盛生长期，夏涝易引起作物叶片发黄、根部腐烂、苗情差，同时
涝渍也导致棉花蕾铃脱落，影响产量。涝灾严重时可能会造成农作物的绝收。
因此，易对农业生产造成极为严重的不利影响。

（二）其他气象灾害特征

1. 台风灾害影响频繁

（1）影响淮河流域的台风。

影响淮河流域的台风主要有登陆型和沿海转向型两种。登陆型台风在广
东、福建、浙江沿海等地登陆，并逐渐减弱消亡。这类台风对淮河流域的影响
最大，如2005年0509号台风"麦莎"。沿海转向型台风先向西北方向移动，
当接近中国东部沿海地区时，不登陆而转向东北，这类台风的外围有时可以影
响淮河流域东部地区，如2002年第5号热带风暴"威马逊"。2001—2012年

的 12 年间，除 2001 年、2003 年和 2010 年之外，淮河流域都遭受了台风灾害，具体情况见表 2。

表 2　　　　　　　　　　2001—2012 年间影响淮河流域的台风

年份	台风编号	影响淮河流域的台风名称
2001	—	
2002	0205	热带风暴"威马逊"
2003	—	
2004	0407	台风"蒲公英"
	0414	台风"云娜"
2005	0505	台风"海棠"
	0509	台风"麦莎"
	0513	台风"泰利"
	0515	台风"卡努"
2006	0605	台风"格美"
2007	0713	台风"韦帕"
	0716	台风"罗莎"
2008	0808	台风"凤凰"
2009	0908	台风"莫拉克"
2010	—	—
2011	1109	台风"梅花"
2012	1210	台风"达维"
	1211	台风"海葵"

注　　"—"表示无台风。

（2）典型案例及其影响。

1）0509 号台风"麦莎"。2005 年 7 月 30 日，0509 号台风"麦莎"于西北太平洋洋面上生成。8 月 6 日凌晨 3 时 40 分，台风在浙江省玉环县登陆，登陆时中心风力达 12 级，最大风速达 45m/s，中心最低气压仅 950hPa。台风登陆后穿越浙江省，8 月 7 日 15 时经安徽东南部进入江苏省南京市江浦区，穿越江苏省，于 8 月 8 日 7 时经连云港、赣榆移向山东。受其影响，淮北地区过程雨量有 16.4～110.4mm，8 月 5—9 日累计雨量最大的常熟支塘镇为 218.4mm。同时，江苏省各地出现了大范围的强风天气，4 天内先后有 55 个市（县）出现了 7 级以上大风，部分地区达到 11 级。台风"麦莎"给江苏省带来严重影响，全省近 796 万人口受灾，8 人因灾死亡；农作物受灾面积约

47.8 万 hm²，农业经济损失近 9.97 亿元；直接经济损失近 17.99 亿元。

2）0515 号台风"卡努"。2005 年 9 月 5 日，0515 号台风"卡努"于西北太平洋洋面生成。9 月 11 日 14 时 50 分，"卡努"登陆浙江台州，登陆时中心最大风力达 12 级，最大风速达 50m/s，中心最低气压仅 945hPa。台风登陆后穿过浙江北部，9 月 12 日 4 时 30 分经太湖以西进入江苏省，9 月 12 日 22 时 30 分从江苏省连云港市的燕尾港入海，在江苏境内历时 18h。受其影响，9 月 11 日夜里至 9 月 13 日江苏省大部分地区出现降水和大风天气。9 月 11—13 日，江苏省共有 34 个市（县）出现了暴雨—大暴雨外。大风主要出现在 9 月 12 日，江苏省大部地区出现了 8～11 级大风。台风"卡努"导致江苏省约 417.2 万人受灾，3 人因灾死亡；农作物受灾 48.6 万 hm²，农业经济损失 6.8 亿元；直接经济损失约 15 亿元。

3）0605 号台风"格美"。2006 年，淮河流域受 0605 号台风"格美（Kaemi）"影响。台风"格美（Kaemi）"于 7 月 24 日 23 时 45 分在台湾省台东县沿海登陆，7 月 25 日 15 时 50 分在福建省晋江沿海再次登陆，7 月 26 日早晨在该省减弱为热带低气压，7 月 27 日下午在江西境内减弱消失。7 月 25 日 8 时至 7 月 28 日 14 时安徽省大部地区出现降水，其中淮北中部、大别山区累计降雨量 50～260mm，26 日大别山区有 5 个乡镇降雨量超过 200mm，最大霍山县太阳镇为 242mm。由于佛子岭、磨子潭、龙河口水库库区降特大暴雨，造成水库水位明显上涨。"格美"引发的强降雨造成大别山等局部地区发生严重山洪及泥石流灾害，水利基础设施损毁严重。安徽省受灾人口 56.5 万人，死亡 8 人；农作物受灾 3.8 万 hm²；直接经济损失 5.0 亿元。

2. 春季低温冻害有所增加

低温冻害是影响农作物生长发育的主要气象灾害之一，随着气候变暖，淮河流域低温冻害有所减少，2001—2011 年淮河流域平均霜冻日数 61.6d，较常年偏少约 6.9d（图 16）。由于气候变暖，农作物发育加快，拔节期提前，但早春冷空气活动仍很频繁，霜冻害发生仍较频繁，特别是近 10 年，春季霜冻日数呈增加趋势（图 17）。

3. 高温热害发生频繁

最近 50 年，淮河流域高温日数（日最高气温不低于 35.0℃的天数）具有明显的年代际变化特征（图 18），20 世纪 60—70 年代为高温日数偏多时期，20 世纪 80—90 年代为高温日数偏少时期，但进入 21 世纪以来，高温日数有回升趋势，2001—2011 年淮河流域平均高温日数为 9.3d，较常年偏多约 1.4d。

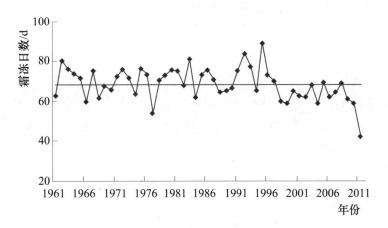

图16　1961—2011年淮河流域平均霜冻日数历年变化

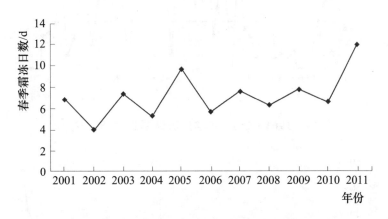

图17　2001—2011年春季霜冻日数历年变化

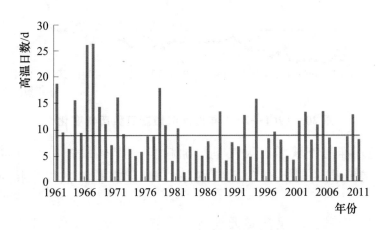

图18　1961—2011年淮河流域高温日数历年变化

4. 雾日减少，霾激增，雾霾天气增多

淮河流域平均年雾日数总体呈减少趋势，并伴有明显的年代际波动：20世纪60年代，年雾日数较常年值略偏少，70—80年代，年雾日数偏多，90年代之后，年雾日数明显偏少并呈现显著减少趋势（图19）。2001—2011年淮河流域平均雾日数为24.4d，比常年偏少3.7d。1961—2011年，淮河流域平均年霾日数呈增加趋势，特别是21世纪以来，霾日数增加十分显著，2001—2011年年平均霾日数为24.1d，比常年偏多11.2d（图20）。

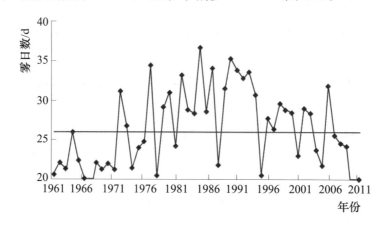

图 19 1961—2011 年淮河流域雾日数历年变化

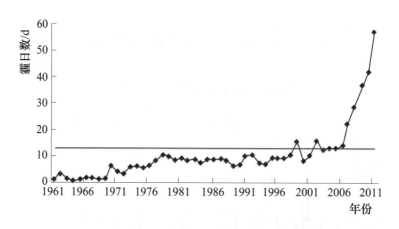

图 20 1961—2011 年淮河流域霾日数历年变化

总体来说，淮河流域雾霾天气呈增加趋势，其中2001—2011年雾霾日数为46.1d，较常年同期偏多6.7d，特别是2006年雾霾日数以来持续增长（图21）。

淮河流域冬春秋三季是雾霾天气高发季节，雾霾天气常引起城市空气质量下降，造成公路航运受阻，并引发多起交通事故。以安徽为例，最近几年安徽省年雾霾天气诱发的交通事故都超过了100起，占不利天气条件事故总数的

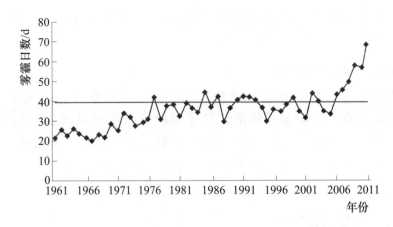

图 21　1961—2011 年淮河流域雾霾日数历年变化

10％～15％。

2009 年 1 月 21—22 日，沿淮和江淮部分地区出现大雾，寿县和蚌埠最低能见度不足 50m。受大雾影响，1 月 21 日早晨 8 时左右，京台高速合徐南段 103km 处发生连环追尾事故，造成 9 人死亡、30 余人受伤；同日，在相邻的蚌埠禹会服务区地段也发生一起交通事故，造成 1 人死亡。

2010 年 1 月 18 日早晨，沿淮及淮河以南大部出现大雾，其中沿江西部能见度不足 100m。受浓雾影响，京台高速公路下行线安庆至合肥段多处地点发生连环相撞事故，先后造成 6 人死亡、13 人受伤。

2011 年 11 月 28 日沿淮至沿江地区 33 个市县出现雾霾；11 月 29 日淮河以南有 31 个市县出现雾霾。11 月 28 日雾霾天气诱发多起交通事故，数人伤亡，其中合宁高速 2 死 8 伤，合六叶段高速 1 死 5 伤，宁洛高速 2 死 5 伤。此外淮河蚌埠段因雾停航。

2012 年 1 月 9—10 日，安徽省北部出现雾霾天气，1 月 9 日早晨沿淮淮北及江南东部 24 个市县出现大雾。1 月 9 日 11 时南洛高速界首段大雾诱发 6 车连环追尾事故，造成 2 死 20 伤。

（三）淮河流域四省气象灾害特征

1. 河南省气象灾害特征

21 世纪前 10 年，河南省气象灾害频繁、危害加重。10 年中，有 5 年出现较明显干旱；有 8 年都出现较明显雨涝灾害，其中有 5 年的雨涝主要在淮河流域；冰雹日数近 10 年最少，但有 8 年都出现较明显的风雹灾害；10 年中 7 年出现冰雪灾害，有 4 年出现较明显雨（雾）淞天气灾害，冰雪危害加重；除 2007 年寒潮大风不明显外，其他 9 年都出现不同范围的危害；大雾日数有减少趋势，但霾日数增加，尤其是城市的霾日数呈现出明显线性增多，21 世纪的前 10 年，郑州市霾日数增加 60 多天。

2. 安徽省气象灾害特征

安徽省极端气候事件变化表现为冬季低温日数减少，极端最低气温升高；高温日数正在回升，高温初日提前；极端强降水发生概率增加，尤其是沿淮淮北地区，旱涝灾害频繁。超过 39℃ 的极端高温明显增多，高温热害减产年比例增多；雷暴、大风、冰雹、龙卷等强对流天气有减少趋势，但因经济发展，灾害造成的损失严重。

3. 江苏省气象灾害特征

江苏省气象灾害的发生有明显变化，例如暴雨、雷电、大雾、霾、洪涝等灾害发生的频次和强度有增加趋势，部分灾害的时空分布特征发生变化，例如近年淮河流域易发生洪涝，部分地区的小雨日数在减少，大雨以上日数在增加。

4. 山东省气象灾害特征

近 50 年来山东省暴雨日数呈现先减少后增多的趋势，20 世纪 80 年代暴雨日数最少，近 10 年呈现增加趋势；近 50 年来冰雹日数呈现减少趋势，近 10 年来明显减少；干旱面积呈现先增加后减少的趋势，但是阶段性干旱比较严重；近 50 年来高温日数呈现增多趋势，从 20 世纪 60—90 年代变化不大，从 90 年代后期开始，明显增加；全省平均雾日数总体呈增多趋势，20 世纪 80 年代中期至 90 年代初期，雾日数达历年最多值，1990 年以后雾日数减少，但是近 10 年来出现大雾的次数有增加趋势；近年来全省平均年霾日数呈明显增加趋势，2010 年开始连续 3 年超过当年雾日数，2011 年最多，达到 18.9 天。

五、风能资源评估及其分散式风电开发

能源短缺、环境污染、气候变化、灾害频繁，这是世界面临的难题。为了保护人类赖以生存的地球环境，应对气候变化，必须节约能源，发展低碳经济，减少温室气体对大气的排放。然而生产要发展，人民的生活水平也在不断地提高，因此，如何进一步开发利用可再生能源，就成了社会发展中的一个瓶颈问题。

（一）淮河流域四省风能资源

根据中国气象局 2011 年公布的第四次全国风能资源详查结果，淮河流域四省除山东和江苏沿海地区属于风能资源丰富区以外，大部分内陆地区都不是风能资源丰富区（图 22）。但是，淮河流域 4 个省都有可开发的风能资源，2～2.5 级风能资源比较丰富（表 3），例如安徽省 2.5 级及以上风能资源技术开发量 133 万 kW，2 级及以上风能资源技术开发量 236 万 kW。因此，淮河流域四省的内陆地区适宜建设低风速风场，开展分散式风电开发。

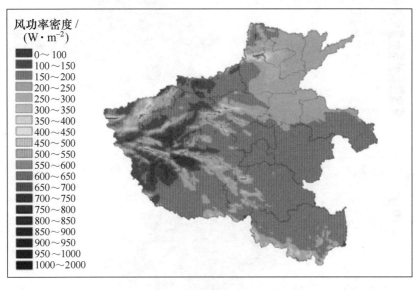

(a) 河南

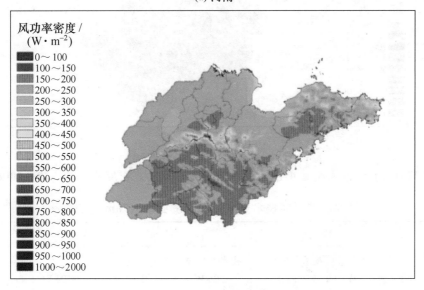

(b) 山东

图 22（一）　淮河流域 4 省年平均 70m 高度风功率密度分布（1979—2008）

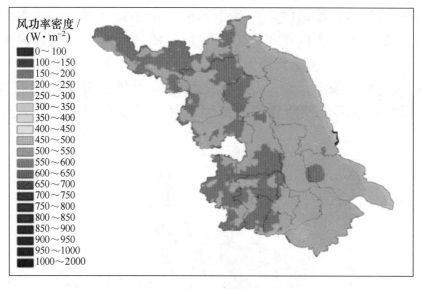

(c) 江苏

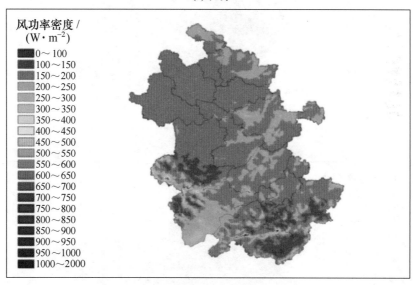

(d) 安徽

图 22（二）   淮河流域 4 省年平均 70m 高度风功率密度分布（1979—2008）

表 3   淮河流域风能技术开发量和开发面积（70m 高度）

风功率密度	≥300W/m²		≥250W/m²		≥200W/m²	
	技术开发量 /万 kW	技术开发面积 /km²	技术开发量 /万 kW	技术开发面积 /km²	技术开发量 /万 kW	技术开发面积 /km²
安徽	77	212	133	382	236	575
江苏	371	930	463	1094	636	1511
河南	389	1151	561	1375	657	1567
山东	6529	20982	7251	21138	8097	22033

（二）分散式风电发展规划与开发现状

为突破并网瓶颈，国家在"十二五"期间，改"建设大基地、融入大电网"的模式为"集中＋分散"的方式，发展低风速风场，并鼓励分散接入电网。发展低风速风电场、倡导分散式开发已被纳入"十二五"风电发展规划。"十二五"国家能源局核准的内陆风电建设项目计划：安徽 1410MW，河南1800MW，山东 1080MW，江苏 690MW。

低风速风电是指风速在 6～8m/s 之间，年利用小时数在 2000h 以下的风电开发项目。分散式接入风电项目是指位于负荷中心附近，不以大规模远距离输送电力为目的，所产生的电力就近接入当地电网进行消纳的风电项目。分散式接入风电项目应具备以下条件：①利用电网现有的变电站和送出线路，不新建送出线路和输变电设施。②接入当地电力系统110kV 或 66kV 以下降压变压器。③项目单元装机容量原则上不大于所接入电网现有变电站的最小负荷，鼓励多点接入。④项目总装机容量低于 5 万 kW。

安徽滁州来安风电场是中国首座大型低风速风电场，2011 年并网发电，132 台 1.5MW 超长叶片风电机组，装机容量200MW，年发电 3.9 亿 kW·h。来安风电项目对促进内陆低风速风电开发起到示范引领作用。淮河流域已建的低风速风电场还有：河南信阳黄柏山风电场，24 台 850kW 风机，装机容量20.4M；江苏盱眙风电场，33 台 1.5MW 风机，装机容量 50MW；济南平阴风电场，33 台 1.5MW 风机，装机容量，50MW。

"十二五"拟核准淮河流域内陆风电项目：安徽省 26 个项目，总装机容量1410MW；河南省 39 个项目，总装机容量 1800MW；山东省 30 个项目，总装机容量 1470MW；安徽省 14 个项目，总装机容量 680MW。

（三）分散式风电开发的风能资源精细化评估技术

2011 年在国家发展和改革委员会和财政部"全国风能资源详查和评价工作"的支持下，中国气象局完成了全国 31 个省（自治区、直辖市）水平分辨率 1km×1km、垂直方向 150m 以下分辨率 10m 的风能资源图谱，并建立了1979—2008 年全国风能资源参数历史信息库。在此基础上，中国气象局开发了中尺度气象模式与复杂地形动力诊断模式相结合的高分辨率风能资源模拟方法，水平分辨率可达 100m×100m，可以为分散式风电开发的风能资源评估提供可行的技术支持。本报告以河南省三门峡市为试点，开展服务于分散式风电开发的高分辨率风能资源数值模拟实验研究。

三门峡市位于河南省西部,坐落在黄河南岸阶地上,三面临水,地貌以山地、丘陵和黄土塬为主,大部分地区在海拔高度300~1500m之间,最高海拔2413.8m。图23为数值模拟得到的三门峡市1979—2008年、70m高度、水平分辨率100m×100m的年平均风功率密度分布,可以看出三门峡市70m高度、风能资源达到3级的风能资源主要分布在灵宝市东部、陕县和渑池县中部和南部。在陕县东北部和渑池县西北部有9座测风塔,用实际测风数据的检验结果表明,70m高度年平均风速相对误差为0~6.6%。考虑影响风电开发的自然地理因素和政策因素,如地形坡度、居民区、植被保护等,可以得到三门峡市风能可装机密度分布[图24(a)]。三门峡市风能资源的开发受地形影响比较大,可开发利用的风能资源主要分布在陕县西张村镇北部、渑池县英豪镇南部以及卢氏县社关镇北部等地区。将三门峡市所有变电站向外辐射5km与风能可装机密度图进行叠加[图24(b)],可以看出,从风能资源和自然地理条件的角度,最适宜开展分散式风电开发的地区在陕县西张村镇北部,其次是陕县东北部与渑池县西北部的交界地区以及卢氏县社关镇北部地区。

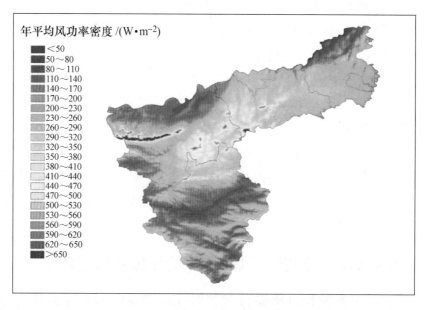

图23 1979—2008年三门峡市70m高度的年平均风功率
密度分布(水平分辨率100m)

(四)风力提水技术在淮河流域的应用前景

我国是世界上最早采用风力提水方式利用风能资源的国家之一,早在公元前数世纪就有利用风能提水进行灌溉、磨面和舂米的记载。我国沿海地区用风车提水灌溉或制盐的做法,一直延续到了20世纪50年代。现代风力提水机根

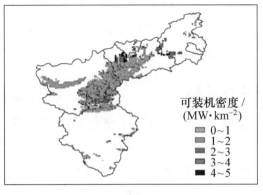
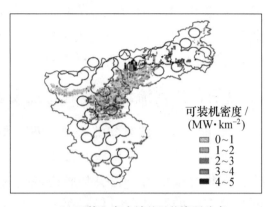

(a) 风能可装机密度分布   (b) 可接入变电站的风能资源分布

图 24 三门峡市风能可装机密度分布和可接入变电站的风能资源分布

据用途可以分为两类：一类是高扬程小流量的风力提水机，它与活塞相配提取深井地下水，主要用于草原、牧区，为人畜提供饮用水。另一类是低扬程大流量的风力提水机，它与螺旋泵相配，提取河水、湖水或海水，主要用于农田灌溉、水产养殖。

山东省日照水库岸堤的大型风力提水灌溉项目拥有 140 台提水风车，6000m³ 蓄水池，是目前规模最大的农业风力提水项目，它将日照水库的水提到高位蓄水池，经由水管直达田间地头，可灌溉周边 4150 亩农田。此外，山东省蒙阴县已建立了 100 多个风力提水站，每年为农民节约开支近千万元。安徽省首个风力提水站在马鞍山市当涂县江心乡蔬菜生产基地投入使用，第二个风力提水站建在滁州市来安县小李庄，主要用于蔬菜基地灌溉以及为村里的自来水塔抽水。

建立风力提水站要求风速不小于 3.5m/s、年有效风速时数在 3000h 以上，与风能并网发电相比，风力提水投资小，有风时即可取水，不要求风力稳定，比较灵活，在淮河流域容易出现干旱的地区应用价值较大。除了灌溉外，风力提水还可以通过修建水塔的方式，改善农村饮用水的质量；在冬季用于抽取深层地下水和深层库水，迂回循环，作为一种热源，供花房、苗圃、大棚蔬菜以及鱼苗场使用。总之，风力提水技术可促进农村新能源建设，促进社会主义新农村建设。

六、淮河流域的地质环境背景

淮河南侧支流源近河短，坡陡流急，水网密度高。北侧支流源远河长，坡平流缓。平原区河道纵比降 0.1‰～1.0‰，水网密度低。多年平均河川径流深在南部为 300～600mm，北部小于 100mm；河川径流系数南部 0.4～0.5，北部 0.1～0.2。年内径流集中在汛期（6—9月），汛期径流量占年径流总量的 60%～70%。7—8月洪水机遇最高，1—2月径流量最小。

（一）淮河流域的地貌特征及其地质背景

1. 淮河流域跨越华北板块、扬子板块和秦岭-大别断褶带等大地构造单元

淮河流域南北跨越华北板块和秦岭-大别山断褶带两大构造单元（图25），主体在华北板块内，主要基底构造线为东西走向，辅以北东向或北北东向次级断裂。东部的北东东向郯庐深大断裂则又将淮河流域以五河—合肥一线为界分成东西两部分，断裂东西两侧有不同地壳结构性质，西侧地壳是华北板块，东侧则具有独特的地壳性质，其上地壳属扬子板块，下地壳却具有华北地壳性质。这是郯庐断裂中生代大规模左行剪切活动时，断裂东侧扬子板块东部上下地壳拆离，上地壳逆冲覆盖到华北板块之上，形成了东侧特有的双层地壳结构。因此郯庐断裂东西两侧这种不同地壳结构性质导致了断裂两侧发育不同的地层沉积类型，西侧为华北板块沉积区类型，东侧则为扬子板块沉积区类型（马杏垣等，1989）。

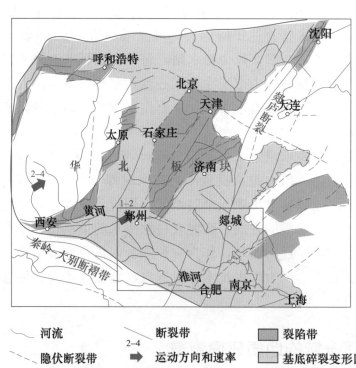

图25 淮河流域的大地构造位置（马杏垣等，1989）

　　淮河流域中生代至新生代早期强烈的断裂活动将这一地域切割成一系列规模不等、起始时期各异的断陷盆地，形成厚达千米的内陆河湖相沉积，其特点是西部厚、东部薄，北部厚、南部薄。晚第四纪以来沉积范围逐渐缩小，湖盆消失，形成了现代淮河。

2. 淮河是流域盆地内一条重要的地貌分区界限

　　新生代以来，西部、南部的秦岭-大别山断褶带上升接受侵蚀剥蚀，东部的豫皖断块和冀鲁断块下降接受沉积，形成了山地、岗地、平原三大地貌形态类型。山地有西部伏牛山和桐柏山、南部的大别山和东北部的沂蒙山，海拔高

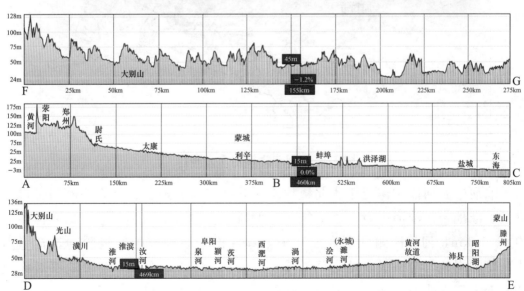

图 26　淮河流域地貌地势图及高程剖面

度200～2000m，多属中、低山和丘陵地貌。岗地分布于山前，海拔高程50.00～150.00m，地形坡度1‰～8‰。平原分布于淮河两岸的广大地区，地势低平，海拔高程32.00～70.00m，地形坡度0.1‰～1.0‰（图26）。

以淮河为界，整个流域可分为淮北平原与江淮丘陵。淮北平原主要由淮河和黄河冲积物组成，地形西高东低（图26），水系呈平行排列，6条NW-SE向天然河流自西北向东南先后汇入淮河，主要有泉河、颍河、西淝河、涡河、浍河和沱河等（图27），这些河流的特点是流程长、坡降小、大多缺少有效山地汇水区，南北向剖面上地形波状起伏、黄河故道由于黄泛沉积成为平原上的相对高点。淮河以南的江淮丘陵，地形相对升高，岗地圆缓，波状起伏，残丘零星分布，SW-NE向河流发源于南部或西部山区，自西南流向东北注入淮河，具有流程短、坡降大特点，东西向地形剖面（图26）显示出这些河流河谷具有明显东陡西缓的不对称特点，形成淮河南北两岸完全不同的河流发育模式。

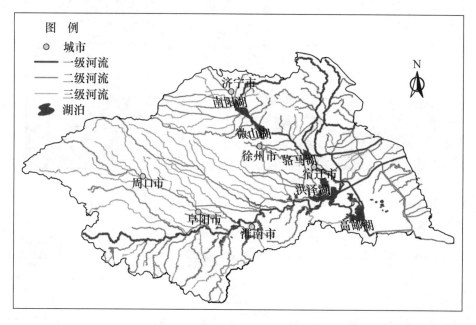

图27　淮河中上游水系分布图

淮河中游河段主体位于华北板块南缘，在安徽五河县穿过郯庐断裂带进入下扬子准地台。淮河中游河谷地貌可分两段，上段自王家坝至颍河口，河谷宽约8～10km，河谷两侧分别为淮北平原和江淮平原构成的二级阶地，常呈南北对峙的岗地，与一级阶地之间有5～8m高的明显陡坎；一级阶地不对称地分布于淮河现代河床两侧，河谷宽缓开阔。下段自颍河口至洪泽湖口，河谷宽阔，达十几千米，河床局部低于海平面，北岸二级阶地和一级阶地连成一体，无明显界限，显示具有持续断陷下降特点，南岸局部残存二级阶地（曹厚增等，2004；翟洪涛等，2002）。

3. 地质构造控制了流域内的地形地貌和水系格局

流域内的活动断裂构造控制了大多数河流的空间展布。淮河南北两侧的河流受不同走向的断裂所控制，北侧的沱河、浍河、北淝河、涡河、茨河、西淝河、颍河、洪河等河流均呈北西-南东向展布，明显受 NW 向的新生代压剪性断裂所控制，而淮河以南发源自大别山的河流则大多为南西-北东流向，表现出受 NNE－NE 向张剪切断裂控制特点，如浉河、汲河、灌河、潢河等河流，史河在固始县由 NW 向突然转折成 NNE 向的直线河段也显示了典型的 NEE 向新华夏系活动构造的控制特点。

构造活动控制了流域内河流大规模决口改道的时间、方向和地点。穿越黄河的深、大断裂新生代以来一直处于活动状态，并且持续活动至今。研究表明，黄河的 7 次大改道中的 4 次自然改道处，均位于活动大断裂与派生断裂的交汇带上（图 28），显示活动断裂对下游河道堤防破坏性极大（郭新华等，1992）。

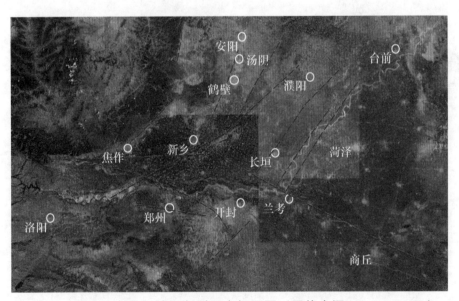

图 28　黄河兰考段区域深断裂展布解译图（图片来源：google earth）

黄河花园口周边附近发育的主要断裂有 NE、NNE 向的岩石圈型断裂（图 28），包括汤（阴）西、汤（阴）东、长垣、黄河及聊兰断裂，NWW 向地壳型断裂，如新乡—商丘断裂，盖层型断裂，如郑汴断裂。根据其规模、运动速率、活动历史及控发地震等情况分析，强烈活动型的断裂有汤西、汤东、长垣、黄河及聊兰断裂，其次是新乡-商丘断裂（张连胜等，2001）。

对黄河、淮河、沙颍河等主要河流的变迁研究证明，构造活动相对活跃期是地质作用较强、地貌变化较快、地震和地裂缝等破坏性灾害相对集中发生的时期，这时的河流水系决口改道频繁，河流决口改道地点多分布在靠近大型活动性断裂带的下降盘一侧附近，这里也是地裂缝多发区，地形变幅度较大，堆积速度快，是河道防护的重点区段。河流决口改道的方向也多沿着沉降速度大的地区滚动，这里地势低洼，有利于水的汇集。因此从宏观上看，流域构造格局是淮河干支流排水不畅的主要原因（郭新华等，1992）。

4. 淮河流域的第四纪构造活动形成了两个隆起带与两个沉降带

淮河流域第四纪以来的构造活动大致沿河流走向形成了两个隆起带与两个沉降带。由西向东分别是：伏牛山-大别山隆起带、淮北沉降带、徐州-蚌埠隆起带、苏北滨海平原沉降带（图29）（郭新华等，1992）。

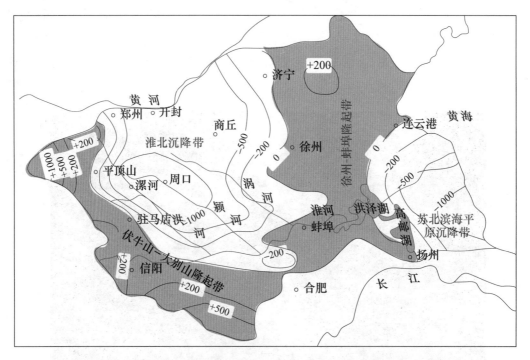

图29　淮河流域新构造运动图（郭新华等，1992）

注：等值线数字为新构造运动幅度，负值为下降幅度，正值为上升幅度；

灰色区为上升区，白色区为下降区

伏牛山-大别山隆起带位于流域西、南部，地形坡度较大，水土流失严重，缺乏第四系含水层，是主要易旱区和洪水发源地。隆起带北部即为江淮丘陵的北西部，淮河支流少且短，属于相对抬升区，地势向北微倾，在很大范围内地面高程在27.00～40.00m上下。丘陵区出露前震旦纪的变质岩、混合岩和混合花岗岩。

淮北沉降带的中心是淮北平原，又称黄淮平原。整体为岗坳相间的舒缓波状平原，总体地势向南东微倾，在很大范围内地面高程维持在 25～30m 之间。沉积了较厚的第四纪地层，为典型堆积地貌景观，早、中更新统地层（Q_{1-2}）多被晚更新世（Q_3）河流相沉积物和全新世次生黄土所掩埋，全新世（Q_4）冲积层沿河流展布，地程多在 22m 上下。第四系沉积物自东向西厚度增加（图 29）。

淮河中游河段地形低洼，河曲发育，排水不畅，河道变化频繁。西受隆起山冈区来水压力，东受徐州–蚌埠隆起带对排水的阻滞，容易发生洪涝和内涝灾害。从地质上看，断裂活动和地壳变形都对河流水系的变化有重大影响。

（二）淮河流域地质构造特征与活动方式

1. 郯庐断裂是流域内地质地貌的重要控制构造

（1）郯庐断裂是中国东部的一条主干深大断裂。

淮河流域内最显著、最重要的构造形迹就是郯庐断裂（图 30）。郯庐断裂

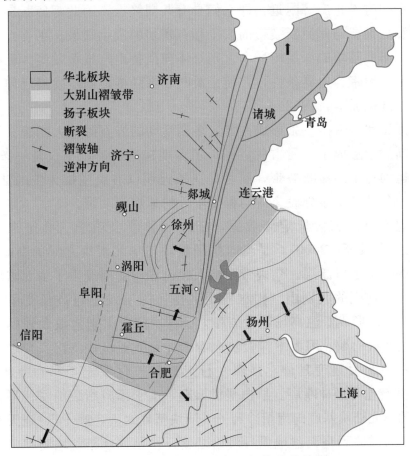

图 30　郯庐断裂郯城–合肥段构造格架图

带是东亚大陆上的一系列北东向巨型断裂系中的一条主干断裂带，在我国境内延伸2400多千米，切穿中国东部不同大地构造单元，规模宏伟，结构复杂，是地壳断块差异运动的结合带，也是地球物理场异常带和深源岩浆活动带。

郯庐断裂带北段包括在黑龙江、吉林省境内的依兰-伊通深断裂、辽宁省的开源-营口-潍坊深断裂（又称辽东滨海断裂）、苏皖境内的安江山断裂（或称皖苏鲁断裂），以及1959年命名的郯城-庐江深断裂（狭义）等。

郯庐断裂带中段由一束平直的走滑断裂组成（图30），断面向东陡倾，其两侧变形特点有明显不同。东盘以长距离牵引拖曳为主，断续出露的青白口纪张八岭群、震旦系及古生代地层，在庐江、张八岭一带呈NNE走向，向北逐渐向东偏转，至苏北宿迁-泗洪、响水-淮阴一带转为NE、NNE向。总体呈NE至NNE向大型弧形构造，其间可能有一些规模较小的拉断现象，显示牵引变形特点。郯庐断裂带的西盘构造带与构造线主要为NWW至EW向，与走滑断裂带直交，不具拖曳特点，出现巨大断距。

郯庐断裂带南端达长江北岸，与扬子陆块北缘逆冲断裂带以及大别推覆体前缘断裂带同时终止广济附近，即它们具有共同终点，因此郯庐断裂带西侧的深层俯冲和大推覆与郯庐断裂带的大平移有密切的成生联系。平移作用导致和加强了西侧华北陆块的深层俯冲和大别块体向南挤出与推覆效应。而推覆与俯冲是以郯庐断裂带为边界条件，并使走滑断裂带随推覆同步发展延伸（宋明水等，2002；陆镜元等，1992）。

（2）郯庐断裂带是一条形成古老、多期活动的岩石圈深大断裂。

郯庐断裂带形成于中元古代，经历了多期构造运动，不仅是一条"长寿"的以剪切运动为主的深断裂带，而且是一条近期以右旋逆推为主的活断裂带，同时也是一条具有明显分段、活动程度不等的地震活动带。

根据地质依据和大量定年数据，郯庐断裂带启动于三叠纪末（2088—245Ma）（王小凤等，2000），是当时扬子板块与华北板块之间的秦岭-大别碰撞带以东的一条走滑断层。断裂带西侧大约也在印支期发生了华北陆块向南俯冲，处于中下地壳的大别山"山根"受到挤压深层发生超高压变质，开始挤出，在中部层次形成低温高压蓝片岩带，于侏罗纪时大别岩块大规模向南逆冲推覆。中生代燕山期，因太平洋板块向西俯冲到欧亚板块（广义）之下，而使郯庐断层带向北大幅度延伸，强烈左行走滑始于侏罗纪至早白垩世（100—208Ma），并转化为逆冲断层。早白垩世末期，由于郯庐断裂的左行平移，郯庐断裂西侧的华北陆块基底向南俯冲到扬子陆块基底之下，磨子潭-晓天断裂南侧的北大别杂岩逆冲到晓天盆地黑石渡组之上，并导致合肥盆地萎缩，大别山进一步抬升。晚白垩世至古近世为伸展期，中国东部总体受伸展构造所控制，以发育盆岭体系为特征，大别山因重力均衡作用而进一步抬升，四周断陷。

新近纪由于西太平洋弧后扩张和印度板块向北碰撞在华北形成 NE 至 NEE 向挤压，断裂带在新生代挤压活动中切入上地幔，出现了地幔剪切、地幔交代、部分熔融等深部过程，最终形成了挤压背景下的陆内断裂带大规模的玄武岩喷发，如女山和嘉山的第四纪火山、盱眙的玄武岩熔岩台地等。断裂带转化为以右行挤压为主的活动性质，并由此造成了淮河流域现今 NEE 至近 EW 向挤压应力场作用下特殊的 NEE 向拉张断陷、NW 向挤压的构造环境，并由此控制了流域内河流地貌的形成发育。

（3）郯庐断裂带现今仍在剧烈活动。

历史记载表明，郯庐断裂带是一条处于活动状态的地震活动带，断裂带及其附近两侧，大大小小的地震活动从未间断过。公元前 70 年 6 月 1 日山东诸城一带的 7.3 级地震。1668 年 7 月 28 日山东郯城；8.5 级大地震，波及大半个中国，是我国东部千年罕遇的一次特大地震事件。1957 年 10 月 6 日渤海中部发生 7.5 级地震。1969 年 7 月 15 日渤海中部再次发生 7.4 级地震。1975 年 2 月 24 日辽宁海城 7.3 级地震。这些地震的震中都在郯庐断裂带或其附近，是断裂带间歇性活动所引发。

（4）郯庐断裂东西两侧淮河流域有不同地壳结构性质。

在淮河流域内的是郯庐断裂南段的宿迁-合肥段，它发育在扬子断块与华北淮阳断褶的交界处，其介质相对较软，结构比较简单，构造应力量级不高，地震活动强度也不大，其地震活动水平较北段（肇兴-沈阳）略高一些，低于中段（沈阳-宿迁）。以五河-合肥一线为界，断裂两侧属于不同的板块单元，西侧地壳是华北板块，东侧则具有极为独特的地壳性质，其上地壳属扬子板块，下地壳却具有华北地壳性质，是由于郯庐断裂中生代大规模左行剪切活动时，扬子板块东部上下地壳拆离，上地壳逆冲覆盖到了华北板块之上（图 31）。因此淮河大致以郯庐断裂为界，东西两侧的流域区具有完全不同的地壳结构特征，这种不同地壳结构性质导致了断裂两侧地壳第四纪以来具有不同的地质形变特征，洪泽湖以东地区具有整体同步升降的特点，而以西地区则以断陷与隆起为特征，沿淮河中游形成了 NEE 向展布的断陷沉降槽，断陷槽北侧则形成了以 NW 向压剪性断裂为特征的相对隆起区。

（5）郯庐断裂控制形成了徐州—蚌埠隆起带。

由于郯庐断裂长期的挤压剪切活动，尤其是新生代以来的 NEE 向挤压应力作用，沿郯庐断裂带不仅出现了大规模的新生代（甚至第四纪）火山活动，发育了明光的女山、嘉山等第四纪火山口，以及盱眙的第四纪玄武岩台地（图 32），而且在徐州至蚌埠一带形成了南北向展布的众多基岩低山，该隆起带上

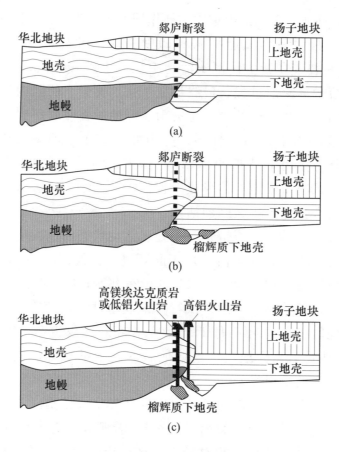

图 31　郯庐断裂东侧扬子板块地壳拆离及
下地壳拆沉示意图（资锋等，2008）

第四系沉积物厚度小，构成了东西两侧凹陷盆地的中间隆起分隔带。正是由于徐州-蚌埠隆起带的阻挡，使淮河上游洪水被阻挡在中游一带，造成洪泽湖以西洪水的顶托滞留。

2. 淮河构造变形带是郯庐断裂带西侧的构造沉降带

淮河流域主要位于华北板块南部，地处华北、扬子板块和秦岭-大别褶断带 3 个大地构造单元的接壤地带。淮河构造变形带是指华北板块南缘的淮河中游区，也是淮河中游断裂沉降带，又称淮河中游断陷，位于郯庐断裂带西侧，其东端终止于郯庐断裂带，变形带的南北两侧为华北板块南缘次一级的皖中块体和淮北块体，两块体内也分别发育有多条断层，历史上记录到 5 次中强震。

（1）淮河构造变形带是喜山期由不同走向断裂构成的断裂沉降带。

中国东部 NE 向、NW 向、NNE 向和近 EW 向 4 组活动断层控制着地貌和沉积物的发育，并且普遍以北北东向和北东向活动断裂和断陷盆地为主，在

(a) 女山火山口 (山后水域是洪泽湖)

(b) 盱眙玄武岩熔岩台地及其古海蚀崖地貌

图 32 郯庐断裂带上的第四纪火山岩（图像来源：google earth）

此背景上再反映出北西和近东西断裂活动的特征（陆镜元等，1992）。

淮河构造变形带断裂构造比较发育，主要为近 EW 向和 NNE 向两组断裂，以及 NE 和 NW 向断裂。从断裂截切地貌的情况分析，有的断裂具有控制淮河河道流向的作用。变形带内近 EW 向断裂具压剪特征，而 NNE 向则具张剪性质（图 33）（翟洪涛等，2002）。

阜阳-凤台东西向断裂（图 33 中⑤）：该断裂自西向东经阜阳口孜集、颍上谢桥、凤台至淮南二道河，总体走向近 EW，为印支-燕山期强烈活动的逆冲断裂，新生代以左旋平移为主，全新世以来仍具明显活动性。凤台东侧钻孔揭示为一铲形断裂，断面南倾，上陡下缓。浅层地震揭露该断裂走向 NW，倾向 SW，倾角约 70°，断裂断在中更新统底界，埋深 80～90m，垂向断距 5～10m。重力异常和磁异常平面图上均具明显梯度带。全新统沉积层被扰动变形

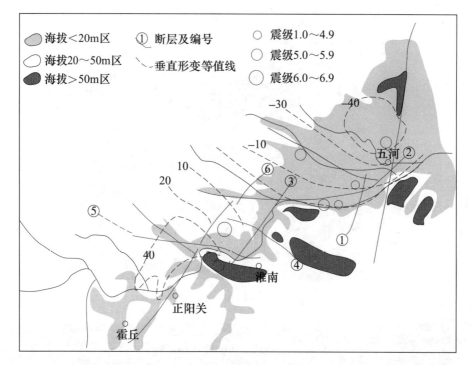

图 33　淮河构造变形带主要断裂分布及 $M \geqslant 4$ 地震震中
分布图（翟洪涛等，2002）
①临淮关-亮岗断裂；②怀远-黄家湾断裂；③固镇-怀远断裂；
④明龙山-上窑断裂；⑤阜阳-凤台断裂；⑥明龙山-正阳关断裂

说明现在仍在活动，是新生代以来一直活动的继承性活动断裂，但因其断面为铲形，所以深度上延伸不大，底部为近水平滑动面，滑动面为软弱层，能量不易大量积累。此外第四系沉积物中的揉皱变形及河流的 S 形扭曲均说明该断裂是一条以蠕滑为主的活动断裂。

怀远-黄家湾东西向断裂（图 33 中②）：位于怀远至黄家湾一线，大致沿蚌埠复背斜核部展布，走向近 EW，北倾，断面陡立，显示逆冲性质，是一条隐伏断裂，重力和航磁异常图上均有显示。钻孔揭示该断裂发生在早元古代变质岩中，且被 NNE 向断裂切割成数段。该断裂平行于淮河河道展布，是控制淮河河道的一条断裂，近代有微弱活动。

临淮关-亮岗北北东向断裂（图 33 中①）：展布于临淮关-东刘家湾-江山-亮岗一带，走向上呈波状弯曲，总体走向 20°。临淮关、东刘家湾一带的挤压构造带宽 0.5～2km，挤压面理发育，硅化及碳酸盐化明显。查潘村至亮岗一带，发育宽达 3km 的构造角砾岩带，为长期活动的构造带。

固镇-怀远北北东向断裂（图 33 中③）：该断裂为 NNE 向展布隐伏断裂，卫片上线性影像清晰，经电测深、钻探证实存在。重力异常图上是重力异常的交变衔接部位。钻探揭示，尹集、怀远一带，前震旦系、震旦系、侏罗系、自垩系地层走向不连续，前震旦系地层西延受到控制，为蚌埠块隆的西界断裂，控制新第三系和第四系的沉积。该断裂东侧，1979 年 3 月 2 日在固镇东南发生 5 级地震。

明龙山-正阳关北北东向断裂（图 33 中⑥）：该断裂总体走向 NNE。地形变资料表明断裂西南段的西侧处于下沉状态而断裂东南侧则不断上升，下沉幅度最大的部位位于凤台西南的沫河口，这也是皖北地区下沉幅值最大的地区。1831 年怀远明龙山 6 级地震发生在该断裂附近。

NNE 向断裂张剪性质为主，多切割近 EW 向断裂，属新生代活动断裂，往往与近 EW 向断裂一起构成淮河流域中的发震构造。这些断裂构成了淮河构造变形带的基本格架。

（2）淮河断裂沉降带是地裂缝集中的活动构造变形带。

该带历史上的 5 次中强震记录、地质岩芯钻孔及形变资料都显示这些断层仍具活动性（陆镜元等，1992）（图 33）。其中北东向断层与近东西向断层的交汇部位发生了 1831 年凤台东北（32.8°N、116.8°E）6 级地震，震中烈度达Ⅷ度。

该变形带也是一条地裂缝密集带（图 34）。自 20 世纪 60 年代以来，河南省淮河流域规模最大的地裂缝带就是 1974 年以来发生的潢川-固始-颍上-寿县地裂缝带。该地裂缝带横穿河南省息县、潢川、光山、商城、固始、淮滨及安徽省阜南、颍上、金寨、霍邱、六安、寿县等 12 个县市，南北宽 70km，东西长 200km，面积 1.4 万 km²，引起 7000 余间房屋（河南省内 2000 余间）开

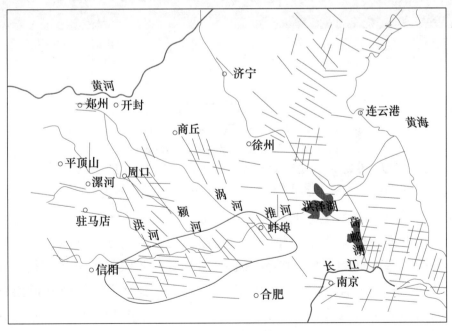

图 34　淮河中游的地裂缝集中带（红线区）（据马杏垣，1989）

裂，大量耕地被破坏（黄光寿等，2002）。地裂缝的展布特征指示了淮河构造变形带具有强烈的拉张断陷性质。

（3）淮河断陷南缘断裂是具有断面北倾、铲状正断特点的主干断裂。

淮河构造变形带与其他断陷盆地不同，具有特殊性，总体呈现为 NEE 走向的拉张断陷带，活动断裂以新生的北西向、北北东向和近东西向为主，还有北东向断裂的继承性活动，表现为追踪老断裂而形成锯齿状断陷边界（图 35）。

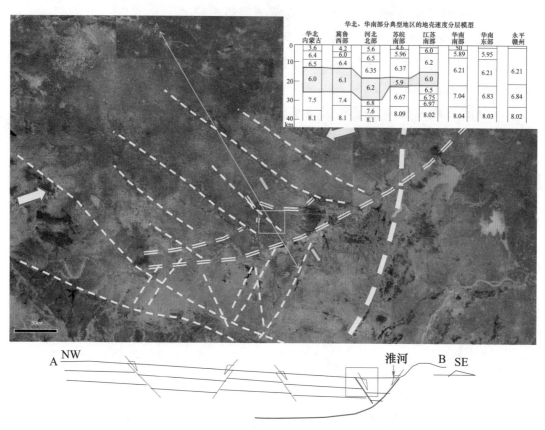

图 35　淮河断裂沉降带及淮北平原构造格架、
南北向剖面（图像来源：google earth）

注：黄线为隐伏断裂，红色箭头指示挤压应力方向，蓝色箭头指示拉张应力方向，
图中方框是图 36 地震剖面位置；地壳速度分层模型据陆镜元等（1992）。

淮河河道明显的南迁特点和北侧河流的 NW 向展布特征显示淮北平原具有西北高东南低的掀斜特点，并且主干控制断裂是淮河断陷的南缘断裂，该断裂追踪早期的 EW 向和 NE 向断裂而形成，具有向北倾斜的铲状特征，而北盘的次级第四纪断层具有反向正断的特点（图 36）。淮河断陷剖面的掀斜性质造成了北侧地形缓倾河道长、南侧陡倾河道短，NW 向断裂压扭，EW、NEE 向断裂张裂以及淮河河道明显南移的特点（图 37）。

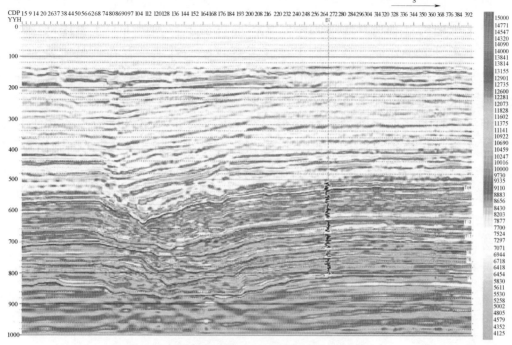

图 36   淮河断陷内铲状断层地震剖面
（Strata 波阻抗反演剖面）（庞忠和等，2009）

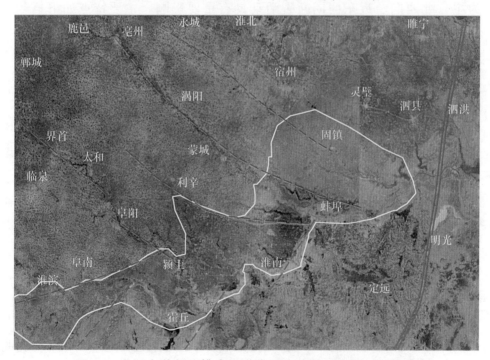

图 37   淮河中游断陷槽内河道南移和追踪早期断裂形成的
不规则边界（图像来源：google earth）

注：红线为断裂，黄线为断陷槽范围。

根据周国藩等（1989）对华北典型地震测深资料的分析，华北地区的地壳主要呈3层结构，即从几千米到十几千米厚度的上地壳，十多千米厚的中地壳和约十千米厚的下地壳。各地的中地壳多有较厚的低速层存在，是主要的蕴震层，也是表层控盆铲状断裂主要的深部滑脱面。因此淮河中游断裂沉降带主干控制断裂很可能也以此深度为深部滑脱面（图35）。

淮河流域的北西向断裂平行分布，在NEE至EW向挤压应力作用下，具有挤压性质，规模很大的构造地貌，如苏北海岸线，近1000千米的微山湖-太湖湖泊带，嘉山-江宁新生代玄武岩（含有超铁镁包体）喷发带，淮北一系列平行河流，以及与湖泊带、玄武岩带相伴分布的涡阳-溧阳北西向地震活动条带等。北西向断裂还切错、改造郯庐断裂南段使之呈弧形弯曲，说明本区北西向断裂活动比北北东向断裂活动更新更强烈。

近东西向断裂不但反映在淮河等河道上，更形成了大别山-黄山中山区、江淮-苏南丘陵区和淮北-苏北平原区3个台阶状二级构造地貌单元间的分区界线。沿分界线地震活动相对频繁，而且在大别山-黄山北麓还分布有早第三纪中性喷发岩。

从上述情况可以看出新构造运动时期（即喜山期）淮河构造变形带以伸展作用为主，北西向、近东西向断裂活动具有重要影响，主要特点如下。

1）淮河断陷带限于NEE走向的槽带范围内。

2）淮南矿区基本都在淮河断陷带范围内。

3）郯庐断裂两侧具有不同的沉降特点。

（4）淮河断裂沉降带具有左行拉张断陷特点。

淮河中游区处于华北应力场和华南应力场的共同作用下，其地震活动主要受控于华北应力场，根据中国东部近期地震资料，该区处于近东西向应力场作用下。

对1974年以来中小地震震源机制解的参数聚类分析表明（图38和图39），各块（带）平均主压应力轴和主张应力轴的倾角多数接近水平，最大为29°，最小为6°，平均小于15°；B轴较为陡立，其倾角最大为81°，最小为55°，平均大于70°。表明淮河中游区构造应力以水平作用为主（刘东旺等，2004）。

主压应力轴方位在71°～87°之间分布，平均为81°，与该区20世纪70年代的平均结果（NE78°）基本一致（安徽省人民政府地震局，1989），说明该地区近30多年平均构造应力场状态整体上没有大的改变。主张应力轴方位在152°～178°之间分布。淮北块体P轴优势方位为85°，其压应力作用方向为SWW向，皖中块体P轴优势方位为267°，其压应力作用方向为NEE方向，

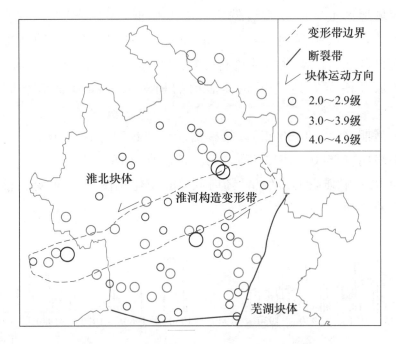

图38 淮河流域及邻区现代中小地震震中
分布（刘东旺等，2004）

因此在两块体分界的淮河构造变形带上可能存在一定左旋剪切作用，造成这一地带历史上中强震相对多发。

区内震源断层的滑动方式，即以近走滑型或斜滑型为主，而部分区域倾滑型比例也较大。由震源机制解中 B 轴倾角 α 的频数统计分布可知：淮河构造变形带及其两侧块体上震源断层破裂类型均以斜滑型（$31° \leqslant \alpha < 60°$）为主，即走向滑动中兼有倾滑成分，同时一些倾滑破裂（$\alpha \leqslant 30°$）地震，完全走滑型或近走滑型破裂（$61° \leqslant \alpha < 90°$）地震相对较少。说明淮河构造变形带以张裂断陷为主要特点，略具一定走滑性质。

（5）淮河流域地震震级小、频数少，但烈度大。

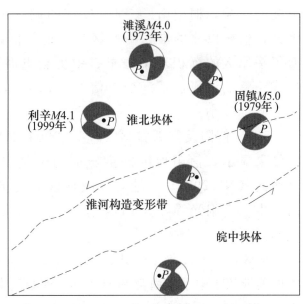

图39 淮河构造变形带及其南北侧区块
应力场和相对运动方向
（刘东旺等，2004）

淮河流域地区虽然地震震级偏小、频度偏低，但由于人口稠密、城镇密集、经济发达，一次中强地震对社会的冲击比一次强震对中国西部的危害还大，因而对该区地震活动性特征进行分析应引起各界关注（陆镜元等，1992）。

淮河流域及南黄海地震区地震活动的相对平静和显著活跃期可以划分如下：

第一平静期（ —1450 年），第一活跃期（1451—1679 年）；

第二平静期（1680—1811 年），第二活跃期（1812— ）。

1900 年以来中强震的震级 M 随时间 t 的变化见图 40，可见目前应该进入了相对平静的时期。

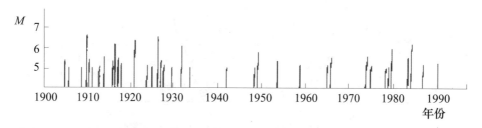

图 40   淮河流域及南黄海地区 $M \geqslant 5$ 中强震 $M - t$ 图（陆镜元等，1992）

3. 淮河上游地区也受 NE 至 NEE 向挤压应力作用

淮河上游主要位于河南省境内。受早更新世晚期以来桐柏山、大别山隆起的影响，桐柏山-大别山以南的掀斜地貌区不断发生自北向南的掀斜隆升；信阳以北的堆积平原区在晚更新世以来表现为区域间歇性隆起，改变了平原区的沉积环境，早、中更新世时期发育的浅湖消失，形成淮河，构成完整的淮河水系（李玉信等，1987），其后发育了二级河流阶地，但隆升幅度较小。

武汉-信阳及其邻接区 1972—2001 年 50 个 $M_s \geqslant 2.8$ 级地震震源机制解结果显示，信阳地区的主压应力轴优选方位以北东向（NE33°）为主，北西向（NW297°）为辅，反映该区地震主要由剪应力引起断层走滑错动而产生（李细光等，2003），这与淮河中游构造变形带的断陷为主特点有所不同。

该区自公元元年至今共记载 $M_s > 4.7$ 级地震 41 次，无 7 级以上地震，这些地震带状集中于东南部和西北部，明显受断裂构造控制，中、强地震均发生于 NW 向和 NE 向断裂交汇处。地震震源深度多集中于地壳 10～15km 深度范围内，反映中地壳低速层是主要蕴震层，也是表层断裂主要的深部滑脱面（图 41 和图 42）。

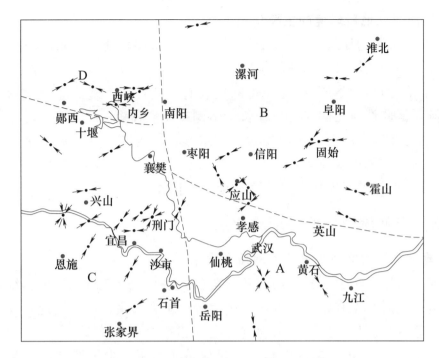

图 41　武汉–信阳及其邻区主压应力 P 轴空间
分布图（李细光等，2003）

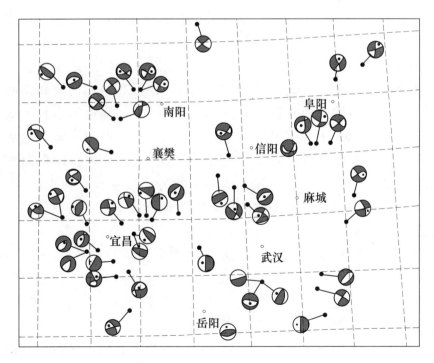

图 42　武汉–信阳及其邻区震源机制解（李细光等，2003）

4. 淮河流域地质环境的主要认识

1）淮河中游的淮滨-泗县段受控于 NEE 向断裂，处于拉张环境，具持续断陷特征，因此该河段的低洼滞水性质不可能改变。

2）淮滨-泗县段 NEE 向北倾正断层具有掀斜性质，造成北侧上盘地面向东南缓倾，因此淮河北侧支流流程长、南侧支流流程短。

3）淮河北侧支流汇水区面积大、汇水慢，易内涝、补充地下水，后果是面源污染强，且易进入地下水。

4）淮河南侧支流坡降大岗地多、地下水位深。

（三）淮河流域环境的地质背景

1. 地表沉积物类型决定了耕地质量水平

淮河流域地表绝大部分为第四系所覆盖，主要为全新统和上更新统，整个流域的地表物质类型有以下特点：山区地表以基岩为主，山前岗地以风成黄土为主，平原区以次生黄土、冲洪积物为主（郭新华等，1992）。

伏牛山-大别山山前岗区以第四纪风成黄土为主，少量坡洪积物和洪冲积物。黄土厚 20～60m，粒度由北向南变细。黄土分布面积广，披覆在不同地形之上，夹多层古土壤。该区黄土有别于西北黄土的特点是粒度偏细、碳酸盐淋滤、淀积作用较强，是黄棕壤及砂礓黑土的主要成壤母质之一。由于缺乏含水层，抗旱条件差。

这些岗区根据地貌成因、时代及形态分为西部 Q_2～Q_3 风积岗地（前者为主，后者为次）、北部 Q_2～Q_3 风积岗地、Q_3～Q_4 风积冲积岗地和岗间谷地几种类型。平顶山以南的山前地带为 Q_2～Q_3 风积岗地，岗地形态较平缓，地表黄土岩性为黏土和亚黏土，易旱易渍。以北的 Q_3～Q_2 风积岗地，地形起伏较大，排水条件好，蓄水条件差，是主要易旱区；Q_3～Q_4 风积冲积岗地分布于郑州－新郑一带，为零星残岗，地表岩性以粉砂、轻亚砂土为主，风沙为害，耐旱条件差；岗间谷地为冲积平地地形，浅层地下水丰富，是农业高产区，沿河道两侧时有洪涝威胁。

平原区可分为 3 种堆积物类型：Q_4 晚期黄河泛滥冲积平原，Q_4 中晚期洪河、汝河、颍河冲积平原，以及 Q_3～Q_4 沼泽平原 3 种类型。黄泛冲积物分布于北部黄河、沙颍河之间的广大地区，特点是堆积时间短、层次多、变化大，从粉砂到黏土均有分布。

水系冲积物分布于河流两侧，物源区以黄土为主，岩性较单一，形成的古河道高地、决口扇和泛流堆积微高地，一般是农业高产区，具有一定的耐旱耐涝条件。河间洼地和古沼泽平原，由于地形低洼，土质黏重，是旱涝灾害多发区，形成耕性不良的砂礓黑土。

2. 地质地貌条件直接影响农业经济发展

（1）地形坡度与涝灾频率成反比。

在天然条件下，下垫面水分的分布与地形坡度有很大关系，据1949—1978年涝灾资料统计，地形坡度小于0.5‰的地区，受涝频率大于35%，地形坡度大于5‰的地区，涝灾频率一般小于20%。

（2）流域水网密度与当地暴雨量呈正比。

水网密度是流域蓄水排水能力的指标之一，在自然状态下，流域暴雨和降雨量越大，其水网密度也越大。但由于人类活动和地质环境的关系，平原土地的开发与河道整治，湖泊萎缩消失，改变了自然水面率，水网的调蓄和排水能力也相应降低。局部地区出于除涝需要又人为增大了水网密度。前者导致蓄排能力不足，洪涝灾害加重；后者造成水资源流失人力物力浪费和灾区转移。小洪河、汾泉河两流域水网密度偏低，说明流域水网密度与降雨特征不适应。其原因在于人口密度过大，湖泊干枯萎缩，水面率变小。

（3）河流交汇角与地势比呈正比。

河流交汇角指两条河流交汇的夹角或支流汇入干流的夹角。在平原地区，地形越平缓，河流交汇角越小。据此可分析河流的排水条件。河流交汇角小于25°的平原地区，河道排水不畅，洪水倒灌顶托，内涝危害严重。区内沙河与颍河、小洪河与南汝河交汇角小于20°，表明周口、斑台两地段的防洪除涝任务繁重。

（4）包气带土的水分物理性质与旱涝灾害的关系。

近代河流冲积亚砂土，水分调节能力强，渗透性中等，毛管性能好，遇旱可得到毛管水补给，遇涝有一定的自身消化能力，是该区相对耐旱耐涝的高产农田。

亚黏土渗透系数小，自身排水条件差，有效水分含量低，湿时黏重，干后易裂，易旱易涝，渍害严重。

粉砂渗透性强，保水性差，正常含水量低，遇风起砂，不利农作物生长，容易发生干旱，在地下水位高的低洼地，则由于毛管作用强烈，水分蒸发量大，容易发生盐碱化。

（5）水文地质条件与旱涝灾害的关系。

在土地大量开发利用之后，地下水库是平原区消化当地产水的主要蓄水体之一。地下水位过高，平原区截蓄雨涝产水的能力相应减少，增大地表径流和河道行洪负担。在同样气象和地貌条件下，地下水位埋深小的地区易涝易渍，灾情加重。地下水位过高的地区往往又是地下水开发程度低的地区，由于缺少灌溉设施，抗旱条件差，加重了旱灾损失，如区内的洪汝河平原，浅层地下水较丰富、易开采，一些地段地下水位埋深小于2m，内涝和渍害严重，遇旱又无能为力。

（6）地质条件与旱涝灾害的关系。

不利水利工程稳定的岩土有两类：一是淮北平原广泛分布的亚黏土，该类土黏性较强，有一定胀缩性，冻胀后易碎裂，造成沟渠边坡垮塌，底部淤堵，影响灌溉除涝效益；另一类是北部地区分布的粉砂类，该类土结构松散，黏结力差，易风蚀和水蚀，坡岸稳定性差，常因边坡砂土流动淤堵沟、河、渠等水道，因其渗透性强，漏水严重，是影响水利工程效益和寿命的不利因素。

（7）地下水的分布。

山区基岩裂隙水分布不均；岗区大部分地区无良好含水层，地下水贫乏，岗间谷地地下水富集；平原区地下水丰富，补给条件好，开采方便，是农业灌溉用水的主要来源（郭新华等，1992）。

3. 旱涝灾害分布的地质模式

在气象条件确定的情况下，根据形成旱、涝灾的主导因素、涝灾类型和危害情况把全区归纳为以下模式。

（1）涝灾分布的地质模式。

1）砂礓黑土渍涝、内涝、洪涝交互发生区。分布在河间洼地、沿河洼地及地下水位较高的砂礓黑土分布区。

2）泛滥平原洪涝、内涝多发区。分布在岗区与平原交叉部位和山区河流的河道两侧，主要受河道山区洪水决口泛滥的威胁。

3）黄河冲积平原扇间、河间洼地内涝洪涝区。分布在黄河冲积扇扇间洼地、扇前洼地和现代沿河洼地，地形低平，排水条件差，受黄河洪水泛滥威胁。

4）平缓岗地土壤排水不良渍涝多发区。分布于淮南、正阳、驻马店、舞阳等平缓岗地，土壤质地黏重，自身排水不良，阴雨天气较多。

5）岗间谷地山区洪水威胁区。分布于山前河谷沿岸，主要受山区洪水威胁。

6）起伏岗地不易受涝区：分布于北部岗区．地面排水条件好，不易受涝。

7）山区局部洪涝危害区。分布于山间盆地和山区河谷两侧的滩地。

（2）旱灾分布的地质模式。

平原和岗区先按易旱程度分为三大类：易旱区、较易旱区和相对耐旱区。然后再根据形成旱灾的地理、地貌、土壤、气象，作物及农业期望值等主导因素进一步分区，共有几种分布模式。

1）砂礓黑土易旱区。分布在淮北平原和黄河冲积扇扇前洼地的砂礓黑土出露区。

2）沙丘沙地易旱区。分布于黄河冲积扇顶部和新郑附近的风积冲积岗地。

3）黄土岗地雨量偏少易旱区。如嵩箕山东、南侧黄土岗地。

4）伏牛山-桐柏山山前黄土岗地雨量不均易旱区。分布在舞阳，驻马店、正阳等山前岗地。

5）大别山前黄土岗地水稻易旱区。分布于淮南岗地。

以下几种易旱区仅占较少比例。

6）黄河冲积平原包气带多层结构较易旱区。分布于黄河冲积平原的局部地区，包气带多层结构，毛管水受阻，有效水含量低。

7）河谷冲积平原高产作物较易旱区：分布在颍河，沙汝河、洪汝河及淮河河谷冲洪积平原（岗间谷地）。

8）双洎河、颍河冲积扇高产作物较易旱区。分布在双洎河、颍河古河道高地上。

9）现代河流冲积平原亚砂土相对耐旱区。分布于全新世河流冲积平原和古河道微高地。

4. 淮河流域地质环境分区

根据以上分析，淮河流域的地质环境可以划分成以下几个区（图43）。

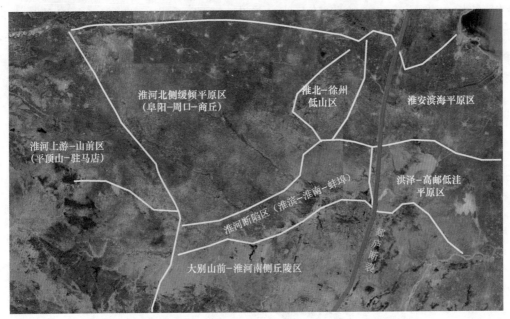

图 43　淮河流域地质环境分区（图像来源：google earth）

注：红线为郯庐断裂。

1）淮河上游-山前区。主要在平顶山-驻马店一带；资源型城市多，地理位置偏西，山区地质灾害多。

2）淮河北侧缓倾平原区。主要是阜阳-周口-商丘一带。地形平缓、无汇水山区、排水不畅，污染治理难度大；地下水利用度高，存在水资源瓶颈；宜农和农产品加工，不宜高污染化工。

3）淮河断陷区。主要是从淮滨，到淮南、蚌埠一线。有粮有煤；地势低洼，易洪涝；有大面积采煤塌陷区。

4）淮北-徐州低山区。有煤、制造业发达，无大江大湖。

5）淮安滨海平原区。滨海，有港口、运河，地势平坦、水流慢，位置偏东。

6）洪泽-高邮低洼平原区。地势低洼、易涝，位置偏东南。

7）大别山前-淮河南侧丘陵区：地形落差大、暴雨洪水多，缺乏代表性特色产业。

七、淮河流域主要自然环境单元的演化变迁及其人为影响

（一）淮河流域河流水系的演化变迁与人为影响

淮河流域第三纪以来一直以阜阳-太和-界首为中心的内陆湖盆（图44），徐州-蚌埠一带是其东侧的隆起山地，淮南-蚌埠-徐州一带的古水流是自东向西进入湖盆中心，东流入海的淮河还没有出现。进入第四纪后，继承了第三纪的古地貌格局。

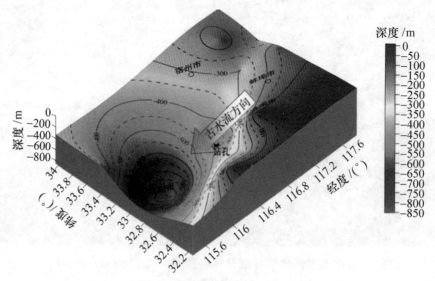

图44 淮北平原新生代古地形

1. 第四纪时期淮河流域的环境演化

（1）早更新统（Q_p^1）时期淮北平原是以太和为湖心的内陆盆地。

早更新世时期（距今 260 万～78 万年），淮北地区仍以太和—界首为湖心的内陆盆地，河南西部和南部为山区，东部的五河、灵璧、泗县等地区长期隆起，构成了徐州-蚌埠隆起带，分隔开了其东西两侧的淮北盆地和高邮盆地（图 45）（金权等，1990；左正金等，2006）。这个时期淮北盆地的陆源物质供给方向来自西部伏牛山地、南部桐柏-大别山地和东部徐-蚌山地，外流入海的淮河这时尚未形成，只有从东向西经五河、固镇、阜阳流入太和湖盆的内流河流。

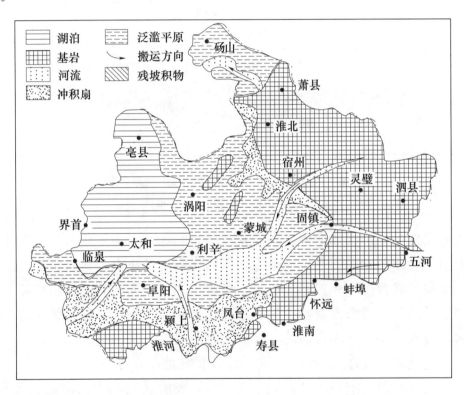

图中图例：
湖泊　泛滥平原　基岩　搬运方向　河流　残坡积物　冲积扇

图 45　安徽淮北平原早更新统 Q_p^1 地层沉积
及岩相分区（金权等，1990）

（2）中更新统（Q_p^2）时期外流入海的淮河仍未形成。

中更新世时期（距今 78 万～12 万年），山区仍处于上升趋势，平原区仍下降接受沉积，早期的湖盆大大扩张，东达固镇、南至三塔、阜阳、江口、怀远，北近商丘、西到漯河，仍是内陆盆地，盆地中心仍在太和；沿淮地区，南部冲积扇向东扩展到怀远，向北到了阜阳，五河、灵璧、泗县开始接受沉积，徐州-蚌埠隆起带高程降低、范围缩小（图 46）。

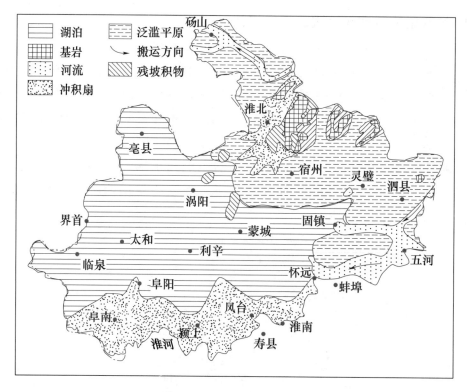

图 46 安徽淮北平原中更新统 Q_p^2 地层沉积
及岩相分区（金权等，1990）

该时期发生了多次冰期间冰期气候波动，间冰期时期气候湿热，淮北盆地发育湖泊，而冰期时期，气候偏干冷，但仍比西北黄土高原地区暖湿，因此整个地区堆积风成黄土，并发育古土壤，形成了多层淋滤淀积的钙结核姜石层。

湖盆的陆源物质来自南部山区、东部丘陵和西部山地。这时黄河尚未贯通三门峡，黄河物质主要来自洛河，外流入海的淮河尚未形成。

（3）晚更新统（Q_p^3）时期东流入海的淮河初步成形。

晚更新世时期（距今 12 万～1.1 万年），这时黄河的三门峡段得到贯通，黄河正式形成，并携带大量泥沙进入淮北盆地，使原来太和—界首一带的湖盆中心被淤塞填满，不复为淮北低地，而变成高度大于东部徐埠的缓倾平原，结束了中更新世以来以湖相沉积为主的环境，初步形成西北高、东南低的地貌格局，区内广泛发育了网状河道，水系从西北流向东南，河道向南迁移并开始外流入海，淮河开始形成（图 47）。因此淮河是在淮北湖盆被泥沙填平后，才开始从西向东越过徐蚌隆起，流入东海的，而且淮河中游断陷的存在也造成淮河中游地段的沉降，这种形成历史和构造背景决定了淮河是泛滥堆积平原上的一条河流，不可能发生强烈下蚀、形成深切河谷，而只能是一条河道曲折、宽缓、泥沙易于堆积的河流。

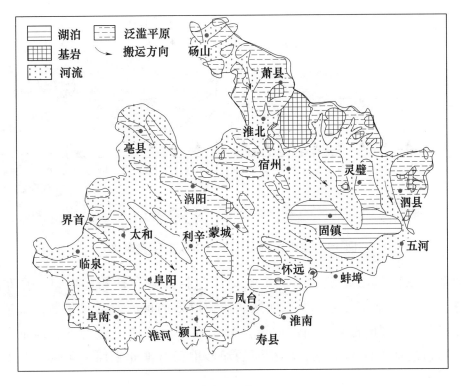

图 47 安徽淮北平原晚更新统 Q_p^3 地层沉积
及岩相分区（金权等，1990）

距今 13 万～7 万年的末次间冰期期间，海平面上升淹没了蚌埠以东地区，在盱眙南部的玄武岩台地形成了海蚀崖地貌。而距今 7 万～1.1 万年的末次冰期时期，气候干冷，海平面大幅下降，淮北平原大湖消失，成为森林陆地，尤其是末次盛冰期时期台湾海峡消失，东海陆架露出海平面，但淮河沿线的低洼地带，仍有湖泊分布，如淮南的顾桥地区在盛冰期的大多数时期为河流相沉积，在相对降温阶段发育湖相沉积（图 48），而在相对升温阶段则发育典型风成黄土。

（4）全新统（Q_h）是黄河入淮的重要时期。

全新世早期，西部、南部继续抬升且晚更新世地层抬起遭受剥蚀，中、北部继续下沉接受沉积。在末次冰期结束进入全新世后，淮北平原出现了大量的次生黄土（图 48），可以注意到该剖面 2m 以内的测年数据出现了倒转，比 2m 以下的还老，这表明由于全新世时期降雨增加，黄河携带大量来自黄土高原的泥沙进入了淮北平原，形成了数米厚的次生黄土沉积，即使在远离近代黄河河道的淮南顾桥也发育了 2m 的次生黄土，正是由于顶部 2m 的次生黄土是河流带来，包含了上游地区的老碳成分，因此造成了测年数据的倒转。因此黄河入

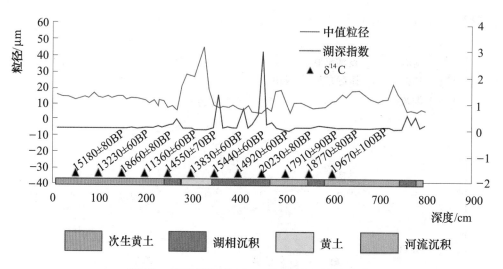

图 48　淮南顾桥距今 2 万年以来环境变化

淮在全新世以前就已经发生，其影响地区包括开封、徐州、周口、西华、新蔡、阜阳、固镇等广大淮北平原地区。历史时期的黄河改道只是黄河改道的晚期人类记录，图 26 的南北向剖面清楚显示在黄河故道位置由于泥沙堆积形成了高于周边的地上河形态，表明黄河的泥沙堆积对淮北平原地貌再造具有重要意义。

　　事实上，现代的淮河北侧支流大多发源于淮北平原区，汇水面积小，几乎没有多少物质来源，显然是不可能形成淮北平原巨厚的第四系沉积的，因此淮北平原的晚更新世和全新世时期的沉积物实际上来自古黄河，现代的河流格局是黄河改道入渤后残留的河道（图 49）。

　　2. 历史时期的淮河变迁

　　（1）历史记载黄河夺淮以前的淮河独立入海。

　　古代淮河水系，大体上是独流入海的淮河干流以及干流南北的许多支流。淮北支流主要是洪汝河、颍河、涡河和汴泗河、沂沭河等。其中支流水系变化最大的是泗水水系。古泗水源出蒙山，经曲阜、兖州、沛县至徐州东北角会汴水；又在邳县的下邳会沂水、沭水，在宿迁以南会濉水。至今淮阴与淮河会流。古泗水的上游部分与现在的泗河相似，下游部分由于黄河夺淮，已被南四湖和中运河所代替。古泗水流域面积比现今骆马湖以上沂沭泗河水系面积要大，当时是淮河最大的支流（图 50）（水利部淮河水利委员会《淮河志》编辑委员会，2005）。

　　北魏郦道元的《水经注》记载，黄河"北过武德县东""水又东右径滑台城北"、"又东北过黎阳县南"，滑台城即现滑县，古黎阳津就在滑县北侧 6km

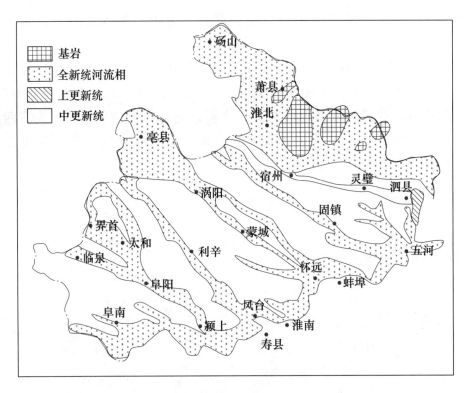

**图 49 安徽淮北平原全新统 Q_h 地层沉积
及岩相分区(金权等,1990)**

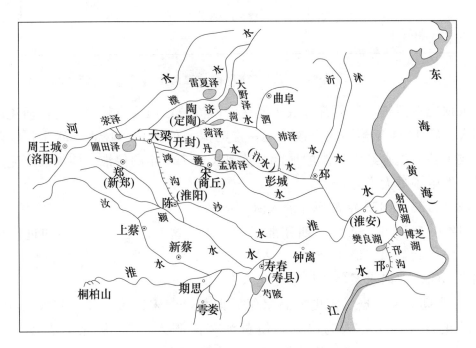

图 50 春秋战国时期淮河水系示意图

处，可见汉、魏时期的黄河是经新乡、滑县、德州一线入渤海的，尚未夺淮入海。

《尚书·禹贡》记载"导淮至桐柏，东汇于泗、沂，东入于海"，《汉书·地理志》记载"《禹贡》桐柏大复山在东南，淮水所出，东南至淮浦入海"，桐柏即今桐柏山，淮浦故址在今涟水县。这两条史料，概括地描述了先秦西汉时期，淮河干流的基本流路及其入海口的位置。这时的盐城、滨海都还是浅海区，尚未成陆，洪泽湖也不存在（图51）。

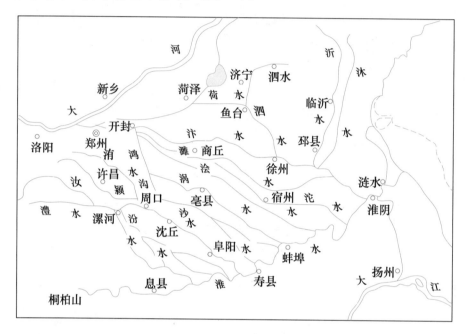

图 51 黄河夺淮以前的淮河水系

根据史料记载，黄河曾有数次侵夺淮河流域，但为时较短，对淮河流域改变不大。唯1194年第四次大改道起，淮河流域的豫东、皖北、苏北和鲁西南地区成了黄河洪水经常泛滥的地区。黄河长达726年的侵淮，使得淮河流域的水系，发生了重大变化。

（2）1128—1855年黄河夺淮入海。

1128—1855年，黄河长期夺淮达726年，这一时期，在中国的近代史上经历了宋、元、明、清4个朝代。据《淮系年表》及其他有关史料记载，在4个朝代期间，淮河水系经历以下变化（图52）。

1）宋朝时期。据《宋史·高宗纪》记载，南宋建炎二年（1128年），宋为了阻止金兵南下，人为决河，使黄河"由泗入淮"。从此至清咸丰四年（1854年），黄河不再东北流注渤海，而改流东南夺淮入海。在这726年中，淮河水系遭受严重破坏，独流入海的淮河干流变成黄河下游的入汇支流，甚至

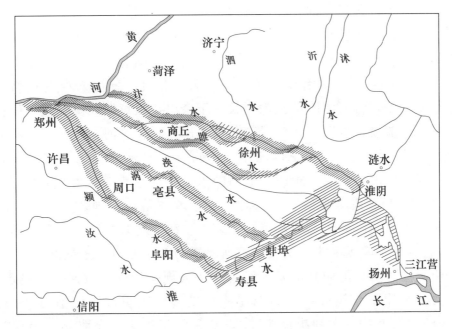

图 52　黄河夺淮时期的淮河水系

于最后被迫改道入长江。

2）元朝时期。在元朝统治的 88 年期间（1279—1367 年），黄河向南决口增多，淮河水系受到扰乱，水灾日益频繁。其中至元二十五年（1288 年），黄河决堤 22 处，主流向南泛滥，由涡河入淮。后经元明两代的治理，直至 1644 年，黄河才复向东出徐州入泗河，结束了黄河由涡、颍入淮的局面。元、明两代均建都北京，为了维护大运河南粮北运的任务（即漕运），在治河策略上，都是尽力防止黄河向北决口，以免危及运河。元至正四年（1344 年），黄河在白茅口（今山东曹县境内）决口，严重威胁漕运。朝廷派贾鲁治理黄河，贾鲁主张"疏塞并举"，疏是疏浚原汴河，导水东行。塞是修筑北堤，堵塞决口。1351 年贾鲁大举治河，堵决口，修北堤，一年工毕，河复故道。共浚深河道80 余里，堵决口 20 余里，修各种堤坝 36 里。使黄河自黄陵岗以东河道改在徐州会入泗水，当时称为贾鲁河。以后，由于年久失修，黄河又出现了以南流入涡、颍为主，以东流入泗为次的南、东分流局面。当时南流的称大黄河，东流的称小黄河。

淮河流域支流在元朝期间，也有很大变化。1335—1337 年间，河南汝水泛滥，有司自舞阳断其流，引汝河水东流，改道入颍河，从此汝河有南北之分，舞阳以北为北汝河，舞阳以南为南汝河，这就是现在漯河以西的北汝河、沙河、澧河 3 水系改流入颍河的经过。又在元至正十六年（1356 年），贾鲁自郑州引索水、双桥等水经朱仙镇入颍河，以通颍、蔡、许、汝等地的漕运，当时又把此河称为贾鲁河，即现在沙颍河上游的贾鲁河。

3）明朝时期。在明朝统治的 275 年间（1368—1643 年），治黄策略仍与元朝相似。为了维持大运河的漕运，尽力避免黄河向北溃决。明弘治六至八年（1493—1495 年），刘大夏治理黄河，采取遏制北流、分流入淮的策略，于黄河北岸筑太行堤，自河南胙城至徐州长一千余里，阻黄河北决，迫使南行。在黄陵岗以下，疏浚贾鲁旧河，分泄部分黄水出徐州会泗河，使得黄河主流继续由涡河和颍河入淮。直到明正德三年（1508 年）黄河北徙三百里，主流由徐州入泗，黄河向南经涡河、颍河入淮河的水量才日益减少。明万历六至十七年（1578—1589 年），潘季驯治黄河。潘季驯采取"蓄清、刷黄、济运"的治河方针，大筑黄河两岸堤防，堵塞决口，束水攻沙，同时修筑高家堰（即洪泽湖大堤），迫淮水入黄河攻沙。他大修黄河北岸的太行堤，又修筑黄河南岸堤防，把黄河两岸堤防向下延伸到淮阴。经过这次大规模治理，黄河一时趋于稳定。但以后由于河床不断淤高，黄河两岸决口增多。在明万历统治时期的 23 年（1596—1619 年）中，黄河决口 18 次，几乎年年决口。在明朝统治期间，淮河流域的变化，除黄河主流由向南转而向东，经徐州夺泗夺淮，灾区下移到江苏和山东以外，还修建了洪泽湖大堤，并在大堤上修建了泄水闸坝以分淮入海入江。明万历三十二年（1604 年），还开辟了微山湖以下至骆马湖之间的运河，以避免黄河航运的危险，这就是现在的韩庄运河的一部分。

4）清朝时期。黄河夺淮在清朝统治期间共计 211 年（1644—1855 年），黄河已不再向涡河、颍河分流，而是全部经徐州南下夺泗夺淮，灾区转至徐州以下直至海口，江苏省受灾最重，其次为皖北与山东。清朝在康熙、乾隆、嘉庆 3 代（1662—1820 年）期间，朝廷曾竭尽全力治理黄、淮、运河，康熙和乾隆都曾多次到徐州、淮阴和洪泽湖大堤等地亲自巡视、指示。当时的治理黄、淮、运策略，以靳辅为代表人物，靳辅的治理策略是"疏以浚淤，筑堤塞决，以水治水，籍清敌黄"，也就是所谓"蓄清刷黄"。靳辅治河 22 年（1670—1692 年），结果是黄河河床不断淤高，黄、淮、运河的水位日益抬高，洪泽湖大堤不断延长、加高、加固，还花了很多人力、物力，修建了洪泽湖大堤的石工，增建了归海闸、归江坝，使淮水不断分流入江入海。到清道光、咸丰统治期间（1821—1855 年），黄河、淮河、运河已经千疮百孔，难以救治。当时的治河总督，差不多年年更换，以惩处治河不力。清咸丰元年（1851年），黄淮同时发生大水，洪泽湖南端蒋坝附近大堤决口，洪水经三河流经高宝洼地、芒稻河，在三江营入江，形成了入江水道的雏形。

（3）黄河夺淮结束后淮河再度独立入海。

清咸丰五年（1855 年）黄河在河南兰阳（现兰考）铜瓦厢决口北徙，终于结束了黄河夺淮的局面（图53）。

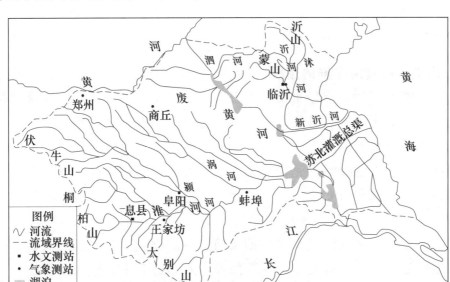

图53 黄河北徙以后的现代淮河水系

3. 黄河夺淮使淮河流域产生重大变化

黄河夺淮对淮河流域环境产生了重大影响，表现在以下几个方面。

1）淮河入海故道被黄河淤废。从此淮河不能直接入海，被迫从洪泽湖以下的三河改流入江。

2）黄河夺淮促成了半人工湖泊洪泽湖的形成和扩大。由于人们为了防范洪水侵扰，不断延长、加高、加固洪泽湖大堤，使原来很小的湖泊变成了现在浩瀚的洪泽湖。

3）黄河夺泗夺淮促成了南四湖等湖泊的形成。由于黄河夺泗夺淮，使泗、沂、沭河洪水无出路，并在泗、运、沂的中下游形成南四湖和骆马湖。

4）黄河入淮改变了原来的河流格局。豫东、皖北和鲁西南等平原地区的大小河流，都遭到黄河洪水的袭扰和破坏，黄河泥沙的堆积造成排水不畅，水无出路。其中以濉河变化最大。濉河原是发源豫东，中经皖北，至江苏宿迁小河口汇入泗河的一条大支流。经黄河多年的决口和分洪，终被淤废，下游不得不改入洪泽湖。而鲁西的原属济水水系被淤塞，后经治理现统属南四湖水系。

5）洪泽湖以下的入江水道逐步形成。高邮宝因此水位抬高，面积扩大，在自然水力冲刷和人工疏导之下，入江水道的泄水能力不断扩大，而淮河下游运西、运东地区的水灾也日益加重。

6）黄河故道变成现代分水岭。黄河留下从兰考，经徐州、淮阴到云梯关入海口的一条高出地面十数米的黄河故道，将原本统一的淮河水系划为淮河水系和沂沭泗河水系。

7）由于抬高洪泽湖水位和抬高干流中游河床，使原来畅流入淮的支流，形成背河洼地，新产生出如城西湖、城东湖、瓦埠湖等湖泊。

4. 历史时期黄河夺淮的原因

人为影响是黄河夺淮最重要的触发因素。历史上的多次黄河夺淮都是人为决堤的结果，而历史上各种堤坝、运渠的修筑更是对河道的直接干预。

气候因素引发的黄河洪水泛滥是黄河夺淮的必要条件。

黄河河水的高含沙量则是造成河水泛滥的重要原因。高含沙量的黄河在淮河下游的决徙和淤积改变了该地区的地形，进而改变了地表径流条件和原始水系分布。

历史时期的黄河入淮是地质时期黄河入淮的继续。古代淮河水系的自然分布形态主要受地质构造的控制，现今的淮河水系宏观上仍然主要受控于地质构造的控制，黄河入淮并非始于人类历史时期，早在全新世开始前就出现了黄河入淮，这种北流入渤海、东流进东海的交替过程持续到人类历史时期。实际上淮北平原的形成也有黄河携带泥沙的功劳，因此历史时期的黄河入淮是地质时期黄河入淮的继续。

现代的淮河水系形态表观上更多地受人工水利建设的影响。不仅河道多被截弯取直、边坡固化、河水被限制在狭小河床内，河滨湿地也被排水疏干、改造成良田耕地，也新形成了本十分局限的洪泽湖，还新修了很多人工运渠水网，如为了便于漕运，减小黄河对运河的侵害，"蓄清刷黄"和"引清济运"，对淮河下游水系进行了大规模的改造，还有新中国成立后永辛河、济河等众多排涝河道的开凿，都加剧了淮河下游的水系变迁，很大程度上改变了流域内的水文沟通方式。

（二）淮河流域湖泊演化及其人为影响

1. 淮河流域中游湿地

淮河流域水系复杂，湖泊众多，现有湿地面积 330.2 万 hm^2，湿地类型主要包括天然湿地河流、湖泊、滩地、沼泽地和人工湿地水库坑塘、水田。新中国成立以后，淮河流域人口增长迅速，粮食需求大量增加，对土地的依赖性增强，为了解决吃饭问题，增加了大量的耕地，水热条件好的地区还开垦了大量的水田。围湖造田，占用河滩地使湿地面积减少。同时随着人口的迅速增长，人类活动对河流的干预强烈。这些人类干预行为可以统称为河流调控，包括防洪措施、修建水库、大坝、为航运目的而实施的河道标准化、截弯取直，以及为工业、农业和生活用水而修建的水利设施等等。淮河流域中游是水旱灾害的集中区，人类的干预活动尤为强烈。淮河自河源至洪河口为上游段，洪河口至洪泽湖为中游段，洪泽湖以下为下游段。

（1）新中国成立以来淮河流域的天然湿地大量减少（表4）。

表4　　　　　　　　　淮河流域各个时期各湿地景观面积

时间	湿地类型	湖泊	河流	水库坑塘	滩地	沼泽地	水田
20世纪50年代	面积/km²	1000.06	524.17	124.52	217.28	9.14	1799
	百分比/%	27.22	14.27	3.39	5.91	0.25	48.96
1980年	面积/km²	828.83	313.99	481.55	213.30	0	7766.69
	百分比/%	8.63	3.27	5.01	2.22	0	80.87
2000年	面积/km²	828.79	315.85	483.46	213.46	0	7750.4
	百分比/%	8.64	3.29	5.04	2.23	0	80.8

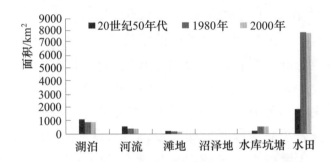

图54　淮河流域3个时期各湿地景观面积变化图

新中国成立后50年里，淮河中游湿地景观格局演变结果见图54。从20世纪50年代到1980年，淮河中游土地覆被变化明显，但从1980年到2000年期间，土地利用格局变化很小。

从20世纪50年代到1980年期间，湖泊面积由1000.06km²缩减到828.83km²，河流面积由524.17km²缩减到313.99km²，减少幅度很大。滩地也由217.28km²减少到213.3km²。原来的9.14km²的天然沼泽地到1980年完全消失，只有人工的水库坑塘面积由217.28km²增长到481.55km²。

近年来由于区内各地大规模开采煤炭资源，在淮南、淮北、徐州、藤县等地形成了大量的采煤塌陷，塌陷区积水后形成大面积的人工湿地，在一定程度上弥补了天然湿地的损失。

（2）人类活动是造成淮河流域天然湿地减少的主要因素。

影响天然湿地的因素有自然和人类活动两种因素。自然因素包括气候变化和自然演替，气候变化主要涉及降水量的变化，其次是蒸发量。研究20世

50 年代以来降水量总体是虽有波动但没有减少的趋势，蒸发量还略有下降，因此此因素不会导致湿地的萎缩。自然演替是指南于气候变迁、洪水、沉积淤塞、湖泊演替、动物活动和植物繁殖体的迁移散布，以及因群落本身的活动改变了内部环境等自然原因，使湿地发生根本性质变化的现象，在一定地段上一种植被被另一种植被所替代的过程也是自然演替。自然演替一般进展比较缓慢，但人类活动使演替进程大大加快。

在淮河流域，人类活动因素主要包括土地利用和河流调控措施。

河流调控措施是指人类对河流采取的各种干预活动，包括：防洪措施，修建水库、大坝，为航运目的而实施的河道标准化、截弯取直，以及为工业、农业和生活用水而修建的水利设施等。淮河流域人口稠密，历史悠久，人类活动对自然的改造强烈。淮河流域的治水活动始于 4000 多年以前，数千年里人类在淮河流域先后兴建了大量的水利工程，新中国成立后，在淮河流域山丘区建设水库、拦蓄洪水，至 1990 年兴建并保存有大中小型水库 5378 座。全流域现有堤防约 50000 多 km，主要堤防长 11000km。

河道截弯取直，人工新河、引水渠的建设自古就有，一直到现代都未曾停止过。特别是河道的截弯取直，自古到今在淮河流域干支流上进行过无数次。但大规模、高强度的人类干预主要始于 20 世纪 50 年代，现在整个流域已完全人工化，河流失去了自然性。大量的水闸和水库大坝破坏了河流的纵向连续性，河道被分割为若干非连续的阶梯水库，闸坝以下河段流量大大减少。补给两岸湿地的水量也大大减少，导致湿地加速萎缩。另外，通过水闸人工调节，使流量均一化，改变了原来脉冲式的自然水文周期变化，下游出现大洪水、超高洪峰的概率大大降低，洪水向下游两岸湿地的供水也大幅减少，导致湿地干枯萎缩。堤防硬化建设还阻碍了河水的侧向联通性，把水流完全限定在河槽以内，不仅滩区来水概率大大降低，而且堤防还切断了河流与洪泛区的侧向水流连通性，隔断了干流与河汊、滩区和死水潭的联系，再加上对河道的截弯取直，河槽过流能力大大增强，减少了行洪时间，也使得河流与洪泛区湿地之间的水力联系减弱。堤防和河道的截弯取直建设还阻碍了垂向的水文连通性，减少河流对地下水的补给，两侧洪泛区地下水位下降，也会导致洪泛区湿地变干。

另外一个人为因素是土地利用变化。

20 世纪 50 年代到 1980 年期间，淮河中游共有 54.1km² 的河道、湖面转变成了旱地、人居地和林地。随着人口的快速增长，人水争地的矛盾突出，居民用地、建设用地、道路用地侵占湿地水面，同时对粮食需求压力的增大，也导致大量的河湖湿地被围垦成了水田、旱地，总面积达 117.93km²。河流湖泊向旱地、人居地、林地、水田、草地的转变都是在水利工程导致河湖湿地萎缩变干的基础上实现的。

滩地共向水田、水库坑塘和非湿地转化的面积达 34.45km²，同时有 30.35km² 的河流湖泊转变成了滩地。滩地的净损失面积虽然只有 4.15km²，但研究区的滩地格局发生了变化，而且也揭示了湿地由河流湖泊—滩地—非湿地的由湿到干的演变过程。在这个快速演变过程中，起主要作用的还是水利工程。

沼泽地由湿到干也与河流调控直接有关，沼泽地—旱地、沼泽地—人居地的转变是沼泽变干后加上土地利用改变的结果。沼泽地变为草地有自然演替的过程，但河流调控使沼泽地变干的速度大大加快。还有部分沼泽地被直接改造成了水田和水库坑塘。到 1980 年，淮河中游原有 9.12km² 的沼泽地全部消失，主要转变成了非湿地。作为天然湿地的沼泽地，对维持淮河流域中游湿地系统生态平衡，发挥湿地生态服务功能有着不可替代的作用。沼泽地的消失从某种程度上反映着淮河中游生态环境质量的下降。

由上可见，在新中国成立后 50 年里，影响其湿地景观格局演变的主要因素是土地利用和河流调控两大因素。土地利用是最直接的因素。新中国成立后由于淮河流域人口增长迅速，为了解决吃饭问题，大量增加耕地，围湖造田，占用河滩地使湿地面积减少。另一重要因素就是各种河流调控措施会影响河流与流域中各种天然湿地之间、河流与地下水之间的水文连通性，河流调控措施还会影响天然湿地的水文过程，从而对湿地景观格局产生影响。

2. 洪泽湖的历史变迁

洪泽湖面积 1597km²，容积 30.4 亿 m³，是淮河流域最大的湖泊型水库，也是中国五大淡水湖之一。它地处苏北平原中部西侧，位于苏北平原中部偏西，是淮河中下游结合部的一座湖泊型特大水库，注入洪泽湖的主要河流有淮河、人工开挖的分淮水道、怀洪新河，以及经过多次改造的淮河支流汴河、濉河和安河等。淮河为最大入湖河流，是洪泽湖水量的主要补充水源。洪泽湖的排水河道皆分布于湖的东部，主要有淮河入江水道、苏北灌溉总渠、淮沭新河、废黄河等。湖区北西南三面为天然湖岸，东部为洪泽湖大堤。洪泽湖的形成与黄河夺淮密不可分。洪泽湖作为著名的"悬湖"，又是特大的湖泊型水库，它的存在，完全依赖于湖东侧的洪泽湖大堤。

（1）洪泽湖大堤的形成。

洪泽湖大堤南起盱眙县原马庄乡张大庄，北经高良涧至淮阴县码头镇张福河船闸，全长 67.25km，旧名高家堰。洪泽湖大堤作为人工修筑的堤防，有着悠久的历史和漫长的形成过程。东汉建安五年（200 年），广陵太守陈登筑高家堰三十里，以束淮水，亦称捍淮堰，即今洪泽湖大堤北段，此为洪泽湖大堤修筑开始。后曹魏邓艾修门水塘，唐武则天证圣元年（公元 695 年），在白水塘北开置羡塘，其堤坝大致都在今洪泽湖大堤堤身的南段和中段。元代筑塘屯垦规模扩大，洪泽湖垦区总面积达 23.53 万 hm^2。洪泽湖大堤的大规模修筑、加固是在明、清两朝和中华人民共和国成立以后。

（2）洪泽湖大堤的修筑、加固。

1）明代。洪泽湖大堤，在明万历以前，虽也有修筑，但工程规模都比较小。从明朝万历六年（1578 年）开始，明朝委派潘季驯治河，总理河槽。他亲赴海口勘察，又至黄、淮、运河各地调查，并总结前人治河经验，明确提出"蓄清刷黄"的主张，把修筑高家堰作为治理黄、淮河首务，组织了两次对高家堰的修筑工程，成立了专门的堤防管理机构。

（a）明万历六至七年（1578—1579 年），高家堰土堤全面进行加高加厚，地洼水多处做笆工，笆工也叫板工，是当时河工上普遍的排桩防浪工程，其结构是"密布栅桩，中实板片"。这次工程北起武家墩，南至越城，总长 10878丈，180 丈为一里，共 60.4 里，按一丈合 3.2m 计算为 34.81km。另外，堤段都栽了柳树。

（b）明万历八至十一年（1580—1583 年），创筑高家堰石工堤，以增强湖堤抗御风浪的能力，延长其有效使用期。这次丁砌石工程起点北起武家墩南1013 丈（3241.6m）处，南至高良涧北 3842 丈（12294.4m），总长 3000 丈（9.6km）。此后，石工堤又陆续展筑至 5800 丈。

（c）成立了专门的堤防管理机构，称为"管堤大使厅"，每三里设铺一座，每铺设夫三十名。清代设厅、汛管护机制，堤工北段称为"高堰厅"，下设高堰汛及高涧半汛；堤工南段称为"山盱厅"，下设高涧半汛和徐坝汛；"汛"下设河营，管护洪泽湖大堤。

2）清代和民国年间。明清之际，南于战乱，社会不稳定，水利失修，黄、淮下游河道淤积严重，高家堰石工堤被淤没 3 尺，洪泽湖底渐成平陆。期间，白清顺治元年（1644 年）至清康熙十六年（1677 年）的 33 年间，下游群众开始自发修筑洪泽湖大堤决口，但多是些小修小补工程。从清康熙十六年（1677年）开始，靳辅被任命为河道总督，他继承并发展了潘季驯"蓄清刷黄"的治理方略，进一步明确洪泽湖对淮河径流的调节作用，采取先通下游故道以导河归海，又挑清口引河，使淮能会黄，并对高家堰进行全面培修，加高加厚。

清雍正七年至乾隆十六年（1729—1751 年），周桥以南、滚水坝南北及蒋坝以北，全用石基墙砖加修。洪泽湖大堤全线石墙修建完固，北起码头镇石工头，南至蒋坝镇，堤顶真高 17m，全长 120 里，堤工共长 16000 余丈。

通过清代的整治，洪泽湖大堤的拦蓄能力进一步增强，水位提高，水面也进一步扩大，蓄水面积甚至超过今洪泽湖的蓄水面积。至此，洪泽湖作为淮河下游的特大型湖泊水库正式形成。清咸丰元年（1851 年）淮河大水决开洪泽湖南端的三河口，夺路入江，时隔 4 年，黄河北徙，从此入江水道成为主要泄洪通道。

民国期间战争频繁，洪泽湖大堤屡遭破坏。

3）新中国成立后。新中国成立后，随着中央人民政府《关于治理淮河的决定》有计划有步骤地付诸实施，地方政府开展了大规模的治淮事业，把洪泽湖列入调蓄淮河洪水的重点工程进行治理，近 60 年来分别在 1950—1955 年、1965—1969 年、1976—1978 年、1992 年、1997 年对洪泽湖大堤进行 4 次加固整治，使防洪、抗震作用大大提高。经过加固洪泽湖大堤，修建三河闸、高良涧进水闸及船闸、二河闸等；开挖淮河入江水道、苏北灌溉总渠、淮沭新河、淮河入海水道等分淮水道等工程，从而使洪泽湖大堤和上述泄洪建筑物组成的洪泽湖洪水控制体系，成为苏北 3000 万亩耕地和 2000 万人口的防洪屏障，为调蓄洪水、保障人民生命财产安全、发展工农业生产发挥了巨大作用。

（3）大运河对淮河水系环境的影响。

淮河入海水道（以下简称"入海道"）总长 163.5km，傍苏北灌溉总渠（以下简称"总渠"）东入黄海，是洪泽湖下游增加泄洪能力、提高洪泽湖及其下游地区防洪标准的骨干工程，对改善总渠渠北地区排涝条件和水环境起着重要作用。

入海道位于淮河下游苏北平原，地势平坦，自西北向东南渐渐降低，区内第四系覆盖厚数十米至近百米，最厚达 300m、下伏基岩经多次构造运动，断裂多且互相切割，错综复杂。该区地处亚热带与温暖带过渡区，雨量充沛，多年平均降水 968mm，降水与径流年内分配不均，上中游洪水来量较大，下游排泄不通畅。入海道沿线附近河道由于比降小，输入输出泥沙含量均较小，沿海排水渠六垛北闸及总渠六垛南闸闸下河段泥沙来自海域，两闸闸下有淤积。

可能发生的地质灾害主要有以下几种。

1）地震。入海道二河枢纽距郯庐深大断裂带约 65km，考查入海道南北各 100km，两端点外 50km 范围内，在 1971 年 10 月至 1976 年 9 月间发生有感地震 30 余次，震级皆小于 4 级（最大 3.6 级）。根据国家地震局南京地震大队分析，洪泽湖区未来百年内有发生 5.5～5.7 级地震的可能，地震基本烈度为 7 度。

2）滑坡及堤顶裂缝。软淤土天然含水率高（大于液限），孔隙比大，抗剪强度低，灵敏度高，压缩性也高，在较大荷重作用（如堆堤较高）下，会产生较大的沉降变形，甚至产生不均匀沉路，典型特点是堤顶出现纵向裂缝，若堆堤速率过快，会形成滑坡。软淤土上荷载增加后，短时期内其强度会减少20％左右，甚至呈烂淤状态，这也是造成滑坡的另外一个因素。

3）水土流失及河道青坎塌滑。受黄泛冲积的影响，入海道沿线表层多处沉积了沙土，河道开挖后沙土层暴露，水流的侧蚀冲刷掏刷河床或岸坡，易形成河道青坎塌滑等地质灾害；雨水等水流的冲刷又容易形成"雨淋沟"，造成水土流失。根据入海道南侧总渠实测资料，经多年行洪，总渠河床底部及青坎冲刷较为严重。

4）海平面上升。据有关国际会议资料，海平面上升的最可能值为0.6～1.8m，到那时，海滩及盐田人多将被海水侵吞，海水的入侵及倒灌将会引起地下水和地表水含盐度增加，农田盐渍化随着海平面的不断上升，泥沙淤积也会形成对工程的危害。

5）人为地质灾害。淮阴市、淮安淮城镇和滨海东坎镇的城镇排污是影响入海道沿线水质的主要污染源。废物、污泥、污水、施肥、灌溉会对土壤、环境水等造成污染，频繁的人类活动，将会导致生态环境的恶化。

3. 淮河流域洪涝灾害的原因分析

（1）降雨集中是淮河易发洪涝灾害的气象原因。

淮河是我国南北之间的自然地理界线，淮河以南属北亚热带，以北属暖温带，南北冷暖气团经常在淮河流域交汇、相持，夏半年极易形成暴雨。淮河流域暴雨区移动方向大致由西而东，非常接近淮河干流中游段，很容易造成下游河水排泄不畅，形成洪涝灾害。

然而这不是引起淮河流域洪涝灾害的根本原因，因为洪水排泄能力是发生洪涝灾害的重要原因。

（2）郯庐断裂导致的徐蚌隆起是阻碍洪水排泄的地貌原因。

由于郯庐断裂的影响，两侧地壳存在完全不同的地壳结构，长期的挤压作用沿断裂带形成了南北向徐蚌隆起，隆起带第三纪以来一直是东西两侧盆地的分隔山地，直至现在，该隆起仍然阻碍着淮河洪水的下泄。

（3）淮河中游NEE向沉降带的持续断陷是造成排水不畅的地质背景。

由于NEE向挤压应力影响，在郯庐断裂西侧，作为郯庐断裂的伴生构造，淮河中游的淮滨—泗县段形成了NEE向断裂沉降槽，处于拉张环境，具持续断陷特征，它与徐蚌隆起相伴而生，一起影响着淮河洪水的排泄。因此该河段的低洼滞水性质不可能改变。

（4）历史上黄河夺淮带来的泥沙是造成淮河河道坡降小、排水不畅的沉积学原因。

现代淮河流域灾害的根本原因是淮河先入湖、再入江的畸形水系，而这种水系的形成又是近千年来中下游水系变迁的结果。在 12 世纪黄河开始南泛夺淮入黄海前，淮河是一条含沙量较低、畅流注入黄海的河流。当时淮河中下游河漕两岸天然堤非常发育，隋唐时代的邗沟和通济渠两条南北向运河就是由淮河河口段沟通的。从 1128 年起，首先是黄河南泛夺淮入南黄海达 700 余年（1128—1855 年），使淮河河性发生了重大改变，大量的泥沙淤积，使众多河流被迫改道。

（5）人为扩大形成的洪泽湖是造成淮河洪水顶托、排水不畅的人为原因。

洪泽湖主要在明清两代扩张形成，湖面构成淮河中游的地方性侵蚀基准面，这种基准面的抬升造成淮河中游洪水被顶托，难以顺利排泄。而公元 1851 年淮河入江水道形成，使淮河实际上成为长江支流，形成先入湖、再入江的水系，形成了畸形的河床纵剖面，尤其是洪泽湖以上、浮山以下河床倒比降和洪泽湖以下入江水道的河床低比降，使淮河中下游河流排泄能力大为减少，这是酿成淮河中下游洪涝灾害的直接原因。入江水道原为里运河大堤以西的低洼地带，河床纵比降仅为十万分之四，每遇洪水下泄的高邮湖、邵伯湖、白马湖连成一片，河湖不分；若遇江淮并涨，更易滞遏成灾。

（6）农田对天然行洪区的挤占是造成淮河易发洪涝的另一人为因素。

淮河中游干流沿岸相当部分农田靠近或本身就是行洪、蓄洪区，由于生活水平很低，这些地区群众在非汛期便盲目围垦、养殖，使行洪、蓄洪能力减少，汛期时又不得不放弃农田等生产、生活资料进行转移。1991 年，遭遇 15～20 年一遇洪水，安徽省有 100 万群众撤退、转移，留下重大的社会隐患。

（7）水系混乱是淮河洪水难以排泄的水文因素。

淮河中下游由于地形高差小，长期以来天然河道极易改道，而运行上千年的大运河和新中国成立后大力治淮修建的众多的人工渠道，改变了中下游各地的坡降、侵蚀基准面和河道的连通方式，造成洪水难以形成有效高程梯度顺利排泄。

又如沂、沭、泗三河发源于鲁中山地，其中泗河原本是淮河下游最大支流，而沂、沭河又分别是泗河的支流。从 12 世纪初黄河夺淮河下游入黄海，特别是从 15 世纪末黄河固定地夺泗入淮起，泗河水系发生了巨大变迁。原本统一的泗河水系变成 3 条基本上各不相干的河流，也不再与淮河干流相通。水系如此混乱，使沂、沭河下游泄洪能力严重不足，再加泗河上游洪水最终也排入沂、沭河道，洪水极易泛滥，沂、沭、泗河流域成为著名的多灾地区。

4. 自然环境、人类活动与旱涝灾害的关系

（1）地质构造奠定了淮河流域基本的旱涝灾害分布格局。

流水地质作用的侵蚀作用强度决定了旱涝灾害的类型和危害程度。山冈区是洪水主要发源地，流水地质作用以向下侵蚀为主，水土流失严重，是缺水干旱区。其中侵蚀作用越强的地区，缺水越严重，其洪水对下游河各平原的威胁亦越大。平原低洼地区以堆积作用为主，这里又是汇水中心，由于泥沙堆积，河道淤塞，河床抬高，排水受阻，河水常泛滥成灾。且堆积速度越快，洪涝危害越大。北部平原全新世黄泛堆积物正是黄河洪涝灾害在这一地区肆虐所留下。

（2）人类活动是近代改造下垫面的主要外营力之一。

人类发展史是一部与旱涝灾害斗争的历史。据考古成果分析，在旧石器时代，人类活动零星分布在靠近河流的山冈洞穴附近，其居住位置既便于取水又利于御洪，因以狩猎为生，其生存对降水量分布没有直接依赖关系，河流洪水是主要威胁。新石器时代以后，人类活动范围逐渐向东部平原延伸，随着种植业的兴起，人类生存对降水量的分布有直接依赖关系，旱涝现象成为人类生产生活中的主要灾害。但由于当时的抗灾能力和生产水平有限，人类居住和开发的地区也多为平原区相对凸起的高地，如永城、淮阳、上蔡、新蔡等古城遗址，人类活动对自然环境的影响不十分明显。

宋朝以后，黄河南徙，豫东地区自然河道受到破坏，洪灾频繁，黄河洪水多次在豫东平原造成毁灭性灾害。到清朝后，随着人口的迅速增加，土地大量开垦，自然河流水系受到人为约束，河槽相对固定，湖泊萎缩消失，水量分配由湖洼调蓄变为河道调蓄，外排水量增加，内涝、渍害、洪涝和干旱问题日益突出。

新中国成立后，20世纪50年代以来，城镇建设与工农业生产的发展、大规模水利工程和道路的兴建，流域不透水面积增大到10%以上，山区蓄洪截流能力和平原河道排水能力都有了很大提高，洪水汇流滞时缩短，枯季径流减少，下垫面发生了重大变化。同时流域需水、用水量迅速增加，污水排放量增大，旱涝和环境问题又以新的形式危害人类社会。

（3）人类活动改变了下垫面水分的分布。

改变流域产水汇水条件是人类治理旱涝灾害的主要技术途径，各种水利措施几乎都是围绕这一目标，但改变产汇流条件意味着对下垫面的改造，使地质环境发生变化。由于受地质环境研究程度限制，对客观规律的认识受到局限，治理中往往难以掌握治理标准的适度性，使下垫面水分的分布走向另一个极端。

人类其他社会经济活动也无意中在改变下垫面水分的分布。颍河支流汾泉河为一平原河流，20世纪50年代以来先后开展了沟河疏浚开挖、河道建闸、田间打井等水利工程，降雨径流模型对各种工程治理前后水文效应的对比结论是：沟渠开挖与河道疏浚后，流域内沟、河排水的临界深度增大，也就是流域水网排水基面下降，因而引起区域地下水位下降、包气带厚度增大、流域蓄水容量增加，同时河道汇流时间缩短，洪水过程线变"瘦"、变"陡"。

闸坝工程在汛期全开的情况下对洪水过程无明显影响，而对河道正常流量具有显著控制作用。浅层地下水开发后地下水位下降，对年径流总量、洪峰流量和最大三日洪水总量均有不同程度的削减，显示了良好的抗旱除涝效果，但地下库容的调蓄作用还受降雨强度和库容量的限制。

人类活动无意中造成流域产汇流条件改变的情况也很多，农田的深翻改土、植被条件的变化都会改变产流条件，村镇、城市、道路、厂矿等建筑物的发展，不透水地面扩大，流域下渗面积减少，尤其是城市的发展，都市洪水产流快，危害大，由此引起的城市环境问题和旱涝灾害日益突出。

八、淮河流域采煤塌陷的问题与对策建议

（一）采煤塌陷问题的由来

1. 淮河流域是东部最重要的煤炭生产基地

煤炭是我国最重要的能源，淮河流域是我国东部最重要的能源基地，淮河流域的煤炭资源主要分布在淮南、淮北、豫东、豫西、鲁南、徐州等矿区，探明储量达700多亿t，其中淮南地区可开采储量就达300亿t，是我国东南部地区资源条件最好、资源量最大、最具开发潜力的一块整装煤田。淮河流域已形成了我国黄河以南地区最大的火电能源基地，华东地区主要的煤电供应基地（表5和表6）。

表5　　　　　　　　　两淮矿区可采储量与生产规划情况表

序号	煤矿名称	矿井座数/座	资源储量/亿t	可采储量/亿t	2007年产量/万t	规划年产量/万t		
						2010年	2015年	2025年
1	淮南矿业集团	14	285	126.1	4240	7000	8300	9300
2	国投新集能源股份有限责任公司	11	101.6	28.45	1055	1855	3245	4360
3	淮北矿业集团	29	99.4	31.4	2455	3535	3200	3530
4	皖北矿业集团	14		14.9	1260	1450	1790	1790
	总　计	68	486	200.9	9010	13840	16535	18980

表6		藤县、济宁和兖州的煤炭储量	
项目	藤县煤田	济宁煤田	兖州煤田
沉陷面积/km²	255.3	77	284.6
煤炭储量/亿 t	48	32	38
对应主要矿业集团	枣庄矿业集团	济宁矿业集团	兖州矿业集团

尤其是淮南煤矿位于皖北的淮河中游，涉地面积达 3000km²，覆盖了淮河平原的大片土地和南北大通道的枢纽地带，地理位置非常重要；该矿已有 100 多年的开采史，按照现在的 285 亿 t 资源量，至少还可以开采几百年，是国家 14 个亿 t 级煤炭基地和 6 个煤电基地之一。

矿区紧靠经济发达而能源资源贫乏的长江三角洲地区，区位优势明显。国家"十一五"能源规划中明确了建设"皖电东送"工程，依托两淮煤炭基地，建设大型高效环保型的坑口电站群，将电能安全稳定地输送到"长三角"地区。国家批准的皖电东送 720 万 kW 装机规模现已建成投产。

2. 目前的采煤技术还无法解决采煤塌陷问题

煤炭开采必然引发地面塌陷，在煤炭的开采过程中，井工开采一般采用全部冒落法，必然导致地表变形沉陷，形成一个比采空区面积大的近似椭圆形的下沉盆地，并随着开采的不断持续，沉陷面积及沉陷深度不断增大。而当前采煤技术的发展还无法在近期内解决采煤塌陷问题。

随着采矿区的不断扩大，沉陷区也将不断扩大，从而对淮河水系和水利工程设施、沉陷区的土地、交通、乃至人们的生存环境和安全造成很大的影响，也严重影响该地区的可持续发展。面对这种情况，各地矿业集团采取了许多补救措施，弥补当地百姓因矿区塌陷而造成的损失。但这种哪块塌陷补救哪块的办法毕竟不是长远之计，同时又给企业带来沉重的负担，拖累企业的发展。

（二）采煤塌陷的影响

1. 采煤塌陷区面积巨大

根据 2009 年《安徽省两淮地区采煤沉陷区综合治理总体规划》报告，安徽省沿淮和皖北地区受淮南、淮北、皖北、新集四大矿业集团 2008—2025 年采煤沉陷影响的区域，涉及淮北、亳州、宿州、蚌埠、阜阳、淮南、六安市的部分地区。四大矿区预计 2025 年采煤沉陷总面积 1085km²。

其中淮北矿区（淮北矿业和皖北煤电）预测到 2025 年累计采煤沉陷面积 646km²，其中积水面积 283.1km²，受采煤沉陷影响的水系包括浍河、沱河、濉河、北淝河上段、涡河、龙岱河、闸河、澥河、王引河等。

淮南矿区（淮南矿业和国投新集）预测到 2025 年累计采煤沉陷面积 439km²，积水区域面积约 252.97km²，积水区域最大积水深度 16m，平均积水深度可达 8m。受采煤影响的水系包括淮南城市防洪堤黑李段、老应段、耿石段，下六坊堤行洪区，西淝河下段，西淝河左堤，永幸河，架河，泥河等。

江苏徐州和山东济宁也有相当面积的采煤塌陷区。

2050 年以后，据不完整估计，淮南地区采煤塌陷区面积将超过 1000km²，且塌陷区深度大、积水多。而淮北和济宁地区塌陷区总面积将超过 2000km²，相当部分塌陷区位于南四湖湖区。

2. 采煤与产粮必然存在争地矛盾

采煤规划区是国家和所在省重要的矿粮复合主产区。安徽省沿淮及皖北地区包括淮北、亳州、宿州、蚌埠、阜阳、淮南和六安 7 个市，土地面积占全省的 41％，2007 年末总人口约为全省的 55％。

淮北平原是黄淮海平原的一部分，海拔 10～40m，开阔平坦，地面由西北向东南略有倾斜。沿淮及皖北地区气候温和，水土资源条件好。村庄密集，人口众多，河湖密布，是高潜水地区，煤炭资源丰富，是我国重要的粮食主产区和能源基地，同时承担着粮食和煤炭生产与输出的重要功能。

沿淮及皖北地区是安徽全省粮食主产区。沿淮及皖北地区"十五"期间油料平均年产量 122 万 t，棉花 21 万 t，分别占全省的 44％和 60.9％；年均粮食产量 1550 万 t，占安徽全省粮食总产量的六成以上，其中小麦、玉米产量占全省的九成以上。2007 年沿淮及皖北地区粮食总产 1960 万 t，占安徽全省粮食总产量的 68％，为国家粮食安全作出了积极贡献。

沿淮及皖北地区 2007 年农村人口比重为 86％，高于安徽全省和全国平均水平。农村居民家庭人均纯收入 3556 元，比全国平均水平 4140 元少 584 元，低 14.1％；城乡居民人均收入差距为 222.66％。

煤电产业是当地工业支柱产业。两淮矿区所在的沿淮及皖北地区是安徽全省煤炭主产区。据安徽省统计年鉴，2007 年沿淮及皖北地区原煤产量 10054.7 万 t，洗煤产量 1002.2 万 t，分别为全省的 99.1％和 100％；发电量 524.4 亿 kW·h，为全省燃煤发电量的 62％。山东济宁同样也是粮食小麦和煤炭生产基地。

由此采煤塌陷与粮食生产在这些地区是一对矛盾问题。

3. 大面积沉陷会改变了水系格局，直接影响相关地区的泄洪排涝

如在淮南采煤区，淮南矿区的采煤沉陷区主要位于西淝河下段流域范围内，未来 20 年，西淝河及其支流港河、济河以及泥河、架河等河流由于采煤影响，淮南矿区的采煤沉陷区将形成较大范围的沉陷区和积水区，沉陷积水区域与主要水系相连，将形成大范围的湖泊群，从而改变淮河北侧的支流水系格局，直接影响北侧地区的泄洪排涝。

颍上—凤台一带的沉陷区涉及淮河中游北侧支流水系的西淝河、架河、永幸河和泥河（图 55），其特点如下。

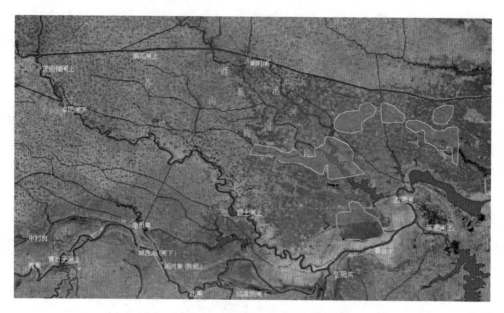

图 55　淮南采煤塌陷区对水系的影响

1）几条河流除西淝河外，大多都是新中国成立后为解决淮河北侧地区排涝、灌溉而修建的人工河流。

2）沉陷区多位于这几条河流下游，与淮河相临，因此沉陷区积水水位直接影响淮河洪水泄洪和北侧地区内涝排水。根据淮河水利委员会（以下简称淮委）2011 年的工作，沉陷区纳洪能力有限，只能在淮河洪峰过境的很短一段时间内可以向沉陷区泄洪。

3）另外，由于沉陷区内有地下水形成的积水，修建沉陷区围堤，可能会造就一个新的地上湖，增加内涝排洪的难度。

从济河、永幸河水位低于附近沉陷区积水水位看，如果沉陷区完全与各支流连通后，一旦北部地区发生洪涝需要通过这几条河流排洪时，很可能会发生积水顶托洪水，致使内涝加剧的情况。因此淮河水系规划治理必须考虑凤台—颍上地区支流水系的规划再造。

而在淮北地区，淮北矿区采煤沉陷区比较分散，未来 20 年间，将在岱河、龙河两岸及濉河、闸河附近形成一片比较集中的沉陷区，总沉陷面积 133.6km^2，但沉陷量大于 1.5m 的面积仅 28.8km^2；另外，在浍河也会形成几片较集中的沉陷区，总沉陷面积 267.1km^2，其中沉陷量大于 1.5m 的面积为 137.1km^2。

南四湖湖区的采煤可能引发的问题是：①由于煤层上覆顶板较薄、湖区湖水多，必须重视防范透水事故的发生。②采煤必须避开南洋、微山岛等湖区居民集聚区，这里有厚重的文化积淀，应该加以保护。相比淮南地区，这里"用土地换煤炭"的程度要弱一些。

4. 淮南煤矿采煤沉陷影响人口多，严重制约当地非煤经济的发展

4 个煤炭企业对 2010 年、2015 年、2025 年的新增损失耕地、搬迁人口情况进行了测算（表 7）。

表 7　　　　　　　　两淮矿区沉陷影响耕地、搬迁人口情况汇总表

时间	项目	淮南	新集	淮北	皖北	合计
2008—2010 年	损毁耕地/亩	99434	8301	31760	31442	170937
	动迁人口/人	66949	6999	61756	41267	176971
2011—2015 年	损毁耕地/亩	66372	17590	86485	42978	213425
	动迁人口/人	44655	14444	71337	28075	158511
2016—2025 年	损毁耕地/亩	89700	34532	145311	53345	322888
	动迁人口/人	59812	29772	114852	25687	230123
规划期合计	损毁耕地/亩	255506	60423	263556	127765	707250
	动迁人口/人	171416	51215	247945	95029	565605

注　1. 表中数据为各煤炭企业调查提供（下同）。
　　2. 皖北公司未提出预测的影响耕地数量，按照其预测的沉陷面积乘以 0.8 的系数计算影响耕地数量（下同）。

2025 年预测规划期内因采煤沉陷需要搬迁人口 56.56 万人。其中 2008—2010 年需搬迁村庄 266 个、4.6 万户、17.7 万人；2011—2015 年需搬迁村庄 308 个、4.1 万户、15.85 万人；2016—2025 年需搬迁村庄 477 个、5.8 万户、23.01 万人。

2025 年预测规划期内因采煤沉陷损失耕地 70.72 万亩。其中 2008—2010 年损失耕地 17.09 万亩；2011—2015 年损失耕地 21.34 万亩；2016—2025 年损失耕地 32.29 万亩。

根据沿淮及皖北地区土地资源条件测算，沉陷面积 1106km^2，耕地率按 80% 左右测算，则损失耕地面积将超过 100 万亩，动迁人口近百万。

其中淮南采煤塌陷区主要分布在凤台、颍上两县，需要搬迁和安置涉及人口近 20 万。沉陷区人民不仅住房受沉陷威胁，不得不搬离家园，而且因沉陷

区积水，失去了基本的生产资料。

沿淮及皖北地区工业化和城市化水平偏低。除淮北、淮南、蚌埠市的主要指标高于安徽全省平均水平外，其他各市的主要指标则低于全省平均水平。而为了减少不必要的损失，安徽省已明确要求严禁在煤炭开采区开展大规模的经济建设，这造成在这些地区煤矿矿区以外农村发展极度落后的现状。

5. 采煤塌陷产生的张裂隙可能沟通地下水和地表水的联系，改变沉陷区的水文模式

沉陷区蓄水稳定，积水主要来自降雨，可能存在深部水源。观测发现沉陷区水位常常高于河道水位，说明其水源不是河道来水。淮南矿区位于淮河中游的 NNE 向沉降带内，地势低于南北两侧，是南侧岗地和大别山区、北侧淮北平原的汇水区，因此地下水位高。地面沉陷后，浅层地下水容易出露而积水。

观察显示，淮河流域大旱年份时，洪泽湖水位下降近于干涸，但淮南沉陷区内积水未见减少，因此沉陷区积水可能存在其他来源。

采煤区经常可见发育大量的张裂隙，塌陷沿这些裂隙发生，这是由于开采煤层大多在新生代沉积之下，深 500m 以上，部分 200 多 m，因此沉陷地层大多厚达数百米以上，沉陷时形成大量的纵向裂隙自下而上贯通整个垮塌地层，造成数百米新生代地层内不同深度的含水层相互连通，并直达地表，这些塌陷裂隙很可能沟通地表水和地下承压水之间的联系，而成为沉陷区的深部地下水水源。

这种水源优点是：①水量稳定。因淮河流域降雨量较大，地下水的补给充分，因此不受短期干旱气候的影响。②水质稳定。但缺点是：①深层地下水水质会影响塌陷区积水水质。②塌陷区所处地势低洼，会促使地下水不断上涌，一直到积水水位与周边地面持平，这就占用了塌陷区库容，留给"平原水库"的纳洪库容所剩无几，这意味着塌陷区可能没有多少蓄洪防涝能力。

为了验证是否已发生大规模地下水对塌陷区积水的补给，分别在 2012 年雨季（4 月）和旱季（12 月）采取了淮南顾桥、谢桥、张集等地雨水、塌陷区积水、港河附近天然湿地、浅成地下水、河水（包括西淝河、济河、港河、永幸河）样品，测量了它们的氢氧稳定同位素（图 56），结果如下。

1）雨季的塌陷区积水同位素组成与湿地相同，与地下水相差很大，而河水性质介于地表水（塌陷区积水和湿地水）和浅成地下水之间。这是合理的，因为一些地方抽用地下水后又将水排入河道，因此河水实际就是地下水和地表水的混合，而地表水则直接来自降雨。

2）旱季的塌陷区积水同位素组成与雨季相似，仍与地下水相差很大，而河水性质也仍介于塌陷区积水和地下水之间。

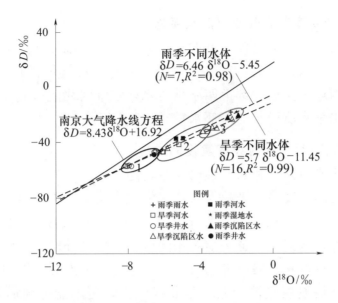

图 56 淮南采煤区旱雨季雨水、河水、塌陷区积水、
浅成地下水 δD – $\delta^{18}O$ 关系图
1—主要为井水；2—主要为河水；3—主要为沉陷区积水

3）比较氢氧同位素之间线性方程和大气降雨线的关系，可以注意到淮南地区的水存在强烈的蒸发作用。因此积水区水资源的蒸发损失可能是显著的。

以上特征表明塌陷区积水与浅成地下水存在较大差异，可能地下水对塌陷区积水的贡献还不大，不是积水的主要补给来源，主要补给来源还是降雨。因此目前的煤炭开采水平可能还没有造成地下水的大规模突出流失。

（三）采煤塌陷问题的性质与定位

1. 淮南采煤沉陷是作为东部能源主要基地的必然代价

采煤塌陷及其引发的塌陷积水是不可避免的，只要国家需要这里提供能源，就必然会出现采煤塌陷问题。"用土地换煤炭"是国家能源需求下不得已的被动选择，因此不能混淆"采煤塌陷""土地损失"和"国家能源需求"三者之间的逻辑关系。

2. 采煤沉陷区面积巨大，淮南塌陷区面积集中，而其他塌陷区相对分散

淮南塌陷区位于淮河中游断裂沉降带内，将长期存在。这里过去本身就是淮河中游湿地的分布区，新中国成立后治淮工程使该区成为良田，但低洼的地势决定了其极易发生洪涝灾害。塌陷后，人口迁出有助于减少洪涝的直接经济损失。

3. 采煤沉陷直接影响改变河流水系格局

如在淮南改变了淮河北侧支流的水系格局。因此淮河北侧地区防洪体系必须重新考虑塌陷带来的影响，在设计中提前规划，减少不必要的损失。

采煤塌陷沟通了盆地深部第四系承压水，在淮河北侧形成面积巨大的湖泊湿地，并具有水量水质稳定的深部水源。

4. 采煤沉陷限制了区内经济建设的发展

采煤沉陷区耕地损毁和农村移民总量将超过三峡工程。随着经济和社会的发展，村庄搬迁的难度将越来越大，解决失地农民生产生活出路，妥善安置失地农民，事关社会稳定的大局。塌陷区人民为了国家的能源需要，付出了土地、家园的代价，国家应该也必须对塌陷区人民作出补偿。

塌陷区人民也享有发展经济的权力、和享受经济发展成果的权利，因此不能限制塌陷区人民发展经济，尤其是非煤经济，更不能等到塌陷以后再去补偿。忽视塌陷区的治理就是对塌陷区人民的不负责任、对国家的不负责任。

国家应该提前规划，利用沉陷过程的长期持续性有序地将沉陷区人口向规划的小城镇产业园区集中。

5. 应尽早开展采煤沉陷区治理的规划设计，争取早日实施

塌陷积水区是作为蓄滞洪区、淮北水源区，还是湿地生态区，目前存在不同看法，需要进一步研究，但必须由国家、地方和企业统筹考虑、规划。调查显示，目前塌陷区居民愿意在合理补偿条件下搬迁，因此越早制定沉陷区治理规划，国家、企业、个人的损失越小，对地方经济的发展越有利。

（四）问题的应对

1. 煤炭基地与粮食基地的矛盾问题

淮河流域在国家粮食安全体系中具有举足轻重的地位和作用，定位为我国粮食基地。而淮河流域尤其是淮南，是国家规划的重要的能源战略基地，采煤必然引发沉陷，造成土地流失，影响粮食生产。因此采煤与粮食生产是一对矛盾，二者只能择其一。

国家是向淮南要煤、电，还是粮食，是淮南在国家层面的定位问题，需要中央根据淮南煤炭和粮食对国家的贡献大小来判断。目前的数据看，可能煤炭对国家更重要。而如果国家要求地方提供煤炭，就应该由国家向提供煤炭的地区和因采煤而失地的农民提供政策倾斜，帮助他们解决问题。

2. 沉陷区湖泊定位问题

淮南塌陷区面积相对集中，因此矿业集团最早提出建设沉陷区平原水库的

思想，设想可以发挥防洪、除涝、为工农业生产和居民生活供水以及改善生态环境等方面的功能。

1）从上面的分析看，防洪、排涝、泄洪的有一定能力，实际能力需要重新评价。

2）而从沉陷区水位稳定的特点看，作为皖北农业水源地是具有潜力的。

但是需要对各沉陷区的积水开展全面深入的调查，摸清不同沉陷区：①地下水来源，即哪些新生代含水层是其深部补给水源？补给量多少？②地下水水质如何？现有的河流水质评价体系是不适于评价地下水水质的，还需要对各种矿物成分和其他有害离子成分全面评价。③沉陷区现代构造应力场控制下的构造裂隙发育特征和规律是什么？这是因为采空沉陷还受新生代活动构造的控制和影响。

3）沉陷区湖泊将形成面积浩大的湿地，可以增加水生生物物种，为鸟禽提供栖息场所。必须保证水质不被污染，才有可能改善生态环境，作为城镇饮用水源地。

4）是否能作为"江水北调"的中间蓄水水库？首先从上面分析看，如果沉陷积水区地下水补给量足够干旱年份皖北农业用水，就不需要再调长江水。其次，沉陷区库容有限，最多只能作为江水过境水道。

3. 沉陷区湖泊与水系再造问题

淮北矿区中位于淮北市区附近呈带状分布有多个大小不等的沉陷区，将其中沉陷深度大的通过一定的工程措施和治理技术，与附近河流串为一体，可作为地表供水水源。

淮南矿区中位于西淝河下游的沉陷区，沉陷面积集中、连片，沉陷容积大，与现有河流有较好的沟通条件，可研究利用其沉陷容积蓄积洪涝水，洪水过后缓慢释放，进行水资源综合利用。

淮南采煤沉陷区形成的湖泊已部分、并将严重影响淮河北侧支流西淝河、架河、永幸河和泥河的位置、走向和水位变化，因此应根据沉陷区具体情况考虑对这几条河流的水系再造问题，可能有不同方案，例如：

1）河流改道，利用河流将沉陷区连接起来，使沉陷区成为河流沿线的串珠状湖盆。

2）沉陷区自成体系，与河道间以涵闸相连，以调节水位。

3）全区分成不同区块，根据具体情况，决定各沉陷区的用途和规划方案。

4. 湖泊水面的再利用问题

沉陷区土地变成水面造成农民失去土地生产资料，如果能够解决好水面的再利用问题，就可能很大程度上解决农民的失地问题。目前看沉陷区湖泊的再利用可能有以下途径。

1）渔业和水产养殖。可根据不同水深、区块，进行不同类型的渔业养殖，目前已经在一些局部区段有人开展渔业养殖；一些浅水区还可以种植一些水生食用或实用植物。但是不宜在作为水源地的区段养殖，以免造成水体污染和富营养化。

2）生态湿地。一些远离城镇的区段可以作为生态湿地，供鸟禽栖息。

3）治污湿地。在集中居住地附近，可以选择合适的区段建设湿地污水处理厂，利用湿地功能净化居民生活污水。

4）水源地。一些水质优良的沉陷区区段，可以作为水源保护地，向皖北农田或集中居住城镇供水。

5）旅游。一些有特殊旅游资源的区段，可结合水面开发成合适的旅游项目。如迪沟安置区的大型寺庙。一些有悠久历史的采煤矿井适当保护维修后，也完全可以作为将来的旅游参观项目。一些水上娱乐项目也可以在合适地段设置。这需要在沉陷稳定区才能进行。

5. 采煤沉陷的逐渐发展问题

由于淮南煤炭资源还开采百年，因此采煤沉陷将是一个逐渐发展过程，也会持续百年历史。这一方面留出了治理时间，提前规划可以避免将来更大的成本投入、更大的民生影响，可根据煤炭开采情况，安排不同时期的治理目标。另一方面这种规划可能会因将来理念的变化、技术的进步而发生变化，因此可能规划本身也是一个不断完善的过程。

6. 沉陷区移民安置和再就业问题

针对沉陷区搬迁问题地方政府和淮南矿业集团做了大量工作，开展一系列有益的尝试，建设了迪沟和凤凰城两个集中安置区，取得了很好的社会效益。

但是如果不能解决这些人口的生产资料问题，必然会形成社会不稳定因素。现在虽然通过煤矿服务和运输社会化、居民商业化、劳动力外出务工解决了一部分劳动力的出路问题，但都属于附属于采煤的第三产业，如果不能形成新的第一、第二产业和独立的第三产业，就很难可持续发展，并将成为一个极大的社会隐患！

7. 移民安置与新农村建设、城镇化建设的关系问题

移民生活安置和再就业问题，应该放到新农村建设和城镇化建设的高度上来抓，首先集中居住地应符合新农村建设和城镇化建设要求，布局要合理，附属设施要完备，再就业有机会，发展工业、服务业有空间。对于失地移民不能

仅仅满足于提供住房和土地赔偿款，还应提供生产资料，使其能有谋生渠道和致富途径，有幸福感，才能构造一个和谐社会。

8. 沉陷区治理中央与地方政府、企业和失地农民间的关系问题

淮南沉陷区治理由于其牵涉面广、影响大，已不仅仅是企业的问题，也不仅仅是地方政府能够协调的问题，应该国家给政策，地方政府来协调，联合企业和淮委以及失地农民，才能共同解决采煤沉陷引发的问题。

9. 淮南煤矿沉陷区生态环境治理的示范性问题

在淮河流域众多煤矿的采煤沉陷区中，淮南沉陷区面积大、类型复杂、影响严重，特别具有代表性和典型性，其成功治理将为流域内沉陷区治理树立起可以借鉴的样板模式。

九、对策与建议

（一）气候与可持续发展咨询建议

党的十八大提出"确保到 2020 年实现全面建设小康社会宏伟目标"，要求：推进城乡发展一体化，着力在城乡规划、基础设施、公共服务等方面推进一体化；大力推进生态文明建设，加强防灾减灾体系建设，提高气象、地质、地震灾害防御能力，强化水、大气、土壤等污染防治，积极应对气候变化。

淮河流域天气气候复杂多变，气象灾害种类多，发生频繁，影响大，特别是旱涝灾害严重。进入 21 世纪以来淮河流域极端天气气候事件发生规律更为复杂。结合党的十八大"大力推进生态文明建设"，特别是"加强防灾减灾体系建设"的提出，结合淮河流域生态文明试验区的建设，建议增强淮河流域气象和地质防灾减灾体系建设，通过加强极端天气气候事件和地质灾害的监测、预报、预警和应对指挥能力，推进政府主导的气象和地质灾害防御和风险管理；增强农业和农村抵御气象和地质灾害的能力，加强交通气象和地质灾害的检测和服务，强化城镇化布局中气象和地质灾害风险评估和防灾减灾体系。

1. 增强极端天气气候事件的监测预报预警和应对指挥能力

在全球气候变暖背景下，极端天气气候事件的时空格局发生变化，淮河流域应重点加强极端强降水、强对流天气的监测预报预警能力。建设内容包括：优化和完善淮河雷达（新一代天气雷达、风廓线雷达）监测网，实现强天气的

无缝监测；加强淮河流域气象灾害变化和天气规律研究，提高预报能力和水平；建立气象灾害应急预警信息发布系统，充分利用各种资源，实现气象灾害预警信息城乡广覆盖；重视农村、山区的气象灾害预警和防灾应急体系建设。

2. 推进政府主导的气象灾害防御和风险管理

推进气象灾害防御工作由过去重视灾害将要发生时的减灾应对，向灾前灾中和灾后的综合风险管理转变，减轻气象灾害风险、减少危害的发生。建设内容包括：建立"政府主导、部门联动、全社会参与""政府、企业（单位）和社区三位一体"的综合风险管理模式；进一步完善法律法规，用法律法规形式明确政府、政府相关部门、企事业单位，各类社会机构、组织，尤其是气象灾害敏感行业、单位，在气象灾害风险管理方面的责任和义务；应高度重视灾前的风险管理，建立区域发展、城乡建设规划和重大工程建设项目的气象灾害风险评估制度，确保在城乡规划编制和工程立项中充分考虑气象灾害的风险性，避免和减少气象灾害的影响。

3. 增强防御农业气象灾害的能力

淮河流域处于南北气候过渡带，气象灾害种类多，发生频繁，农业受气象条件的制约很大。建议国家重视淮河流域粮食核心区气象灾害的防御和农业适应气候变化工作。主要建设内容包括：加大农田水利基础设施建设的国家投入；加快建立适应现代农业发展和粮食核心区建设的现代农业气象服务体系，增加中央财政的投入；对农业气象灾害保险给予更多支持性政策，扩大农业保险的覆盖面，将主要粮食作物气象灾害保险保费投入纳入粮食生产补贴中，由国家财政按比例投入；加快推进建设国家中部（含豫鲁苏皖）人工影响天气跨区联合作业指挥中心和基地。

4. 建立城镇及交通气象监测和服务系统

在推进淮河流域城镇化进程中，在城镇发展总体规划中，充分考虑气象因素，努力做到趋利避害，城镇规模与布局规划，除了符合当地水土资源、环境容量、地质构造等自然承载条件外，还要充分考虑气候适宜性和风险性。在城镇化建设过程中，加强城镇安全设施建设，化解灾害风险，加强水利防洪设施等基础设施建设，加强城市排水系统改造、整治河道；扩大城市绿化面积，促进土壤对雨水的吸收。同时，根据各中小城镇的特点，在安全、方便的地方建设灾害避难场所。加强气象基础建设，提高城镇综合气象监测预警能力，加快城镇化地区气象观测站建设，建立健全雷电、土壤湿度、酸雨、大气成分等专业观测站网，形成技术先进、功能完善、布局合理、运行稳定的综合气象观测系统，加强气象预测预报系统建设，提高气象综合监测预警能力和水平。加强城镇化区域气象灾害防御科普宣传教育工作，将气象灾害防御知识纳入国民教育体系，纳入文化、科技、卫生"三下乡"活动，加强防灾减灾知识和防灾技能，特别是城镇化带来的新的灾害风险的宣传教育，定期组织气象灾害防御演练，提高全社会气象灾害防御意识和避险防灾能力。

淮河流域公路交通发达，集中了多条国家骨干高速公路，雾霾、冰雪气象灾害经常影响高速公路正常运行，气象灾害引发的重大交通事故越来越多。但该区域尚未建立交通气象监测网，不能满足现代交通运行管理的要求。公路作为公共交通设施，其防灾的运行保障应纳入政府职责。建议以国家投入为主，在国家级干线高速公路沿线建设气象监测网；交通管理和气象部门合作，建设交通气象监测信息共享和应急预警服务系统。

5. 积极应对气候变化，重视可再生能源的开发利用

淮河流域四省除了沿海大规模风能资源外，都有较为分散的山区丘陵可开发风电资源，总量 1500 万 kW 左右，现有电网能完全不受影响地接纳这些资源的风电，国家应支持加快这些风电开发，不应设立开发项目数量审批限制，只要具备开发建设条件都应批准。

淮河流域作为主要农业区，农作物秸秆资源丰富，但目前其有效利用较少，每年农作物收获季节，这一区域因秸秆焚烧导致霾天气明显增多，导致空气污染，甚至引发交通事故。国家应鼓励这一区域多样化利用生物质能源，加大政策、技术和资金扶持力度。有关部门应该把秸秆发电列入节能减排的指标统计。

淮河流域中北部太阳能资源较好，可以发展以产业集聚区厂房、学校等集中建筑群为应用主体的光伏建筑应用，在北部资源好的丘陵山地，试点发展地面光伏电站；大力推进光热利用，应将光热利用纳入城镇化发展和新农村建设的整体规划中，在政策上给予引导和支持。

（二）采煤沉陷区与可持续发展建议

1. 对采煤沉陷区的整治必须给予高度重视

煤矿沉陷区的存在与扩展，不仅制约煤矿本身的发展，对当地的农业、工业、水力、交通及整个民生也有广泛的影响，如不及时妥善治理，不仅会拖当地经济发展的后腿，还会使本来就多灾多难的淮河流域，增添新的灾难，因此，整治沉陷区势在必行，不管采取什么方式，都必须给予高度重视。

2. 不能孤立地看待沉陷区的治理

淮南矿业集团既是一个历史悠久的老企业，也是一个具有先进管理先进文化的现代化企业，不到现场很难想象，历来被认为污染严重的煤矿和电厂竟能给人"一尘不染的感觉"；他们提出建平原水库，治理沉陷区的设想，是一个企业对国家、对民众负责任的体现。如能建成这个平原水库，积蓄大量水资源，对于整治沉陷区，改善皖北缺水的生态环境……无疑都是有益的。但建平原水库是否就是最佳方案，尚需进一步调查研究，充分论证。

我们认为，无论采取什么样方式整治沉陷区，都不应把责任和任务全压在企业身上，也不能孤立地看待沉陷区的整治，应该把整治沉陷区放在淮河流域和区域发展这样一个大环境中去考虑，处理好沉陷区与非沉陷区的关系，地上与地下的关系，淮河支流与干流及流域的关系，防灾与发展的关系，矿业与农业及其他产业的关系，企业与社会（地方政府与老百姓）的关系。这样一个复杂工程，不在国家层面上进行顶层设计，统一领导，是难以协调好各方面关系的。

3. 实行国家、地方、企业和百姓相结合，共同解决沉陷区问题

在淮南矿区修建的大型水源工程，将涉及到约 349 个自然村、7.47 万户、20 多万人口的搬迁和再就业问题，是一项复杂而艰巨的任务。因此，必须把治理沉陷区的工程作为一项系统工程，上升到国家层面，纳入淮河治理与区域重点水利工程建设的整体规划，由国家指导，地方政府牵头，淮委配合，企业协助，百姓参与，组成一个强有力的班子，实行统一领导，统筹安排，协同工作，先确立好方案，再按轻重缓急分步实施，把整治沉陷区的过程成为改变农村落后面貌，建设新农村，推进城镇化，发展地方经济，减轻自然灾害，实现长治久安的进程，使经过整治的淮南沉陷区成为新的经济增长点和焕然一新的和谐社会。

参 考 文 献

[1] 黄光寿，陈光宇，程生平，等. 淮河流域主要地质灾害浅析. 河南地质情报，2002（2）：20 - 22.

[2] 张锦家. 略谈洪泽湖堤防的形成与修筑史. 江苏水利，2011（4）：47 - 48.

[3] 宋意勤，胡唐伯. 淮河入海水道工程地质灾害评估. 水利水电科技进展，2001，21（1）：111，181.

[4] 张连胜，李莲花，龚晓洁. 河南省黄河下游重大生态环境地质问题及对策研究. 河南地质，2001，19（1）：71 - 78.

[5] 胡巍巍，江涤，徐小梅. 淮河流域中游湿地景观格局演变的驱动力分析. 池州学院学报. 2011，25（3）. 45 - 48.

[6] 刘东旺，刘泽民，沈小七，等. 安徽淮河构造变形带及邻近块体现代构造应力场

特征. 中国地震, 2004, 20 (4). 364 - 371.

[7]　李细光, 曾佐勋, 彭晓文, 等. 北淮阳及其邻接区地壳稳定性研究. 大地构造与成矿学, 2003, 27 (3). 287 - 294.

[8]　左正金, 王献坤, 程生平, 罗文金, 王伟峰. 淮河流域（河南段）第四纪地层沉积规律. 地下水, 2006, 28 (4): 34 - 36.

[9]　郭新华, 温彦, 张克伟, 等. 河南省淮河流域旱涝灾害分布的地质模式. 河南地质, 2006, 10 (3): 228 - 236.

[10]　陆镜元, 高玉峰. 淮河流域及南黄海中强地震区特征分析. 中国地震. 1992, 8 (4). 25 - 33.

[11]　翟洪涛, 刘欣, 李杰. 淮河流域中强震活动区的地震构造背景. 地震学刊, 2002, 22 (3): 36 - 48.

[12]　曹厚增, 王浩, 徐田春, 等. (2004). 淮河中游晚第四纪沉积工程地质特性研究. 淮河, 2004 (4): 10 - 12.

[13]　郭新华, 温彦, 张克伟, 等. 河南省淮河流域旱涝灾害分布的地质模式. 河南地质. 1992, 10 (3): 228 - 236.

[14]　陆镜元, 高玉峰. (1992). 淮河流域及南黄海中强地震区特征分析. 中国地震, 1992, 8 (4): 25 - 33.

[15]　翟洪涛, 刘欣, 李杰. 淮河流域中强震活动区的地震构造背景. 地震学刊. 2002, 22 (3): 36 - 48.

[16]　宋明水, 江来利, 李学田, 等. 大别山造山带对合肥盆地的构造控制. 石油实验地质. 2002, 24 (3): 209 - 215.

[17]　李玉信, 李广坤, 刘书丹, 等. 河南省平原区第四纪岩相-古地理分析. 河南地质, 1987, 5 (4): 29 - 31.

[18]　曹厚增, 王浩, 徐田春, 等. 淮河中游晚第四纪沉积工程地质特性研究. 淮河. 2004 (4): 10 - 12.

[19]　安徽省发展和改革委员会和中国国际工程咨询公司. 安徽省两淮地区采煤沉陷区综合治理总体规划, 2009.

[20]　金权, 等, 安徽淮北平原第四系. 北京: 地质出版社, 1990.

[21]　马杏垣, 等, 中国岩石圈动力学地图集. 北京: 中国地图出版社, 1989.

[22]　宋明水, 江来利, 李学田, 等. 大别山造山带对合肥盆地的构造控制. 石油实验地质, 2002, 24 (3): 209 - 215.

[23]　周国藩, 等. 利用重力资料研究我国东部地区地壳挥部构造和地壳结构特征, 地理科学——中国地质大学学报, 1989, 14 (3).

[24]　庞忠和, 等. 淮南顾桥矿区新构造及其精细结构探查研究综合研究成果报告（内部资料）. 2009。

[25]　水利部淮河水利委员会《淮河志》编辑委员会. 淮河志. 北京: 科学出版社, 2005.

附件：

课题组成员名单

顾　问：程功林　淮南矿业（集团）有限责任公司副总经理，教授级高级
　　　　　　　工程师

组　长：刘嘉麒　中国科学院地质与地球物理研究所研究员，中国科学院
　　　　　　　院士

副组长：李泽椿　国家气象中心研究员，中国工程院院士
　　　　秦小光　中国科学院地质与地球物理研究所研究员

成　员：许　冰　中国科学院地质与地球物理研究所副研究员
　　　　袁宝印　中国科学院地质与地球物理研究所研究员
　　　　吴乃勤　中国科学院地质与地球物理研究所研究员
　　　　姜文英　中国科学院地质与地球物理研究所副研究员
　　　　伍　婧　中国科学院地质与地球物理研究所博士后
　　　　张　磊　中国科学院地质与地球物理研究所博士
　　　　刘嘉丽　中国科学院地质与地球物理研究所博士
　　　　穆　燕　中国科学院地质与地球物理研究所博士后
　　　　殷志强　中国科学院地质与地球物理研究所博士
　　　　吴　梅　河南省国土资源厅博士
　　　　琚旭光　淮南矿业（集团）有限责任公司高级工程师
　　　　李守勤　煤矿生态环境保护国家工程实验室教授级高级工程师
　　　　徐　翀　煤矿生态环境保护国家工程实验室教授级高级工程师
　　　　陈永春　煤矿生态环境保护国家工程实验室高级工程师
　　　　许红梅　国家气候中心研究员
　　　　宋连春　国家气候中心主任研究员
　　　　端义宏　国家气象中心主任研究员
　　　　孙　健　公共气象服务中心主任，研究员
　　　　翟武全　江苏省气象局局长，研究员
　　　　王建国　河南省气象局局长，研究员
　　　　史玉光　山东省气象局局长，研究员
　　　　于　波　安徽省气象局局长，研究员
　　　　许遐祯　江苏省气候中心主任，研究员

陈　兵　　江苏省气候中心副主任，高级工程师
项　瑛　　江苏省气候中心高级工程师
顾万龙　　河南省气候中心主任，研究员
姬兴杰　　河南省气候中心高级工程师
陈艳春　　山东省气候中心主任，研究员
顾伟宗　　山东省气候中心高级工程师
田　红　　安徽省气候中心主任，研究员
王　胜　　安徽省气候中心高级工程师
高　歌　　国家气候中心研究员
黄大鹏　　国家气候中心高级工程师
孙　军　　国家气象中心研究员
杨贵名　　国家气象中心研究员
谌　芸　　国家气象中心研究员
薛建军　　国家气象中心研究员
王秀荣　　国家气象中心研究员
张建忠　　国家气象中心高级工程师
王冠岚　　国家气象中心工程师
张永恒　　国家气象中心工程师
徐枝芳　　国家气象中心研究员
王月冬　　国家气象中心项目秘书
朱　蓉　　公共气象服务中心研究员
赵琳娜　　公共气象服务中心研究员
张国平　　公共气象服务中心研究员

淮河流域生态保育问题研究

一、淮河流域生态背景及评价

（一）淮河流域地理地貌和气候状况

淮河流域地处我国东中部，介于长江与黄河两大流域之间，东经 111°55′～121°20′、北纬 30°55′～36°20′、面积约为 27 万 km²。流域西起伏牛山、桐柏山，东临黄海，北以黄河南堤和沂蒙山脉与黄河流域接壤，南以大别山、江淮丘陵、通扬运河及如泰运河与长江流域毗邻。淮河流域由于其特殊的地理地貌条件，具有"三面环山、西高、东低、中洼"的整体格局特征，西面是淮河及其诸多大小支流的发源地桐柏山、伏牛山、大别山，北部是黄河南堤，东北部为沂沭泗河水系的发源地沂蒙山区，中部和东南部主要为平原和少量低山丘陵，分布着流域内大部分的耕地、湖泊、湿地，沿淮中下游地区为低洼地（图 1）。

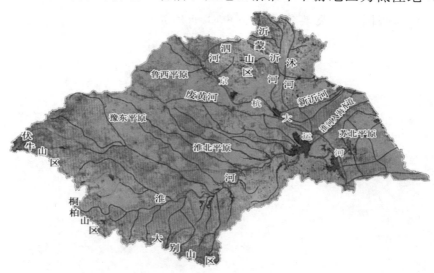

图 1　淮河流域

流域内以废黄河为界，分为淮河和沂沭泗河两大水系。淮河发源于河南省桐柏山，流经河南、安徽至江苏的三江营入长江，全长约 1000km，集水面积为 19 万 km²，约占流域总面积的 70%；淮河的排水出路，除入江水道外，还有入海水道和苏北灌溉总渠。淮河两岸支流众多，一级支流流域面积大于 2000km² 的共有 15 条，大于 1000km² 的共有 21 条。沂沭泗河水系发源于山东沂蒙山，由沂河、沭河和泗河组成，总集水面积近 8 万 km²，集水面积大于 1000km² 的一级支流有 12 条，另有 15 条直接入海的河流。

淮河流域地处我国南北气候过渡带，淮河以南属于北亚热带区，以北属暖温带区，年平均气温为 11～16℃，气候温和。流域多年平均年降水量约为 888mm，其中淮河水系 910mm，沂沭泗河水系 836mm。

淮河流域有 3 个基本特点：①气候的过渡性，变化大、不稳定，洪涝旱灾频繁，生态环境较为脆弱。淮河流域属南北气候、高低纬度和海陆相 3 种过渡带的重叠地区，天气气候复杂多变，暴雨多发生在 6—8 月，以 7 月最多，极易造成洪涝灾害。加上"西高、东低、中洼"的地形格局，汛期上游来水快，中游低洼积水，下游平坦泄水慢，排水能力严重不足，形成了"无降水旱，有降水涝，强降水洪"的典型区域旱涝特征。②地貌形态主要为堆积平原与河、湖、洼地，局部为低山丘陵、岗地。山丘区面积小，平原面积大，土地开发利用程度高；流域内耕地面积约 1.9 亿亩，约占流域总面积的 82.5%，约占全国耕地面积的 12%，粮食产量占全国粮食总产量约 1/6，提供的商品粮约占全国的 1/4，在我国农业生产中占有举足轻重的地位。③人口多、密度大，生活空间回旋余地较小。流域地跨湖北、河南、安徽、山东、江苏 5 省 40 个地级市、155 个县（市），总人口约为 1.7 亿，占全国总人口的 13%（流域面积仅占全国的 2.8%），流域平均人口密度约为 631 人/km²，是全国平均人口密度的 4.5 倍，居各大江大河流域之首。

（二）淮河流域生态区划

根据中国生态功能区划（数据来源：中国生态系统与生态功能区划专题数据库，中国科学院生态环境研究中心），淮河流域在我国的三大生态大区中属于东部季风生态大区，涵盖了 5 个生态区（图 2）、14 个生态亚区（图 3）、80 多个生态功能区，因处于南北过渡地带，生态分异较大。5 个生态区中，以"华北平原农业生态区"面积最大，达 16.79 万 km²，占流域总面积的 64.34%；其次为西南部的"淮阳丘陵常绿阔叶林生态区"，面积为 4.35 万 km²，占流域总面积的 16.66%；再次为"辽东-山东丘陵落叶阔叶林生态区"和"秦巴山地落叶与常绿阔叶林生态区"，面积分别为 3.05 万 km²、1.58 万 km²，分别占流域总面积的 11.70% 和 6.07%。在东部的南缘还有一小部分区域为"长江三角洲城镇与城

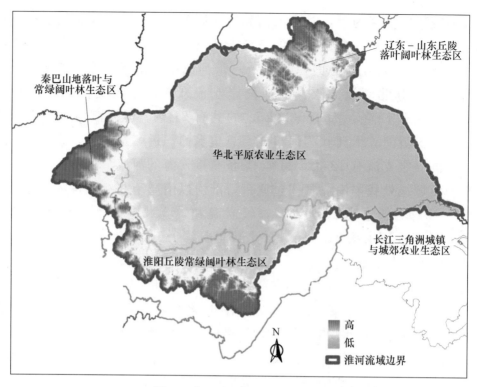

图 2　淮河流域生态区分布图

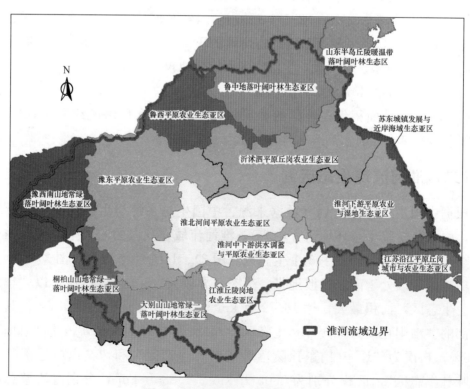

图 3　淮河流域生态亚区分布图

郊农业生态区"，面积仅为 0.32 万 km²，占流域总面积的 1.22%。

14 个生态亚区中，按照面积从大到小的顺序，依次为豫东平原农业生态亚区、淮河下游平原农业与湿地生态亚区、沂沭泗平原丘岗农林生态区、鲁中山地落叶阔叶林生态亚区、淮北河间平原农业生态亚区、鲁西平原农业生态亚区、大别山山地常绿—落叶阔叶林生态亚区、豫西南山地常绿落叶阔叶林生态亚区、江淮丘陵岗地农业生态亚区、淮河中下游洪水调蓄与平原农业生态亚区、桐柏山山地常绿—落叶阔叶林生态亚区、苏东城镇发展与近岸海域生态亚区、江苏沿江平原丘岗城市与农业生态亚区。

（三）淮河流域景观格局及其变化

淮河流域具有非常丰富的景观生态类型，按照《全国遥感监测土地利用覆被分类体系》给出的分类标准，除了戈壁、裸岩石砾地等覆盖类型之外，其余类型都有广泛分布。

根据 2005 年的土地利用/覆被图（图 4），淮河流域土地利用占地比例格局（图 5）为：耕地占绝大部分（82.47%），其中旱地面积达流域总面积的

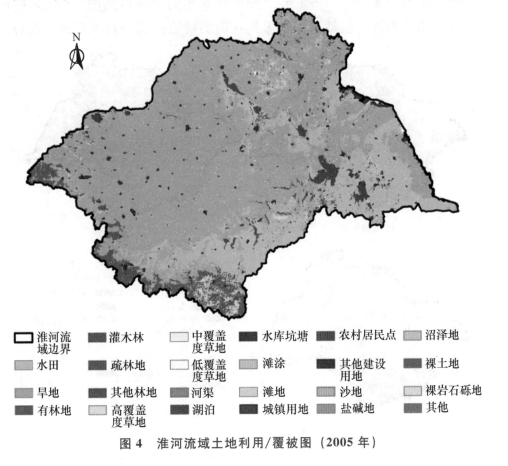

图 4 淮河流域土地利用/覆被图（2005 年）

62.32%，水田面积占流域总面积的 20.15%，林地面积其次，占流域总面积的 7.04%，各类水体（包括河流、湖泊、水库坑塘等）占流域面积的 2.91%，草地占 3.16%，建设用地占 3.61%，滩涂与滩地占 0.78%，未利用地占 0.03%。

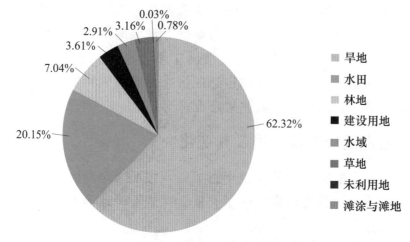

图 5　淮河流域景观类型及其比例（2005 年）

　　从淮河流域 1985 年、1995 年、2005 年 3 年的景观格局图（图 6）中可以看出，从面积上来讲，包括水田和旱地在内的耕地景观一直占有绝对优势。

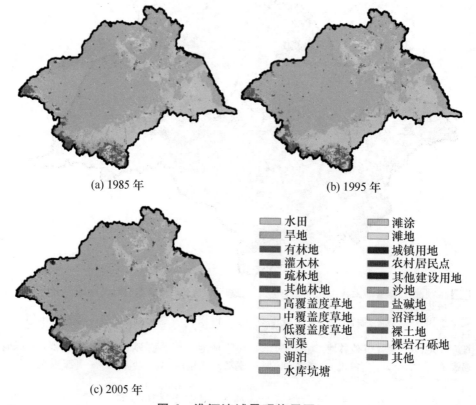

图 6　淮河流域景观格局图

从景观类型的变化上看，1985—2005 年，淮河流域耕地面积不断下降 [图 7 (a)]，建设用地面积直线上升 [图 7 (b)]。耕地面积虽然逐年减少，但其一直保持在 82% 以上的高比例。这也是和淮河流域作为我国重要的粮食产地相匹配的，国家对于耕地的保护有非常严格的要求，但淮河流域的耕地面积还是以大约每 5 年 0.1 个百分点的速度下降，尽管相对比例不大，由于淮河流域耕地面积基数大，每年耕地降低的绝对量还是非常可观。耕地景观转化主要分为以下类型：首先是建设用地，由于淮河流域整体城市化进程加快，导致建设用地大量增加，部分耕地被侵占；其次，为了应对淮河水患，沿淮河干流以及支流部分地区实施了退田还湖还河，将耕地改造为蓄滞洪区（草场或湿地），调蓄洪水，改善流域生态环境，这也是耕地面积减少的原因之一；再次，农田林网、公路网的修建也占用了不少耕地。上述原因，导致流域内以耕地为背景的景观格局破碎化程度不断增加，斑块数量也不断增加。

流域内包括河流湖泊等在内的湿地景观总面积有所增加，但天然湿地如沼泽地明显减少；林地总面积有所增加 [图 7 (c)]，但具有较好水土保持功能的灌木林面积有所减少，林地有很大一部分为人工速生林，是通过将原有林地或者其他类型用地开发转化为对经济林，相对具有较好的经济价值，但是由于物种单一，对于生物多样性和生态系统稳定性以及水土保持的意义较小。草地面积也大幅度减少 [图 7 (d)]，尤其是高、中覆盖度草地面积下降了 17.8%，不利于流域的水土保持及生态环境保护和改善。

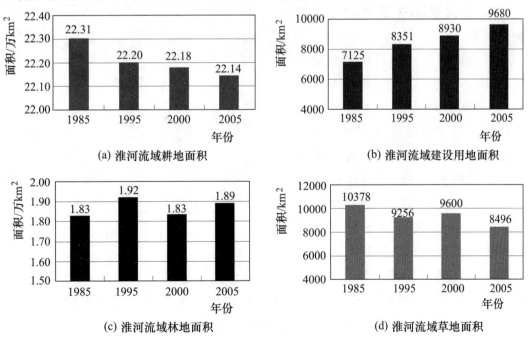

图 7　淮河流域土地利用变化

（四）淮河流域植被指数时空格局

植被指数是描述植被数量、质量、植被长势和生物量等指标的指示参数，能间接反映一个地区的生态环境状况。归一化差值植被指数（NDVI）是公认的监测地区或全球植被变化的有效指标之一，已被广泛应用于资源环境领域的研究中。

由于淮河流域地处我国南北气候交接地区，自然条件如气温降水、地形地貌、植被类型等空间差异大，要制定合理的流域生态保育对策，首先必须了解淮河流域生态环境状况的空间格局及变化趋势。本研究利用1999—2007年的 SPOT - Vegetation 数据和土地利用/覆被数据，结合 GIS 技术对淮河流域的植被时空变化规律进行了分析，为淮河流域生态保护决策提供相关的科学数据支持。

1. NDVI 年际变化分析

从图 8 和图 9 中可以看出，1999—2007 年淮河流域年均 NDVI 除了在 2000 年、2003 年以及 2006 年略有波动外，整体呈显著增长趋势，表明淮河流域植被覆盖状况逐年好转。尤其是广大平原地区，NDVI 普遍有明显增长，表明近些年淮河流域的平原林网建设以及农田防护林体系建设等取得了较好的成效。

2. 不同景观类型 NDVI 及其变化趋势

淮河流域主要的景观类型的年平均 NDVI 也都呈上升趋势（图 10），不同景观类型 NDVI 变化不尽相同，其中，耕地和林地曲线较为接近，增长趋势明显，波动相对较小，拟合曲线 R^2 值均接近或大于 0.8；盐碱地 NDVI 增长趋势也明显（$R^2 = 0.78$），说明近些年淮河流域盐碱地治理效果加好，盐碱

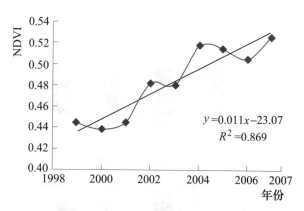

图 8   1999—2007 年淮河流域
NDVI 逐年变化

地植被覆盖明显改善。草地 NDVI 平均值普遍低于林地和耕地，增长趋势平稳（$R^2 = 0.77$）。滩地（本研究中指河、湖水域平水期水位与洪水期水位之间的土地）的 NDVI 在波动中有小幅度增长，说明河湖岸带周边植被覆盖有改良趋势，有利于两岸的水土保持；沼泽地的 NDVI 波动幅度最大，趋势不明

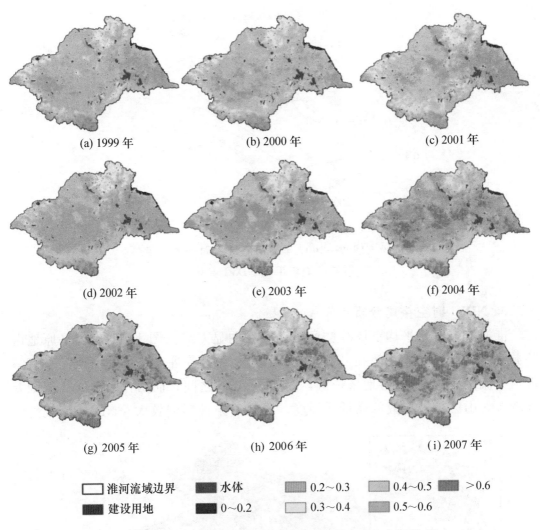

(a) 1999 年　　　　　(b) 2000 年　　　　　(c) 2001 年

(d) 2002 年　　　　　(e) 2003 年　　　　　(f) 2004 年

(g) 2005 年　　　　　(h) 2006 年　　　　　(i) 2007 年

| 淮河流域边界 | 水体 | 0.2~0.3 | 0.4~0.5 | >0.6 |
| 建设用地 | 0~0.2 | 0.3~0.4 | 0.5~0.6 | |

图 9　1999—2007 年淮河流域各年年均 NDVI 空间格局

显，沼泽地在淮河流域所占比例较小，但是具有重要的调蓄洪水、净化环境等
生态意义，从土地利用变化上看，近些年淮河流域传统的天然湿地（本研究中
指沼泽地）由于人类的开发，缩减严重，而人工湿地有增加的趋势，因此导致
整个流域沼泽地整体 NDVI 波动较大。通过实地调研得知，淮河流域部分地
区（如江苏省里下河地区、山东省枣庄南四湖地区）的沼泽地和河湖滩地经过
土地整理，开发成沟塘、台地相间的土地格局，沟塘用来养鱼，台地用来种植
杨树、水杉等树木，形成"上林下渔"的经营管理模式，增加经济收益，这种
模式也使一些过去以芦苇、水草、水面为主的沼泽湿地，以及季节性被水淹的
滩地（沙地、季节性草被），变成了水面、林地相间的景观格局，这一变化也
导致了这些原有的沼泽湿地和河湖滩地 NDVI 的变化。

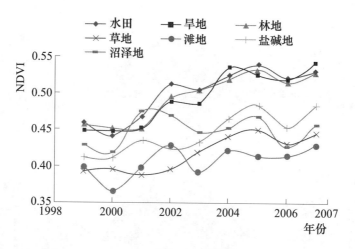

图 10　1999—2007 年淮河流域不同土地利用/
覆被类型年平均 NDVI 变化

3. NDVI 时空格局分析

淮河流域多年平均 NDVI 空间分布存在明显差异（图 11）。广大平原地区差异较小，NDVI 值大都在 0.5～0.6 之间，如豫东平原、淮北平原等地区；淮河干流南岸的上-中游地区稍低，在 0.4～0.5 之间；而山丘区 NDVI 值则差异较大，山区植被指数的高低受温度、降雨等条件影响较大，NDVI 值较高的

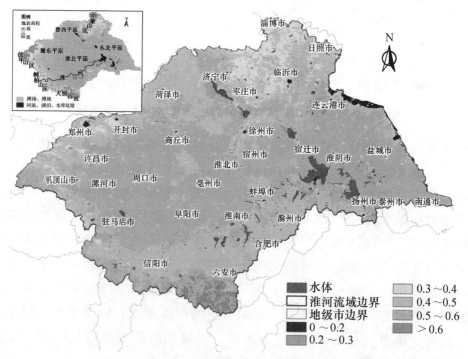

图 11　1999—2007 年淮河流域 NDVI 多年平均值空间分布状况

区域主要集中在降水丰富的大别山区，大都为 0.6 以上，其次为伏牛山区和桐柏山区，沂蒙山区植被指数最低，0.3～0.4 的区域占主导地位。大中城市（如郑州市、开封市、徐州市、临沂市等）及其周边地区植被指数较低。

　　整体而言，淮河流域绝大部分地区在 1999—2007 年间植被状况呈明显改善趋势（占整个流域面积的 71.33%），轻微改善和中度改善的区域分别占 6.13% 和 16.80%；有 1.73% 的区域植被指数变化不明显，仅有 4.01% 的区域植被指数有退化趋势（图 12）。平原地区植被改善最明显，这也一定程度上得益于近些年淮河流域发展迅速的平原林业和农田林网体系建设；城市周边（如郑州市等）由于城市化进程，植被指数明显有降低趋势；平原区中，以江苏省沿海地区植被指数改善最不明显，大都是轻微改善，这与该区迅速发展的工业和经济息息相关——植被指数高的耕地和林草地被建设用地侵占。山丘区中，以伏牛山区和桐柏山区 NDVI 改善趋势最为明显，大别山区次之，其中，霍邱县和六安市的部分地区还有轻微退化的趋势；东北部的沂蒙山区，植被覆盖普遍存在退化趋势，在整个流域范围内退化趋势最明显；从实地调研情况看，沂蒙山区因为石质山区较多，立地条件差，虽然近些年加大了荒山造林力度，很多荒山已经完成造林，但是整体而言，沂蒙山区水土条件和植被覆盖状况均较流域内其他山丘区而言相对要差；从土地利用覆被变化上看，沂蒙山区

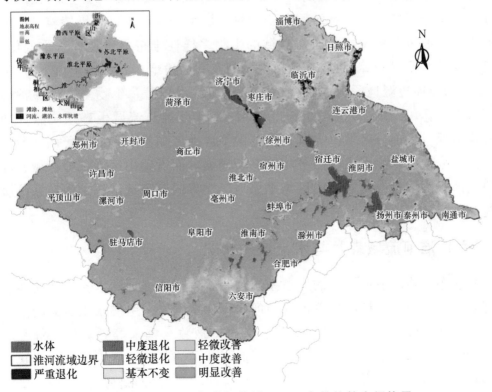

图 12　1999—2007 年淮河流域 NDVI 变化趋势空间格局

有林草地转为坡耕地的现象，事实上，实地调研也发现，由于城镇化建设和耕地占补平衡的需求，沂蒙山区耕地确实有"向坡上发展"的趋势；坡耕地植被覆盖较低、产量也较平坦地区低，而且易引发水土流失，因此导致植被指数的降低，这一趋势将对该区域水土保持不利，应进一步加快这一地区的退耕还林和森林保育工作。

（五）淮河流域生态系统服务功能

生态系统服务功能是指生态系统与生态过程所形成及所维持的人类赖以生存的自然环境条件与效用，是人类直接或间接从生态系统得到的利益。本研究侧重考虑流域内各区域的自然生态系统服务功能以及对流域生态安全的影响，如水源涵养、生物多样性维持，而食物生产、娱乐文化等方面功能则作为次要的价值。

综合考虑淮河流域的土地利用方式、植被覆盖状况和生态功能单元分布格局等生态因子，对各因子的重要性进行赋值、加权和空间计算，得到 1995 年和 2005 年淮河流域整体生态系统服务功能空间格局（图 13）。整体而言，淮河流域生态系统服务功能较高的地区主要分布在两类区域：一是上游山丘区包括西部的伏牛山区、桐柏-大别山区以及东北部的沂蒙山区，这些山丘区的水源涵养、水土保持等生态系统服务功能对流域水资源调蓄以及维持整个流域的生态安全具有重要地位，同时对流域的生物多样性维持，也发挥着重要作用；二是重要的大型河湖-湿地区，包括南四湖及其周边地区、淮河干流下游-洪泽湖-高邮湖及周边湿地群区，这些地区对流域洪水调蓄、生物多样性保护等也发挥着重大作用。图 14 为 1995—2005 年 10 年间淮河流域生态系统服务功能的变化情况，大部分区域（尤其是内陆的平原地区如豫东平原和鲁西平原和西部山区部分地区）生态系统服务功能有所增强，而沂蒙山区大部分区域、苏北平原大部分区域，以及西部山区与平原地区交界的部分地区等地生态系统服务功能有所降低。

（六）淮河流域森林与水土流失状况

森林作为陆地上最重要的生态系统之一，发挥着强大的水土保持功能。淮河流域的森林现状直接影响着该区域的水土保持工作。引发水土流失的主要原因是大量开垦坡耕地、"坡林地"经营和过度放牧与樵采等导致森林资源严重破坏，大幅度降低了水土保持功能。因此，在淮河区域开展森林资源现状、问题的研究，全面把握森林资源状况与水土流失类型、分布格局，合理确定水土流失类型及区域分布，揭示不同水土流失类型和森林保育生态修复，创建不同

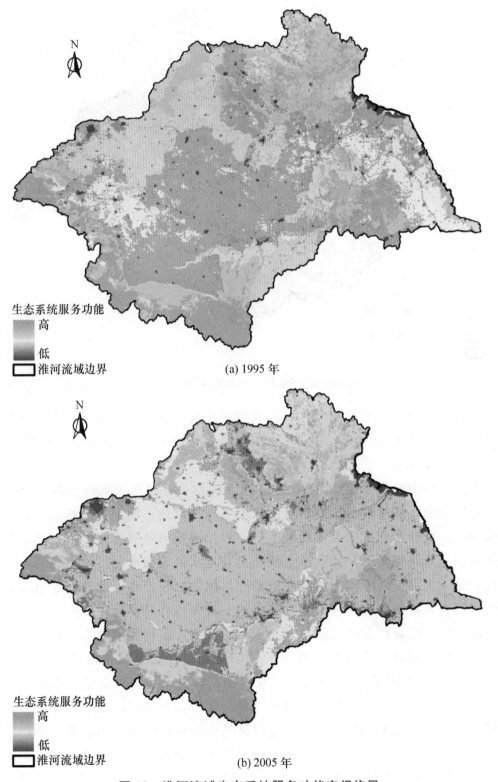

(a) 1995 年

(b) 2005 年

图 13 淮河流域生态系统服务功能空间格局

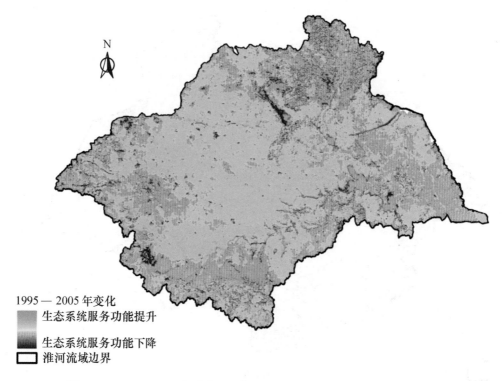

1995—2005 年变化
生态系统服务功能提升
生态系统服务功能下降
淮河流域边界

图 14　1995—2005 年淮河流域生态系统服务功能变化空间格局

区域森林修复模式及关键技术，可为淮河流域全面开展水土保持工作，加快全流域的水土流失防治步伐，促进人与自然和谐发展，提供科学依据和技术支撑。

　　淮河流域山丘区面积虽然仅占总面积的 1/3，并且居于淮河流域边沿，但由于地处南北气候过渡带，地形地貌和土壤岩性复杂，加上人口密度大、耕地资源少，陡坡开荒、乱砍滥伐现象严重，致使流域内植被破坏严重，加之矿山开采塌陷、修路筑坝等，导致水土流失尤其是水蚀现象十分严重；同时，淮河流域平原一大部分属于黄河泛滥冲积平原，风蚀也较严重；此外，随着城镇化的快速发展，地面硬化比例增加，城市水土流失也日趋严重。

　　近年来，随着社会的发展与人类认识的改变，淮河流域的水土流失、水土保持、森林资源日益成为社会普遍关注的问题。淮河流域也是经济欠发达地区，"中原经济区建设"已经纳入国家战略，解决不以牺牲农业和粮食、生态和环境为代价的工业化、城镇化和农业现代化协调发展的问题可以说与林业密切相关，加快淮河流域林业生态环境建设是中原经济区建设的重要任务；随着南水北调东线和中线工程的实施，怎样保证淮河流域水量的供应和防止洪涝灾害的发生都对该区域水土保持工作提出了更高的要求。除了加强工程措施外，怎样加强生物工程措施，提高该区域涵养水源的能力，做到"蓄泄兼筹"是需要解决的主要问题。

1. 淮河流域森林资源概况

根据第七次森林资源清查（2003—2008 年）结果得出淮河流域不同省份森林资源现状（表 1 和图 15）。淮河流域森林覆盖率为 16.25% 左右，低于全国平均水平（20.36%）4 个百分点，林业用地中仍有 122.12 万 hm² 没有实现绿化。淮河流域森林蓄积量为 1.57 亿 m³，活立木总蓄积量为 2.24 亿 m³，数量可观，但单位面积蓄积量平均在 30～40m³/hm²，生产力水平较低。淮河流域林地面积 4 个省所占的比例也有较大差异，河南省占 39%，其余依次为山东省（24%），安徽省（21%），江苏省（15%），湖北省（1.5%），上游山丘区明显高于中下游省份。

表 1　　　　　　　　　　　　淮河流域林业资源现状

淮河流域省份	流域面积/万 hm²	林地面积/万 hm²	有林地面积/万 hm²	森林覆盖率/%	森林蓄积量/万 m³	活立木总蓄积量/万 m³
淮河流域合计	2692.83	559.73	437.61	16.25	15728.34	22421.93
淮河江苏	626.41	84.94	72.52	11.58	2825.77	3743.31
淮河安徽	632.48	116.28	100.73	15.93	3032.34	4378.14
淮河山东	492.78	133.44	100.32	20.36	3248.55	4305.91
淮河河南	926.06	216.44	157.56	17.01	6521.91	9801.00
淮河湖北	15.10	8.63	6.48	42.91	99.77	193.57

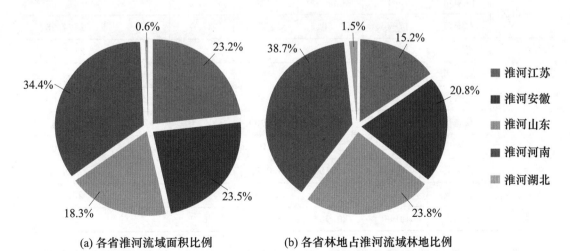

(a) 各省淮河流域面积比例　　　(b) 各省林地占淮河流域林地比例

图 15　淮河流域各省林地比例

淮河流域各省的森林覆盖率情况见图 16。流域各省域内森林覆盖率最高的为湖北省，湖北省在流域内所占面积较小，而且绝大部分为山区，所以森林覆盖率最高。其余4省森林覆盖率从高到低依次为山东省、河南省、安徽省、江苏省，流域上游省份森林覆盖率普遍高于下游省份。

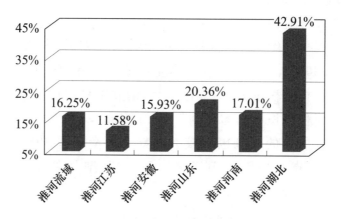

图16　淮河流域各省森林覆盖率

表2　　　　　　　　　　　　淮河流域部分区域森林资源状况

区域	行政市县	面积 /km²	林业用地 面积 /万 hm²	有林地 面积 /万 hm²	森林 覆盖率 /%	林木 覆盖率 /%	活立木 总蓄积量 /万 m³
桐柏山区	桐柏县	1941	10.93	10.0000	50.1		
伏牛山区	禹州市	1461	3.6282	2.4955	17.6	23.8	279.98
	平顶山市	8867	24.2952	19.4840	25.0	26.9	873.00
大别山区	信阳市	18819	68.99	54.7000	34.4		2670.30
	六安市	17976	57.5615	52.5730	37.6		2224.98
黄淮平原	商丘市	10704	18			28.8	2100.00
	周口市	11900	14.67			25.0	1800.00
	亳州市	8374		14.7074	17.5	20.1	1000.00
	淮北市	2741		4.8900	17.1	22.1	253.00
	菏泽市	12000		36.000		33.6	2810.00
沂蒙山区	沂水县	2434.8	7.8151	5.8292	24.6	35.9	260.38
湖面水网 地区	洪泽县	1394		1.4000		13.4	140.00
	济宁市	11000	20.936		28.0		

　　淮河流域典型地区的森林资源现状（表2和图17）显示淮河发源地桐柏县森林覆盖率最高，达50.1%；其次是淮河流域大别山区，森林覆盖率也达到35%左右；伏牛山区与沂蒙山区森林覆盖率稍低，这两个地区降雨量较少，立地条件较差，造林成本较高；江淮丘陵立地条件也较差，土壤瘠薄，也属于

立地造林困难区域；广大的黄淮平原地区，主要是农业生产区，平原绿化主要是进行四旁植树以及营造平原林网，林木覆盖率也都基本上达到了 20% 以上。从活立木蓄积看，平原农区尽管林地面积较少，但活立木总蓄积量却较大，单位面积活立木蓄积量也较大。

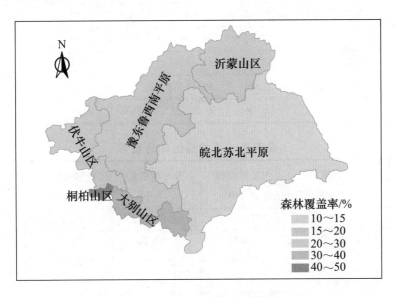

图 17　淮河流域森林覆盖率

　　淮河流域用材林面积将近防护林面积的 2 倍，经济林面积接近防护林面积，在有林地中生态公益林面积达到 187.51 万 hm^2，不到有林地总面积的一半（表 3），说明淮河流域总体上看林分以经济效益为主，其次才是生态效益，当然以经济效益为主的林分也具有一定的生态效益，只是没有达到生态效益最大化而已。就不同省而言，河南淮河流域有林地面积最大，是其防护林面积的 3 倍，经济林面积接近防护林的 1/2，其中生态公益林面积达到了有林地的 50% 以上，在淮河流域生态防护作用中占据着重要的地位；安徽省和山东省淮河流域面积相当，其中生态公益林面积占有林地面积的 37% 左右，用材林面积也较接近，只是山东省经济林面积较安徽省大，相应的防护林面积有所减少，发挥着一定的生态防护功能；江苏省淮河流域有林地面积较小，不足河南省的一半，其中防护林仅 12.58 万 hm^2，生态公益林也只有 18.6 万 hm^2，用材林与经济林面积较大。

　　淮河流域人工林面积 371.99 万 hm^2，几乎是天然林面积 65.62 万 hm^2 的 6 倍，除湖北省外，其他省份都是人工林面积远远大于天然林（表 4）。除河南省人工林单位面积蓄积大于天然林外，其他省份单位面积蓄积人工林与天然林相差不大。

表3　　　　　　　　　　　淮河流域不同省份林种结构特征　　　　　　　单位：万 hm²

淮河流域省份	有林地面积	用材林面积	防护林面积	经济林面积	竹林面积	薪炭林面积	特用林面积	生态公益林地面积
淮河流域合计	437.61	212.90	112.53	93.91	6.77	2.61	8.89	187.51
淮河河南	157.56	74.49	50.97	22.69	1.69	1.67	6.05	86.90
淮河安徽	100.73	47.92	24.62	21.90	4.60	0.22	1.47	37.54
淮河江苏	72.52	41.81	12.58	16.44	0.48		1.21	18.60
淮河山东	100.32	48.32	19.68	32.16			0.16	37.28
淮河湖北	6.48	0.36	4.68	0.72		0.72		7.19

表4　　　　　　　　　　　　淮河流域不同省份林分资源

淮河流域省份	流域面积/万 hm²	人工林面积/万 hm²	人工林蓄积/万 m³	天然林面积/万 hm²	天然林蓄积/万 m³
淮河流域合计	2692.83	371.99	13420.60	65.62	2307.74
淮河河南	926.06	123.31	5284.53	34.25	1237.38
淮河安徽	632.48	75.48	2072.18	25.25	960.16
淮河江苏	626.41	71.80	2798.34	0.72	27.43
淮河山东	492.78	100.32	3248.55		
淮河湖北	15.10	1.08	17.00	5.40	82.77

　　就林龄而言，淮河流域中幼龄林居多，88％的林分为中幼龄林，而近熟林、成熟林、过熟林面积较少（表5）。分省看，除安徽省中幼龄林面积占林分面积的81.9％外，其他省份均占到87％以上。总之，可采伐林木蓄积量较少。

表5　　　　　　　　　　　淮河流域不同省份林分龄级结构　　　　　　　单位：万 hm²

淮河流域省份	幼龄林面积	中龄林面积	近熟林面积	成熟林面积	过熟林面积
淮河流域合计	194.59	101.75	27.49	10.61	2.49
淮河河南	75.12	44.90	10.31	2.52	0.33
淮河安徽	34.51	26.32	7.20	4.64	1.56
淮河江苏	30.12	18.33	6.30	0.73	0.12
淮河山东	50.88	10.40	3.68	2.72	0.48
淮河湖北	3.96	1.80			

　　表6和表7显示，桐柏、大别山区树种以松类、杉类、杨树、栎类为主，伏牛山区以栎类、杨树为主，江淮丘陵与沂蒙山区以杨树、柏类、泡桐为主，平原地区以杨树、泡桐为主，所有地区都种植了大量的杨树，居于主导地位。纯林面积远远大于混交林面积。

表6 淮河流域不同地区森林的主要树种面积和蓄积量

淮河流域省份		主要树种1			主要树种2			主要树种3		
		树种	面积/万 hm²	蓄积/万 m³	树种	面积/万 hm²	蓄积/万 m³	树种	面积/万 hm²	蓄积/万 m³
河南省	伏牛山区	栎类	25.83	841.98	杨树	7.24	441.85	泡桐	3.52	196.54
	桐柏、大别山区	马尾松	17.83	1071.54	杨树	8.00	349.91	栎类	6.40	125.23
	平原农区	其他杨	45.60	3578.32	泡桐	1.19	108.52	刺槐	1.01	57.36
安徽省	大别山区	硬阔	21.48	585.00	松类	15.58	871.99	杉类	6.94	362.30
	江淮丘陵	杨树	2.95	128.20	柏类	0.3115	7.84	泡桐	1.25	7.76
	淮北平原	杨树			泡桐					
江苏省	平原	杨树	87.4	6631.9	银杏	3.9	77.4	其他硬阔	1.9	48.6
		柏	1.6	79.4	梨	1.5	1.9	其他软阔	1.1	53.8
		池杉	1.0	108.7	女贞	0.5	5.6	黑松	0.4	16.2
山东省	沂蒙山区	侧柏			栎类					
	黄淮平原	杨树								

表7 淮河流域不同地区纯林的树种组成 单位：万 hm²

淮河流域省份		主要纯林1		主要纯林2		主要混交林	
		树种	面积	树种	面积	优势树种	面积
河南省	伏牛山区	栎类	24.82	杨树	7.02	栎类	1.02
	桐柏、大别山区	马尾松	13.37	杨树	7.88	马尾松	4.47
	平原农区	其他杨	45.48	泡桐	1.17	其他杨	0.12
安徽省	大别山区	硬阔	19.12	松类	13.76	硬阔	2.36
	江淮丘陵	杨树	2.60	柏类	0.30	杨树	0.35
	淮北平原	杨树					
江苏省		杨树	86.8	银杏	3.6	其他硬阔	1.6
		梨	1.5	柏	1.5	其他软阔	0.6
		池杉	0.7	其他软阔	0.4	杨树	0.6
山东省	沂蒙山区	侧柏		栎类			
	黄淮平原	杨树		泡桐			

2. 淮河流域水土流失现状

（1）基本情况。

淮河流域有山丘区面积 9.00 万 km²，虽然仅占流域总面积的 1/3，但由于人口密集，人地矛盾引发的过度垦伐曾一度导致严重水土流失问题，土壤侵蚀形式以水蚀为主，主要分布在山区和丘陵地区，风蚀现象主要发生在黄淮平原风沙区。历史观测资料显示，1949—1979 年间水土流失程度急剧增加，而其间累计治理水土流失面积仅为 0.926 万 km²。20 世纪 80 年代，水土流失最为严重，面积高达 7.40 万 km²，土壤侵蚀量约为 2.60 亿 t。20 世纪 90 年代初期水土流失面积约为 5.87 万 km²，较之 80 年代初期下降了 20.7%，但土壤侵蚀量仅下降了 12%，水土流失仍然没有得到有效控制，呈现出较强的波动性。20 世纪的最后 10 年（1990—2000 年），治理水土流失面积约为 1.04 万 km²。表 8 表明，1995—2000 年间，淮河流域的土壤侵蚀情况整体有所好转，中度和强度侵蚀均减少，微度侵蚀有所增加。

表 8 　　　　　　　　1995—2000 年淮河流域土壤侵蚀面积变化情况 　　　　　单位：km²

土壤侵蚀	微度	水　蚀					风　蚀		
		轻度	中度	强度	极强度	剧烈	轻度	中度	强度
1995 年	240176	16018.1	8684.8	3558.8	1044.9	108	575	670.8	161.2
2000 年	243227.2	15699.2	7059.1	2719.9	927.5	95	603.8	625.5	140.6
变化量	3051.2	−318.9	−1625.7	−838.9	−117.4	−13	28.8	−45.3	−20.6
百分比/%	1.27	−1.99	−18.72	−23.57	−11.24	−12.04	5.01	−6.75	−12.78

根据 2002 年公布的全国遥感普查资料，淮河流域水土流失面积 3.08 万 km²，主要分布在淮干上游的桐柏山、大别山区、洪汝沙颍等河流上游的伏牛山区、沂沭泗等河流上游的沂蒙山区和江淮、淮海丘陵区及黄泛平原风沙区。淮河流域水土流失类型区划分为 7 个三级区和 19 个亚区（图 18），各区水土流失类型及面积见表 9，各区水土流失特点如下：①沂蒙山区。石质和土石低山丘陵，为淮河流域侵蚀最严重区，主要发生在坡耕地、坡式梯田、荒坡。②伏牛山区。石质山区，山高坡陡，植被破坏严重。③桐柏、大别山区。中低山石质山区，侵蚀轻微；土石低山丘陵区，陡坡毁林开荒严重。④淮海丘岗区。属沂蒙山延伸带，孤立丘陵零星分布，耕地面积大，部分石灰岩裸露面积大，矿区弃土弃渣量大，人为导致的新的水土流失问题突出。⑤黄泛风沙区。泛滥沉积，盐碱、沙化土地较多。鲁西南属于沙土流失区，豫东平原属于轻度水风复合侵蚀区。⑥黄淮平原区。属于水蚀、风蚀复合地

带，兼有洪涝盐碱灾害。⑦江淮丘陵区。地形坡度较缓，植被覆盖率低，侵蚀分布广，治理薄弱。

图18 淮河流域水土流失类型区划图（来源：淮河水利委员会
水资源保护局）

表9   淮河流域水土流失分区现状（叶正伟，2007）   单位：km²

分区	水土流失面积（括号内为风蚀面积）					
	轻度	中度	强度	极强度	剧烈	小计
伏牛山区	5615.79	1196.15	123.48	0	0	6935.42
桐柏、大别山区	5773.70	1615.71	187.4	16.16	0	7592.97
江淮丘陵区	1408.59	241.93	6.18	1.06		1657.76
淮海丘岗区	675.56	144.06 (2.46)	71.7	0.22	0.44	891.98 (2.46)
黄淮平原区	1109.76 (534.55)	698.15 (633.34)	165.97 (158.71)	16.58	40.9	1994.55 (1326.6)
沂蒙山区	2010.06 (40.48)	5459.72 (35.01)	3165.48 (2.52)	1010.85	103.45	11749.56 (78.01)
合计	16593.46 (575.03)	9355.72 (670.81)	3720.21 (161.23)	1044.87	107.98	30822.24

从水土流失类型及强度所占面积来看（表10），淮河流域的水土流失以水力侵蚀为主，在黄泛平原风沙区和滨海地区存在部分风水复合侵蚀，局部地区

有少量重力侵蚀发生，全流域土壤年侵蚀量约 1.37 亿～1.79 亿 t。

表 10 淮河流域水土流失类型及面积表 单位：km²

流失类型	轻度	中度	强度	极强度	剧烈
水蚀	16020.16	8686.88	3560.03	1045.20	108.02
风蚀	575.03	671.08	161.30		
合计	16595.19	9357.96	3721.33	1045.20	108.02

注 表中未统计工程侵蚀面积。

近些年来，由于淮河流域人口密度大，土地资源相对于我国其他地区更为缺乏，经济发展又相对落后，恶劣的生产条件和落后的生产方式与迫切的经济发展需要之间的矛盾，造成了山区和农村地区"广种薄收"的生产方式以及对山场资源掠夺式地经营开发。在局部山地坡度较大、自然植被较好但没有经济效益的灌木林地开垦种植速生用材林、高效经济林，大幅度降低了林分的涵养水源和保持水土的生态功能。淮委水土保持处 2006 年发布数据表明，经济建设步伐加快使淮河流域基础设施建设和开发性项目逐年增多，扰动地表、破坏植被，造成水土资源破坏的范围全流域每年将近 1000km²。人为新增水土流失面积 300km² 左右，新增水土流失量高达 2000 万～5000 万 t。

（2）淮河流域水土流失特点。

1）总量不大，分布广泛。淮河流域水土流失面积仅占流域总面积的 11.2%，但流域内的各山丘区广泛分布着坡耕地、坡式梯田达 104 万 hm²，"四荒"地和顺坡林地（包括疏林地）中水土流失面积 160 万 hm²。这些坡耕地和"四荒"地，水土流失严重，强度剧烈，形成的高密度沟壑，不仅为地表径流快速形成下泄提供通道，而且加剧了沟壑的扩张和下切。

2）强度不高，潜在威胁巨大。淮河流域目前已有近 17.0 万 hm² 的土地变成裸岩和 2.5 万 hm² 的土地成为难以利用的沙地，还有超过 2.7 万 km² 面积且土层厚度不足 30cm 的山地，目前正在以每年流失 3～5mm 土层厚度的速度发展，如果任其发展，20 年左右淮河流域山丘区将累计失去近 1 万 km² 的可耕作土地，这对本来人均土地就比较少的淮河流域来说，其潜在威胁十分巨大。

3）人为新增水土流失呈加重趋势。淮河流域每年因开发建设项目造成水土资源破坏的影响范围约 1000km²，由此引发的人为水土流失面积在 300～500km²。据不完全统计，"十五"期间，淮河流域开工建设项目 3956 个（江苏只含大型项目），总占地面积超过 60 万 hm²，线性工程总长度约 6 万 km。开发建设项目以农林开发、公路、城镇建设、开矿、渠道堤防建设等为主。其中公路类项目最多；其次为城镇建设类、露天矿、渠道及堤防、农林开发、井采矿、水利水电类。农林开发类项目占地面积比重最大；其次为公路建设和城镇建设类项目。

4）潜在水土流失面积大。淮河流域已经实施的水土保持工程，大多数由当地群众自发建设，标准很低，一旦遇上大暴雨，将会重新成为水土流失发源地。

（3）淮河流域水土流失成因。

1）降水不均、径流系数高。淮河流域多年平均降水 883mm，但地区分布不均，山丘区暴雨多，径流系数大，汇流快，大别山区、桐柏山区一般高达 1500mm。降水量年内分布不匀，60% 集中在 6—9 月。多年平均年径流量 621 亿 m^3，径流深 230mm，加上淮河流域存在大面积抗蚀能力差的土壤，土层浅、持水能力低、植被覆盖稀疏，每逢降水很快形成径流，暴雨形成的地表径流往往诱发严重的水土流失。

2）侵蚀地貌和稀疏植被。在伏牛山区和沂蒙山区，由于受多年水土流失的影响，山丘切割严重，形成了典型的侵蚀地貌，沟壑纵横，裸岩满目。高密度的沟壑不仅为地表径流快速形成下泄提供通道，而且加剧了沟壑的扩张和下切。受自然条件的影响，伏牛山西北片、沂蒙山石灰岩区以及江淮丘陵分水岭地区缺水严重，林草生长受到极大限制，稀疏、生长不良的植被不仅造成裸露地表难以覆盖，而且很多林木的下垫面"寸草不生"。

3）不合理的开发利用方式加剧水土流失。在人口压力下的过渡开垦及不合理耕作、砍伐和超载放牧，大大破坏了土地的天然保护屏障，加剧了水土流失。坡式茶园和坡式经济林是淮河流域水土流失的一个主要发源地；另外，政策失误也是导致淮河流域水土流失的一个重要原因。20 世纪 50 年代末期，"大炼钢铁"使淮河流域各山丘区保存较好的大面积森林遭到毁灭性的破坏。20 世纪 80 年代初期，农村实行的联产承包责任制，许多地方出现"砍大留小"或"砍光再分"的现象，本来接近枯竭的林地又一次遭到较大的破坏；盲目的资源开发导致水土流失加剧、生态环境恶化，据调查统计，淮河流域每年因基础设施建设和矿产开采等新增水土流失量高达 2000 万～5000 万 t。

（七）淮河流域湿地与水生态状况

淮河及其支流河流和湖泊共同构淮河流域的河湖复合体湿地生态系统，湿地生态系统在区域的社会经济发展中发挥重要作用。对于淮河流域的洪水调蓄、农业灌溉、水资源涵养、水生态安全和气候调节具有十分重要意义。

1. 湿地类型

淮河流域现有湿地面积（内陆）约 330.2 万 hm^2。淮河两侧支流纵横交错，水系复杂，湖泊众多，湿地类型丰富多样，包括永久性河流、季节性河流、永久性淡水湖泊、季节性淡水湖泊、沼泽、池塘、水稻田、沿海滩涂等多种类型。依据《湿地公约》的湿地分类标准，以及参考国家有关部门制定的湿地分类系统，可将淮河流域湿地划分为天然湿地和人工湿地两个系统，其中天然湿地包括海岸湿地和内陆湿地，共划分 16 个类型（表 11）。各大类型湿地所占比例见图 19。其中，面积最大的湿地类型为包括水稻田、养殖塘、沿海滩涂和塌陷湿地在内的"其他湿地"（62%），其余依次为湖泊（18%）、河流（14%）、水库（6%）。

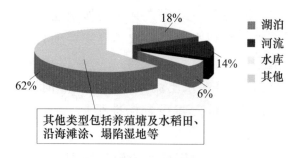

图 19 淮河流域湿地类型比例图

其他类型包括养殖塘及水稻田、沿海滩涂、塌陷湿地等

表 11　　　　　　淮河流域湿地分类

湿地系统	湿地类	湿地型
天然湿地	湖泊湿地	永久性淡水湖
		季节性淡水湖
	河流湿地	永久性河流/溪流
		季节性河流/溪流
	沼泽湿地	草本沼泽
		乔木沼泽
		淡水泉
	海岸湿地	沿海滩涂
人工湿地	水利用途湿地	水库/坝区
		运河/人工渠
	养殖用途湿地	养殖塘
	农用湿地	农用泛洪区
		水田
	城市用途湿地	废水处理场所
		景观/娱乐水面
	采煤塌陷区湿地	采掘区

（1）湖泊湿地。

湖泊湿地大多分布于淮河干流两侧、支流汇入口附近（图20），总面积约为59.9万 hm²，其中绝大部分为永久性淡水湖，少部分为季节性或间断性淡水湖，主要分布在江淮丘陵地带，如孟家湖。流域较大的湖泊有洪泽湖、南四湖、高邮湖、骆马湖、邵伯湖、白马湖、成子湖、城西湖、城东湖、瓦埠湖等，其中洪泽湖水面面积为1576.9km²（1998年），是淮河流域最大的淡水湖，也是中国第四大淡水湖（表12）。

图 20　淮河流域湖泊与河流湿地分布

表 12　淮河流域主要湖泊特征

湖名	地理位置		水位 /m	湖长 /km	湖宽/km		面积 /km²	水深/m		蓄水量 /亿 m³
	N	E			最大	平均		最大	平均	
洪泽湖	33°06′～33°40′	118°10′～118°52′	12.37	65.0	55.0	24.26	1576.9	4.37	1.77	27.9
南四湖	34°27′～35°20′	116°34′～117°21′	34.26（上）32.38（下）	119.1	22.6	9.2	1097.6	2.76	1.46	16.08
高邮湖	32°42′～33°04′	119°06′～119°25′	5.70	39.0	30.0	17.3	674.7	2.40	1.44	9.716
骆马湖	34°00′～34°14′	118°04′～118°18′	23.00	27.0	20.0	9.63	260.0	5.5	3.3	8.58

湖名	地理位置		水位/m	湖长/km	湖宽/km		面积/km²	水深/m		蓄水量/亿 m³
	N	E			最大	平均		最大	平均	
白马湖	33°09′~33°19′	119°03′~119°11′	6.50	18.0	11.0	6.0	108.0	2.0	0.97	1.05
邵伯湖	32°30′~32°40′	119°23′~119°30′	4.30	17.0	6.0	4.53	77.0	1.43	1.10	0.847
宝应湖	31°10′~31°14′	120°48′~120°52′	6.00	23.8	4.4	1.8	42.8	2.2	1.13	0.48
城西湖	32°11′~32°33′	116°01′~116°18′	19.50	27.0	14.0	7.4	199.0	3.9	2.7	5.37
瓦埠湖	32°23′~32°33′	116°48′~117°01′	19.00	37.3	11.56	4.37	163.0	4.15	2.42	3.94
城东湖	32°12′~32°22′	116°18′~116°28′	19.00	26.9	6.4	3.1	120.0	2.6	1.5	2.1
女山湖	32°50′~33°02′	117°58′~118°14′	13.55	42.0	5.7	2.49	104.6	2.40	1.71	1.78
沱湖	33°09′~33°17′	117°45′~117°51′	13.00	21.0	3.0	1.9	40.0	2.0	1.2	0.48
焦岗湖	32°15′~32°18′	116°34′~116°41′	16.50	15.0	5.0	2.7	40.0	1.1	0.44	0.175
安丰塘	32°16′~32°20′	116°38′~116°44′	29.50	7.51	6.5	4.85	36.42	3.6	2.67	0.9724
花园湖	32°55′~33°02′	117°45′~117°53′	13.20	11.72	8.2	2.9	34.0	2.1	1.35	0.495

注 数据来源：王苏民，窦鸿身，等. 中国湖泊志. 北京：科学出版社，1998.

（2）河流湿地。

淮河流域河网密集（图 20），河流湿地总面积约为 45.4 万 hm²，包括淮河干流及支流，绝大部分为永久性河流，还有部分运河和人工渠以及少量季节性河流。淮河干流全长约 1000km，支流众多，流域面积大于 1 万 km² 的一级支流有 4 条，大于 2000km² 的一级支流有 16 条，大于 1000km² 的一级支流有 21 条。南岸较大支流有史灌河、淠河、东淝河、池河等；北岸较大支流有洪汝河、沙颍河、西淝河、涡河、浍河、漴潼河、新汴河、奎濉河等。主要河流特征见表 13。

表 13　　　　　　　　　　　　淮河流域主要河流特征

河流名称		地 理 位 置	河道全长/km	流域面积/km²
淮河水系	淮河	发源于河南省桐柏山北麓，东流经河南南部、安徽北部、江苏北部，主流至江苏省江都市三江营入长江	1000	270000
	史灌河	发源于安徽省金寨县大别山北麓，向北流经霍邱县，于长江河汇流处进入河南省，并于固始县三河尖镇注入淮河	220	6720
	淠河	源出鄂、皖交界的天堂寨，两河口以上分两支，西支称西淠河，东支称东淠河；两河口以下至正阳关入淮为本干，称淠河；其上以东淠河为主源	260	6000
	东淝河	源出江、淮分水岭北侧，东与池、窑河流域为界，西邻淠河流域，北抵淮河	152	4200
	池河	源出安徽省定远县西北大金山东麓，流经定远、嘉山两县，于苏皖交界的洪山头注入淮河	245	5015
	洪汝河	北支为小洪河，发源于舞阳县的笔尖山下；南支为汝河，发源于泌阳县境内白云山北麓流经豫皖，在新蔡县班台汇合后于安徽省的王家坝附近注入淮河干流	470	12380
	沙颍河	发源于河南省伏牛山区，流经平顶山、漯河、周口、阜阳等40个市县，于安徽省颍上县沫河口汇入淮河	620	25800
	西淝河	发源于河南太康县马厂集，流经安徽亳州、太和、利辛、涡阳、颍上、凤台，至凤台峡山口入淮	250	4750
	涡河	发源于河南省尉氏县，东南流经开封、通许、扶沟、太康、鹿邑和安徽省亳州、涡阳、蒙城，于怀远县城附近注入淮河	380	15900
	漴潼河	自安徽省五河县的西坝口至北渡口，北渡口至扬庵子利用河老道；由杨庵子起，开新河直趋潼河口侯咀子；侯咀子以下新河路线穿过峰山岗地，循朱门沟切岭直通窑河	23.79	12000
	新汴河	地处安徽省北部的淮北平原，自安徽宿州市西北戚岭子截沱河，在津浦铁路东截濉河，向东至江苏省泗洪县入洪泽湖	127.1	6562
	奎濉河	位于淮北平原东部，为苏、皖跨省骨干排水河道。流域北以废黄河南为界、南到濉河南堤、东与潼河流域接壤，西与新汴河上游闸为邻	268	3598

河流名称		地 理 位 置	河道全长/km	流域面积/km²
沂沭泗河水系	沂河	源出山东省沂源县田庄水库上源东支牛角山北麓,北流过沂源县城后折向南,经沂水、沂南、临沂、蒙阴、平邑、郯城等县、市,至江苏省邳县吴楼村入新沂河,抵燕尾港入黄海	500	11600
	沭河	源出山东省沂蒙山区的沂水县沂山南麓。同沂水平行南流,过郯城县入江苏省	400	6400
	泗河	发源于鲁中山地新泰市南部太平顶西麓,西南流入泗水县境后改向西行,至曲阜市和兖州市边境复折西南,于济宁市东南鲁桥镇注入京杭大运河	159	2361
	东鱼河	人工河,西起山东省菏泽市东明县,东抵济宁市鱼台县,入昭阳湖	172.1	5923
	洙赵新河	横跨洙水、赵王、梁济三河流域,接纳菏泽地区东明、菏泽、鄄城、郓城、巨野和济宁市、嘉祥、微山县的坡水	145.05	4206

（3）水库湿地。

淮河流域水库湿地总面积为 18.2 万 hm²。淮河流域水系分散,地形以平原为主,丘陵山区面积狭小,干流缺乏控制性能好的水库坝址,支流狭谷虽然具有一些修建水坝的良好坝址,但因水系分散,源近流短,控制流域面积不大,如佛子岭、梅山仅分别控制 1840km² 和 1970km²,占全流域面积都不到 1％。和其他流域相比,需要修建更多的工程,才能达到同等目的。目前,淮河流域的大中小型水库数量达 5700 多座,总库容近 270 亿 m³。其中大型水库 36 座,控制流域面积 3.45 万多 km²,占全流域山丘区面积的 1/3,总库容 187 亿 m³。淮河流域平均不到 500km² 就有一座,水库的数量之多,密度之大,在全国各大流域中都位居前列。主要水库特征示于表 14。

表 14 淮河流域主要水库特征

水库名称		地理位置	坝高/m	坝长/m	总库容/亿 m³	控制面积/km²
淮河水系	板桥水库	淮河支流汝河上游驻马店市泌阳县板桥镇	50.50	3720	6.75	768
	宿鸭湖水库	位于河南省驻马店市汝南县罗店乡东2km,淮河支流洪汝河水系汝河干流上	59.20	34202	16.56	4498

续表

水库名称		地理位置	坝高/m	坝长/m	总库容/亿 m³	控制面积/km²
淮河水系	梅山水库	位于史河上游,坝址在安徽省金寨县梅山镇大小梅山之间	88.24	444	23.37	1970
	鲇鱼山水库	位于河南省信阳市商城县城西南5km 处	38.50	1476	9.16	924
	白莲崖水库	位于安徽省六安市霍山县境内东淠河佛子岭水库上游西支漫水河上,距下游已建的佛子岭水库26km,距霍山县城约30km	104.60	422	4.60	745
	佛子岭水库	位于皖西大别山区霍山县佛子岭镇南 2.5km	75.90	510	4.96	1840
	磨子潭水库	位于安徽省霍山县	82.00	331	3.39	570
	响洪甸水库	位于西淠河上游,齐云山畔	87.50	368	26.32	1431
	白沙水库	位于河南禹州市西北与登封市的交界处	47.88	1316	2.95	985
	昭平台水库	位于河南平顶山市鲁山县城以西 12km	35.50	2315	5.72	1430
	白龟山水库	位于淮河流域沙颍河水系沙河本干上,大坝位于河南平顶山市西南郊,距市中心 9km	23.60	1640	6.49	2740
沂沭泗河水系	贺庄水库	位于泗河上游山东泗水县泉林镇李家村东	25.00	1043	0.997	174
	尼山水库	位于山东曲阜市尼山镇泗河支流小沂河上游	22.20	1805	1.253	264.1
	西苇水库	位于山东邹县城东白马河支流大沙河中游	22.00	1100	1.07	113.6
	马河水库	位于山东省滕州市东北,龙山和谷山之间,坐落于南四湖流域的北沙河上游	20.10	180	0.245	94
	会宝岭水库	位于山东省苍山县城西北部 25km 尚岩、下村、鲁城三乡镇交界处的会宝岭村附近	26.00	1250	2.09	420
	陡山水库	位于山东省临沂市莒南县城北 17km 处	28.00	631	2.90	431
	石梁河水库	位于江苏省东海县石梁镇北侧,地处山东省临沭县与江苏省东海县、赣榆县交界处	22.00	5280	5.31	5573

（4）塌陷区湿地。

图 21　淮南矿区迪沟沉陷湿地

淮河流域煤炭大量开采引起地面沉陷，近几年沉陷面积不断增加，形成了大面积沉陷区。采煤沉陷区主要分布于沿淮矿区，如安徽省淮南市（图 21～图 23）、淮北市，山东省枣庄市等地。两淮煤矿区位于淮河中游高潜水地区，采煤沉陷区形成大面积沉陷人工湿地。淮南矿区沉陷面积 183km²，积水面积 59km²，积水容积 2.5 亿 m³，到 2020 年沉陷面积将达到 373km²，最终沉陷面积将达 842km²，届时西淝河下段沉陷区、永幸河洼地沉陷区和泥河洼地沉陷区将连成一片。淮北矿区到 2020 年采煤沉陷区面积约 319km²。

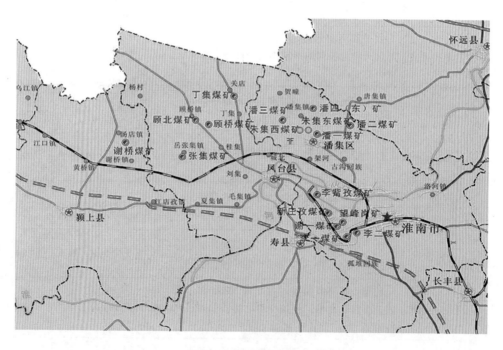

图 22　淮南矿区分布

（5）其他类型湿地。

池塘及水稻田湿地分布于沿淮各地，主要用于水产养殖及耕作，面积约为 207 万 hm²；沿海滩涂长约 600km，分布于江苏省和山东省东部沿海，主要为

图 23　淮南潘（集）谢（桥）矿采煤沉陷区
（影像上蓝色水体区域）

潮间带滩涂及盐沼泽地，由宽阔的潮间带、潮湾区、河口、盐沼泽地、芦苇草
甸、沼泽草甸等组成；淡水沼泽湿地包括草本沼泽（主要分布于沿淮的圩区、
滩地、湖泊湖滨低地）、乔木沼泽（主要分布于淮河两岸及湖周地带）、淡水泉
（主要分布在淮河以北平原地区，如，安徽省怀远县白乳泉、山东省枣庄市荆
沟泉等）；城市用途湿地，如废水处理场所等。

2. 湿地生物多样性

淮河流域湿地类型多样，湿地及周围地区的各种珍稀水鸟和其他野生动植
物，不但种类繁多而且资源丰富（图24）。

图 24　淮河流域湿地生物多样性

（1）湿地植物。

据不完全统计，淮河流域湿地维管束植物约有 400 余种，其中，属于国家重点保护的有：中华水韭（*Isoetes sinensis*）、中华结缕草（*Zoysia sinica*）、野菱（*Trapa incis*）、莲（*Nelumbo nucifera*）、水蕨（*Ceratopteris thalictroides*）、野大豆（*Glycine soja*）等；主要经济植物有：莲（*Nelumbo nucifera*）、芡实（*Euryale ferox*）、菱（*Trapa bispinosa*）、稻（*Oryza sativa*）、菰（*Zizania caduciflora*）、荸荠（*Eleocharis dulcis*）、芦苇（*Phragmites australis*）、水蒿（*Artemisia selengensis*）等。

以安徽省女山湖、沱湖、城东湖、城西湖、瓦埠湖、淮南采煤塌陷区为例，2006 年湿地植物调查结果如下（表 15 及附表 1；数据来源于《安徽省生物物种资源调查——安徽湿地植物资源调查》）：

表 15　　　　　　　　　　　各湿地植物种类

湿地名称	蕨类植物（种/属/科）	双子叶植物（种/属/科）	单子叶植物（种/属/科）	合计（种/属/科）
女山湖	3/3/3	51/42/26	37/32/12	91/77/41
沱湖	1/1/1	51/42/27	30/27/10	82/70/38
城东湖	1/1/1	40/35/25	23/21/10	64/57/36
城西湖	1/1/1	44/37/24	27/26/11	72/64/36
瓦埠湖	2/2/2	41/35/24	24/22/10	67/59/36
淮南采煤塌陷区	0/0/0	26/23/13	14/14/4	30/27/17

（2）湿地动物。

不完全统计，淮河流域湿地中脊椎动物约有 600 余种，其中，属于国家重点保护动物的有：虎纹蛙（*Rana rugulosa*）、丹顶鹤（*Grus japonensis*）、白鹤（*G. leucogeranus*）、白头鹤（*G. monacha*）、大鸨（*Otis tarda*）、东方白鹳（*Ciconia boyciana*）、黑鹳（*C. rugulos*）、黄嘴白鹭（*Egretta eulophotes*）、白琵鹭（*Platalea leucorodi*）、大天鹅（*Cygnus cygnu*）、小天鹅（*C. columbianus*）、麋鹿（*Elaphurus davidianus*）等。以安徽省阜阳市重点湿地（颍州西湖、迪沟、八里河）为例，2011 年夏季共记录到鸟类 11 目 25 科 43 种（附表 2；数据来源于《阜阳市重要湿地夏季鸟类多样性研究》）。

同时，淮河和沿淮湖泊等湿地水域之中，还广泛分布有虾类、蟹、龟类、蛇类、蛙类、贝类等经济动物，并保存有许多天然鱼类资源，以砀山黄河故道、淮北煤矿塌陷区与淮河干流（淮南、五河）为例，2006 年水生生物资源调查共记录到鱼类 5 目 9 科 43 属 59 种（附表 3；数据来源于《安徽省生物物种资源调查——皖北地区生物物种资源调查》)。

3. 淮河流域水生态状况

淮河流域近年水生态状况虽然有所好转，但总体情况依然十分严峻，具体表现如下：

(1) 水资源短缺，生态用水得不到保障。

淮河流域水资源严重短缺（表16）。淮河流域人口总量占全国12.7%，每平方千米人口超过600人，为全国各流域之首，人均和耕地亩均占有水资源不足全国的1/4。1956年至21世纪初多年平均年水资源总量794亿 m^3，可利用总量445亿 m^3。淮河流域现状水资源综合开发利用率为43.9%，其中浅层地下水开发利用率为69.8%。在安徽省，除沿淮的蚌埠和淮南外，宿州、淮北、亳州和阜阳等淮北城市都把深层地下水作为主要开采水源，甚至是唯一水源。近20年，淮北平原、豫东地区及山东省自然水资源明显减少。1956—1979年与1980—2000年两个时段水文系列相比，淮河流域水资源量减少了10%。淮河流域万元GDP用水量是世界平均水平的2倍以上，是国际先进水平的3倍以上。遇上中等干旱以上年份，淮河流域地表水资源供水量已经接近当年地表水资源总量，严重挤占河道、湖泊生态、环境用水。

表16　　　　　　　　　　　　淮河流域现状缺水量　　　　　　　　　　单位：亿 m^3

分区	未能满足的合理需水量	挤占河道内生态环境用水量	地下水超采量	深层承压水开采量	河道外缺水量
淮河水系	21.1	2.0	—	15.3	38.4
沂沭泗河水系	0.6	1.1	2.9	7.9	12.5
淮河流域	21.7	3.1	2.9	23.2	50.9

(2) 河道断流、湖泊干涸现象普遍。

淮河流域因防洪、发电、灌溉和供水需要修建的大量水利工程在流域社会经济发展中发挥了巨大的效益，但也对河流生态系统带来不利的影响。主要表现在筑堤建坝造成了河流的非连续性和改变了河流的自然属性，对河流形态结构、水文过程造成干扰，改变了河流原有的流量、流速和流向等水文特征，破坏了河流生态系统结构和功能的完整性。淮河流域已经建设水库5700多座，每条支流有水库近10座。上游支流河道被一道道水坝拦截形成的大小水库导致下泄不畅，中下游河道干涸，行洪能力减弱，同时生物多样性减少导致河流自净功能衰退，抗污染能力减弱，使河流的水质下降。淮河流域有大小涵闸3200多座，此外还有护岸和护底工程，加强了河道的人为控制，闸坝工程截断了河流与洪泛区的联系，干扰了地表和地下水循环。

此外，在淮河中上游，特别是上游河道，采砂活动强度很大，十分频繁，造成河床受损，河岸崩塌，河道生态系统破坏，影响河流生态系统健康。

（3）湿地退化严重，生物多样性减少。

淮河沿河滩地和湖泊在洪水调节、灌溉和生物多样性涵养等方面发挥巨大的生态服务功能。随着经济社会的快速发展，在人口压力下，大量围垦湿地，导致沿河滩地和湖泊萎缩。

20 世纪 80 年代淮河流域面积大于 $1km^2$ 的湖泊有 62 个，其中有 11 个小湖泊萎缩消失；从平均情况看，湖泊水面面积年萎缩量为 0.18%。从 20 世纪 50 年代到 1980 年期间，主要湿地类型湖泊、河流、滩地的面积缩减，沼泽地到 1980 年完全消失（表 17）。自然湿地面积萎缩和蓄水量减小导致湿地自调节能力衰退，加剧了湿地的生态脆弱性。

表 17　　　20 世纪 50 年代至 2000 年淮河中游各湿地景观面积比较

时间	面积和百分比	湖泊	河流	水库坑塘	滩地	沼泽	水田
20 世纪 50 年代	面积/km²	1000.06	524.17	124.52	217.28	9.14	1799
	百分比/%	27.22	14.27	3.39	5.91	0.25	48.96
1980 年	面积/km²	828.83	313.99	481.55	213.3	0	7766.69
	百分比/%	8.63	3.27	5.01	2.22	0	80.87
2000 年	面积/km²	828.79	315.85	483.46	213.46	0	7750.4
	百分比/%	8.64	3.29	5.04	2.23	0	80.8

注　数据来源：《基于湿地二级分类的淮河流域中游湿地景观格局演变研究》。

行蓄洪区是淮河河道生态系统的重要组成部分，由沿河湖泊和低洼地构成，对于维持淮河湿地生态系统的健康具有重要作用。淮河中游共有 22 处行蓄洪区，这些行蓄洪区在洪水的调节中发挥重要作用。但目前这些行蓄洪区内有 140 多万人口，耕地 20 万 hm^2。人类对湿地的侵占，使淮河河道变窄，湖泊消失。行蓄洪区频繁的洪水给区内居民带来经常性的灾害损失。

湖泊湿地在流域湿地生物多样性涵养中发挥重要作用，同时也为渔业经济提供坚强支持。淮河流域湖泊水生生物资源丰富，是重要的生物基因库。近年来，围网养鱼和围湖养殖，特别是中华绒螯蟹的高强度围网养殖，洪泽湖、女山湖、沱湖等湖泊植被退化严重，水生生物资源快速减少。湖泊鱼类资源的下降，往往引起捕捞网眼愈来愈小。从渔捕物的情况看，种类日趋单一，种群结构低龄化、小型化。湖泊水生生物资源减少，导致迁徙水鸟的适宜越冬生境丧失。

（4）水质污染严重。

淮河流域湿地污染的主要来源有：快速的经济发展和城市建设扩大，大量的工业废水和生活污水排入水体；农业生产中大量的化肥、农药在降雨或灌溉过程中经地表径流、农田排水、地下渗漏等途径进入水体；畜禽粪便无序排放，使得粪便中的氮、磷等大量流入水体，造成富营养化；高强度的水产养殖等产生的水体污染物。

（5）采煤沉陷形成的湿地，改变了水生态系统格局。

淮河中段煤炭开采导致地面沉陷，使淮河流域水系发生改变，特别两淮高潜水地质条件下采煤沉陷区对水系的影响更为显著。淮南矿区沉陷面积 183km²，积水面积 59km²，积水容积 2.5 亿 m³，到 2020 年沉陷面积将达到 373km²，最终沉陷面积 842km²，届时西淝河下段沉陷区、永幸河洼地沉陷区和泥河洼地沉陷区将连成一片。淮北矿区到 2020 年采煤沉陷区面积约 319km²。这些沉陷区湿地的出现，对淮河流域湿地水生态格局产生较大的影响。地表沉陷后陆地生态系统向水生生态系统演变，生态系统面临水生演替。如何可持续地发挥水生生态系统的服务功能是一个新的问题。

二、淮河流域生态保育取得的成就

（一）淮河流域生态建设取得较大成就

近些年，由于各级政府、部门对森林保育和水土流失治理的重视，淮河流域森林数量增加，森林覆盖率上升，水土流失逐渐减少。一方面，平原林业：农田林网、沿河沿道防护林建设发展迅速；另一方面，在山丘区：荒山造林、天然林保护、退耕还林、小流域治理等成就显著。

长期以来，淮河流域的河南省、安徽省、江苏省及山东省的省委、省政府及各级林业主管及相关部门一直高度重视淮河流域的林业建设工作，始终坚持生态优先的原则，植树造林成效显著，林业产业快速发展，林下经济发展迅速，生态环境大大改善。在优化森林结构、增强森林生态功能、完善公益林生态效益补偿制度、淮河流域生态防护林体系建设、加强自然保护区和湿地的生态系统保护与恢复等方面不断取得积极进展；尤其是森林资源保护与发展取得了突出成就，为确保流域生态安全作出了其特有的贡献。

1. 森林资源数量、质量均明显提高

从历次森林资源清查结果可以看出，淮河流域林地面积在增加（表18），森林覆盖率由 20 世纪 80 年代的 8.30% 上升到现在的 16.25%，森林面积由 20 世纪 80 年代的 223.45 万 hm² 增加到 437.61 万 hm²，增加了 1 倍多；森林蓄积由 20 世纪 80 年代的 4665.81 万 m³，增加到 15728.34 万 m³，增加了 2 倍

多，单位面积蓄积由 20.88m³/hm² 增加到 35.94m³/hm²，增加了 1/3 倍多。森林资源数量和质量都得到了明显提高。

表 18　　　　　　　　淮河流域历次清查结果主要指标状况表

清查次数	流域面积/万 hm²	林地面积/万 hm²	有林地面积/万 hm²	森林覆盖率/%	森林蓄积量/万 m³	活立木总蓄积量/万 m³	单位面积森林蓄积量/(m³·hm⁻²)
第七次	2692.83	559.73	437.61	16.25	15728.34	22421.93	35.94
第六次	2692.83	442.15	307.34	11.41	8713.37	17675.04	28.35
第五次	2692.83	363.13	257.07	9.55	5090.48	15763.44	19.80
第四次	2692.83	417.17	223.45	8.30	4665.81	14925.35	20.88

淮河流域森林资源数量的增加主要源于人工林面积的增加，人工林和天然林单位面积蓄积都有明显增加，人工林单位面积蓄积增加速度较快，森林质量得以明显提高（表 19）。

表 19　　　　　　　　淮河流域森林资源历次清查结果比较表

清查次数	流域面积/万 hm²	人工林面积/万 hm²	人工林蓄积/万 m³	天然林面积/万 hm²	天然林蓄积/万 m³
第七次	2692.83	371.99	13420.60	65.62	2307.74
第六次	2692.83	248.07	6918.97	59.27	1794.40
第五次	2692.83	194.80	3521.26	62.27	1569.22
第四次	2692.83	169.60	3097.80	53.85	1568.01

淮河流域用材林、防护林和特用林面积均有明显增加（表 20），增加幅度较大，而经济林面积到本世纪初时呈增加的趋势，而进入 21 世纪后经济林面积有所减少，竹林面积变化不大，呈减少趋势的是薪炭林，这与整个社会的发展分不开的。

表 20　　　　　　　　淮河流域林种结构历次清查结果比较表　　　　　　单位：万 hm²

清查次数	用材林面积	防护林面积	经济林面积	竹林面积	薪炭林面积	特用林面积
第七次	212.90	112.53	93.91	6.77	2.61	8.89
第六次	120.32	55.66	113.50	6.65	6.21	5.00
第五次	102.54	37.12	100.42	6.39	9.10	1.50
第四次	95.43	35.79	72.65	5.91	11.64	2.03

从表 21 可以看出，淮河流域林龄结构也发生了一定的变化，由 20 世纪 80 年开始到现在，中幼林面积所占比例由 94％下降到 88％，说明森林的营造与保护得到了加强，使林龄结构向合理方向更进了一步。

表 21　　　　　　　淮河流域林龄结构历次清查结果比较表　　　　单位：万 hm²

清查次数	幼龄林面积	中龄林面积	近熟林面积	成熟林面积	过熟林面积
第七次	194.59	101.75	27.49	10.61	2.49
第六次	103.31	64.57	12.54	5.38	1.39
第五次	90.37	45.30	9.69	3.67	1.23
第四次	95.74	40.54	5.97	1.90	0.74

2. 林业生态建设成效显著

（1）黄泛区生态环境和经济面貌大改观。

淮河流域北部有大面积黄泛区存在，主要分布在豫东平原和鲁西平原。近几十年，豫东、鲁西平原林业发展成效显著，由昔日的风沙区变成了如今的大粮仓，生态环境明显好转；林业生态、经济和社会效益实现了同步增长。

豫东平原处于黄河故道及黄河泛滥区，区内泥沙资源丰富，20 世纪 50 年代时，森林覆盖率低，盐碱、风沙、内涝及干热风等危害严重，人们生存环境极其恶劣。为了改变这种状况，当地政府和人民积极开展植树造林。豫东平原造林经历了从最初的保障群众生存环境、防治沙害的防风固沙林，到 80 年代后以林促粮的农田防护林，再到 90 年代后随着国家天然林保护、退耕还林、速生丰产林等林业生态工程项目实施而开展的相应造林工作 3 个阶段。通过近半个世纪的努力，目前区内沙化土地基本得到固定，风沙区生态环境明显好转，农田防护林体系基本形成，林业生态、经济和社会效益实现了同步增长。以区内扶沟县为例，据相关数据显示，1971—1980 年，区内的 7～8 级大风平均 6.3 次/a，平均风速 2.9m/s，干热风 10～12 次/a，已降至现在的大风平均 2.4 次/a，平均风速 1.9m/s，干热风 3～5 次/a。小麦、玉米、皮棉亩产由 70 年代的 250kg、300kg、40kg 增长至现在的 475kg、400kg、75kg。目前，区内各地通过发展林业，积极推广林业抚育、管护措施，使得林木质量有了显著改善；通过积极推动林农、林果、林牧、林菌、林渔等林地复合经营，尤其是林产品加工业的发展，如兰考的泡桐板、乐器及家具等产业，使得林农收入明显提高。现在豫东平原平均森林覆盖率达 20％以上，个别地区达到了 30％，远超国家林业局 15％的平原绿化标准。当地生态环境得到了有效改善，旱涝风沙等自然灾害明显减少，区内"林茂粮丰，人民安居乐业"的良好生态环境，也推动了区内社会、经济的快速发展。

鲁西平原处于黄泛平原的尾闾地段，常受旱涝盐碱多种危害。鲁西平原在淮河流域境内以菏泽市为代表。课题组于 2012 年 6 月底赴菏泽考察，对菏泽市平原林业及生态环境状况进行了深入了解。菏泽位于山东西南部，林木覆盖率 33.6%，全省平原第一；林木蓄积量 2810 万 m³，占山东的 1/5，居全省之首。林业总产值 337 亿元。菏泽在 1987 年就已达到平原绿化地区标准，是全国第一批、山东省第一个"平原绿化达标市"。先后被立为"全国造林绿化先进单位""全国平原绿化先进单位"。近几年，菏泽市提出把林业作为富民产业、历史产业和可持续发展的战略产业来抓，大力实施林业产业化战略，通过抓产业促生态，以生态带产业，取得了很好的成果。

1）植树造林成效显著。林业资源总量大幅度提高，近年来，充分发动群众，在黄河故道等地以及四旁和荒地，大力开展植树造林，林业资源总量大幅度提高，截至 2011 年底，菏泽全市林地面积达到 540 万亩。菏泽市的林业工程主要包括以下几个方面：①长防林工程。②黄河防护林工程，防治水土流失，减少灾害。③高标准农田林网建设，结合水系生态林建设，基本上所有国土面积实现了林网化，实现了沟路渠林配套。④绿色通道工程建设，重点抓高速公路、铁路、国道、省道、大型河道等。⑤村庄绿化工程，结合新农村建设，进行四旁绿化。

2）林业产业迅速发展。2002 年明确提出林业的根本出路在于产业化，先后采取了一些措施，先后出台《关于加快林业产业发展的决定》《关于加快现代林业产业发展的决定》。成立了林业产业管理办公室（副处级）；每年举办一次全国林产品交易会。菏泽全市各类林业加工企业 4123 家，产值 226 亿元，出口创汇近 3.2 亿美元，从业人员 61 万余人，产品主要有桐木家具，杨木家具以及胶合板、工艺品等。

3）复合经营——林下经济发展较快。近些年种树效益下降，林下种养殖业发展迅速。2006 年市政府出台了大力发展林下规模养殖的意见，菏泽市财政每年拿出 100 万补贴林下养殖，县级每年拿出 50 万元奖励。林下养殖场达2300 多个。林下养殖大棚 1.9 万个，林下土地利用面积 80 万亩，产值达 37亿元。林下经济的发展使林业长期效益和林下经济的短期效益有机联合，增加了农民收入。

4）生态环境改善明显。林业生态体系的不断发展，防沙治沙林的建设，有效地改善了菏泽的生态环境，营造了有利于粮食生产的小气候，大大改善了生态环境，其生态功能作用日益明显，调节了温度，减小了风速和蒸发，提高了土壤、空气湿度。

菏泽是历史上著名的黄泛区和风沙灾害区，林木稀少，生态恶化，群众生活极度贫困。从 20 世纪 60 年代开始，经过历届党委、政府的大力开展植树造林，经过从过去"张不开嘴、睁不开眼、推不开门、揭不开锅"的飞沙地，变成了山东省最大的粮仓，2011 年全市粮食产量达 117 亿斤。区域小气候明显改善：相对湿度提高 0.9%，降雨量增加 2.93%，风沙指数减少 70% 多，对小麦造成严重危害的干热风基本消除；树林起到了很好的保护作用，为粮食增产提供了保障，形成了林木繁茂—灾害减少—粮食丰产—环境优美的良性循环，实现了林业发展与粮食增产的良性发展。

（2）山区开展多种形式林业建设，生态环境明显改观。

河南省桐柏县、信阳市与安徽六安市经过实施退耕还林、淮河防护林体系建设、山区综合开发和世界银行贷款等林业生态建设重点工程，开展了大规模的植树造林和封山育林，造林绿化步伐不断加快，森林资源大幅度增长，森林覆盖率分别达到 50.1%、34.44% 和 37.61%，生态环境明显改善，水土流失明显减轻，人居环境明显改善。

（3）生态省建设效益明显，极大地促进了淮河流域林业建设。

河南省从 2008 年开始到 2012 年大力推动生态省建设，每年投资 50 亿元，开展全面的造林绿化工作，全省共有林业用地 528.22 万 hm^2，森林面积 445.54 万 hm^2，森林覆盖率达到了 22.19%，森林蓄积量达到 1.29 亿 m^3，林木覆盖率达到 29.55%，比"十五"末森林覆盖率增加了 4.42 个百分点。农田林网、农林间作面积 566.7 万 hm^2，控制率达 90% 以上，为粮食连续 8 年增产提供了生态保障。河南省路、渠、沟、河等通道绿化总长度达 16 万 km，沙化面积逐年减少，山区森林植被逐步得到恢复，全省林业生态县已达 102 个。据测算，全省森林年吸收二氧化碳 7993.3 万 t，放出氧气 4988.64 万 t，节能 574.34 亿 $kW \cdot h$，2010 年全省森林年生态效益总价值 3675.92 亿元。林业在社会经济发展中，起到了"为天下粮仓提供生态屏障，为中原崛起拓展绿色空间"的作用。生态文化建设取得重大突破，建设了一批以森林公园等为依托的生态文明教育基地，开展了生态文明企业（村）评选活动，举办了绿博会、多届花博会等在全国有影响的活动，传播了各具特色的生态文化。

3. 林权制度改革扎实推进

2007 年 11 月，河南省政府印发了《关于深化集体林权制度改革的意见》，全省全面启动了集体林权制度改革。河南省各地坚持林改与林业生态省建设同步安排部署、同步落实责任、同步贯彻实施，林改工作稳步推进。截至 2011 年 8 月 23 日统计，河南省已完成集体林地确权面积 6594.68 万亩，占集体林改面积 6788 万亩的 97%，林权办证率 95.63%，2011 年 9 月底全省林权制度改革确权发证工作全部完毕。林权制度改革，达到"山定权、树定根、人定心"的目的，必将对调动林农生产积极性，推动林业实现跨越式发展起到强有力的推动作用。安徽、江苏、山东也都进行了相应的林权体制改革。

4. 城市林业得到大力发展

随着经济的发展，新型城镇化建设步伐的加快，淮河流域城市绿化呈现出良好的发展势态。郑州市进行了园林城、森林城、生态城、卫生城的四城联创，投入大量资金进行了生态城市建设，城市生态环境得到显著改善，绿地率都达到35%以上。其他地级市城市林业也都得到极大的发展，园林绿化步伐加快。

5. 林业科技与教育取得长足进步

据统计，"十一五"以来，河南省林业系统共承担国家科技攻关项目25项，省级林业科研项目152项，组织实施国家级重点林业科技推广项目17项，省级推广项目190项；林业系统共取得林业科技成果140项，其中获得国家级科技成果进步奖2项，获得省级科技进步奖50项，选育和引进林果新品种140多个；审定林木品种125个，认定林木品种53个，制（修）订林业地方标准101项。培训林农120多万人次，全省林业科技成果转化率达56%，科技进步贡献率达到45%。河南全省有22所高等院校招收林学、园林等林业相关专业的本、专科生，河南农业大学建立了林学院士工作站、林学博士后科研流动站、林学、风景园林学两个一级学科博士点和林学、园林两个国家级特色本科专业，形成了完备的林业高级人才培养体系。

南京林业大学、安徽农业大学、山东农业大学、青岛农业大学等都为淮河流域林业的科学教育与人才培养作出了重大贡献，完善了林业人才教育培养体系。相关省份的林业科研院所也都极大地促进了林业科学研究和社会服务。

6. 林业保障体系建设不断增强

加强了林木种苗、森林防火、森林公安、林业有害生物和野生动物疫病监测等基础设施建设。"十一五"期间，河南省建立了4个国家级野外生态定位观测站，6个省级定位站，1个省级重点实验室，1个省级林业工程技术中心。加强了林业信息化建设，按照《全国林业信息化建设纲要》的有关要求，编制了《河南林业信息化中长期发展规划（2010—2020年)》及一期建设方案，对全省林业系统门户网站进行了整合，建立全省林业系统网站群、数据库建库标准、数据标准化处理模块、省级、县级森林资源数据管理平台、二维、三维系统发布平台已开发完成。这些基础设施和保障体系的建设为发展现代化林业提供了强大的支撑。

（二）生态相关产业得到较大发展，促进了农民增收

以河南省为例，新中国成立以来，特别是改革开放以来，河南省制定规划、落实政策、完善措施，大力推进林业发展，已成为农民增收、脱贫致富、小康建设、新农村建设的重要内容。新中国成立初期全省林业产值不足 1000 万元，1978 年达到 2.79 亿元，2008 年产值达 527 亿元。2008 年全省来自林业第一、第二、第三产业的收益为 461 亿元，每个农民来自林业的收入平均达到 762 元，提供就业岗位 274.37 万个。

1. 以森林资源培育为主的第一产业快速发展

一是速生丰产林基地不断壮大。为保护有限的天然林资源，同时又满足社会对木材的需求，从 20 世纪 70 年代起河南省就开始组织营造人工用材林。通过政府倡导、社会投资、利用外资等多种方式筹集资金，截至 2008 年年底，河南全省速生丰产林面积达到 820 万亩，其中企业自有工业原料林 120 万亩。二是名特优经济林发展迅速。在保持苹果、茶叶、核桃、大枣等传统经济林产品优势的基础上，建设了一批高标准名、特、优、新经济林基地，2008 年年底河南全省经济林面积已达 1315 万亩，经济林产量达 710 亿 kg。三是种苗花卉业蓬勃发展。河南全省林业育苗面积每年稳定在 40 万亩以上，产苗 16 亿株。

2. 林产品加工业结构不断得到优化

一是林纸企业开工投产。规划建设的六大林纸一体化企业已有新乡新亚、濮阳龙丰、焦作瑞丰三家建成投产，年产纸浆万 t；二是木材加工业产业结构优化，产品质量、档次不断提高，河南省共有人造板、木制品等加工企业 14000 余家，年加工木材 400 万 m³。三是经济林产品储藏加工业增长较快。河南全省现有经济林产品加工企业 150 余家，果品采后商品化处理生产线 30 余条，浓缩果汁和红枣制品已成为河南省经济林加工制品中的拳头产品。四是其他林特产品加工业茁壮成长。此类产品主要有森林药材、森林食品、松香等五大类 20 多个品种。森林食品采集加工已成为林区的一个重要产业，森林药材年产量达 20 万 t，产值 6 亿元。以森林药材为主要原料的西峡县宛西制药集团、周口辅仁药业集团、淅川县福森制药集团、新县羚锐制药集团等企业已成为当地经济发展的支柱产业。五是林产品市场流通体系初步形成。到 2008 年，河南全省共有林产品批发交易市场近千个，其中林产品综合批发交易市场 100 多个，专业批发交易市场 500 多个，已成为林产品流通主要渠道和场所。

例如，山东省菏泽市，现有各类林木加工企业 4123 家，加工点 4.2 万个，

年加工能力突破 1500 万 m^3，产值 226 亿元人民币，出口创汇近 3.2 亿美元，从业人员 61 万余人。产品主要有桐木家具、杨木家具、中高密度板、刨花板、胶合板、拼板、细木工板、工艺品等 10 大类 1200 多个品种上万个花样。产品远销日本、韩国、美国等 20 多个国家和地区，形成了集资源培育、林木加工、林产品交易三位一体的林业产业化新格局。

3. 林下经济发展迅速

林下养殖作为一种循环经济模式，能够充分利用林下空间发展林下养殖，既可以构建稳定的生态系统，增加林地生物多样性，又为农民增收开辟了新途径。主要有以下几点优势：①解决了养殖用地问题。林下养殖不受占用耕地指标的限制，为林下养殖长期发展提供了保障。利用林下搞养殖，提高了土地的利用率，节约了土地。②实现了林牧业双赢。林下养殖有利于畜禽健康生长，林下为畜禽生长提供了良好的小气候。树林组成了一道绿色屏障，阻断了动物疫病对畜禽健康的威胁。同时，畜禽也为树木生长提供了充足的肥料，也减少了畜禽粪便对环境的污染，增强了土地肥力，促进了林木的生长。

例如山东省沂水县。沂水县立足 76 万亩杨树丰产林的资源优势，围绕绿色助民增收致富目标，深挖林地增收潜力，巧打"林下经济"致富牌，利用林下资源生产食用菌，林菌生长相得益彰。在不占用耕地的前提下既充分利用了林下闲置资源，又解决了丰产林只有长期效益没有短期效益的问题。目前，沂水县林下食用菌种植面积达 1.4 万亩，产值 1.8 亿元，发展林下经济有力地盘活了林农经济，又为农民增收开拓了一条重要途径，探索出了生态保护与经济发展双赢的新路子。2011 年，沂水县制定出台了《杨树丰产林发展工作意见》，提出全年新发展杨树丰产林 4 万亩，林下食用菌示范基地 20 万 m^2，以及发展菌、禽、畜养殖示范户 1000 户的目标，并将该项工作列入全县重点工作绩效考核内容，作为县乡领导干部任期和年度工作的重要指标进行考核奖惩，开展林下经济"百村千户示范工程"建设活动，推出一批林下经济示范基地，形成群众发展林下经济的热潮。如今，沂水县乡两级林业部门成了发展林下经济的服务站，实行业务技术人员包乡镇责任制，组织"宣传车"下乡、赶"科技大集"、散发明白纸，举办培训班 30 余期，培训农民技术员 2200 人次。对新发展食用菌种植户，做好小额担保贷款、林地承包等协调工作，提供全程跟踪服务。好政策激发了群众林下经济创业热情，不少农户依靠林下经济实现了发家致富。

例如，山东省菏泽市林地面积达到 480 万亩，林产业发达，森林覆盖率达到 30.5%，是全国平原地区森林覆盖率最高的地区。为促进林木生长，实现林业与畜牧养殖业长短结合、协调发展、优势互补的目的，菏泽市近几年在这方面进行了有益的尝试。2011 年全市林下养殖场（区）总数达到 2300 多个，林下养殖大棚总数达到1.9万个，林下土地利用面积80万余亩，林下养殖年产值达到37亿元。

4. 生态旅游蓬勃发展

生态旅游是一种以自然生态环境为基础，以满足旅游者对观赏自然景观和地方文化需求为内容，以生态环境保护教育为特征，最大限度地减少对自然环境和社会文化造成负面影响为目的的旅游方式。淮河流域具有较好的生态环境资源，近些年生态旅游业已经成为新的经济增长点，森林公园、自然保护区生态旅游区数量不断增加。区内不少地方（例如大别山区霍山县、南四湖地区等）依托当地的森林和湿地等生态资源，发展生态旅游，既有利于保护生态环境，又促进了地方增收。

5. 林业产业综合发展的典型案例

案例一：河南平顶山。平顶山林业产业发展势头良好。2010年第一产业产值10.97亿元，其中森林的培育与采伐3.53亿元，非木材林产品的培育与采集7.23亿元，林业生产服务0.2亿元；第二产业持续增长，2010年第二产业产值3.03亿元，其中木材加工及木制品制造业产值达1.96亿元，以其他非木材林产品为原料的产品加工制造业产值达到1亿元；第三产业产值2.46亿元，依托森林资源开展的林业旅游与休闲服务业产值达到2.13亿元，其他服务业0.33亿元。森林旅游业依托尧山风景名胜区、石漫滩国家森林公园、汝州风穴寺国家森林公园带动了周边景点的建设并且发展迅猛，成为平顶山市林业产业重要支柱之一。平顶山郏县的林下经济规模大，总面积达1.3万多亩，亩均间作收益在3000元左右。郏县立国林菜发展有限公司经营面积2000亩，固定资产1000多万元，2004年开始与河南农业大学横向联合，在林下发展甘蓝、洋葱等优质蔬菜，年均亩收益在3000元以上。该公司先后被授予"河南省无公害农产品基地"、"平顶山市农业产业化龙头企业"等称号，并被确定为2008年北京奥运会蔬菜供应基地。

此外，河南省鄢陵县与潢川县已经成为全国重要的园林花卉苗木生产基地。

案例二：江苏。现代林业工程实施以来，江苏省各地都十分注重林业产业的发展，呈逐年加快的趋势。根据林业统计数据，江苏省林业产业总产值由2001年的122亿元，以每年增加100亿元的速度一路攀升，至2007年已达815亿元。同比增长560%，列全国第五位，以占全国0.7%的林地创造了占全国7%的林业产值。其中，杨树等板纸一体化500亿元，银杏等特色林产品工程81亿元，林木种苗工程140亿元，野生动植物驯养繁育与综合利用工程70亿元，森林旅游工程24亿元。淮河流域素有杨树之乡的宿迁市，2007年实现木材加工业产值 105 亿元，约占江苏省木材加工业产值的 1/5。

（三）自然生态环境保护日益受到重视

各级政府、相关部门对淮河流域生态环境保护的重视度日益提高，生态环境保护队伍不断增强，自然保护相关的法律法规也相继编制和出台。

流域内各级自然保护区、森林公园、湿地公园等不断增加，有力地保护了自然生境和野生动植物。

1. 森林公园、自然保护区建设

近些年来，淮河流域各地依托地区森林资源优势，建设了一批以森林生态系统为主体、森林及野生生物多样性保护为目标的自然风景区、森林公园等，如伏牛山、鸡公山、董寨、连康山、金寨天马等国家级自然保护区，既有效地保护了自然生态环境，也充分利用了自然生态资源，促进了地区增收和生态环境改善。

2. 湿地自然保护区建设

淮河流域已建成国家级湿地类型的自然保护区有 3 处（表 22），分别是江苏大丰麋鹿国家级自然保护区、江苏盐城沿海珍禽国家级自然保护区和江苏泗洪洪泽湖湿地自然保护区，总面积约为 58 万 hm²；省级湿地类型的自然保护区 12 处（表 22），总面积约为 22.5 万 hm²。

表 22　　　　　　　　　　淮河流域省级以上湿地类型保护区

保护区名称	所属省份	级别	面积/万 hm²
淮滨淮南湿地自然保护区	河南	省级	0.34
汝南宿鸭湖湿地自然保护区	河南	省级	1.67
商城鲇鱼山自然保护区	河南	省级	0.58
平顶山白龟山湿地自然保护区	河南	省级	0.66
五河沱湖自然保护区	安徽	省级	1.10
霍邱东西湖自然保护区	安徽	省级	1.42
颍上八里河自然保护区	安徽	省级	1.81
明光女山湖自然保护区	安徽	省级	1.40
颍州西湖自然保护区	安徽	省级	0.47
泗县沱河自然保护区	安徽	省级	0.25
大丰麋鹿自然保护区	江苏	国家级	7.80
盐城沿海珍禽自然保护区	江苏	国家级	45.3
泗洪洪泽湖湿地自然保护区	江苏	国家级	4.94
涟水涟漪湖黄嘴白鹭自然保护区	江苏	省级	0.02
南四湖自然保护区	山东	省级	12.75

建立自然保护区能够减少人类活动对湿地的干扰和破坏，是保护湿地及其赖以生存的野生动植物的基本手段。以江苏省洪泽湖自然保护区为例，通过设观测点、管护站、警务站，设立禁渔区，建立浅滩湿地生态区，以及建设芦苇截污带及护岸生态林等多种措施，加强对湿地环境的保护工作，促进水生植被与湿地植被的恢复；2005 年由泗洪县农林局、环保局、水务局共同承建"洪泽湖湿地保护建设工程"项目，主要任务是重建湖区水生植被、完善基础设施与环保设施等；此外，江苏省政府还颁布了《江苏泗洪洪泽湖湿地省级自然保护区管理暂行办法》，完成了《洪泽湖湿地生物多样性保护研究报告》《江苏泗洪洪泽湖湿地自然保护区综合科学考察报告》等，为保护湿地生态环境提供了有力的保障。

3. 湿地公园及水利风景区建设

2004 年国务院办公厅《关于加强湿地保护管理的通知》规定："对不具备条件划建自然保护区的，也要因地制宜，采取建立湿地保护小区、各种类型湿地公园、湿地多用途管理区或划定野生动植物栖息地等多种形式加强保护管理。"目前淮河流域许多地方都在兴建湿地公园，国家级的有河南淮阳龙湖国家湿地公园、河南漯河市沙河国家湿地公园、河南平顶山白龟湖国家湿地公园、安徽淮南焦岗湖国家湿地公园、安徽太和沙颍河国家湿地公园、安徽颍州西湖国家湿地公园、安徽淠河国家湿地公园、安徽泗县石龙湖国家湿地公园、安徽道源国家湿地公园、江苏溱湖国家湿地公园、江苏扬州宝应湖国家湿地公园、江苏扬州凤凰岛国家湿地公园、山东滕州微山湖红荷湿地公园、山东枣庄台儿庄运河湿地公园、月亮湾国家湿地公园等。湿地公园的建设大大提高了地方政府和投资者保护城市及其周边湿地的积极性，标志着湿地恢复与可持续利用进入了环境与经济双赢的新阶段。

此外，淮河流域还开展了水利风景区建设，水利风景区是指以水域（水体）或水利工程为依托，具有一定规模和质量的风景资源与环境条件，可以开展观光、娱乐、休闲、度假或科学、文化、教育活动的区域。在"以开发促保护，以保护促发展"理念的指导下，水利风景区的建设与发展在维护工程安全、涵养水源、保护生态、改善人居环境、拉动区域经济发展等方面都发挥着重要作用，实现了生态环境效益、经济效益和社会效益的有机统一，如河南平顶山白龟山水库景区、安徽霍山佛子岭水库景区等。

4. 塌陷区湿地改造与治理

因地制宜是建设塌陷地改造的基本原则。在塌陷地利用和改造过程中，可以根据当地的自然环境、水文水系等特点，对于可恢复为农田的地区可以抬田复垦，如山东枣庄的浅层塌陷地，通过土地整理，开发成"上林下渔、上经下渔、上牧下渔、种养结合"的利用模式；对于不可恢复为农田的塌陷地，可以根据水体深度、水系特点等，因地制宜地开发成不同功能的水体，如两淮高潜水位煤矿沉陷区构建成"平原湖泊"，发挥沉陷区湿地的生态服务功能；构建景观型湿地，如平顶山市白鹭洲城市湿地公园、淮北市南湖城市湿地公园。

在塌陷地改造中，根据塌陷程度差异，结合矿区自然地理特点，对深度-中度塌陷的区域，适当调整水系，将天然降水和污水尾水收集到塌陷区，建设构造湿地，不仅可以修复和利用塌陷地，而且可以储存截留水资源，资源化利用尾水资源，取得良好的社会、经济、生态环境效益。①经济收益。通过在抬田地种植经济作物、放牧等，在塌陷湿地中养殖鱼、虾、蟹等经济水产品，获得经济收益。②旅游观光收益。景观型构造湿地将为人们提供理想的旅游、休闲场所，从而促进地方生态旅游业的发展。③生态效益。通过构造湿地或种植林木，可以调节气候、改善空气质量，从而创造巨大的间接生态经济效益。

（四）淮河流域典型发展与保护模式

1. 荒山利用与造林

（1）利用民间资本发展荒山高效生态园模式。

如江苏省玉皇山高效生态园（图25），吸引民企资本，将低产低效的丘陵荒山加以改造，发展成为旱涝保收的高效农业基地。该生态园位于河桥镇玉皇山，是江苏省四星级乡村旅游点。玉皇山影视基地是该景区的主要景点，此外，该生态园内还有25000亩的经济林、精品果园等，是一个集农业观光、果园采摘、休闲度假于一体的现代农业旅游示范区。

图25　江苏省玉皇山生态园

（2）"工程造林模式"。

对于一些立地条件较差的石质荒山，由政府投资，中标企业实施造林和前期维护。例如山东省沂水县，境内山区丘陵面积占 80％以上，荒山多，立地条件差，造林难度大。经调研，沂水县确立了"面向社会公开招标、工程造林治理荒山"的工作思路，并对工程造林范围，造林树种、苗木规格、整地挖穴标准、栽植要求以及造林合同期内的抚育管护等都制定了详细的工作标准和要求。通过加大资金投入，积极实施项目造林，并严格按照《中华人民共和国招标投标法》等有关法律法规规定进行工程造林招投标工作，制定了开工、挖穴、栽植、完工 4 项工程节点计划，实行工程造林包扶责任制，组成多个工作组，配备专业技术人员，对各标段的造林过程全程跟踪，及时针对工程实施中存在的问题提出限期整改意见，督促施工方保质保量完成造林工程。2008 年以来，山东沂水全县共完成了 13 次工程造林公开招投标，累计招标标段 164 个，招标总金额 6600 余万元，完成工程造林面积 6.5 万亩，成活率、保存率、苗木优质率均达到了 95％以上（图 26）。

图 26 山东沂水县工程造林

（3）"集资造林"与"全民义务植树模式"。

近几年，山东省沂水县通过深入宣传，充分发挥广播、电视、报纸、网络等主流媒体的宣传主渠道作用，积极号召有劳动能力的群众每人每年种树 3～5 株，使全民义务植树理念深入人心，全民知晓率、支持率、尽责率不断提高。自 2007 年以来，山东省沂水县积极实行县级班子领导包乡镇绿化、县直部门单位包荒山绿化责任制、县直部门单位包扶村庄绿化责任制等制度，全县植树造林面积逐年增加。截至 2012 年 4 月，全县森林覆盖率已经达到 46.7％，全县开展全民义务植树活动 30 年以来，每年参加义务植树人数累计达 60 万人次，义务植树 220 多万株，全民义务植树活动取得了巨大成就。同时，沂水县向全社会发出了"绿化荒山、美化沂水"捐款造林倡议。5 年来，累计收到捐款造林资金 2592 万元，并在县财政局设立捐款造林专户，会同上级专项资金一道全部用于工程造林，极大地促进了全县绿化造林工作的蓬勃开展（图27）。

图27　山东沂水县全民义务造林

（4）"经济林主导模式"。

对于立地条件较好的荒山，可以结合水土流失治理，因地制宜地发展经济林。例如河南省驻马店市。驻马店市水土流失面积达3668km²，大部分属于轻度水土流失，主要分布在西部土石山区（2000km²）；中度水土流失418km²，强度、极强度区50km²；水土流失主要原因是自然灾害、人为的滥垦滥伐、陡坡开荒及部分生态项目开发建设项目。驻马店市开展了小流域治理，同时促进产业化、商品化，提高经济效益；将工程措施和生物措施相结合，工程措施如蓄水、建坝、缓坡地带种草或建梯田；生物措施如将水保效果较差的薪炭林改造成为经济林，种植梨、桃、杏等树木（图28）。同时，深化机制体制改革，采取"谁投资谁建设谁管理谁受益"，鼓励农民参与水土保持综合治理，"政府搭台（优惠政策）、农民唱戏（小流域治理）"；科学规划，使得荒山荒坡成为人民群众的致富地。将水土流失治理与农民增收相结合，比较典型的有驻马店市泌阳县，该县生态经济林发展迅速，目前年产各类干鲜果17200万kg，基本形成了"南梨、北枣、中部桃、遍布板栗和杂果"的林果发展格局，林果基

图28　发展经济林

地已经成为一些地区农村经济发展支柱产业。泌阳县先后被授予"河南省荒山造林绿化先进县""河南省林业生态县"、"河南省绿化模范县"等荣誉称号，2010 年被全国绿化委员会命名为"全国绿化模范县"。

2. 可持续的湿地保护与利用模式

（1）"湿地公园模式"。

对于具有一定规模的湿地，可依托现有的湿地和周边自然环境，建设湿地公园，发展旅游业，保护与增收兼顾。

案例一：宝应湖国家级湿地公园（图 29）。扬州宝应湖湿地公园位于宝应湖与大运河之间，其中重点湿地超过 20 万亩，湖区南与高邮湖相连，西北与白马湖相通，呈蛇形，南北长 38.2km，东西宽 300～1500m。湿地因在抵御洪水、调节径流、控制污染、调节气候、生物保护、美化环境等方面的重要性，而被誉为"城市之肾"和"绿色之肺"。2008 年宝应湖被批准为省级湿地公园，拥有苏北规模最大、保存最好的水杉森林湿地和水质良好的宝应湖湖泊湿地，完全由民营企业投资建设和经营。湖区湿地水质生态保持良好，动植物资源丰富，仅鸟类就达 147 种之多。

图 29　宝应湖国家级湿地公园

案例二：微山湖红荷湿地公园（图 30）。微山湖红荷湿地公园是按照国家级湿地公园规划建设，总投资 25736.9 万元，规划总面积 787.9hm²。该湿地公园位于微山县城南侧 3km 处，是一项公益性生态工程，是以微山湖湿地生态系统和历史文化为主要景观资源，以湿地保护、科普教育、水质净化、旅游观光、休闲度假为主要内容的大型综合性湿地公园。微山湖红荷湿地公园由新薛河自然湿地区、渔业博览园区、亲水绿岛湿地区、观鸟绿洲湿地区、天然生态湿地区、小泥河景区、渔业体验区、芦苇荡区等分区组成。该湿地公园的建设不仅进一步拉长微山湖区旅游产业链条，促进产业互动，更重要的是将更好地保护微山湖的水质，恢复微山湖湿地生态功能和生态系统的完整性，为南水北调东线输水工程的水源及水质提供生态保障，还能够更好地保护和改善湿地生物栖息环境，保护和恢复生物多样性，充分发挥湿地净化污染物、控制侵蚀、稳定湖岸、休闲娱乐和文化科研等功能。目前，微山湖红荷湿地公园主体框架已基本形成，通过以发展旅游促进湿地保护，增加经济收入的同时，较好地保护了湿地动植物资源。

图30　微山湖红荷湿地公园

（2）"湿地自然保护区模式"。

对于典型珍稀野生动植物生存繁殖的湿地地区，成立湿地自然保护区，以保护湿地自然环境与野生动植物。例如：江苏盐城国家级珍禽自然保护区（图31）。江苏盐城国家级珍禽自然保护区为中国最大的海岸带保护区，地处江苏中部沿海，辖东台、大丰、射阳、滨海和响水5县（市）的滩涂，海岸线长582km，总面积45.33万hm²，其中核心区为1.74万hm²，主要湿地类型包括永久性浅海水域、滩涂、盐沼和人工湿地等。该保护区滩涂主要是黄河夺淮期间大量倾注入海的泥沙、长江等河流下泄的泥沙，以及海底的

图31　江苏盐城国家级珍禽自然保护区

部分泥沙，在潮流等海洋动力作用下淤积而成的广阔的粉沙淤泥质滨海平原。该区拥有维持特殊生物地理区域生物多样性的动植物种群，截至 2008 年，区内有植物 450 种，鸟类 379 种，两栖爬行类 45 种，鱼类 281 种，哺乳类 47 种，主要保护对象是湿地及丹顶鹤等珍贵水禽。该保护区 1983 年经江苏省人民政府批准建立省级自然保护区，1992 年经国务院批准晋升为国家级自然保护区。

（3）"湿地保护小区模式"。

湿地保护小区是指为加强湿地资源保护、保证湿地生态系统健康、充分发挥湿地综合效益、服务于地方生态建设而予以特殊保护管理的湿地区域。例如江苏省。2012 年，江苏省林业局下发了《关于建立湿地保护小区有关事项的通知》，以推进湿地保护小区建设，确保 2012 年全省自然湿地保护率达 30%。江苏省近年来大力推进湿地保护小区的建设，在"十二五"湿地保护目标中，计划到"十二五"末使受保护自然湿地面积达到 77.84 万 hm^2，保护率达到 40%，并且新建湿地保护小区约 130 个，每县（市、区）至少建 1 个湿地保护小区，新增受保护自然湿地 27.47 万 hm^2，恢复湿地 1.67 万 hm^2，初步建立以湿地保护区、湿地公园、湿地保护小区等为主的全省湿地资源保护网络体系，扭转全省湿地面积减少的趋势。

（4）"湿地生态修复及退田还湿"。

山东济宁是南水北调东线工程的重要通道，担负重要调蓄功能的南四湖连通 4 省 32 个县市区 3.17 万 km^2 流域的河流，确保调水水质安全的艰巨任务。南四湖承接着鲁豫苏皖 4 省 53 条河流。几年前，大规模的围湖造田，上游造纸、化工等企业排放污水，使南四湖约 38 万亩湿地遭到破坏。南水北调东线工程开工时，不少人担心济宁的工业污染影响调水质量。对此，济宁市强调，一定要通过"治、用、保" 3 项措施，确保南四湖达到Ⅲ类水质要求。"治"就是通过结构调整、清洁生产、末端治理等，从上游源头治污。这方面，济宁执行的排放标准比国家标准更严格，如南四湖距入湖口 15km 以内的重点保护区 COD 排放标准要小于 60mg/L，15km 以外一般保护区要小于 100mg/L。"用"是污水处理后不直接入湖，而是回用于生产、农业灌溉或城市景观设施。"保"是将未利用的水引入湿地，自然净化，最终达到Ⅲ类水质标准。2005 年 3 月起，济宁市在新薛河入湖口实施人工湿地示范工程，陆续建成人工湿地、修复原始生态湿地 6.5 万亩。如今，湿地对污染水的降解效果已初步显现：在湿地植物茂盛期，COD 的去除率为 50% 左右，总磷去除率为 60%，氨氮去除率可达 65% 以上。对南四湖水质进行采样监测结果显示，多个断面达到Ⅲ类水质要求。

湿地生态修复保护了地方的生物多样性。据当地群众反映，湿地净化了水面，野鸭子、红鹳子在此地筑巢，多年不见的毛刀鱼也回到了微山湖。湿地建设也带动了农民增收。2006年，张延亮种植3亩芦竹，亩均收获1.5t，按500元/t计算，收入2000多元。政府每亩给400元补贴，免费提供芦竹种子，还出面与3家造纸厂签订长年收购合同，使农民没了后顾之忧。

3. 采煤塌陷湿地治理与利用

淮河流域蕴藏着丰富的煤炭资源，为我国尤其是东部地区的能源安全作出了巨大贡献。而煤矿开采给周边生态环境也带来了较大的压力，地面塌陷问题在淮河流域煤矿开采地区广泛存在，地面塌陷导致区域生态环境发生巨变，农田、村庄等塌陷后可能形成新的湿地，原有的生态平衡被破坏，如果治理不当可能产生不良的生态环境效应。对此，各级部门、专家学者以及各煤矿区积极探索煤矿环境治理模式，对淮河流域采煤塌陷湿地的生态环境状况和综合治理方面开展了研究，提出了综合治理对策，根据区域实际情况对采煤塌陷区进行规划、治理与利用，探索出几类治理与利用模式。

（1）"建设城市湿地公园模式"。

对于位于城市周边的塌陷湿地，依托地理位置的优势，建设城市湿地公园，为城市居民提供旅游休闲的环境。

案例一："白鹭洲国家城市湿地公园"（图32）。该公园是河南平顶山市成功利用采煤塌陷地解决资源型城市发展中遗留问题的典范，目前已逐步开发建设成为一个集文化体育、休闲娱乐、生态旅游功能于一体的国家城市湿地公园。该公园所处的位置，就在中国平煤神马集团七星公司主采区内。该采区于20世纪50年代末开始采掘，受长期采煤塌陷影响，地形破坏严重，形成了塌陷盆地，排水困难，不宜耕种，上游工业、生活污水长年积存。由于土地已不能耕种，逐渐成为周边企业和群众的垃圾场。为改善城区环境，平顶山市委市

图32　平顶山市白鹭洲国家城市湿地公园

政府于 2005 年开始，对该处塌陷地进行综合整治。公园围绕西部湿地和中部人工湖进行布置：东南部为城市广场休闲区，错落有致的休闲广场和四通八达的行人步道，结合雅致的园林式绿化，营造出了舒适宜人的休闲环境；西南部为特色植物观赏区，东部是林荫漫步区，茂密的林木，曲折的小径，为市民营造出了一处幽静的天然氧吧；东北角是垂钓区，岸边柳树成荫，湖中荷花盛开，是垂钓者理想的休闲之地；北部是防护林带区，高大的乡土树种顽强地扎根在贫瘠的坡地上，为整个公园拉起了一道绿色屏障。公园中部是湿地和水上游乐区。长年采煤塌陷形成的自然湿地和因地制宜开挖的人工湖有机地结合为一个整体，形成了野生动物的天堂，适宜的环境吸引了大批白鹭到湖中觅食，成了城区难得一见的美景。

案例二：安徽淮北南湖国家城市湿地公园（图 33）。位于南湖国家城市湿地公园淮北市烈山区，曾是一片荒草废滩，现在成了十大国家城市湿地公园之一，也是全国首个在煤矿（杨庄煤矿）开采形成的塌陷区上建设而成的湿地公园，该公园占地 370hm²，其中湿地面积 210hm²。水质达到国家二级地表水标准，水位 28.3～28.8m。经过多年的复垦治理，形成了融自然生态、休闲、旅游观光为一体的国家级城市湿地公园。

图 33　安徽淮北南湖国家城市湿地公园

（2）"企业投资发展多种经营模式"。

对于一些浅层塌陷，可以由采矿企业投资，进行土地整理，发展多种经营，收益归农户。例如，山东枣庄充分利用煤矿塌陷地资源，建立健全塌陷地湿地生态恢复系统，采取了"上林下渔、上经下渔、上牧下渔、种养结合"4 种模式（图 34）。通过挖池塘蓄水，并进行土壤回填，在上面分别种植林木、经济作物（如金银花），或者发展养殖和畜牧业，种植粮食和果树，下面养殖鱼蟹等方式，将水产养殖、蓄水灌溉与发展高效农业为一体，既维护了塌陷区的生态平衡，又促进了该区域经济的可持续发展。

图34　山东枣庄"上林下渔"和"上经（金银花）下渔"模式

（3）"平原水库建设模式"。

在两淮地区的深层塌陷构建平原水库模式是一个可行的措施，可以发挥沉陷区湿地的生态服务功能（图35）。淮南市是全国著名的煤炭资源型城市，其西部地区为老工矿区，长期煤炭资源开采带来经济增长的同时也破坏了生态环境，地表沉陷问题尤为突出。地表不断塌陷，地下水位较高或大气降水积累，逐渐形成了面积不等的塌陷区水面，因此形成了永久性或季节性淡水湖。境内由塌陷形成的湖泊湿地共计 63 个斑块，面积为 3672.89hm²。其中面积在 35hm² 以上的湿地有 29 个，面积为 3084.69hm²。平原高潜水位采煤沉陷区拥有丰富的水土资源，其合理开发利用有助于涵养城市生脉、丰富区域景观。针对平原高潜水位采煤沉陷区水系的主要问题，并在充分利用山脉、湿地、农田、鱼塘等景观的基础上，相关规划和建设部门提出了"联通、清洁、活力"的水系统建设目标，具体思路为：在维持水体交换，保障基本环境容量之上，加大水系密度，增加水系互联程度，改善局地水文环境与水生态，构建联通水系；通过污染源控制，建设净化型人工湿地，构建清洁水系；通过不同风格水

图35　两淮高潜水位煤矿沉陷区

系景观的打造，构建有活力的水系。

4. "水系生态建设"模式

"水系生态建设"是指环保、水利、林业等各部门联合，围绕水系两岸、周边进行生态建设。"水系生态建设"一词由山东省首先提出。胡锦涛视察时指出，要保障南水北调东线沿线环境，保障北调水源的质量。山东省高度重视，以省发展和改革委员会牵头召开会议，确定水系生态建设工程，把林和水结合起来，在全国开了先河；由山东省发展和改革委员会牵头，林业、水利、环保等各部门联合制定规划并实施，共包括六大工程：水系造林绿化、水系湿地保护与修复、水系水土保持、水系农业面源污染控制、水系破损山体治理、水系环境综合治理。如临沂市"沂河沿线林业生态经济景观长廊建设规划"部分已实施（图36），取得了较好的生态修复和环境保护成效。国家林业局已提出，把山东的水系生态建设作为全国的示范工程。

图 36　沂河沿线林业生态经济景观长廊建设

5. 农林复合经营模式

通过发展林下经济，实现护林、增收两不误。在淮河流域各省，分别有多种林下经济的模式，如林下菌类生产、林下禽类养殖、林牧模式、林药模式、林粮模式等，这些模式比单纯搞林业、搞养殖减少投入，增加收入，效益较为可观（图37）。如山东沂水发展林下菌类生产，强化"林菌间作"培育模式，利用林下闲置资源发展了超过 60 万 m^2 的林下食用菌种植基地，解决了丰产林只有长期效益没有短期效益的问题，达到了"以林养菌、以菌促林"的良性农业循环；山东枣庄联合农民利用承包的村集体的生态公益林养殖山地鸡，带动农民就业和创收，目前全市林下养鸡鸭面积达到 5825 亩，产值达到 1369 万元；江苏射阳县黄沙港林场充分发挥现有林地优势，大力发展林下经济种、养、育的立体模式，全年林下种植耐阴竹 300 亩、畜禽养殖 5 万余只（头）、食用菌繁育 3.5 万亩，年创效益在 350 万元以上；安徽阜阳采用林下间种中药材的模式，可提高林地的利用率，还可通过对农作物的管理，如松土，除草，浇水，实施等措施，起到抚育幼林，促进林木生长，增加收益的作用。同时，疏密有间的树林为林下提供了贴近自然的生活空间，夏能遮阴，冬能保暖，适合多种中药材生长。

图 37 林下经济：山东沂水林下菌类生产，山东菏泽林下禽类养殖

6. 企业投资建设公园式绿色矿山模式

淮河流域矿产资源丰富，采矿带来了较多的负面生态影响。而矿山生态修复则由于投资较大、技术要求高，因此实施起来难度大。淮河流域部分矿区采取的"公园式绿色矿山建设"的生态修复模式值得借鉴。该模式遵循"谁受益谁修复"的原则，由采矿企业投资，对矿山环境保护和生态恢复进行科学合理的总体规划和远景设计，并逐步实施，根据矿山实际条件加以综合改造利用，如建设地质公园等，成为经济效益和生态效益双丰收的"绿色矿山"。

例如山东省的归来庄金矿（图38），从投产伊始，归来庄金矿就跨入了全国重点产金大户的行列。截至 2009 年 5 月底，累计生产黄金 17.61t，实现利税 8.71 亿元。在为经济社会发展作出积极贡献的同时，归来庄金矿也面临着巨大的环保压力。矿山开采一般都沿用传统的工艺，采矿的废石弃于废石场，选矿的废水、废渣倾泻于尾矿库，既污染环境，侵占耕地，又造成经济上的浪费。治理难度大、成本高、易受地质条件影响、矿坑生态修复技术要求高等，种种因素成为制约矿山生态修复的"瓶颈"。十几年来，采矿时剥离的围岩都运往废石场堆放，已经累计堆放废石达 3000 万 t，形成了高 70m、总面积达 30 万 m² 的废石山。久而久之，采矿引发的环境问题越来越明显，堆积的废石黄土成为了一个难题，一遇到刮风，矿区便漫天黄土，且尾矿含有剧毒，很容易污染环境。

面对严重的生态环境问题，归来庄金矿选择了一边发展、一边实施生态修复，开始走上建设"公园式"绿色矿山的道路，对矿山环境保护和生态恢复进行了科学合理的总体规划和远景设计，在国内所有露天黄金矿山中，归来庄金矿是绿化植被最好、地质原貌保持最好的矿区。目前，矿山地质公园已初具规模，景区总面积达 1200 多亩，曾经堆放采矿废石与选矿尾渣的废石场，变成了一座名副其实的"风景山"，甚至吸引来成群的喜鹊、麻雀、山鸡在这里栖息。目前，归来庄金矿已成为一个以展示地质地貌、矿产开采、黄金生产、生态治理为主题的黄金地质公园，2008 年，平邑归来庄金矿获得第五届中华宝钢环境优秀奖。

图 38　山东平邑归来庄露天金矿

三、淮河流域生态保育仍然存在的问题及风险

尽管淮河流域生态资源丰富，近些年生态保育方面取得了较大成就。但由于人口密度大、工业化和城镇化进程加快、资源开采过速等因素导致流域内生态功能的完整性和生态系统平衡受到破坏，加上流域上游山丘地区水土流失依

然较为严重，导致淮河流域泥沙含量较高，各种自然和人因素使得淮河流域的生态环境问题十分突出，本研究通过实地调研和数据资料分析，对淮河流域目前面临的主要生态问题做出总结。

（一）生态系统面临的主要问题与风险

1. 流域各区域生态风险普遍存在，制约可持续发展

基于本项目的目的，专门将淮河流域重新进行了分区，以便于明确识别各区的生态特征、生态风险，有针对性地提出和实施生态保育措施。主要分为四大类型区：上游山区、中部平原和低山丘陵区、沿淮及南水北调东线沿线低洼区和沿海平原及湿地区。各类型区所面临的具体生态风险如下：

（1）上游山区。

上游山区包括西部-西南部山丘区（伏牛山区、桐柏山区、大别山区）和东北部沂蒙山区。西（南）部山区存在一定程度的水土流失，崩塌、滑坡和泥石流等也有发生，生态系统对酸雨敏感性高，是淮河流域酸雨最敏感的地区。沂蒙山区天然植被破坏殆尽，由于荒山立地条件较差，造林十分困难，是淮河流域水土流失最严重的地区；沂蒙山区农耕地面积大，分布于山间平地和低丘；灌丛分布在低山丘陵，水土流失问题突出；阔叶林、针叶林面积不大，分布在人类活动影响较小的海拔较高的区域。

（2）中部平原和低山丘陵区。

该区包括黄泛平原区、淮北平原区和江淮丘陵区。黄泛平原区主要包括鲁西平原和豫东平原的北部，主要是干旱、干热风和土地沙化问题，重新沙化的生态风险较高；淮北平原农业区指淮河以北、黄泛平原以南的广大平原地区，是淮河流域的核心地区，是我国重要的粮食产区，主要问题在于水环境污染较为严重、水旱灾害频繁，地下水超采突出，形成了以城市为中心的地下水降落漏斗，并导致地面沉降的发生。江淮丘陵区指淮河以南长江以北的丘陵地区，主要生态功能是农业生产、水土保持和生物多样性维护，水土流失问题较严重。

（3）沿淮及南水北调东线沿线低洼区。

沿淮区指淮河干流及部分一级支流的中下游平原和低洼地区，该区域洪涝灾害频繁，在1954年、1991年、1998年、2003年、2007年，发生了几十年甚至上百年一遇的特大洪水，而小的洪涝灾害几乎每年都会发生，严重影响和破坏了淮河流域经济社会的可持续发展。行蓄洪区的利用与该区群众的生产生活之间一直存在矛盾，加上低洼的地形条件，导致行洪区排水不畅，以及采煤塌陷导致耕地丧失和水文紊乱问题。南水北调东线沿线区域包括沿线重要河

流、湖泊和沼泽湿地，如洪泽湖、高邮湖、南四湖等，主要是水质污染、湿地退化。

（4）沿海平原及湿地区。

该区位于淮河流域下游，包括山东南部和江苏北部，主要生态功能是农业生产、沿海湿地生态系统保护及生物多样性维护以及沿海防护林建设。苏东沿海地区为盐渍化脆弱区，受海洋潮汐和成土过程的影响，沿海滩涂及毗邻平原土壤盐渍化严重。苏东沿海湿地生物多样性丰富，由于围垦和湿地开发，致使沿海滩涂、湿地面积日益减少，生物多样性受到破坏。同时，该区目前还承担着承接苏南产业转移的重任，滩涂侵占严重。

主要生态风险可归纳为：上游水土流失生态风险；淮河两岸洪涝生态风险；沿海地区盐滞化风险；南水北调沿线水环境生态风险；采矿塌陷区生态系统景观格局变化引发的潜在生态风险。本研究的分析与陈杰等人（2010）的关于淮河流域生态系统敏感性（潜在生态风险）空间格局的研究结果（图39）相似：上游山丘区主要为水土流失风险，在西南部山区（桐柏山和大别山区）还存在一定的酸雨风险，沿海地区主要为盐滞化风险，豫东平原和鲁西平原地区由于地处黄泛区，存在一定的沙漠化风险。

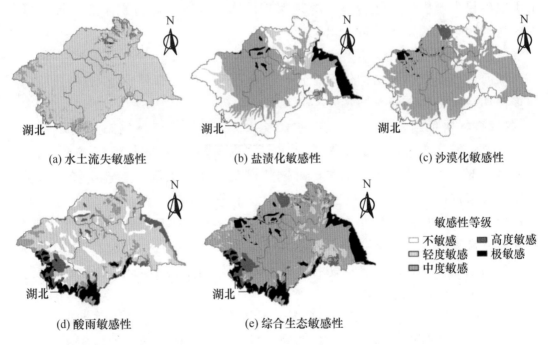

(a) 水土流失敏感性　　(b) 盐渍化敏感性　　(c) 沙漠化敏感性

(d) 酸雨敏感性　　(e) 综合生态敏感性

敏感性等级
- □ 不敏感　　■ 高度敏感
- ▨ 轻度敏感　　■ 极敏感
- ▨ 中度敏感

图39　淮河流域生态系统敏感性空间分布特征（陈杰、欧阳志云，2010）

生态风险等级较高的地区即生态脆弱区，这些地区若不重视生态保育和生态风险防范，不仅会导致当地的生态环境恶化，而且会在整个生态系统内蔓延，如果恶化的生态环境得不到及时治理，在各种自然力（风、水流）等作用下，必然导致周边生态环境的破坏和恶化。对于淮河流域而言，针对各区的生态风险和脆弱性，实施了一部分生态工程，如上游山区的造林和天然林保护、水土流失治理，平原区的风沙治理和农田林网建设等，取得了较好的成效，但是，针对目前仍然存在的生态风险，各类生态保育工作仍有待进一步加强。

2. 森林生态系统整体功能脆弱

淮河流域内的原始森林曾遭受过十分严重的采伐，尽管近十几年由于天然林保护、退耕还林、公益林建设等的不断推进，流域内森林面积不断增加，但由于人工林的林种单一、物种多样性缺失，使得森林的生态质量严重下降，其水土保持、防风固沙等重要的生态功能也显著减弱。主要表现如下。

（1）森林资源总量不足，仍有提升潜力。

淮河流域森林覆盖率仅有 16.25%，还没有达到我国平均水平，仍有进一步绿化促进林业生态建设的潜力。桐柏大别山区还有部分荒山荒地未绿化，伏牛山区、江淮丘陵、沂蒙山区还有大量立地条件差、绿化难度大的宜林荒山荒地，是多年造林绿化剩下的"难啃的硬骨头"。同时，随着工业化、城镇化步伐的加快，各项建设对土地的需求增加，加之国家对耕地保护力度的加大，大量用地项目大规模向林地转移，林地保护压力越来越大，特别是在平原地区，种粮与种树争地的矛盾比较突出。

（2）森林质量不高、生产力较低、效益较差。

淮河流域现有林分结构仍不合理，抚育管理不够，森林质量不高，故森林的多种功能未得到充分发挥。

1）森林树种结构单一。人工纯林多、混交林少，森林生态系统不稳定。为片面追求经济效益，各地植树造林兴起"杨树热"，目前淮河流域平原农区用材林及部分防护林，特别是农田林网建设栽植树种大部分为速生杨树品种，这样会带来抗御病害能力差、虫害大面积发生等一系列问题，从 2007 年开始，杨舟蛾类（杨扇舟蛾、杨小舟蛾）大面积发生，6—7 月大面积杨树叶片全被啃食掉，危害极大；例如在菏泽市，由于主要树种为杨树，2012 年 5 月，菏泽市美国白蛾虫害爆发，难以防控，地方林业部门不得不动用飞机撒杀虫药，才遏制了虫害的进一步发展。

2）林分龄级结构不合理。中幼龄林比重偏大，基本没有抚育管理，现有生态防护林营造时投入多，但是后期管护投入少，一些比较大的生态工程，沿海防护林、风沙治理、水系防护林等，都是缺乏后期抚育管理，林分单位面积蓄积量平均为 $35m^3/hm^2$，不到全国平均水平的 1/2，生产力低，林地生产率低。

3）作为粮食增产、丰产的重要生态屏障的农田林网出现部分网烂、带断现象，农林复合经营所占比例低，生产力较低；山区经济林经济效益明显，但水土保持与水源涵养的生态效益低下。立地条件差的裸露岩石山地造林难度大，营造的柏类生长慢，林分郁闭晚，不能及时最大限度地发挥森林的多种生态功能；天然林少，人工林多，混交林少，纯林多，缺乏乔灌草结合、多树种结合的复合森林；生态防护林比例较低，森林生态系统脆弱，抗干扰能力低下。

（3）林业体制、机制改革任务艰巨。

集体林权制度改革配套政策亟待完善。部分地区明晰产权质量有待提高，配套政策和改革措施亟待完善，改革措施有待引向深入。正在实施的国家级、省级重点生态公益林补偿，补偿面积小，补助标准低，仅用于管护支出，不能很好地体现对农户的经济补偿；公益林管理、天然林保护、退耕还林等工程后续发展规划仍不明朗，与集体林权制度改革在政策上仍有矛盾的地方，急需加以梳理。在建立健全公共财政支持制度、林业金融支撑制度、林权保护和流转制度、森林保险制度、森林采伐管理制度和林业社会化服务体系方面有待加强；乡镇机构改革后基层林业管理体制不顺，乡一级都没有专门机构、编制和专职人员从事林业工作，对林业特别是山区林业县的林业工作造成较大被动。

（4）林业产业发展水平不高，林业企业经济危困。

尽管淮河流域林业产业发展迅速，但林业总产值占农林牧总产值的比重不足3%，第二、第三产业发育不充分。林业产业规模小，初级产品多，加工产品尤其是精深加工、高科技含量、高附加值的产品少，链条短，附加值低，产品结构趋同，缺乏具有重大带动能力的龙头企业和知名品牌，市场占有量较小。林业产业结构不合理、资源综合利用率低的深层次问题始终存在，不少林业企业规模小，集约化程度低，技术装备落后，自主创新能力不强，抵御市场风险的能力不高。森林资源培育环节标准化、规范化程度也不够高，粗放生产经营仍然占较大比重。管理方式落后，融资难，资金问题突出。

国有林场经济危困局面没有得到根本转变。国有林场由原来的全额拨款事业单位逐步过渡为差额拨款企业化管理的事业单位，林场经济发展滞后于国民经济发展，林场职工生计艰难。同时，国有林场和国有林区改革尚未全面启动，国有林场财政状况较差，很多林场有欠发工资情况；例如，豫东平原国有林场是20世纪五六十年代国家为治理黄河故道沙荒建立起来的。几十年来，林场在防沙、治沙、改善农业生产和居民生活条件等方面取得了显著的成绩，成为农业生产的重要屏障。但随着国家政策的调整，国家对国有林场的投资逐步减少，国有林场也逐步过渡成为企业化管理的事业单位，承受比一般农产品加工企业更重的税费负担，林木资源质量下降、林地锐减、职工收入增长缓慢。林场经济发展严重滞后于国民经济发展。近些年，随着农村人口的不断增多和林地耕种条件的改善，受市场价格影响，林粮种植价格倒转，林场与周边农民的矛盾日益加剧，林场的合法权益受到了严重侵害，部分林场的生存环境不断恶化，林业职工生计艰难。

（5）科技教育服务淮河流域林业发展的能力不强。

对林业科技的战略地位认识不足。林业科技的战略地位在淮河流域一些地方还没有完全确立，存在着许多阻碍科技与经济结合的不利因素；部分林业企业、事业单位缺乏依靠科技进步的内在动力。科技与经济结合不够紧密。生产单位对科技的需求缺乏自觉性和主动性，需求动力不足；现有成果不完善、不配套，高新技术对传统林业的改造、带动作用不强，科技在林业发展中的显示度和贡献率还有待进一步提高。

科技能力不强。林业人才队伍建设亟待加强，高端人才偏少，人才知识结构、专业结构不合理，研究、推广手段有限，科研、推广能力和条件相对薄弱。由于没有林业科技基本建设专项投资，林业教育、科研所和多数推广机构仪器设备老化，新装备、新手段应用不足，林业科技能力建设严重滞后，影响了林业科技工作的有效开展。

科技投入总量不高，渠道不宽。目前，在各类科技项目中，林业项目所占比重较少，高校和林业科研机构无固定投资渠道，林业科学研究、林业标准化、林业科技园区建设、林业科技支撑没有专项经费，难以开展正常的科研、示范和支撑工作；科技兴林、科技支撑等专业经费增长缓慢；林业科技投入严重不足，多元化的林业科技投入机制还未真正形成。

林业基层服务体系不健全。林业基层科技人才及装备严重匮乏，是当前林业发展面临的又一难题。县级林业科研及推广部门由于编制少，技术人员青黄不接，加之经费不足，科技下乡的积极性不高。乡镇机构改革后，林业工作站相继被撤销和兼并，林业技术推广困难，各项工作难以有效展开，而补充新生技术力量又缺乏在岗编制的支持。

（6）城市林业没有充分重视森林的生态效能。

城市绿地系统建设没有完全按照生态安全的要求进行，有的过于强调美化、亮化、香化，而没有更多的考虑生态化，没有进行"四化协调"。例如，干旱地区大量种植草坪，耗水多，养护成本高，城市绿地虽多，但没有形成乔灌草合理搭配、既美观又生态的稳定复合生态系统；又如城市绿地所占比例还较低，城市绿地地形设计没有考虑城市水土流失和旱涝问题，城市积水问题都没有很好的解决，城市绿地养护又消耗掉大量水资源。另外，由于建筑过于集中，造成人口密度过大，道路交通拥堵，城市养护成本增加，生态承载能力满足不了人们的需要。

3. 水土流失形势仍不容乐观

淮河流域水土保持状况总体情况好转，但水土流失形势仍然不容乐观。水土保持生态建设仍然面临诸多问题。除了自然条件、历史因素以外，缺乏稳定的资金投入，水土流失综合治理标准过低，监测工作滞后，以及没有把上游的水土流失综合治理纳入整个防洪体系建设等也是造成淮河流域水土流失的重要原因。根据初步调查结果，20 世纪 90 年代以来治理的 2 万多 km² 的水土流失，只有 30%～40% 的坡面工程能够满足 10 年一遇 6h 最大降雨标准，30% 左右郁闭度良好的水土保持林地和经济林地在暴雨情况下，仍然存在不同程度的水土流失。

（1）水土流失治理程度低，平原和城镇水土流失问题重视不够。

水土流失造成水利工程泥沙淤积，加剧洪涝灾害发生，已经给淮河水患治理和流域可持续发展造成了越来越严重的危害。从各地监测资料分析，每年全流域上游因泥沙淤积造成 100～150 口山塘报废，山区河道每年河床抬高 5～10cm；近 10 年来，有 200 座小型水库变成了"沙库"。

传统治理观念导致平原和城市水土流失难以引起重视。平原农田基本建设中存在的"一年建，二年淤，三年平，四年又重来"现象，以及灌溉、排水沟渠淤积和沟岸坍塌、开发建设项目中弃土被暴雨的冲刷，不得不清淤的池塘等都是水土流失的结果。在淮河流域，不少矿产开采集中的城市，水土保持工作也没有得到应有的重视。城镇中非绿化土地的增加是水土保持工作中的一个新问题，多年来流行的地表硬化（水泥化）不仅浪费了有限的土地资源，更因失去土壤和地表植被涵蓄水源能力，引发强度地表径流，导致自然降水的集中、强度流失。

（2）水土流失造成土地地力下降和土壤结构恶化，导致人地矛盾突出。

水土流失使耕地的数量不断减少。山丘区耕地一半以上土层厚度不到50cm，水土流失使表层土不断剥蚀，大量耕地正面临不复存在的危险。沂蒙山灰岩地区 80% 的耕地耕作层已经全部流失。

（3）水土流失造成面源污染严重。

水土流失携带着大量有机物、重金属、化肥、农药等残留物质进入江河湖库，增加水体浊度，污染水质，造成淮河干流的非离子氮污染居全国江河之首。目前淮河中上游山区水土流失的情况越来越严重，潜在的威胁越来越大。如不及早进一步重视淮河流域水土保持生态建设问题，不仅很难构建一个完整的淮河流域综合防治体系，而且影响水利工程效益的发挥。

（4）人为水土流失不容忽视。

淮河流域开矿采石任意向河道倾倒废渣等现象依然较为普遍；部分山区经济落后，粮食短缺，陡坡开荒、滥垦乱伐现象时有发生；公路、铁路、电力设施、水工程、城市化建设等开发建设项目造成的人为水土流失呈加重之势。据不完全统计，淮河流域每年因开发建设项目造成水土资源破坏的影响范围将近 $1000km^2$，由此造成的人为新增水土流失面积 $300\sim500km^2/a$。"林业二次创业"，大面积垦伐防护林，发展经济林，在缺乏水土保持工程设施的经济林地上，中耕除草，形成裸露地表，农民垦复间种农作物，形成变相的陡坡开荒和坡耕地，导致多年次生灌木林逐渐形成浅薄的富含腐殖质的土层，在汛期暴雨的直接溅蚀下流失殆尽。伏牛山区、桐柏山区和大别山区的柞蚕、油桐、坡式茶园等经济林地水土流失较严重，"远看绿油油，近看水土流"是这些山地经济林的真实写照，并且很难从遥感影像上正确地解译出来。黄泛区局部地方水土流失程度在加重，涡河泥沙淤积问题至今尚未得到很好的解决。

（5）国家重点生态建设投资项目分散。

淮河流域缺乏国家投资的重点治理片，水土保持生态建设投资主要依靠中央债券和地方投资，投资项目比较分散，难以体现"以支流为主线"的水土保持生态建设路子，很难实现系统治理、综合治理和规模效应，从而形成了小范围的生态系统有所改善，而全流域大范围水土保持生态系统没有太大改观的局面，甚至局部地区水土流失和生态系统呈进一步恶化的趋势，尤其是缺乏规模治理且生态公益性工程建设。

4. 湿地生态系统依然受到威胁

虽然湿地保护工作取得了一定的成效，但由于淮河流域人口众多、土地资源缺乏，以及恶劣的生产条件和落后的生产方式与迫切的经济发展需要，湿地围垦、泥沙淤积、资源的过度开发利用及各种污染问题仍旧突出，导致天然湿地面积减少，湿地功能和生态效益下降，湿地资源遭到破坏，湿地保护仍然面临严重威胁。主要表现如下。

（1）流域污染影响湿地水生态安全。

水污染是淮河流域湿地面临的最严重威胁之一。淮河流域是我国农业主产区，农业生产中使用大量的化肥、农药，在降雨或灌溉过程中，经地表径流、农田排水、地下渗漏等途径进入水体；畜禽粪便无序排放，使得粪便中的氮、磷等大量流入水体，造成富营养化；还有不科学的水产养殖等在水体中产生大量的污染物。淮河流域的一些河流如颍河、涡河和新汴河等河流污染严重，在汛期前向下游下泄上亿立方米的河水基本上是污水，对湿地生物多样性和生态安全构成威胁。

（2）人为扰动造成湿地退化。

淮河流域人口密度大，土地资源严重不足，而湿地在国家土地规划中不是专门的土地类型，被列为"未利用地"，因此，盲目的湿地开垦和改造成为了淮河流域天然湿地急剧减少的主要原因之一。淮河干流上游河床采挖，河道生态系统受到严重扰动，河道受损影响河流生态系统的稳定性。不仅如此，由于利益驱使，人们长期重捕轻养，导致沿淮湿地中的鱼类、虾蟹、龟鳖、贝类、莲藕、芦苇等水生动植物资源被过度开发，使湿地生物多样性受到严重的威胁。

（3）上游水库、闸坝工程改变流域的水文格局，影响湿地功能。

淮河流域上游建设了大量水库，改变了流域的水文格局，拦截了下游的生态用水。水利设施的建设保持了稳定的水位，扩大了湖泊水面，提高了河流与湖泊的防洪、抗旱能力和水资源利用率，有利于航运业的发展，但也对流域内的生物资源产生较大影响。如，邵伯、高邮、宝应三湖原本相互贯通，宝应湖在北，高邮湖居中，邵伯湖在南，上承洪泽湖，下通长江，是江、淮两大水系的鱼类通道，但闸坝阻隔洄游通道，影响了洄游鱼类的繁殖。同时，湖泊建闸蓄水后，由于水位升高，影响了水生植物的生长。

（4）湿地保护能力较差，重视程度不够。

首先一些部门对湿地认识尚不足，保护意识淡薄，重开发轻保护，天然湿地受到围垦、建设用地侵占等，面积不断缩减，生态功能退化；群众对湿地的概念和重要性认识不清楚；主流媒体宣传不够。其次，湿地保护相关的基层工作人员编制不足，存在一人多职的现象，而且基层工作人员缺乏湿地保护相关的知识，湿地保护的相关基础设施建设较为滞后。第三，渔业发展对湿地水生态环境影响较大，而限制河湖渔业发展则存在专业渔民转产转业的问题需解决。

5. 采煤塌陷对流域生态系统产生较大影响，亟须深入研究

淮河流域煤炭开采导致地面沉陷，使流域水系发生改变，特别两淮高潜水地质条件下采煤沉陷区对水系的影响更为显著。这些沉陷区湿地的出现，对淮河流域生态系统、景观格局以及局部气候环境等产生较大的不可预知的潜在影响，煤矿塌陷区目前和未来对整个淮河流域湿地生态系统格局和功能的影响研究亟待开展，应予以重视并开展深入研究。

以安徽省淮南市为例，预测到潘集谢新矿区开采服务年限终止（约 140年），采煤塌陷地面积将增至 $584.48km^2$，沉陷水域最深可达 $10\sim20m$，淮北以北矿区景观结构将发生重大改变，逐步形成大型采煤沉陷型湖泊，陆生生态系统逐步向水生生态系统转变。因此，整个矿区土地结构、社会环境、经济生

活、自然生态环境将发生巨大变化。

（1）采煤塌陷对流域生态系统及景观格局的影响。

采煤塌陷形成矿坑或积水形成湿地，导致原有的地貌形态、河流水系格局，土地利用格局和植被覆盖状况发生变化，进而改变流域长期以来形成的生态系统和景观格局，导致区域生态平衡受影响。

（2）采煤塌陷对土壤养分的影响。

土壤有机质及化学特性是影响作物生长的重要因素。采煤塌陷造成地表形成了许多裂缝和相对的坡地和洼地，土壤中许多营养元素随着裂隙、地表径流流入采空区或洼地，造成许多地方的土壤中养分短缺，有的地区土壤酸化，严重影响了农作物的生长，造成粮食减产。

（3）采煤塌陷对局部水环境和小气候的影响。

平原高潜水位采煤塌陷区土地地势低洼，水资源丰富，易形成塌陷湿地，湿地具有调节气候、涵养水源、调蓄洪水等功能。塌陷湿地的形成和逐年增加能够缓解淮北平原原本匮乏的湿地资源。干旱季节可利用塌陷区的水进行引灌；雨季时，塌陷区可容纳一定的雨水，起到蓄洪作用。

（4）采煤塌陷对土地资源的影响。

采煤塌陷区的地表原来主要为耕地和村庄，随着塌陷区面积的不断扩大，农田变成积水地，耕地和民居丧失严重，严重影响流域的粮食生产。目前，仅两淮矿区每年因采煤造成的塌陷区面积达 3 万亩，现有塌陷地中有 85% 以上为可耕地，大片农田被毁，农作物大幅度减产。地面塌陷也使得当地农民失去原有耕种的土地和房屋，生存空间和生活来源受到威胁，影响百姓的安居乐业及社会安定和谐。塌陷区群众的迁移安置等工作，也给地区政府及相关部门造成一定负担。

6. 生态承载压力大导致生态用地被占

淮河流域人口密度大，为全国平均人口密度的 4.5 倍。导致区内生态承载压力大，用地紧张，主要表现如下。

（1）防洪用地与农业用地竞争。

"粮水争地""人水争地"现象在淮河流域广大低洼地区普遍存在。由于淮河流域尤其是淮河干流的中下游地区人口密集，蓄滞洪区众多，当地经济发展较为落后，多年以来，农民为了生计，在蓄滞洪区耕种，导致蓄滞洪区内分布着大面积的农田，遇到洪涝灾害年份，为了确保重要堤防和重点地区的防洪安全，需要启用蓄滞洪区，造成作物绝收，给农民带来较大的经济损失。因此，流域防洪减灾的需要和地方经济发展、农业生产、老百姓脱贫致富存在较大的矛盾。

（2）坡耕地有增加趋势，天然湿地被围垦。

近些年，淮河流域城镇化发展迅速，建筑用地不断扩张，平原地区不少耕地被侵占，而国家为了保障 18 亿亩耕地的红线，对粮食主产区耕地制定了严格的"占补平衡"规定。为实现耕地占补平衡，一方面，淮河流域部分地区有耕地往山坡上发展的趋势，坡耕地产量低，这种"以次抵优"的方式，山丘区林草地保护和水土保持不利，水土流失和生物多样性损失的危险性加大；另一方面，许多自然湿地（土地利用分类里被列为"未利用土地"）也被围垦，生物多样性丧失。

（3）林地（尤其是平原地区的围村林）被城市和新农村建设挤占较多。

随着淮河流域城市化进程的加快，城镇面积不断扩张，而国家对耕地保护有严格的要求，因此新城建设和旧城扩建占用了部分林地和宜林荒地，许多地区的城市建设都重视广场等硬化路面，绿化较少。新农村建设腾出的地，大都用来搞开发，而很少规划造林，导致局部地区林地面积减少。

（二）生态管理政策与机制方面的问题

1. 生态补偿机制不健全，补偿标准偏低

整体而言，淮河流域目前还缺乏规范化的生态补偿制度。生态补偿的政策体系和评价体系尚不完善；补偿资金来源渠道尚不够宽泛。

（1）林业资金投入不足，生态补偿体制不健全、标准偏低且单一。

淮河流域林业生态补偿方面的问题主要表现在生态公益林补偿标准低，范围小，且对造林后期的森林抚育重视程度不够。调研 4 个省各县市普遍反映的问题就是：国家对淮河流域地区的生态补偿不足；尤其是生态公益林的补贴过低，群众对公益林保育的积极性低，加上农业补贴的增加，部分地区林农有毁林种地的愿望，造林成果有被破坏的危险。

1）生态补偿法律及政策体制不健全。关于生态补偿规范性管理文件分为国家、省、县 3 个层面。国家层面：财政部和国家林业局联合行文，2001 年《森林生态效益补助资金管理办法（暂行）》、2004 年《中央森林生态效益补偿基金管理办法》、2007 年《中央财政森林生态效益补偿基金管理办法》、2009年修订印发《中央财政森林生态效益补偿基金管理办法》。淮河流域各省县市根据自身条件也制定了相应的文件。整体来看，生态效益补偿没有专门的立法，现行的生态效益补偿制度多为应急立法，即当某一类问题表现得突出时，对人们的生产和生活造成了一定阻碍时，则仓促立法。由于没有强有力的法律保障措施，在进行森林生态效益补偿工作时，难以保障工作顺利有效地开展。

2）生态补偿标准绝对量偏低，标准单一。

①补偿标准低于木材经济利用价值，补偿标准单一。目前，中央财政基金对所有确定为国家级重点公益林统一补助标准为 75 元/(hm²·a)，不足以弥补林农的经济损失。以木材生产为参照标准，测算每年每公顷公益林的直接经济价值约 1120.5 元。例如，河南省豫南地区，经营杉木用材林到 25 年成熟林时，每公顷至少可产木材 105m³，获利至少在 30000 元以上，年均收入达 1200 元/hm²；毛竹林平均每年收入超过 750 元/hm²；大部分林地每公顷年租金约 200 元，自然条件好的地方已超过 1000 元。若仅根据森林的营造和管护费用来看，根据调查数据显示，生态林的营造需要 2100 元/hm²，而管护费用至少需要 150 元/(hm²·a)。流域的石质山地成林难度大，造林成本远远高于这一数值。补偿标准的偏低，植树的比较经济效益下降，群众开展造林营林的积极性受挫，群众不仅不愿意植树，而且出现了大量砍伐未成材树木的现象。另外，由于土地增减挂钩政策的实行，项目建设、旧村改造等侵占林地现象也时有发生，一定程度上造成绿化成果巩固难。生态补偿基金不区分森林的质量、立地条件、区域经济发展水平、交通状况等因素，在全流域乃至全国范围使用相同的补偿标准，影响积极性。②与农业惠农政策相比，经营林业收益较低，农林争地矛盾突出。与种田农民相比，普通林农所享受的惠农补贴较少，经营林业收益低。第一，林农从各项惠农政策中得到的实惠较少。林农人均耕地面积少，得到的种粮补贴也少。取消农林特产税、免除农业税后，种田农民人均减负近 100 元，而林农人均减负不足 30 元。第二，直接惠及林农的补贴政策少。林农在从事林木的培育和经营中不享受政府的任何补助。农户经营公益林每亩只能得到 4 元的管护费，远远低于其他林种经营的收益水平，林农普遍希望提高生态公益林补助标准。第三，林农面临资金、劳动力短缺和技术落后等问题，林地经营潜力难以得到充分的挖掘，经营收益低。20 世纪 90 年代末至 21 世纪初，林粮比价合理，而且随着国家实施退耕还林、农田防护林、水土保持林及速生丰产林等林业生态工程，造林还有一定的补助，因此曾出现过全民大造林的热潮。然而，近些年来，受市场价格影响，林粮种植价格倒转，以杨树为主的林农比价持续降低，林粮比价反差大，造林收益逐渐远离群众心理承受范围。特别是对于一般公益林和农田林网，国家投入少、无补助，而粮农补助持续增长，群众造林积极性严重受挫，一些地方还出现了毁林种粮的现象。同时，为了提高农作物总产量，保证农业土地面积，林农争地的矛盾普遍存在，过去大面积推广的农桐间作已较少见。应对当地部分农户只顾眼前利益的短视行为引起关注。③补偿标准没有根据价格指数变化进行调整。目前的财政补偿标准为每年每亩补偿 5 元，从 2004 年政策执行以来，一直沿用至

今，没有随着国民经济的发展和物价上涨对补偿标准进行动态调整。然而，同2000年相比，2006年的全国居民消费价格指数上涨8.96%，GDP上涨44.60%，中央财政收入上涨292.69%。

（2）湿地保护与利用方面缺乏湿地生态补偿机制。

据调研，目前淮河流域的湿地保护与利用方面，尚没有严格统一的补偿机制，虽然各级部门已经在湿地保护和湿地资源利用方面做了很多工作，取得了较大成效，但由于缺乏补偿机制和统一的标准，各部门、各地区之间对湿地保护与利用仍然存在一些利益冲突和管理上的矛盾。

（3）上下游之间亟须从更高层面建立生态补偿机制。

缺乏中央政府协调机制，因为是跨界流域，生态补偿机制无法建立，缺乏省际、上下游之间的协调补偿机制，一般是上游地区反应强烈，下游尽量回避；调研到上游地区时地方反映，上游地区牺牲发展来保全生态环境和水源地水质，希望得到补偿；而调研到下游部分地区时，则也有反映：部分地区会受到上游污染水体影响，希望得到补偿。上下游直接存在认识和利益上的矛盾。

（4）矿产资源开发方面缺乏高效的生态补偿机制。

矿产资源开发的生态补偿问题主要表现在，个别地方以收费或押金制度简单替代生态补偿机制，免除了开发者治理和恢复生态环境的责任，导致生态环境被破坏后修复难。

2. 生态保育投入不足，地方反映强烈

（1）国家生态公益林补偿标准过低，补偿范围太小，远低于实际护林费用。

目前，国家对生态公益林建设和维护的投入过低，补偿标准低于木材经济利用价值，补偿的经费也远远低于实际护林所需要的费用，导致林农护林积极性低；国家对林地的补偿也仅限于生态公益林，别的林地发挥的生态效益也较大，但目前没有相关补偿，经营林地收益比种粮（能收到国家补贴）低。

（2）石质山地造林难度大，国家补偿较低。

例如沂蒙山区，据当地林业部分反映，平均造林费用在1000～2000元/亩，有的特殊困难立地甚至超过1万元/亩，而目前国家仅补偿300元/亩，与实际费用差距太大。

（3）对造林后的森林抚育管理重视程度不够。

除了生态公益林有一定的补偿外，其他林地的后期抚育缺乏国家投入。许多地区为了完成造林任务，开展了一些造林，但由于投入不足，地方政府和相关部们缺乏对林地的后期抚育管理，间接导致林地的丧失。

（4）生态保育基层工作人员不足，基础设施较为薄弱。

部分地区生态保育基层工作人员编制不足，存在一人多职的现象，而且基层工作人员缺乏相关的知识，生态保育相关基础设施较为薄弱。

3. 生态保育主管部门多，法律法规不健全

目前淮河流域各地的生态建设和生态恢复缺乏严格标准，生态保育职能较为分散。目前国家及地方相关部门在生态恢复、生态建设方面缺乏较为明确统一的标准，影响监管工作的有效开展；生态方面监管职权也较为分散，存在"九龙治生态"的局面，环保部门的职责目前被确定为"统一监督管理"，但是在生态建设或生态保护工作过程中，部门之间协调有困难。不利于生态保育工作的开展。例如，湿地保护涉及林业，渔政、水利、环保等，存在权责不明和利益冲突，法律法规不健全，监管难度大；森林保育涉及林业、水利、农业等部门，各方存在互利方面，但在用地等方面也存在利益冲突。

目前，我国缺少专门的湿地保护法律法规，湿地的保护管理、恢复改造、开发利用、执法监督等仍然存在多头管理、责任不清、管理不到位等许多缺陷，严重影响了湿地保护工作的开展。因此，急需通过法律的形式明确并统一湿地资源的概念及管理目标，应将现有湿地资源保护的面积、边界、管理机构、经费来源、保护对象物种名录等用法规的形式加以规定，为湿地资源保护与合理利用提供可操作的法律依据，以法律形式确定湿地资源管理程序，使湿地保护工作走上系统化、规范化、科学化轨道。在立法过程中，严格禁止河道采沙、围湖、湖泊超强度围网养殖，遏制湿地破坏的势头。

4. 淮河流域生态保育得到的重视不够

淮河流域生态保育得到的重视不够，主要表现在以下两个方面。

（1）缺乏国家层面的重视。

淮河流域作为我国重要的农业区，也是我国的一个"经济洼地"，一定程度上而言，在生态保育方面缺乏国家层面的重视。在全国主体功能区划中，国家级"重点开发区域"（也就是重点进行工业化城镇化开发的城市化区域），与淮河流域相关的主要有两个：一是南面的江淮地区，战略定位是承接产业转移的示范区；二是西北部的中原经济区，战略定位为中部地区人口和经济密集区。而国家重点生态功能区在淮河流域几乎没有覆盖，仅在西南角的大别山区有一处（大别山水土保持生态功能区）；在"生态重要性评价图"中，淮河流域绝大部分地区也是排在最低等级。在全国而言，淮河流域的生态功能地位和重要性自然比不上自然条件恶劣、承担着重要生态屏障功能的一些西部和西北部地区，然而，作为我国的重要粮食产区和人口密集区，淮河流域也面临着巨大的生态风险，一方面由于人口密度大，生态承载压力本身就大，水污染、洪

旱灾害等问题已经持续困扰流域几十年，虽然国家和地方政府已经采取了对策，投入了大量人力物力来治理，这些问题仍未得到有效解决；另一方面，根据国家发展战略布局，在近些年乃至未来较长一段时期内，淮河流域在这种农业生产、重点开发为主要定位、工业化和城镇化迅速发展的背景下，流域生态环境受到的压力将持续增大，这势必加重流域内原本就存在的一些生态环境问题如环境污染、水土流失、湿地萎缩、生物多样性丧失等，同时也会带来一些新的生态环境问题。为了避免重蹈过去"先发展后治理"的覆辙，在发展经济、促进工业化和城镇化发展的同时，保护流域内的生态环境，研究一条淮河流域发展与保护兼顾的发展之道至关重要，因此，淮河流域的生态保育应得到高度重视，研究淮河流域生态保育现状，识别目前存在的主要问题，通过研究制定生态保育对策十分必要。

（2）各级部门及民众的生态意识仍需提高。

流域内各级部门及民众对生态环境保护的意识仍需提高。通过对淮河流域4个省20多个县市的实地调研发现，流域大部分农村地区生态环境状况不容乐观，一方面是由于老百姓生态意识薄弱，白色污染、生活废水、人畜粪便等随意排放，对农村的沟渠河道和宜耕荒地等破坏较为严重，很多以往用来排水灌水蓄水的沟渠和坑塘都成为了臭水沟（坑）；另一方面，地方政府和相关部门的生态意识也有待提高。据部分地方相关部门反映，要推动农村地区的发展和进步，存在不少亟须解决的问题，而生态问题看似不如其他问题紧迫，而且解决起来难度较大，治理效果难以在短期内看到，所以得不到优先重视。虽然流域内不少地区已经或正在实施生态县、生态村、新农村建设试点等工作，也取得了较好的生态保护和环境治理效果，但是涉及范围较窄，仍需进一步推广和加强，并且应该注重合理规划，充分、高效地利用有限的资源。

四、淮河流域生态保育对策措施

党的十八大报告提出，要加大自然生态系统和环境保护力度。要实施重大生态修复工程，增强生态产品生产能力，推进荒漠化、石漠化、水土流失综合治理。基于淮河流域的基本特点，研究从构建流域生态安全格局、协调土地利用与生态环境保护，森林保育与水土流失治理，湿地保护与可持续利用等方面来构建淮河流域的生态保育对策体系。

（一）构建淮河流域安全的生态格局

生态安全是生态系统完整性和健康水平的整体反映，而生态安全的基础就是格局的合理性。通过对流域的生态系统空间格局进行规划和管理，构建安全的生态格局，能够保护和恢复生物多样性，维持生态系统结构、功能和过程的完整性，实现对区域生态环境问题的有效控制和持续改善。

淮河流域生态功能区划充分考虑淮河流域的基本特点，从宏观的、生态保育角度出发而制定的综合生态区划，是为淮河流域各区未来发展提供指导性建议的区划方案。淮河流域生态功能区划遵循全国主体功能区规划，同时也结合了生态保育项目的目的和要求。淮河流域生态区划遵循以下原则：①基于淮河流域的基本特点，如"西高东低中洼"、三面环山的地势地貌格局。②突出一些主要的区域性生态环境问题，如上游地区的水土流失问题、中下游地区的洪涝灾害问题，以及煤炭矿区的地面塌陷问题等。③突出人类活动的影响。由于淮河流域地跨"中原经济区"、苏北承接苏南产业转移地区等，经济发展压力大，人类活动对自然生态系统的干扰越来越大，因此，流域内生态区划必须考虑人类活动的影响，一方面是已造成的影响，另一方面是潜在的影响；此外还有如何合理规划生态区划，使得生态保育与发展相协调。

淮河流域生态功能区划的思路是，统一规划，优先保护。根据淮河流域生态环境基础、生态系统服务功能和生态安全状况的空间格局，结合经济社会发展的空间布局等，提出相关管理对策。基于以上思路，将淮河流域划分为四大生态类型区（图40）：①上游山丘区。②中部平原和低山丘陵农业区。③沿淮及南水北调东线沿线区。④苏北平原农业与沿海湿地生态保护区。由此构建起淮河流域的生态安全格局，因地制宜调整产业结构，使经济发展既尊重市场规律，又尊重自然规律，取得较好的经济效益、社会效益和生态效益。

1. 上游山丘区

包括西部-西南部山丘区和东北部的沂蒙山区。西部-西南部山丘区包括桐柏、大别、伏牛山区，沂蒙山区主要是指流域东北部的沂沭泗河发源地沂蒙山区。上游山丘区的主要生态功能是水土保持和水源涵养。该区应限制有污染和破坏水土功能的产业发展，在保护生态环境和合理利用水资源的前提下，有重点、有计划地安排一些节能、节水、低排放、无污染和带动当地经济发展的骨干项目。

一方面，积极推进工程造林，安排一些生态建设项目；另一方面，应限制有污染和破坏水土功能的产业发展，严格限制低产、高水土流失风险的坡耕地开发，积极利用本地的生态和土地资源优势，扶持和推广一些绿色产业如生态旅游、生态农业、农林复合立体经营等，发展和带动当地经

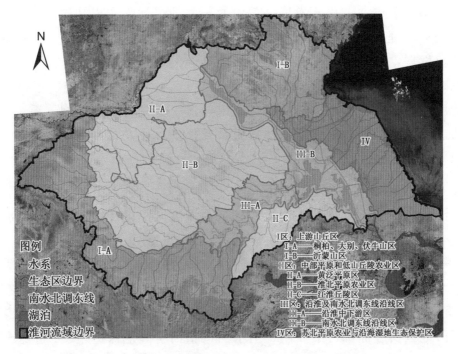

图 40 淮河流域生态功能区划

济发展。

　　总之，上游山区的主要生态功能是保持土壤、涵养水源、保护山地生物多样性，形成西南部-西部-东北部外围山丘区生态屏障。实质性对策就是保护好现有森林，大力开展植树造林，建设多树种多功能森林。但要控制林地占用问题，避免因新的开发占地而导致林地流失，加重水土流失；提高森林林地的质量和效益。

2. 中部平原和低山丘陵农业区

　　中部平原和低山丘陵区包括黄泛平原区、淮北平原农业区、江淮丘陵区 3 个亚区。

　　黄泛平原区的主要生态功能是沙化防治、农业生产提供粮食，应积极推进该区的平原林网建设，并保护建设成果，实现"林茂粮丰"，积极推广"林粮间作"和"林牧复合经营"等林农复合经营模式，实现复合经营和综合开发，确保生态效益、社会效益和经济效益同时提高。

　　淮北平原农业区应加强农业面源污染等污染源的防控，积极推进生态农业、循环经济、劳动密集型产业的发展，高效的管理、调蓄和利用地表水及地下水资源。

　　江淮丘陵区应以维持农业生产、水土保持和生物多样性维护等生态功能为主，坡度较大的高岗地区实施退耕还林还草，提高植被覆盖率，改善保水蓄水条件；调整农业产业结构，发展城郊农业，并通过加强农田基础设施建设、加强水土流失治理和环境污染控制，以农业生产辅以山丘区林果业、生态旅游等其他产业发展，推动地方生态保护和经济社会的可持续发展。

总之，该区域主要功能为高质量农业生产、面源污染防控、平原林网建设、治沙防沙。要巩固平原林业绿化成果，进一步完善平原林网体系，提高林产品加工的水平，避免重复低水平加工，要促进林业及林产品的发展。切记森林面积减小会导致重新出现沙化。

3. 沿淮及南水北调东线沿线区

沿淮区应该注重洪水调蓄功能，加强蓄滞洪区建设、维护和开发利用，因地制宜、分区分阶段的迁出行蓄洪区居民，并通过建设沿河生态景观区、水利风景区等，提高经济效益，合理解决"人水争地"矛盾。

南水北调东线沿线区应该建立"淮河流域南水北调东线沿线水生态保护区"；重视水生态和和水环境的保护，减少农业和水产养殖对水体的污染，对主要农田地区实施面源污染控制、引水河道整治与湿地保护建设、生态林网与生态廊道建设、生态环境监测预警系统建设等，确保南水北调水质不受沿线经济发展的影响。同时，应该实施循环经济，调整产业结构，大面积实施生态农业，严格保护湿地，修复治理河湖水体，高标准治理工业污染源，确保产业发展和村镇建设不对输水廊道产生污染。

总之，该区域生态价值高，主要功能是调节水文、行洪蓄洪、净化水质、维持湿地及水生生物多样性，要合理安排农林水的配置格局，保障合理顺畅地泄洪分洪，保护好关键地区的湿地，形成健康的湿地及水廊道体系。该区域应杜绝粮食性农业生产，建设沿岸护岸林和护岸草灌植被。

4. 苏北平原农业与沿海湿地生态保护区

该区位于流域下游，包括山东南部和江苏北部。该区主要生态功能是农业生产、沿海湿地生态系统保护及生物多样性维护以及沿海防护林建设。其中，苏东沿海地区为盐渍化脆弱区，受海洋潮汐和成土过程的影响，沿海滩涂及毗邻平原土壤盐渍化严重。苏东沿海湿地生物多样性丰富，由于围垦和湿地开发，致使沿海滩涂、湿地面积日益减少，生物多样性受到破坏。应加强自然保护区管理，协调好生物多样性保护和滩涂开发利用之间的矛盾；适当开展生态旅游及其他生态经济产业，为生态保护提供一定的经济支持。同时，该区目前还承担着承接苏南产业转移的重任，因此必须重视转入产业对生态环境的压力，合理规划产业布局与生态承载力布局相协调，避免走过去"先发展后治理"的老路。要加强抗御洪、涝、旱、渍灾害能力，大力发展农业多种经营，发展无公害农副产业；继续开展低产土壤的综合治理，集约利用土地。

上述四大区域中，以沂蒙山区、西部和西南部山丘区、淮河中下游区、南水北调东线沿线区等生态脆弱性较高，生态地位也十分重要。然而，作为经济发展洼地，快速的经济增长是流域减贫的必要条件，也是生态环境改善的核心动力。对于这些生态脆弱区的经济发展，首先要从改善生态环境入手，优先发展生态产业，使之成为生态脆弱区的支柱产业。要加强科学规划，优化土地利用方式，建设生态安全格局。应根据各地经济发展状况和土地资源状况，制定相应的土地利用政策。彻底扭转耕地"占补平衡"现象，即仅在数量上平衡，修订"占补平衡"政策，杜绝"以次抵优"，严禁继续开垦坡地和自然湿地。对现存的坡耕地区，实施山丘区山塘、水窖和渠系配套建设，结合坡改梯进行小流域综合治理；治理的重点区域为沂蒙山区和伏牛山区。对于行蓄洪区土地利用，应逐步退出耕种，推广适宜该区季节性行蓄洪功能需求的土地利用模式，开发生态旅游、季节性种植养殖等产业，避免农民遭受重大损失，发挥其行蓄洪功能的同时，充分利用土地资源，推动农民脱贫致富。在这些具有特色物产和景观资源优势的生态脆弱区，可发展一些适合贫困人口参与、扶贫见效快和有益于生态改善的生态产业，如生态农业、农林牧复合经营、生态旅游等。

（二）加强淮河流域森林保育建设，促进水土保持

根据气象课题组对 1961—2010 年淮河流域气候资料的分析，得出淮河流域降水总量没有明显的变化，但降水日数有减少的趋势，说明淮河流域降雨更集中，旱涝灾害更容易发生，淮河流域的水土保持工作更加迫切和重要，现有森林还不能完全满足流域水源涵养、保持水土等的生态功能。鉴于森林与水土保持的关系，根据淮河流域现有森林存在的问题，提出以下森林保育对策与建议。

1. 加大林业投入，提高淮河流域森林资源数量

桐柏大别山区降雨量较大，立地条件较好，但仍有荒山荒地没有绿化，通过进一步造林提高其森林覆盖率是防治淮河流域上中游水土流失的关键；伏牛山区、沂蒙山区、江淮丘陵森林覆盖率较低，多为裸露岩石山地，立地条件差，土层瘠薄，涵养水源功能低下，需要国家加大投入力度，提高造林成活率和保存率，改善该地区生态环境条件；黄淮平原地区，虽然大多数县市达到了平原绿化标准，但由于近年来林业效益低下，农田防护林体系已出现不健全的现象，"网烂、带断、不规范"日趋严重，需要加大对平原林业的投入，做好

区域林业用地总体规划，研究平原地区合理的林木绿化率及其区划，有效避免城镇化、新农村建设过程中重复毁林与造林的问题，建立高标准的农田防护林体系，为粮食核心区建设和农业生产提供生态屏障；随着新型城镇化和工业化的发展，要加大城市森林的营造，提高城镇绿地率和城市森林覆盖率，以充分发挥森林的生态效能。

国家对林业科技的投入也需加大，由于林业的主要功能是生态建设的公益性行业，经济效益只是一小部分，产学研结合、实现巨大经济效益来补偿科研投入较困难，应该加大国家对林业生态建设的科技投入，提高林业生态建设的能力，更好地服务社会；要从用人机制上解决农林科技新生力量能够顺利进入这个体系的有效途径，例如进入林业系统职工必须有一定比例的林学专业毕业生，不断充实县、乡两级基层林业科技服务力量，加大对基层林业资金投入力度，稳定基层林业科技服务队伍，建立完善林业基层科技服务网络。加强水土保持重点区域生态公益林建设的科技指导和支持，如桐柏大别山区的陡坡严禁进行经济林种植，以防止水土流失；水库周围的水源涵养林，应严禁放牧和进行农林间作；严禁淮河堤岸防护林下进行农业耕作种植农作物，可以进行乔灌草结合的景观带绿化，进行旅游开发获得经济收益；进行封山育林的生态脆弱区，严禁人畜进入，扰乱森林群落演替进程；生态公益林区，严禁采取皆伐方式采伐林木，必须进行择伐和更新，以保证持续发挥生态公益林的生态效能等。

2. 推动森林结构改造，推进混交造林，提高森林质量

牢固树立"生态优先"的林业经营思想，充分发挥森林的涵养水源、保持水土、净化大气、调节气候、保护生物多样性、游憩等生态功能，从过去单纯的"林业产业"观念中解放出来，把满足经济社会持续发展和改善人类生存环境的需要，当做现代林业决策的根本点和出发点，把保护生态系统的良性循环放在林业经营的优先位置。根据"生态优先"的要求，加强现有林分结构调整，尽量增加天然林面积，把人工纯林改造为复层混交林，改造低次林分，增加防护林面积，减少经济林面积，适当增加阔叶林面积，保护生物多样性，加强中幼林抚育管理提高森林质量，结合水土保持工程措施，优化森林结构。制定绿化树种指引目录，加强乡土树种繁育技术研究，增强苗圃基地繁育乡土树种和供给种苗的能力，探索和优化地带性森林的造林模式，逐步采用乡土物种开展无林地造林、林分和林相改造，恢复地带性森林植被。

丘陵山区要大力推进封山育林、退耕还林、工程造林、天然林保护等措施，最大限度依靠自然力量促进林木生长，形成理想的森林结构，保证森林质量，以充分发挥森林的多种功能；平原地区，要改变树种单一，林网结构不规范的弊端，随着农村合作社的建立，可以避免一家一户无法营造规范林网和农林间作的不利局面，有条件的地方，应根据当地土壤和自然灾害条件合理规划农田防护林体系，避免树种单一、林网不规范、少有农林间作的现象发生。无法实行合作社的可以进行科学规划，根据种粮平均收益对规划需要栽树的农户实行补偿。总之，要对田、林、路、渠、村进行综合规划，形成完善的农田防护林体系，既为农业生产提供生态屏障，又生产大量优质的木材和林副产品，也为人们提供优美的乡间景观，以实现"林茂粮丰景美"；在新农村建设和新型城镇化建设中，应该进行科学规划，保证森林具有合理的空间结构，尤其重视生物多样性、防护生态效益最大化、美化以及文化等因素，在打造新型城镇宜居环境的同时，使城镇本身成为生态防护林体系的重要组成部分。城市森林更应注意乔灌草的合理搭配，保证城市森林发挥最大的生态效能。

3. 加强林业生态工程建设，完善平原林网，防止再度沙化

在继续支持淮河流域天然林保护工程、退耕还林工程、速生丰产林基地建设等工程的基础上，设立淮河防护林体系工程。过去河南进行过长江淮河防护林体系建设工程，安徽省进行过淮河流域防护林体系建设工程，江苏省进行沿海防护林体系工程，黄淮平原进行过平原绿化工程，在新的历史条件下，应把淮河流域作为一个整体，进行淮河流域综合防护林体系建设工程，根据功能分区和立地条件，建立森林结构合理、功能强大的多功能防护林体系，在发挥淮防林涵养水源、保持水土、调节气候、防治污染、美化环境的基础上，为粮食生产提供生态屏障，为新型城镇化、创造宜居环境和文化提供支撑；退耕还林工程面临后续保林的压力，需要加大支持力度，保证退耕还林政策的连续性和与时俱进的特点，以防止水土流失和再度沙化。

林业生态建设不是一般人认为的那样挖坑栽树，过去为了林业发展，大力发展植树造林，更多地注重数量，而忽视了森林的质量，有什么苗种什么树，多数林业生产没有进行严格的规划设计，结果导致生态效益、经济效益和社会效益较低，例如，20世纪60—80年代黄淮海平原大力发展泡桐，结果导致泡桐大袋蛾严重发生，21世纪又大量发展杨树，导致杨扇舟蛾大面积发生，造成了不必要的损失，这些都是因为没有进行严格的规划设计，树种单一造成的。园林绿化时进行了规划设计，但对森林的生态效能发挥重视的不够。根据林木生产周期长的特点，林业生态建设必须设立准入制度，加强科学规划和设计。

4. 推进林权制度改革，形成生态公益林建设长效机制

由于林业生产周期长，相对于其他行业经济效益较低，现有一家一户林权制度改革存在一定的弊端，由于一家一户林地面积较小，不被农民重视。如能通过林地流转形成经营林地面积较大的林业大户，就可以采取集约经营的措施来弥补林业生产周期长经济效益低的不足，进行长期经营山林，实现永续利用和可持续经营。这样，在满足林业大户经济利益的同时，林业大户就能为社会长期提供森林的生态服务功能，实现林农和社会的双赢。

稳步推进国有林场（苗圃）的改革，切实保障林业职工基本利益。总的原则是实行分类经营，对生态公益型国有林场按标准核定编制后纳入公益事业单位管理，所需资金按隶属关系由同级财政承担；对商品性经营型林场和国有苗圃要全面推行企业化管理。通过推进国有林场改革，逐步理顺国有林场管理体制，创新经营机制，规范运行管理，分离林场办社会职能，妥善解决历史遗留问题，稳步提高职工收入，实现社会保障全覆盖，使森林资源得到有效保护和发展，林场生态和社会功能明显增强。

5. 开展多种经营，提升林业产业

加快国有林场改革步伐，切实保障林业职工基本利益。围绕培育森林资源，走集约经营之路，是国有林场摆脱困境的必由之路。要加快国有林场改革步伐，对于公益类林场应予以政策、技术和财税等方面的大力扶持，切实保障林业职工基本利益，使其能够安心工作。

积极引进吸收林业科技新成果，推广林木良种繁育技术，提高国有林场中的科技含量，促进科技成果向现实生产力的转化，真正发挥国有林场在林业生产中的骨干和示范作用。增加造林树种的多样性，尤其是各地原有乡土树种的栽培研究；林木良种繁育体系；制定林业技术标准。此外，要积极开展衰老林分的改造，改变以往的造林模式，合理选择树种，营造速生丰产树种，提高单位林地效益及投入产出比。

同时，国有林场在坚持以林业为基础、保障公益林质量的前提下，积极拓展林业经济。利用林场的资源优势，积极发展林农、林果、林牧、林菌、林渔等复合经营；各林场还可根据当地的经济发展状况及林场的交通条件，适当搞综合利用，兴办服务实体，生产高附加值产品；也可以通过发展旅游业，搞活经济等。

6. 加大宣传力度，提高人们对森林作用的认识

新型城镇化、新型工业化与农业现代化的"三化协调"离不开森林的发展。新型城镇化需要城市森林发挥生态效益，提供人类宜居环境；新型工业化

代表着无污染高效的循环经济模式，森林生态系统的食物链结构为新型工业化提供了变废为宝、延长价值链、提高经济效益的借鉴和参考，森林资源本身就具有巨大的经济价值，并且是生态环保的，例如木材、纸浆、生物质能源、中药材、橡胶、化工原料、木本蔬菜、山野菜、矿泉水、生态旅游等；现代农业要求生产出高效、无污染、无公害的优质粮食和食品，而林业保障体系的建立本身就起到了重要的作用，可以为生产优质农产品提供保障。从大农学门类来说，农业的现代化也包括林业的现代化，林业的快速发展本身就是对农业现代化的贡献。

7. 规划先行，分区治理水土流失

根据淮河流域各区水土流失和生态环境与经济发展特点，分区制定水土保持对策（图41）。

1）沂蒙山区。为石质和土石低山丘陵区。该区为淮河流域侵蚀最严重区，主要发生在坡耕地、坡式梯田、荒坡和植被稀疏的林地，面蚀、沟蚀为主。应以坡改梯基本农田建设，修建蓄水工程、营造水土保持林和经济林为主。

2）伏牛山区。石质山区，山高坡陡，植被破坏严重；豫西黄土丘陵面蚀、沟蚀严重。应以封山育林、陡坡退耕还林、发展经济林为主。

3）桐柏山、大别山区。中低山石质山区侵蚀轻微；土石低山丘陵区，陡坡毁林开荒严重，面蚀、沟蚀为主，局部崩塌，泥石流时有发生。应以建设基本农田，发展林粮间作，促陡坡退耕，改善环境为主。

4）江淮丘陵区。地形坡度较缓，植被覆盖率低，侵蚀分布广，治理薄弱。以靠近大中城市为优势，发展水土保持综合经营管理。

5）淮海丘陵区。属沂蒙山延伸带，孤立丘陵零星分布，耕地面积大，部分石灰岩裸露面积大，矿区弃土弃渣量大，认为导致的新的水土流失问题突出。应以合理再利用矿区弃土弃渣量，遏制开发建设项目导致的新增水土流失问题为主。

6）黄淮平原区。为淮河流域主要粮食、棉花和油料产区。属于水蚀、风蚀复合地带，兼有洪涝盐碱灾害，应以建设防护林，发展经济林果，整治土地，改善土地质量，建设高效益农业和综合经营为主。

（三）维护湿地生态系统健康，可持续利用湿地资源

淮河流域湿地保育总的原则和目标是，恢复湿地生态系统结构和功能的完整性，维护湿地生态系统健康，在此基础上，可持续利用湿地资源，为人类生活和经济社会发展服务。具体保育对策如下。

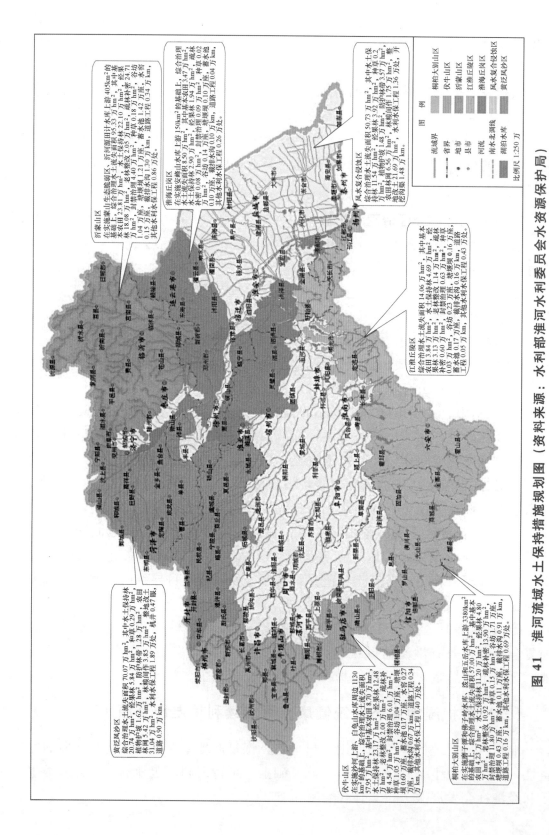

图 41 淮河流域水土保持措施规划图（资料来源：水利部淮河水利委员会水资源保护局）

1. 建立和完善湿地生态功能保护区

淮河流域人口稠密，经济又相对落后，协调好淮河流域湿地生态保护和社会经济可持续发展是建设生态文明的基础工作。因此要求在流域尺度上，结合现有的水生态功能区划、水资源分区等研究，进行淮河流域湿地生态功能区划研究，建立湿地生态功能保护区。

以恢复湿地生态系统结构和功能，缓解洪涝、干旱威胁，发挥湿地生态效益为目标，依据生态系统完整性原则，建立流域湿地生态功能保护区体系，实现水生态保育、水生态调控和水生态服务功能。淮河干流、二级支流及泄洪区为水生态调控区，南四湖以及洪泽湖、高邮湖、女山湖、沱湖、瓦铺湖、八里河等湖泊、上游三级支流为水生态保育区，泄洪区、沉陷区湿地为生态服务功能区。

流域干支流源头、水源涵养区域和集中式水源地饮用水保护区等禁止开发或限制开发区域重点做好水源涵养、水土保持、自然资源保护等工作，实施水源涵养林保育和水土保持相结合的综合治理工程，严格控制在饮用水水源地等生态敏感区域发展畜禽和水产养殖。

各级政府以及地方各级财政，应为实施湿地生态功能保护体系多种途径筹措资金，设立"湿地保护专项资金"，从而保证湿地保护区、湿地公园及湿地保护小区的资金来源制度化。同时，要加强对已建湿地保护区、湿地公园及湿地保护小区的建设，最大限度地发挥其保护功能。在充分发挥湿地生态系统的功能和效益的同时，以湿地自然保护区、湿地公园及湿地保护小区为平台，使之成为科研、科普宣传教育基地。

2. 加强专业渔民的转产转业方面的政策扶持

淮河流域各大湖、水库区等有不少靠打鱼为生的渔民，渔民吃住皆在湿地水上，形成的生活垃圾、生产垃圾对湿地环境造成了一定的污染。从湿地的环境保护的角度来讲，需要减少人类活动对其不良影响，要求渔民从湿地搬迁出来。这就意味着渔民失去了生活场所和赖以为生的生存手段。因此，湿地资源保护过程中，要兼顾渔民与湿地两方面，进行长期规划，一方面尽量减少人类活动对环境造成的污染，另一方面要使这些专业渔民学会其他的谋生手段，使其可以离开湿地水面，上岸生活。这些需要各级政府部门的共同努力才能完成。

3. 加强湿地研究的科技和资金支持

专项人员和资金缺乏制约了湿地资源保护的力度。各级政府应投入更多的人员、资金及项目，建立湿地定期调查和动态保护体系，增加技术含量，科学有效地实现对湿地资源及环境的保护。完善科研机构和生态监测体系，才能对一些重要物种的种群动态、生物学特性进行深入研究，为湿地保护管理提供充足的科学依据。加强基础设施建设，建立基层保护站点。只有基础设施健全，保护管理体系完善，才能更好地协调管理和利用监督体制。

4. 开展湿地恢复和水污染防治

在重点湖、库和重点河流入湖、库口建设生态湖滨带和前置库等生态修复工程，选择适宜的地区进行生态屏障建设。种植有利于净化水体的植物，提高水体自净能力。对主要入湖、库河流，要逐条进行综合治理，逐步恢复生态功能。

全面治理畜禽养殖污染，严格控制畜禽养殖规模，鼓励养殖方式由散养向规模化养殖转化。湖库周围要划定畜禽禁养区，禁养区内不得新建畜禽养殖场。

5. 充分利用湿地资源，发挥湿地生态效益

淮河流域湿地资源丰富，通过合理利用湿地资源发挥湿地生态服务功能。合理规划湖泊、泄洪区洼地、河道等湿地资源，通过建立湿地公园，开展生态旅游等途径，促进地方经济发展。

对于两淮地区的大面积采煤沉陷区湿地，可通过建立湿地公园、发展生态养殖等，发挥经济效益；通过湿地重构和水系调整，建设人工水库，发挥大型人工湿地在水资源、水生态、水环境，以及区域小气候调节方面的生态服务功能。

6. 加强湿地保护的科普教育

提高全民湿地保护意识，特别是提高各级领导和湿地及湿地保护区周边群众的湿地保护意识。要充分利用各种媒体，采取多种渠道，结合"世界湿地日""植树节""爱鸟周"等特殊节日，采取形式多样和群众喜闻乐见的宣传方式，如科普讲座、制作专题片、环保志愿者等活动，广泛宣传保护湿地的重要意义。在中小学教材中增加湿地保护与利用方面的知识，让社会公众了解湿地、认识湿地、爱护湿地，提高湿地保护意识，使湿地保护与利用逐渐步入健康有序发展的轨道。

7. 建立湿地生态补偿机制

淮河流域湿地资源丰富，但是近些年自然湿地遭到侵占，缩减严重。湿地在国家土地规划中不是专门的土地类型，被列为"未利用地"。一些地方肆意占用滩涂湿地，加速了湿地的萎缩。建议将湿地单独列出为一种土地类型，即"生态用地"，予以保护并尽快建立湿地生态效益补偿制度。加强流域层面的补

偿机制研究，正确处理流域上、下游之间的关系，对湿地保护将产生重要影响，也将极大地改善淮河流域重要生态区域生态保护与建设投入严重不足的问题。

（四）加大城镇绿化建设，建设美丽淮河流域

随着国家中原经济区的崛起，随着淮河流域的社会经济发展，城镇化成为趋势。为减缓因城镇化而减少的绿地，包括农田、林地和湿地等，应该加强城镇绿地布局，加大绿化建设面积，使其发挥美化环境、调节气候、增加生物多样性的功能，朝着生态城市、可持续城市方向发展，建设美好城乡和美丽淮河流域。

城镇绿化建设应围绕生态建设，突出地区绿化特色的思路开展。既要加快城镇绿地建设，提高城镇绿化指标，又要高标准规划建绿，建设绿化精品。绿化系统总体布局，充分考虑城镇总体布局及山、湖、河、路的自然资源与空间结构，因地制宜、因势利导。

城镇绿化建设不仅要考虑景观视觉美感，更要重视绿化设计的生态功能，重视乡土植物物种的利用，依据植物物种的生态、环境和景观功能设计绿化方案。在设计绿化方案时，根据不同区域对造氧、遮阳、除尘、降噪、吸收废气、保持水土、增加湿度等方面的功效需求，选择和配置植物物种，增强植物的生态服务功效。同时，考虑到土地资源集约利用，应鼓励立体绿化，多渠道拓展城市绿化空间，积极推广屋顶和垂直面绿化，强化建筑群立体平台和立交桥护栏绿化，增加城市绿量。

（五）推广各地较好的模式，增加生态保育成效

淮河流域有较好的生态资源，但也面临着巨大的发展与环境保护压力，为了流域的可持续发展，应当有效地利用好这些资源，促进经济发展的同时也保护好生态环境，近些年，流域内各级政府及相关部门也开展了积极的探索和实践，取得了较好的经验，各地涌现出了许多符合流域实际状况的"生态效益、经济效益和社会效益"兼顾的发展模式，如山东的水系生态建设、江苏的湿地保护小区建设、安徽的塌陷湿地治理与利用、河南的林下经济发展等，值得广泛推广。建议国家制定相关的政策，扶持这些高效模式在各地的推广。例如，荒山造林和利用方面，可以借鉴的模式有"民间资本发展荒山高效生态园模式""工程造林模式""集资造林模式"与"全民义务植树模式""经济林主导模式"；湿地资源利用与湿地保护可以借鉴的模式有"湿地公园模式""湿地自然保护区模式""湿地保护小区模式""退田还湿模式""建设城市湿地公园模

式""企业投资发展多种经营模式""建设平原水库模式""水系生态建设模式"等；平原及丘陵林区则可以借鉴"农林复合经营模式"、矿山开采和矿山生态修复则可以借鉴"企业投资建设公园式绿色矿山模式"。

（六）增强基层生态保育能力，提高生态文明理念

1. 加强基层工作队伍建设

一方面，按照生态保育工作需求，增加基层工作人员编制，避免"一人多职"的情况；另一方面，充分利用科技进步和高素质人才资源，定期举办相关知识培训，提高基层工作人员的知识和工作技能。此外，定期对技术人员进行考核，促进其知识技能和生态保育实际工作能力的提高；同时，还应通过提高基层及技术人员的待遇，留住人才。

2. 增加生态保育基础设施建设

通过实施一些生态工程，完善重点地区和生态脆弱地区的生态保育基础设施建设，例如，在重要湿地和重点林区建设生态监测站，在水土流失风险较高的地区建设水保监测站。

3. 提高基层生态保育工作人员和民众的生态文明理念

首先，要加强生态文明的制度建设。要把资源消耗、环境损害、生态效益纳入经济社会发展评价体系，建立体现生态文明要求的目标体系、考核办法、奖惩机制。加强环境监管，健全生态环境保护责任追究制度和环境损害赔偿制度。其次，要加强生态文明宣传教育，增强全民节约意识、环保意识、生态意识，形成合理消费的社会风尚，营造爱护生态环境的良好风气。为了进一步提高公众参与环保与生态建设的积极性和生态文明意识，应依托主流媒体大力宣传生态文明理念，引导全社会各阶层转变传统的发展思维以及生产、生活、消费方式，在全社会形成人人崇尚自然、尊重自然，保护自然，真正与自然和谐相处的社会文明风尚。同时，积极创新环保公众参与机制，全力推动公众积极参与环保公益事业。通过制度完善和理念推广，逐渐使淮河流域地区生态系统步入良性循环，建立资源节约型和环境友好型社会，建成生态文明示范区。

（七）加强生态保育工作的部门协调和监管

要加强与生态保育工作相关的各部门之间的协调，明确环保、城建、林业、农业、水利、国土等部门在生态保育方面的权力和职责，良性实施监督监管工作。同时，建议提高淮委在流域管理中的作用，通过建立全流域综合管理

机构负责全流域的防洪防灾、生态环境保护、水资源管理，协调流域管理机构和环保、林业等部门，并加强省份间的交流和合作。

1. 坚持规划先行，建立生态建设统筹有序发展机制

要成立以某个部门牵头，由发改、环保、城建、林业、农业、水利、国土、旅游等有关部门和聘请有关专家参加的生态规划委员会，从实际出发，依托地域、自然、人文等资源优势，正确把握区域经济发展与生态功能区划的关系，以人与自然和谐发展为主线，以持续快速发展为主题，以实现生态建设与经济发展"双赢"和提高人民群众生活质量为根本出发点，以科技、体制、管理三大创新为动力，坚持整体规划与区域规划统筹协调，高起点、高标准、前瞻性、科学地编制具有区域特色、定位鲜明的生态城市建设规划。要将规划的实施纳入规范化和法制化轨道，采取有效措施，切实加强规划管理和执行监督。

2. 加强生态类建设项目环境管理

大型开发建设项目必须有生态和环保部门的评估、批复，以加强对湿地和森林的保护和监管。一是要求所有生态类项目必须办理环评审批手续，否则不许开工建设，建设项目环评率保持在100％。二是严格执行建设项目"三同时"制度，实行网格化管理制度。按照区域范围划定污染源，确定环境监管责任人，进一步明确管理职责，实行精细化管理，彻底解决污染源管理不到位、职责不清的问题。三是严厉打击违法排污行为，切实加强对污染源的监管。加大对违法企业的处罚力度，一次超标排放的予以重罚，二次超标排放实施停产整顿，三次超标排放予以关闭取缔。四是根据《建设项目竣工环境保护验收管理办法》（2001年国家环境保护总局令第13号）有关规定，生态类建设项目竣工后，建设单位应当向有审批权的环境保护行政主管部门申请该建设项目竣工环境保护验收，并提交环境保护验收调查报告表。生态类建设项目竣工环境保护验收申请报告未经批准的建设项目，不得正式投入生产或者使用。

3. 制定生态保育和生态建设相关标准

随着经济的发展和社会的进步，各地也陆续制定了生态保育措施，开展了一些生态建设，但是，由于目前在生态保育以及生态建设方面没有统一的完整的标准，所以各地在实施过程中，标准各异，使得工程总体质量不高，不利于进一步的管理和保护。建议国家研究制定生态保育和生态建设的相关标准体系，并将一些指标定量化。各地区严格按照标准开展生态建设，评估生态保育成效，并将生态保育和生态建设成效评估纳入地方政绩考核指标体系。

五、淮河流域生态保育政策保障

（一）划定生态用地红线，以确保美丽淮河

淮河流域经济发展任务较重，各种开发建设活动对生态环境的压力加大。淮河流域部分地区还存在森林破坏、水土流失、湿地萎缩等问题，一些重要生态功能区的生态功能仍在退化，如果不加以遏制，将影响淮河流域经济社会可持续发展和国家生态安全。未来几年甚至几十年，伴随着淮河流域经济发展，资源消耗和人为活动干扰对生态环境的压力将不断加大，部分生态脆弱地区可能产生新的生态破坏。为了从根本上扭转生态环境恶化的趋势，综合考虑淮河流域各地区的生态特征、主要生态功能、生态脆弱性以及生态建设需求，在不太影响地方经济社会发展的前提下，科学测算"生态用地"指标，划定"生态用地"红线，在保障该红线的基础上，进行流域土地利用规划和经济社会发展规划，针对不同的生态功能区（红线区），制定不同的保护管理方案；研究重要生态功能区（红线区）生态转移支付制度，确保地区经济和社会发展，也为建设美丽淮河创造更好的生态条件。

1. 上游山丘区和沿淮及南水北调东线沿线洼地纳入红线区

淮河流域上游山丘区，尤其是沂蒙山区和西北部的伏牛山丘区，立地条件较差，地区土层浅薄，岩石裸露，自然植被覆盖状况较差，造林投入大、存活率较低，存在较大的水土流失风险，加上地区经济较为落后，开发建设项目、坡地耕种等都会加剧水土流失，上游地区水土流失导致土层变薄，土壤蓄水能力降低，增加了山洪发生的频率和洪峰流量，直接造成中下游地区的洪、旱灾害。如果上游山丘区森林覆盖率高，在降雨发生时，通过茂密的林草植被的截留、吸收和土壤下渗，使得森林生态系统能够在时空上对降水进行再分配，对河流的水量补给起积极的调节作用。森林覆盖率增加，地表径流减少，地下径流增加，不仅能消除或缓解中下游地区洪涝灾害，而且使得河流在枯水期也不断有补给水源，增加了干旱季节河流的流量，使河水流量保持相对稳定。因此，上游山丘区的植被保护、水土流失的有效遏制，对整个流域而言都十分重要，只有上游山丘区生态环境得到较好的保护，才能保障整个流域的生态安全。所以，需要在上游山丘区划定生态红线，进行水土流失脆弱性和风险等级划分，将脆弱区、高风险区域划入生态红线保护起来，在这些区域实施退耕还林还草和水土流失治理工程，建设水源涵养林，以提升水土保持功能，调节和

改善水源、流量和水质。

对于沿淮低洼地区，由于地理地貌条件的特殊性，存在较大的洪涝风险和旱灾风险，淮河干流及主要支流两岸建立了不少蓄滞洪区，其主要生态功能就是蓄洪滞洪，调节水资源和保护水质，然而，由于人口稠密，地区贫穷，存在"人水争地"现象，许多蓄滞洪区都被开发进行农业生产等，洪水发生时造成较大的经济损失，这又加重了地区的贫困。因此，有必要在沿淮低洼地区划定生态红线区，限制或禁止粮食性农业生产，以保障淮河水系的水文安全。

南水北调东线沿线地区的重要生态功能就是保障南水北运的水质安全，因此，该区域也应围绕几个重要的湖泊和河流（南水北调东线）沿线，建立几级缓冲区，将核心区划定为生态红线区，以减少农业面源污染和工业生产污染等对北运水质的破坏。

因此，在上述重点生态红线区，应当限制污染工业或者对水土保持、植被保护产生破坏作用的工业生产，流域未来工业发展的重点应主要控制在中部平原和低山丘陵区、东部平原区等，并且要根据各地区的生态环境状况，划定区域级别的生态红线，在红线区以外发展生产，保护区域生态环境。

2. 生物多样性丰富的地区划入生态红线

优先保护生物多样性丰富的山地林区、海岸珍稀植物物种生境、湿地及河流滨岸带等，对已有的重要森林公园、地质公园、风景名胜区、湿地公园、河流滨岸缓冲带等，划入生态红线加以保护，以保护流域生物多样性，提升重点保护区生态服务功能。

3. 科学规划，认真落实，建设美丽淮河、富裕淮河

在流域重要生态功能区得到保护的大前提下，各部门共同制定生态红线管制要求，将生态功能保护和恢复任务落实到地块，形成"点上开发、面上保护"的区域发展空间结构。研究出台生态红线划定技术规范，制定生态红线管理办法。通过科学规划，严格落实，在保障生态红线区域各项主要生态功能的同时，因地制宜地制定经济发展产业和目标，推动地区经济发展，引导群众脱贫致富。

（二）建立健全生态补偿政策机制，确保生态保育资金投入

生态补偿是平衡生态保护相关主体利益关系的经济手段，也是生态扶贫战略的重要组成部分，是生态屏障区从生态保护和生态改善中直接获益的保障，更是包容性发展的基本要求。作为周边区域分享良好生态服务的回馈，生态屏

障地区应该得到补偿，也是对这些地区生态治理的支持。通过建立不同层面的生态补偿机制，生态屏障地区可以获得外部经济支持，进一步推进生态环境的改善，更好地实现包容性发展。中国的生态补偿机制还处在起步阶段，以中央财政投入为主，象征性地对生态区位重要的森林、草地和湿地等进行补助，还需要进一步发展。

在可持续发展的大背景下，流域生态环境保护与区域经济发展的矛盾凸显出构建跨省流域生态补偿机制的重要性。按照"谁开发谁保护、谁破坏谁治理、谁受益谁补偿"的原则，建立下游地区对上游地区、开发地区对保护地区、受益地区对受损地区、城市对乡村、富裕省份对贫困省份的生态补偿机制，以平衡各方利益。通过建设成本和机会成本，评估提供流域生态服务的成本，探讨流域生态功能的价值评估方法，确立流域生态补偿标准确定的依据，建立流域生态补偿机制。

综合运用政府补助和市场机制，建立多元化的生态补偿资金渠道。加强流域生态补偿的法制保障研究，适时立法，使流域生态补偿的实施法制化、规范化。

1. 将淮河流域纳入国家生态补偿试点区域

党的十八大报告中提出要建立生态补偿制度。深化资源性产品价格和税费改革，建立反映市场供求和资源稀缺程度、体现生态价值和代际补偿的资源有偿使用制度和生态补偿制度。积极开展节约能源、碳排放权、排污权、水权交易试点。加强环境监管，健全生态环境保护责任追究制度和环境损害赔偿制度。

由于淮河流域地位的特殊性和代表性，本研究建议在淮河流域开展生态湿地、自然保护区生态补偿试点，建立较为完善的生态补偿机制。为此，建议国家尽快出台《生态补偿条例》，在充分调研的基础上，因地制宜地制定补偿标准；提高生态公益林补偿标准的同时，建立湿地、自然保护区和煤矿塌陷区生态补偿机制，并将淮河流域作为生态补偿试点地区，进一步探索制定淮河流域生态公益林赎买政策。

2. 尽快建立和完善林业生态补偿机制

国家林业局原局长贾治邦在提出现代林业建设的总体设想上，强调作为推进现代林业建设的一个配套措施，要求积极探索森林生态效益的多种补偿途径，逐步建立各级政府投入和市场补偿相结合的补偿机制。目前，我国大部分地区林农得到的国家生态补偿每亩只有10元（江苏等地由于地方政府提供配套补偿资金，能达到每亩几十元）。现有的公益林补偿标准，相比商品林的市场价值，差别较大，由此造成的公益林管护问题，在淮河流域地区较为突出。重点公益林国家有补偿，但标准偏低，而对一般公益林和防护林国家尚没有相应的补偿机制。

平原农田林网建设不仅提高了平原地区整体生态效益，更是地方群众生存安全的根本保障。但就局部而言，由于市场价格波动，林粮比价倒转，加之林木对农作物的影响，林农造林护林积极性较低。因此，应尽快建立对一般农田林网林农的补助机制，创造"农"和"林"收益平衡的态势，积极引导和调动其造林积极性，促进生态公益林建设；加大造林后期抚育资金的投入，巩固造林成果。

因此，需要建立健全林业生态补偿法制，依法进行补偿，以调节各方利益，共同促进淮河流域生态环境建设和可持续发展，保障流域生态公益林建设。

3. 完善湿地保育的生态补偿机制

湿地生态补偿的核心问题是要让湿地保护的责任主体得到经济补偿，维护老百姓基本的生态权和发展权，维护老百姓基本生活，调动积极性，达到保护好湿地生态环境的目的。结合淮河流域湿地生态保护的实际情况，淮河流域湿地生态保护补偿应包括 3 个方面：一是以保护湿地所付出的努力，主要为湿地监控、湿地管护设施设备、湿地环境治理等项目投资；二是以湿地生态保护所丧失的发展机会成本，主要为限制农民农牧渔业生产和产业发展的损失；三是为进一步改善湿地生态而进行的延伸性投入，应由湿地生态保护面积的大小而引起的经济发展水平差距给予进一步的补偿。

湿地周边地区的百姓靠湖吃湖，目前对湿地资源依赖的生存方式很难一下子改变，湿地保护政策出台和实施后，湿地保护将严重影响湿地区域群众的生产生活条件，渔业、牧业和养殖业等传统产业发展受到限制，当地农民失去了赖以生存的生产生活资料，经济收入将会降到贫困线以下。为了保护好湿地，经济发展受到极大限制，人民群众生活水平较低，而县级财政状况又十分有限，湿地保护与地方政府财政支持有限性之间的矛盾十分突出。特别是由于难以找到既有利于保护湿地又有利于脱贫致富的门路，严重影响湿地区域农民主动参与湿地保护的积极性和自觉性。为切实解决湿地区域群众的生产生活问题，切实解决湿地保护和改善湿地区域群众生活条件矛盾，急需给予湿地区域群众生存补偿。其补偿需求主要体现在以下方面：①因湿地保护而失去生产生活条件的沿湖湿地区域的农民补偿。②湿地区域群众居住环境改善的基础设施建设补偿。③湿地区域乡村公益事业建设的资金补偿。④为调动保护湿地积极性，对保护湿地有贡献和守法群众的奖励补偿。⑤解决湿地区域农民再就业的技能培训补偿。⑥发展提升产业结构的产业转移资金补偿。⑦保护湿地管理、管护费用补偿。⑧湿地保护恢复资金补偿。

4. 建立流域上、下游协调补偿机制

淮河流域作为跨省流域，建议流域上下游之间的协调和生态补偿机制由国家来制定、实施和监督，以确保公平公正。加强对跨省流域生态补偿机制的研究，建立跨省流域生态补偿机制一方面可以理顺流域上下游不同省份间的生态关系与利益关系，妥善解决水生态与环境效益的外部性问题，促进流域上下游地区协调发展；另一方面，可以保障流域范围内的社会公平，维护不同省份间人们生存权与发展权的平衡，推进社会主义和谐社会的构建。

淮河流域上游的林业生态建设为下游提供了生态服务，应该通过国家转移支付的方式进行重点补偿。补偿的范围主要包括上游地区涵养水源、环境污染综合整治、农业非点源污染治理、城镇污水处理设施建设、修建水利设施，以及进一步改善流域水质和水量而新建流域水环境保护设施、水利设施、新上环境污染综合整治项目等方面投资和节水的投入、移民安置的投入；上游地区为水质水量达标和南水北调工程所丧失的发展机会的损失以及限制产业发展的损失等。例如安徽合肥的饮用水源地是六安的大别山区森林涵养水源的水库，然而合肥只是象征性地给六安以补偿，补偿标准过低。淮河下游经济发达地区应该补偿上游地区提供生态服务的林业建设，以形成良性循环。为更好地保护生态资源，扶持上游生态功能区市县经济的发展和提高当地人民生活水平，应建立流域水量补偿机制，即由下游区域对上游地区予以生态补偿，以利于上游人民从源头保护生态。当然，如果上游工业和生活污染了水源给下游造成损失的，也应该由上游污染企业给下游居民以补偿，只有这样才能形成良性循环。应建立排污权交易机制，加快排污权交易平台建设，明确交易付费机制；运用排污权交易机制来推进流域经济平衡发展；建立更完善的排污权有偿使用和交易制度。严格制定和实施出境断面检测制度，超标则上游需给下游补偿；如果水质保护较好，则下游应该对上游支付一定的补偿。

5. 完善生态补偿形式，扩充生态补偿资金来源渠道

生态补偿应该在以往全国统一的基础上进行改革，视地区实际情况而异：通过多种形式的补偿，如资金支持、项目支持、科技扶持、政策支持等，尤其是在贫困地区，建议增加一些生态保育资金和项目支持。例如，通过开征下游生态资源费以补偿上游生态建设，通过开征上游企业环境污染费以补偿下游居民来改善环境，通过开征下游企业环境污染费以补偿国家进行环境治理费等。

（三）在国家层面考虑淮河流域湿地保育的法规政策

1. 制定并实施"国家湿地保护法规"

国家湿地保护法规，从很早以前就已在讨论酝酿，但是因为种种原因迟迟没有颁布，建议国家尽快制定国家湿地保护法规，在国家层面和高度上对湿地进行保护。而纳入国民经济发展规划后，湿地的保护从政策，经济，社会各方面都有了强有力的支持。

湿地目前在土地类型划分里面是未利用地，这种分类对湿地的保护很不利，很多工程项目需要占地，指标难以满足时，受到侵占的大部分是未利用地的湿地，对湿地造成了极大的破坏，建议国土部门尽快修改湿地的类型定义，从"未利用地"，改为"生态用地"，予以保护。

2. 将沉陷区湿地纳入国家水生态功能区重点湿地

淮河流域中段的两淮高潜水采煤沉陷区，最终将形成1000多平方千米的沉陷区湿地，面积超过四大淡水湖泊之一的巢湖，使得两淮地区大量耕地丧失。如何发挥这一巨大人工湿地的生态和经济效益，是一个必须认真长远思考的问题。两淮地区总的来说还是水资源匮乏地区，降水偏少，为半干旱地区。此外，这一区域还是行蓄洪区集中的区域。建议国家针对这一区域，从区域发展战略考虑，因势利导地发挥这一区域在消减洪涝灾害、水资源赋存、区域气候调节、水生态安全方面的重要地位，将沉陷区湿地纳入国家水生态功能区重点湿地进行建设和管理。

3. 建议国家批准实施"引江济淮工程"

由于淮河流域水资源短缺，跨流域调水势在必行。淮河流域的跨流域调水工程包括江苏省的引江工程、河南省与山东省的引黄工程及正在建设的南水北调东线及中线工程。南水北调东线工程位于淮北地区东侧，南水北调中线工程位于淮北地区西侧，引黄工程位于淮北地区北侧沿黄河地区，江苏省引江工程位于引江济淮工程供水范围以东。可见，淮河流域现有的及在建的跨流域调水工程基本均在引江济淮工程的规划供水范围之外。目前正在实施的南水北调中线和东线工程，对于改善沿线受水区的生态环境具有重要意义。江苏省启动引江工程，可改善苏北受水区的生态环境。

淮河流域安徽省沿淮区域内淮北地区及豫东平原部分地区水资源短缺，且与淮河流域现有跨流域调水工程（图42）及在建跨流域调水工程供水范围基本不重合，经济社会发展以开发利用当地水资源为主，同时，该区域也是淮河流域重要的能源基地、煤化工基地及商品粮生产基地，经济发展势头强劲。随着该区域经济社会的进一步发展，依靠当地水资源支撑经济社会的发展将难以为继。为推动区域经济社会发展，提高淮河中游地区供水安全保障程度，改善淮河水系生态环境，缓解巢湖水污染压力，实现区域经济社会的可持续发展与水资源的可持续利用，建议国家批准实施"引江济淮工程"（图43）。

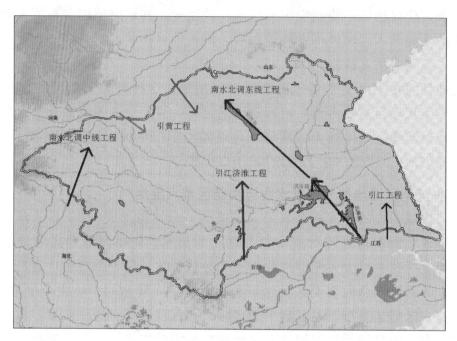

图42　淮河流域跨流域调水工程

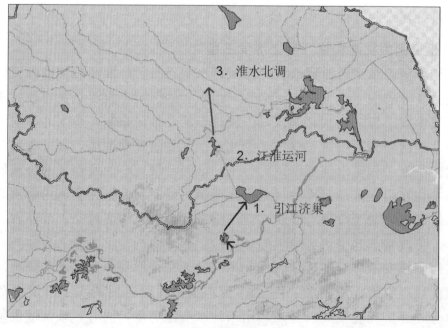

图43　引江济淮工程

4. 建议国家批准扩展淮河入海通道

新中国成立后，淮河下游先后建设了淮河洪水入江入海的四大通道：入江水道、苏北灌溉总渠、分淮入沂河道以及淮河入海水道，对减轻淮河上中游地区的防洪压力和确保淮河下游地区 2000 多万人口、3000 万亩耕地的防洪安全，发挥着重要的作用。按照蓄泄兼筹的治淮方针，已经初步形成了淮河流域防御洪水的工程体系，但是入海水道的排泄问题始终没有得到很好解决。为保证淮河下游长治久安，急需拓宽淮河入海通道，可集中全力在苏北总灌渠和现有入海水道之间挖出一条新的河道，将入海通道的总宽度拓宽到 1000m 左右，保证 100 年一遇的洪水顺利入海，这是治理淮河和改变淮河下游多年来困扰区域发展的关键。

5. 加大对行蓄洪区生态功能区建设的支持

淮河流域行蓄洪区是淮河防洪体系的重要组成部分，同时又是近 200 万群众的生产生活基地。淮河流域共有行蓄洪区 28 处，面积为 3903km²，蓄洪容量 149 亿 m³。行蓄洪区是一类特殊类型的湿地，在区域安全中发挥重要作用。

蓄滞洪区有淮河干流的濛洼、城西湖、城东湖、瓦埠湖蓄洪区；淮北支流洪汝河的杨庄、老王坡、蛟停湖，沙颍河的泥河洼，奎濉河的老汪湖滞洪区；沂沭泗河水系的黄墩湖滞洪区。蓄洪区的作用主要是蓄滞河道洪量，削减洪峰，减轻洪水河道两岸堤防和下游的洪水压力。淮干中游的濛洼、城西湖、城东湖、瓦埠湖 4 个蓄洪区蓄洪库洪 65.6 亿 m³，可滞蓄的洪量约占正阳关 30 天洪水总量的 20%，对淮河干流蓄洪削峰作用十分明显。

行洪区集中在淮河干流的南润段、邱家湖、姜家湖、鲍集圩等 18 处，除鲍集圩属江苏省外，其他均属安徽省，共计面积 1252.3km²，耕地 8.16 万 hm²，人口 52 万人。行洪区是淮河干流泄洪通道的一部分，其作用主要是在河道泄洪能力不足时用于扩大淮河的泄洪断面，增加泄洪能力，在设计条件下如能充分运用，可分泄淮河干流相应河段河道设计流量的 20%~40%。

目前，淮河流域行蓄洪区主要通过"围起来、抬起来"的方式抵御洪水灾害。每当洪水来临时，损失巨大。这些区域在确保流域生态安全中作出巨大的贡献，但当地居民的生活水平普遍较低。因此，建议国家加大对行蓄洪生态功能区和生态文明示范区建设的支持，建立"淮河流域行蓄洪区生态经济特区"，针对这一区域独特的生态功能和社会经济特征，开展生态、社会、经济发展专项规划，将行蓄洪区的"水害"化为"水利"，给予特殊的经济和政策支持，帮助这些地区脱贫致富，过上富裕生活。一是要制定行蓄洪区可持续发展规划，充分发挥行蓄洪区的生态功能，加大淮河调蓄洪国家级生态功能保护区建设力度，统筹协调行蓄洪区的生态建设、环境保护与社会经济可持续发展关系，建设生态文明示范区。二是要开展行蓄洪区的功能调整和产业结构调整，充分发挥生态服务功能。在保障防洪和农业生产基本功能的基础上，充分发挥行蓄洪区旅游、环境、景观、生态、文化等方面的服务功能，通过恢复自然湿地，建设湿地公园，发展生态养殖，开发生态旅游等途径，推进行蓄洪区的生态文明建设。

附表1　　　　　　　　　湖 泊 主 要 植 物 名 录

蕨类植物　Pteridophyta

中文名	学名（Scientific name）	沱湖	女山湖	城东湖	城西湖	瓦埠湖	淮南采煤塌陷区
苹科	Marsileaceae						
田字苹	*Marsilea quadrifolia*	√	√	√	√	√	
槐叶苹科	Salviniaceae						
槐叶苹	*Salvinia natans*		√				
满江红科	Azollaceae						
满江红	*Azolla imbricata*		√			√	

双子叶植物　Dicotyledoneae

中文名	学名（Scientific name）	沱湖	女山湖	城东湖	城西湖	瓦埠湖	淮南采煤塌陷区
杨柳科	Salicaceae						
旱柳	*Salix matsudana*	√	√	√	√	√	√
蓼科	Polygonum						
荭蓼	*Polygonum orientale*		√	√			
水蓼	*Polygonum hydropiper*	√	√	√	√	√	
西栖蓼	*Polygonum amphibium*		√				
杠板归	*Polygonum perfoliatum*	√	√				√
扁蓄	*Polygonum aviculare*		√	√	√	√	√
羊蹄	*Rumex japonicus*	√	√		√	√	
马齿苋科	Portulacaceae						
马齿苋	*Portulace oleracea*	√	√	√	√	√	√
石竹科	Caryophyllaceae						
牛繁缕	*Malachium aquaticum*		√	√			
苋科	Amaranthaceae						

续表

中文名	学名（Scientific name）	沱湖	女山湖	城东湖	城西湖	瓦埠湖	淮南采煤塌陷区
青葙	*Celosia argentea*	√	√		√	√	√
凹头苋	*Amaranthus lividus*	√	√	√	√		√
喜旱莲子草	*Alternanthera philoxeroides*	√	√	√	√	√	√
毛茛科	Ranunculaceae						
茴茴蒜	*Ranunculus chinensis*	√	√	√	√	√	√
石龙芮	*Ranunculus sceleratus*	√	√	√	√		
睡莲科	Nymphaeaceae						
莲	*Nelumbo mucifera*	√	√	√	√	√	
芡实	*Euryale ferox*			√	√	√	
金鱼藻科	Ceratophyllaceae						
金鱼藻	*Ceratophyllum demersum*	√	√		√	√	
五刺金鱼藻	*C. demersum var. quadrispinum*			√	√		
十字花科	Cruciferae						
荠菜	*Capsella bursa - pastoris*	√	√	√	√	√	
臭荠	*Coronopus didymus*	√	√				
球果蔊菜	*Rorippa globosa*		√				
蔷薇科	Rosaceae						
朝天委陵菜	*Potentilla supina*	√	√				
委陵菜	*Potentilla chinensis*	√	√				
豆科	Leguminosae						
野大豆	*Glycine soja*	√	√		√		√
小苜蓿	*Medicago minima*	√				√	
田皂角	*Aeschynomene indica*	√	√	√	√		√
鸡眼草	*Kummerowia striata*	√	√	√	√		√
酢浆草科	Oxalidaceae						
酢浆草	*Oxalis corniculata*	√	√	√	√	√	
牻牛儿科	Geraniaceae						
老鹳草	*Geranium wilfordii*	√					
堇菜科	Violaceae						

续表

中文名	学名（Scientific name）	沱湖	女山湖	城东湖	城西湖	瓦埠湖	淮南采煤塌陷区
紫花地丁	*Viola philippica*	√					
大戟科	Euphorbiaceae						
叶下珠	*Phyllanthus urinaria*	√	√	√	√	√	
锦葵科	Malvaceae						
苘麻	*Abutilon theophrasti*	√	√	√	√	√	√
葫芦科	Cucurbitaceae						
合子草	*Actinostemma tenerum*						√
千屈菜科	Lythraceae						
节节菜	*Rotala indica*	√	√	√		√	
耳基水苋菜	*Ammannia arenaria*	√	√	√	√		
菱科	Trapaceae						
细果野菱	*Trpa maximowiczii*	√					
野菱	*Trpa incisa*	√	√	√	√	√	
丘角菱	*Trpa japonica*	√			√		
乌菱	*Trpa bicornis*				√		
菱	*Trpa bispinosa*	√	√	√	√	√	
四角菱	*Trpa quadrispinosa*	√	√	√	√	√	
柳叶菜科	Onagraceae						
丁香蓼	*Ludwigia prostrata*	√	√	√	√	√	√
小二仙草科	Haloragidaceae						
聚草	*Myriophyllum spicatum*	√	√	√	√	√	
睡菜科	Menyanthaceae						
莕菜	*Nymphoides peltata*	√	√	√	√	√	
旋花科	Convolvulaceae						
打碗花	*Calystegia hederacea*	√	√	√	√	√	
唇形科	Labiatae						
益母草	*Leonurus japonicus*	√	√	√	√	√	√
紫草科	Boraginaceae						
附地菜	*Trigonotis peduncularis*	√	√	√	√	√	√

续表

中文名	学名（Scientific name）	沱湖	女山湖	城东湖	城西湖	瓦埠湖	淮南采煤塌陷区
茄科	Solanaceae						
酸浆	*Physalis alkekengi*	√	√	√	√	√	√
玄参科	Scrophulariaceae						
通泉草	*Mazus japonicus*	√	√	√	√	√	√
母草	*Lindernia crustacea*		√		√		
北水苦荬	*Veronica anagalis - aquatica*	√	√				
桔梗科	Campanulaceae						
半边莲	*Lobelia chinensis*	√	√	√	√	√	
菊科	Compositae						
一年蓬	*Erigeron annuus*	√	√		√	√	√
马兰	*Kalimeris indica*	√	√		√	√	√
黄花蒿	*Artemisia annua*	√	√	√	√	√	√
野艾蒿	*Artemisia lavandulaefolia*	√	√	√	√	√	√
竹叶菊	*Tripolium vulgare*	√	√	√	√	√	√
醴肠	*Eclipta prostrata*	√	√	√	√	√	√
苍耳	*Xanthium sibiricum*	√	√	√	√	√	√
鼠曲草	*Gnaphalium affine*	√	√	√	√	√	

单子叶植物 Monocotyledonea

中文名	学名（Scientific name）	沱湖	女山湖	城东湖	城西湖	瓦埠湖	淮南采煤塌陷区
泽泻科	Alismataceae						
华夏慈姑	*Sagittaria trifolia*		√		√		
水鳖科	Hydrocharitaceae						
轮叶黑藻	*Hydrilla verticillata*	√	√	√	√	√	
水鳖	*Hydrocharis dubia*	√	√	√	√	√	
苦草	*Vallisineria spiralis*	√	√	√	√	√	
眼子菜科	Potamogetonaceae						
马来眼子菜	*Potamogeton malaianus*			√		√	
菹草	*Potamogeton crispus*	√	√	√	√	√	

续表

中文名	学名（Scientific name）	沱湖	女山湖	城东湖	城西湖	瓦埠湖	淮南采煤塌陷区
眼子菜	*Potamogeton didtinctus*	√					
篦齿眼子菜	*Potamogeton pectinatus*	√					
茨藻科	Najadaceae						
小茨藻	*Najas minor*				√		
雨久花科	Pontederiaceae						
雨久花	*Monochoria korsakowii*		√	√	√	√	
鸭舌草	*Monochoria vaginalis*		√	√			
鸭跖草科	Commelinaceae						
鸭跖草	*Commelina communis*	√	√				
谷精草科	Eriocaulaceae						
白药谷精	*Eriocaulon sieboldianum*		√	√	√	√	
禾本科	Gramineae						
白羊草	*Bothriochloa ischaemum*	√	√				√
菰	*Zizania caduciflora*	√	√	√	√	√	√
芦苇	*Phragmites australis*	√	√	√	√	√	√
千金子	*Leptochloa chinensis*	√	√		√	√	
光头稗	*Echinochloa colonum*	√	√	√	√	√	√
稗	*Echinochloa crusgalli*	√	√	√	√	√	√
狗牙根	*Cynodon dactylon*	√	√	√	√	√	√
马唐	*Digitaria sanguinalis*	√	√	√	√	√	√
狗尾草	*Setaria viridis*	√	√	√	√	√	√
鬼蜡烛	*Phleum paniculatum*	√	√	√	√	√	
梯牧草	*Phleum pratense*		√				
荩草	*Arthraxon hispidus*	√	√	√			
鼠尾栗	*Sporobolus fertilis*	√	√				
鹅观草	*Roegneria kamoji*	√	√				
双穗雀稗	*Paspalum districum*	√	√	√	√	√	√
天南星科	Araceae						
菖蒲	*Acorus calamus*	√	√	√		√	
浮萍科	Lemnaceae						
紫萍	*Spirodela polyrhiza*	√	√		√		

续表

中文名	学名（Scientific name）	沱湖	女山湖	城东湖	城西湖	瓦埠湖	淮南采煤塌陷区
浮萍	*Lemna minor*	√	√	√	√	√	√
香蒲科	Typhaceae						
香蒲	*Typh orientalis*	√	√	√	√	√	√
莎草科	Cyperaceae						
荆三棱	*Bolboschoenus yagara*		√		√		
水葱	*Schoenoplectus lacustris*		√				
水毛花	*Schoenoplectus mucronatus*		√		√		
萤蔺	*Schoenoplectus juncoides*		√				
高秆莎草	*Cyperus exaltatus*				√		
刺子莞	*Rhynchospora rubra*	√	√			√	
莎草	*Carex rotundus*	√	√	√	√		√
垂穗苔草	*Carex dimorpholepis*	√	√				
荸荠	*Eleocharis dulcis* var. *tuberosa*	√	√	√	√	√	
牛毛毡	*Eleocharis yokoscensis*	√	√		√	√	√

附表 2　　　　　　　　阜阳市重要湿地鸟类

物　　　种	居留型	地理型	生境	分布
一　鸊鷉目 Podicipediformes				
（一）鸊鷉科 Podicipedidae				
1　小鸊鷉 *Tachybaptus ruficollis*	R	C	W	D X
二　鹳形目 Ciconiiformes				
（二）鹭科 Ardeidae				
2　苍鹭 *Ardea cinerea*	R	C	W	B
3　池鹭 *Ardeola bacchus*	S	P	W	D B X Xp
4　牛背鹭 *Bubulcus ibis*	S	P	WG	B X Xp
5　小白鹭 *Egretta garzetta*	R	P	W	D B X Xp
6　中白鹭 *E. intermedia*	S	P	W	B
7　夜鹭 *Nycticorax nycticorax*	R	C	WP	D B X Xp
8　黑鳽 *Dupetor flavicollis*	S	P	W	X
9　黄苇鳽 *Ixobrychus sinensis*	S	P	W	X
三　雁形目 Anseriformes				
（三）鸭科 Anatidae				

物　种	居留型	地理型	生境	分布
10　斑嘴鸭 *Anas poecilorhyncha*	R	C	W	X
四　鸡形目 Galliformes				
（四）雉科 Phasianidae				
11　环颈雉 *Phasianus colchicus*	R	O	FG	D Xp
五　鹤形目 Gruiformes				
（五）秧鸡科　Rallidae				
12　董鸡 *Gallicrex cinerea*	S	P	WG	B
13　黑水鸡 *Gallinula chloropus*	R	C	W	D
六　鸻形目 Charadriiformes				
（六）鸻科 Charadriidae				
14　灰头麦鸡 *Vanellus cinereus*	S	O	WG	Xp
15　金眶鸻 *Charadrius dubius*	S	C	W	B Xp
（七）燕鸻科　Glareolidae				
16　普通燕鸻 *Glareola maldivarum*	S	O	WG	B Xp
（八）鹬科 Scolopacidae				
17　矶鹬 *Actitis hypoleucos*	Pm	O	W	B
18　青脚鹬 *Tringa nebularia*	Pm	O	W	B Xp
七　鸥形目 Lariformes				
（九）燕鸥科 Sternidae				
19　须浮鸥 *Chlidonias hybrida*	S	O	W	B
20　白额燕鸥 *Sterna albifrons*	S	C	W	B
八　鸽形目 Columbiformes				
（十）鸠鸽科 Columbidae				
21　山斑鸠 *Streptopelia orientalis*	R	C	F	D B Xp
22　珠颈斑鸠 *S. chinensis*	R	P	F	D B X Xp
九　鹃形目 Cuculiformes				
（十一）杜鹃科 Cuculidae				
23　大杜鹃 *Cuculus canorus*	S	C	FG	B
十　佛法僧目 Coraciiformes				
（十二）翠鸟科 Alcedinidae				
24　普通翠鸟 *Alcedo atthis*	R	C	WG	X Xp
十一　雀形目 Passeriformes				

续表

物　　　种	居留型	地理型	生境	分布
（十三）百灵科 Alaudidae				
25　小云雀 *Alauda gulgula*	S	P	G	Xp
（十四）燕科 Hirundinidae				
26　家燕 *Hirundo rustica*	S	O	WFG	D B X Xp
27　金腰燕 *H. daurica*	S	P	WG	X
28　烟腹毛脚燕 *Delichon dasypus*	S	C	WG	B
（十五）鹡鸰科 Motacillidae				
29　白鹡鸰 *Motacilla alba*	R	C	WG	B Xp
（十六）鹎科 Pycnonotidae				
30　白头鹎 *Pycnonotus sinensis*	R	P	F	D X
31　黄臀鹎 *Pycnonotus xanthorrhous*	R	P	FG	B
（十七）伯劳科 Laniidae				
32　红尾伯劳 *Lanius cristatus*	S	O	FG	D B X Xp
33　棕背伯劳 *Lanius schach*	R	P	FG	D B X
（十八）卷尾科 Dicruridae				
34　黑卷尾 *Dicrurus macrocercus*	S	P	WFG	D B X Xp
（十九）椋鸟科 Sturnidae				
35　八哥 *Acridotheres cristatellus*	R	P	FG	B
36　灰椋鸟 *Sturnus cineraceus*	R	O	FG	B X Xp
（二十）鸦科 Corvidae				
37　喜鹊 *Pica pica*	R	O	FG	D B X Xp
（二十一）鸫科 Turdidae				
38　乌鸫 *Turdus merula*	R	C	F	B
（二十二）画眉科 Timaliidae				
39　画眉 *Garrulax canorus*	R	P	F	B X
（二十三）莺科 Sylviidae				
40　褐头鹪莺 *Prinia inornata*	R	P	G	Xp
（二十四）雀科 Passeridae				
41　麻雀 *Passer montanus*	R	C	FG	D B X Xp
（二十五）燕雀科 Fringillidae				
42　金翅雀 *Carduelis sinica*	Pm	C	FG	X
43　黑尾蜡嘴雀 *Eophona migratoria*	S	O	F	D Xp

注　R—留鸟；S—夏候鸟；Pm—旅鸟；O—古北界种；P—东洋界种；C—两界广布种；W—水面；
　　F—林地；G—草滩；D—迪沟国家级湿地公园；B—八里河省级湿地自然保护区；X—颍州西湖省
　　级湿地自然保护区；Xp—颍州西湖国家级湿地公园。

附表 3　　　　　　　　　　　皖北地区的鱼类种类与分布

种类	拉丁名	淮北塌陷区	砀山黄河故道	淮河
胡鲶	*Ckarias batrachus*			+
长颌鲚	*Coilia ectenes*			+
短颌鲚	*Coilia brachygnathes*			+
花鳎	*Hemibarbus maculatus*			+
黄鳝	*Monopterus albus*		+	+
黄颡鱼	*Pelteo bagrus fylvidraco*	+		+
光泽黄颡鱼	*Pelteobagrus nitidus*			+
瓦氏黄颡鱼	*Pelteobagrus vachelli*			+
翘嘴鲌	*Culter ilishae formis*			+
鲤	*Cyrinus carpio*	+	+	+
鲫	*Carassius auratus auratus*	+	+	+
乌鳢	*Ophicephalus argus*	+		+
黄黝鱼	*Hypseleotris swinhonis*		+	+
普栉鰕虎鱼	*Ctenogobius giurinus*	+		+
泥鳅	*Misgurnus anguillicaudatus*	+	+	+
花斑副沙鳅	*Parabotia fasciata*			+
蛇鮈	*Saurogobio dabryi*	+		+
光唇蛇鮈	*Jaurogobio gymnocheilus*			+
银飘鱼	*Pseudoleubuca sinensis*			+
中华鳑鲏	*Acanthorhodeus macropterus*			+
麦穗鱼	*Pseudorasbora parva*		+	+
寡鳞银飘鱼	*Pseudolaubuca engraulis*			+
伍氏华鳊	*Sinibrama wui*			+
鳙	*Aristichys nobilis*	+	+	+
鲢	*Hypophthalmichthys molitrix*	+	+	+
长蛇鮈	*Saurogobio dumerili*			+
钝吻棒花鱼	*Abbottina obtusirostris*			+
棒花鱼	*Abbottina rivularis*			+
中华沙鳅	*Botia (Sinibotia) superciliaris*			+
鳊	*Parabramis pekinensis*			+

续表

种类	拉丁名	淮北塌陷区	砀山黄河故道	淮河
江西鳈	*Sarcocheilichthys kiangsiensis*			+
大鳞副泥鳅	*Paramisgurnus dabryanus*	+		+
大鳍鱊	*Acheilognathus macropterus*			+
细鳞斜颌鲴	*Plagiognathops microlepis*			+
戴氏鲌	*Culter dabryi*	+	+	+
银鲴	*Xenocypris argentea*			+
黄尾鲴	*Xenocypris davidi*	+		+
拟尖头鲌	*Culter oxycephaloides*	+		+
红鳍原鲌	*Culterichthys erythropterus*	+		+
黑鳍鳈	*Sarcocheilichthys nigripinnis nigripinnis*	+		+
川西黑鳍鳈	*Sarcocheilichthys nigripinnis davidi*			+
长麦穗鱼	*Pseudorasbora elongata*			+
大眼华鳊	*Sinibrama macrops*			+
细鳊	*Rasborinus lineatus*			+
伍氏半䱻	*Hemidulterella wui*			+
似鲚	*Toxabramis swinhonis*			+
蒙古油䱗	*Hemiculter bleekeri warpachowskyi*			+
半䱗	*Hemiculterella warpachow skisauvagei*		+	+
西鲤	*Cyprinus linnaeus*		+	+
银鲫	*Carassius larockiauratus gibelio*			+
海南似鲚	*Toxabramis gunther houdermeri*			+
草鱼	*Ctenopharyngodon idellus*	+	+	+
赤眼梭鲻	*Liza soiuy*			+
油䱗	*Hemiculter bleekeri bleekeri*	+		+
团头鲂	*Megalobrama amblvcephaia*	+		+
大银鱼	*Protosalanx hyalocranius*	+		
圆尾斗鱼	*Macropodus chinensis*		+	
刺鳅	*Mastacembelus aculeatus*	+	+	
中华光盖刺鳅	*Pararchynchobdella sinensis*	+	+	

附件：

课题组成员名单

组　长：沈国舫　中国工程院原副院长，中国工程院院士
副组长：刘雪华　清华大学环境学院环境生态学教研所所长，副教授
成　员：刘　震　河南农业大学林学院副院长，教授
　　　　周立志　安徽大学资源与环境工程学院院长，教授
　　　　王　情　清华大学环境学院环境生态学教研所博士后

报告三

淮河流域环境污染
防治问题研究

一、总论

淮河流域地处我国长三角和环渤海两大经济圈之间，人口密集，城镇化率较低，是我国主要的粮食产区。基于粮食生产、人力资源和煤炭等资源优势，工业生产以食品加工、煤炭、化工、纺织等行业为主，附加值低，化工、煤炭环境污染严重，农业面源污染突出。经济洼地的特点，加上严峻的环境污染问题是淮河流域发展面临的主要矛盾。探索正确的发展道路，在经济发展的同时解决环境污染问题，对淮河流域经济社会环境发展具有重要的现实意义。

(一) 课题的来源

早在 20 世纪 90 年代中期，淮河流域严重的水污染就受到了国家和地方的高度关注，淮河流域水质严重恶化，水污染事故频繁出现，附近居民健康受到极大损害。

1995 年 8 月 8 日，国务院公布了《淮河流域水污染防治暂行条例》，这是我国制定的第一个针对一个特定流域的水污染防治条例。国家环境保护总局和中央电视台还联合组织开展了"零点行动"，即要求在规定的 1998 年 1 月 1 日零时重点工业污染源必须达标排放并通过现场检查重点工业污染企业达标完成情况、监测淮河水质状况，真实地记录淮河治污第一阶段的成果。零点行动于 2000 年 1 月 1 日零点结束。

"零点行动"至今，已经过去了 13 年，淮河干支流水质已有所改善，但根据《2010 年中国环境状况公报》，淮河流域 86 个国控断面中，还只有 41.9％的断面水质能够满足Ⅰ～Ⅲ类水质，Ⅳ类、Ⅴ类和劣Ⅴ类水质的断面比例分别为 32.5％、9.3％和 16.3％。应该说还是很不尽如人意、不能符合可持续发展要求。因此，很有必要总结淮河流域水污染防治的经验和教训，探究更深层次的原因，把水污染防治工作继续向前推进，为南水北调东线工程的水质提供有力的保障。

除了常规的水污染问题之外，对淮河流域的大气污染、土壤污染和其他环境问题还关注得还很不够。近年来媒体报道了国内很多省份都出现的重金属污染排放导致中毒事件中，就包括了淮河流域河南、山东、江苏、安徽4省。因此有必要针对这些问题进行深入的调查和分析研究，提出解决的对策。

基于上述分析，作为国家工程科技思想库的重要组成部分，由中国工程院和清华大学共建的中国工程科技发展战略研究院提出就"淮河流域环境与发展问题"开展重大咨询研究，并将"淮河流域环境污染防治"列为其重要的研究内容之一。

（二）主要研究内容

1）淮河流域环境污染现状分析及典型环境问题识别，包括水、空气、土壤等各种环境介质存在的主要问题及其产生的不良后果，特别是对居民的健康危害。

2）淮河流域主要环境问题的成因分析。

3）淮河流域水污染防治的主要经验教训分析（环境与发展的关系，防治污染的有效措施等）。

4）国外典型流域水污染防治经验总结（泰晤士河、莱茵河、多瑙河、伊利湖等）。

5）淮河流域环境现状对南水北调东线工程的影响分析和措施讨论。

6）对加强淮河流域环境污染防治的对策建议。

二、淮河流域地表水污染防治

淮河流域水污染起源于20世纪70年代，受治理污染资金和技术因素的制约，出现"50年代淘米洗菜、60年代洗衣灌溉、70年代水质变坏、80年代鱼虾绝代、90年代生态破坏"水污染的状况。

随着江苏沿海地区、中原经济区等区域发展规划相继出台，以及沿淮各省"十二五"规划中对各自所属淮河流域辖区推动力度加大，淮河流域工业化、城镇化进程将会加速。沿淮各省依靠资源、能源优势发展主导产业的特征，将会对水环境质量安全带来进一步的压力，应该探索落后地区跨越发展的同时，建设生态文明的新途径。以流域整体为着眼点，优化水功能分区，确保城乡饮用水安全，重点治理支流水质，巩固干流水质，保障南水北调东线的良好水质。

（一）淮河流域地表水污染防治历程回顾

淮河流域水污染治理始终是流域环境保护工作的重点，也是国家流域水污染防治重点。1991—2010 年间，特别是 1995 年颁布《淮河流域水污染防治暂行条例》及 1998 年启动淮河水污染防治的"零点行动"以来，对淮河流域水污染治理采取过多种手段，认识不断提高和深入，流域水污染防治在延续水污染发展不断加重的基础上，大体经历了污染控制起步阶段、攻坚克难阶段、污染反弹水质恶化阶段、全面治理水质改善等 4 个不断发展的历程。

1. 水污染防治起步阶段

从 20 世纪 70 年代至 1994 年，国务院环境保护委员会（以下简称国务院环委会）召开第一次淮河流域环保执法检查现场会以前，是淮河流域水污染产生、发展阶段，也是水污染控制的起步阶段。淮河流域水污染开始于 20 世纪 70 年代的后期。进入 80 年代后，随着经济快速发展和城市化进程的加快，水污染逐渐加剧。1989 年和 1992 年沙颍河、淮河连续发生大面积水污染事故，奎河、沭河等一些支流省际水污染纠纷不断。尤其是 1994 年和 1995 年汛期初发生的水污染事故，使淮河中游 300 多 km 的河段受到污染水体的冲击。给沿淮城乡居民的饮用水和身体健康造成了极大危害，严重影响了工农业生产，破坏了水生态系统，引起党中央、国务院高度重视，从而拉开了全面治理淮河流域水污染的序幕。

水污染防治起步阶段的工作重点是完善河湖水质监测、开展水污染事故调查及处置、实施重点污染源专项治理等。1988 年 1 月，国务院环委会批复成立"淮河流域水资源保护领导小组"，以加强流域水资源保护与水污染防治工作。1990 年 2 月，淮河流域水资源保护领导小组颁布了淮河流域第一批共 64 项限期治理项目，其中工业污染治理项目 54 项，限期至 1992 年底完成；城镇污水集中处理项目 10 项，限期至 1993 年底完成。限于认识水平和经济支撑能力，这一阶段的防治工作远远不能满足实际需要，淮河流域 4 省在限期内共完成工业污染治理项目 22 项，城镇污水集中处理项目 2 项，共投入治理资金 1.6 亿元。污染仍在持续加重。

2. 水污染防治攻坚克难阶段

从 1994 年国务院环委会召开了第一次淮河流域环保执法检查现场会，到"九五"期末，淮河流域水污染防治工作进入攻坚克难阶段。各项控制措施全面展开，水污染恶化的势头得到初步控制。

1994 年 5 月国务院环委会召开了第一次淮河流域环保执法检查现场会，提出了实现淮河水体变清的总体目标，和"严格控制新污染源，限期治理老污染源"的总体思路。从 1994 年下半年起，在淮河流域范围内，禁止新建小造纸、小化工、小制革等污染严重的项目；其他新建项目必须按照规定进行环境影响评价，经批准的建设项目必须执行"三同时"规定。对于老污染源分 3 步限期治理：第一步，对那些污染严重、治理难度大而经济效益又差的企业，用 3 年左右时间逐步实行关、停、并、转，其中，1994 年年底前关、停、并、转 191 个企业。第二步，对所有污染企业进行限期治理，实现达标排放。1995 年年底前限期治理 29 家污染大户，1997 年年底前限期治理 173 家，逾期未达到标准的，依法责令其关、停、并、转。第三步，到 1999 年底，禁止企业排放未达标的污水。同时要求淮河流域 4 省各级政府和主管部门在治理污染源的过程中，要妥善处理关、停企业的职工安置工作。

这一阶段，淮河流域水污染防治被列入国家"三河三湖"水污染治理的重点，1995 年国务院颁布《淮河流域水污染防治暂行条例》，1996 年国务院批复了《淮河流域水污染防治规划及"九五"计划》。标志着淮河流域水污染防治工作走上依法治河、依法治污的轨道上。通过关闭淮河流域污染严重的小造纸、小化工、小制革、小化肥等"十五小"企业，调整不合理的产业结构。1997 年底全流域工业企业污染源达标排放，开展了"零点行动"，城镇污水集中治理等加快了污染源治理步伐，并逐步进入法制化轨道，流域城镇入河排污总量明显减少，水质有所改善。

截至 2000 年 1 月 1 日零点，淮河流域共关停和取缔了 4987 家污染严重的"十五小"企业，1562 家重点工业污染源中 1290 家基本实现达标排放，其余 272 家执行关、停、并、转，淮河流域河南、安徽、江苏和山东 4 省的工业企业基本上全部实现了达标排放。通过"关、停、禁、改、转"等措施，对重点污染企业实行限期治理成效明显，全流域入河排污量明显下降，主要污染物 COD 排放量已从 1995 年的 150 万 t，削减到 1998 年的 116.7 万 t 和 2000 年的 94.7 万 t，削减率分别为 22.2% 和 36.9%；淮河干流高锰酸盐指数浓度值总体呈好转趋势，重大水污染事故明显减少。

该阶段有两个标志性事件值得回顾和总结：一是《淮河流域水污染防治暂行条例》的颁布实施；二是"零点行动"。简要介绍如下。

（1）《淮河流域水污染防治暂行条例》的颁布和实施。

1995 年 8 月 8 日，国务院颁布实施《淮河流域水污染防治暂行条例》（1995 年国务院令第 183 号）（以下简称《暂行条例》），这是我国第一部有关流域水污染防治的重要专项法规，具有很强的示范作用。《暂行条例》规定：

"自 1998 年 1 月 1 日起，禁止一切工业企业向淮河流域水体超标排放水污染物。""禁止在淮河流域新建化学制浆造纸企业；禁止在淮河流域新建制革、化工、印染、电镀、酿造等污染严重的小型企业。"

按照《中华人民共和国水污染防治法》和《暂行条例》等法律法规的有关规定，淮河流域 4 省也先后制定了《河南省水污染防治条例》《安徽省淮河流域水污染防治暂行条例》《山东省水污染防治条例》《江苏省排放污染物总量控制暂行规定》等多项地方性法规，在法律框架下积极推进水污染防治工作。

淮河流域水污染防治工作，特别是《暂行条例》的颁布实施，有效促进了淮河流域的污染防治工作，同时也促进了上位法规的修订和完善。1996 年 5 月 15 日，第八届全国人民代表大会常务委员会第十九次会议通过《关于修改〈中华人民共和国水污染防治法〉的决定》，修订后的《中华人民共和国水污染防治法》第二十三条规定："国家禁止新建无水污染防治措施的小型化学制纸浆、印染、制革、电镀、炼油、农药以及其他严重污染水环境的企业。"

（2）"零点行动"概况。

1994 年 8 月 11 日，时任国务院总理李鹏对淮河水污染防治工作作出批示：①淮河流域水污染防治工作的进度要加快。要让淮河水早日变清，目标定在 2000 年太晚，到 1997 年底就应取得突破性进展，让淮河水初步变清。从现在起用 3 年多的时间，所有的企业都要做到污染物达标排放。对治理不好的企业，包括大企业，都要依法坚决关停并转。②要完善环保法制，加强执法力度。修订有关环保法规时，要增加有关刑事处罚条款。要抓紧处理大案要案。对于造成严重环境污染的，要公开惩处。③淮河流域水资源保护领导小组要赶快充实和加强。今后，要把淮河流域水污染防治工作作为工作重点，切实抓好、抓出成效。

为了贯彻落实李鹏作出的"要让淮河水早日变清"的重要批示，1994 年 8 月 31 日，国务委员宋健主持召开研究部署淮河流域水污染防治工作，作出了加快淮河流域水污染防治工作的决定，要求把淮河作为流域治污样板，搞出经验来。加强对治污的执法力度，要像对黄赌毒那样，对违反排污酿成重大事故的，要追究刑事责任。提出"到 1997 年底使淮河水初步变清"，对所有超标排放的企业进行限期治理，保证到 1997 年年底全部做到达标排放。

为达到这一目标，以"关、停、禁、改、转"为特征的淮河流域工业污染源治理全面展开，在关停"十五小"企业的基础上，向流域内 1562 家日排废水 100t 以上的工业企业下达了限期治理令，所有在 1998 年 1 月 1 日零点前未实现达标排放的工业企业将被关停，这就是"零点行动"。自 1998 年 1 月 1 日起，禁止一切工业企业向淮河流域水体超标排放水污染物。1998 年 1 月 1 日零点前夕，淮河流域的 1139 家企业完成了治理任务，而未完成任务的 423 家企业则被责令停产。

1998 年 1 月 1 日，淮河流域水环境监测中心发布水质公布（特刊），显示达标排放取得进展，淮河水质有所改善。

3. 水污染反弹阶段

"九五"治淮取得了阶段性成果。但是在"十五"期间，淮河流域水污染防治工作出现松懈，城镇入河排污量不断增加，水质恶化、出现较为明显的污染反弹。2004 年 7 月中旬，淮河干流再次出现严重水污染，沙颍河、涡河等支流污染水体随洪水下泄，在淮河干流形成了长 150km 的污染水体。淮河流域水污染问题再次引起社会关注。

该阶段主要工作有：国家在淮河流域实施重点水污染物排放总量控制区域实行排放重点水污染物许可证制度，国务院于 2002 年批复了《南水北调东线工程治污规划》，2003 年批复了《淮河流域水污染防治"十五"计划》，提出到 2005 年年底前，在保证淮河干流和主要支流生态流量的情况下，淮河干流水质进一步好转，南水北调东线工程水质基本达到地表水Ⅲ类水质标准。开展水污染联防减缓污染危害。

4. 全面治理水质改善阶段

2004 年国务院召开淮河流域水污染防治现场会后，水污染防治工作得到进一步加强，全面综合治理污染源，遏制了污染反弹，城镇入河排污量逐年减少，水质得到逐年改善，通过水污染联防，2005—2010 年淮河干流未发生大面积水污染事故。

该阶段水污染防治工作主要有：2004 年国务院召开淮河流域水污染防治现场会，国务院与流域 4 省人民政府签订了淮河流域水污染防治目标责任书，国家有关部委每年对目标责任书完成情况进行考核。国务院办公厅要求加强淮河流域水污染防治工作和深入开展整治违法排污企业保障群众健康环保专项行动。开展水污染联防及应急处置，建立以水功能区为核心的水资源保护制度，积极调整产业结构，加快工业污染治理及城镇污水处理厂建设，淮河流域县县建成污水处理厂，有效消减水污染负荷。

5. 淮河流域水污染防治规划及目标完成情况

（1）淮河流域水污染规划及"九五"计划。

1）规划目标。1997 年底，全流域所有工业污染源实现达标排放，主要污染物 COD 排放量从 1993 年的 150 万 t，削减到 89 万 t；2000 年实现淮河水体变清，淮河干流和沂河上游水质达到地面水环境质量Ⅲ类水标准，其他支流水质达到Ⅳ类水标准，全流域最大允许排污总量COD为36.8万t/a。

《"九五"规划》共安排303个污染治理项目，计划投资166亿元。在国务院审批《"九五"规划》后，国家保护局编制的跨世纪绿色工作计划，经各省市反复审核，涉及淮河流域水污染防治项目共增补被选项目77项，投资28.25亿元。两项规划与计划合计，"九五"期间规划建设380个污染治理项目，总投资194.25亿元。

2）完成情况。2000年1月《"九五"规划》中82个规划断面、流域省界河段和淮河干流水质监测评价结果是（采用《地面水环境质量标准》（GB 3838—1988），对高锰酸盐指数单项指标评价）：82个规划断面中，达标断面占63%，比1995年1月，提高了26.5个百分点。省界河段达标的断面占58.1%；淮河干流达标的断面占71.8%。

根据环保部门环境统计结果和淮委城镇入河排污口实测结果，2000年全流域COD入河量与《"九五"规划》的基准年1993年150万t相比已有明显减少，但控制在36.8万t/a的规划目标远远没有完成。其中，环保部门2000年环境统计结果为：COD排放量105.9万t，入河量为81.2万t；氨氮排放量为15.2万t，入河量为12.0万t；淮委2000年城镇入河排污口监测结果为：COD入河量94.71万t，氨氮入河量为8.70万t。

规划与计划确定的380项治污工程，"九五"期间共完成311项，占项目总数的82%，还有37个项目正在施工，32个项目尚未动工。"九五"期间计划修建的59座城市污水处理工程，已投入运行12座，在建32座，未开工15座。

关停和取缔了4987家污染严重的"十五小（土）"企业，1562家重点工业污染源中1290家基本实现达标排放，其余272家执行关、停、并、转。截至2000年年底，国家和地方共投入资金约2.4亿元，打井1855眼，解决了374万人的饮水困难；与此同时，安徽怀远和蚌埠、江苏的连云港和盱眙县分别建成了各自的饮水工程，解决了几百万城乡居民的饮水困难。

（2）"十五"流域水污染防治工作。

1）规划目标。到2005年年底前，在保证淮河干流和主要支流生态流量的情况下，淮河干流水质进一步好转，南水北调东线工程水质基本达到地表水Ⅲ类水质标准。"十五"淮河流域COD排放总量控制在64.3万t，COD入河量控制在46.6万t；氨氮排放总量控制在11.3万t/a，氨氮入河量控制在9.1万t/a。

《"十五"规划》共规划488个污染治理项目，总投资255.9亿元。其中城市污水处理工程161个流域所有县级以上的城镇共建设161个污水处理厂，投资148.9亿元，淮河流域城镇污水处理率达到70%。

2）完成情况。规划确定的 488 项治污工程，到 2005 年年底，已完工项目 342 个，占项目总数的 70.1%；在建项目 88 个，占 18.0%；未动工项目 58 个，占 11.9%。累计完成治理投资 144.6 亿元，占计划投资的 56.5%。

《"十五"规划》确定的 161 座城市污水处理工程。到 2005 年年底，已投入运行 66 座，在建 64 座，未开工 31 座。

根据环保部门环境统计结果和淮委城镇入河排污口实测结果，2005 年全流域 COD 和氨氮排放量及入河量未实现《"十五"规划》目标。与 2000 年相比变化不大。其中环保部门环境统计结果：2005 年全流域 COD 和氨氮排放量分别为 104.2 万 t 和 14.0 万 t；淮委 2005 年城镇入河排污口监测结果为淮河流域 COD 和氨氮分别为入河量为 97.73 万 t 和 10.57 万 t。分别超出"十五"水污染防治规划目标（COD 入河排放量 46.6 万 t/a、氨氮入河排放量 9.14 万 t/a）1.10 倍和 0.16 倍；与河南、安徽、江苏、山东 4 省淮河流域水污染防治工作目标责任书确定的 2005 年控制目标（COD 64.90 万 t、氨氮 11.10 万 t）比较。2005 年全流域化学需氧量入河排放量超标 0.51 倍，氨氮入河排放量完成目标任务；与水利部提出的淮河流域水功能区限制排污总量（COD 38.20 万 t/a、氨氮 2.66 万 t/a）比较，2005 年化学需氧量和氨氮入河排放量分别超标 1.56 倍和 2.97 倍。

根据淮河水保局省界断面监测结果：2005 年河南、安徽、江苏、山东 4 省淮河流域水污染防治工作目标责任书确定的 25 个国家考核省界断面，采用高锰酸盐指数单项评价，水质达标的省界断面有 12 个（全年水质达标率在 90% 以上），占总数的 48%；水质基本达标的省界断面有 5 个（全年水质达标率在 70% 以上），占总数的 20%；水质未达标的有 8 个（全年水质达标率在 70% 以下），占总数的 32%。

采用综合评价，25 个国家考核的省界断面中，水质达标有 5 个，占总数的 20%；水质基本达标有 2 个，占总数的 8%；水质未达标有 18 个，占总数的 72%。

（3）"十一五"流域水污染防治工作。

1）规划目标。到 2010 年：淮河干流水质基本达到Ⅲ类，洪河、颍河、沂河、沭河等支流水质基本达到Ⅳ类；南四湖、淮河干流王家坝等 62 个集中式地表水饮用水水源地达到功能要求；25 个跨省界断面达到目标要求；31 个城市重点水域达到目标要求。

到 2010 年，全流域 COD 排放量控制在 88.4 万 t，比 2005 年削减 15.2%；氨氮排放量控制在 11.4 万 t，比 2005 年削减 18.5%。

确定规划项目 656 个，投资约 306.7 亿元。其中城镇污水处理及再生利用设施建设项目 251 个，处理规模 783 万 t/d，投资约 201.4 亿元。列入《南水北调东线工程治污规划》的项目 46 项，投资 42.4 亿元。

2）完成情况。淮河流域"十一五"规划共 656 个项目，投资 306.6 亿元。截至 2010 年底，已完成项目 620 个，项目完成率达 94.5%，完成投资 269.8 亿元，投资完成率 88.0%。其中，河南省完成项目 174 个，完成率为 90.8%；安徽省完成项目 98 个，完成率为 91.8%；山东省完成项目 238 个，完成率为 98.3%；江苏省完成项目 146 个，完成率为 94.5%。

根据环保部门环境统计结果：流域 COD 排放量 86.81 万 t，较 2005 年削减 18.6%，流域氨氮排放量 10.97 万 t，较 2005 年削减 21.6%，完成流域总量控制目标。淮委 2010 年城镇入河排污口监测结果为：淮河流域 COD 和氨氮入河量分别为 49.95 万 t 和 6.64 万 t。与河南、安徽、江苏、山东 4 省淮河流域水污染防治工作目标责任书确定的 2010 年控制目标（COD46.60 万 t、氨氮 9 万 t）比较。2010 年全流域 COD 入河排放量超标 0.07 倍，氨氮入河排放量完成目标任务；与水利部提出的淮河流域水功能区限制排污总量（COD38.20 万 t/a、氨氮 2.66 万 t/a）比较，2010 年化学需氧量和氨氮入河排放量分别超标 0.31 倍和 1.50 倍。

根据淮河水保局省界水质监测结果：2010 年 25 个国家考核省界断面水质，采用高锰酸盐指数和氨氮两项指标进行评价，水质达标的有 18 个，不达标的有 7 个，水质达标的断面比例占 72%。

6. 淮河流域水污染防治工作的主要经验和教训

淮河流域水污染防治工作走过 4 个阶段、20 多年的历程，淮河流域干支流的水质已经有较为明显的改善，治淮取得了阶段性成果。但是，回顾 20 世纪 90 年代以来的治淮历程，有许多经验和教训值得总结。从"零点行动"至今，已经过去了 15 年，为什么"零点行动"的战果难以保持？为什么行动过后很快就出现污染严重反弹？淮河干支流水质仍然不尽如人意、还没有达到水环境功能区的水质要求，还远远不能满足人民群众的要求，今后的治淮道路应该如何走下去？

事实上，淮河流域水污染防治历程正是改革开放以来我国政府一直苦苦追求如何协调发展与环境的关系的缩影。

如前所述，淮河流域的水污染始于 20 世纪 70 年代，随着改革开放带来的经济繁荣而不断加剧，至 90 年代中期引发多起严重的污染事件而受到中央政府的高度关注，在李鹏总理批示要加快淮河治污进程后，环境保护主管部门采取了超常规的专项治污行动，即"零点行动"。"零点行动"在短短的不到两年的时间里，以强制手段突击关闭了一大批污染严重的"十五小"企业，停产了一批难以达标排放的重污染企业，污染物排放总量在短期内得到迅速控制，水环境质量也相应得到好转。今天回顾"零点行动"，必须实事求是地客观看待其产生的积极作用与消极作用。其积极作用主要体现为突出强调了政府治理污染的决心，对排放不达标的企业产生了积极的威慑作用，促成一大批工业企业治污技术和设施的应用，产生一定的示范效应。而"零点行动"的消极作用，集中体现在片面追求治污速度，采取简单粗暴的"关停并转"手段，忽视了经济发展的自身规律，忽视产业发展的关联性，"治标"多于"治本"。

"零点行动"是一场运动，运动过后，由于产业结构并未实现、也很难短期内实现根本性调整，许多被关停的污染企业通过各种方式"死灰复燃"，加之工业污染源没有重视推行清洁生产、源头控制、城市污水处理率偏低、治污设施虚假运行、企业偷排漏排等等原因，淮河流域在"十五"期间出现明显污染反弹。参见 1995 年以来淮河流域地表水环境质量变化见图 1。

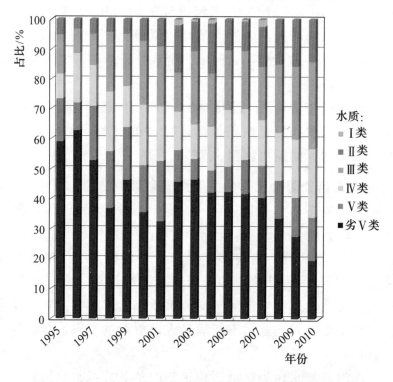

图 1　1995—2010 年淮河流域地表水环境质量年际变化

淮河流域水污染防治初期，政府采取了许多刚性的措施。例如，治理工业污染源时所采取的"零点行动"，零点行动要求对污染严重产值较低的"十五小"企业实行关、停、并、转，要求沿岸其余工业企业排污限期达标，零点行动刚刚完成时，淮河流域水质有了明显的好转，但是进入 21 世纪，淮河流域又接连发生突发性水污染事件，从某种程度上来讲，此时淮河流域 10 年的全面水污染防治工作又回到了原点。

究其根源，"零点行动"所提出的要求不符合兼顾环境与发展，即实施可持续发展的原则，不能只强调关停并转，应该提倡清洁生产、循环经济、从源头控制污染，而政府所给出的限期治理的时间十分有限，工业企业在如此短的时间内来不及转变错误的思想观念、来不及筹集资金改良生产技术、来不及购置清洁生产设备等，不少工业企业采取了应付检查、改造排污管线、将工厂暂时转移到深山老林里等措施躲避检查，因此虽然在"零点行动"刚完成时淮河水质有了明显好转，但是工业污染源并未消除。"零点行动"过去之后，政府对工业企业排污达标的检查不够严格，在经济利益的驱使下，不少"零点行动"中关闭的"十五小（土）"企业死灰复燃，行动中达标的企业重新开始超标排污，随着经济的发展，淮河流域另外建立了许多新兴的工业企业，这些使得淮河流域的水污染又变得愈发严重。

由此可见，淮河流域工业污染源的治理须遵循循环经济的理念，通过全面推行清洁生产和污染物总量控制、构筑互补互动和共生共利的有机产业链网、广泛开展生态建设，建立起流域"点、线、面"3个层次的循环经济发展模式。通过对淮河流域广泛开展战略环评，进一步规划流域内产业布局，逐步降低高耗水型重污染行业和原材料初级加工行业在工业中的比重，优化产业结构，实现工业发展和工业污染源控制双赢的局面。

（二）地表水环境质量现状分析

1. 淮河流域整体水质评价

根据《2010年全国水环境质量状况》，2010年淮河干流基本达到Ⅲ类水质标准，淮河支流水质相对较差，Ⅳ类、Ⅴ类、劣Ⅴ类水质所占比例仍较大；南水北调东线水质相对较好，基本达到Ⅲ类水质标准。

2010年，淮河流域功能区水质达标率为35.8%，见图2。从图2中可以看出，"十一五"期间，淮河流域被考核河段中，劣Ⅴ类水质的河段比例逐年减少，Ⅰ～Ⅲ类水质河段比例呈逐年上升趋势。汛期的水质要明显好于非汛期的水质。总体来说，"十一五"期间淮河流域水质整体呈现好转趋势，但是，2010年，全年河段Ⅴ类和劣Ⅴ类水质河段仍占调查河段的近40%，淮河流域水质状况仍然不容乐观。

2. 淮河流域主要监测站位水质变化情况

（1）淮河干流水质变化情况。

为了进一步探究淮河干流"十一五"期间水质实时变化的情况，选取淮南石头埠监测站及滁州小柳巷监测站所采集的水质数据作为淮河干流水质实时变化情况的研究对象。两个监测站均位于淮河中游地区，其地理位置见图3。

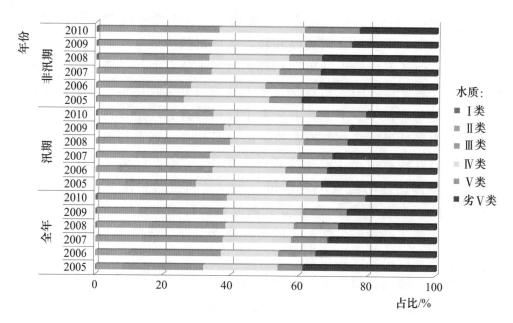

图 2　2005—2010 年淮河流域河流考核河段水质变化图

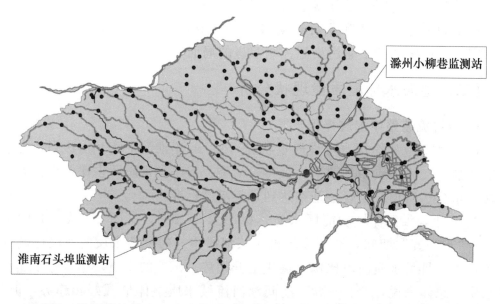

图 3　淮河干流淮南石头埠监测站及滁州小柳巷监测站地理位置示意图

　　流经两个监测站的水质变化见图 4 和图 5，氨氮浓度呈现整体下降趋势，随季节变化而波动，一般在春季达到最大值。淮南石头埠监测站 COD_{Mn} 值在 $3\sim6mg/L$ 之间波动，滁州小柳巷监测站的 COD_{Mn} 值在 $2\sim4mg/L$ 之间，浓度范围比较稳定，随时间的变化幅度不大。

　　从图 5 和图 6 可知，淮河干流水质呈现好转趋势，其中，滁州小柳巷监测站的水质好于淮南石头埠监测站的水质，2010 年，滁州小柳巷监测站的水质

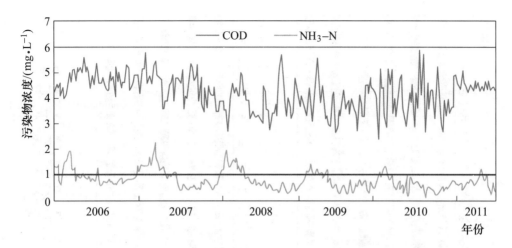

图4　淮河干流安徽淮南石头埠监测站水质指标变化情况

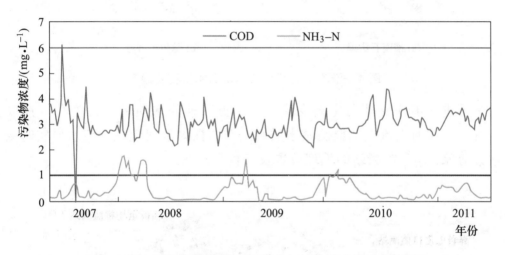

图5　淮河干流安徽滁州小柳巷监测站水质指标变化情况

已基本达到Ⅲ类水质标准，但是淮南石头埠监测站的水质一年中仍有近40%的时间未达到Ⅲ类水质标准。

　　对淮河干流中游7个监测站点1998—2007年水质监测数据的分析表明，淮南大涧沟段以及吴家渡段为淮河中游的重点污染区域，同时也是主要污染物输入区域。而安徽淮南石头埠监测站位于淮河中游淮南大涧沟段，属于主要污染物输入区域，因此污染物浓度相对较高。滁州小柳巷监测站位于淮河中下游地区，其所处河段污染物输入相对较少，加之淮河本身的自净作用，淮河干流的水质得到了一定程度的改善，滁州小柳巷监测站的污染物浓度相对较低。

　　（2）淮河流域支流水质变化情况。

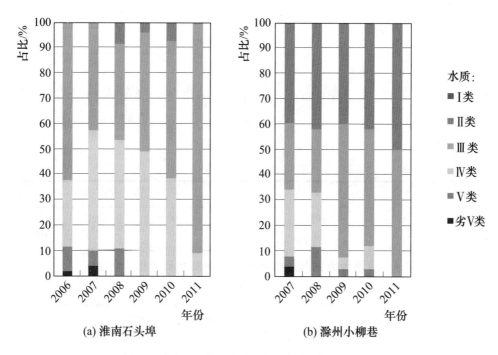

图 6　淮河干流两个监测站点水质变化趋势

　　为了进一步探究淮河主要支流"十一五"期间水质的实时变化，选取颍河、沂河、沭河支流上的监测站水质数据作为探讨淮河流域支流水质实时变化的研究对象。3 个监测站的地理位置及名称见图 7。

图 7　淮河支流所选取 3 个水质监测站地理位置示意图

　　3 个监测站水质指标 COD_{Mn} 和氨氮浓度变化见图 8～图 10。总体来看，水质由好到坏依次为山东临沂重坊桥监测站、山东临沂清泉寺水质监测站、安徽界首七渡口水质监测站，其对应的支流分别为沂河、沭河、颍河，见图 11。支流污染较干流严重的主要原因包括水量较干流小但接受的污染负荷较大，沿岸城市污水处理不足，政府对支流污染治理重视不够等。从检测站的地理位置来看，安徽界首七渡口监测站所在的颍河上游流经河南省郑州、平顶山、漯河、周口等城市，人口密度较大，污水处理率相对较低，年排入颍河的污染物量较大，颍河水质污染严重；沂河的水注入骆马湖，"十一五"规划中明确要求对注入骆马湖的河流水质进行严格的控制，因此"十一五"期间沂河受到了重点治理，水质相对较好；沭河与沂河同处山东省，地理环境比较类似，流经重点污染城市相对较少，但由于沭河注入新沂河，注入口位于南水北调东线

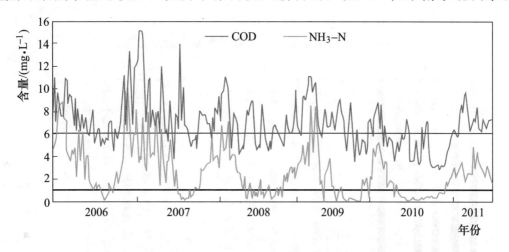

图 8　颍河安徽界首七渡口监测站水质变化情况

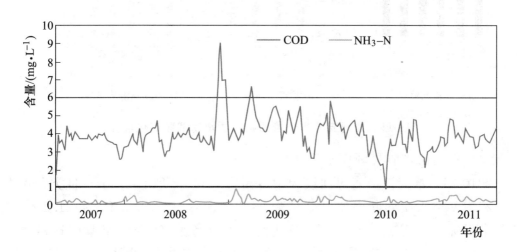

图 9　沂河山东临沂重坊桥监测站水质变化情况

工程东边，其水质变化并不直接影响到南水北调东线工程的水质，因此治理力度不及沂河，水质也相对逊色一些。

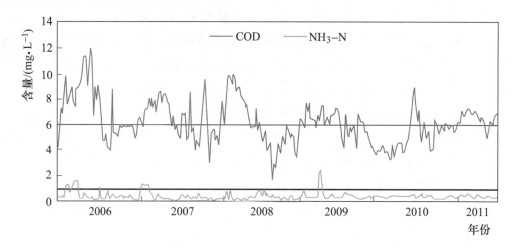

图 10　沭河山东临沂清泉寺监测站水质变化情况

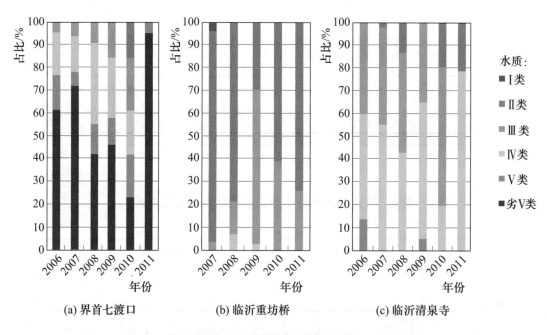

(a) 界首七渡口　　　　　　(b) 临沂重坊桥　　　　　　(c) 临沂清泉寺

图 11　淮河支流 3 个监测站水质水功能区变化情况

（3）淮河流域省界断面水质变化情况。

2010 年，淮河流域省界河段为中度污染。33 个断面中，Ⅰ～Ⅲ类、Ⅳ类、Ⅴ类和劣Ⅴ类水质的断面比例分别为 24.2%、39.4%、15.2% 和 21.2%。主要污染指标为 COD_{Mn}、BOD_5 和石油类。重点考察 24 个国家考核省界断面，全年考核达标率在 70% 以上视为基本达标，分别采用 COD_{Mn}、氨氮单项对 2005—2010 年国家考核省界断面水质情况进行评价，见图 12。以 COD_{Mn} 为评判标准水质达标的断面有 22 个，占 91.6%，以氨氮为评判标准水质达标的断面有 19 个，占 79.2%。国家考核省界断面水质情况在"十一五"期间呈现逐年好转的趋势，但仍未完全达标。同时，采用 COD_{Mn} 单项评价水质达标断面百分比比采用氨氮单项高，表明采用氨氮单项对水质情况评价更为严格。在"十一五"规划中添加氨氮的总量控制指标及水质控制指标，对于淮河流域的水质改善具有重要的意义。

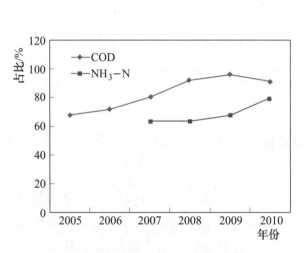

图 12　2005—2010 年淮河流域省　图 13　"十一五"期间城市地表水饮
界断面水质达标情况　　　　用水水源地水质状况

（4）城市地表水饮用水水源地水质变化情况。

"十一五"期间，淮河流域城市地表水饮用水水源地水质整体呈现好转趋势，水质合格次数大于 80% 的比例呈上升趋势，水质合格次数小于 50% 的比例逐年下降（图 13）。需要说明的是，2009 年由于降水稀少，淮河流域地表水水资源量减少，地表水饮用水水源地的水质也受到了影响。图 13 中水质合格次数比例是指在全年城市地表水饮用水水源地水质抽样中，水质合格的次数占总抽样次数的比例。

仅从数据上来看，河南省、山东省、江苏省城市饮用水地表水水源地水质呈现好转趋势，安徽省城市饮用水水源地并未呈现好转趋势，见表 1。但是，由于每年监测的城市饮用水地表水水源地并不完全相同，此外，参与调查的城市地表水饮用水水源地中，位于江苏省的水源地占据了越来越大的比例，河南、山东两省 2010 年参与调查的城市饮用水水源地甚至仅为个位数。淮河流域各省城市饮用水水源地保护工作有所成效，但仍需加强。

表 1   "十一五"期间城市饮用水地表水水源地水质状况

年份	总数	河南			安徽			山东			江苏		
		总数	水质合格次数>80%		总数	水质合格次数>80%		总数	水质合格次数>80%		总数	水质合格次数>80%	
			个数	占比/%		个数	占比/%		个数	占比/%		个数	占比/%
2007	100	13	4	30.8	12	5	41.7	51	19	37.3	24	11	45.8
2008	110	13	3	23.1	12	7	58.3	51	20	39.2	34	19	55.9
2009	119	13	4	30.8	3	3	15.8	51	16	31.4	36	19	47.2
2010	82	8	5	62.5	19	3	15.8	7	6	85.4	48	29	60.4

注   2007—2009 年山东省参与调查的城市饮用水地表水水源地包括山东半岛片区的城市饮用水地表水水源地,而 2010 年山东省参与调查的城市饮用水地表水水源地则不包括这些地区。

3. 污染物总量排放目标完成情况分析

（1）入河量目标完成情况。

《淮河流域水污染防治工作目标责任书》中对淮河流域各省 2010 年主要污染物（COD_{Mn}、氨氮）入河排放量目标做出了详细的规划,2010 年,淮河流域 184 个城镇废污水入河排放总量为 51.31 亿 t,主要污染物质化学需氧量和氨氮入河排放总量分别为 49.95 万 t 和 6.64 万 t,见表 2。2010 年 COD_{Mn} 入河排放量未达标,氨氮入河排放量基本达标。从流域各省的入河排放量目标完成情况来看,江苏、山东两省完成了 COD_{Mn} 入河排放量目标,河南、安徽两省未完成;河南、安徽、山东 3 省完成了氨氮入河排放量目标,江苏未完成。

表 2   2010 年淮河流域 COD_{Mn} 和氨氮入河排放量与目标责任书比较

地区	COD_{Mn}			氨氮		
	2010 年目标/t	2010 年监测排放量/t	超标倍数	2010 年目标/t	2010 年监测排放量/t	超标倍数
河南省	12.7	17.09	0.35	3.2	2.56	达标
安徽省	8.9	12.23	0.37	3.1	1.47	达标
江苏省	19.1	15.42	达标	1.3	2.29	0.76
山东省	5.9	5.21	达标	1.4	0.32	达标
淮河流域	46.6	49.95	0.07	9	6.64	达标

注   1. 表中 2010 年目标数据来源为淮河流域各省《淮河流域水污染防治"十一五"规划目标责任书》。

       2. 表中 2010 年目标与监测量中提到的污染物排放量均具体指入河量,即实际进入淮河的部分。

（2）排放量目标完成情况。

《淮河流域水污染防治"十一五"规划》中提到的总量控制目标为到 2010 年全流域 COD_{Mn} 排放量控制在 88.4 万 t/a，比 2005 年削减 15.2%；氨氮排放量控制在 11.4 万 t/a，比 2005 年削减 18.6%。

由于缺少 2010 年淮河流域排放量数据，现使用 2008 年的淮河流域污染物排放数据与 2010 年排放物目标进行对比，见表 3。

表 3　　　　　　　淮河流域及流域各省 2008 年污染物排放总量表　　　　单位：万 t

地区	废水量			COD_{Mn}			氨氮		
	合计	工业	生活	合计	工业	生活	合计	工业	生活
河南省	14.74	4.88	9.86	27.21	8.32	18.89	3.78	1.05	2.73
安徽省	6.91	2.77	4.14	13.90	3.65	10.25	2.35	1.06	1.29
江苏省	13.86	4.87	8.99	32.31	6.49	25.82	3.17	0.38	2.79
山东省	9.38	4.64	4.74	17.09	4.42	12.67	1.86	0.25	1.61
淮河流域	44.88	17.16	27.72	90.51	22.88	67.63	11.17	2.75	8.42

注　数据来源：淮河流域水污染防治"十一五"规划中期评估报告。

淮河流域污染物排放总量完成情况见图 14 和图 15。

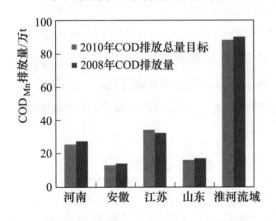

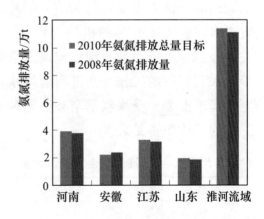

图 14　淮河流域 2008 年 COD_{Mn} 排放
　　　总量完成情况

图 15　淮河流域 2008 年氨氮排放
　　　总量完成情况

截至 2008 年，从 COD_{Mn} 排放总量目标执行情况看，江苏省超额完成了 2010 年目标，山东省总量控制执行率超过了 60%，实现"时间过半，任务过半"，河南、安徽完成情况相对较差；河南、江苏、山东 3 省均已完成氨氮的总量控制目标，安徽则没有完成。

（3）水功能区限制排放量目标完成情况。

2005 年，淮河水利委员会发布了《关于淮河流域限制排污总量意见》，提出淮河流域化学需氧量（COD_{Mn}）和氨氮（$NH_3 - N$）限制排污总量分别为38.2万 t/a 和 2.66 万 t/a。对照这一目标，2010 年淮河流域化学需氧量和氨氮入河排放量分别超标 0.31 倍和 1.50 倍。各省具体情况见表 4。

表 4　2010 年淮河流域 COD_{Mn} 和氨氮入河排放量与水功能区限制排放量比较

单位：万 t

地区	COD_{Mn}			氨氮		
	2010 年监测排放量	水功能区限制排放量	超标倍数	2010 年监测排放量	水功能区限制排放量	超标倍数
河南省	17.09	10.75	0.59	2.56	0.70	2.66
安徽省	12.23	11.90	0.03	1.47	0.99	0.48
江苏省	15.42	11.19	0.38	2.29	0.76	2.01
山东省	5.21	4.36	0.19	0.32	0.21	0.52
淮河流域	49.95	38.20	0.31	6.64	2.66	1.50

4. 水污染防治规划行政体系

（1）行政体制。

当前我国水资源管理为流域管理与行政区域管理相结合的方式。淮河流域负责水资源流域管理的机构为淮委。淮委下属部门中有两个部门与水资源相关，分别为水资源处与淮河流域水资源保护局，水资源处主要负责水资源调配等与水利相关的工作，而淮河流域水资源保护局是淮委的单列机构，行政机构上隶属于淮委，受水利部与环保部的双重领导。淮委在流域管理及治污相关的工作的具体职责见表 5。

表 5　　　　　淮委及淮河流域水资源保护局相关环境的职责划定

名称	文件类型	颁布时间	职 责 划 定
淮河流域水污染防治暂行条例	法律	1995 年	领导小组负责协调、解决各省在水资源保护和水污染防治工作中遇到的问题，监督、检查各省相关工作，并行使国务院授予的其他职权。领导小组办公室设在淮河流域水资源保护局淮河流域水资源保护局负责监测四省省界水质，并将监测结果及时报告给领导小组；组织开展水污染联防工作；调查、监测省际水污染事故
中华人民共和国水法	法律	2002 年	淮委职责内容包括：①水资源动态监测；②同各级政府水行政主管部门级有关部门编制流域综合规划和区域综合规划；③核定水域纳污能力，并向环保部门提出水域的限制排污总量意见；④同意排污口的新建或改建，并上报环境保护行政主管部门审批

续表

名称	文件类型	颁布时间	职　责　划　定
淮委主要职责、机构设置和人员编制规定	政府文件	2002 年	淮委职责包括组织编制流域综合规划，管理水资源（包括省际水量分配、水量调度、供用水许可等），审定水域纳污能力，提出限制排污总量意见等与环保相关的职能
水利部主要职责内设机构和人员编制规定	政府文件	2008 年	淮委职责包括组织编制水资源保护规划，拟订流域水功能区划并监督实施，核定水域纳污能力，并提出限制排污总量建议，指导饮用水水源保护、地下水开发利用工作
淮河流域水资源保护局主要职责机构设置和人员编制规定	政府文件	2012 年	①负责水资源保护和水污染防治等有关法律法规在流域内的实施和监督检查；②组织编制流域水资源保护规划并监督实施；③组织拟订跨省江河湖泊的水功能区划并监督实施；核定水域纳污能力，提出限制排污总量意见；按规定对重要水功能区实施监督管理；④承办授权范围内入河排污口设置的审查许可，组织实施流域重要入河排污口的监督管理；⑤负责省界水体水环境质量监测，组织开展重要水功能区、重要供水水源地、重要入河排污口的水质状况监测；组织指导流域内水环境监测站网建设和管理，指导流域内水环境监测工作；⑥承担流域水资源调查评价有关工作，按规定归口管理水资源保护信息发布工作；⑦按规定参与协调省际水污染纠纷，参与重大水污染事件的调查，并通报有关情况；⑧承担淮河流域水资源保护领导小组办公室日常工作，按规定组织开展枯水期流域水污染联防工作，组织制定流域内重要闸坝防污调度方案并监督实施

可以看出，淮河水利委员会对水资源的管理工作主要包括水资源的协调管理、水资源保护规划的编制、纳污能力的审核、监测水质、指导相关工作的开展等，大多为指导性质的，这也表明淮委在流域水资源管理工作中的监督权、执行权十分有限。

淮河流域水资源保护工作的行政区域管理是由淮河流域 4 省各级政府及相关部门具体进行的，这也是淮河流域水资源管理的主要形式。参与水资源管理行政区域管理的政府部门主要是水利部门及环保部门，除此之外，还需要其他部门的配合。各部门在淮河流域流域管理及水污染防治工作中的作用见表 6。

可以看出，在淮河流域水资源管理工作中，各部门的职责被划分得非常清楚，但也存在相互交叉的地方，例如水源地保护工作涉及卫生部门和环保部门，城市污水处理厂建设涉及环保部门、建设部门、财政部门等多个部门。各部门之间若协调得当，则工作效率大大提升，事半功倍；若协调不当，则可能出现工作相互交叉、责任不明晰，各部门采取的措施、制定的标准相互冲突的情况，工作效果大打折扣，一旦出现问题，各部门又互相推脱责任。

表 6   各部门在淮河流域流域管理及水污染防治工作方面的职责

部　　门	职　　能
水利部门	统一管理水资源，审定水域纳污能力，提出限制排污总量的意见、对省界水体、水功能区水质实时监测
环保部门	水环境保护工作，主要目的为优化水质、降低污染
建设部门	管理城市水资源开发保护建设，城市污水处理厂规划、建设和运营，城市污水管网的建设等
农业部门	管理农业用水，控制面源污染
林业部门	保护流域森林，涵养水源
电力部门	负责水电建设与管理
交通部门	负责内陆航运，水运环境管理
国土资源部门	负责水资源工程用地管理
卫生部门	监测与保护饮用水
财政部门	负责批准大兴水资源工程项目，排污收费政策和资金管理
科技部门	管理水资源科学研究重大项目
气象部门	负责防洪抗旱降水预报

　　淮河流域管理组织流程见图 16。

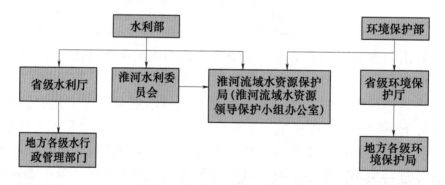

图 16　淮河流域管理组织图

（2）法律体系。

　　淮河流域是我国最早全面开展水污染防治工作的流域，其主要标志为1995 年国务院审批通过了流域范围内的指导水污染防治工作的重要法规性文件《淮河流域水污染防治暂行条例》。17 年来，随着淮河流域水污染防治工作的顺利开展，在淮河流域适用的与流域管理及水污染防治工作相关的法律体系也逐渐完善。本节将主要从法律法规的具体内容及执法情况来探讨淮河流域现有法律体系对"十一五"期间淮河流域水污染防治工作开展的影响。

1995 年《淮河流域水污染防治暂行条例》颁布以来，淮河流域水污染防治工作得到了越来越多的重视，许多法律法规在修订的过程中陆续添加流域管理及水污染防治工作相关的条款，加之《中华人民共和国民法通则》《中华人民共和国刑法》《中华人民共和国行政处罚法》等相关法律规定，已为淮河流域水污染防治工作构建了一个涵盖刑事、民事、行政、环境等方面的全面的法律体系。与流域管理及水污染防治工作相关的法律条款见表 7。

表 7　　　　　流域管理及水污染防治工作相关法律条款

法律法规名称	颁布（或修订）时间	与流域管理或水污染防治工作有关的相关内容
中华人民共和国宪法	2004 年 3 月修订	第九条确定国家为水资源的唯一所有权主体，规定了水资源的权属制度，为我国的水资源管理奠定了基础
中华人民共和国民法通则	1986 年 4 月修订	第一百二十四条规定违反环境保护相关规定，污染环境对他人造成损害的，应当依法承担民事责任
中华人民共和国水法	2002 年 10 月修订	第十二条规定对水资源管理实行流域管理与区域管理结合的管理体制，并确立了流域管理机构的法律地位，且在多个条目中具体规定了流域管理机构的职责；第二章专章中对水资源规划进行了相关规定，水资源规划中又突出了流域规划的主导地位。第三十二条县级以上地方人民政府水行政主管部门和流域管理机构应当对水功能区的水质状况进行监测
中华人民共和国防洪法	1997 年 8 月颁布	15 个条款涉及流域管理，其中 12 个条款规定了流域机构在防洪和河道管理中的职责，主要内容为综合治理湖泊和河道，减轻水患灾害，不涉及水资源的开发、利用、管理和保护等方面的问题
中华人民共和国水土保持法	1991 年 6 月颁布	涉及了保护和合理利用跨行政区的水土资源问题；第四条对水土保持实行全面规划、综合防治的原则进行了规定
中华人民共和国水文条例	2007 年 4 月颁布	第二十条规定水文机构发现被监测水体的水量、水质等情况发生可危及用水安全的变化时，应当及时将监测、调查情况和处理建议上报水行政主管部门；发现可能发生突发性水污染事件的水质变化时，应及时将监测、调查情况报政府水利主管部门和环保行政主管部门
取水许可和水资源费征收管理条例	2006 年 1 月修订	第三条规定流域管理机构负责所管辖范围内取水许可制度的组织实施和监督管理；第六条规定取水许可必须符合水资源综合规划、流域综合规划；多个条文规定了流域管理机构对取水许可的审批权限与范围

续表

法律法规名称	颁布（或修订）时间	与流域管理或水污染防治工作有关的相关内容
中华人民共和国河道管理条例	1988 年 6 月颁布	第五条规定河道管理实行按水系统一管理与分级管理相结合的原则，按照相关规定，淮河流域的主要河段跨行政区的重要河段由淮委统一规划实施管理；第三十五条规定河道主管机关应进行河道水质监测，协同环保部门对水污染防治实施监督管理
入河排污口监督管理办法	2004 年 11 月颁布	多个条款确定了流域管理机构在对入河排污口的设置和使用方面进行审批、监督时职权的范围；办法中特别提到，依照相关法律需要进行环境影响评价的项目，在经过水行政主管部门及流域管理部门审批之后，再交给环境保护部门审批
中华人民共和国环境保护法	1989 年 12 月颁布	第七条规定了水资源保护实行统一管理与分级、分部门管理相结合的体制；在第十五条规定了跨行政区环境污染和环境破坏防治工作的解决途径；但并未明确提出流域管理机构在水污染防治工作中的作用
中华人民共和国水污染防治法	2008 年 6 月修订	第十五条特别指出水污染防治工作要按流域或者区域进行统一规划，淮河流域的水污染防治规划应当由国务院环境保护主管部门主要负责编制；第八条确定了流域水资源保护机构的职能，并规定各级人民政府有关部门协同流域管理机构对水污染防治实施监督管理。第二十六条国家确定的重要江河、湖泊流域的水资源保护工作机构负责监测其所在流域的省界水体的水环境质量状况
中华人民共和国水污染防治法实施细则	2000 年 3 月修订	第二条提出流域水污染防治规划应当包括的具体内容；第六条明确提出流域水污染防治规划应当是由国家环境保护部门主导，会同其他有关部门及各级政府共同编制
淮河流域水污染防治暂行条例	1995 年 8 月颁布	规定了淮河水资源保护领导小组、相关政府和部门的职责和权限及相关行政处罚条款；设置了专门机构负责全流域的水资源保护管理，淮河流域水污染防治以淮河流域水资源保护领导小组为核心。淮河流域水资源保护领导小组办公室设在淮河流域水资源保护局

可以看出，淮河流域水污染防治工作的法律体系已经初步形成，淮委的具体行政职能及其地位从法律上得以明确，同时，也明确了淮河流域的水资源主要由淮委及各级水利部门共同管理，在实践中实现了流域水资源的统一管理和调度；此外，法律中还明确地提到淮河流域的水污染防治规划应当服从于淮河流域的综合规划，淮河流域综合规划的主导部门为淮委，而淮河流域水污染防治规划的主导部门为国家环保部门。

（3）治淮政策。

流域水污染防治工作是一个体系庞大、繁琐复杂的工作历程，需要政府各部门、各行业企业、公众等的互相配合，为了保证《"十一五"规划》的实施效果，其对实施过程中需要各方面配合的具体政策进行了较为明确的说明，现将《"十一五"规划》中明确列出的政策进行归纳，见表8。需要特别说明的是，本节所提及的治淮政策不包括法律法规的相关内容，具体是政府对各方面的指导意见、要求等，不具备法律效力。

表8　　　　　　　　　"十一五"规划政策总结归纳

污染物总量控制制度	工业污染物总量控制制度	强行淘汰制度（针对落后的生产工艺）	
		重点工业污染源监管	
		排污许可证制度	
		环保准入制度	"三同时"制度
			环境影响评价制度
		产业结构调整政策	
		工业生产节水政策	
		强制清洁生产审核制度（针对污染严重的企业）	
	农业污染物总量控制制度	农业种植结构调整	
		畜禽养殖结构调整	
		水产与畜禽养殖控制制度	
		农村饮用水水源地污染防治政策	
		农村环境基础设施建设	
	生活污染物总量控制制度	环境基础设施建设相关政策	污水处理厂动态监督管理
			筹资制度
			污水处理费征收政策
			污水处理厂工艺流程选择
			污水处理厂配套工程建设
		生活节水政策	
保障政策	监测预警系统建设	城市饮用水应急制度	
		监测系统建立支持政策	
	水质信息发布制度		
	公众参与政策		
	监督政策	环境损害赔偿制度（针对企业）	
		目标责任制（针对政府）	
		问责制（针对公务人员）	
		排污单位环境责任追究制度	
		规划年度评估制度	
	技术政策		
	科研支持		
	管理政策	垃圾清运处理制度	
		违规企业排污口关停制度	

（三）地表水污染主要问题识别

淮河水质自 2005 年以后明显好转，显示淮河流域污染治理工作取得了积极的进展，但是淮河流域水环境质量仍不尽人意，对保障人民健康及经济发展都有较大压力。

1. 水环境形势分析

（1）南水北调东线通水提出更高水质保障需求。

为实现南水北调东线工程 2013 年全线通水，要求输水干线全线稳定达到Ⅲ类水质。目前，山东、江苏两省已采取提高排放标准、污水深度处理、人工湿地、截污导流等措施使沿线水质有了大幅提高，但部分断面仍处于Ⅳ类甚至劣Ⅴ类，特别是南四湖部分入湖河流，距离通水水质要求还有较大差距。

（2）城市快速发展对流域水质改善造成压力。

在"东部开放、中部崛起"战略的大背景下，淮河流域紧密衔接着东陇海地区和中原经济区等国家层面的重点开发区域，"十二五"期间，流域城镇化速度将超过全国平均水平，随着人口的快速增长和经济的迅速发展，将给水质改善带来巨大压力。

（3）粮食增产需求给水环境保护带来挑战。

淮河流域是我国商品粮生产三大基地之一，具有举足轻重的地位。在2009 年国务院办公厅印发的《全国新增 1000 亿斤粮食生产能力规划（2009—2020)》中提出，淮河流域是我国小麦、玉米和稻谷的优势产区，是该规划的核心区之一。流域的粮食产区多存在地表水开发潜力小、地下水超采严重的问题，粮食增产需求进一步加剧了水资源的开发力度，给水环境保护带来挑战。

（4）洪泽湖水生态安全水平有下降趋势。

从 20 世纪 80 年代到 21 世纪初，洪泽湖的生态安全水平自"安全"下降至"一般水平"，湖泊面积缩小，水体自净能力下降，湿地资源退减；湖体过水通道生物多样性降低，形成"短流"现象，抗冲击能力减弱。作为南水北调东线和下游城市的重要备用水源地，洪泽湖生态安全保障面临较大压力，输水安全存在隐患。

（5）苏北沿海开发对海洋生态环境造成隐患。

2009 年，国务院批准了《江苏沿海地区发展规划》，将在江苏北部区域建设大型物流园区、港口，布设钢铁、石化、医药、能源、材料、新型装备、农副产品和海洋产品加工基地等项目。随着苏北沿海污染排放的增加，以及南水北调东线沿线的大部分污水通过截污导流工程排入附近海域，近岸海域生态保护压力陡增。

2. 水环境问题

（1）氨氮成为首要污染因子，跨界污染纠纷有待解决。

2010年，氨氮超标的河流型国控断面占总断面的23.3%，超标倍数多在1～3倍，氨氮已成为淮河流域的首要污染因子。惠济河（豫—皖）、涡河（豫—皖）、沱河（豫—皖）、新濉河（苏—皖）、奎河（苏—皖）、邳苍分洪道（鲁—苏）等河流氨氮污染严重，跨界纠纷问题尚未得到解决。

（2）部分饮用水水源地水质超标，水源地水质安全仍需加强。

淮河流域尚有11个地表水型城镇集中式饮用水水源地的水质劣于Ⅲ类，主要超标因子为铁、高锰酸盐指数、总磷、COD，主要由上游来水、城镇生活、工业、畜禽和网箱养殖等污染所致。集中式饮用水水源地仍存在执法不到位、应急响应机制不健全、监测布点和监测频次不到位等问题，多数水源地不能每年开展一次以上全指标监测，部分水源地不能每月开展一次以上常规指标监测，147个饮用水水源地保护区未获批复。

（3）城镇生活污染贡献率大，污水处理效率偏低。

淮河流域城镇生活污染物排放量所占比例不断提高，已成为主要污染来源，城镇生活源排放的COD和氨氮分别约占工业与生活排放总量的70%和80%以上。总体来说，淮河流域城镇污水处理能力依然不足，主要城市的污水集中处理率已达到70%以上，但是乡镇和局部区域生活污水处理率仍较低，城镇污水配套管网建设滞后，生活污水收集率不高，脱氮除磷水平低，污泥无害化、资源化处理处置不到位，部分污水处理厂存在未建设消毒设备、不稳定达标排放等现象。

（4）工业结构性污染突出，治理水平有待提高。

淮河流域造纸、化工、农副、纺织、饮料、食品、黑色金属、皮革、医药等九个主要污染行业产值约占流域工业总产值的1/2，但排放的COD和氨氮分别约占全流域工业源排放总量的85%和90%，结构性污染突出。流域内行业排放标准不统一，区域间工业污染治理水平、环境监管能力有明显差距，再生水回用率总体偏低，部分企业存在直排、超标排放现象。

（5）农业面源污染日益突出，面源污染控制亟待加强。

已有研究表明，淮河流域平水年入河排放量中农业面源贡献的总氮、总磷和COD与工业点源和城镇生活源的贡献基本相当。随着工业点源污染控制水平的逐步提高，农业面源污染对水环境污染的贡献越来越突出。农业活动主要污染单元为畜禽养殖、农用化肥、水土流失单元，次要污染单元为农田固废、农村生活和有机肥单元。河南地区面源污染的入河排放量最大，其次是安徽和江苏，山东地区最少。畜禽养殖是淮河流域面源污染的最主要贡献单元。淮河流域作为我国最早开展水污染综合治理的重点流域之一，其水污染的防治工作具有很强的典型性和代表性。在历经了3个"五年计划"的持续治淮后，尽管淮河流域排污总量已有所削减，但水污染形式依然十分严峻，水质超标现象仍很普遍。目前面源污染防治已经提上日程，但是由于面源污染面广、量大，时空分布复杂，治理难度很大，亟待开展专项研究并制定全面治理规划方案，通过分步实施，加强对面源污染负荷的削减和控制。

（6）重金属和持久性有机污染物污染问题初现端倪。

在传统的有机污染、氮磷等营养元素污染问题尚未得到有效控制的同时，淮河流域一些地区还面临着重金属污染和持久性有机污染物（POPs）污染等新型的环境问题。由于缺乏基础研究，目前尚不能全面掌握重金属污染和POPs污染的分布和特征，但是局部地区已经发生多起污染事件，严重威胁到附近居民的健康。由于重金属和POPs物质都具有生殖毒性和在环境中长期存在的特性，一旦进入环境就难以根治，因此必须从源头给予高度重视。

（四）地表水污染防治管理体系分析

1. 淮河流域水污染防治行政体制

（1）流域管理机构级别差异。

淮委是淮河流域水资源管理和水环境保护的行政主管部门。作为一个正厅级机构，虽然淮委与淮河流域各省的水利厅、环境保护厅同级，但由于机构定性更偏向于享有一定行政职能的事业机构，因此淮委在流域管理统筹协调方面权威性不够，难以对流域水资源实行统一管理。

淮委是水利部的派出机构，与各部委在行政层级上不对等。在水污染防治工作中，环境保护部是最高主管部门，淮委主要起协同管理的作用，水污染事故发生时，淮委无权直接与环境保护部交涉，而是要通过上级的水利部来进行协调，操作不便、效率低下。

淮河流域水资源保护领导小组是淮河流域主要负责淮河流域水污染防治工作开展的机构，由中央有关部委和地方人民政府联合组成，其领导小组办公室设在淮河流域水资源保护局编制在淮委的淮河流域水资源保护局中。淮河流域水资源保护局为具有行政职能的副局级事业单位，参照公务员法管理，但比正局级的环境保护厅还低半级。虽说领导小组有权行使国务院制定的任务，但其在直接执行流域协调工作时，由于级别所限，权威性不足等原因，工作面临很大难度。

（2）流域管理机构所属部门差异。

流域管理机构在做出决策或者发布文件时应当权衡利弊，从流域的整体利益出发，以利于流域全面、和谐、整体发展。然而在淮河流域，作为流域管理机构的淮委是水利部的派出机构，在对水资源进行管理的过程中，更多地从水利部门的角度作出决策，更关注工程的实施对淮河流域水文环境造成的影响，对环境保护工作并未过多侧重。淮河流域水资源保护局虽然名义上是受水利部与环境保护部双重领导，但由于各种原因，在环境保护工作中发挥的作用受到很大限制。

1998 年，国家环境保护局升格为国家环境保护总局，2005 年，国家环境保护总局进一步升格为环境保护部，与水利部一样成为我国 27 个直属部委之一。环境保护工作在我国占据着越来越重要的地位，随着环保部门中央机构的一再升格，环境保护部对我国环境保护工作的思路逐渐明晰。淮河流域水资源保护局虽然由中编办明确为淮委的单列机构，具备一定的独立性，但毕竟隶属于水利部门，其工作更多会从水利方面出发，为了进一步方便水污染防治工作的开展，环境保护部下属机构重点流域水污染防治处（简称流域处）开始越来越多的代行领导小组的职责。重点流域水污染防治处隶属国家环境保护部下属的污染防治司，其主要职责为组织拟订七大流域、南水北调工程沿线和跨国界河流的水污染防治规划并监督实施，建立跨省（国）界河流水质考核评估制度并组织实施，指导全国河流水污染防治工作。

由于淮委下属淮河流域水资源保护局的部分职能被环境保护部下属的重点流域水污染防治处所替代，两者之间的职责也发生了交叠，进而产生冲突。其中最引发社会关注的是在 2005 年 4 月，淮委发布所谓的《第一个流域限制排污总量意见》，提出淮河流域水域所能容纳的污染物总量，得到环境保护部（时为国家环境保护总局）的高调回应，认为其无权发布限污意见，环境污染事故信息应由国家环境保护总局负责对外统一发布。水利部、环境保护部均列举出相对应的法律、政府文件支持，双方各执一词，相持不下。2008 年《水利部主要职责内设机构和人员编制规定》对水资源保护与水污染防治工作中水利部与环境保护部职责的进一步分工进行了详细的规定："水利部对水资源保护负责，环境保护部对水环境质量和水污染防治负责。环境保护部发布水环境信息，对信息的准确性、及时性负责。水利部发布水文水资源信息中涉及水环境质量的内容，应与环境保护部协商一致。"并且进一步要求两部门加强协调与配合，协商解决有关重大问题。该文件对流域管理工作中水利部与环境保护部的工作进行了明确的划分，也是在我国流域管理工作行政体制中发现漏洞之后采取的一种补救措施。

从指令传达流畅的角度来讲，通过重点流域水污染防治处来领导淮河流域水污染防治工作的开展，方便直接对各级环境保护部门逐级下达相关工作的指导意见、文件等，更加符合当前我国各级政府之间传达指令的传统模式，相对淮河流域水资源保护局将相关情况上报淮委，淮委再与各级政府协商的解决问题的方式更高效。从流域管理的角度来讲，一方面，如果环境保护部重点流域水污染防治处完全负责对 7 个流域的水污染防治工作进行开展，巨大的工作量将消耗大量的人力物力，并且工作对具体流域的针对性不够。另一方面，不从流域整体的角度进行规划，仅仅从环境保护的角度对淮河流域的流域管理采取措施，那么在流域层面进行的环境保护工作与其他方面的工作（例如水利、农业、林业等部门的工作）之间存在的矛盾冲突仍然得不到解决，将会"一波未平，一波又起"，建立淮河流域能够对淮河流域从各个方面进行整体规划、管理的机构仍然十分必要。

2. 淮河流域水污染防治法律体系

1）当前法律的制定带有明显的部门痕迹。如《中华人民共和国水法》、《中华人民共和国防洪法》、《中华人民共和国水污染防治法》等，在谈及流域水资源管理时，更强调水资源的调配，并未对因水资源调配可能造成的污染源扩散的解决方案以及流域管理机构在水污染防治工作中应当发挥的作用进行详细的规定；环境保护部门颁布的相关法律中，侧重污染物排放所应实施的标准及惩罚力度等，对于在流域环境保护工作中可能产生的与各部门工作中出现相互交叉的情况并未进行明确的说明，如此可能造成的结果包括在实际流域管理工作中可能出现在面对利益时各部门相互争抢以及在面对责任时各部门相互"踢皮球"的情况，不利于水污染防治工作的进行。

2）从现有法律内容的全面性来讲，具体涉及流域内省界纠纷方面的内容，如流域管理财务制度、流域管理与行政管理部门间的协调机制、流域管理信息统计公开制度、流域生态补偿机制等方面，都未作出具体的规定。此外，需特别指出的是，法律中缺少公众参与制度相关的法律条款。2002 年修订的《中华人民共和国水法》中没有涉及流域管理的公众参与制度，而其他相关法律中虽然有一些关于公众参与的规定，但并不完善，可操作性不强。《中华人民共和国水污染防治法》第 5 条规定："一切单位、个人都有责任保护水环境，并有权对污染损害水环境的行为进行监督检举。"第 13 条规定："环境影响报告书中，应有该建设项目所在地单位和居民的意见。"但该规定仅为原则性的说明，对于公众参与的具体程序、组织方式、资金来源等都未进行明确的说明，仅根据这两条规定，流域水污染防治工作的公众参与制度无法很好地落实。

3）淮河流域缺乏系统性的、实用的流域管理相关的法律。当前淮河流域称得上流域水污染防治的相关法律为《淮河水污染防治暂行条例》（以下简称《暂行条例》），其中提出的防治目标为："1997 年全流域工业污染源达标排放；

2000年实现淮河水体变清。"鉴于当时国务院想要解决淮河流域水污染的迫切心情,《淮河流域水污染防治"九五"规划》及《暂行条例》的制定是先确定目标而后制定过程,由于时间紧迫,该目标的确定未经过对淮河流域详细的考查及相关的科学研究,目标确定的十分超前,2000年该目标并未实现。2000年后,《暂行条例》并未修订,也并未废止,距离《暂行条例》颁布已经过去了将近20年,淮河流域在社会经济、环境保护等方面的情况已经发生了巨大的变化,《暂行条例》已经不再适用,却没有更符合当前形势的与流域水污染防治工作有关的法律可以依据。

4)在地方性立法领域,法律冲突较为突出,主要表现为地方性法律法规对同一流域分段立法的现象普遍存在,地方立法忽视流域管理机构的管理,片面强调地方管理。这种现象主要因为当前流域管理仍然以政府的行政主导为主,涉及水资源的开发、利用、治理、配置、节约和保护,甚至水纠纷的处理的事务,最终都是由政府行政管理来实现。如《中华人民共和国水法》第五十六条规定:"不同行政区域之间发生水事纠纷,应当协商处理;若协商不成,则由上级人民政府裁决。"这也凸显了当前流域管理过分强调政府在流域管理中的地位,而缺少一个独立权威机构来制约政府的行为,易造成地方政府受地方保护观念的影响在实际落实水污染防治工作的法规时不能落到实处。

5)执法力度不强。从法律内容的激励上来看,我国在水环境保护方面的行政处罚一直相当谨慎,以《暂行条例》为例,第三十五条是条例中处罚最重的条款,规定对于违反枯水期污染源限排方案超量排污的企业,可以处10万元以下的罚款。不考虑消费平价指数,即便在《暂行条例》制定当时,企业产生的利润短时间内就能弥补所支付的罚款金额,违法成本远低于守法成本,对企业而言,缺乏自觉遵守水污染防治相关法律的激励。从地方政府法律执行情况上来看,淮河流域的水污染防治工作中,治淮主体有法不依、执法不严、违法不究的现象相当严重,多部门相互牵扯,缺少有效协调,致使国家相关水环境治理政策未能得到有效实施。执法主体多元化,流域上下游各自为政、难以统一,导致法律执行效果差,政府的管制也常常达不到预期的效果。

3. 淮河流域水污染防治政策回顾

《"十一五"规划》所提到的政策基本涵盖了流域水污染防治工作中涉及的各方面,包含工业、生活、农业及监管措施等,但规划中提及这些政策时,是以达成水质目标为目的出现的,如保障饮用水水源水质、保障湖泊水质等,并没有对各部门应该颁布执行的政策进行系统性的归纳,并且缺少如交通运输业、林业、生态保护等方面的内容,仍需不断完善。

《"十一五"规划》中的政策,除了在附录中明确列出具体项目的有关政策之外，其余提及的政策多为国家环保部在全国范围内实施的政策，并未针对淮河流域的具体情况制定，可操作性不够强；此外，部分政策只是在规划中提出，未作详细的说明，笔者也未找到有其他文件进行了更为详细的说明，比如公众参与政策，这同样存在可操作性不强的问题。

《"十一五"规划》中的政策并不十分完善，下面将具体以总量控制制度、环境保护目标责任制、城市污水处理厂建设筹资政策、公共参与政策为例进行较详细的说明。

（1）总量控制制度。

《"十一五"规划》要求将淮河流域5年内的总削减量以相同的比例分配各地区各年度的污染物削减量配额，这种分配带有一定的主观性，实际分配的排污总量与各地、各企业实际需要削减的排污量未必相符，因此不能确保各地得到最佳的分配量。并且，淮河流域尚未建立与总量控制制度相配的排污权交易市场，各地区的产业、工业结构相差较大，水资源分布时间空间范围内也不均匀，污染较轻的地区在达到所分配的排污总量要求后，不再有继续削减污染物的激励，而污染较重的地区又往往难以完成任务。

（2）环境保护目标责任制。

环境保护目标责任制对当地政府主管部门完成水污染防治工作产生了一定程度的激励作用。但实际实施过程中，环境责任书的制定带有一定的随意性和盲目性，这也影响了目标责任制的实施效果；同时，将环境保护目标考核列入各级领导的政绩考核的做法使得各级领导在实施流域水污染防治工作时带有较强的功利性，他们往往会着重考核指标中所涉及的部分，做足表面工作，而忽视水污染防治工作的其他方面。

（3）污水处理厂建设筹资政策。

淮河"十一五"规划指出城市污水处理厂的建设资金主要由地方政府承担，鼓励采取多样化的融资渠道。但实际情况是，由于城市污水处理厂的建设社会效益远大于经济效益，因此当前情况下城市污水处理厂要想完全实现市场化的投融资还很困难，目前城市污水处理厂建设资金来源中市场化投资仅占很少的一部分，大部分资金来源于国债。此外，污水处理费用征收政策早在"九五"规划中就明确提及，但由于淮河流域自备井的存在过多，征收率不高，实际征收到的污水处理费远不足以维持正常运营，污水处理厂运营的费用相当一部分来源于政府补贴。城市污水处理厂建设的筹资政策及污水处理费用的征收政策需经充分调研分析之后进行进一步的完善。

（4）公众参与制度。

《"十一五"规划》中提到，公众可以通过热线电话、公众信箱、开展社会调查或环境信访等方式反映意见。但是这些方式只能反映意见，并不能直接参与决策。即在现有水资源管理体制下，一般公众、地方、行业和用水户代表无直接参与流域水资源管理相关决策的渠道，公众在水资源管理方面没有完全享有参与权与知情权。淮委的组成人员的身份是国家公务员，无法广泛代表各方利益，淮委在水资源管理方面所作出的决策不能充分表达公众的利益和要求，仅为政府或区域利益和要求的表达。公众本应完全享有的对水资源保护工作的监督权也未完全体现出来。

目前淮河流域也没有任何鼓励环境非政府组织（NGO）的政策。环境NGO，又称民间环保组织，是相对政府环保组织而言的。环境NGO有广泛的群众基础，在发现分布分散的企业的违法活动方面具有很大的优势。此外，环境NGO还能够对企业的生产过程进行监督，减少有害于环保的生产流程，并利用专业知识帮助企业解决污染治理中的问题。近年来，我国的环境NGO从无到有，从小到大，但是由于经济基础薄弱、没有主管单位、注册难等问题，环境NGO想要发挥其应有的作用还存在一定困难。

（五）对淮河流域地表水污染防治对策和建议

1. 巩固并进一步加强点源治理

完善流域水污染防治立法，加强环境监管。制定符合流域自身特点、操作性强、能实现综合协调的污染防治法律或法规。理顺国家、流域管理、省市等各层次权责职能，清晰政府、企业、公众各方权利义务。严格按照法律法规和流域水污染防治规范要求，加大执法力度，规范环境执法人员的执法行为，实现能源总量的合理控制，减少污染物排放。

加快产业结构调整，加强重点行业污染源治理。严格执行国家产业政策，加快流域内产业调整、优化升级，依法逐步淘汰落后产能，彻底清理、关闭、取缔"十五小"等重污染企业，严格执行项目准入制度。以巩固治理成效、防止污染反弹为目标，进一步加强对点源污染的治理与监管，重点治理与监管农副产品加工、化工、造纸、皮革、制药等工业污染源。积极推进清洁生产，建设绿色企业，提高工业企业污染处理深度。

完善城镇水环境保护基础设施建设，提高生活污水处理能力。把城镇污水处理厂配套管网系统建设放在首位，因地制宜建设雨污分流系统或者实施排水管网的升级改造，提高污水收集能力。继续加大投入和支持力度，加快城镇污水处理设施建设，特别是水质不达标地区和中小城镇地区应该优先考虑。进行现有污水处理装置升级改造，严格执行污水处理设施排放标准。加强污水处理设施剩余污泥的处理处置，实现无害化和综合利用。

2. 流域综合管理机构和体制建设

饮用水安全问题、水环境污染、阴霾问题以及重金属污染、区域环境健康问题，应该从流域综合治理为基本考虑，避免流域各省份、各地区、各行业条块分割、协调不利、各自为战。泰晤士河流域、莱茵河流域以及多瑙河流域的治理经验说明，一个职能设置合适、充分的流域综合治理机构在流域治理过程中至关重要的作用，尤其是多瑙河流域的治理历史并不比淮河长，沿多瑙河涉及 14 个国家，而且各国发展水平相差较大，但是在 1998 年成立的多瑙河国际委员会（ICPDR）的协调和指导下，多瑙河流域的综合治理取得了较好的效果。

建议中的淮河流域综合治理管理机构应该以淮河流域地理单元为职能作用范围，以流域内环境综合治理协调和指导为方针，以水资源开发和利用、水环境质量保护、淮河防洪为主、兼顾区域饮用水安全、环境健康、区域大气污染防治、重金属污染防治等为工作内容。明确流域综合治理机构与国家相关主管部门、沿淮各省的职责划分和工作关系，明确其在流域内容产业结构调整、城镇化、现代农业建设中的权责和地位，明确其能够掌握的资源以及为完成工作职责可以行使的途径和手段。流域综合管理机构应当具备以下特点：

1）存在有效的法律法规对流域管理机构的具体职能做出详细的说明，流域管理机构在行使职能的时候具备强有力的法律支持。

2）下属机构设置及机构职能不偏向于水利行业，而是均衡地涉及流域管理的各个方面，且能够全面的协调流域治理各部门的工作分工，确保流域的全面治理。

3）能够协调各省水污染防治的工作，促使各省在流域层面及子流域层面开展多种形式的合作，以有效解决水污染纠纷事件，使得淮河流域水污染防治工作顺利开展。

4）从流域的层面出发，颁布针对淮河治理的相关法律，并监督实施，国家环保部、水利部等机构及地方相应的各机构责任人应当对相关法律予以足够的重视，并对相关的措施等积极贯彻落实。

建议制订《淮河流域环境保护规划》。摸清淮河流域环境污染现状，尤其是水环境质量、饮用水安全、重金属污染、环境健康、区域大气环境问题等污染现状和质量现状，结合淮河流域社会经济发展特点，研究流域环境质量目标和控制途径。

3. 优化水环境安全格局

（1）巩固淮河干流水质。

淮河干流水质稳定达到Ⅲ类。重点加强淮河干流淮南段、淮河干流蚌埠滁州段治理，加强城镇污水处理设施升级，强化脱氮除磷处理，实施工业企业深度处理；开展乡村生活污水处理以及畜禽养殖污水治理。

（2）努力改善支流水质。

到 2015 年底，贾鲁河、清潩河、泉河、颍河、惠济河、涡河、新濉河、奎河等主要支流基本消除劣 V 类水质。建立流域-控制区-控制单元分区管理体系，重点控制河南省区清潩河许昌漯河段、泉河漯河周口段、贾鲁河郑州周口段、惠济河开封周口段、涡河开封周口段，安徽省区沣河淠东干渠六安段、颍河谷河阜阳段、涡河亳州段、沱河淮北宿州段、怀洪新河宿州蚌埠段，江苏省区通榆河南段水质，加强农副产品加工、化工、造纸、皮革、制药等工业点源治理，加快污水处理厂、配套管网建设和升级改造，着力进行畜禽养殖污染治理。加强漯河、许昌、周口、郑州、开封、六安、阜阳、亳州、蚌埠、淮北、宿州、扬州等城市水污染控制。

（3）确保南水北调东线水质。

加强山东省区上级湖湖西菏泽济宁段、上级湖湖东济宁他南段、下级湖枣庄济宁段、微山湖湖西徐州段、京杭运河徐州段、北澄子河扬州段治理，确保南水北调水质安全。

4. 完善淮河治理法规

目前，淮河流域水污染防治法律的当务之急是制定符合淮河流域实际形势的、操作性强的、综合协调流域的流域水污染防治法律法规。

制定淮河流域水污染防治规划时，应当首先确定一个较为长期的目标，制定一个较为长期的规划，之后对该规划进行细化，将长期的规划层层分解，针对不同阶段的流域污染情况制定阶段性的水污染防治规划。

执法力度方面，建议加强流域水污染防治法规的执法力度，对环境执法人员的执法行为进行规范，同时，当前法律中对于超标排污的企业惩罚过轻，建议增强法律的处罚力度。

5. 健全公众参与机制

1）从法律层面需要对公众参与的具体途径进行明确，对公众参与的渠道采取充分的保障措施，为公众参与提供足够的法律支持。

2）及时公开环境监测的数据，以便公众及时获知水质状况，对政府的水污染防治工作进行有效的监督。

3）在淮河流域，政府可以通过设立淮河治理宣传日等相关活动对与淮河流域水污染防治有关的环保知识进行普及，提高公民的环境保护意识。

4）重视环境 NGO 的存在，完善环境 NGO 的法律法规，支持环境 NGO

的发展。

5）水污染防治规划制定过程中可以邀请流域其他部门（如水利、农业、林业等）、环境 NGO 以及有关企业的负责人等，从不同角度充分吸取意见，一方面，如此可以减少规划在实施过程中与其他部门的冲突；另一方面，如此可以充分调动其他部门在水污染防治工作中的积极性。

6. 建设监测预警系统

淮河流域目前监测系统基本完善，水质监测的项目基本符合目前淮河流域水污染的具体情况。考虑到淮河流域地下水位较低，地下水与地表水相互之间的交换较为频繁的情况，建议增加地下水理化性质项目的监测。在淮河流域开展地下水理化性质的监测，既可以借此进行有关污染物在地下水中迁移转化的有关研究，也可以同时监督不法企业往地下水中直接注入污染物的行为。

淮河流域目前没有独立的预警系统，虽然目前基于监测系统建立的预警系统能起到一定的预警作用。但是，在发生水污染突发事件时，由于没有完善的信息系统，信息需要在发生事故的上下游相互传递，信息的传递需要时间，浪费了迅速处置的宝贵时间，同时，由于缺乏类似于多瑙河流域影响评价模拟系统的体系，无法短时间内对水污染的扩散传播作出相对精确的判断，处理突发事故效率较低。建议在淮河流域建设相对独立的水质预警系统，附加信息处理系统及影响评价模拟系统，以在突发性污染事故发生时尽量减少财产损失，给人民群众的生活健康等带来最小的影响。

7. 平等高效的合作机制

我国对水资源实行统一管理与分级、分部门管理相结合的制度，在水污染防治工作中，流域管理与行政管理形式并存。从某种程度上讲，现行分割的行政体制是导致我国环境"跨界污染"得不到有效解决的一个主要因素，因此，有必要参考多瑙河流域合作机制，建立政府间的协调与合作机制，强化地方政府在环境治理政策制定与执行的规范化和法制化，以便跨区域环境治理工作的顺利开展。

（六）淮河流域面源污染防治专题研究

1. 农业面源污染现状分析

（1）淮河流域面源污染单元划分。

采用单元分析法对淮河流域农业面源污染开展负荷调查和评估。面源污染主要来源于农业生产和农村生活，包括化肥农药污染、畜禽养殖污染、农业固体废弃物和农村生活污水、垃圾、粪便排放等。为便于评估，这里将面源污染单元一级类别确定为水土流失、化肥流失、畜禽养殖、农田废弃物和农村生活五大类，见表9。基于表中所划分的类别和单元，逐一调查，获取淮河流域面源污染基础信息数据。

表9　　　　　　　面源污染单元表

一级类	二级类	单元	计量指标（单位）
水土流失	土地利用类型	耕地（水田、旱地） 园林 林地 牧草地 未利用地	土地面积（km²）
化肥	化肥	氮肥	施用量（折纯，万 t）
		磷肥	
		复合肥	
畜禽养殖	大牲畜	牛	年末存栏量（万头）
		马	
		驴	
		骡	
	猪	猪	肉猪年内出栏量（万头）
	羊	羊	年末存栏量（万头）
	家禽	肉禽	年末存栏量（万头）
		蛋禽	年末存栏量（万头）
农田废弃物	粮食作物	稻谷	播种面积（km²）/总产量（万 t）
		小麦	
		玉米	
		豆类	
		薯类	
		其他	
	经济作物	油料	
		棉花	
		其他	
	园艺作物	蔬菜	
		其他	
农村生活	农村生活污水 农村生活垃圾 农村人口粪尿	人	农业人口/乡村人口（万人）

（2）淮河流域面源污染排放量匡算。

2010 年淮河流域化肥流失、畜禽养殖、农田固体废物和农村生活的 COD、总氮（TN）、总磷（TP）面源污染潜在排放量分别共计 133.70 万 t、75.29 万 t 和 7.95 万 t，见表 10。

表 10 淮河流域面源污染潜在排放量 单位：万 t

年份	畜禽养殖			农田固体废物			农用化肥		农村生活			合计		
	TN	TP	COD	TN	TP	COD	TN	TP	TN	TP	COD	TN	TP	COD
2005	29.85	3.12	142.76	0.68	0.14	0.92	42.68	3.33	7.21	1.47	10.64	80.42	8.06	154.31
2010	21.66	2.55	122.11	0.81	0.18	1.14	45.73	3.78	7.09	1.44	10.45	75.29	7.95	133.70

从潜在排放量看，较 2005 年，2010 年农业面源潜在排放总量有所下降，其中总磷、总氮、COD 分别降低 6.81%、1.38% 和 15.42%，见图 17 和图 18。由于畜禽养殖数量在 2005 年后有所降低，规模化养殖比重的逐年提高，以及随着城镇化率提升，使得农村人口地相对减少，畜禽养殖和农村生活单元潜在排放量均有所降低。随着粮食产量的持续增长，化肥施用量的增加，导致农田固体废弃物和农业化肥单元潜在排放量略有上升。

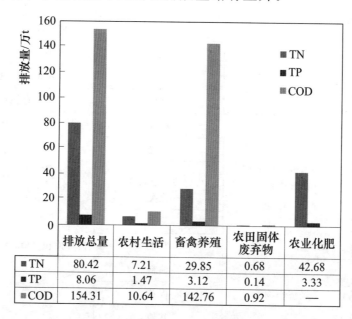

图 17 2005 年淮河流域面源污染潜在排放量

从污染单元看，化肥施用是最重要的氮磷污染来源，它对总氮和总磷的贡献率分别为 60.74% 和 47.55%；畜禽养殖对 COD 贡献最显著，占 91.33%，对 TN 和总磷的贡献分别占 28.77% 和 32.08%；农村生活单元总磷、总氮、COD 分别占总排量的 9.42%、18.17% 和 7.82%；其中农村粪便排放量分别

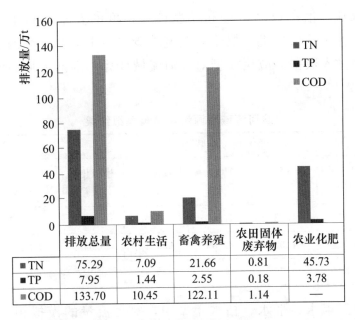

	排放总量	农村生活	畜禽养殖	农田固体废弃物	农业化肥
■ TN	75.29	7.09	21.66	0.81	45.73
■ TP	7.95	1.44	2.55	0.18	3.78
■ COD	133.70	10.45	122.11	1.14	—

图18　2010年淮河流域面源污染潜在排放量

占98.6%、98.6%和93.5%,占绝对优势;农田固体废物对面源污染贡献率最小,总氮、总磷和COD分别占1.07%、2.23%和0.85%,见表11;因此,初步判断对禽养殖和农用化肥的控制管理应该成为农业面源污染控制的重点。

表11　　　　　　　　2010年淮河流域面源污染排放单元比较　　　　　　　　%

项目	农村生活	畜禽养殖	农田固体废物	农用化肥
TN	9.42	28.77	1.07	60.74
TP	18.17	32.08	2.23	47.55
COD	7.82	91.33	0.85	—

以上基于单元分析方法得出的污染源估算结果,可以从一定程度上说明淮河流域的面源污染情况,但是面源污染的特点决定了污染源需要通过降水驱动才能汇入水体,通过折算获得的污染物产生量,在迁移过程中会发生转化,并不等同于最终的入河量。因此,有必要通过建立数学模型的方法来进一步分析污染源迁移转化规律,从而计算最终的入河污染负荷。

(3)面源污染现状模拟。

对淮河流域面源入河污染负荷的计算,采用清华大学环境学院综合当前国际多种面源模型的优势和我国实际应用需要,研制开发的基于事件驱动的分布式面源模型IMPULSE(Integrated Model of Non - point Sources Pollution Processes)进行流域面源污染现状模拟。

根据流域基础信息数据条件和模型计算精度的要求，利用 500m×500m 的网格对以上各属性信息进行概化，全流域概化为 1075800 个网格，提取所需信息作为模型输入数据。应用模型对淮河流域计算，淮河流域面源污染总量模拟结果见表 12。

表 12 淮河流域面源污染总量模拟结果

年型	模拟结果					实测数据	
	TN /万 t	TP /万 t	COD /万 t	径流量 /亿 t	模拟相对 误差	降雨量 /mm	径流量 /亿 t
丰水年	9.89	1.73	47.97	778.95	−0.064	1058.7	779.0
平水年	6.01	1.05	29.33	569.11	0.045	831.1	569.1
枯水年	3.33	0.57	16.08	330.68	0.127	671.5	330.7

模型在典型丰水、平水、枯水年型中，对径流量的模拟相对误差分别为 −6.4%、4.5% 和 12.7%，说明水文模型的模拟结果是可以接受的，基于水文模型的污染模拟结果可以从污染源的角度解释淮河流域的面源污染水平。将淮河流域面源污染负荷与点源污染负荷进行比较，见图 19 和图 20。

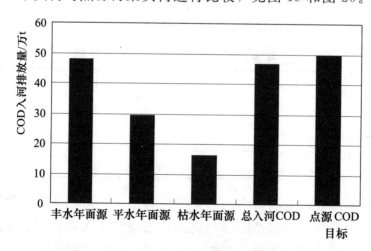

图 19 COD 面源污染负荷与点源污染负荷比较

与点源污染负荷相比，在丰水年的降雨条件下，淮河流域面源污染的氮负荷超过点源排放负荷，同时也高于淮河流域"十一五"限排总量目标（COD46.6 万 t/氨氮 9.0 万 t）。在平水年和枯水年降雨条件下，虽然面源污染负荷低于点源排放负荷，但即使在污染负荷最低的枯水年，总氮排放也达到点源排放的 47%，且流域总污染负荷远高于"十一五"限排总量目标。因此，淮河流域面源污染十分严重。

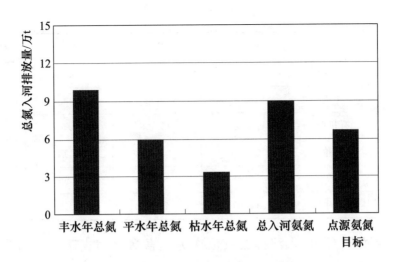

图20 总氮面源污染负荷与点源污染负荷比较

2. 问题识别

（1）面源污染单元贡献。

将淮河流域的面源污染详细的划分为水土流失单元、化肥单元、有机肥单元、养殖单元、农田固废（秸秆）单元以及农村生活污染单元。各单元面源入河污染负荷占总入河污染负荷百分比计算结果见表13。

表13 各单元面源入河量构成计算结果

降雨	单元	TN/%	TP/%	COD/%	径流量/亿t
丰水年	水土流失	12.72	22.69	26.61	778.95
	化肥	19.03	16.53	0.00	
	有机肥	6.61	8.65	10.51	
	养殖	35.10	37.86	51.14	
	农田固废	12.84	4.82	4.63	
	农村生活	13.70	9.46	7.11	
平水年	水土流失	13.96	22.33	34.39	569.11
	化肥	28.24	22.10	0.00	
	有机肥	9.11	13.49	14.33	
	养殖	28.55	30.45	42.45	
	农田固废	9.71	4.82	3.48	
	农村生活	10.43	6.82	5.35	

续表

降雨	单元	TN/%	TP/%	COD/%	径流量/亿 t
枯水年	水土流失	13.34	22.29	30.88	330.68
	化肥	23.86	19.49	0.00	
	有机肥	8.02	11.32	12.91	
	养殖	31.58	33.65	46.07	
	农田固废	11.18	5.48	3.99	
	农村生活	12.01	7.77	6.15	

淮河流域面源 COD 入河排放量依次为：畜禽养殖大于水土流失大于有机肥大于农村生活大于农田固废；淮河流域面源总氮入河排放量依次为：畜禽养殖大于农用化肥大于水土流失大于农村生活大于农田固体废物大于有机肥；淮河流域面源总磷入河排放量依次为：畜禽养殖大于水土流失大于农用化肥大于有机肥大于农村生活大于农田固体废物。

不同降雨年型各单元入河排放量比较见图 21～图 23。面源污染的主要贡献单元为畜禽养殖，在不同的降雨年型下均超过其他单元。同时畜禽养殖单元的入河污染量与降雨量的相关性较强，降雨量大时养殖单元入河污染量占面源污染总量的比例也大。而若将化肥和有机肥合并成农业施肥单元，则在平水年和枯水年中，施肥单元对氮磷的贡献可以与养殖单元相当。总体来看，畜禽养殖、农业化肥和水土流失的污染物贡献较高，它们对面源污染排放量的贡献在70%左右。结合面源污染排放量分析，畜禽养殖 COD 污染排放量最大的依次为猪、牛、家禽养殖，总氮污染排放量最大的依次为猪、牛、家禽，总磷污染排放量最大的依次为猪、家禽、牛。

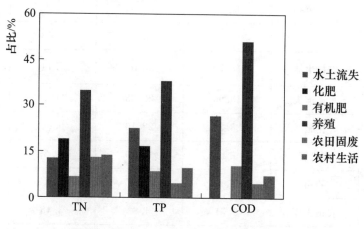

图 21 丰水年各单元面源入河量比较

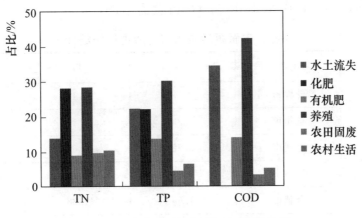

图 22　平水年各单元面源入河量比较

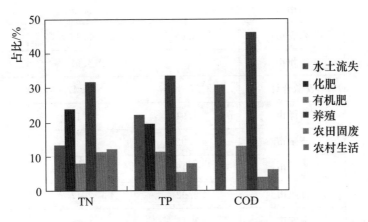

图 23　枯水年各单元面源入河量比较

综上所述，淮河流域农业面源污染的主要污染单元为畜禽养殖、农用化肥、水土流失，次要污染单元为农田固废、农村生活和有机肥。其中，畜禽养殖应成为控制的重点。

（2）面源污染地域分布计算。

对面源污染的地域分布进行统计，以平水年为例，绘制淮河流域面源污染分布图，以平水年降雨水平计算，将流域上各省份、地市的面源污染负荷统计见表14。

淮河流域面源污染入河排放量的地域分布见图24。从面源COD入河排放量的地域分布看，入河排放量依次为河南10.32万t，占全流域的32.54%；安徽7.98t，占全流域的25.15%；江苏7.87万t，占全流域的24.82%，与安徽基本持平；山东5.55万t，占全流域的17.49%。

从面源总氮入河排放量的地域分布看，入河排放量依次为河南2.20万t，占全流域的32.19%；安徽1.85万t，占全流域的27.00%；江苏1.71万t，占全流域的 25.03%；山东 1.08 万 t，占全流域的 15.77%。

表 14　　　　　　　　各省、市面源污染入河量所占比例统计　　　　　　%

省份	地市	TN	TP	COD
安徽	蚌埠市	2.08	2.17	2.06
	亳州市	2.30	2.16	2.35
	滁州市	3.78	3.66	4.05
	阜阳市	7.09	6.14	6.03
	合肥市	1.60	1.88	1.49
	淮北市	0.63	0.64	0.66
	淮南市	0.77	0.76	0.64
	六安市	3.68	3.14	2.97
	宿州市	5.05	4.92	4.89
	安徽合计	27.00	25.47	25.15
山东	菏泽市	2.91	3.16	3.29
	济宁市	1.92	1.39	1.67
	临沂市	4.12	3.58	4.43
	日照市	2.92	2.47	2.89
	泰安市	1.16	1.13	1.88
	枣庄市	0.84	1.08	0.72
	淄博市	1.90	2.08	2.61
	山东合计	15.77	14.91	17.49
江苏	淮安市	3.00	3.33	3.46
	连云港市	0.55	0.55	0.58
	南通市	5.32	6.12	5.36
	泰州市	3.57	3.16	2.94
	宿迁市	3.71	3.55	3.49
	徐州市	2.06	2.04	2.21
	盐城市	1.59	1.56	1.59
	扬州市	5.22	6.04	5.20
	江苏合计	25.03	26.34	24.82

续表

省份	地市	TN	TP	COD
河南	开封市	4.62	3.37	3.48
	洛阳市	2.24	2.65	2.68
	漯河市	5.11	5.32	4.63
	南阳市	1.57	1.38	1.38
	平顶山市	1.80	1.56	1.53
	商丘市	1.58	1.89	1.74
	信阳市	5.68	6.31	5.63
	许昌市	5.39	6.25	6.96
	郑州市	0.22	0.20	0.26
	周口市	2.52	2.61	2.72
	驻马店市	1.48	1.74	1.54
	河南合计	32.21	33.28	32.54

从面源总磷入河排放量的地域分布看，入河排放量依次为河南地区 0.379 万 t，占全流域的 33.28%；江苏 0.300 万 t，占全流域的 26.34%；安徽 0.290 万 t，占全流域的 25.47%；山东 0.170 万 t，占全流域的 14.91%。

总体来看，淮河流域河南省面源污染的入河排放量最大，其次是安徽和江苏省，两个地区的面源污染入河排放量比较相近，山东省面源污染入河排放量最少。

（3）淮河流域面源污染重点区域特点。

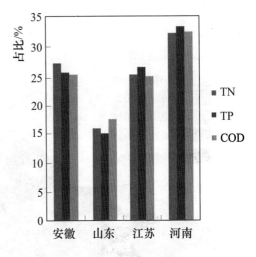

图 24　淮河流域各省面源污染物入河量比较

淮河流域面源总氮入河量大的地市见图 25。入河量大的地区包括河南省：信阳市、许昌市、漯河市、开封市；江苏省：南通市、扬州市；安徽省：阜阳市、宿州市；山东省：临沂市。面源总氮入河排放量较大地市的入河量范围为 0.257 万~0.443 万 t，占淮河流域面源总氮入河排放量的 47.6%。

淮河流域面源总磷入河量大的地市见图 26。入河量大的地区包括河南省：

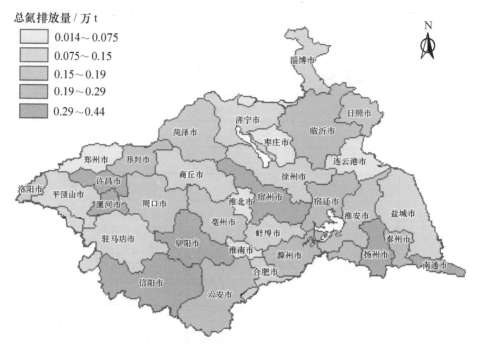

图 25　总氮入河排放量分布图

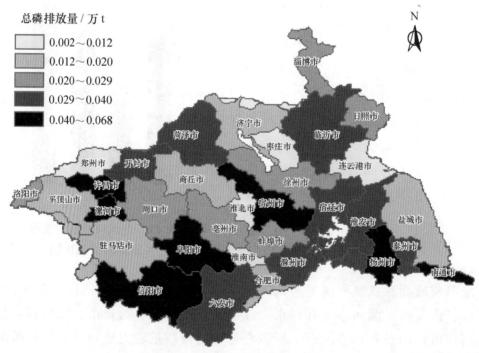

图 26　总磷入河排放量分布图

信阳市、许昌市、漯河市；江苏省：南通市、扬州市；安徽省：阜阳市、宿州市，与面源总氮入河量大的地市基本相同。面源总磷入河排放量较大地市的入河量范围为 0.038 万～0.068 万 t，占淮河流域面源总磷入河排放量的 41.11％。

淮河流域面源 COD 入河量大的地市见图 27。入河量大的地区包括河南省：许昌市、信阳市、漯河市；江苏省：南通市、扬州市；安徽省：阜阳市、宿州市、滁州市；山东省：临沂市。面源 COD 入河排放量较大地市的入河量范围为 1.22 万～2.10 万 t，占淮河流域面源 COD 入河排放量的 47.17％。

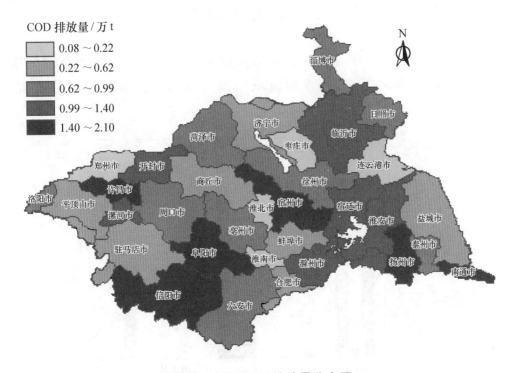

图 27　COD 入河排放量分布图

淮河流域面源污染空间分布不均匀，因此流域面源污染控制政策应识别面源污染的空间特征，对污染强度高和污染总量大的少数地区加强，以节约政策执行成本，增加政策控制效果。

（4）淮河流域面源污染排放量预测。

在人口继续增长、城镇化率不断提高、居民需求持续增加和保障粮食安全背景下，利用回归和趋势外推，结合"十二五"规划目标，保持现有面源污染控制水平，估算流域的面源污染排放量。

预测至 2015 年，如果保持现有面源污染控制水平，淮河流域化肥流失、畜禽养殖、农田固体废物和农村生活产生的 COD、总磷、总氮面源污染排放量（流失量）分别共计 81.74 万 t、8.78 万 t 和 186.36 万 t。其中农业化肥施用依然是总氮和总磷面源污染的最主要来源，对总氮、总磷的贡献率分别为 56.27% 和 45.69%；畜禽养殖依然是面源污染 COD 的最主要来源，对 COD 的贡献率为 94.63%。

预测至 2020 年，如果保持现有面源污染控制水平，淮河流域化肥流失、畜禽养殖、农田固体废物和农村生活产生的 COD、总磷、总氮面源污染排放量（流失量）分别共计 86.76 万 t、9.62 万 t 和 213.57 万 t。其中农业化肥施用依然是总氮和总磷面源污染的最主要来源，对总氮、总磷的贡献率分别为 53.67% 和 44.68%；畜禽养殖依然是面源污染 COD 的最主要来源，对 COD 的贡献率为 95.35%。

因此，2015—2020 年流域面源污染排放量将持续增加，对水环境的压力日益增强。2015 年和 2020 年淮河流域面源污染潜在排放量预测见图 28 和图 29。

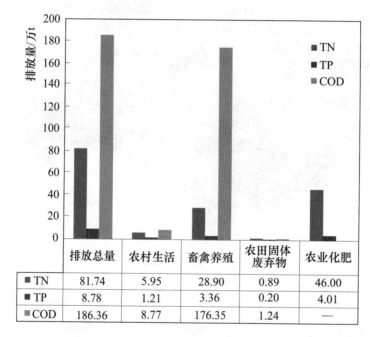

	排放总量	农村生活	畜禽养殖	农田固体废弃物	农业化肥
TN	81.74	5.95	28.90	0.89	46.00
TP	8.78	1.21	3.36	0.20	4.01
COD	186.36	8.77	176.35	1.24	—

图 28　2015 年淮河流域面源污染潜在排放量

3. 面源污染原因分析

（1）畜禽养殖污染原因分析。

1）畜禽养殖业粪尿的处理利用率偏低，使畜禽养殖成为首要污染单元。畜禽养殖成为首要污染单元，直接原因是禽养殖业粪尿的处理利用率偏低。淮河流域畜禽粪便综合利用率 65% 左右（包括堆肥和能源、资源化利用），最终

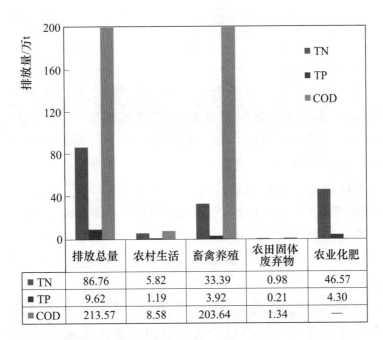

	排放总量	农村生活	畜禽养殖	农田固体废弃物	农业化肥
■ TN	86.76	5.82	33.39	0.98	46.57
■ TP	9.62	1.19	3.92	0.21	4.30
□ COD	213.57	8.58	203.64	1.34	—

图 29　2020 年淮河流域面源污染潜在排放量

还田率 50％左右，主产区的大牲畜养殖小区粪便及猪牛舍废水无害化处理率不足 30％，致使相当一部分养殖废弃物没有得到利用，只能作为污染物排入环境，造成水体面源污染，严重影响了畜禽产业升级和农村的可持续发展。

规模化养殖畜禽粪污治理达标利用费用高，很多养殖业主难以承担，是造成粪污处理率低的主要原因。①粪污治理投资大。出栏万头猪场主体建设投资大约 1000 万元，而粪污处理设施投资大约 200 万～300 万元，粪污处理投资占总投资的 15％～30％；小型育肥猪场，每头存栏猪的投资大约需 850～1000元，简单的沼气池处理加上沼液储存设施，每头存栏猪粪污处理设施的投资大约在 300 元左右，粪污处理投资占总投资的 30％～35％。②达标处理费用昂贵。通常处理出水达到《畜禽养殖业污染物排放标准》（GB 18596—2001），处理费用大约在 2～3 元/t；如果处理出水达到《污水综合排放标准》一级标准（GB 8978—1996），处理费用大约在 5～6 元/t。

深层原因是农牧分离，种养严重脱节的养殖方式，畜禽粪便作为宝贵的农业资源得不到充分利用。①传统的畜禽养殖多为小户型饲养，一般离城市较远，养殖过程中产生的粪便可作为农家肥施入农田中，自然消化，且畜禽粪便作为有机肥料用于农田生产形成较好的生态平衡体系。但是近年来，随着规模化畜禽养殖场的增加，大多数畜禽养殖场已在城市的近郊，一些甚至已经进入到城市的划分区域内，致使农牧分离，种养严重脱节，畜禽粪便作为宝贵的农业资源得不到充分利用。②养殖企业利用畜禽粪便生产有机肥，利润空间很小，甚至入不敷出，很多企业不愿涉入。如在安徽宣城一家养殖企业下属有机肥生产车间调查发现，企业每生产 1t 有机肥成本 630 元左右，目前市场出售价每 1t 均价 580 元，企业无利可得。据企业负责人介绍，养殖企业自办的有机肥厂多数亏损，除非掺假。大中型养殖企业之所以上马有机肥车间，主要由于国家环保总局制定的《畜禽养殖业污染物排放标准》（GB 18596—2001）《畜禽养殖业污染防治管理办法》，要求养殖场必须进行畜禽粪尿处理，按规定取得《排污许可证》，才能开工建设，有的养殖企业为减轻负担，尽管修建了生产有机肥处理设施，但不投入使用，或时开时关，以应付环保部门的检查。

2）畜禽粪便能源化（沼气化）比例有待提高。禽畜粪便是一种重要的生物质能源，主要是作为沼气的发酵原料。一般认为，禽畜粪便可能源化的比例为产生量的 30% 左右。目前，淮河流域 4 省能源化的比例仅占产生量的 10% 左右，有待进一步提高。

3）大规模养殖场沼渣沼液资源化利用困难。畜禽粪尿沼气化处理后的沼渣沼液是优质的有机肥，循环利用于农田可以增加土壤肥力，减少化肥的施用，达到营养物质循环利用与污染物"零排放"，是一种典型的生态良性循环模式。但是，在实际实施过程中，存在许多困难。

很多大规模养殖场没有足够的、可以支配的土地消纳粪污。一个出栏万头的规模化猪场，需要 200hm² 左右的土地消纳粪污，养殖场自身基本上没有这么多的土地，若周围的土地属于分散的农户，很难协调过来用于消纳粪污。

外运消纳费用高。如果养殖场自身没有土地消纳粪便污水，需要外运消纳，运输费用也很高。粪污经过沼气化处理以后，每吨沼渣沼液还田利用的运输费用高达 10～15 元，山东、安徽某些奶牛场粪污处理利用的费用每天达 6000～10000 元。

农民施用沼渣沼液的积极性不高。由于沼渣沼液养分含量相较化肥低，体积大；劳动率低，劳动强度大；无害化程度低，臭味大。这"三低三大"增加了沼渣沼液使用的人力和物力，其人力消耗大约是使用化肥的 10 倍，农户一般不愿意利用。

4）农户用沼气粪源缺乏，资金筹措困难。与大规模养殖场沼渣沼液资源化利用困难相反，粪源紧缺已成为农户用沼气发展的一个限制性因素。有些乡镇为了保证本乡镇建设沼气的用粪需求，严格限制辖区内的粪源外流。在粪源争夺日趋激烈的情况下，许多乡镇的沼气用户开始从境外买粪。随着户用沼气建设对粪需求的增加，粪价也一路走高，例如江苏淮安丁集一带的牛粪从原来 30～40 元/m³ 上涨到 60～70 元/m³。以 8m³ 标准的沼气池 1 次投料 3～4m³ 计算，1 口沼气池仅买粪投料就需要花费 300 多元，即使四处买粪也满足不了需求。如果单纯地靠"买粪养沼"无疑会增加沼气的成本，户用沼气建设面临"粪荒"的严峻考验。

建设资金筹措困难，农户用沼气推广不均衡。以淮安市为例，该市虽然户用沼气超过了 10 万户，但推广率只有 15%，还有大多数农户没有用上沼气。主要表现在：县区之间发展不平衡，产生这个问题的主要原因除了认识跟不上外，主要是沼气池建设资金筹措困难。1 口 8m³ 的沼气池，需要地方配套建设扶持资金 500 多元，有的县区财政困难，因此没有加大推广力度。此外，在沼气建设中，虽然有政府的支持，但也要农民拿出 300～400 元的土建费用，对大多数的农民来说比较困难，所以有很多农户打消了建设沼气池的念头。凡是沼气工程试点比较成功的地方，大多是一些经济条件相对较好的村，而在经济收入相对低的村，沼气建设就比较缓慢。

5)《畜禽养殖业污染排放标准》（GB 18596—2001）无法涵盖流域大部分养殖户，环境管理存在真空地带。淮河流域 4 省畜禽养殖以小规模养殖为主（表 15），按照目前国家畜禽养殖业污染物排放标准，流域所辖 4 省大部分养殖规模不能涵盖其中。以生猪养殖为例，年出栏 1～49 头的养殖户所占比例最大，占 83.59%～97.41%；年出栏在 50～499 头之间的养殖场（户）所占比重次之，为 2.6%～15.38%；年出栏 500～2999 头的养殖场（户）占 0.24%～1.03%。按照国家标准（Ⅰ级养殖场生猪最小存栏数 3000 头，Ⅱ级养殖场生猪最小存栏数 500 头），无法将养殖头数小于 500 的养殖场（户）全部纳入环境管理范围。

表 15	淮河流域 4 省养殖规模结构				%
养殖场规模/头	1～49	50～499	500～2999	3000～4999	＞5000
江苏	94.90	4.70	0.35	0.02	0.02
安徽	97.14	2.60	0.24	0.02	0.01
山东	83.59	15.38	0.97	0.04	0.02
河南	91.78	7.08	1.03	0.06	0.05

注　数据源自《中国畜牧业年鉴 2010》。

(2) 农用化肥污染原因分析。

1) 农用化肥的过度使用。单纯从化肥施用的角度看，淮河流域有 7 个城市氮肥施用超过耕地氮最大可消纳量，分别是河南的平顶山，江苏的徐州、宿迁、连云港和淮安，山东的临沂，其中临沂氮化肥施用量超过耕地可消纳量的 1.35 倍。但除江苏省外，流域其他 3 省的平均氮肥施用均小于耕地最大可消纳量。如果再考虑有机肥的施入量对耕地氮磷消纳量的影响，则江苏、河南、山东的氮肥用量就超过或很接近消纳量。

单纯从化肥施用的角度看，磷肥施用偏高普遍，有 25 个城市超过耕地磷最大可消纳量。河南、江苏流域所辖的城市磷肥施用量全部超过耕地磷可消纳量；还有山东的枣庄、临沂、济宁、日照和安徽的宿州、蚌埠、合肥。其中临沂的磷化肥施用量超过耕地磷可消纳量 2.73 倍。流域范围除安徽外，平均磷化肥施用也超过耕地磷最大可消纳量。河南超过农田磷的可消纳量 0.57 倍；江苏超过农田磷的可消纳量 0.29 倍；山东超过农田磷的可消纳量 0.59 倍。

氮肥超过耕地氮消纳量的城市，磷肥也同样超过耕地磷消纳量。流域安徽省的化肥施用情况较好。

2）有机肥施用比例低。通常认为，有机肥和化肥占常规施用量的比例为 0.45 : 0.55 比较合理。但流域有机肥的施用比例在 6% ～20%，有机肥施用比例低。

（3）农田固体废物污染原因分析。

近年来，淮河流域各地政府都积极推动和支持秸秆综合利用，各地投资建设了一批秸秆人造板、秸秆直燃发电、秸秆沼气、秸秆气化、秸秆成型燃料等综合利用项目。同时，多种形式的秸秆还田、保护性耕作、秸秆快速腐熟还田、过腹还田、栽培食用菌等技术的推广应用，在一定程度上减少了秸秆焚烧现象。但是，秸秆综合利用仍然存在利用率低、产业链短和产业布局不合理等问题，2009 年淮河流域 4 省秸秆综合利用率见表 16。

表 16   淮河流域 4 省秸秆综合利用率

项目	江苏省	安徽省	山东省	河南省
秸秆综合利用率/%	59	70	65	70
2015 年目标利用率/%	91	80	80	80

1）秸秆收集储运体系不完善。农作物秸秆存在着量大、分散、体积蓬松、密度较低、季节性强；收割机、打捆机等配套设施缺乏，收集贮运成本高等问题，给秸秆的收集、储运带来很大困难，服务市场难以形成，服务体系尚未建立，制约秸秆综合利用的产业化发展。

2）秸秆综合利用产业化程度低。秸秆综合利用产业化程度低，企业生产规模小，经济效益差，出现了地区性、季节性、结构性的秸秆过剩。

秸秆综合利用规模化生产不仅能够大量消耗秸秆，而且能够为当地农民和企业带来可观的经济效益，也有利于秸秆综合利用技术的推广和应用，提高秸秆资源利用效益。目前由于秸秆利用附加值偏低、秸秆生产分散、以农用为主、收集贮运成本过高，企业原料供应难以保障，大多仍停留在小规模、低层次生产水平上，造成秸秆综合利用规模化企业不多、产业化需要进一步提高。

3）关键技术有待于进一步研发推广。秸秆综合利用的一些关键性技术尚未突破或存在着不成熟，如秸秆发电存在锅炉腐蚀、结焦和机组效率低下等多方面问题；秸秆气化存在供气管网焦油清除，系统负荷率低等问题；秸秆固化与炭化存在生产设备可靠性差、耗能高，设备系统配套协调能力差，运行不稳定等问题；一些生产环节尚无统一的技术规范，无法进行标准化生产。同时新技术应用规模较小，尤其是适宜农户分散经营的小型化、实用化技术缺乏，各项技术之间集成组合不够，都在一定程度上制约着秸秆综合利用的发展，有待于强化秸秆利用技术装备的研发与应用，加大科技支撑力度。

（4）农村生活污染原因分析。

农村生活面源污染源主要包括生活污水、人粪尿和生活垃圾。目前，淮河流域存在大量分散的自然村落，分布广泛且相对偏远，生活污水基本没有接管，长期就近自然排放；农村年产生人粪尿 10612 万 t，是农村生活面源污染的首要污染来源；生活垃圾基本上都不做处理直接排放，随意倾倒在道路两边、田边地头、水塘沟渠。

农村生活面源污染具有排放量小、分散、面广、来源多、就近排放的水环境容量小及环境管理水平低等特点。因此，积极探索符合地方实际的农村生活污染治理模式和长效管理机制，对于改善小区域水环境，控制农村面源污染具有重要意义。

（5）水土流失仍需进一步治理。

淮河流域水土保持生态环境总体情况好转，但淮河流域水土流失问题依然严峻，淮河流域水土保持生态建设仍然面临诸多问题。除了自然条件、历史因素等原因外，缺乏稳定的资金投入，水土流失综合治理标准过低，整个流域监测工作滞后，以及没有把上游的水土流失综合治理纳入整个防洪体系建设等也是造成淮河流域水土流失的重要原因。淮河流域有山丘区 9.00 万 km^2，水土流失较为严重，以水蚀为主。目前尚有水土流失面积 5.00 万 km^2，其中中度以上流失占一半。淮河流域水土流失形势仍然不容乐观。

（6）农业面源污染在环境政策和管理机制中的突出问题。

1）涉及农业面源污染的环境法律条款普遍缺乏实用性。我国农业面源污染防治的法律规定，主要分布于各项环境保护的单行法中，如《中华人民共和国环境保护法》《中华人民共和国水污染防治法》《中华人民共和国农业法》，立法思想客观上有利于面源污染的防治，但大多过于原则、抽象，许多条款像是宣誓条款，这样的规定虽然能够显示出国家对此的重视程度，但在具体条款的落实上则缺乏可操作性，缺少配套规定，收效甚微。

如新修订的《中华人民共和国水污染防治法》虽然明显加强了对农业生产污染源的重视程度，在第四章第四节"农业和农村水污染防治"中对农业面源污染防治作出了专门、详细的规定。如第 48 条规定"县级以上地方人民政府农业主管部门和其他有关部门，应当采取措施，指导农业生产者科学、合理地施用化肥和农药，控制化肥和农药的过量使用，防止造成水污染"。第 49 条规定"畜禽养殖场、养殖小区应当保证其畜禽粪便、废水的综合利用或者无害化处理设施正常运转，保证污水达标排放，防止污染水环境"；第 50 条规定"从事水产养殖应当保护水域生态环境，科学确定养殖密度，合理投饵和使用药物，防止污染"。

虽然多项条款规定"合理施用化肥、农药、药物""采取措施防止农业面源污染环境"，但怎样衡量"合理"，以及肥料、农药等使用不当、畜禽养殖行为不当造成污染的责任追究都没有规定。

法律、法规制定的细致、尽可能量化是美国、欧盟等国家农业面源污染防治法律的一大特色。如欧盟在《硝酸盐施用指令》中，明确规定了该法的目标是为了减少由农业生产活动产生的硝酸盐对水体的污染并预防污染的进一步恶化。具体包括，规定了在农田尺度上控制牲畜的养殖密度；确定了禁肥期、肥料的存蓄期、合理的肥料施用比例、施肥限额，在坡地上施肥的方法，建立了缓冲带，还要求记录一定年限内（如英国规定为 5 年）的施肥情况。

如美国对危害农业环境行为的处罚力度，规定了详细的惩罚界限。对于一般性生产资料如化肥的违法生产、经营行为，规定了 1000～5000 美元的罚款，较为严重的处 1～3 年监禁，详细的处罚规定则使某些以身试法者望而却步；另一方面，为了使出台的环境法律切实得到贯彻实施，这些国家也在逐步考虑与国家的农业政策和其他农村政策相补充。比如，如果农民不遵守法律制定的环境标准，他们就失去了获得政府给予的支持性农业补贴资格，反之，如果他们达到了规定的标准，他们将获得更高的补贴。这种将环保标准与农业政策挂钩的法律规定，一定程度上确实能够促使二者发挥效果。

2）现行农业面源环境管理体制存在缺陷。1989 年《中华人民共和国环境保护法》的颁布奠定了我国环境管理体制的现行模式：环境保护行政部门统一监管和其他部门分散监管相结合的管理模式，依照有关规定行使农村环境监督管理权的部门包括了土地、农业、水利、林业、渔业行政主管部门等。在这种管理职权多元化、综合管理协调性差的情况下，再加上我国农业面源污染所具有的"立体污染"的特性，就使得在对污染的防治过程中必然会出现相关部门职责交叉与重叠的现象。这种现象会造成两种结果，一种是各职能部门争相负责，产生权力冲突；另一种是各职能部门互相推诿，产生权力真空，这两种结果都不利于农业面源污染的防治。

国外防治面源污染的成功经验则表明：在农业面源污染的防治中，需要多部门的相互合作与配合，而这种合作与配合则需要建立在相关部门职责明确的基础之上，在一个总的管理部门的带领下，实现相互之间的分工与合作。

3）缺乏规范的农业面源污染监测技术手段。农业面源污染源的随机性、广泛性、滞后性特点，使得使用人工监测十分困难，而监测、评级技术与手段的缺乏使得农业面源污染以及农村环境状况信息缺乏，影响相关政策措施的制定。

4. 面源污染问题对策建议

（1）畜禽养殖粪污治理的对策建议。

1）发展生态畜牧业。生态畜牧业是一种在可持续发展农业时代所追求的更加关注生态环境、关注资源循环利用和高效转化、关注居民卫生健康的畜牧业。这种畜牧业无疑是畜牧业发展过程中所必须追求的更高层次。畜禽养殖业，特别是规模化养殖业的发展，必须将畜禽生产、粪尿与污水处理、能源与环境工程，以及种植业、水产业等统一进行考虑，多方面配合起来协调发展，以期把环境污染减少或控制到最低限度，最终实现畜牧养殖业的可持续发展，积极引导畜禽粪便沼气化、堆肥化等资源化利用技术的发展，提倡农牧结合、种养平衡、扩大畜禽粪便资源化利用的出路，将养殖业产生的废物转化为种植业可利用的资源，最终实现种养结合、互为促进的良性生态农业链。

不同养殖规模适用的生态养殖模式推荐：①针对散户和小规模专业养殖户，推荐"一池三改"，四位一体，生态家园等能源和生态型畜禽养殖模式。淮河流域畜禽养殖业以小规模养殖为主（包括散养户和专业养殖户），大型粪污处理设备（如大型沼气罐、污水处理设备）由于经济原因不适用，能源和生态型畜禽养殖模式对流域面源污染控制具有更重要的应用意义。②在养殖散户和小规模专业养殖户相对集中的地区，可规划建设沼气化畜禽粪便处理中心（厂）。将专用收集车辆收集的农户畜禽养殖废物送至处理中心，再通过固液分流系统，粪渣进入混合料车间，采用好氧生物堆肥技术制得有机复合肥；经固液分流系统分离，含一定固含量的液态粪便采用厌氧消化处理，沼气用于供热或发电；沼液用泵送至沼液储存槽（或氧化塘），可以用作农业灌溉施肥、养鱼及作为回用水冲洗圈舍等。③鼓励开展生态家园模式示范区和循环型农业园区示范区。以生态农业为基础，建立特色循环农业模式，建立起生物种群多、食物链结构较长、物质能量循环较快的生态系统，最大限度地减少禽畜粪便"面源"污染的程度。如江苏省现代畜牧科技示范园。④针对大中规模养殖场，建设大中型沼气站，建设粪污处理最佳处理模式示范区。大中型规模养殖企业建设大型沼气工程项目，利用沼气发电，满足场内生产生活用电需求。沼液通过梯级净化，达标排放。沼渣通过堆肥发酵制取颗粒有机肥或有机无机复混肥。实现资源化利用。⑤鼓励适度规模开展其他畜禽粪便生态利用模式。如以鱼塘为中心的种养模式。具体做法是：将畜禽粪便稍加处理（消毒）后，直接撒入鱼塘，捕鱼后，用鱼塘水浇灌果树。此循环已被一些工矿塌陷区广泛应用，效益十分显著。不仅降低了养鱼成本，而且减少了果树的施肥量，提高了果品质量。根据检测，用此水浇灌的桃和苹果，其糖度提高 $1\% \sim 2\%$，仅此一项每亩可增加效益 200 元以上。⑥针对适度规模养殖场，开发和推广发酵床养殖技术。鼓励适度规模养殖企业因地制宜新建或者改扩建发酵床养殖，改善养殖环境，达到治污减排，实现零污染排放的目标。积极开展发酵床适应性研究，集成组装配套发酵床养殖新模式，建设发酵床生态养殖技术示范场，加快发酵床生态养殖技术推广应用。充分利用国家生猪标准化规模养殖场建设项目和生猪调出大县奖补资金等扶持企业建设发酵床，实现生态养殖。

2）建立畜禽粪污资源化利用激励补偿机制。改革粪污处理设施运营管理机制。国家出台政策，鼓励成立畜禽粪污处理的专业化运营公司，公司通过收取粪污处理费以及处理过程获得产品收益（如沼气、电、有机肥）。

改变现有的畜禽养殖场粪污处理财政补贴方式。将粪污处理补贴政策从建前补贴向建后使用延伸，变基础设施建设补贴为产品补贴，如沼气补贴、有机肥补贴、沼渣沼液资源化利用补贴等。开展粪污处理工程先建后补改革试点，调动养殖场业主投入粪污处理工程的积极性。

3）针对农户用沼气的对策建议。发展村用沼气集约化，采用集中供气，统一管理，市场化运作，可以解决新农村建设中建池用户缺少原料的矛盾，适应当前社会主义新农村发展的需要，这将是农村沼气发展的必然趋势。新农场村建设要求小村并成大村、城乡统筹和统一规划，这些新建的村镇人口集中，聚集程度高，已经不再适宜发展户用小沼气，而应该以村镇（联村）集中产气、供气为主，逐步替代户用小沼气。每个村镇（或联村）建设一个规模化的沼气站，利用本村镇产生的生活垃圾、人畜粪便和秸秆等废弃物集中生产沼气。沼气通过管网送往各家各户，或者把沼气提纯后，通过移动式罐装车运往各村。这样，村镇居民就和城市居民一样用上了清洁、方便的生物燃气。

加大资金扶持力度针对目前资金短缺的问题，政府需要优化农业投资体制，进一步加大沼气建设的资金扶持力度。对贫困村，农民建沼气池的土建费用可由地方补贴，以减少农民投资，从而加快沼气利用技术的推广进程。

4）完善畜禽养殖污染排放标准。进一步扩大规模化畜禽养殖的管理范围，体现更为严格的环境要求。

（2）农用化肥治理对策建议。

1）严格控制氮、磷严重超标地区的氮肥、磷肥施用量。进一步推广测土配方等科学施肥技术，减少河南平顶山、江苏徐州、淮安、山东临沂 4 个地区的氮、磷肥施用量。减少流域磷肥的施用，严格控制流域氮肥的施用，合理控制施肥比例，提高化肥施用效率。

2）增加有机肥施用比例。增加畜禽粪便、农业秸秆作为有机肥还田的比例，以此来代替化肥。

（3）农业秸秆治理对策建议。

1）完善收集储运体系。明确体系构建导向，秸秆收集储运服务体系连接着秸秆综合利用的各个环节，加快建立以需求为引导，利益为纽带，企业为龙头，专业合作经济组织为骨干，农户参与，政府推动，市场化运作，多种模式互为补充的秸秆收集贮运服务体系，为秸秆综合利用提供有效保障，促进秸秆综合利用产业化、规模化发展。

推行两种收贮运模式，依托规模化企业、专业合作经济组织、农民经纪人，建立"集-贮-运-用"有机结合的市场化、网络化的秸秆收集贮运体系。①以规模化企业为龙头、专业合作经济组织为骨干的秸秆收贮运模式。以秸秆利用规模化企业为主，自建若干秸秆收贮中心，形成"一点对多源"的多级秸秆收集贮运体系。②以专业合作经济组织和农民经纪人队伍为纽带的秸秆收贮运模式。以农村专业合作经济组织、农民经纪人为纽带，一头连接千家万户，一头连接众多秸秆利用企业（用户），形成"多点对多源"的收集储运模式。

抓好三大关键环节。①完善秸秆田间处理系统。大力推进农作物联合收获、捡拾打捆、运输贮存全程机械化。采用大功率机械设备，提高秸秆收集效率，降低成本，积极探索农作物收割、捡拾打捆一机完成的秸秆收集方式。②发展专业合作经济组织和农民经纪人队伍。各级政府要采取有效措施，加快发展专业合作经济组织，壮大农民经纪人队伍，提供秸秆收集贮运综合服务。规范农户、农民经纪人、农村专业合作经济组织、企业秸秆收贮运行为，引导签订秸秆产供销合同，保证各方合法权益，保障企业原料来源稳定，秸秆市场销路畅通，达到互利多赢。有条件的企业，可与农户签订免费收割协议，秸秆由企业免费收取。③规范秸秆收贮中心建设。鼓励有条件的乡镇和企业建设秸秆收贮中心，支持农村专业合作经济组织、农民经纪人和企业建立秸秆收贮站点，扶持建设完备的收贮站点网络体系。按照各行业秸秆利用标准，秸秆收贮中心配备相应的秸秆工艺处理设备和必备的贮运设施。秸秆收贮中心及站点应有完善的防雨、防潮、防火、防雷和晒场等设施，加强日常维护和管理。

2）继续保持较高的秸秆肥料化水平，发展秸秆能源化利用方式，推进秸秆原（基）料化利用。秸秆肥料化是现阶段推进秸秆综合利用最经济、最现实的方式和途径，今后应优先发展秸秆堆肥还田、过腹还田，稳定机械粉碎还田技术，在蔬菜种植区探索秸秆生物反应堆技术。

结合河南、山东、江苏和安徽畜牧大省建设，走"以秸草代粮、用秸草换肉"之路，重点发展秸秆青贮微贮，大力推进秸秆加工饲料，推广揉搓丝化技术，把种植业产业链延伸到畜牧养殖业，在产业链延伸中增加秸秆综合利用的经济效益。

发展秸秆能源化利用方式，优先发展秸秆沼气、秸秆固化成型燃料，探索适应不同原料、不同地区、不同工艺技术的沼气工程，积极推进秸秆气化示范区。充分考虑秸秆资源状况等因素，有序引导、合理布局秸秆发电企业，着力提高已并网发电机组秸秆利用潜力，加快已批发电企业的建设进度。

推进秸秆原（基）料化利用，在丘陵山区难以实施机械化利用的地区要着力推广秸秆培植食用菌，继续推进秸秆造纸、秸秆生产板材和制作工艺品，示范发展秸秆生产木糖醇、秸秆生产乙醇和秸秆生产活性炭。

3）大力推动秸秆综合利用设备研发制造。鼓励高等院校、科研单位和企业开展秸秆综合利用设备的研发与制造。联合科研院所和农业技术推广机构、农机生产企业积极开展秸秆还田机械、打捆机械、固化成型机械、发电锅炉设备、板材加工设备、气化设备等的研发与制造，促进秸秆综合利用设备产业化生产。发展新型适用秸秆还田机械，研究适用于水田、旱田及不同地区的秸秆还田机械化技术模式；促进玉米、大豆等秸秆青贮饲料机械化的设备制造；对现有秸秆板材关键工序设备进行技术改造；扶持秸秆固化成型机械、发电锅炉设备、气化设备等的研发制造；支持秸秆捡拾打捆机及配套的草捆装运机等规模化生产，为秸秆综合利用提供服务，以拓展秸秆机械化综合利用途径。

（4）农村生活污染治理对策建议。

1）因地制宜处理农村生活污水。农村生活污水处理没有固定的模式，应科学设计、优化组合，因地制宜地选择合理的污水收集、处理、处置模式，才能以较低的经济投入换取更大的社会和生态效益。

根据不同地区的地理条件、水量分布等特点选择适当农村污水的收集模式。根据人口密度和污水排放分布特点，收集系统常见形式有市政收集、村镇收集以及住户分散收集。不同收集形式的技术概况、选用条件如下表所示。对于分散居住的农户，鼓励采用简单、独立的收集系统；对于人口密集、污水排放相对集中的村镇，宜建设统一收集管线集中处理。

因地制宜选择不同的污水处理模式，大力开展农村分散型生活污水处理示范项目。对于城郊地区的农村，若距离市政污水管网较近或地形上可满足自流入市政管网，可以将村镇生活污水收集后接入市政管网中，与城市污水一起处理。这种方式只需建设收集和输送管网，具有投资省、建设周期短、见效快等特点，适用于周围有市政管网经过、经济基础较好的城郊农村。

对于人口较为密集、污水排放相对集中的村镇，可以将生活污水集中到中小型污水处理站处理后排放。宜选用常规生物处理和自然处理相结合的工艺，类似城市污水处理，运行可靠、抗冲击能力较强，但是需要专人管理。

对于散户收集的污水以采用小型一体化污水处理设施，处理后水就地回用或排放。适用于人口分布分散、地形复杂、不适合集中收集的农村地区。

2）积极发展农村沼气工程处理农户粪污。积极发展"一池三改"（建沼气池，改厨、改厕、改圈）生态家园富民工程项目，或者在村镇人口密集区，建设规模化沼气站，以村镇（联村）集中供气为主，逐步替代户用小沼气。每个村镇（或联村）建设一个规模化的沼气站，利用本村镇产生的生活垃圾、人畜粪便和秸秆等废弃物集中生产沼气。沼气通过管网送往各家各户，或者把沼气提纯后，通过移动式罐装车运往各村。这样，村镇居民就和城市居民一样用上了清洁、方便的生物燃气。

3）推进农村垃圾集中处理，建立户分类，村收集，乡中转，县处理的垃圾收集清运和处理体系。

（5）水土流失治理对策建议。

1）因地制宜，进一步控制水土流失。加强水土保持重点区域生态公益林建设，严禁从事其他行业生产。桐柏大别山区的陡坡严禁进行经济林种植，以防止水土流失；水库周围的水源涵养林，应严禁放牧和进行农林间作；严禁淮河堤岸防护林下进行农业耕作种植农作物，可以进行乔灌草结合的景观带绿化，进行旅游开发获得经济收益；进行封山育林的生态脆弱区，严禁人畜进入，扰乱森林群落演替进程；生态公益林区，严禁采取皆伐方式采伐林木，必须进行择伐和更新，以保证持续发挥生态公益林的生态效能等。

2）规划先行，分区治理水土流失。根据淮河流域各区水土流失和生态环境与经济发展特点，分区制定水土保持对策。

沂蒙山区。该区为石质和土石低山丘陵区，是淮河流域侵蚀最严重区，主要发生在坡耕地、坡式梯田、荒坡和植被稀疏的林地，面蚀、沟蚀为主。应以坡改梯基本农田建设，修建蓄水工程、营造水土保持林和经济林为主。

伏牛山区。该区为石质山区，山高坡陡，植被破坏严重；豫西黄土丘陵面蚀、沟蚀严重。应以封山育林、陡坡退耕还林、发展经济林为主。

桐柏山、大别山区。该区属北亚热带，中低山石质山区，侵蚀轻微；土石低山丘陵区，陡坡毁林开荒严重，面蚀、沟蚀为主，局部崩塌，泥石流时有发生。应以建设基本农田，发展林粮间作，促陡坡退耕还林，改善库区环境为主。

江淮丘陵区。该区地形坡度较缓，植被覆盖率低，侵蚀分布广，治理薄弱。应以靠近大中城市为优势，发展水土保持综合经营管理。

淮海丘陵区。该区属沂蒙山延伸带，孤立丘陵零星分布，耕地面积大，部分石灰岩裸露面积大，矿区弃土弃渣量大，认为导致的新的水土流失问题突出。应以合理再利用矿区弃土弃渣量，遏制开发建设项目导致的新增水土流失问题为主。

黄淮平原区。该区为淮河流域主要粮食、棉花和油料产区。属于水蚀、风蚀复合地带，兼有洪涝盐碱灾害，应以建设防护林，发展经济林果，整治土地，改善土地质量，建设高效益农业和综合经营为主。

（6）淮河流域农业面源污染体制建设。

农业面源污染的治理涉及措施、制度和管理3个层面，3个层面相辅相成，共同发展。结合淮河流域的实际情况，可以发现在农业面源污染治理的过程中，这三个环节都是非常薄弱的。前面着重介绍了流域面源污染治理的措施，这部分着重从政策和流域管理层面给出建议。

1）建立科学合理的协调监督制度。一方面，健全农村的环境保护机构，落实农村环境治理的监管者。比如在县级环保机构设立专门的农村环境治理小组，专门从事农村环境的整治和管理，将分散在环保局、农业局、林业局、水利部等各个部门的职能融合在一起，着重加强对农村环境防治的政策指导，有条件的乡、镇可以配置专门的农村环保专业人员，职责定位于监督和引导农民的生产行为，将环保理念和技术带到农村，并有助于将环保责任落实到最基层。另一方面，需要在法律上确定农业面源污染的综合协调机构，改其他各个部门予以配合，进而实现环保、农业、水利和国土资源部门等各个部门的协同参与，突破过去的各种职能部门各自为政，管理权限相互交叉的局面。比如将国家环保部作为农业面源污染的领头管理部门，职责定位为负责制定农业面源污染防治的总体方针和目标，并对各部门的冲突予以协调，而其他各个管理部门的职责则以污染对象为标准进行划分。各部门职责明确之后，还要配以严格的责任追究制度，保证各个部门能够按照法定权限和职责管制农业面源污染。

2）建设农业面源污染的流域管理机制。制定农业面源流域管理措施技术规范参考国内外相关管理模式，结合农业面源污染的特点，建立流域尺度的农业面源污染类型、程度等评价指标体系；并在综合分析的基础上，建立一套功能科学合理、操作性强的监测体系，对农业面源污染治理效果进行监测评价。

建立农业生态综合整治定量考核制度。将农业面源污染的治理效果与当地政府的政绩挂钩，实行城乡一体化的环境管理体系，将农业面源污染治理的任务纳入到政府的工作职责中去，实行定时定量考核。

三、淮河流域大气污染防治

天然源和人为源均可向大气中排放 SO_2、NO_x、VOCs 和颗粒物等一次污染物，它们进入大气后，在阳光辐射的作用下，会产生一系列的光化学反应，其中最典型的是 NO_x 和 VOCs 在阳光紫外辐射作用下发生的一系列光化学和自由基链反应，生成二次污染物臭氧 O_3 以及 OH、HO_2、RO、RO_2、NO_3 自由基等氧化剂，使大气的氧化性增强。一次排放的气态 SO_2、NO_x、VOCs 会被这些氧化剂氧化成 SO_4^{2-}、NO_3^-、含氧有机物等高氧化态物质，并以细颗粒物的状态与大气中的一次颗粒物（燃烧排放的颗粒物、矿物气溶胶、炭黑等）共存。部分颗粒物会通过干、湿沉降过程从大气中被清除。大部分细颗粒物寿命较长，会分散在大气中随气流运动，甚至长距离输送至下风地区。这些具有大比表面积的分散型的液、固态细颗粒物，在大气中又起了反应床的作用，可以通过表面多相反应，促进一次气态污染物向二次污染物的转化。当大气中气态 SO_2、NO_x、VOCs 和颗粒物同时以高浓度存在时，化学反应循环往复不断进行，在一定气象条件下，导致臭氧和细颗粒物不断积累而达到高浓度。一些细颗粒物还能以凝结核的形式进入云中，或被降水冲刷，在一定的条件下形成酸雨。

虽然二次污染物形成机理复杂，较难实现控制，但是，如果能够有效的控制和减少一次污染物的排放，减少二次污染物前体物的形成，就能在很大程度上控制大气污染，减少霾天气的形成。

大气污染物的控制，不仅与污染物本身的减排相关，还与产业结构、能源结构、能源消费总量、能效水平以及生活方式（如机动车使用），甚至消费习惯等紧密相关。

（一）大气污染现状分析

淮河流域工业以煤炭、电力工业及农副产品为原料的食品、轻纺工业为主。目前已建成淮南、淮北、平顶山、徐州、兖州、枣庄等国家大型煤炭生产基地，流域内现有火电装机近 2000 万 kW。近 10 多年来，煤化工、建材、电力、机械制造等轻重工业也有了较大发展，郑州、徐州、连云港、淮南、蚌埠、济宁等一批大中型工业城市在逐步崛起。

作为中国水污染最严重的一条河流，从 1994 年开始，国家对于淮河水污染的治理给予了极高的重视，截污、治污是流域内环保工作的重中之重，水环境有了一定的改善。流域内的城市在大气污染物控制方面也做了巨大努力，"十一五"期间完成节能减排任务，但是随着经济的快速发展，能源消费总量的剧增，产业结构中高耗能高污染企业比重高，同时能源结构以煤为主的禀赋，使得大气污染状况没有明显改善，以颗粒物尤其是PM2.5为主要污染物的污染严重，霾天气增加。为此，针对流域内的各个城市，在现有调查的基础上对大气污染问题进行了分析研究，并有针对性地提出了控制对策。

1. 安徽、山东和江苏重点城市大气污染现状

以重点城市2006—2010的环境状况公报为基础，分析流域主要污染物和大气环境质量现状。从整体上来看，大部分城市均达到国家二级标准，达标率超过80%。各城市的首要污染物均为PM10，一些城市有酸雨现象发生。

2006—2010年安徽、山东和江苏3省重点城市的API 3项指标指见图30～图32。

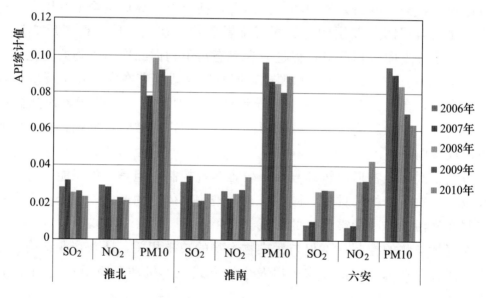

图30　安徽重点城市2006—2010年API统计值

安徽、山东和江苏3省重点城市的API 3项指标达标率统计见图33～图35。

2. 淮河流域河南境内城市情况

淮河流域河南省区11个城市空气质量日报数据进行统计分析，基于API指数结果见图36。可以看出：河南省境内淮河流域部分城市的空气质量状况整体良好，优良百分比均在70%以上；其中，信阳、驻马店连续5年空气质量累计优、良天数百分比均在90%以上，郑州、洛阳、商丘、漯河、南阳、周口等也连续5年在80%以上。

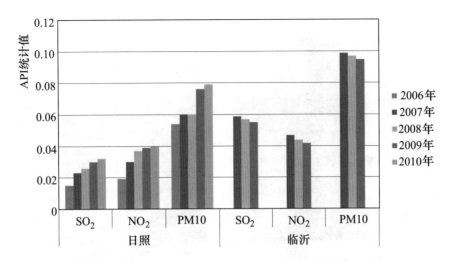

图 31　山东重点城市 2006—2010 年 API 统计值

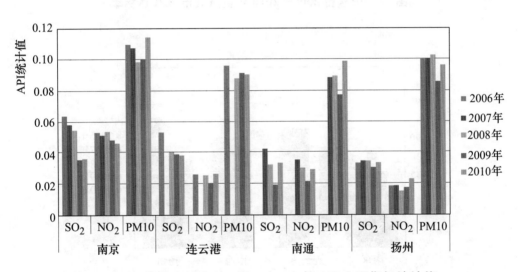

图 32　江苏重点城市的 2006—2010 年 API 3 项指标统计值

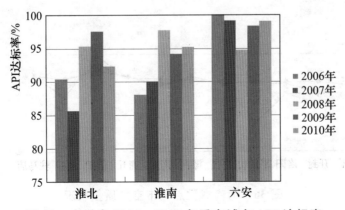

图 33　安徽省 2006—2010 年重点城市 API 达标率

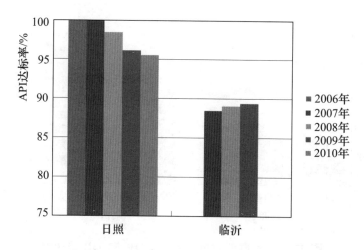

图 34 山东省 2006—2010 年重点城市 API 达标率

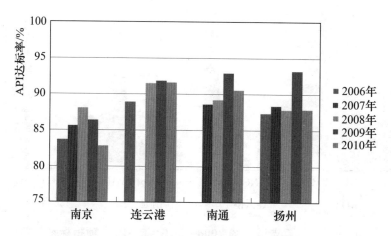

图 35 江苏重点城市 2006—2010 年 API 3 项指标达标率统计值

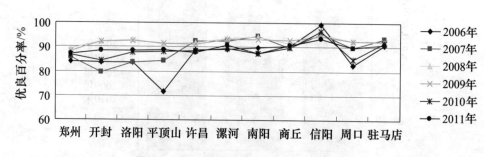

图 36 河南省重点城市空气质量状况

　　将 2006—2011 年河南省境内淮河流域 11 个城市进行空气质量级别的对比，结果见图 37。可以看出：河南省境内淮河流域城市空气质量优良百分比均在 70% 以上，空气质量整体良好。其中，郑州、开封、洛阳、平顶山等空气质量三级以下标准相对较高；平顶山市 2006 年污染尤为严重，二级以下标准达 28.6%，近年来有所改善。

　　将 2006—2011 年每天的主要污染物类型天数进行统计分析，主要污染物类型所占天数的百分比变化趋势见图 38。可以看出：河南省境内淮河流域城市环境空气质量的污染物类型以可吸入颗粒物（PM）为主，部分为 SO_2；周口、南阳的污染物几乎全部为可吸入颗粒物；洛阳 SO_2 污染较其他地区严重。

　　"十一五"期间，河南省主要城市 SO_2 年均浓度呈现波动中下降趋势，颗粒物出现小幅下降，但整体维持高位运行；NO_2 年均浓度波动较小，大部分城市满足新标准对达标的要求，颗粒物为河南省主要城市首要污染物。河南省境内淮河流域主要城市的 SO_2、NO_2、PM10 浓度水平见图 39。

　　由淮河流域河南省境内 11 个城市空气质量日报数据统计分析结果可以看出，河南省境内淮河流域部分城市的空气质量状况整体良好，且空气质量优良百分率整体处于增长趋势；但近年来公众的直观感受却是空气污染加重，且严重影响到他们的正常生产、生活和交通秩序。由于城市大气环境中的二氧化硫和可吸入颗粒物污染问题没有全面解决；同时机动车保有量持续增加，尾气污染愈加严重，灰霾、光化学烟雾、酸雨等复合型大气污染物问题日益突出，颗粒物尤其是细粒子污染的加重，导致阴霾天气频繁发生，给人们的生活和工作带来了巨大的不良影响。

3. 阴霾污染现状分析

　　霾（haze）又称大气棕色云，指大量极细微的干尘粒等均匀地浮游在空中，造成能见度小于 10.0km 的空气普遍浑浊现象。霾主要由气溶胶及气体污染引起。空气中不同大小的颗粒物均能降低能见度，但相比于粗颗粒物而言，更为细小的 PM2.5 降低能见度的能力更强。国家新标准中将能见度低于 10km，相对湿度小于 80% 时，排除降水、沙尘暴、扬沙、浮尘、烟雾、吹雪、雪暴等天气现象造成的视程障碍，判断为灰霾。

　　从 1990—2005 年，淮河流域的 PM2.5 浓度显著增加，能见度也急剧恶化，并且已成为全国最为严重的地区。我国灰霾试点监测结果表明，2010 年各试点城市发生灰霾天数占全年天数的比例介于 20.5%～52.3% 之间，流域内的郑州达到 191 天，南京为 211 天。因此，与全国大中城市相同，淮河流域的城市必须加大 PM2.5 的控制力度。

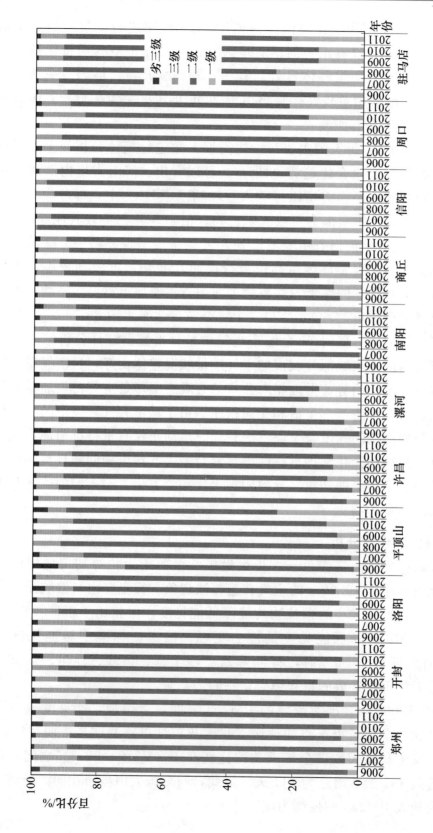

图 37　河南省省境内淮河流域城市空气质量级别对比

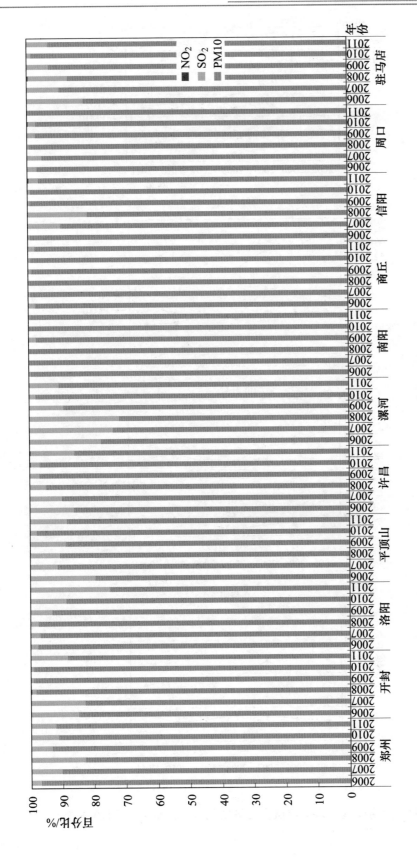

图 38 2011 年河南省境内淮河流域城市污染物类型百分比

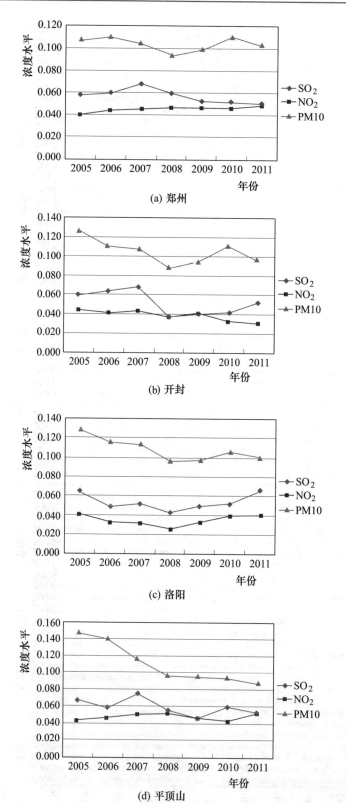

(a) 郑州

(b) 开封

(c) 洛阳

(d) 平顶山

图 39　河南省境内淮河流域主要城市的 SO_2、NO_2、PM10 浓度水平

（1）阴霾天数变化趋势。

气象系统试点的霾天气分析见图 40，山东地区在淮河流域部分的霾污染较轻，其他 3 个省份中的大城市，如合肥、蚌埠、郑州、南京等，都面临着严重的霾污染，近年来有加重的趋势。南京地区 2008—2011 年每年的霾日数均超过 50％，在 2009 年甚至达到了 211 天。表明淮河流域大气颗粒物，尤其是细粒子污染已相当严重，大气颗粒物已成为淮河流域必须着力解决的主要空气污染问题。须尽快出台一些措施，通过调整能源和产业结构、控制一次和二次污染源达到缓解大气污染的目标。

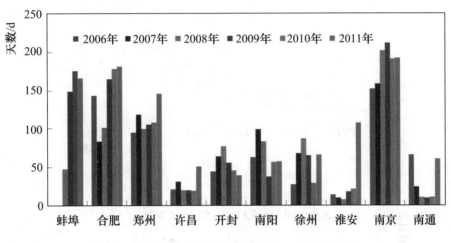

图 40　淮河流域试点城市霾污染天数年际变化

（2）河南省重点城市霾污染变化趋势。

将河南省 1961—2010 年 15 个省辖市的霾日数进行年平均，结果见图 41，可以看出河南省 1961—2010 年 15 个省辖市的霾年均日数整体呈现增长趋势。

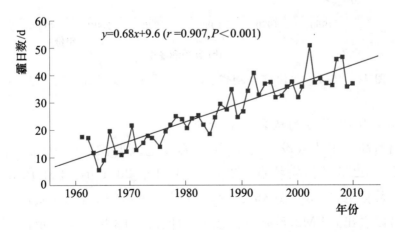

图 41　1961—2010 年河南省直辖市年均霾日数的变化趋势

　　将河南省 1961—2010 年省直辖市（不包括洛阳、鹤壁和平顶山）霾日数进行四个季节的平均，变化趋势如图 42，可以看出河南省 1961—2010 年省直辖市（不包括洛阳、鹤壁和平顶山）四个季节的霾日数均呈现增长趋势，其中秋季增长的速度最快。

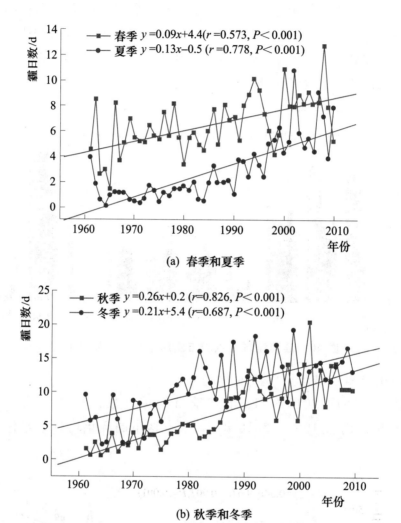

图 42　1961—2010 年河南省直辖市四季平均霾日数的变化趋势

（3）郑州市 PM2.5 与灰霾污染研究。

　　以郑州市高新工业区设立的 PM2.5 自动连续监测点位为例，评价郑州市大气颗粒物 PM2.5 的污染特点。2010 年 1 月至 2011 年 12 月 PM2.5 的质量浓度日均值数据见图 43～图 46 所示。由图中两年的 PM2.5 质量浓度日均值对比曲线可以看出，PM2.5 质量浓度日均值的年际变化有一定的规律性，监测期间，PM2.5 的质量浓度平均值为 76.1μg/m³。根据《环境空气质量标准》

（GB 3095—2012），PM2.5 空气质量二级标准年均值 $35\mu g/m^3$，郑州市郊区的 PM2.5 质量浓度年均值远大于标准值，数值是其两倍多，污染比较严重。

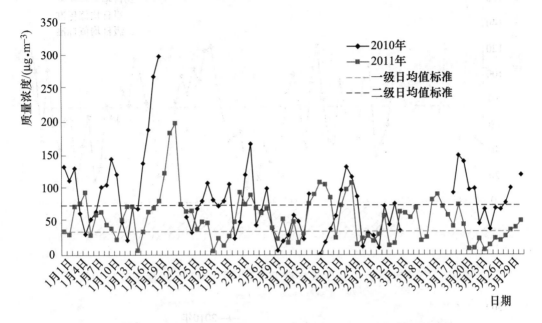

图 43 郑州市高新工业区采样期间 1—3 月 PM2.5 质量浓度日均值

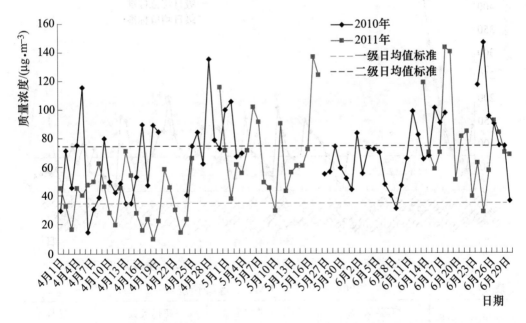

图 44 郑州市高新工业区采样期间 4—6 月 PM2.5 质量浓度日均值

2009—2011 年监测期间数值见表 17，并设定春季为 3—5 月，夏季为 6—8 月，秋季为 9—11 月，冬季为 12 月和次年 1—2 月，利用日均值数据进行统计处理，得到监测期间 PM2.5 质量浓度季节变化见图 47，月均值见图 48。

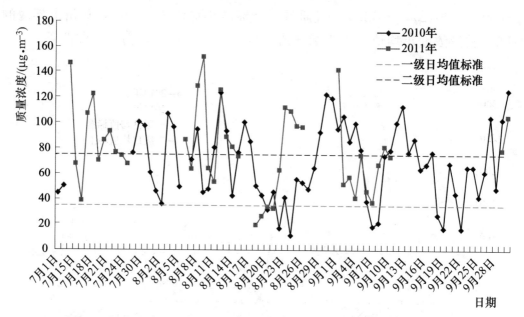

图 45　郑州市高新工业区采样期间 7—9 月 PM2.5 质量浓度日均值

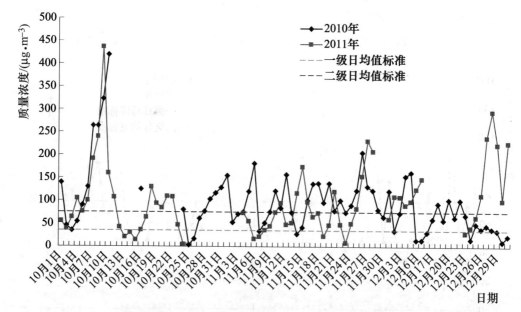

图 46　郑州市高新工业区采样期间 10—12 月 PM2.5 质量浓度日均值

表 17　　　　　　　　　　2009—2011 年 PM2.5 污染情况

年份	有效天数 /d	PM2.5 平均浓度 /(μg·m⁻³)	超标天数 /d	超标率 /%
2009	169	78.5	73	43
2010	270	79.2	124	46
2011	255	71.3	89	35
总计	694	76.1	286	41

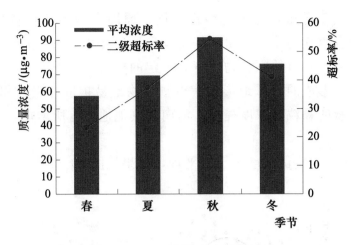

图 47 PM2.5 质量浓度季节均值

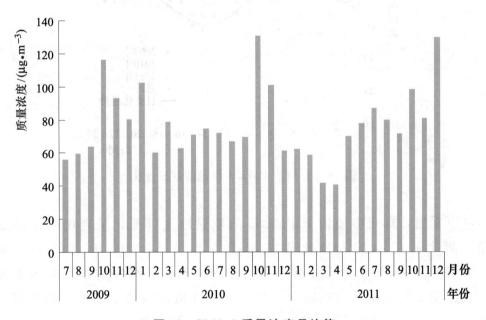

图 48 PM2.5 质量浓度月均值

其中，春、夏、秋、冬 4 个季节的 PM2.5 质量浓度范围分别是 7.7～149.8μg/m³、11.8～152.6μg/m³、3.6～437.6μg/m³、1.1～291.4μg/m³，季节均值分别为 57.4μg/m³、69.3μg/m³、91.5μg/m³、76.1μg/m³。各个季节的超标率分别为 23%、37%、54%、41%。总体来说，超标率大于 40%。图中显示：①监测期间各个月份的月均值均大于 35μg/m³，有将近一半的月份月均值大于 75μg/m³，污染情况比较严重，如果在 2016 年实施《环境空气质量标准》（GB 3095—2012），则还需要有很多工作需要做。②郑州市秋冬季节的 PM2.5 质量浓度大于春夏两季，和国内其他城市如西安、长沙等的季节浓度对比一致。③郑州市细颗粒物污染呈现出秋季大于冬季大于夏季大于春季的特点。秋季大于冬季，与其他城市不同。原因之一为河南省是一个农业大省，夏、秋粮食收获的季节，由于经常发生秸秆焚烧现象，大量的细粒子进入空气中，使得夏秋季节的颗粒物浓度有一定的提高；另外由于郑州市西北、西南方向海拔较高形成的特殊地形，使得颗粒物不易扩散开来，积聚在郑州市，导致郑州市夏秋的颗粒物浓度提高，河南省其他地方有所增加，呈现出郑州市独有的特点。

对于PM2.5的质量浓度按小时平均，结果见图49。

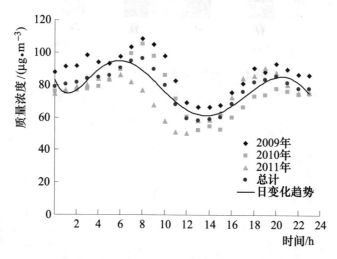

图49　郑州市PM2.5质量浓度日变化

可以看出，郑州市细粒子PM2.5的质量浓度日变化呈现出明显的双峰现象，两个峰的峰值大致出现在早上5：00—8：00、晚上的18：00—22：00，明显受人为活动的影响。两个高峰值与交通高峰的出现时间大体一致，显见受交通流量的影响较大。早上有个峰值，随着太阳辐射的增强，大气湍流运动和垂直扩散增大，利于颗粒物的扩散输运，使得接下来的PM2.5浓度逐渐降低，在13：00—15：00达到最低值。傍晚又有一个排放高峰，但是接下来晚上温度较低，空气层比较稳定，不易于扩散，使得第二个峰并不显著。

根据PM2.5及其化学组成，采用PMF方法对两年的PM2.5组分进行来源解析。数据见表18。

PMF的源贡献估计结果表明，二次气溶胶和土壤扬尘对PM2.5的贡献为30.3％和28.0％；燃烧源对PM2.5质量的贡献率为22.7％；机动车和燃煤除外的其他工业的贡献率为11.6％和7.4％。其中二次气溶胶，燃烧源和机动车排放源的贡献率加起来达到了64.6％，见图50。

表 18　　　　　　　PMF 源解析模型中 PM2.5 及其化学组分浓度

项目	春季	夏季	秋季	冬季	全年
PM2.5	181.1±84.9	121.5±58.7	185.5±40.4	211.1±62.7	182.9±71.4
Mg	472.5±404.6	79.2±43.9	208.7±62.7	366.8±219.9	305.0±266.7
Al	948.6±851.2	205.5±138.9	371.8±109.3	657.9±364.8	579.6±508.7
Ca	1100.5±804.9	333.2±115.5	441.1±137.7	891.8±580.7	753.1±596.1
V	4.7±2.7	1.5±0.9	3.5±1.1	4.3±1.5	3.7±2.0
Cr	16.9±2.3	15.6±5.2	23.2±14.3	19.0±14.5	18.4±11.4
Mn	126.1±44.0	47.0±16.3	135.4±22.0	130.2±41.8	112.5±49.2
Fe	1895.6±1630.1	369.9±152.9	1068.3±184.8	1434.8±822.2	1248.8±1025.6
Co	1.1±0.9	0.2±0.1	0.8±0.2	1.0±0.4	0.8±0.6
Ni	3.3±2.7	2.3±1.5	4.1±1.6	3.5±1.6	3.3±1.9
Cu	21.4±6.8	15.2±3.1	32.3±8.2	26.9±11.2	24.1±10.3
Zn	370.6±168.2	342.4±233.8	455.4±106.6	518.0±376.6	444.1±294.8
As	20.5±7.5	17.0±6.7	24.1±6.5	22.6±9.2	21.2±8.2
Se	9.7±3.6	9.1±2.4	11.8±3.7	11.8±6.6	10.8±5.1
Sr	25.8±23.3	6.8±3.2	12.4±3.3	23.0±12.4	18.7±14.9
Cd	7.2±4.7	4.9±3.0	16.5±20.6	15.9±13.5	12.0±12.8
Ba	54.2±29.9	16.8±6.8	27.8±10.2	41.5±20.1	36.9±23.0
Pb	122.7±32.8	136.3±54.8	102.3±9.5	125.2±56.2	124.0±48.1
OC	15.4±4.0	10.0±2.5	18.7±8.0	27.1±16.6	20.1±13.6
EC	3.0±0.8	1.8±0.5	5.4±1.7	4.7±1.3	3.9±1.7
Na$^+$	1.2±0.4	0.9±0.4	1.2±0.1	1.4±0.6	1.2±0.5
NH$_4^+$	11.6±7.8	15.7±6.7	15.4±4.0	17.4±11.5	15.6±9.3
K$^+$	1.7±0.6	1.4±0.5	2.8±0.6	2.9±1.6	2.4±1.3
Cl$^-$	2.7±1.4	1.4±0.7	7.1±3.0	10.0±4.9	6.4±5.2
NO$_3^-$	16.8±10.1	11.1±7.1	23.3±13.9	17.3±11.0	16.7±10.9
SO$_4^{2-}$	20.5±13.6	32.0±12.2	35.2±7.8	22.3±14.0	25.7±13.8

注　表中 PM2.5 的单位为 μg/m³；各元素的单位为 ng/m³。

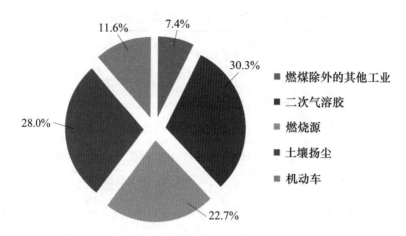

图50　各种污染源对大气颗粒物 PM2.5 质量浓度的贡献率

4. 重点城市扩散特征分析

为了了解淮河流域城市大气边界层流动和污染输送特征、大气污染的潜在源区分布及变化规律，为城市规划提供科学依据，本研究对淮河流域重点城市（郑州、徐州、连云港）气象场和扩散模拟结果进行了系统分析。主要工作内容包括：①淮河流域重点城市扩散模态与月平均扩散浓度场特征分析。以涵盖整个流域的 $900km \times 600km$ 水平尺度范围，用 NCEP－fnl 全球再分析资料和三维风场诊断模式分析区域风场和大气流动特性。所获大气流动分析场还用于作为印痕（footprint）分析的基础。②各城市污染物的潜在源区分析。以拉格朗日随机粒子模式对各站进行反向扩散计算，获取各城市的逐时浓度印痕分布，提取影响各城市大气环境质量的潜在源区分布及变化规律。

（1）扩散模态与平均浓度场特征。

运用数值模拟方法对淮河流域的扩散模态与平均浓度场进行分析。在气载污染物的中尺度散布过程中边界层的三维风场起着至关重要的作用，它决定着污染物的水平输送方向和输送速度，从而决定了污染物的影响范围和强弱；垂直气流的状况则支配着污染烟云高度的变化，极大地影响地面污染物浓度的高低。这里采用质量守恒约束的风场诊断方案对模拟中心周边范围（$900km \times 600km$）的风场进行客观分析，以达到下列目的：①为污染物扩散分析提供风场输入，定性地分析影响范围。②为印痕分析提供风场输入，半定量的分析影响当地大气环境质量的潜在源区分布及变化规律。

以下介绍风场模式和扩散模态、平均浓度场分析结果。

1）风场的模拟计算。采用质量守恒约束调整的 CALMET 诊断模式计算风场。该模式从气象站实测风资料和 NCEP－fnl 分析资料出发，进行插值与质量守恒约束调整,可根据需要获得适当分辨率的三维风场。质量守恒约束风场模式在大气污染物扩散模拟中有着广泛应用。它的优点是能较逼真地获得近地面层风场,也能反映天气系统的变化,并且具有计算速度快等优点。缺点是对实测资料的依赖程度很大。如果测站密度高,资料质量好,得出的三维风场的真实性就较强。龙游核电站所在地区周边地形较为平坦,本项目研究区域的地面气象站加上 NCEP-fnl 分析资料,构成了适合中尺度边界层流动研究的地面风测站和数据网。

a.模拟空间和网格。这里研究的风场为 900km×600km 尺度范围,中心经纬度为 34.5°N,116.5°E,区域范围具体见图 51。

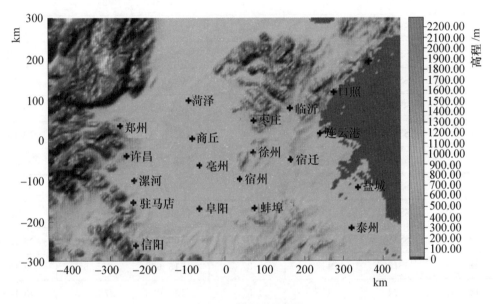

图 51　模拟区域图

对应的计算网格距为 10km。风场区域包括整个淮河流域。模式垂直方向自地面至 3000m 不等距分为 10 层,各层中心距地面高度见表 19。

表 19　　　　　　　　　模式垂直方向各层号和层顶高度

层数	1	2	3	4	5
高度/m	10	30	60	120	230
层数	6	7	8	9	10
高度/m	450	800	1250	1850	2600

b.气象资料。用于风场初始插值的资料来自 NCEP-fnl 再分析资料的地面和高空数据用于地面和上层风场插值。用于本研究计算的 NCEP-fnl 资料点共 80 个,覆盖整个模式区域以及区域外围。提取的数据为:风、温度、压

力、湿度等，共 13 层，各层大气压力分别面为：1000hPa、975hPa、950hPa、925hPa、900hPa、850hPa、800hPa、750hPa、700hPa、650hPa、600hPa、550hPa 和 500hPa。各地面观测站名称坐标参数等见表 20。

表 20   各测风站名称和位置

序号	站名	经度 /(°)	纬度 /(°)	相对坐标 x/km	相对坐标 y/km	站号
1	SS01	112	38	−383.805	391.492	NCEP
2	SS02	113	38	−298.577	387.23	NCEP
3	SS03	114	38	−213.303	384.034	NCEP
4	SS04	115	38	−127.995	381.903	NCEP
5	SS05	116	38	−42.667	380.837	NCEP
6	SS06	117	38	42.667	380.837	NCEP
7	SS07	118	38	127.995	381.903	NCEP
8	SS08	119	38	213.303	384.034	NCEP
9	SS09	120	38	298.577	387.23	NCEP
10	SS10	121	38	383.805	391.492	NCEP
11	SS11	112	37	−389.895	283.246	NCEP
12	SS12	113	37	−303.315	278.918	NCEP
13	SS13	114	37	−216.687	275.67	NCEP
14	SS14	115	37	−130.026	273.505	NCEP
15	SS15	116	37	−43.344	272.423	NCEP
16	SS16	117	37	43.344	272.423	NCEP
17	SS17	118	37	130.026	273.505	NCEP
18	SS18	119	37	216.687	275.67	NCEP
19	SS19	120	37	303.315	278.918	NCEP
20	SS20	121	37	389.895	283.246	NCEP
21	SS21	112	36	−396	174.732	NCEP
22	SS22	113	36	−308.064	170.335	NCEP
23	SS23	114	36	−220.08	167.037	NCEP
24	SS24	115	36	−132.062	164.838	NCEP
25	SS25	116	36	−44.023	163.739	NCEP

序号	站名	经度/(°)	纬度/(°)	相对坐标 x/km	相对坐标 y/km	站号
26	SS26	117	36	44.023	163.739	NCEP
27	SS27	118	36	132.062	164.838	NCEP
28	SS28	119	36	220.08	167.037	NCEP
29	SS29	120	36	308.064	170.335	NCEP
30	SS30	121	36	396	174.732	NCEP
31	SS31	112	35	−402.122	65.918	NCEP
32	SS32	113	35	−312.826	61.453	NCEP
33	SS33	114	35	−223.482	58.104	NCEP
34	SS34	115	35	−134.103	55.871	NCEP
35	SS35	116	35	−44.703	54.755	NCEP
36	SS36	117	35	44.703	54.755	NCEP
37	SS37	118	35	134.103	55.871	NCEP
38	SS38	119	35	223.482	58.104	NCEP
39	SS39	120	35	312.826	61.453	NCEP
40	SS40	121	35	402.122	65.918	NCEP
41	SS41	112	34	−408.262	−43.226	NCEP
42	SS42	113	34	−317.603	−47.759	NCEP
43	SS43	114	34	−226.895	−51.159	NCEP
44	SS44	115	34	−136.151	−53.426	NCEP
45	SS45	116	34	−45.386	−54.56	NCEP
46	SS46	117	34	45.386	−54.56	NCEP
47	SS47	118	34	136.151	−53.426	NCEP
48	SS48	119	34	226.895	−51.159	NCEP
49	SS49	120	34	317.603	−47.759	NCEP
50	SS50	121	34	408.262	−43.226	NCEP
51	SS51	112	33	−414.423	−152.73	NCEP
52	SS52	113	33	−322.396	−157.331	NCEP
53	SS53	114	33	−230.319	−160.783	NCEP

续表

序号	站名	经度/(°)	纬度/(°)	相对坐标 x/km	相对坐标 y/km	站号
54	SS54	115	33	−138.206	−163.084	NCEP
55	SS55	116	33	−46.071	−164.235	NCEP
56	SS56	117	33	46.071	−164.235	NCEP
57	SS57	118	33	138.206	−163.084	NCEP
58	SS58	119	33	230.319	−160.783	NCEP
59	SS59	120	33	322.396	−157.331	NCEP
60	SS60	121	33	414.423	−152.73	NCEP
61	SS61	112	32	−420.605	−262.624	NCEP
62	SS62	113	32	−327.206	−267.294	NCEP
63	SS63	114	32	−233.755	−270.797	NCEP
64	SS64	115	32	−140.267	−273.132	NCEP
65	SS65	116	32	−46.758	−274.3	NCEP
66	SS66	117	32	46.758	−274.3	NCEP
67	SS67	118	32	140.267	−273.132	NCEP
68	SS68	119	32	233.755	−270.797	NCEP
69	SS69	120	32	327.206	−267.294	NCEP
70	SS70	121	32	420.605	−262.624	NCEP
71	SS71	112	31	−426.812	−372.939	NCEP
72	SS72	113	31	−332.034	−377.677	NCEP
73	SS73	114	31	−237.204	−381.232	NCEP
74	SS74	115	31	−142.337	−383.602	NCEP
75	SS75	116	31	−47.448	−384.787	NCEP
76	SS76	117	31	47.448	−384.787	NCEP
77	SS77	118	31	142.337	−383.602	NCEP
78	SS78	119	31	237.204	−381.232	NCEP
79	SS79	120	31	332.034	−377.677	NCEP
80	SS80	121	31	426.812	−372.939	NCEP

注 相对坐标原点为模式区域中心。

2）中尺度扩散模型。利用逐时气象场资料和拉格朗日随机粒子模式，可以对虚拟源连续排放的情况进行长时间模拟，获得每时刻示踪粒子扩散图景并用动画显示，以考察具体扩散情况和影响范围。包括郑州（zz）、徐州（xz）和连云港（lyg）的2010年1月与2010年7月的扩散模拟动画。

进一步，还可统计模式区域各网格中的总粒子数，从而获得扩散物质在区域内的相对浓度分布。

图52是2010年1月、7月（夏秋两季代表月）的平均扩散相对浓度分布（平均垂直积分浓度）。图中结果反映了各城市污染源可能对周边影响的统计平均分布或影响概率。由图可见，郑州冬季时往各方向均有扩散，往东南、偏北方扩散比重较大，往南影响到许昌、漯河等市；郑州夏季时因主导风向转为东南风，往西北方扩散比重增加，且因风速小于冬季，高浓度范围增加，对许昌与漯河仍有一定影响；徐州冬季时往偏南方向扩散比重较大，对周边的枣庄、宿州影响较大，对宿迁、蚌埠、亳州也有一定影响；徐州夏季时往偏北方扩散比重占绝对优势，对枣庄、临沂、商丘包括郑州影响较大；连云港冬季时扩散呈现南北狭长形特征，即往南与往北扩散比重大，往东、西向扩散比重小，对日照、宿迁、亳州影响较大；连云港冬季时扩散特征与徐州类似，主要影响到偏北方的临沂、日照与枣庄。

（2）污染物来源印痕分析。

以所获风场分析资料为基础，对郑州市性观测浓度进行印痕分析。首先将一个拉格朗日粒子扩散模式与CALMET风场模式的数据结果相衔接。利用风场结果进行粒子平均运动计算，并利用CALMET的微气象学参数进行扩散计算。之后再利用印痕概念，进行时间反向的扩散计算，获得浓度印痕分布，从而判断浓度观测资料的空间代表区域。郑州代表月平均的浓度印痕见图53，整体来看郑州的潜在源区在冬季以偏西分布为主，在夏季以正南和东北主为主；平均印痕的高值区主要在郑州市范围内，说明该市污染源主要来自市内；而平均印痕低值区的范围明显加大，但冬季时来自西部山地与夏季时来自南部许昌等市的污染源也可能对郑州造成影响。

（二）大气污染问题识别

从大气质量现状评估的情况来看，淮河流域的城市按API指数达到二级空气质量标准的天数达到80%以上，主要污染物为颗粒物PM10，但是近几年霾天气逐年增加，公众感觉强烈，主要是细粒子PM2.5污染增加所致。同时，随着公众对大气环境污染对健康影响的关注，和新的空气质量标准的颁布，淮河流域的城市空气质量达标率将大幅度下降，约降至20%～30%，个别城市还会出现SO_2和NO_x超标情况。

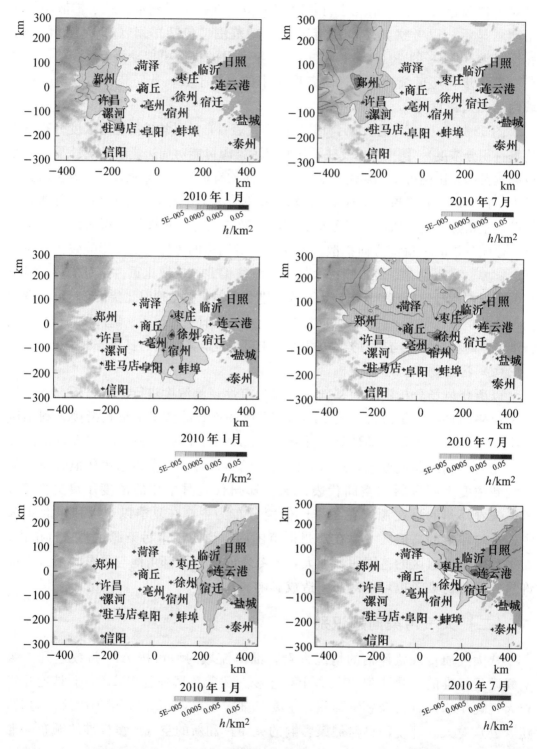

图 52　各城市夏秋两季代表月粒子扩散相对浓度平均分布

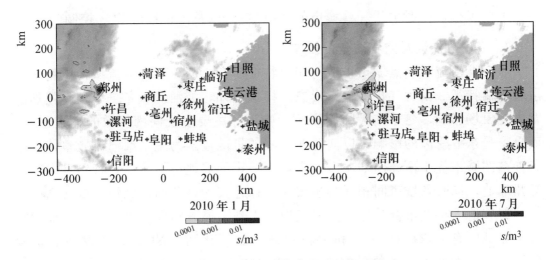

图 53　郑州夏秋两季代表月平均印痕分布

1. 颗粒物污染严重

淮河流域江苏、安徽、山东及河南省城市的空气污染的主要污染物均为颗粒物 PM10 污染；通过郑州环境测试结果 PM2.5 与 PM10 比值约在 70%，这样细粒子 PM2.5 浓度所占比重远大于粒径在 2.5～10μm 的颗粒物浓度，从而造成能见度降低，霾天气增加。

PM2.5 来源于一次污染排放和二次气溶胶转化而来。主要来源于燃料燃烧排放，源解析结果表明二次气溶胶，燃烧源和机动车排放源的贡献率加起来达到了 64.6%。

2. 空气质量新标准的挑战

为了逐步实现对细颗粒物的控制，改善我国的空气质量，环境保护部于 2012 年 2 月 29 日批准实施新修订的《环境空气质量标准》（GB 3095—2012）。新标准增加了细颗粒物（PM2.5）和臭氧（O_3）8h 浓度限值监测指标，严格了 PM10 和 NO_2 的指标。并要求 2012 年在京津冀、长三角、珠三角等重点区域以及直辖市和省会城市开展细颗粒物与臭氧等项目监测，2013 年在 113 个环境保护重点城市和国家环境保护模范城市开展监测，2015 年覆盖所有地级以上城市，2016 年 1 月 1 日起在全国实施新标准。

如果按新标准（NO_2：40μg/m³，PM：10～70μg/m³）重新审视淮河流域几个城市的达标情况，可以非常明确地看到，几乎所有 4 个省份的城市 PM10 均不能达到新标准的要求。从 NO_2 和 SO_2 来看，安徽省的整体情况良好，山东的大部分城市、河南和江苏的部分城市 NO_2 不能达到标准，山东省和河南省还存在 SO_2 超标现象，并且整体平均浓度水平也较高，见图 54，红线为标准值。为此，对于淮河流域的城市，必须将控制颗粒物作为大气污染防治的主要工作，同时关注一些城市的 NO_2 超标以及山东地区 SO_2 控制问题。

3. 传输与扩散对空气质量的影响

通过淮河流域重点城市扩散与印痕特征研究，明确了淮河流域污染物的扩散和传输特征。由大气扩散输送形态的模拟可知，淮河流域冬夏季均受强烈的背景气象场影响，冬季在大陆冷高压影响下，主要呈现向南扩散的输送形态；而夏季受东亚季风的影响，以向西北内陆的扩散输送为主。淮河流域整体扩散条件东部城市优于西部内陆城市。表现出一定的局地污染特性，特别是内陆的郑州等地；同时各城市间相互影响较大，存在较为显著的区域污染特征。

与其他大型城市群类似，淮河流域也表现出显著的大气复合污染特征。空气中除了原有高浓度的 SO_2 和颗粒物外，氮氧化物（NO_x）、挥发性有机物（VOCs）以及其他污染物的浓度也快速增加。这些化学污染物通过大气在城市间输送，造成各城市环境污染相互关联以及多种高浓度污染物在时空上的重叠，导致污染物在生成、输送、转化过程中的复杂化学耦合作用，产生大量二次污染物，致使污染的状况与以往单一类型的污染相比有了很大的变化，形成了典型的大气复合污染，而由此产生的环境效应远比一次污染物原有的效应严重。

（三）大气污染具体原因

1. 淮河流域能源消费总量和能源结构

淮河流域矿产资源丰富，以煤炭资源最多，初步探明的煤炭储量有700多亿 t，主要集中在安徽的淮南、淮北和豫西、鲁西南、苏西北等矿区，且煤种全、煤质好、埋藏浅、分布集中，易于大规模开采。目前已建成淮南、淮北、平顶山、徐州、兖州、枣庄等国家大型煤炭生产基地，煤炭产量约占全国的八分之一，一批新的大型矿井正在兴建。流域内火力发电比较发达，大型坑口电站正在兴建。这些煤电产区，不仅为本流域的工农业生产和城乡人民生活提供大量的能源，而且是长江三角洲和华中等经济区的重要能源基地。

淮河流域内工业以煤炭和电力工业为主，还包括有色金属、钢铁、化工、石油石化、建材、造纸、纺织、印染、食品加工等。流域内较为发达的城市，工业污染也较为严重，这些城市包括，如河南的郑州、洛阳、开封；安徽的合肥、蚌埠；江苏的南京、徐州等。淮河流域的其他相关地区包括江苏的苏北地区，山东的菏泽市、枣庄市、临沂市等，安徽的宿州市、阜阳市等地区经济仍然处于发展中，在未来的5年或10年将会有较大的发展，能源消费也将继续增加，大气污染物排放也将增加，对大气环境容量和空气品质构成极大的挑战。

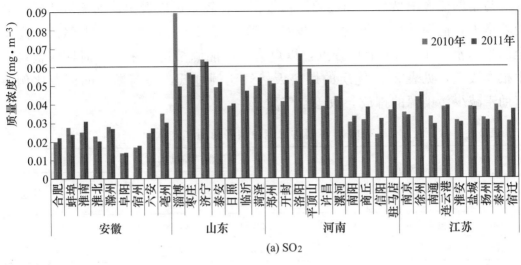

(a) SO₂

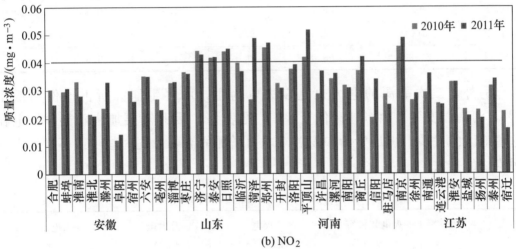

(b) NO₂

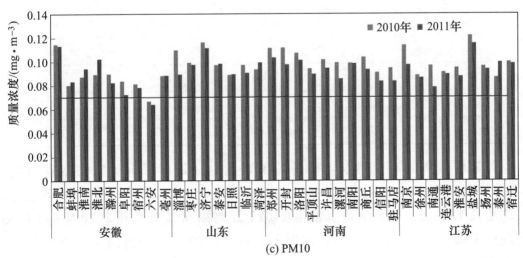

(c) PM10

图 54　新标准下各城市环境空气质量达标情况

与全国能源消费总量和能源结构数据相比较，可以看出淮河流域 4 省能源消费量大，能源结构以煤为主，安徽和河南煤在能源消费中超过 84%，高于全国平均水平 18～21 个百分点，以煤为主的能源结构未来相当时期内很难发生根本改变，见表 21。优质的燃料天然气比例过低，提高燃气的消费比例将有助于减少污染源的排放，改善空气质量。

表 21　　　　　　　　2010 年不同省份能源消费总量和结构

省份	能源消费总量/(万 t 标准煤)	能源消费结构/%				
		煤品	油品	天然气	水电、核电、风电	其他
山东	34266	76.2	22.01	0.09		
江苏	25774	75.7	16.8	3.6	3.2	0.7
安徽	9707	89.2	8.5	1.3	0.4	0.6
河南	21438	84.3	9.0	3.0	3.7	
全国	324939	68.0	19.0	4.4	8.6	

另外，二次能源的电力也是以火电为主，可再生能源所占比例均低于 6%，河南、安徽、山东地区低于 4%，见表 22。因此需要加快新能源发电在这些地区的发展，满足生活和发展对电力增加的需要，同时减少或不增加大气污染物的排放。

表 22　　　　　　　　2010 年淮河流域 4 省电力消费情况

省份	火电装机容量/万 kW	火电/(亿 kW·h)	总发电量/(亿 kW·h)	火电占比/%
江苏	5998	3305	3499	94
山东	6002	3064	3091	99
安徽	2763	1426	1463	97
河南	2284	2198	2284	96
全国	70967	34166	42278	81

伴随着经济的高速增长，能源的消费量也在逐年攀升。以河南省为例，"十一五"期间，GDP 从 2006 年的 10587 亿元增加到 2010 年的 19417 亿元，年均增长 12.9%；能源消费总量由 14625 万吨标准煤增长到 2010 年的 21438 万吨标准煤，年均增长 7.9%，比国家能耗年均增长水平高出 1.3 个百分点，见图 55。

在能源的利用效率方面，河南省的单位 GDP 能耗从 2005 年的 1.396 吨标

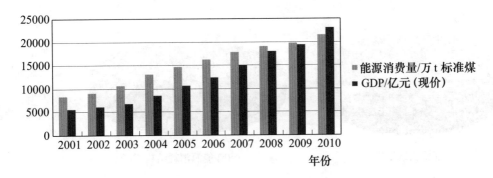

图 55　河南省 2001—2010 年经济增长与能源消耗趋势

准煤/万元下降到 2010 年的 1.115t 标准煤/万元，使能耗率下降了 20.12％，见图 56。根据国务院确定的"十二五"节能减排目标任务，到 2015 年，河南省单位 GDP 能耗要比 2010 年下降 16％，比 2005 年下降 32％。河南省作为我国第五大 GDP 总量大省，与其他先进省份所属省直辖市相比，河南省单

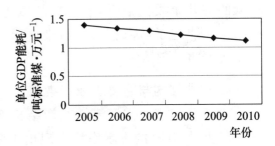

图 56　河南省单位 GDP 能耗变化

位能耗强度比其他省份都要高，说明河南省单位能耗仍然过高，能源使用效率偏低，见图 57。

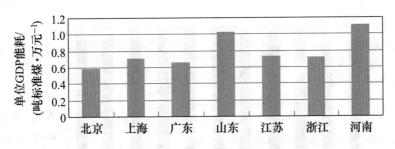

图 57　河南省与其他发达省份能效水平的对比

　　淮河流域煤炭资源储量丰富，煤炭生产及下游产业是流域主要工业行业。以河南省为例，全省共分为 19 个煤田和 5 个含煤区。河南省的能源供给和消耗结构一向是以煤炭为主的，见图 58。

　　此外工业能耗占能源消费比重大，生活和交通能耗正在快速增长。工业能耗占总能源消费比重的 80％以上。重工业在工业中所占比重大，能源消耗强度高。同时，随着经济发展，人民生活水平提高，生活能耗和交通能耗的刚性需求强劲。能源利用效率低。河南省产业结构偏重，能源消费强度较高，全省万元 GDP 能耗近几年明显下降，但仍高于全国平均水平，比能耗

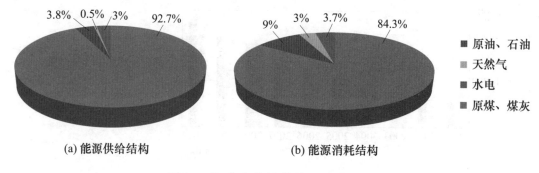

3.8% 0.5% 3% 92.7%   9% 3% 3.7% 84.3%

- 原油、石油
- 天然气
- 水电
- 原煤、煤灰

(a) 能源供给结构   (b) 能源消耗结构

图 58   河南省能源供给和消费结构

较低的前几个发达省份高出 40％以上。环境污染严重。以煤为主的能源供给结构，决定了河南省大气污染严重，导致 SO_2、烟（粉）尘、CO_2 等污染物排放严重。

2. 产业结构与重要工业污染源

2000 年以来，淮河流域三产结构变化较大，以河南省为例，第一产业和第三产业对 GDP 的贡献率均表现出下降趋势，其中第一产业年均贡献率下降幅度显著，为－7.12％；第二产业则表现为增加趋势，年均增幅 0.82％，见图 59。经济的发展主要依靠第二产业工业推动经济的增长，而第一产业农业和第三产业服务业则贡献较低，说明经济结构需要调整，也说明工业中高耗能行业急待提高能源利用效率。

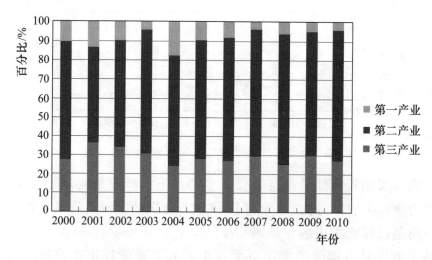

图 59   2000—2010 年河南省三产 GDP 贡献率

对于河南境内淮河流域的 11 个城市，总体情况与河南省情况一致，产业结构和发展方面可以分为 4 个类型。郑州作为省会城市，综合发展，第二产业和第三产业比重超过 95％，随着郑汴一体化发展，将带动开封发展；洛阳和平顶山第二产业比重超过 55%，工业基础好，是典型的工业城市；商丘、信阳、周口和驻马店农业比重超过 25%，是典型的农业城市，并进一步发展现代农业、畜牧和农产品加工业。其他 3 个城市许昌、漯河和南阳有较好的工业基础，随着新兴产业的发展，将成为特色发展城市。淮河流域河南省区城市三产结构变化见图 60。

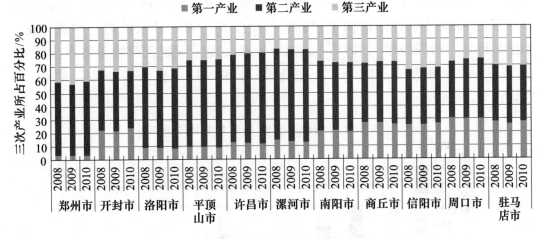

图 60　淮河流域河南省区城市产业结构对比

淮河流域河南省区工业主要污染源分布情况，对于年耗煤量在 5 万 t 以上的工业企业总共有 171 家，而且高耗能高污染的企业比重较大，是空气污染物排放主要污染源。淮河流域河南省区高耗能企业地理见图 61。高污染、高耗能企业可以通过推行清洁生产降低资源消耗，减少污染排放。

高耗能企业的行业分布见图 62，其中：①郑州市"3515"❶ 企

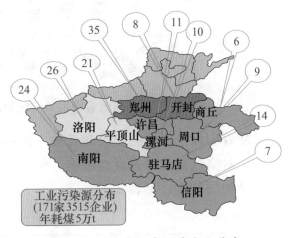

图 61　河南省区高污染企业分布

业共 35 家，其中电力企业数量最多为 18 家，占 51.4%。②开封市"3515"企业共 8 家，其中化工企业数量最多为 4 家，占 50.0%。③洛阳市"3515"

---

❶　"3515"出自《河南省重点耗能行业"3515 节能行动计划"》，指在河南省钢铁、有色金属、煤炭、电力、石油石化、化工、建材、纺织、造纸等能源消费量较大的行业中，通过抓好 300 家左右、年综合能耗 5 万 t 标准煤以上企业的节能工作，实现"十一五"节能 1500 万 t 标准煤的目标。

企业共26家，其中电力企业、建材企业和化工企业数量最多，分别为10家、7家和5家，三者之和占84.6％。④平顶山市"3515"企业共21家，其中钢铁企业、电力企业和化工企业数量最多，分别为6家、5家和5家，三者之和占76.2％。⑤许昌市"3515"企业共11家，只涉及电力、钢铁和其他行业。⑥漯河市"3515"企业共10家，只涉及电力、化工和其他行业。⑦南阳市"3515"企业共24家，其中化工企业数量最多为8家，占33.3％。⑧商丘市"3515"企业共6家。⑨信阳市"3515"企业共7家，涉及电力、钢铁、化工和建材行业。⑩周口市"3515"企业共9家，其他行业企业数量最多为5家，占55.6％。⑪驻马店市"3515"企业共14家，其中化工企业数量最多为5家，占35.7％。

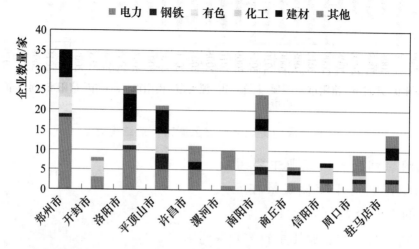

图62　河南省境内淮河流域城市"3515"企业分布

　　随着中原经济区的建设和发展，这些城市将努力实现经济发展，调整产业结构，对空气质量将有良性影响，但也会有新的污染问题的产生，如VOC和氨污染物的排放，见表23。

表23　　　　　　　　　　　VOC和氨污染物的排放

城市	产业结构现状特征	经济发展方向	结构调整对大气环境影响
郑州市	工商城市，第二、第三产业占绝对主导	综合产业，积极发展食品工业，先进制造业，高新技术产业，汽车产业，服装产业，推动生物、新材料、新能源、新能源汽车、高端装备等先导产业发展，带动整个中原经济区乃至中西部地区的崛起	增加 PM、VOC 污染

续表

城市	产业结构现状特征	经济发展方向	结构调整对大气环境影响
开封市	第一产业明显高于同年河南省平均水平	建设郑汴新区,积极融入郑州都市区,加大文化旅游业发展,大力发展高成长性产业	
洛阳市	工业城市,第二产业明显高于河南省平均水平	大力发展装备制造业,高新技术产业,资源勘探业	增加 PM、VOC、重金属污染
平顶山市	工业城市,第二产业明显高于河南省平均水平	加快电力产业发展,促进化工,资源结构调整	增加 SO_2、NO_x、PM、VOC 污染
许昌市漯河市南阳市	第二产业明显高于河南省平均水平	发展电力电子产业,高新技术产业,旅游产业; 发展食品饮料产业,加快养殖基地建设; 促进玉石文化产业发展,发展新能源产业,新材料产业;发展商贸物流业,冷链制冷业,机电装备制造业,优化煤化工	改善 PM 增加 NH_3 污染
商丘市信阳市周口市驻马店市	农业城市,第一产业远高于河南省平均水平;	努力发展旅游产业,饲料加工与养殖业,加大农业产品商品化率; 大力加强农业现代化率,加快养殖产业发展; 大力发展养殖业与规模化农业产业化,加快养殖业深加工产业	增加 NH_3 污染

(四)大气污染防治对策与建议

1. 优化能源结构

(1)提高优质燃气在能源消费中的比例。

随着承接产业转移、推进经济结构调整步伐加快和人民生活水平不断提高,流域内天然气需求量将大幅增加,迫切需要加大天然气供应量。总体上看,我国天然气资源潜力较大,可以支持天然气的加快发展和大规模利用,结合国家西气东输等骨干天然气管道的输送,及本地区有天然气生产优势,淮河流域的一些地区具备扩大天然气利用的有利条件,因此要将天然气摆到能源结构调整的重点地位,大力支持天然气的大规模开发利用。①大力提高天然气供应能力,在开发挖潜煤层气等资源的同时,切实加强对外能源合作与交流,积极开拓和引进流域外和流域内合作资源。②积极开拓天然气消费市场,研究完善天然气价格形成机制,提高天然气开发利用效率。③加快改革天然气现行管理体制和模式，研究搭建流域内燃气管网建设运营管理平台。

（2）限制高能耗企业发展。

严格控制高耗能、高排放行业发展。一律停止审批、核准、备案"两高"和产能过剩行业扩大产能项目。严格实施固定资产投资项目节能评估审查制度，未经节能主管部门节能评估审查和评估审查未通过的项目，一律不得审批、核准和备案。重点加强对新建、改建和扩建项目的用煤控制，凡涉及原煤消耗的项目实行环保、经信分级联审制度，优先选择使用天然气、集中供热、液化石油气、电等清洁能源。按照国家、省和市有关规定，严格控制火电、煤炭、钢铁、水泥、有色金属、焦炭、造纸、制革、印染等高耗能、高排放行业项目。各级投资主管部门不得审批、核准"两高"行业的投资项目，限制"两高"行业产能扩大。各级环保部门要严把"环评关"，不审批不符合国家产业政策和产能过剩的项目，不审批高耗能、高排放项目以及项目建设所在地环境质量不能满足环境功能区要求的项目。各级节能主管部门要严把"能评关"，对单位增加值能耗超过全市同行业平均水平的项目一律停止审批。

（3）大力发展新能源和可再生能源。

新能源和可再生能源未来发展前景广阔，但目前仍受到技术和成本等因素制约，必须加大政策扶持力度。一是研究设立新能源发展专项基金并列入财政预算管理，每年安排一定的资金，用于支持、扶持、引导新能源产业发展。二是落实国家扶持新能源产业发展的价格补贴政策，研究制定促进新能源健康快速发展的价格补贴机制，对适宜发展的太阳能、生物质能、分布式能源、重点新能源基础设施等示范项目，在国家价格政策补贴外，再给予一定的价格补贴支持。三是加快将符合条件的新能源开发利用企业认定为高新技术企业，引导企业用好国家相关减免税政策，积极研究制定促进新能源产业发展的税收优惠政策。四是加大金融信贷支持力度，提高对新能源企业授信额度，优先为符合条件的企业提供贷款支持，并实行优惠贷款利率政策，支持信用担保机构对新能源企业提供贷款担保。鼓励符合条件的新能源企业通过境内外资本市场或利用产业投资基金融资。

（4）推动综合能源基地建设。

淮河地区具备建设综合能源基地的有利条件。在国家煤炭发展布局上具有重要的战略地位；并处于华中电网与华北电网、西北电网联网的枢纽位置，同时处于东部能源消费核心区和西部能源资源富集区的中间地带，是全国煤电气等能源输送主要通道的必经之地，可以建设全国重要的能源中转储备基地，因此，建议国家支持，推动综合能源基地建设。

未来中央大型能源企业作为国家能源生产供应主力军的地位不会改变，特别是在电网、油气等领域具有绝对主导地位。中央大型能源企业对保障能源供应的作用将更加凸显。一方面，需要继续依托中央大型能源企业，加强能源基础设施建设；另一方面，需要发挥中央大型能源企业的集团优势，采用先进的环保节能技术，减少大气污染物排放总量。

（5）推进能源科技创新。

积极推动骨干能源企业建立技术研发中心，加快构建以企业为主体的技术创新体系，鼓励企业加强与高校、科研单位以及省外优势企业的合作与联合，提高科技创新能力。积极争取国家专项资金支持，统筹运用国家和省重点科技攻关计划、自主创新和高新技术产业化等专项资金，支持新能源发展和传统能源高效清洁利用关键技术、关键设备和前沿技术的科研攻关，及时开展产业化示范应用与推广，尽快形成规模化产业基地。完善能源技术和产业服务体系，加快人才培养，积极引进国内外高层次技术人才和经营管理人才，为淮河流域现代能源发展提供智力保障。

2. 调整产业结构

继续深化"十一五"时期节能减排的有效措施，通过结构节能：优化产业结构，淘汰落后产能，控制项目准入；技术节能：提高装备技术水平，增强自主、引进和转化技术研发实力；和管理节能：强化节能监察、能源审计等能源管理，鼓励开展能源合同管理；提高能效水平，推动产业结构调整，发展新兴战略产业。实现能源总量的合理控制，减少污染物排放。

3. 加强重点污染源的排放治理

重点推进电力、煤炭、有色金属、钢铁、化工、石油石化、建材、造纸、纺织、印染、食品加工等行业节能减排，明确目标任务。在有色金属、钢铁、化工、建材等高耗能行业建设一批企业能源管理中心，提高能源管理水平。对火电行业实行 SO_2 和氮氧化物排放总量控制，新建燃煤机组全部安装脱硫脱硝设施，现役单机容量 30 万 kW 及以上燃煤机组全部加装脱硝设施，不能稳定达标排放的要进行更新改造，烟气脱硫设施要按照规定取消烟气旁路。对钢铁行业实行二氧化硫排放总量控制，全面实施烧结机烟气脱硫设施改造，新建烧结机必须配套安装脱硫脱硝设施。强化水泥、石化、煤化工、有色金属等行业二氧化硫和氮氧化物治理，对新型干法水泥窑实施低氮燃烧技术改造，配套建设脱硝设施。减少工业大气污染物的排放。

4. 巩固加强常规污染物减排工作

（1）选定流域内重点控制城市。

流域内以煤炭和电力工业为主，还包括有色金属、钢铁、化工、石油石化、建材、造纸、纺织、印染、食品加工等。为此，流域内工业污染较为严重、较为发达的城市，如河南的郑州、洛阳、开封；安徽的合肥、蚌埠；江苏的南京、徐州等，应作为控制的重点城市。控制一次污染，弄清二次污染现状，进而采取一定的措施，控制其前体物的产生，达到最终减轻污染达到新的空气质量标准的目标。

（2）对SO_2的控制。

淮河流域内煤炭资源丰富，已建成的大型煤矿包括：淮南、淮北、平顶山、徐州、兖州、枣庄等，SO_2主要来自于工业及各种民用的燃煤排放。为此，控制煤炭的使用量、控制燃煤方式及加强对烟气排放的处理，将会减少流域内SO_2的排放。

SO_2排放的重点在于火电行业，其次是黑色金属冶炼和压延加工业、纺织业和化学原料及化学制品制造业等。在重点区域内，将禁止新建、扩建除"上大压小"和热电联产以外的火电厂；在城市城区及其近郊，禁止新建、扩建钢铁、有色、石化、水泥、化工等重污染企业，对城区内已建重污染企业也要结合产业结构调整实施搬迁改造。同时，全面加强重点企业的清洁生产审核，鼓励企业使用清洁生产先进技术。

控制SO_2排放量涉及煤炭的开采、生产、加工、转换、供应和使用等多环节，必须采取综合措施予以控制。对于SO_2排放的治理，应通过电厂、工业锅炉改烧天然气、降低工艺原料的含硫量、降低油品的含硫量、提高油品的品质以及安装脱硫等措施，重点控制电厂、工业锅炉、工艺过程以及柴油车等污染源。

1）电厂SO_2减排。①推进燃气热电中心建设，替代燃煤机组。②优化电力行业结构，并限制燃料含硫量，提高燃料质量。③控制在用和新建热电厂的SO_2排放量。④深化排污总量控制和许可证制度。

2）控制燃煤工业锅炉SO_2排放。①在现有窑炉上增加在线监测和脱硫装置。②使用低能耗、低污染的窑炉，使用清洁燃料。③从生产过程中控制SO_2的排放。

3）采用清洁能源。

（3）对NO_x的控制。

大气中的氮氧化物主要来自于化石燃料的燃烧，包括固定源和流动源两种。对于固定源的控制方法，主要是改造、替换燃烧器和增加烟气脱硝装置；对于流动源的控制则相对复杂，主要包括以下几点：

1）提高新车排放标准，全面推行国Ⅳ标准。

2）加强机动车排气污染监督管理，加大治理力度。

3）执行报废制度，对黄标车加大淘汰力度。

4）加强城市公共交通建设。

5）严格燃油质量控制。

6）加强加油站和油库的环境管理。

7）机动车污染控制与经济手段相结合。

8）加快交通领域能源结构调整，应用新技术，增加节能突破口。

9）对非机动车机械、船舶燃料和排放的控制。

（4）对粉尘和扬尘的控制。

要控制 PM2.5，必须从控制一次排放的工业粉尘和扬尘做起。要控制好工业生产过程中的粉尘，增加除尘设施；做好建筑工地的管理以及道路的清洁，减少扬尘。

5. 严格控制生物质和露天焚烧污染

淮河流域是农业生产的重要基地，生物质的产生量大，每年有很多焚烧秸秆的现象发生。另外，露天焚烧现象也是一个重要的污染源。

（1）生物质燃烧的防止和秸秆的综合利用。

秸秆直接焚烧不仅造成资源的极大浪费，而且将直接导致空气中总悬浮颗粒数量增加，焚烧产生的浓烟中含有大量的 CO、CO_2、NO_x、SO_2、碳氢化合物、烟尘等有毒有害气体，会对人体健康产生不良影响。秋收春获时节，秸秆焚烧将对城市地区空气质量产生显著影响。应当采取以下措施：

1）坚持疏堵结合，强化秸秆禁烧管理。

2）全面推广秸秆机械化还田工作。

3）开展多途径、多层次的秸秆综合利用。

4）加大秸秆综合利用支持力度。

5）依法禁燃，加强宣传教育。

（2）垃圾露天焚烧污染防治措施。

生活垃圾成分复杂，除动物骨头、皮、废纸、废木、废布等外，还有废塑料、废器具、电线电缆等，由于露天焚烧的燃烧环境差，其燃烧产生的浓烟不仅烟尘量大、恶臭重，且烟尘中毒性物质多，会产生大量的一氧化碳、致癌物苯并芘、二噁英和碳氢化合物，未经处理直接接触此类烟尘，极易引发人体呼吸道疾病，甚至可能导致人体癌变。因此，应严格禁止垃圾的露天焚烧。同时，在新建垃圾焚烧场时要重视环境影响评价，充分考虑二噁英的排放。防治措施如下：

1）在流域范围内实行全面禁止露天焚烧垃圾。

2）加强垃圾收集、利用及管理工作。

3）加强垃圾回收环节的管理工作。

4）加大对民众的宣传力度。

6. 开展霾的控制

形成霾的主要污染物是 PM2.5，PM2.5 的来源可以分为天然来源和人为排放源。天然源主要包括：花粉、海浪泡沫、土壤微粒等；人为源则较为复杂，不仅包括工业、交通、电力等生产和生活活动直接排放的一次来源，还包括由一次污染物经复杂化学转化的二次过程。二次污染过程源于一次污染，是由一次污染物在大气氧化性作用下转变而成的。各种源排放的一次气态污染物中氮氧化物和挥发性有机物，可以在太阳紫外射线作用下发生一系列化学反应，产生了大量氧化剂增强了大气的氧化性，使一次排放的二氧化硫、氮氧化物及有机物等氧化，并进而生成细颗粒物。地区不同，污染源种类不同，生成的细颗粒物组分会有差异。简言之，无论来源如何复杂，工业（包括电厂）、机动车尾气、建筑和道路尘、油气蒸发、秸秆燃烧、涂料和餐饮油烟等都是主要的污染排放源。

O_3 和 PM2.5 是最主要的二次污染物，VOCs 和 NO_x 是最为关键的前体物。在前文常规污染物控制中列举了 SO_2 和 NO_2 的控制对策，本节内容主要提出控制 VOCs 和 O_3、PM2.5 的对策建议。

（1）开展对 VOCs 的控制。

VOCs 会产生毒性、致癌性和恶臭，危害动植物生长和人的生命健康。在太阳光照射下，会与空气中的 NO_x 等化学物质发生反应产生 O_3，是近地面 O_3 生成的最关键的前体物，也是二次有机颗粒物的重要前体物，能够影响细粒子的质量浓度和组成。由于 VOCs 的危害越来越引起人们的重视，相应的法规要求也越来越严格。美国和欧盟都制定了较为严格的排放限制，1990 年美国清洁空气法（CAA）甚至要求 VOCs 减排 $70\%\sim90\%$。因此，对于淮河流域，应首先开展一定规模的普查，弄清 VOCs 的源清单、浓度水平、组成及活性物种特征等。进而根据淮河流域的 VOCs 污染现状，在借鉴已有的先进技术和管理措施的同时，因地制宜地制定有针对性的控制措施。同时，也要采取如下步骤，有效的控制 VOCs 的排放。

1）控制石油化工、涂料、油墨、胶粘剂等化学原料和化学品制造业的 VOCs 排放，采用清洁生产工艺、增加对无组织排放的收集。

2）控制原材料和产品使用过程中的排放。

3）强化储油库、加油站油气排放和餐饮业 VOCs 污染控制。

淮河流域应该组织开展 VOCs 源清单的研究，确定流域内人为源与天然源所占比重及具体的人为源排放清单，以便在此基础上开展更有针对性的控制工作。

(2) 开展对 O_3 的控制。

二次污染最明显的特点就是臭氧浓度的增高，其中臭氧也被认为是光化学烟雾的特征污染物。由于 O_3 的生成与 NO_x 和 VOC 的比例相关，需要根据实际研究判断某一地区属于 NO_x 控制区还是 VOC 控制区。再据此确定首先减排何种污染物。

综合各类源排放对大气 O_3 和 PM10 浓度贡献的情景分析结果，可以认为流动源和点源是影响大气 O_3 和颗粒物污染最严重的污染源。天然源对 O_3 的影响虽然很大，但天然源排放很难控制。另外，根据发达国家的经验，当能源结构中煤炭的比重下降、机动车保有量上升时，如污染控制措施不力，光化学烟雾污染就会产生。因此，为了改善空气质量、降低大气 O_3，重点应加强对点源、流动源的控制。

根据欧美国家的经验，臭氧背景浓度的增高与经济增长、能源结构转型有着直接的关系。汽车尾气排放的增加导致了臭氧前体物（如 NO_x、CO 和VOCs 等）的增加。对颗粒物污染的治理会有效改善一次性的空气污染问题，但同时又会提高太阳辐射，增强大气中的光化学反应能力，造成臭氧污染的增加，即二次性的空气污染问题。我国的经济社会发展模式与欧美等国家在其污染转型期有一定相似之处，如汽车保有量急速增加，同时对颗粒物污染的治理力度逐渐加大，中国也同欧美一样出现了臭氧污染的问题。

建议流域内各城市，尤其是省会城市和中型城市，应积极创造条件开展环境空气臭氧监测，并纳入必测项目参与环境质量评价。另外，在臭氧常规监测的基础上，环保部门应与科研及气象等部门加强合作，科学分析当地环境空气臭氧污染原因及臭氧污染与光化学形成机制，研究 NO_x 与 VOCs 控制与臭氧浓度变化之间的定性定量关系，从而为提出有针对性的防治措施做好理论基础。在对臭氧机制研究基础上建立前体物排放清单，严格臭氧前体物控制标准，并研发控制技术，做好臭氧前体物的总量控制工作和排污交易，开展区域协调控制工作。同时，要提高对臭氧浓度的监控能力及公众的预警防范能力，开展大气臭氧浓度的预报工作是很有必要的。二次污染前期表现形式为 O_3 浓度的升高，2015 年前在主要区域城区设置 O_3 浓度超标预警系统。当 O_3 浓度达到预警浓度时，发布警报，并采取以下措施：

1) 建议公众尽量不出门，出行时应尽量使用公共汽车，地铁或骑自行车，减少私车使用。

2) 禁止柴油和汽油发动机车辆上路行驶，增开公交车，以减少公众在公交车站等车的时间，减少公众暴露于污染中的时间。

专题报告

3）对于排放量比较大的电厂、金属冶炼厂、水泥厂、垃圾焚烧厂等工业企业，实行短期限产减排。空气污染物排放量超过一定范围的减排量应达到 $50\%\sim70\%$，对于人口集中区域的面源空气污染物排放企业应短期停产，位置位于郊区范围的空气污染物排放量超过一定范围的工业企业应该减排量达到 30%。

（3）开展对 PM2.5 的控制。

PM2.5 主要由金属（及氧化物）、黑炭或元素炭以及有机化合物、硫酸盐、硝酸盐、铵盐和氢离子等组成，是空气动力学直径小于 $2.5\mu m$ 的粒子的总称。目前国内较大城市的 PM2.5 和 PM10 的比例一般超过 50%。从来源来区分，PM2.5 中有部分来自天然源（如花粉、海盐等）和一次污染（如黑炭、金属氧化物等），另外一部分来自于二次形成。而二次形成义取决于一次前体物 NO_2、SO_2、NH_3 和 VOC 等的浓度水平。因此，如果能有效地控制一次污染物的排放，必会大大减少 PM2.5 的生成，也会降低霾日发生的频率。

要做到对 PM2.5 的控制，要全方位的控制空气污染源，不仅要严格落实好工业污染源和道路机动车尾气排放等的控制和减排工作，还要控制好非道路机动车（建筑车辆、港口机械和园艺机械等）的尾气排放，另外，对户外焚烧、加油站和垃圾填埋场也要实施严格管制，以控制各种可能的颗粒物排放源。

机动车保有量的增加使机动车排放在 PM2.5 中占有越来越大的比重。因此，应针对机动车的发展制定相应的政策。应在流域内，尤其是较大型城市提高新车排放标准。同时发挥市场机制的作用，运用排污权交易和补贴手段，如，实施机动车“以旧换新”补贴和新能源汽车补贴政策，鼓励旧汽车和高污染的汽车提前报废和推广新能源汽车，以保障污染物减排任务的完成及鼓励更大的减排力度。此外，动态的调控方法也是一种较为理想和有效的霾污染应对措施。如，在大气扩散空间较大、污染物浓度较低的情况下，政府可以允许工厂按标准排放，因为影响大气质量的是污染物浓度而不是排放总量；而如果某一时段大气扩散能力差、污染物浓度高，则一定要严格减排。前提是反应机制一定要快，预报后马上执行，才能取得实在的效果。

对于淮河流域，很多城市有大量的霾污染日，我们对于霾天气的污染特征还不甚了解。因此，今后应注重对于 O_3、颗粒物及其前体物的研究，分析灰霾天气条件下各种污染物的相互关系、贡献率及来源，从而在已有经验的基础上有针对性地制定适合于流域的灰霾控制对策。

7. 区域联防联控及极端天气的应对

（1）区域联防联控。

随着城市化进程的不断加快，城市间距离和城乡差异越来越小，大气污染也越来越呈现显著的区域性和复合污染态势。2010 年 5 月国务院批准《关于推进大气污染联防联控工作改善区域空气质量的指导意见》。对于淮河流域，应推行各城市间的大气污染联防联控机制，借鉴北京奥运、上海世博期间区域大气污染联防联控经验，以改善区域大气环境质量为目标，以工业废气治理、机动车排气污染防治、城市扬尘污染防治等为重点领域，构建大气污染联防联控体系，充分发挥区域联动效应，综合治理大气污染，并根据本流域的具体情况制定相应的工作计划方案。

要联防联控，齐抓共管。坚持统一规划、统一监测、统一监管、统一评估、统一协调，建立全流域大气污染联防联控机制，形成各地各部门联动配合、齐抓共管的工作格局，提升区域大气污染防治整体水平。同时，严格标准，完善政策。积极推进大气污染防治、机动车排气污染防治等方面的立法工作，严格执行区域大气污染物特征因子的排放标准，完善配套政策，构建实施蓝天工程的长效管理机制。从解决当前最紧迫、最突出的大气污染问题着手，努力控制灰霾污染；着眼大气环境污染发展趋势。

在推动多污染物综合控制的过程中，一是完善区域主要大气污染物总量控制制度，并将 NO_x 纳入总量控制范畴，将在"十二五"期间完成重点区域内火电厂脱硝工作；二是加大颗粒物污染防治力度，水泥、火电行业以及工业锅炉要全部采用袋式等高效除尘技术；三是开展 VOCs 污染防治，逐步推进工业行业、油品储运销、餐饮服务业等领域的 VOCs 治理；四是建设火电机组烟气脱硫、脱硝、除尘和除汞等多污染物协同控制技术示范工程。在此基础上制定具体的工作方案。

（2）建立与实施极端不利气象条件下大气污染控制方案。

基于对历史数据的统计、模型分析以及其他地区的经验数据表明，极端不利气象条件的出现是导致流域内环境空气质量不达标或出现重污染天的重要因素，主要决定于大气的扩散能力和空气污染的输送必须加强。污染源的排放是内因，气象条件则是外因。在无法控制外因的情况下，必须加强内因的控制以减轻或避免重污染霾日的发生。如果不能针对重污染形成的天气特征，采取有针对性的污染源控制，则污染控制的效果不会明显。反之，如果能够结合气象条件，划分不同天气过程影响城市空气质量的源区，有针对性地开展分区、分源控制，就有可能在相当程度上降低大气重污染出现的频率，起到事半功倍的效果。

在北京以往开展的研究中（因目前其他城市尚无此研究），通过分析典型重污染出现的天气特征，结合数值模式模拟计算，将北京的天气类型划分为

18 种类型，研究表明，其中 13 种类型的天气是容易形成污染，而另外 5 种类型的天气是有利于扩散的。由此，我们即可在不利天气形势即将到来之前，针对天气变化路径，在其扩散和输送沿途进行控制，例如临时暂停电厂机组、一些污染较严重的工厂减产或停产、暂停施工工地土石方作业和渣土运输，部分企业停产或减产，限制部分机动车行驶，矿场、料堆、灰堆除设置防尘措施外全面停止使用等。这样，可以既减少社会资源的浪费以及对社会生活的影响，又能最大限度地减轻污染。

因此，在现有各地污染治理的现状下，在淮河流域内的各城市，应结合气象条件，分区、分源控制，尽快取得空气质量改善阶段性成果，各个城市需要结合自身的特点，通过以下步骤实现：

1）获得污染源的详细时空分布信息。

2）开展气象和污染观测资料的系统分析，识别重污染时期的主要天气过程。

3）识别导致当地重污染的主要源区、主要污染源。利用区域空气质量数值模型开展情景分析，制定不同气象条件相应的重污染预防控制措施方案。

4）开展空气重污染的预报工作，在预计重污染出现的几天至一周内，实施空气重污染预防控制措施方案。

为达到以上目标，必须首先得到地方政府的支持，同时，环保部门和气象部门紧密合作、污染排放相关部门行业密切配合等，才能最终实现通过气象条件控制污染、减少极端天气（灰霾）发生的频率。

四、淮河流域土壤污染防治

随着现代工业的发展，环境污染加剧，工业"三废"的排放及垃圾等废弃物和含金属的农药、化肥的不合理使用，导致土壤受重金属的污染，进而通过食物链进入人体，给人体健康带来潜在的危害。近年来，血铅超标、尿镉超标等时有报道，重金属污染正由大气、水体向土壤转移，土壤重金属污染已进入一个"集中多发期"，对农产品安全和居民身体健康构成严重威胁。淮河流域地表水污染以及日益严重的土壤污染，也引起了地下水的污染和地质环境条件的恶化。

（一）土壤污染现状分析

淮河流域土壤性质分布差别较大，伏牛山区为棕壤土和褐土；淮南山区为黄棕壤土和水稻土；淮北平原北部为黄潮土，质地松软，中南部为砂礓黑土。

淮河流域的地下水主要有平原区土壤孔隙水、山丘区结构裂隙水和裂隙溶洞水，裂隙水主要分布于西、南部山区，溶洞水主要分布于豫西溶洞山丘区。

1. 土壤重金属污染

河南省淮河流域所辖地市区域内的现有监测断面，在 2005—2008 年的检测数据显示，超标断面有 6 个，分别有汞、砷、铅、镉、铬（六价铬）等重金属污染因子的 1 种或 2~3 种出现超标，其超标频次分别在 14.29％～33.33％之间。

河南省淮河流域所辖 11 个地市区域内，2007—2009 年共有 7 个地市的全国土壤调查监测点和地方土壤调查监测点存在个别重金属因子超标现象，超标点位有 8 个，超标主要重金属污染以镉为主，其污染指数范围为 1.0～3.9。

根据 2007 年全国污染源普查结果核算，河南省辖淮河流域含重金属废水排放量占河南省总排放量的 27.53％、废水中重金属污染排放总量占全省 29.62％；汞、总铬、镉、铅、砷及其他重金属污染物排放总量分别占全省的 12.70％、30.76％、0.72％、0.62％、1.23％和 0.85％；主要污染因子为总铬、铅、镉、汞和砷。河南省辖淮河流域含重金属废水及重金属污染物排放状况详图 63 和图 64。

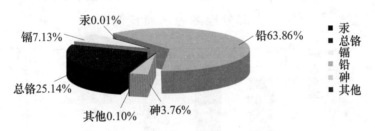

图 63　河南省辖淮河流域含重金属废水污染物排放状况（2007 年）

2. 地下水污染情况

淮河流域除平原区地下水量较丰富外，其他地区水量贫乏。流域内利用浅层地下水占 70.6％，深层水占 29.4％。目前区内过量集中开采深层地下水现象较严重，形成大片降落漏斗，主要分布在许昌-漯河、单县-砀山-通许、阜阳-宿州以及盐城一带的城镇集中开采区，多年平均超采量约 $3.0 \times 10^9 \sim 4.0 \times 10^9 \mathrm{m}^3$。

在淮河流域及沂沭泗河水系平原地区，埋深小于 20m 的地下水是广大农村地区生活用水的主要水源，这层地下水已普遍遭受不同程度的污染，见图 65 和图 66。其中重度污染区分布面积为 31843km²，占调查面积的 26.5％；

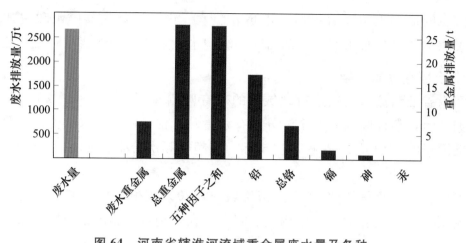

图 64 河南省辖淮河流域重金属废水量及各种
重金属污染物排放状况（2007 年）

中度污染区分布面积 40607km²，占调查面积的 33.8％；轻度污染区分布面积
21182km²，占调查面积的 17.6％。埋深 20～50m 的地下水以轻度污染区为
主，分布面积 23171km²，占调查面积的 19.3％。中度污染区分布面积
16592km²，占调查面积的 13.8％。重度污染区分布面积 14860km²，占调查面
积的 12.4％。未污染区分布面积 15324km²，占调查面积的 12.7％。埋深大于
50m 地下水质量一般较好，大部分地区为水质良好区。

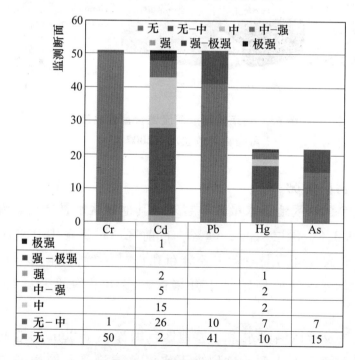

	Cr	Cd	Pb	Hg	As
■ 极强		1			
■ 强－极强					
■ 强		2	1		
■ 中－强		5	2		
■ 中		15	2		
■ 无－中	1	26	10	7	7
■ 无	50	2	41	10	15

图 65 淮河干流监测断面重金属污染分布图

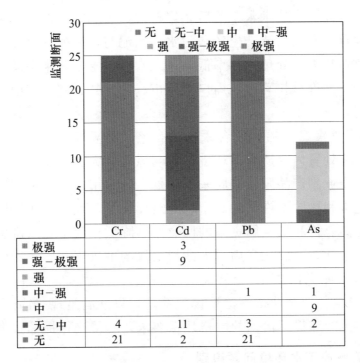

图 66　淮河支流监测断面重金属污染分布图

（二）土壤污染问题识别

1. 淮河流域土壤环境问题识别

采矿、冶炼、铅蓄电池、皮革及其制品、化学原料及其制品五大行业是重金属污染的重点行业，如徐州市北郊农田土壤 Cr、Cd 污染与当地化工、冶金和制革等行业有关；宿州市煤矿的开采造成矿区周边土壤 As、Cr、Hg 污染。表 24 是淮河流域重点行业企业数量。

表 24　　2012 年淮河流域重点行业企业数（含在建、停产整改企业）

省份	铅蓄电池	电镀	皮革鞣制	涉重金属矿采选、冶炼
江苏	108	116	8	2
安徽	30	22	7	8
河南	5	25	26	21
山东	32	4	12	1
总计	175	167	53	32

1）制革行业铬回收率低、废水与危废产生与排放量大、水体与土壤生态影响潜在威胁加剧。在河南省淮河流域所辖区域皮革毛皮羽毛（绒）及其制品行业中，皮革与毛皮鞣制占行业经济总量比重过大，小企业、联合型合伙经营

企业比较多，整体生产技术水平落后，铬鞣剂回收利用率低，尚未形成从生产到治污全过程行之有效的清洁生产和污水、污泥与危废处理处置工程措施。全行业污水排放量较大、处理达标率低，进入水体、土壤对生态环境潜在累积性环境影响加剧。如许昌长葛市，周口项城市、沈丘县、驻马店西平县和平舆县等的皮革鞣制企业。

2）化工行业聚氯乙烯行业含汞盐酸，铬盐行业铬渣，废触媒回收行业，事故底泥无害化处置尚存遗留等环境危害与风险较大。河南平顶山市的电石法聚氯乙烯生产企业副产品汞盐酸脱汞率较低，开封市历史遗留铬渣堆存，具有较高的环境危害和风险；许昌长葛市、开封尉氏县等地的废触媒回收行业亟待产业升级、提高有价和贵金属资源的回收率、降低排放量，以避免新的环境问题产生；分布于开封、商丘和周口大沙河沿线的事故含砷底泥，尚未安全处置利用，危害局部河段水质和生态环境。

3）相关涉重行业企业末端治理设施简陋，仅能满足现有达标排放的要求，不能达到清洁生产和提标治理的严格环保要求，亟待进行提标技术改造。

2. 淮河流域地下水环境问题识别

（1）超采现象普遍。

淮河流域中深层地下水资源总体上较为贫乏，其允许开采量是有限的。城区水源地的允许开采量应是地下水开采最起码的约束条件，但通过调查发现该区无节制、无计划地滥采现象司空见惯，几乎所有城市（区）都出现了不同程度的地下水超采。如区内的阜阳市区严重超采，超采系数高达1.99，其他部分城市、县城超采量也在逐年增加。

（2）地下水位下降。

从现有的深井布局来看，开采深井集中、开采层位集中、开采时间集中的"三集中"现象十分突出。这种"三集中"开采现象，除了破坏含水层系统的天然径流场外，实际上形成了一种相互抢水局面，造成地下水位的大幅度下降。

（3）地面沉降。

地下水位大幅度下降，形成巨大水头差，使黏性土压缩释水，不仅给供水带来了危机，同时还导致和产生了地面沉降。淮河流域地面沉降严重的城市有安徽阜阳市，河南许昌市、商丘市，江苏盐城市、大丰市等。

（4）地下水污染。

不合理开采地下水，混合井开采，甚至在污染的河道两侧也开采地下水，造成了地下水污染。地下水超标因子主要为总硬度、三氮、氯化物、氟化物、铁、锰，局部地区还发现砷、汞、六价铬等有毒元素。

（5）地下水开发利用存在问题引起的危害。

引起的主要危害是造成水质功能降低，表现在浅层地下水大部分地区水质变差，不宜饮用，且适宜工业用水和农业用水的面积有所减少；流域内由于居民长期饮用超标的地下水，造成疾病发病率升高；因地表水污染，加大了地下水的开采量，使地下水出现不同程度的漏斗，导致水资源紧缺。

（三）土壤污染原因分析

1. 淮河流域土壤环境问题原因分析

（1）管理部门重经济发展、轻环境保护。

淮河流域是涉重金属行业较多的区域。由于此类企业给地方财政上缴高额利税，加上部分地方政府存在重经济、轻环保的思想，造成环保部门在此类项目环评审批、环保验收、环境监管等方面，不同程度受到地方政府的干预或约束。有些涉重项目未批先建、边建边批或未经环保"三同时"验收就擅自投产，本是违法违规行为，一些地方政府却多方协调，施加压力，通过补办手续使其合法化；有些涉重项目难以审批，地方政府与企业联手跑关系搞变通，使其审批权限下放。面对企业违法排污事件，一些地方政府成为企业的保护伞，通过变通政策打擦边球，甚至开绿灯，最终大事化小，小事化了，不了了之。随着近年来经济快速发展，重金属污染物产排量呈上升趋势，部分河段地表水、局部地区地下水、土壤和空气存在重金属超标情况，重金属污染事件也屡有发生。如2008年河南民权县大沙河砷污染事件、2009年苏鲁交界邳苍分洪道砷污染事件、2010年江苏大丰"血铅"事件。

（2）企业推行清洁生产力度小，污染防治不到位。

近年来涉重企业产能不断增加，但部分企业工艺装备仍然相对落后，环境管理水平较低。虽然一些铅锌冶炼企业相继进行了技术改造，但总体来说在污染防治方面与国外先进水平差距仍较大。而且仍有很多小企业基本采用淘汰工艺生产，还有一些涉重企业虽然引进了先进技术，但缺乏先进的环境管理理念和经验，往往只重视生产，追求经济利益最大化，对污染源的控制以及对厂区周边水、气、土壤监测没有严格要求，忽视了对周围环境和群众健康的保护。

（3）重金属累积不断污染。

由于重金属污染具有长期性、累积性、隐蔽性、潜伏性和不可逆性等特点，长期累积造成排污企业周围土壤和纳污河流局部河段均受到日益严重的污染，河流底泥、土壤中重金属含量呈现明显的累积性增加趋势。农田长期灌溉含有大量重金属的污水，使土壤中的一些重金属的含量增加。如开封市化肥河污灌区部分土壤中 Cd 的含量是《土壤环境质量标准》（GB 15618—1995）中二级质量标准（pH 值＞7.5）的 1.7～6.0 倍，As 的含量为 1.0～2.0 倍。

2. 淮河流域地下水环境问题原因分析

（1）地下水污染源特点。

近年来，随着城市急剧扩张，城市污水排放量大幅增加，由于资金投入不足，管网建设相对滞后、维护保养不及时，管网漏损导致污水外渗，部分进入地下水体；雨污分流不彻底，汛期污水随雨水溢流，造成地下水污染。

工业固体废物未得到有效综合利用或处置，铬渣和锰渣堆放场、垃圾填埋场渗滤液渗漏污染地下水；石油化工行业勘探、开采及生产等活动显著影响地下水水质，加油站渗漏污染地下水问题日益显现；部分工业企业通过渗井、渗坑和裂隙排放、倾倒工业废水，造成地下水污染；部分地下水工程设施及活动止水措施不完善，导致地表污水直接污染含水层，以及不同含水层之间交叉污染。

土壤污染总体形势不容乐观，土壤中一些污染物易于淋溶，对相关区域地下水环境安全构成威胁。淮河流域每年亩均化肥（以尿素、碳氨、磷酸钙为主）用量为 50～100kg（旱田略低，水田较高）。农药主要为杀虫霜、除草剂、钾氨磷、敌杀死、乐果和缩节胺。麦田稻田亩均用量为 0.5～1.0kg，棉田用量 1～1.5kg/亩。大量化肥和农药通过土壤渗透等方式污染地下水；部分地区长期利用污水灌溉，对农田及地下水环境构成危害，农业区地下水氨氮、硝酸盐氮、亚硝酸盐氮超标和有机污染日益严重。

2010 年淮河流域实际检测水功能区 888 个，按年平均值评价，水质为 Ⅰ 类的水功能区占 0.6%，Ⅱ 类水占 6.6%，Ⅲ 类水占 25.4%，Ⅳ 类水占 26.5%，Ⅴ 类水占 12.0%，劣 Ⅴ 类水占 28.9%。地表水的严重污染不仅使其失去生态和使用功能，加剧了水资源的缺乏，同时导致地下水的过度开采和污染。

（2）地下水污染防治基础薄弱。

我国目前颁布实施的法律法规，仅有少部分条款涉及地下水保护与污染防治，缺乏系统完整的地下水保护与污染防治法律法规及标准规范体系，难以明确具体法律责任。地下水环境保护资金投入严重不足，导致相关基础数据信息缺乏，科学研究滞后，基础设施不完善、治理工程不到位，难以满足地下水污染防治工作的需求。地下水环境管理体制和运行机制不顺，缺乏统一协调高效的地下水污染防治对策措施，地下水环境监测体系和预警应急体系不健全，地下水污染健康风险评估等技术体系不完善，难以形成地下水污染防治合力。

（3）对地下水污染的认识有待提高。

当前，地方各级人民政府和相关部门对地下水污染长期性、复杂性、隐蔽性和难恢复性的认识仍不到位。一方面，在石油、天然气、地热及地下水等资源开发过程中，"重开发、轻管理"现象普遍存在，环境保护措施不完善，往往造成了含水层污染。另一方面，长期以来我国水环境保护的重点是地表水，地下水污染防治工作没有纳入重要议事日程，无论是从监管体系建设、法规标准制定还是科研技术开发等方面，相关工作明显滞后。

（四）对土壤及地下水污染防治对策与建议

1. 淮河流域土壤环境问题对策建议

目前，《"十二五"重金属污染防治规划》已全面实施，江苏、河南被列为重点治理省区。采矿、冶炼、铅蓄电池、皮革及其制品、化学原料及其制品五大行业成为重金属污染防治的重点行业。针对当前的污染现状，必须采取有效措施才能予以改善。土壤污染必须防治结合，一方面要严把入口，完善监管，杜绝污染源；另一方面就要加强治理和修复。

（1）调整产业结构和优化产业布局。

由于重金属污染排放区域性明显，重点区域要根据国家《产业结构调整目录》和《铅锌行业准入条件》，结合当地实际，制定涉重金属行业的产业结构调整方案，进一步确定重金属相关行业的准入条件，鼓励采取污染小、能耗低、清洁生产水平高的先进工艺，不断加大涉重金属行业落后产能和工艺设备的淘汰力度。在涉重金属产业发展布局上，要根据区域资源禀赋、环境容量、生态状况以及发展规划，明确不同区域的功能定位和发展方向。非重点区域要进一步加强控制，原则上不应再规划涉及重金属污染物排放的项目。

（2）健全环境监管制度。

严格执行环境影响评价制度，从源头上控制新污染源产生。未经环境影响评价及审批的建设项目，一律停止建设或生产；达不到环境与健康要求的企业，由当地政府予以关闭。依法实施清洁生产审核，加强污染过程控制。环保部门要会同发改委、工信部等部门，对重金属排放企业开展轮回式强制性清洁生产审核，督促企业不断提升清洁生产水平。相关部门应加强对企业的教育培训，大力推广已成功开发利用的清洁生产技术。重金属排放企业要制定和完善重金属污染突发事件应急预案，加强环境监测和应急体系建设。重点重金属排放企业应安装重金属在线监测装置并与环保部门联网，建立健全特征污染物监测制度，并向社会定期发布环境质量报告。

（3）加大重金属污染治理力度。

大力开展重金属污染治理与修复示范工程，在部分重点防控区域组织实施受污染土壤、场地、河流底泥等污染治理与修复试点工程。在此基础上尽快解决重金属污染历史遗留问题，对已受重金属污染的土地、河流进行处置和修复。另外，要建立健全重金属健康危害诊疗体系，加强重金属污染防治科普宣传教育。

我国重金属污染调查与基础研究滞后，不能满足形势发展的需求。如目前缺乏成熟可行的重金属污染治理修复技术、土壤重金属污染调查较晚、涉重金属污染排放标准与环境质量标准不衔接、环境标准与健康标准之间脱节等。"十二五"期间，对重点区域进一步加强重金属污染现状调查，掌握基础信息，把握基本规律，建立全方位预警机制；进一步加大重金属污染防治基础性研究人才、科技、资金的投入，快速推进重金属污染防治技术成果转化；进一步研究制定和完善重金属行业环境科技标准，树立新的环境科研理念，以保护人体健康为核心，倒推质量标准和排放标准。

2. 淮河流域地下水环境问题对策建议

（1）加强地表污染源治理。

控制工业危险废物对地下水的影响。加快完成综合性危险废物处置中心建设，重点做好地下水污染防治工作。加强危险废物堆放场地治理，防止对地下水的污染，开展危险废物污染场地地下水污染调查评估，针对铬渣、锰渣堆放场及工业尾矿库等开展地下水污染防治示范工作。生活垃圾应卫生填埋，做好防渗漏措施，建设雨污分流系统，以最大程度减轻和消除对地下水的污染。此外还应调整农业产业结构，发展生态农业，减少农药、化肥的用量，严格控制有毒有害的污水直接灌溉，加强流域乡镇的生活污水、垃圾的管理与治理，从根本上切断污染源。

（2）有计划开展地下水污染修复。

开展典型地下水污染场地修复。借鉴国外地下水污染修复技术经验，在地下水污染问题突出的工业危险废物堆存、垃圾填埋、矿山开采、石油化工行业生产（包括勘探开发、加工、储运和销售）等区域，筛选典型污染场地，积极开展地下水污染修复试点工作。

（3）将地下水、地表水污染防治纳入统一规划和管理。

水污染防治应将地下水与地表水综合考虑，纳入统一的规划与管理之中。地表水的污染源往往也是地下水的直接或间接污染源。地表水与地下水污染的综合防治还有利于资源的优化配置。尤其是在流域水污染防治规划中，应综合考虑流域地下水污染防治措施与监管责任，并与流域水资源综合利用规划相协调，既要满足社会经济发展对水资源的需求，也要满足自然生态环境对水资源的需要。

（4）加强地下水监测网络建设。

针对现有地下水监测网络建设滞后，难以满足地下水资源开发利用与保护管理需要的现状，应加大对地下水环境监测基础设施的投入，建立完备的地下水监测网络，统一地下水监测的有关技术规范，不断完善水环境监测体系。对重点污染地区进行重点监测，系统掌握地下水水质、水量和地下水环境变化的动态特征，为地下水的开发利用和保护提供科学依据。

（5）加强地下水污染防治研究。

我国的地下水污染防治工作才刚刚起步，还十分缺乏有效的地下水污染防治技术。因此，应加大地下水污染防治技术的研发投入。

五、淮河流域环境污染与健康问题研究

淮河沿岸有多座大城市和大量工业部门，因此污水、废气排放极为严重，沿岸的许多村庄经常出现许多严重的疾病，威胁着人民健康与安全。

（一）环境污染与健康问题现状分析

1. 重点研究区域选择

淮河流域以废黄河为界，分为淮河水系及沂沭泗河水系。淮河流域癌症综合防治的工作范围涉及沿淮4省15个工作区县。在选择工作区县时不仅考虑了流域的水质情况，又考虑工作区县在流域的分布情况。淮河干流沿岸有河南罗山县、安徽寿县和江苏盱眙县；位于沙颍河流域的有河南的扶沟县、沈丘县和安徽的阜阳市颍东区；位于涡河流域的是安徽省蒙城县；河南的西平县位于淮河支流（洪河水系）；位于奎河（奎濉河）沿岸的有宿州市埇桥区和灵璧县；江苏的金湖县和射阳县（旧称里下河水系）；分布于沂沭泗河水系的是山东省的汶上县、巨野县和微山县，见图 67。

2. 工作区县的健康状况分析

根据卫生部 2004 年的初步调查分析，淮河流域以往癌症低发的区域（例如，沙颍河、涡河和奎河沿岸）出现了癌症高发或者癌症发病增加迅速的区域。在历史恶性肿瘤死亡低发的沙颍河和奎河沿岸地区，2002—2005 年出现了恶性肿瘤高发，主要涉及消化道癌症和肺癌，且与当地工业企业的分布有一定的关联。对淮河流域 14 个重点区县 2004—2006 年进行分析，结果显示：在这 14 个区县中，恶性肿瘤历史上低发或常态，目前高发有 3 个区县，分别是河南沈丘、安徽颍东和山东汶上，目前的高发是近 30 年恶性肿瘤死亡率大幅上升的结果；历史低发，目前处于常态水平，近 30 年上升幅度超过全国的有

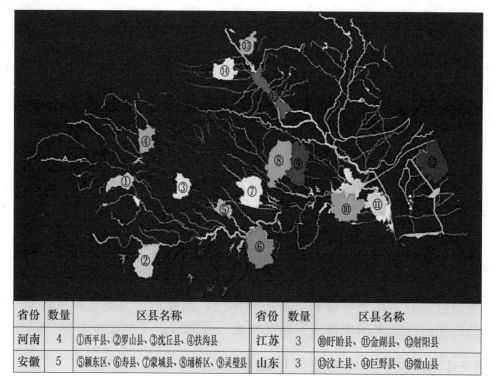

省份	数量	区县名称	省份	数量	区县名称
河南	4	①西平县、②罗山县、③沈丘县、④扶沟县	江苏	3	⑩盱眙县、⑪金湖县、⑫射阳县
安徽	5	⑤颖东区、⑥寿县、⑦蒙城县、⑧埇桥区、⑨灵璧县	山东	3	⑬汶上县、⑭巨野县、⑮微山县

图 67　工作区县分布情况

6 个区县，分别是灵璧县、埇桥区、寿县、蒙城县、巨野县和扶沟县。有此认为，在 14 个区县中有 9 个区县的恶性肿瘤死亡率呈上升趋势，占 64.29%。同时，11 个区县的总癌死亡水平高于全国水平，其中 8 个区县的总癌死亡水平高出全国水平至少 20% 以上，如盱眙县、金湖县、射阳县、颖东区、沈丘县、扶沟县、巨野县和汶上县，占总监测范围 53.33%。13 个区县存在一种或多种癌症高发的现象。详情参见表 25。区县内存在局部地区癌症高发和聚集性分布的特点，以消化道肿瘤和肺癌为主。

表 25　　　　　淮河流域 14 个重点区县人群恶性肿瘤标化死亡率

县（区）名	2004—2006 年[①]	2008 年[①]	1973—1975 年[②]	死亡率前三位恶性肿瘤[②]
盱眙县	177.63	156.65	113.40	食管癌、肺癌、胃癌
金湖县	179.31	156.70	83.16	食管癌、胃癌、肺癌
射阳县	203.22	173.26	98.28	肺癌、胃癌、肝癌
埇桥区	110.31	71.40	46.23	肺癌、肝癌、胃癌
灵璧县	133.43	115.5	53.44	肝癌、肺癌、胃癌
蒙城县	123.90	125.95	36.47	肝癌、肺癌、胃癌
颖东区	173.21	132.19	79.60	肝癌、肺癌、食管癌

续表

县（区）名	2004—2006 年[①]	2008 年[①]	1973—1975 年[②]	死亡率前三位恶性肿瘤[②]
寿　县	140.18	108.58	53.44	肺癌、胃癌、肝癌
沈丘县	189.81	143.91	39.60	肺癌、肝癌、胃癌
扶沟县	119.83	142.01	34.60	肺癌、肝癌、胃癌
西平县	120.02	103.93	110.17	肺癌、肝癌、食管癌
罗山县	132.78	127.32	113.28	胃癌、肺癌、肝癌
巨野县	116.46	143.86	47.30	肺癌、肝癌、胃癌
汶上县	150.99	154.48	66.14	食管癌、肺癌、胃癌
全国平均水平	123.72	110.10	75.60	

① 数据来自《淮河流域死因回顾性调查分析报告（2004—2006）》。

② 数据来自《全国第三次死因回顾抽样调查报告》和《淮河流域重点地区死因监测分析报告（2008年)》对具体地点的描述计算得到。

3. 人群暴露及风险评价分析

（1）方法概述。

利用问卷调查与分析得到的工作区县人群相关暴露参数，以及每种食物的日摄入量（中位数），乘以相应区县食物样品中污染物的浓度，计算得到人群砷、汞、镉、六价铬、镍和总多环芳烃的日摄入量，估计人群经膳食和饮用水每日各种化学物的摄入量，将摄入量与联合国粮农组织和世界卫生组织食品添加剂联合专家委员会（JECFA）制定的每日可耐受摄入量（provisional tolerable daily intake，PTDI）进行比较，可初步判定居民摄入是否对健康产生不良影响。

采用美国 EPA 环境健康风险评价方法开展流域人群健康风险初步评估。首先描述特征污染物的健康危害；应用 15 个工作区县的暴露参数，根据相应工作区县饮用水和食物中特征污染物的含量，估计人群特征污染物的经口慢性日摄入量或终生日平均剂量；通过检索美国环保局综合风险信息系统（IRIS，http：//www.epa.gov/iris）和美国能源部风险评价信息系统（RAIS，http：//rais.ornl.gov）获得待评价污染物经口暴露的参考剂量（RfD）和致癌斜率系数（SF）；按照相关公式表征人群慢性终生暴露的致癌风险和非致癌风险，根据人群慢性日均摄入量的中位数（CDI_{50}）和 90 百分位数（CDI_{90}），计算一般人群致癌风险（$Risk_{50}$）和以保护人群中大多数人（90%）为目的的高摄入人群的致癌风险的保守估计（$Risk_{90}$）。对各工作区县人群经口暴露砷、六价铬、苯并（a）芘、多环芳烃、α-六六六、β-六六六、OP'-滴滴涕和敌敌畏的终生超额致癌风险进行估计，同时评价了人群经口暴露砷、六价铬、镍、汞和镉的非致癌健康风险。

致癌风险以人群终生超额危险度表示，美国 1990 年通过修订的《国家应急预案》后，EPA 将 $10^{-6} \sim 10^{-4}$ 作为一般可接受风险范围写入超级基金法案；非致癌健康风险以危害指数（HI）表示，HI≤1，则慢性暴露污染物不存在非致癌健康风险；若 HI＞1，则存在非致癌健康风险。

（2）人群外暴露评价结果。

调查结果显示工作区县调查对象经口的六价铬和砷摄入量超过国人 2000 年的平均日摄入量（$175.0\mu g/d$），工作区县铬和扶沟县、盱眙县、射阳县和巨野县一般人群砷平均摄入量高于 JECFA 制定的 PTDI 值；各区县人群膳食汞的摄入量是安全的，不存在健康风险；西平县、罗山县、颍东区、寿县、埇桥区和汶上县高摄入人群镉的日摄入量高于 JECFA 制定的镉的 PTDI 值，可能存在健康风险。

1）金属及类金属。工作区县一般人群砷平均摄入量（中位数）范围为 $4\times 10^{-4} \sim 7.6\times 10^{-3}\,mg/(kg \cdot d)$，90 百分位数高摄入人群（以下简称高摄入人群）砷摄入量范围为 $1.4\times 10^{-3} \sim 2.95\times 10^{-2}\,mg/(kg \cdot d)$。其中，扶沟县、盱眙县、射阳县和巨野县一般人群砷平均摄入量分别为 $3.1\times 10^{-2}\,mg/(kg \cdot d)$、$2.3\times 10^{-3}\,mg/(kg \cdot d)$、$5.4\times 10^{-3}\,mg/(kg \cdot d)$ 和 $7.6\times 10^{-3}\,mg/(kg \cdot d)$，高于联合国粮农组织和世界卫生组织食品添加剂联合专家委员会制定的暂定每日可耐受摄入量 $2.1\times 10^{-3}\,mg/(kg \cdot d)$；扶沟县、寿县、盱眙县、金湖县、射阳县、汶上县和巨野县高摄入人群砷的摄入量为 $2.4\times 10^{-3} \sim 4.0\times 10^{-2}\,mg/(kg \cdot d)$，高于 JECFA 制定的砷的 PTDI 值；上述区县一般人群膳食砷的摄入量是不安全的，存在健康风险。其他区县人群砷的摄入量均低于 JECFA 制定的 PTDI 值。

各区县一般人群汞的平均摄入量为 $9.68\times 10^{-7} \sim 1.80\times 10^{-4}\,mg/(kg \cdot d)$，均低于 JECFA 制定的汞的 PTDI 值（$0.71\mu g/(kg \cdot d)$）；各工作区县的高摄入人群汞摄入量的范围为 $3.22\times 10^{-6} \sim 3.71\times 10^{-4}\,mg/(kg \cdot d)$，均低于 JECFA 制定的汞的 PTDI 值（$0.71\mu g/(kg \cdot d)$）；可以认为各区县人群膳食汞的摄入量是安全的，不存在健康风险。

各工作区县一般人群镉的平均摄入量为 $1.20\times 10^{-4} \sim 6.42\times 10^{-4}\,mg/(kg \cdot d)$，均低于 JECFA 制定的镉的 PTDI 值（$1.0\times 10^{-3}\,mg/(kg \cdot d)$）；各工作区县的高摄入人群镉的日摄入量为 $5.03\times 10^{-4} \sim 1.78\times 10^{-3}\,mg/(kg \cdot d)$。埇桥区、汶上县、西平县、寿县、颍东区、罗山县高于 JECFA 制定的镉的 PTDI 值；上述区县高摄入人群膳食镉的摄入量是不安全的，可能存在健康风险。

各工作区县一般人群六价铬的平均摄入量范围为 $1.11\times 10^{-3} \sim 3.89\times$

10^{-3} mg/(kg·d)，高摄入人群六价铬的摄入量范围为 $3.55\times10^{-3}\sim9.21\times$ 10^{-3} mg/(kg·d)；工作区县一般人群镍平均摄入量范围为 $2.23\times10^{-3}\sim6.93\times$ 10^{-3} mg/(kg·d)，高摄入人群镍的摄入量范围为 $7.01\times10^{-3}\sim2.98\times10^{-2}$ mg/(kg·d)；由于 JECFA 目前暂未制定六价铬和镍的每日可耐受摄入量，在此不能判断工作区县人群经膳食暴露的安全性。

2）多环芳烃。各区县一般人群苯并（a）芘的日摄入量范围为 $9.97\times$ $10^{-8}\sim7.17\times10^{-7}$ mg/(kg·d)；高摄入人群苯并（a）芘的日摄入量为 $2.12\times$ $10^{-7}\sim1.48\times10^{-6}$ mg/(kg·d)。各区县人群苯并（a）芘的日摄入量低于 JECFA 制定的苯并（a）芘的 PTDI 值（4.0×10^{-6} mg/(kg·d)）；可以认为各区县人群膳食苯并（a）芘的摄入量是安全的，不存在健康风险。

各区县一般人群多环芳烃的平均摄入量范围为 $7.78\times10^{-7}\sim4.55\times10^{-6}$ mg/(kg·d)；各区县高摄入人群多环芳烃日摄入量为 $2.38\times10^{-6}\sim1.55\times$ 10^{-5} mg/(kg·d)，西平县、罗山县、沈丘县、扶沟县、射阳县和汶上县高摄入人群多环芳烃日摄入量高于 JECFA 制定的多环芳烃的 PTDI 值（$11.0\times$ 10^{-5} mg/(kg·d)），其他区县均低于 JECFA 制定的多环芳烃的 PTDI 值。

各区县所有食物样品中均未检出苯并（a）芘。

（3）人群健康风险评价结果。

1）金属及类金属。各工作区县一般人群经口终生暴露砷的致癌风险范围为 $5.98\times10^{-4}\sim1.13\times10^{-2}$，经口终生暴露六价铬的致癌风险范围为 $5.53\times$ $10^{-4}\sim1.94\times10^{-3}$；所有工作区县一般人群经口终生暴露砷和六价铬的致癌风险均超过可接受风险水平。

各工作区县高摄入人群经口终生暴露砷的致癌风险范围为 $2.07\times10^{-3}\sim$ 6.06×10^{-2}，经口终生暴露六价铬的致癌风险范围为 $1.78\times10^{-3}\sim4.61\times$ 10^{-3}，如表 26 所示；所有工作区县高摄入人群经口（膳食和饮用水）终生暴露砷和六价铬的致癌风险均超过可接受风险水平。射阳县、巨野县和盱眙县高摄入人群经口终生暴露砷的致癌风险最高，分别为 6.06×10^{-2}、4.33×10^{-2} 和 1.12×10^{-2}，西平县最低，为 2.07×10^{-3}；颍东区和盱眙县人群经口暴露铬的终生致癌风险最高，分别为 4.61×10^{-3} 和 4.36×10^{-3}，蒙城县最低，为 1.78×10^{-3}。

工作区县一般人群经口慢性暴露砷的 HI 范围为 $1.33\sim25.17$；高摄入人群经口慢性暴露砷的 HI 范围为 $3.92\sim134.72$；所有区县人群经口暴露砷均存在致癌健康风险。其中，射阳县、巨野县、盱眙县和扶沟县高摄入人群经口暴露砷的非致癌健康风险最高，HI 分别高达 134.71、98.40、24.98 和 19.31。

表 26 人群经口终生暴露砷和六价铬的致癌风险

县（区）名	砷		六价铬	
	RISK$_{50}$	RISK$_{90}$	RISK$_{50}$	RISK$_{90}$
西平县	9.18×10^{-4}	2.07×10^{-3}	1.14×10^{-3}	2.70×10^{-3}
罗山县	8.95×10^{-4}	2.85×10^{-3}	8.58×10^{-4}	3.17×10^{-3}
沈丘县	1.10×10^{-3}	2.47×10^{-3}	1.70×10^{-3}	3.29×10^{-3}
扶沟县	4.70×10^{-3}	8.69×10^{-3}	1.14×10^{-3}	2.50×10^{-3}
颍东区	7.68×10^{-4}	2.47×10^{-3}	1.94×10^{-3}	4.61×10^{-3}
寿 县	1.91×10^{-3}	3.59×10^{-3}	7.43×10^{-4}	1.88×10^{-3}
蒙城县	8.75×10^{-4}	2.47×10^{-3}	5.82×10^{-4}	1.78×10^{-3}
埇桥区	8.98×10^{-4}	2.35×10^{-3}	7.52×10^{-4}	2.01×10^{-3}
盱眙县	3.44×10^{-3}	1.12×10^{-2}	1.15×10^{-3}	4.36×10^{-3}
金湖县	1.70×10^{-3}	4.14×10^{-3}	9.92×10^{-4}	2.11×10^{-3}
射阳县	8.04×10^{-3}	6.06×10^{-2}	7.51×10^{-4}	2.03×10^{-3}
汶上县	9.28×10^{-4}	3.23×10^{-3}	1.03×10^{-3}	3.29×10^{-3}
巨野县	1.13×10^{-2}	4.33×10^{-2}	5.53×10^{-4}	1.96×10^{-3}
微山县	5.98×10^{-4}	2.22×10^{-3}	7.63×10^{-4}	1.93×10^{-3}

注　RISK$_{50}$是根据人群终生日均剂量中位数计算的危险度；RISK$_{90}$是根据人群终生日均剂量90百分位数计算的危险度；按照六价铬与总铬间1∶6的比例将食物中总铬含量转换为六价铬含量。

工作区县一般人群经口慢性暴露镍的 HI 范围为 0.11～0.35，高摄入人群经口慢性暴露镍的 HI 范围为 0.35～1.49；罗山县和盱眙县高摄入人群经口慢性暴露镍存在非致癌健康风险，危害指数分别为 1.49 和 1.17，其他区县不存在非致癌健康风险。

工作区县一般人群经口慢性暴露六价铬的 HI 范围为 0.37～1.30，高摄入人群经口慢性暴露六价铬的 HI 范围为 1.18～3.07；各工作区县高摄入人群经口慢性暴露六价铬均存在非致癌健康风险，颍东区、盱眙县、沈丘县高摄入人群经口慢性暴露六价铬的非致癌健康风险较高，危害指数分别为 3.07、2.91、2.20。

工作区县一般人群经口慢性暴露汞的 HI 范围为 0.01～1.13，高摄入人群经口慢性暴露汞的 HI 范围为 0.02～2.32；汶上县、巨野县、射阳县、寿县和微山县高摄入人群经口慢性暴露汞存在非致癌健康风险，HI 分别为 2.32、1.86、1.33、1.33 和 1.04，其他区县不存在非致癌健康风险。

工作区县一般人群经口慢性暴露镉的 HI 范围为 0.12～0.90，高摄入人群经口慢性暴露镉的 HI 范围为 0.50～1.78；罗山县、颍东区、寿县、西平县和汶上县高摄入人群经口慢性暴露镉存在非致癌健康风险，危害指数分别为1.78、1.24、1.23、1.16 和 1.03，其他区县不存在非致癌健康风险。

在所评价的 5 种重金属中，高摄入人群经口慢性暴露砷的非致癌健康风险最高，最大 HI 高达为 134.71；其次是六价铬，最大 HI 为 3.07，镍、汞和镉的非致癌健康风险较低，最大 HI 分别为 1.49、2.32 和 1.78。

在经口暴露途径中，砷、六价铬、镍和镉经膳食暴露的非致癌健康风险远大于经饮用水暴露；而经饮用水暴露汞的非致癌健康风险大于经膳食暴露。

2）多环芳烃。工作区县一般人群经口暴露苯并（a）芘的终生超额致癌风险范围为 $7.27 \times 10^{-7} \sim 5.23 \times 10^{-6}$，高摄入人群经口暴露苯并（a）芘的终生超额致癌风险范围为 $1.55 \times 10^{-6} \sim 1.08 \times 10^{-5}$，均在可接受水平内。

一般人群经口暴露多环芳烃的终生超额致癌风险范围为 $5.68 \times 10^{-6} \sim 3.32 \times 10^{-5}$，高摄入人群经口暴露多环芳烃的终生超额致癌风险范围为 $1.74 \times 10^{-5} \sim 1.13 \times 10^{-4}$；扶沟县高摄入人群经口暴露多环芳烃的终生超额致癌风险超过可接受风险水平，达到 1.13×10^{-4}，其他区县均在可接受水平内。人群经口终生暴露苯并（a）芘和多环芳烃的致癌风险水平见表 27。

表 27　　人群经口终生暴露苯并（a）芘和多环芳烃的致癌风险

县（区）名	苯并（a）芘		多环芳烃	
	Risk$_{50}$	Risk$_{90}$	Risk$_{50}$	Risk$_{90}$
西平县	3.72×10^{-6}	6.76×10^{-6}	2.86×10^{-5}	7.31×10^{-5}
罗山县	7.27×10^{-7}	1.73×10^{-6}	1.51×10^{-5}	8.54×10^{-5}
沈丘县	2.02×10^{-6}	4.88×10^{-6}	2.99×10^{-5}	7.79×10^{-5}
扶沟县	2.26×10^{-6}	3.82×10^{-6}	3.32×10^{-5}	1.13×10^{-4}
颍东区	8.29×10^{-7}	1.76×10^{-6}	1.16×10^{-5}	3.85×10^{-5}
寿　县	1.19×10^{-6}	2.06×10^{-6}	1.05×10^{-5}	2.84×10^{-5}
蒙城县	8.96×10^{-7}	1.60×10^{-6}	2.09×10^{-5}	6.93×10^{-5}
埇桥区	2.08×10^{-6}	3.62×10^{-6}	2.46×10^{-5}	5.50×10^{-5}
盱眙县	—	0	1.43×10^{-5}	5.74×10^{-5}
金湖县	—	0	7.21×10^{-6}	2.43×10^{-5}
射阳县	8.32×10^{-7}	1.55×10^{-6}	1.89×10^{-5}	9.69×10^{-5}
汶上县	5.23×10^{-6}	1.08×10^{-5}	3.07×10^{-5}	8.61×10^{-5}
巨野县	1.17×10^{-6}	1.79×10^{-6}	1.56×10^{-5}	5.37×10^{-5}
微山县	1.17×10^{-6}	2.27×10^{-6}	5.68×10^{-6}	1.74×10^{-5}

3）农药。工作区县经饮用水暴露于 α-六六六、β-六六六、OP'-滴滴涕和敌敌畏的致癌风险均在可接受水平内。

（二）环境污染与健康问题识别

1. 重点污染源识别

截至 2008 年，工作区县存在或者曾经存在的工业企业有 11433 家，其中具有排污行为的有 5067 家。排污企业以小型污染源为主（占 95.7%），纳入环境管理占 75.0%，有 21.6% 的工业企业已经关闭。废水排放量与存在的企业数量有关，15 个工作区县废水排放量在 1995 年前均呈逐渐增加趋势，至 1995 年达到峰值，之后快速下降，到 2000 年下降到较低水平，2005 年又有所反弹。废水主要来自于通用设备制造业、造纸及纸制品业和化学原料及化学制品制造业。采用资料调研与现场调查相结合的方法，对沿淮 4 省 15 县区可能产生致癌污染物的工业污染源进行了详细调查，结果显示造纸、化工、煤炭开采洗选和纺织等是经废水排放环境致癌物的主要行业；部分化工、皮革、纺织和金属制品工业企业废水中存在环境致癌物排放超标现象。

（1）经废水排放致癌物的污染源。

按照工作区县污染源数量多、或有较多致癌污染物排放等条件对废水排放污染源进行筛选，最终筛选出 442 家重点废水排放污染源。筛选出的重点废水污染源包括 11 个行业大类，各行业重点企业数量和排放的致癌物质见表 28。

表 28　　　　　　　重点废水污染源的行业和排放的致癌污染物

行业名称	数量	初步确认的具有致癌作用的污染物
化学原料及化学制品制造业	188	重金属：砷（1）[①]、铅（2A）[①]、镍（1）[①]、铍（1）、镉（1）[①]、总铬（1）[①]、六价铬（1）、汞（3）[①]； 多环芳烃类（1）[①] 苯酚类：2,4,6-三氯苯酚（2B）、五氯苯酚（2B）； 芳香胺：苯胺（3）、苯胺类； 无机氮：总氮、硝酸盐氮（2A）、亚硝酸盐氮（2A）
造纸及纸制品业	147	挥发性氯代烃：二氯甲烷（2B）、氯仿（2B）、1,2-二氯乙烷（2B）、1,2-二氯丙烷（3）； 苯酚类：2,4,6-三氯苯酚（2B）、五氯苯酚（2B）； 醛类：甲醛（1）； 二噁英类：多氯代二苯并呋喃（3）、多氯代二苯并二噁英（1）
煤炭开采和洗选业	29	砷（1）、铅（2A）、镍（1）、铍（1）、镉（1）、总铬（1）、六价铬（1）、汞（3）

续表

行业名称	数量	初步确认的具有致癌作用的污染物
皮革、毛皮、羽毛（绒）及其制品业	27	重金属：砷（1）、总铬（1）[①]、六价铬（1）
纺织业	18	重金属：总铬（1）、六价铬（1）； 挥发性氯代烃：二氯甲烷（2B）、氯仿（2B）、四氯化碳（2B）、1，2-二氯乙烯（一）、四氯乙烷（3）； 苯酚类：2，4，6-三氯苯酚（2B）、五氯苯酚（2B）； 醛类：甲醛（1）[①]； 芳香胺：苯胺（3）、苯胺类[①]； 无机氮：总氮[①]、硝酸盐氮（2A）、亚硝酸盐氮（2A）
通用设备制造业	13	总铬（1）
金属制品业	8	砷（1）、铅（2A）[①]、镍（1）[①]、铍（1）[①]、镉（1）[①]、总铬（1）、汞（3）
有色金属冶炼及压延加工业	4	镉（1）、铅（2A）、砷（1）
有色金属矿采选业	3	砷（1）、铅（2A）、镉（1）、汞（3）
电气机械及器材制造业	3	铅（2A）
石油加工、炼焦及核燃料加工业	2	挥发酚（3）

① 具有超标现象。

（2）重点行业工业企业废水中致癌物的监测结果。

现存的重点废水污染源主要为化学原料及化学制品制造业（占 52.7%）、造纸及纸制品业（占 15.5%）和煤炭开采洗选业（占 12.8%），占现存重点废水排放污染源的 81.0%。选取 70 家代表性重点废水排放企业排污口处废水和沉积物 9 类 71 项环境致癌物质的监测结果显示，化学原料及化学制品制造业、纺织业、皮革、毛皮、羽毛（绒）及其制品业和金属制品业污染源排污口样品中存在环境致癌物超标现象，主要超标物质是总铬、镍、苯并（a）芘、甲醛、总氮、铅和苯胺类等；在已关闭的污染源排污口表层和柱状沉积物的环境致癌物也存在一定的生态风险，参见表 29。

15 个工作区县废水排放量在 1995 年前均呈逐渐增加趋势，至 1995 年达到峰值，之后快速下降，到 2000 年下降到较低水平，2005 年又有所反弹，与污染源数量的变化一致。对不同时间段的重点废水排放源的有机污染物排放量进行统计，发现 1990 年以后重点废水排放源有机污染物的排放量有所降低，特别是苯胺类的排放量下降明显；但是重金属污染物的排放量未见下降，呈缓慢的上升趋势，2000 年以后增加明显，见图 68。

表 29   **重点行业工业企业调查结果**

行业类别	样品类型	分析指标	检出数量/种类	超标指标及超标倍数
化学原料及化学制品制造业	废水	金属，多环芳烃，酚类，芳香胺，含氮类指标	30	镍；苯并（a）芘
	表层沉积物		28	砷；铅；镍；镉；铬；汞；萘；芴；蒽；菲；芘；荧蒽；苯并（a）蒽；苯并（a）芘；茚并（1，2，3-cd）芘；总 PAHs
	柱状沉积物		27	砷；铅；镉；汞；蒽
纺织业	废水	挥发性氯代烃，有机氯，芳香胺，酚类，总铬，甲醛，含氮类指标	19	甲醛；苯胺类；总氮
	表层沉积物		15	—
造纸及纸制品业	废水	挥发性氯代烃，酚类，甲醛，二噁英类	7	—
	表层沉积物		12	—
	柱状沉积物		8	—
皮革、毛皮、羽毛（绒）及其制品业	废水	砷，总铬，六价铬	3	总铬
	表层沉积物		15	总铬
金属制品业	废水	砷，铅，镍，铍，镉，总铬，汞	5	铅；镍；总铬
	表层沉积物		5	镉
煤炭开采和洗选业	废水	砷，铅，镍，铍，镉，总铬，六价铬，汞	6	—

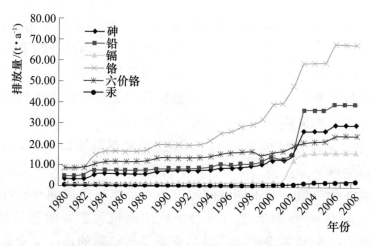

图 68　重点废水污染源重金属排放量逐年变化

2. 环境质量与致癌风险

2007—2009 年间在 15 个工作区县开展了地表水、河道底泥、地下水和土壤环境质量状况的调查监测，包括 7 大类 96 种主要监测指标，不仅包括常规监测的污染物，还包括能够导致癌症的污染物和重点废水污染源排放的特征污染物。环境质量状况见表 30。

表 30　　　　　　　　　　环境质量调查监测结果汇总表

环境介质	地表水	底泥	地下水	土壤
监测断面/个	116	100	320	227
检测项目/个	58	52	45	33
检测出的项目/个	46	40	45	
总检出率/%	79.3	76.9	77.6	
评价标准	地表水环境质量标准	美国沉积物质量基准	生活饮用水卫生标准、地表水环境质量标准[①]、美国饮用水标准	土壤环境质量标准
超标率/生物风险几率[①]	2.7%（阴离子表面活性剂/铅、六价铬、镉、汞、砷、氟离子）	10%～50%（As、Ni、PAHs、DDT）	51.2%（Mn） 1.8%（As） 0.4%（Ni） 37.8%（苯并（a）芘） 12.7%（硝酸盐） 6.6%（氟化物）	10.6%（Ni） 2.6%（Cd） 0.9%（Cr）

① 底泥为生态风险几率，其余均为超标率。

环境介质中普遍检出重金属、多环芳烃、有机氯农药等致癌物。对地表水、地下水、土壤和河道底泥共 70 个样品 228 项检测指标的分析结果显示，地表水中检出 47 种污染物，地下水检出 35 种，土壤检出 58 种，分别占检测指标总数的 21.1%，15.7% 和 26.0%，目前有标准的物质中，镉、砷、苯并（a）芘等存在超标现象。在地表水、地下水和土壤检出的物质中，分别有 6 种、5 种和 7 种为明确的人类致癌物（1 级），1 种、1 种和 2 种为人类可能的致癌物（2A 级）；人类明确和可能致癌物占检出物质总数的 14.9%、17.1% 和 15.5%。

工作区域地表水与浅层地下水间存在密切的联系，地表水与浅层地下水中检出的污染物种类初步统计一致率达 82%。提示河流近岸浅层地下水的污染主要来源于地表水。

（1）地表水。

15 个工作区县地表水中多环芳烃类（荧蒽、芘、苊烯、苊、芴、菲）、农药类（乐果、对硫磷、马拉硫磷、六六六、DDT、阿特拉津）、金属及类金属物质（砷、锰、钴）以及氟化物、硝酸盐、亚硝酸盐等的检出率均大于90%。《地表水环境质量标准》（GB 3838—2002）有限值的污染物（包括铅、六价铬、镉、汞、砷、氟离子和阴离子表面活性剂）中，仅阴离子表面活性剂有2个点位（占2.7%）超过Ⅳ类标准限值。

（2）河流表层沉积物。

河流表层沉积物中金属及类金属物质（铬、砷、铅、镍、锰）的检出率高于80%，同时检出了多环芳烃类、农药类、酞酸酯类等有机污染物，其中菲和久效磷的检出率达98%和87%。采用美国的沉积物质量基准法进行生态风险评价，结果显示部分河流的底泥中砷（占2.0%）、镍（占5.0%）、多环芳烃（占4.0%）和DDT类（占26.0%）存在较低的生态风险，有2个断面的DDT存在较高生态风险。

（3）土壤的监测结果。

土壤样品中铬、汞、铅、镉、砷、锌、镍、多环芳烃和有机氯农药（六六六和DDT）普遍检出。基本符合《土壤环境质量标准》（GB 15618—1995）二级标准，个别点位重金属铬（超标率为0.9%，最大超标倍数为1.8）、镍（超标率为10.6%，最大超标倍数为4.6）、镉（超标率为2.6%，最大超标倍数为1.8）超过二级标准限值。

（4）地下水的监测结果及致癌风险估计。

15个工作区县320个地下水监测点位，其中18个为深层地下水，302个为浅层地下水，共监测指标58项，检出45项，总检出率为77.6%。浅层地下水中多环芳烃类（苊烯、苊、芴、菲、荧蒽、芘）、农药类（乐果、对硫磷、DDT、β-六六六）、金属及类金属物质（砷、锰、钴）以及氟化物的检出率高于90%。对照我国《生活饮用水卫生标准》、《地表水环境质量标准》中关于集中式生活饮用水源地的相关物质的标准限值以及《美国饮用水标准》，部分样品中苯并（a）芘、砷、镍、锰、硝酸盐和氟化物超过《生活饮用水卫生标准》，超标率分别为37.4%、2.0%、0.7%和53.6%、12.9%和6.0%。

比较分析采样点位中深层与浅层地下水的监测结果显示，浅层地下水中六价铬、镍、亚硝酸盐、硝基苯类、苯并（a）芘等污染物的检出率及含量明显高于深层地下水，多环芳烃总量和苯并（a）芘当量也高于深层地下水，差异具有统计学意义（$P<0.05$），提示淮河流域工作区区域浅层地下水环境受到的污染较深层地下水严重。

（5）浅层地下水致癌风险分析。

2008年年底的人群问卷调查显示，工作区县有53.2%的人饮用浅层地下水，有的区县高达 95%，饮用浅层地下水是人体环境致癌物暴露的途径之一。采用美国 EPA 推荐的方法进行的健康风险评价，结果显示，少数样品中多环芳烃物质［以苯并（a）芘当量计］、农药类物质（α-六六六、β-六六六和阿特拉津）的风险值高于控制水平（10^{-5}），但低于可接受水平（10^{-4}）；15 个工作区县有 4.3%~77.0% 的监测点位砷的致癌风险超过可接受水平，一般人群经饮用水砷的终生暴露致癌风险为 2.39×10^{-5}~8.26×10^{-5}。扶沟县和汶上县一般人群经饮用水六价铬的终生暴露致癌风险分别为 1.33×10^{-4} 和 1.27×10^{-4}，超过可接受水平；埇桥区有 1 个点位饮用水多环芳烃的终生暴露致癌风险超过可接受水平，见表 31。

表 31　　　　　　　　　　经浅层地下水摄入的致癌风险

工作区县	致 癌 风 险	
	六价铬	砷
H1	1.67×10^{-6}~1.00×10^{-4}	5.00×10^{-5}~1.00×10^{-4}
H2	1.67×10^{-6}~2.83×10^{-4}	2.50×10^{-5}~2.10×10^{-3}
H3	1.67×10^{-6}~6.67×10^{-5}	5.00×10^{-5}~1.00×10^{-4}
H4	1.67×10^{-6}~1.00×10^{-4}	5.00×10^{-5}~1.00×10^{-4}
A1	1.67×10^{-6}~1.17×10^{-4}	2.50×10^{-5}~1.00×10^{-4}
A2	1.67×10^{-6}~2.50×10^{-4}	2.50×10^{-5}~1.25×10^{-4}
A3	1.67×10^{-6}~6.67×10^{-5}	2.50×10^{-5}~1.25×10^{-4}
A4	1.67×10^{-6}~3.00×10^{-4}	2.50×10^{-5}~7.50×10^{-5}
A5	1.67×10^{-6}~6.67×10^{-5}	5.00×10^{-5}~7.00×10^{-4}
J1	1.67×10^{-6}~1.67×10^{-6}	1.25×10^{-6}~1.25×10^{-6}
J2	1.67×10^{-6}~1.67×10^{-6}	3.62×10^{-5}~1.67×10^{-4}
J3	1.67×10^{-6}~1.67×10^{-6}	3.27×10^{-5}~3.72×10^{-5}
S1	1.67×10^{-6}~6.67×10^{-5}	5.00×10^{-5}~1.00×10^{-4}
S2	1.67×10^{-6}~8.33×10^{-5}	2.50×10^{-5}~2.00×10^{-4}
S3	1.67×10^{-6}~1.00×10^{-4}	2.50×10^{-5}~1.00×10^{-4}

（三）环境污染与健康问题原因分析

环境介质中普遍检出重金属、多环芳烃、有机氯农药等致癌物，浅层地下水质量受影响较大，苯并（a）芘、砷、镍、锰、硝酸盐、氟化物等存在超标现象，且存在一定的健康风险，河流近岸浅层地下水水质受地表水影响明显，地下水污染主要源于地表水污染。

根据淮河流域86个国控水质监测断面的监测结果（2000—2011年），淮河流域地表水水质逐渐向好，"十一五"期间明显好转，2009年以来淮河干流水质为良好；支流水质由重度污染变为中度污染，但是二级及以上支流水质污染依然严重。

2000—2011年淮河流域水质总体呈好转趋势，86个国控水质监测断面的监测结果显示，Ⅰ～Ⅲ类水质断面呈上升趋势；Ⅳ类和Ⅴ类水中断面相对稳定，劣Ⅴ类呈明显的下降趋势。2000—2003年淮河水系为重度污染，2004—2008年为中度污染，2009年以后水质比较稳定，为轻度污染。

（1）淮河水系——干流水质。

淮河干流共设国控监测断面14个，监测结果显示淮河干流水质持续明显好转，"十一五"期间改善明显，2009年以后水质由轻度污染转为良好。2000—2011年间，淮河干流Ⅰ～Ⅲ类水质比例呈上升趋势，"十一五"期间持续迅速增加，Ⅳ类水的水质自2007—2011年间迅速下降，2011年为7.1%，自2006年Ⅴ类和劣Ⅴ类水质呈下降趋势，2003年后均无劣Ⅴ类水质断面。

（2）淮河水系——支流水质。

淮河水系支流共设监测断面50个，2000—2011年劣Ⅴ类水质断面比例呈下降趋势，Ⅴ类水质断面基本稳定不变，Ⅰ～Ⅲ类和Ⅳ类水质断面比例稳中有升，支流水质总体呈好转趋势。2000—2006年淮河支流水质为重度污染，2007以后为中度污染。其中二级及以上支流水质均为重度污染。2000—2011年间，无Ⅰ类水质断面，Ⅳ水质断面比例呈上升趋势，与此同时劣Ⅴ类水质断面比例呈下降趋势。

（3）沂沭泗河水系——山东境内河流水质。

山东境内河流共设置国控监测断面22个，水质总体明显好转，但波动较大。2000—2011年间，无Ⅰ类水质断面，Ⅱ～Ⅲ类和Ⅳ类水质断面比例呈上升趋势，与此同时Ⅴ类和劣Ⅴ类水质断面比例呈下降趋势，2008年以后低于20%。2001年、2003年山东境内河流水质为重度污染，2000年、2002年及2005—2007年为中度污染，2004年、2008—2011年为轻度污染。

工作区县内的造纸、化工、煤炭开采和洗选、纺织行业是排放致癌物质的主要行业。企业的关、停、并、转和达标排放等使排放污染物的企业数量大为减少，有机污染物的排放得到有效控制，仍有相当数量的污染源存在。据粗略估算重金属的排放量有增加趋势。

（四）环境污染与健康问题对策与建议

1）淮河水质自 2005 年以后明显好转，显示淮河流域污染治理工作取得了积极的进展。这与各级政府的重视、媒体和全社会的关注也有直接的关系，体现了公众参与的重要性。建议加强环境问题信息的公开和透明程度，增加公众参与还让社会监督的强度和范围。

2）流域的浅层地下水普遍受到影响，局部地区深层地下水也受到一定的影响，并存在一定的健康风险。在流域有相当数量的居民直接饮用浅层地下水。建议进一步加大农村地区改水的速度和力度。同时，由于流域还存在地方性高砷和高氟的区域，局部地区深层地下水水质也受到影响，在农村水厂选择水源时，应加强卫生学调查和水质监测评估，保证改水的效果；

3）严格造纸、化工、煤炭开采和洗选、纺织等重点污染行业的准入条件，开展建设项目环评时应尽量考虑污染物排放造成的健康危害，提出进一步加强重点污染行业减排和监管的具体措施；特别硬加强对小型企业的监管，对于关、停、并转的企业应要求进行污染物场地的治理或修复工作，提出污染场地使用的规划和建议。

4）恶性肿瘤高发与多种因素致癌，包括环境、遗传和生活卫生习惯等。建议开展流域肿瘤高发危险因素调查研究，探索从"污染源-环境质量-人体暴露-健康效应"实行环境健康管理；包括产业结构调整、环境影响评价、清洁生产审核与技术、循环经济技术以及其他减排和污染控制技术、污染源的监管；改善环境质量；加强环境健康宣教，改变不良卫生习惯，减少人群暴露；开展癌症的早防早治工作。

5）应积极开展铬、砷和多环芳烃等污染物的深入研究，以及环境污染及风险防控工作。

六、南水北调东线环境污染防治

南水北调是一项解决我国北方地区水资源短缺、改善生态环境为目标的特大型跨流域调水的战略工程，工程包括东线、中线、西线，三条线路调水方案与长江、黄河、淮河和海河四大江河相互连接，构成了"四横三纵"的工程总体布局。

（一）南水北调东线工程概况

东线工程从长江下游取水，向黄淮海平原东部和山东半岛补充水源，与引黄工程和南水北调中线工程共同解决华北地区水资源短缺问题，实现区域水资源的合理配置，为国民经济可持续发展提供水资源保障。主要供水目标是沿线城市及工业用水，兼顾一部分农业和生态环境用水。

南水北调东线工程从长江下游干流取水，基本沿京杭运河提水北送。考虑到北方水资源总体配置和东线工程位置以及地势因素，主要向黄淮海平原东部和山东半岛供水。供水范围大体分为黄河以南、山东半岛和黄河以北三片。主要供水目标是解决调水线路沿线和山东半岛城市及工业用水，改善淮北地区的农业供水条件，并在北方需要时，提供农业和生态用水。根据《南水北调工程总体规划》，为使南水北调工程调水规模与经济社会发展的不同阶段及其经济、环境和水资源承载能力基本适应，南水北调东线工程分三期进行建设，2002—2010 年完成第一期、第二期工程，2011—2030 年完成第三期工程。南水北调东线一期工程于 2002 年 12 月开工建设，计划到 2013 年南水北调东线一期工程全部建成。调水水质是成功实施东线第一期工程的关键，一直是社会关注的热点问题。

南水北调东线第一期工程供水范围位于黄淮海平原的东部、山东半岛及淮河以南的里运河东西两侧地区，工程区域在东经 115°～122°、北纬 32°～40°之间；第一期工程供水区南起长江、北至山东省德州市，供水范围涉及江苏、山东、安徽 3 省 21 地市 89 个县级市，是我国人口集中、经济较发达的地区之一。有关市、县见表 32。

表 32　　　　　　　　　南水北调东线第一期工程供水城市

分片	省份	省辖市	县级市、县城
黄河以南	江苏	扬州市	高邮市、宝应市、江都市
		淮安市	楚州、洪泽县、金湖县、涟水县、盱眙县
		宿迁市	泗阳县、泗洪县、沭阳县、宿豫县
		连云港市	赣榆县、东海县、灌云县、灌南县
		徐州市	贾旺、邳州市、铜山县、丰县、沛县、睢宁县、新沂市
	安徽	蚌埠市	五河、固镇
		淮北市	濉溪县
		宿州市	灵璧县、泗县
	山东	枣庄市	滕州市
		济宁市	曲阜市、兖州市、邹城市、微山县、鱼台县、金乡县、嘉祥县、汶上县、梁山县
		菏泽市	单县、巨野县、成武县

续表

分片	省份	省辖市	县级市、县城
山东半岛	山东	济南市	章丘市、平阴县、商河县、济阳县
		青岛市	胶州市、即墨市、平度市、胶南市、莱西市
		淄博市	桓台县、高青县
		潍坊市	寿光市、昌邑市、高密市
		滨州市	博兴县、邹平县、惠民县、阳信县、沾化县、无棣县
		东营市	垦利县、利津县、广饶县
		烟台市	龙口市、莱阳市、莱州市、招远市、栖霞市、蓬莱市、海阳市
		威海市	荣成市、乳山市、文登市
黄河以北	山东	德州市	夏津县、武城县、平原县、陵县、宁津县、乐陵市、庆云县、禹城市
		聊城市	临清市、阳谷县、东阿县、莘县、高唐县、茌平县、冠县

1. 工程规模与调水量

第一期工程抽江规模 $500m^3/s$，过黄河 $50m^3/s$，向山东半岛供水 $50m^3/s$。规划于 2007 年完成，首先调水到山东半岛和鲁北地区，并为向天津市应急供水创造条件，缓解鲁北地区和山东半岛最为紧迫的城市缺水问题。第一期工程调水量见表 33。

表 33　　　　　　第一期工程需调水量表　　　　单位：亿 m^3

省　份		生活工业及城市生态环境	农业用水	航运	小计
江苏		7.93	15.75	0.69	24.37
安徽		1.21	2.30		3.51
山东	鲁南	1.95		0.33	2.28
	山东半岛	7.46			7.46
	鲁北	3.79			3.79
	小计	13.2		0.33	13.53
合计		22.34	18.05	1.02	41.41

2. 工程线路

南水北调东线第一期工程是在江苏省江水北调工程基础上扩大规模，并向北延伸而成。江苏省江水北调工程现已初具规模，但各梯级抽水坝泵站的规模尚不配套，南水北调东线第一期工程将在现有工程的基础上扩大抽江规模，完善各抽水梯级的级配。

第一期工程规划从长江下游的三江营引水，利用里运河及三阳河、潼河两路输水，到宝应站后，一路继续沿里运河北行，至淮安枢纽入苏北灌溉总渠，经淮安、淮阴二级提水入洪泽湖；另一路向西经金宝航道、三河输水，经金湖、洪泽两级提水入洪泽湖。

出洪泽湖后分两路输水进骆马湖，一路利用中运河输水，经泗阳、刘老涧、皂河三级提水入骆马湖，另一路利用徐洪河经泗洪、睢宁、邳州三级提水入骆马湖。

从骆马湖到南四湖下级湖利用中运河输水至大王庙后分两路输水进下级湖，一路利用不牢河输水，经刘山、解台、蔺家坝三级提水入下级湖，另一路利用韩庄运河输水，经台儿庄、万年闸、韩庄三级提水入下级湖。南四湖内主要利用湖内航道和行洪深槽输水，由二级坝泵站从下级湖提水入上级湖。

从南四湖到东平湖利用梁济运河和柳长河输水，经长沟、邓楼、八里湾三级提水入东平湖。

出东平湖后，一路向北经穿黄枢纽输水过黄河，黄河以北利用小运河、七一、六五河自流输水至大屯水库；另一路向东从东平湖北端的济平干渠渠首引水闸，向东由"西水东调"干渠接"引黄济青"输水渠，送水到山东半岛的主要城市。

3. 治污规划

南水北调东线调水水质一直是社会关注的热点问题，治污工作是南水北调东线工程成败的关键，是确保调水干线水质持续稳定达到地表水Ⅲ类标准的重要措施。2002年12月国务院批复了包括《南水北调东线工程治污规划》在内的《南水北调工程总体规划》，2003年10月国务院下发了《关于南水北调东线工程治污规划实施意见》（国函〔2003〕104号）。为加快治污进度，国务院南水北调工程建设委员会办公室与江苏、山东两省签订东线治污目标责任书，江苏、山东两省按要求制订了治污规划控制单元实施方案，各级地方政府也分别按照治污规划及其实施方案落实治污措施。《南水北调东线工程治污规划》建立了水质目标、排污总量、治污项目、工程投资四位一体的指标体系，制定水质保护方案，南水北调东线工程治污工程的目标及内容如下。

（1）规划目标。

1）水质目标。2008年，江苏、山东41个控制断面中，输水干线规划区33个控制断面水质达Ⅲ类，5个控制断面水质达Ⅳ类，卫运河山东段断面COD浓度控制在70mg/L（其他指标按照农灌标准执行），保障回用水水质要求，污水不进入输水干线；山东天津用水规划区山东济南小清河柴庄闸断面水质达Ⅲ类，江苏泰州槐泗河槐泗河口断面水质达Ⅳ类，确保南水北调东线一期工程的水质安全。

2013年，南水北调东线工程输水干线规划区44个控制断面达Ⅲ类，卫运河山东段、卫运河河北段、北排河等3个季节性河流断面COD控制在70mg/L（其他指标按照农灌标准执行），保障回用水水质要求，污水不进入输水干线；山东天津、江苏用水区槐泗河、小清河、天津市区用水段3个控制断面达Ⅲ类；河南安徽规划区淮河干流沫河口及入洪泽湖支流五河断面达Ⅲ类，卫河河南段龙王庙断面2013年控制在70mg/L（其他指标按照农灌标准执行），保障回用水要求，污水不进入输水干线；2013年，除卫河河南段、卫运河山东段、卫运河河北段、北排河等4个季节性河流控制断面外，其他49个控制断面实现规划水质目标。

2) 污染物总量控制目标。2008年江苏、山东区域COD排放量从51.2万t削减至19.7万t，削减率为61.5%；COD入输水干渠量从35.9万t削减至6.3万t，减少率为82.5%；氨氮排放量从4.9万t削减至2.0万t，削减率为60.3%；氨氮入输水干渠量从3.3万t削减至0.5万t，减少率为84.2%。

2013年安徽、河南、河北、天津COD排放总量控制在35.0万t，削减率为23.9%；COD入输水干线量控制在2.7万t，减少率为91.3%；氨氮排放总量控制在5.1万t，削减率为42.7%；氨氮入输水干线量控制在0.3万t，减少率为94.9%。

2013年全线COD排放总量从97.2万t削减至54.7万t，削减率为43.7%；COD入输水干渠量从67.1万t削减至9.0万t，减少率为86.6%；氨氮排放量从13.9万t削减至7.1万t，削减率为49.2%；氨氮入输水干渠量从9.6万t削减至0.8万t，减少率为91.1%。

（2）治污工程分类。

《南水北调东线工程治污规划》提出以治为主，配套截污导流工程，将处理厂处理后的中水分别导向回用处理设施、农业灌溉设施和择段排放设施，依靠各类污水资源化设施和流域综合整治工程，提高污水的资源化水平，使东线治污工程项目形成"治、截、导、用、整"一体化的治污工程体系，并通过实施清水廊道、用水保障和水质改善三大工程措施，来保证干线的输水水质。

1) 清水廊道工程。位于输水干线规划区内的清水廊道工程总投资166.4亿元。其中，2001—2008年投资133亿元，2009—2013年投资33.4亿元。2008年输水干线清水廊道工程具有削减COD排放量25.4万t/a能力，2013年输水干线清水廊道工程具有削减COD排放量30.4万t/a的能力。

2) 用水保障工程。位于山东天津用水规划区内的用水保障工程共需投资

35.6 亿元。山东济南、江苏泰州的 15.2 亿元投资在 2008 年前完成,天津市的 20.4 亿元投资在 2013 年前完成。

3)水质改善工程。位于河南安徽规划区内的水质改善工程共需投资 36.4 亿元,建设城市污水处理厂 26 座,新增城市污水集中处理规模 166.5 万 t/d,2013 年治污工程具有削减 COD 排放总量 12.7 万 t/a 的能力,水质改善工程需要在 2013 年前完成。

(二)现状分析

1. 调水线路水质现状

(1)东线 2003—2010 年水质变化趋势。

淮河流域水资源保护局提供了 2003—2010 年南水北调东线输水干线(长江三江营—东平湖)28 个常规监测断面监测结果。监测断面表见表 34。

表 34　　　　　　　　南水北调东线输水干线监测断面表

序号	站　名	河流或湖泊	位　置
1	三江营	长江	江苏省江都市三江营
2	江都	里运河	江苏省江都市引江桥
3	邵伯湖	邵伯湖	江苏省江都市邵泊闸上
4	高邮	里运河	江苏省高邮市南 500m
5	高邮湖	高邮湖	江苏省高邮市高邮湖区
6	宝应	里运河	江苏省宝应县南 500m
7	淮阴(大)	中运河	江苏省淮阴市南 500m
8	泗阳	中运河	江苏省泗阳县泗阳闸上
9	蒋坝	洪泽湖	江苏省洪泽县蒋坝镇
10	三河闸上	洪泽湖	江苏省洪泽县蒋坝镇三河闸上
11	二河闸上	洪泽湖	江苏省洪泽县二河闸上
12	宿迁下	中运河	江苏省宿迁市宿城镇南 500m
13	骆马湖	骆马湖	江苏省宿迁市骆马湖
14	嶂山闸上	骆马湖	江苏省宿迁嶂山闸上
15	邳州	中运河	江苏省邳州市运河镇铁路桥
16	台儿庄福运码头	中运河	山东省台儿庄赵村福运码头
17	韩庄闸上	韩庄运河	山东省微山县韩庄镇节制闸上
18	解台闸上	不牢河	江苏省徐州市大吴镇解台闸
19	蔺家坝闸	不牢河	江苏省铜山县蔺家坝闸上

序号	站　名	河流或湖泊	位　置
20	微山岛	南四湖	山东省微山县微山岛渡口村
21	二级坝闸下航道	南四湖	山东省微山县二级坝节制闸下 3km
22	二级坝闸上航道	南四湖	山东省微山县二级坝节制闸上 3km
23	沙堤	南四湖	山东省微山县沙堤村
24	独山村	南四湖	山东省微山县独山村
25	前白口	南四湖	山东省南阳镇前白口
26	后营	梁济运河	山东省济宁市南张乡后营
27	邓楼	梁济运河	山东省梁山县邓楼
28	东平湖	东平湖	山东省东平县东平湖

2003—2010 年输水干线 28 个监测断面水质评价结果详见表 35。可以看出，近年来南水北调东线黄河以南段水质总体上呈好转趋势，从各主要污染项目浓度年均值变化情况来看，氨氮浓度 2003 年为 5.0mg/L，2004 年下降到 1.1mg/L，2007 年以后小于 1.0mg/L；高锰酸盐指数、COD 和总磷也有不同程度的下降。

表 35　　　　南水北调东线输水干线 2003—2010 年水质变化情况

年份	测次水质占比/%					达标率/%	主要项目年均值/(mg·L⁻¹)			
	Ⅱ类	Ⅲ类	Ⅳ类	Ⅴ类	劣Ⅴ类		氨氮	高锰酸盐指数	COD	总磷
2003	14.3	32.2	18.5	9.8	25.2	46.5	5.0	6.30	29.0	0.28
2004	18.8	34.1	26.0	7.0	14.1	52.9	1.1	4.89	19.6	0.12
2005	18.5	36.4	22.3	5.9	16.9	54.9	1.2	4.64	18.4	0.13
2006	16.2	39.5	20.7	9.0	14.6	55.7	1.2	4.62	19.2	0.10
2007	17.8	29.6	30.2	13.8	8.6	47.4	0.7	4.60	20.2	0.07
2008	28.6	33.5	23.6	8.2	6.0	62.2	0.5	4.3	19.8	0.08
2009	17.6	37.3	27.2	8.8	9.1	54.9	0.6	4.4	18.9	0.09
2010	36.9	44.9	13.7	1.5	3.0	81.8	0.51	4.42	17.2	0.10

南水北调东线输水干线 28 个监测点 2003—2010 年水质达标情况和主要污染物年均值变化情况见图 69 和图 70。对照水功能区划和《治污规划》确定的输水干线Ⅲ类水质目标，南水北调输水干线 2003—2009 年逐年水质测次达标率在 50% 左右，2010 年最高达标率为 81.8%。

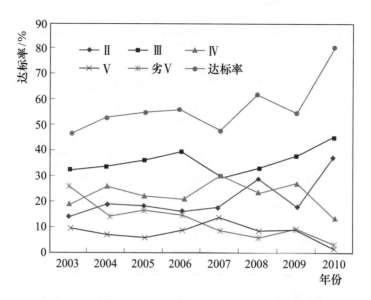

图 69 2003—2010 年水质类别和达标率变化情况

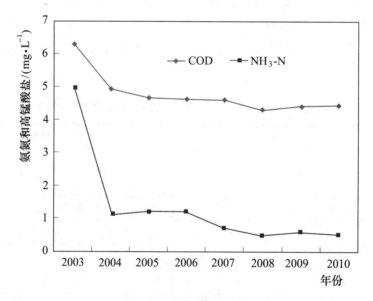

图 70 2003—2010 年氨氮和高锰酸盐指数年均值变化情况

按照年均值评价，2003 年水质满足Ⅲ类的断面有 10 个，占 35.7％；水质为Ⅳ类的有 6 个，占 21.4％；水质为Ⅴ类的有 1 个，占 3.6％；水质为劣Ⅴ类的有 11 个，占 39.3％。

2010 年水质满足Ⅱ类的断面有 3 个，占 10.7％，Ⅲ类的断面有 21 个，占 75.0％；水质为Ⅳ类的有 2 个，占 7.1％；水质为Ⅴ类的有 2 个，占 7.1％。满足Ⅲ类水的断面比例比 2003 年上升了 50 个百分点，劣Ⅴ类断面比例比 2003 年下降了 39.3 个百分点。

（2）东线 2011 年和 2012 年水质情况。

1）山东省。山东省纳入南水北调东线水质监测断面 29 个，淮河流域水资源保护局目前开展监测的断面有 27 个（东平湖只监测湖心断面，湖南和湖北断面未监测），监测频次为每月 2 次，监测项目包括水温、pH 值、溶解氧、高锰酸盐指数、化学需氧量、五日生化需氧量、氨氮、总磷、铜、锌、氟化物、硒、砷、汞、镉、六价铬、铅、氰化物、挥发酚、硫化物和阴离子洗涤剂共 21 项。

根据南水北调水质目标，对监测的 27 个水质断面进行高锰酸盐指数和氨氮两项指标评价，2011 年水质达标的断面有 13 个断面（水质测次达标率在80％以上，下同）；2012 年 1—6 月水质达标的断面有 16 个（梁济运河邓楼断面因为施工断流未测）。其中，输水干线的韩庄运河台儿庄大桥，南四湖大捐、微山岛东、二级坝闸上、南阳、前白口，梁济运河李集、邓楼及东平湖湖心等9 个断面，2011 年有 6 个断面达标（南四湖前白口和梁济运河李集、邓楼断面水质未达标），2012 年 1 到 6 月仍然是 6 个断面达标，南四湖前白口断面和梁济运河李集断面水质未达标。

在水质未达标断面中，主要集中在进入输水干线的支流，其中洸府河东石佛、老运河西石佛 2011 年和 2012 年 1—6 月水质达标测次均为 0，洙赵新河喻屯、白马河马楼、城郭河群乐桥、峄城沙河贾庄闸上等 4 个断面水质达标测次均低于 50％，以上 6 个支流断面是下部进一步加强水污染治理的重点。

山东省 27 个断面采用全指标评价（南四湖总磷按照河流标准，总氮均不参评），2011 年有 7 个断面水质达标，2012 年 1—6 月有 12 个断面达标。其中输水干线的韩庄运河台儿庄大桥，南四湖大捐、微山岛东、二级坝闸上、南阳、前白口，梁济运河李集、邓楼及东平湖湖心等 9 个断面，2011 年有 5 个断面达标（韩庄运河台儿庄大桥、南四湖前白口及梁济运河李集、邓楼断面水质未达标），2012 年 1—6 月有 6 个断面达标（南四湖前白口断面和梁济运河李集断面水质未达标）。采用全指标评价导致影响水质达标的主要污染物项目主要是总磷和 COD。

在水质未达标断面中，同样也是主要集中在进入输水干线的支流，其中洙赵新河喻屯、洸府河东石佛、老运河西石佛、白马河马楼、城郭河群乐桥等 5个断面 2011 年和 2012 年 1—6 月水质达标测次均为 0，峄城沙河贾庄闸上、洙水河 105 公路桥、老运河微山段、峄城沙河贾庄闸上、泉河牛庄闸、东邳苍分洪林子、赵王河杨庄闸等 7 个断面水质达标测次不足 50％。

2）江苏省。江苏省纳入南水北调东线水质监测断面 14 个，淮河流域水资源保护局每月监测 2 次，监测项目包括水温、pH 值、溶解氧、高锰酸盐指数、化学需氧量、五日生化需氧量、氨氮、总磷、铜、锌、氟化物、硒、砷、汞、镉、六价铬、铅、氰化物、挥发酚、硫化物和阴离子洗涤剂共 21 项。

根据南水北调水质目标，对监测的 14 个水质断面进行高锰酸盐指数和氨氮两项指标评价，2011 年水质达标的断面有 7 个断面（水质测次达标率在 80％以上，下同）；2012 年 1—6 月水质达标的断面有 8 个。其中，输水干线的新通扬运河泰西、江都西闸，入江水道塔集，京杭大运河淮安段五叉河口、京杭大运河宿迁段马陵翻水站、不牢河蔺家坝、京杭运河邳州段张楼等 7 个断面，2011 年有 4 个断面达标（新通扬运河泰西和京杭大运河淮安段五叉河口和宿迁段马陵翻水站 3 个断面水质未达标），2012 年 1—6 月有 6 个断面达标，只有京杭大运河淮安段五叉河口断面水质未达标。

在水质未达标断面中，主要有北澄子河三垛西大桥、房亭河单集闸及复兴河沙庄桥等 3 个断面，达标测次都在 50％以下，是江苏省进一步加强水污染治理的重点。

江苏省 14 个断面采用全指标评价，2011 年有 3 个断面水质达标，2012 年 1 到 6 月份有 5 个断面达标。其中，输水干线的新通扬运河泰西、江都西闸，入江水道塔集，京杭大运河淮安段五叉河口、京杭大运河宿迁段马陵翻水站、不牢河蔺家坝、京杭运河邳州段张楼等 7 个断面，2011 年有 2 个断面达标，为新通扬运河江都西闸和入江水道塔集断面，2012 年 1 到 6 月有 4 个断面达标，为新通扬运河泰西、江都西闸和入江水道塔集、京杭运河邳州段张楼断面。

在水质未达标断面中，北澄子河三垛西大桥断面水质达标测次为 0，房亭河单集闸、复兴河沙庄桥、老汴河临淮乡等 3 个断面水质达标测次均在 50％以下。

2. 入河排污量现状和趋势

采用 2005—2010 年入河排污口调查资料及相关最新监测成果，结合现场查勘、调研，分析东线一期工程供水线路沿线存在的主要水环境问题，调查和了解污染负荷来源和特点，重点对各类污染源进行分析，分析一期工程治污、截污工程建设方面存在的问题，以及目前水质监测能力的差距及管理情况等。

近年来，南水北调东线淮河流域控制区入河排污量总体上呈下降趋势，COD 入河量由 2000 年的 25.98 万 t 削减到 2010 年的 5.30 万 t，氨氮入河量由 2000 年的 1.84 万 t 削减到 2010 年的 0.43 万 t，分别削减 79.60％和 76.63％，详见图 71 和图 72。

1) 淮河流域江苏省控制区 COD 入河量呈逐年下降趋势，由 2000 年的 11.40 万 t 削减到 2010 年的 1.36 万 t，削减了 88.07％；氨氮变化趋势波动

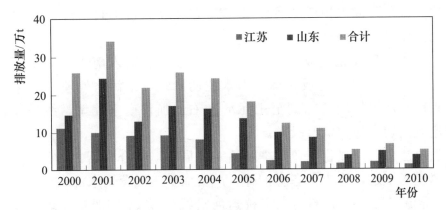

图 71 2000—2010 年南水北调东线淮河流域控制区 COD 入河排放量

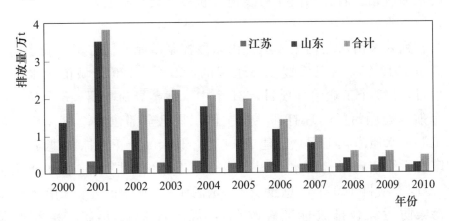

图 72 2000—2010 年南水北调东线淮河流域控制区氨氮入河排放量

不大。

2）淮河流域山东省控制区 COD 和氨氮入河量均呈逐年下降趋势，COD 入河量由 2000 年的 14.58 万 t 削减到 2010 年的 3.94 万 t，氨氮入河量由 2000 年的 1.32 万 t 削减到 2010 年的 0.25 万 t，分别下降了 72.98％和 81.06％，削减幅度较大。

（三）问题识别

1. 治污工程实施对调水水质的影响

（1）江苏省。

江苏省共有 102 项治污工程列入国家规划和江苏省实施方案，包括工业点源治理 65 项，污水处理和垃圾处置 27 项，区域污染防治 10 项。截至 2011 年底，102 项工程全面完成并发挥效益。

主要工作措施有：省政府印发了《江苏省淮河流域水污染防治规划执行考核暂行办法》，把南水北调治污工作作为重点考核内容；借鉴太湖治污经验，由所在地党政负责同志担任"河长";建立治污项目包干制;自 2010 年以来在南水北调沿线推行区域补偿等。

强化污水处理设施建设,大力提升治污能力。纳入南水北调治污规划的 26 座污水处理厂已全部建成投运,南水北调沿线城市污水处理率已达 80% 以上,所有市县污水处理费已调至 1 元/t 左右。加快南水北调沿线城镇污水收集管网建设。切实加大资金投入。

加强执法监管,强化工业污染防治。开展环境综合整治:扬州市实施了江都垃圾填埋场搬迁,建成生态防护林,严格保护三江营调水源头区水质。增加 4 项截污导流工程,交通部门在京杭运河沿线建设 21 座船舶垃圾收集站,43 座含油废水回收站。农林部门在沿线地区积极发展生态农业。

(2)山东省。

山东省列入《南水北调东线工程山东段控制单元治污方案》确定的 342 个项目,截至 2012 年 5 月已完成主体工程的 322 个,129 个城市污水处理及相关设施项目,149 个工业治理项目,21 个中水截蓄导流项目,8 个垃圾处理项目和 1 个航运船舶污染治理打捆项目主体工程已全部建成;16 个综合治理项目(人工湿地水质净化工程)已建成 14 个,其余 2 个正在抓紧建设。

省政府组织实施了《南水北调东线一期工程山东段水质达标补充实施方案》,确定职务项目 140 个,总投资 50.5 亿元。2011 年发布《南水北调工程沿线水污染防污综合排放标准修改单》,规定自 2013 年起,将重点保护区 COD、氨氮排放限值分别调整为 50mg/L、5mg/L;一般保护区氨氮排放限值分别调整为 60mg/L、10mg/L。2012 年 1 月省政府召开了南四湖、东平湖渔业污染防控工作专题会议,组织各有关市对投饵性养殖网箱和围网进行清理取缔,截至 5 月基本取缔 90% 以上。推进再生水循环利用。依托人工湿地水质净化工程和退耕还湿,搞好生态修复和保护。

健全地方法规标准,2006 年出台《山东省南水北调工程沿线区域水污染防治条例》和《山东省南水北调沿线水污染物综合排放标准》。

完善经济政策,运用市场机制加快推进治污设施建设,省辖南水北调沿线已建成 81 座污水处理厂,污水处理费用提高到 1 元/t 以上,平均负荷率 88%。

2. 水质问题识别

1)输水干线部分支流水污染仍需要加强,尤其是一些断面水质达标测次为零,是下一步治污的重点。目前看,达标测次低于 50% 的河流主要是山东省的洸府河、老运河(济宁)、洙赵新河、白马河、城郭河、峄城沙河,以及江苏省的北澄子河、房亭河和复兴河等。

2）目前输水干线及其支流主要超标因子氨氮、总磷、高锰酸盐指数、化学需氧量等指标。因此，需要完善考核方案，制定分阶段考核办法，建议考核以输水干线为主，2013 年和 2014 年采用高锰酸盐指数、氨氮两项指标进行考核，2015 年开始全指标进行考核。

3）进一步加强面源污染防治，尤其是南四湖、东平湖、洪泽湖的面源污染治理，应进一步制定防治方案，要从资金、政策上予以支持。同时要高度重视总磷污染治理工作，目前总磷已成为仅次于氨氮的重要超标污染项目，建议进一步制定补充措施或控制方案，如南水北调东线禁止生产销售含磷洗涤用品等。

（四）原因分析

结合淮河流域水污染防治效果评价，针对水质历史变化分析。在南水北调工程规划阶段，淮河流域水污染制约了南水北调东线工程，南水北调东线工程分期实施有很大原因是由于当时的淮河流域水污染防治导致调水水质无法得到保障；2002 年编制《南水北调东线治污规划》后，南水北调东线工程有力地促进了淮河流域南水北调沿线水污染防治工作；实施南水北调东线工程不仅仅能解决水资源战略配置，同时也促进了淮河流域水污染防治工作。

但由于工程线路等原因，南水北调东线的调水水质风险在相当长的一段时间内将依旧存在，淮河流域南水北调沿线水污染防治需要继续加强，保障南水北调东线工程发挥效益。

1. 非突发性风险分析

（1）污染控制不力带来的水质风险。

治污规划实施方案控制入河量指标是保证调水水质的关键，实现该排污指标会受到着多种风险因素的影响。社会经济发展带来的污染排放增长趋势和控制排放需求之间的矛盾会给指标实现带来压力，各项具体治污措施建设、运行过程中面临着资金、人力等各方面的困难会使指标的实现减缓甚至落空，这些风险因素如果发生都将会对调水水质产生负面作用。

（2）运行调度中的水质风险。

在运行调度过程中，由于汛期调水、非汛期不调水，不调水时截污导流工程可以向输入干线排污，而调水时水位上升导致鱼塘污染物进入湖体，也会带来水质风险。

（3）调水源头水质波动。

历年的监测数据表明，南水北调东线的水源水可以保证稳定达到Ⅲ类水要求，这是本研究进行水质预测和风险分析的前提条件，但是，不能排除长江水质波动的可能性。

（4）淮河水污染对洪泽湖的影响。

洪泽湖是调水干线的主要调蓄湖泊，根据现状评估的结果，洪泽湖水质能达到Ⅲ类水的要求。但由于受淮河上游来水的影响，洪泽湖水质可能出现达不到Ⅲ类水要求的情况，从而影响到调水水质。

（5）调蓄湖库的水质安全和富营养化。

由于调水沿线经过了若干湖泊、水库，特别是湖泊，往往入湖河流多，人类活动频繁，生态系统复杂，同时受到来自陆上点源、面源和湖上养鱼旅游等内源的干扰，存在着总氮、总磷超标导致富营养化的可能性以及水质安全问题。

随着工程减排、结构减排和管理减排三大措施稳步发挥效益，以及南水北调东线水质改善工程（城市污水治理工程、工业结构调整项目和工业综合治理项目）的实施，除非有突发性的水污染事故，可以认为，调水源头水质波动和淮河水污染对洪泽湖的影响两种风险概论很小，需要重点考虑的非突发性的水质风险是污染控制不力带来的水质风险和调蓄湖库的水质安全和富营养化风险。

根据入河排污量调查评价和不同段水质敏感分析，污染控制不力带来的水质风险发生在骆马湖至南四湖段及南四湖湖区。

湖泊富营养化风险主要在南四湖。

2. 突发性风险分析

（1）主要控制单元突发不达标事故。

根据统计，目前南四湖周边各控制单元及不牢河、邳苍分洪道、小清河、大运河宿迁段、梁济运河济宁、沂河等控制单元均分布有多家化工、纺织印染、医药、造纸等高污染企业，其他控制单元也有上述行业分布。这些企业或者生产有毒有害性质产品或者生产过程中会产生有毒有害副产物，一旦发生事故使得大量有毒有害物质进入水体，就会对水环境造成巨大的破坏。即使在正常运行时，上述类型的企业产生的废水也会含有难以经过普通水处理工艺去除的污染物，给治污工程目标的实现带来很多的困难。应该针对这些企业制定相应的水质安全风险应对策略，以保证在风险发生时进行控制。

（2）南四湖第一场洪水影响。

受地形地貌决定，南四湖位于南四湖流域下游，是南四湖流域的控制性出口湖泊，它汇集流域53条河流来水。山东省从调水沿线每一条汇水河流入手，对污染治理按照小流域控制思路，实施"治""用""保"并举策略。

南四湖人工湿地水质净化工程是采用人工的方式在南四湖流域内建设湿

地，利用湿地系统中的物理、化学和生物的三重协同作用对水中的污染物进一步进行降解、净化。这样不但可以有效地降解水污染物、减轻湖泊富营养化程度，改善南四湖水质，增加南四湖的环境容量，而且可以恢复南四湖的自然生态，确保南水北调调水水质能达到长期稳定。

工程利用河道的下游河滩及湖滩，建设人工湿地系统。在规划区上游河道设置橡胶坝（石坝、节制闸等），利用橡胶坝抬高河道内的水位，使河水通过导流管道自流进入人工湿地，污染物在河水向南四湖湖区流动的过程中得到去除。工程建设包括湿地工程和截污导流工程（包括橡胶坝工程和导流工程）建设。

在各控制单元全部实施完成治污工程的前提下，为实现控制单元的水质控制目标和总量控制目标，结合河、湖口人工湿地，通过利用已有和新建的河道拦蓄工程，拦截1月的中水和非汛期3年一遇当月的水量不进入南水北调东线输水干线，也不进入人工湿地，主要在河内蓄积和在河外建水库存蓄。其他月份的水根据三个湿地设计处理水量进入人工湿地净化，非汛期（调水期）未经人工湿地处理的中水不进入微山湖，从而以保证南水北调东线输水干线Ⅲ类水水质。

根据山东省治污规划实施方案可知，各河口橡胶坝上河道内蓄积的是各控制单元内工矿企业达标排放的污水和城镇污水处理厂达标排放的尾水。当南四湖第一场洪水提前出现，与调水期重合，各河口橡胶坝塌坝泄洪，河道内污染水体随洪水大流量集中下泄会引发水污染事故。

（3）航运事故风险。

由于南水北调主要利用现有河道，从长江口至梁济运河均具有航运功能，国内外发生较大事故的统计数据表明，突发性事故溢油有一定的风险概率。

对某一项目的风险概率分析，由于受客观条件和不定因素的影响，目前尚无成熟的计算方法，而多采用统计数据资料进行分析。我国自1972年以来发生100t以上的溢油污染事故22起，总溢油量2.2万t，近年来溢油事故剧增，年均为500起，其中长江平均每年发生船舶污染事故17起。各地区发生船舶事故的次数与航行船舶数量的规模呈正比关系。

（4）调水干线桥梁公路运输突发事故风险。

南水北调调水干线江苏段共有60余座大型桥梁，分布在扬州、淮安、宿迁、徐州段。桥型包括普通公路桥、高速公路桥、人行桥、机耕桥、铁路桥等。山东梁济运河共有大中型桥梁22座，位山到临清小运河段共有桥梁40座，包括公路桥18座和交通桥22座，小清河干流共有公路桥14座。

上述100多座桥梁上危险品的运输，成为环境事故污染的重大风险来源。

由于公路运输中危险品的种类难以确定，将只在风险管理中提出应急措施。

（5）人为投放污染物风险。

人为投放污染物入调水干线也会造成水污染事故，必须采取预防、监督及严惩的措施。

（五）对策与建议

1. 沿线省份的对策建议

（1）江苏省。

"十二五"期间，考核指标从 6 项增加到 22 项，2013 年达标难度大；新增治污工程（3 个不能稳定达标的水质断面补充方案、4 个尾水资源化和导流工程）资金压力大；建议对源头区进行生态补偿；清理关闭输水干线沿线排污口。

（2）山东省。

部分输水干线支流断面尚未达标，个别已达标的不能稳定达标；调水沿线农业面源污染问题凸显；湖区内投饵性渔业养殖尚未得到根本解决；京杭运河和南四湖过往船舶垃圾和油污水治理有待进一步加强；调水沿线部分区域城镇污水管网不配套；调水沿线环境安全管理仍需进一步加强。

2. 对于南水北调东线治污工程建议

1）目前输水干线及其支流主要超标因子有氨氮、总磷、高锰酸盐指数、化学需氧量等指标。因此，需要完善考核方案，制定分阶段考核办法，建议考核以输水干线为主，2013 年和 2014 年采用高锰酸盐指数、氨氮两项指标进行考核，2015 年开始全指标进行考核。

2）进一步加强面源污染防治，尤其是南四湖、东平湖、洪泽湖的面源污染治理，应进一步制定防治方案，要从资金、政策上予以支持。同时要高度重视总磷污染治理工作，目前总磷已成为仅次于氨氮的重要超标污染项目，建议进一步制定补充措施或控制方案，如南水北调东线禁止生产销售含磷洗涤用品等。

3）依托水利部门水质监测能力，对南水北调东线工程调水干线水质进行监督管理，促进南水北调沿线水污染防治工作，降低调水水质风险。

七、总结和建议

淮河流域地处苏鲁豫皖四省交界，是我国中东部经济社会发展的一个洼地，是沿淮各省份经济社会发展关注的次要地区，同时流域环境污染和生态破坏问题也非常严峻。社会经济发展和环境问题的解决是互为条件，环境质量和生态安全是基础，经济社会发展是关键。落后地区社会经济建设赶超发达地区的同时，合理解决环境问题，是淮河流域面临的现实问题，应该以生态文明建设为契机，探索一条符合淮河流域自身特点的，能够实现区域经济、环境、社会和谐发展的道路。

（一）成果总结

淮河流域正处于工业化和城镇化发展的快速期，流域内传统工业结构主要是依靠资源、粮食和人力资源优势发展起来的煤炭及化工、食品加工、纺织等行业，城镇化水平发展迅速，但依然低于全国水平。相比周边较为发达地区，淮河流域尤其是中心区域无论工业结构质量、社会建设还有较大差距，环境污染和生态破坏问题，从环境质量现状、清洁生产和污染治理技术水平，到管理体制和机制建设都需要提高和完善。

淮河流域人口密集，数量大，是我国重要的粮食基地和能源基地，现阶段发展模式粗放，城镇化率较低，地表水总体改善但支流污染较为严重，同时农业面源污染、区域大气污染、土壤污染、环境健康问题凸显。该区域总体上处于工业化和城市化的高速发展阶段，环境质量和生态面临更大压力。

1. 地表水污染防治

为治理淮河水污染问题，自20世纪90年代开始就采取了多种手段，淮河流域地表水环境虽有过反复但总体转好，干流基本达到Ⅲ类水质标准，支流水质相对较差，劣Ⅴ类水质断面主要集中在涡河、贾鲁河、新灌河、惠济河、包河等支流部分河段，郑州、开封、周口、漯河、许昌、淮南、蚌埠、亳州、济宁、枣庄、菏泽、徐州、淮安、扬州等城市水污染严重。

2010年，淮河流域184个城镇废污水入河排放总量为51.31亿t，主要污染物质化学需氧量和氨氮入河排放总量分别为49.95万t和6.64万t，分别超标0.31倍和1.50倍，氨氮成为首要污染因子，部分断面超标严重，主要分布在沙颖河、涡河、沱河、奎河等支流。

淮河流域结构性污染依然突出，农产品加工、化工、造纸、纺织等行业化学需氧量和氨氮排放量占全流域70%以上。流域各省各地经济、社会发展不平衡，对水污染防治力度和能力差别较大，城镇生活污水排放量所占比重逐渐增大，部分城市污水处理能力较低。流域农业生产总体上依然呈现粗放、分散特点，农业面源污染日益突出，防控难度较为严峻。

按照现行的管理体制，淮河流域还没有统一的综合管理机构，没有形成行之有效的管理体系，上下游之间缺乏有效的纠纷解决和信息共享机制，条块法律法规较多，但是缺少规范流域水资源综合利用的相关法律法规，以及相应的以流域社会经济与环境协调发展为目的短期和长期规划。管理和体制上的低效率一定程度上造成流域污染防治工作的低效率。

淮河流域正面临城镇化和工业化发展的快速发展，水环境保护也面临着较大的压力，落后地区的跨域发展，应该探索一条不同的发展道路，以生态文明建设为契机，实现社会经济环境的共同发展、融合发展。

淮河流域农业人口众多，生产方式粗放、分散，面源污染严重。据估算2010年淮河流域化肥流失、畜禽养殖、农田固体废物和农村生活产生的 COD、总氮、总磷面源污染排放量分别为 133.70 万 t、75.29 万 t 和 7.95 万 t。从来源来看，化肥施用是最重要的氮磷污染来源，对氮磷的贡献率分别为 60.74% 和 47.55%；畜禽养殖对 COD 贡献最显著，占 91.33%。从地域分布来看，总氮主要来自于河南省的信阳、许昌、漯河、开封，江苏省的南通、扬州，安徽省的阜阳、宿州，山东省的临沂；总磷排放主要来自为河南省信阳、许昌、漯河，江苏省的南通、扬州，安徽省的阜阳和宿州；COD 排放主要来自河南省的许昌、信阳、漯河，江苏省的南通、扬州、安徽省的阜阳、宿州、滁州，山东省的临沂。

淮河流域面源污染空间分布不均匀，集中于污染强度高和污染总量大的少数地区。其中，河南省总氮、总磷和 COD 排放总量大和排放强度大的地区分布较集中，形成集中连片区，面源污染主要来源于化肥施用和畜禽养殖；江苏省面源污染重点地区有徐州、信阳和南通，面源污染来源于化肥施用。

造成流域面源污染的主要因素包括化肥施用过度、畜禽养殖废水处理率低，此外对面源污染长期以来认识不足，造成面源污染控制体制和机制落后，也是面源污染日益严重的重要原因。

农业现代化是淮河流域发展的基础，农产品生产以及农副产品加工、食品等是流域的支柱产业，面源污染也将面临更大压力。面源污染防治应该从制度建设、管理体制建设、支撑体系建设等多方面入手，完善面源污染防治法律法规，建立面源污染重点区域监体系，改进农业化肥施用方式，强化畜禽养殖废水治理。

强化畜禽养殖污染治理。着力发展生态畜牧养殖，积极推进以沼气为主要产出的粪污处理，散户和小规模专业养殖户，推荐"一池三改"，四位一体，生态家园等生态型畜禽养殖模式；在养殖散户和小规模专业养殖户相对集中的地区，规划建设沼气化畜禽粪便处理中心（厂）；大中型畜禽养殖场粪便处理，建设沼气工程，实现资源化。推进开展生态家园和循环型农业园区示范，鼓励规模化养殖场开发和推广发酵床技术。建立畜禽养殖污染资源化利用的激励补偿机制，优化畜禽养殖污染处理设施运营管理机制和政府财政补贴方式。加大扶持力度，探索畜禽养殖沼气的集约化利用。

严格控制农用化肥污染，增加有机肥使用比例。进一步推广测土配方等科学施肥技术，减少流域磷肥的施用，严格控制流域氮肥的施用，特别是严格控制河南平顶山、江苏徐州、淮安、山东临沂4个地区的氮、磷肥施用量。合理控制施肥比例，提高化肥施用效率。增加畜禽粪便、农业秸秆作为有机还田的比例。

推进农村环境污染综合整治。加大农村生活污水治理力度，按照分散和集中相结合的原则，因地制宜建设污水收集体系、污水处理系统。积极发展农村沼气设施处理农户粪便。开展农业秸秆的资源化利用，因地制宜建立秸秆收集储运系统，优先发展秸秆堆肥还田，推进秸秆基料化利用。遵循规划先行，分区治理的原则，加强水土流失治理，控制农村水土流失。

2. 大气污染防治

淮河流域煤炭资源丰富，是我国重要的能源基地，加上近年来区域经济的快速发展，给大气环境质量造成较大的压力。整体上看，流域呈现显著的大气复合污染特征，SO_2年均浓度呈下降趋势但仍然较高，阴霾天气增加，颗粒物成为首要污染物，氮氧化物、挥发性有机物增长较快。随着大气环境质量新标准的出台，加之区域城镇化、工业化提速，区域大气污染问题更为严峻。

优化能源结构，调整产业结构是控制区域大气污染的主要途径。能源结构方面，以推动淮河流域综合能源基地建设，巩固流域能源基地定位为核心，提高优质燃料消费比例，大力发展新能源和可再生能源；产业结构方面，提高高耗能行业准入门槛，严格控制煤炭、火电行业污染，强化化工、建材、造纸、纺织等行业污染控制。

3. 土壤污染防治

现阶段淮河流域经济结构以低附加值、粗放式发展行业为主，土壤金属污染物严重，部分地方镉、砷、汞、铬（六价）、铅等严重超标。淮河干流沉积物重金属主要有镉、汞、砷、铅、铬（六价），支流主要是镉、砷、铬（六价）和铅。淮河流域镉污染比较普遍，支流污染重于干流，下游各支流污染重于上游，尤其南四湖流域各支流镉污染最严重。采矿、冶炼、铅蓄电池、皮革及其制品、化学原料及其制品五大行业是重金属污染的重点行业。

淮河流域深层地下水因过量集中开采，形成大片降落漏斗，主要分布在许昌-漯河、单县-砀山-通许、阜阳-宿州以及盐城一带的城镇集中开采区。平原地区浅层地下水受到不同程度污染。

淮河流域土壤污染的防治，应该将顺管理体制，提高高污染行业准入门槛，加强监管；强化重污染行业企业的污染治理能力；建立健全土壤污染监控体系，着力加强地表水污染防治，有计划地开展土壤和地下水污染的环境修复。

4. 环境污染和健康问题

淮河流域水环境、大气环境、土壤等污染严重，流域部分地区出现较为严重的环境健康问题。在所选的 15 个工作区县中，沙颍河、涡河、奎河等沿岸部分地区恶性肿瘤高发，沈丘、颍东和汶上是 3 个高发区县，灵璧、埇桥、寿县、蒙城、巨野和扶沟等六个区县上升幅度超过全国平均水平。据估算，工作区人群暴露砷的致癌风险和非致癌风险均较高，暴露六价铬存在非致癌风险，部分地区存在暴露汞和镉的非致癌风险。暴露途径来看，砷、六价铬、镍和镉经膳食暴露的非致癌健康风险远大于经饮用水暴露，而经饮用水暴露汞的非致癌健康风险大于经膳食暴露。

沿淮四省 15 工作县（区）造纸、化工、煤炭开采洗选和纺织等是经废水排放环境致癌物的主要行业，部分化工、皮革、纺织和金属制品企业废水中存在环境致癌物排放超标现象，环境介质中重金属、多环芳烃、有机氯农药等致癌致癌物质普遍能够监测到，浅层地下水质量受影响较大，且主要源于地表水污染。

应该加强农村环境综合治理，加快改善农村饮用水源质量，在农村地区建立饮用水源地卫生调查和水质评估机制；提高重点污染行业的准入门槛，严格控制造纸、化工、煤炭行业污染，进行受污染场地的环境恢复工作；建立包括污染源、环境介质质量、人体暴露和健康效应的环境健康管理体系；逐渐开展环境健康信息公开工作，建立公众参与机制。

5. 南水北调东线环境污染控制

南水北调东线水质是调水工程的关键，近年来干线水质总体上逐渐转好，2010 年监测断面达标超过到 80%，支流有部分河段水质污染较为严重。2003年以来南水北调淮河流域控制区化学需氧量和氨氮入河量呈逐年下降趋势，2010 年分别为 5.3 万 t 和 0.43 万 t。

为确保输水水质达到地表水Ⅲ类的目标，应该完善考核方案，适时开始全指标考核；建议江苏省对源头进行生态补偿，清理关闭输水干线沿线排污口；山东省巩固达标河段水质，加强支流水环境治理，着力加强农业面源治理，完善沿线城镇污水处理及相关设施。

（二）建议

从社会、经济和环境关系来看，淮河流域处于发展的十字路口，有条件也应该探索具有区域自身特色的可持续发展道路。为了加快发展模式的改变，建设资源节约、环境友好型的绿色经济，特提出战略建议如下：

1) 探索生态文明建设途径。建议以淮河流域地理单元为试点，区域协调发展为目标，以国家粮食基地建设、有特色的城镇体系建设、环境质量改善和生态安全建设为主要支撑和内容，国家和沿淮各省在政策、融资等各方面给予适当和充分的支持。利用区域农业发展、资源、人力资源优势，以发达地区产业优化升级和产业转移、特色城镇化建设为契机，探索农业人口占多数、农业生产为主的条件下，人口转移和城镇建设途径和道路；探索以资源、粮食为主的煤炭、化工、食品加工等劳动密集型、低附加值产业结构条件下，产业承接和产业优化升级道路；探索工业化和城镇化快速发展的条件下，现代化农业和国家粮食基地建设道路和途径；探索社会经济落后、环境污染和生态破坏严峻双重压力下，实现环境社会经济协调发展的道路和途径。

调整产业结构，优化能源结构。以流域为整体，以生态文明建设为核心，进行统筹规划，巩固流域粮食基地和能源基地，提高高耗能高污染行业准入门槛，合理承接产业转移，适时进行"流域社会经济发展规划"。

2) 适时成立流域综合管理机构，主管饮用水安全问题、水环境污染、阴霾问题以及重金属污染、区域环境健康问题，加强流域综合治理，避免流域各省份、各地区、各行业条块分割、协调不利、各自为战。建议中的淮河流域综合治理管理机构应该以淮河流域地理单元为职能作用范围，以流域内环境综合治理协调和指导为方针，以水资源开发和利用、水环境质量保护、淮河防洪为主要智能，兼顾区域饮用水安全、环境健康、区域大气污染防治、重金属污染防治等。明确流域综合治理机构与国家相关主管部门、沿淮各省的职责划分和工作关系，明确其在流域内容产业结构调整、城镇化、现代农业建设中的权责和地位，明确其能够掌握的资源以及为完成工作职责可以行使的途径和手段。

3) 建议开展"淮河流域环境保护规划"研究和编制工作。加强淮河流域经济发展与环境保护的法制建设，制订符合流域特色的政策及考核指标体系。

4) 建立健全流域监测监控预警网络。对象包括地表水、土壤和地下水、农业面源、重金属、大气环境等，建立有效的监控预警体系，实现各个子网络的融合，对流域环境质量状况实现实时监控，防范环境风险，保障人群健康和生态安全。

5）建立公众参与机制。增加政策决策、执行的透明度，适度引入公众参与，建立有效的沟通渠道，建立社会安全网。

6）在本课题研究的基础上，建议适时进行相关课题立项，进一步研究淮河流域重金属、持久性有机物、农业面源、环境健康问题的来源、物质在流域环境介质中转化机理、对人体和生态的影响、总量指标和减排潜力以及政策选择。

建议从法制建设、管理体制建设、支撑系统建设、政策优化等方面入手，统筹规划，将顺流域与沿淮省市、上游与下游、管理者与资源使用者、环境质量与产业发展等各方面的关系。

针对淮河流域环境管理短板，完善法律法规规范。当务之急是制定符合自身特点、操作性强、综合协调的流域综合污染防治法律法规。建议进行流域社会经济与环境保护规划，探索建设生态文明的长效途径。

以总量控制和水质改善为核心，优化水环境安全格局，建立健全行之有效的流域环境管理体制。建议进行流域综合管理机构的前期研究，逐步以淮河流域为试点，建立符合流域特点、职能适度、管理高效的流域综合管理机构，统一负责水资源开发利用、防洪、水环境质量管理、流域生态建设等工作。进行流域水功能区优化、污染物总量水平以及分解机制、流域水生态补偿机制、公众参与机制等研究，将顺各方面的关系。

以风险防控为核心，建立流域监测监控预警体系。首先优化水文水质监测体系，实现国控监测断面数据与省市监测断面数据的共享，掌握流域水质状况。第二，优化重点污染源监控体系，掌握污染源、水体水量与水质指标动态趋势。第三，建立流域预警体系，防范环境风险，有效应对突发事故。实现流域监测监控预警体系的统一管理，构建覆盖全流域的环境污染治理的技术支撑和风向防控的安全网络。

以产业结构调整为核心，优化流域水污染防控政策措施。提高高污染行业准入门槛，强化产业结构调整，着力推行清洁生产，提高工业污染源的治理水平；优先建设城镇污水处理及配套管网工程，提高现有处理设施处理水平，强化污水处理设施的运营管理；加强农村环境综合治理，重点开展农村畜禽养殖污染治理，控制农村面源污染。

附件：

课题组成员名单

顾　问：汤云霄　中国科学院生态环境研究中心研究员，中国工程院院士

唐孝炎　北京大学环境科学与工程学院教授，中国工程院院士

孙铁珩　中国科学院沈阳应用生态研究所研究员，中国工程院院士

孟　伟　中国环境科学研究院院长，中国工程院院士

张忠祥　北京市环境科学院研究员

组　长：钱　易　清华大学环境学院教授，中国工程院院士

副组长：姜永生　水利部淮河水利委员会副主任，教授级高级工程师

杜鹏飞　清华大学环境学院教授

成　员：张天柱　清华大学环境学院教授

曾思育　清华大学环境学院所长，副教授

孙　傅　清华大学环境学院讲师

董　欣　清华大学环境学院讲师

郜　涛　清华大学环境学院研究助理

李志一　清华大学环境学院博士研究生

马　静　清华大学环境学院硕士研究生

唐孝炎　北京大学环境科学与工程学院教授，中国工程院院士

邵　敏　北京大学环境科学与工程学院教授

魏永杰　北京大学环境科学与工程学院博士

程绪水　淮河水利委员会水资源保护局副局长

杨　智　淮河水利委员会水资源保护局高级工程师

张金良　中国环境科学研究院研究员

周岳溪　中国环境科学研究院研究员

蒋进元　中国环境科学研究院副研究员

张瑞芹　郑州大学教授

高健磊　郑州大学教授

报告四

淮河流域工矿产业发展与环境问题研究

一、淮河流域工业发展特征

（一）发展阶段：工业经济相对落后，但发展势头强劲

1. 淮河流域工业经济相对落后且发展不平衡

（1）流域人均和单位土地面积经济产出相对较低。

淮河流域整体发展水平落后于全国，远远落后于东部 11 省（直辖市）平均水平。淮河流域 31 个地级市人均 GDP、人均工业增加值均低于全国平均水平，仅为东部 11 省（直辖市）的 53.7%、53.6%。淮河流域 31 个地级市单位国土面积 GDP 和工业增加值仅为东部 69.8%、69.6%。

从淮河流域 4 省内部来看，流域内各市经济发展落后于各省发展，为省内经济洼地。河南、安徽两省省会郑州、合肥均处于淮河流域边缘地区，经济发展水平远远超过其他各市。若不考虑郑州、合肥两市，河南、安徽淮河流域各市人均 GDP 仅为两省的 69.1%、59.4%，人均工业增加值分别为两省的 64.3%、55.4%。江苏、山东两省经济发展水平相对较高，但其淮河流域各市人均 GDP 和人均工业增加值远低于两省平均及东部 11 省（直辖市）平均水平。4 省淮河流域内单位国土面积工业增加值仅为各省的 59%、73%、51%、75%（表 1）。

（2）流域内部经济发展不平衡特征明显。

省际差异显著，安徽成为洼地中的洼地。安徽省工业增加值不到河南的 1/2，仅为江苏、山东的 1/4 左右。市域差异分化愈加明显。豫东地区的商丘、周口、驻马店、信阳 4 市人均工业增加值仅为河南省平均水平的 1/2；皖北地区的宿州、亳州、阜阳、六安 4 市仅为安徽省平均水平的 35%～45% 左右；山东的临沂、菏泽及苏北地区的连云港、宿迁、淮安、盐城均不及两省平均水平的 50%（图 1）。

表 1　　　　　　　　　　　2010 年淮河流域经济发展现状

地　区		人均经济水平 /(元·人⁻¹)		单位国土面积经济产出 /(万元·km⁻²)	
		GDP	工业增加值	GDP	工业增加值
全国		29992	11997	—	—
东部 11 省（直辖市）		46034	20417	2359	1046
淮河流域 31 市		24736	10941	1646	728
河南省	全省	24446	12651	1436	743
	流域内（除郑州）	16880	8132	1160	559
安徽省	全省	20888	9139	898	393
	流域内（除合肥）	12402	5061	724	295
江苏省	全省	52840	24589	4256	1981
	流域内	33478	14431	2352	1014
山东省	全省	41106	19794	2647	1275
	流域内	26786	11458	1771	758

注　1. 数据来源：中国统计年鉴（2011）、河南省统计年鉴（2011）、安徽省统计年鉴（2011）、江苏省统计年鉴（2011）、山东省统计年鉴（2011）。

　　2. 东部 11 省（直辖市）包括：辽宁、北京、天津、河北、上海、江苏、浙江、福建、山东、广东、海南。

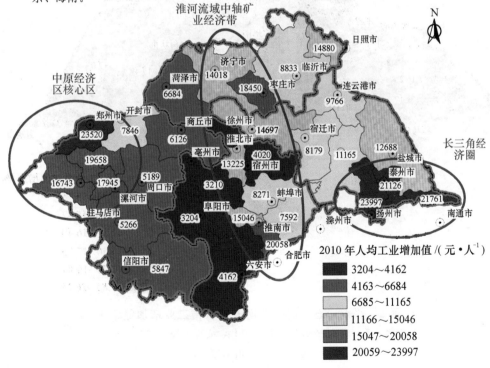

图 1　2010 年淮河流域各市人均工业增加值

数据来源：河南省统计年鉴（2011）、安徽省统计年鉴（2011）、江苏省统计年鉴（2011）、山东省统计年鉴（2011）。

流域内各市形成了中原经济区核心区、长三角经济圈以及淮河流域中轴矿业经济带的三个经济相对高点（图1）。相比之下，淮河流域中轴矿业经济带经济发展低于长三角经济圈和中原经济区，说明矿产资源型城市仍沿袭传统的资源依赖发展路径，若不寻求转型，很可能由现在的相对经济高地转变成未来发展低谷。

2. 淮河流域"十一五"工业发展势头强劲

（1）工业经济高速发展。

"十一五"期间，淮河流域4省工业增加值增速远远高于全国平均水平（11.7%），流域内31市工业增加值增速达16.8%。除河南外各省淮河流域各市工业平均增速均高出各省1.7~2个百分点（图2）。其中以安徽省增速最快，尽管皖北地区经济发展水平在淮河流域最低，但皖北地区各市工业平均增速最高，均在20%以上，地区依赖工业拉动经济发展的愿望极为迫切。

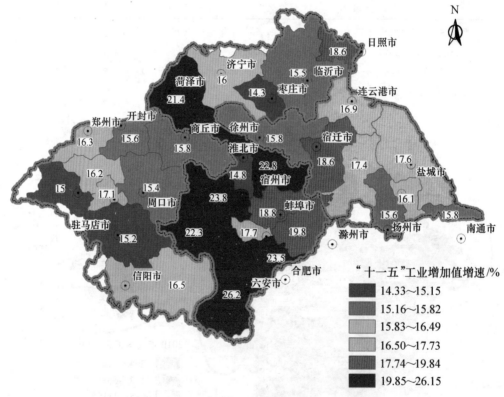

图2　"十一五"期间淮河流域各市工业增加值增速
数据来源：河南省统计年鉴（2011）、安徽省统计年鉴（2011）、
江苏省统计年鉴（2011）、山东省统计年鉴（2011）。

（2）依靠投资拉动工业增长势头明显。

"十一五"时期，河南、安徽工业经济发展依赖于投资主导的产业扩张模

式。全国工业固定资产投资平均增速 25.5％，安徽则高达 40.9％，河南为
33.4％（江苏、山东为 19.7％、11.6％）。2010 年，全国工业固定资产占全社
会固定资产投资比例为 41.1％，河南（49.6％）、安徽（44.3％）、山东
（47.1％）均高于全国。河南、安徽两省工业固定资产投资占工业增加值比例
分别比 2005 年提高了 29.1％、45.6％，说明了工业投资对工业经济增长的撬
动作用大幅度降低，产业结构层次偏低（图 3、图 4）。

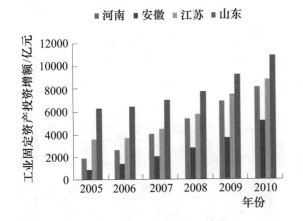
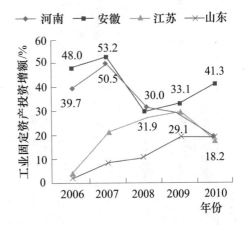

图 3 "十一五"期间淮河流域 4 省工业固定资产投资额及增速

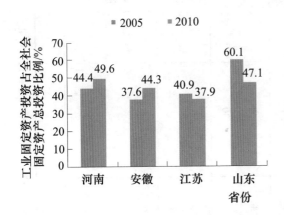
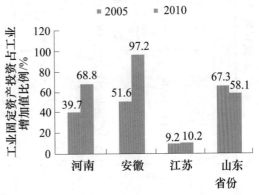

图 4 淮河流域 4 省工业固定资产投资占总投资、工业增加值的比例

数据来源：河南省统计年鉴（2011）、安徽省统计年鉴（2011）、
江苏省统计年鉴（2011）、山东省统计年鉴（2011）。

3. 淮河流域各市处于工业化初、中期阶段

（1）工业化发展阶段的一般判定方法。

判断工业化发展阶段的方法主要有：依据人均 GDP、三次产业结构、按
就业结构、城镇化率、非食品支出比重、轻、重工业比例、制造业比重 7 种判
断方法（表 2、表 3）。

表2　工业化发展阶段的判断

判断方法	工业化发展阶段				
	前工业化阶段	工业化初期	工业化中期	工业化后期	后工业化阶段
钱纳里规律：人均GDP（2005年价，美元）	745~1490	1490~2980	2980~5960	5960~11170	>11170
库兹涅茨法则：三产结构	第一产业占比大于第二产业占比	第一产业占比小于第二产业占比，第一产业比重大于20%	第一产业比重小于20%，第二产业占比大于第三产业占比	第一产业比重小于10%，第二产业占比大于第三产业占比	第一产业比重小于10%，第二产业占比小于第三产业第三产业占比
配第-克拉克定律：就业结构/%　第一产业	80.5	63.3	46.1	31.4	17
第二产业	9.6	17	26.8	36	45.6
第三产业	9.9	19.7	27.1	32.6	37.4
城镇化率/%	<30	30~50	50~60	60~75	>75
非食品消费支出比重/% =100－恩格尔系数	<35	35~40	40~52	52~60	>60
霍夫曼系数：轻工业比例/重工业比例	—	消费品工业占主导地位，霍夫曼系数：5（±1）	资本品工业迅速发展，霍夫曼系数：2.5（±0.5）	资本品工业继续增长，并已达到与消费品工业相平衡状态，霍夫曼系数：1（±0.5）	资本品工业占主导地位，工业化得以实现，霍夫曼系数<1
科迪指数：制造业比重	<20	20~40	40~50	50~60	>60

注　资料来源：陈佳贵、黄群慧、钟宏武、等. 中国工业化进程报告. 北京：社会科学文献出版社，2007.

表3　2010年淮河流域各地级市工业化阶段判断关键指标值

地区	人均GDP/(元·人⁻¹)	发展阶段	第一产业比重/%	第二产业比重/%	发展阶段	第一产业就业比重/%	第二产业就业人员比重/%	发展阶段	城镇化率/%	发展阶段	恩格尔系数/%	发展阶段	重工业比重/%	发展阶段
河南 全省	24446	中期	14.11	57.28	中期	44.9	29.0	中期	38.8	初期	35.6	后工业化	69.00	后工业化
郑州市	47608	中期	3.08	56.17	后期	21.5	33.8	后期	66.4	后期	32.1	后工业化	73.21	后工业化
开封市	19750	初期	23.65	43.21	初期	52.1	25.6	初期	35.9	初期	33.2	后工业化	55.40	后期
平顶山市	26730	中期	8.75	66.33	后期	47.8	28.1	初期	41.3	初期	36.8	后工业化	87.26	后工业化
许昌市	30536	中期	11.39	68.51	中期	40.5	34.0	中期	39.2	初期	30.9	后工业化	65.18	后期
漯河市	26974	中期	12.73	69.74	中期	43.1	33.8	中期	39.2	初期	34.6	后工业化	28.80	中期
商丘市	15085	初期	26.19	46.52	初期	46.7	29.7	初期	29.8	前期	37.6	后期		后期
信阳市	16936	初期	26.38	42.21	初期	47.1	24.1	初期	34.4	初期	47.0	后期	58.00	后期
周口市	12944	初期	29.77	45.42	初期	48.7	27.2	初期	29.8	前期	37.0	后工业化		后期
驻马店市	14117	初期	27.59	41.88	初期	51.0	25.0	初期	29.7	前期	38.9	后工业化	51.86	后期
安徽 全省	20888	初期	13.99	52.08	中期	39.10	25.10	中期	43.2	初期	39.5	后工业化	70.30	后工业化
合肥市	48312	中期	4.91	53.92	后期	23.63	33.47	后期	68.5	后期	36.7	后工业化	59.80	后期
淮北市	22309	初期	8.76	64.63	后期	35.96	33.54	中期	54.5	中期	39.1	后工业化	45.83	后期
亳州市	10615	前期	26.75	37.36	初期	49.10	20.95	初期	29.1	前期	37.1	后工业化		后期
宿州市	12195	初期	27.89	37.88	初期	48.61	23.99	初期	31.4	初期	42.9	后期	48.81	后期
蚌埠市	20223	初期	18.99	47.17	中期	44.80	20.75	中期	45.0	初期	38.8	后工业化	65.58	后期
阜阳市	9528	前期	27.35	39.19	初期	43.70	33.42	中期	31.9	初期	38.0	后工业化		后期
淮南市	26287	中期	7.88	64.35	后期	24.00	42.32	后期	62.9	后期	40.7	后工业化	95.96	后工业化
滁州市	17693	初期	21.34	49.16	初期	46.37	27.72	初期	41.6	初期	36.9	后工业化		后期
六安市	12074	初期	23.57	42.27	初期	55.19	19.75	初期	35.9	初期	36.7	后工业化	52.05	后期

续表

地区	人均GDP/(元·人⁻¹)	发展阶段	第一产业比重/%	第二产业比重/%	发展阶段	第一产业就业比重/%	第二产业就业人员比重/%	发展阶段	城镇化率/%	发展阶段	恩格尔系数/%	发展阶段	重工业比重/%	发展阶段
全省	52840	后期	6.13	52.51	后期	22.30	42.00	后期	57.0	后期	37.2	后工业化	71.64	后工业化
徐州市	34084	中期	9.61	50.67	后期	31.18	35.94	中期	53.0	中期	36.3	后工业化	70.50	后工业化
南通市	48083	中期	7.68	55.07	后期	17.46	46.53	后期	55.0	中期	35.9	后工业化		
连云港市	26987	初期	15.30	45.68	中期	30.46	31.73	中期	45.0	初期	39.3	后工业化		
淮安市	28861	中期	14.12	46.62	中期	28.91	31.90	中期	45.0	初期	38.0	后工业化		
盐城市	31640	中期	16.04	47.01	中期	31.79	31.66	中期	47.8	初期	36.3	后工业化	61.45	后期
扬州市	49786	中期	7.24	55.14	后期	12.98	51.13	后工业化	56.8	中期	37.6	后工业化		
泰州市	44118	中期	7.40	54.95	后期	23.58	41.70	后期	53.0	中期	35.5	后工业化	73.30	后工业化
宿迁市	22525	初期	17.58	45.03	中期	29.84	40.34	后期	41.0	初期	40.8	后期		
全省	41106	中期	9.16	54.22	后期	35.5	32.6	中期	40.3	初期	35.3	后工业化		
枣庄市	36817	中期	8.63	60.08	后期				34.8	初期			73.70	后工业化
济宁市	31541	中期	12.60	53.35	中期				31.6	初期				
日照市	36870	中期	9.78	54.78	后期				35.3	初期				
临沂市	24067	中期	11.00	50.26	中期				30.8	初期			62.45	后期
菏泽市	14829	初期	17.94	52.85	中期				21.3	前期				

注　数据来源：河南省统计年鉴（2011）、安徽省统计年鉴（2011）、江苏省统计年鉴（2011）、山东省统计年鉴（2011）。

（2）淮河流域各市工业化发展阶段。

根据淮河流域各市数据的可获得性，采用了前 6 种方法对淮河流域各市经济发展阶段进行了初步判断。由表 3，根据各方法划分经济发展阶段结果差距较大，其中参考恩格尔系数和霍夫曼系数划分的经济发展阶段水平偏高，不适用于判断中国城市的工业化发展阶段。

考虑人均 GDP、三次产业结构、就业结构、城镇化率 4 个指标，构建反映区域经济发展阶段的综合指数 Y（表 4），以判断各地市经济发展阶段。

综合指数 Y

$$Y = \sum_{i=1}^{n} y_i \omega_i$$

$$y_i = a_i + \frac{x_i - a_{i\min}}{a_{i\max} - a_{i\min}}$$

式中 y_i——单个指标评价值；

ω_i——评价指标权重；

a_i——评价地区 i 指标所处的阶段 $a_i = 1，2，3，4，5$，依次对应前工业化阶段、工业化初期、工业化中期、工业化后期、后工业化阶段；

x_i——评价地区 i 指标的实际值，其中：$a_{i\max}$ 为 i 指标在 a_i 所处阶段的最大参考值；$a_{i\min}$ 为 i 指标在 a_i 所处阶段的最小参考值。

表 4   发展阶段综合判断标准

发展阶段	Y 值范围	发展阶段	Y 值范围
前工业化阶段	1～2	工业化中期向后期过度	3.5～4
工业化初期	2～2.5	工业化后期	4～5
工业化初期向中期过度	2.5～3	后工业化阶段	＞5
工业化中期	3～3.5		

根据地区人均 GDP、三次产业结构、劳动力就业结构以及城镇化率综合判断淮河流域多数地区处于工业化初期和工业化中期（图 5）。从工业发展阶段对资源环境的影响程度上看，淮河流域基本处于工业发展初期、中期阶段，在未来发展中，资源与环境之间的矛盾将愈发突出。

（二）工业结构：资源密集型产业主导、初加工产品比重大

1. 粗放的资源密集型工业发展特征突出

以省为单位，根据资产总量、工业销售收入、工业增加值、利润总额等分析判断 2005 和 2010 年区域支柱产业变化。资产总量反映行业在国民经济中占据地位；工业销售收入反映行业以及行业对上下游产业的拉动作用；工业增加

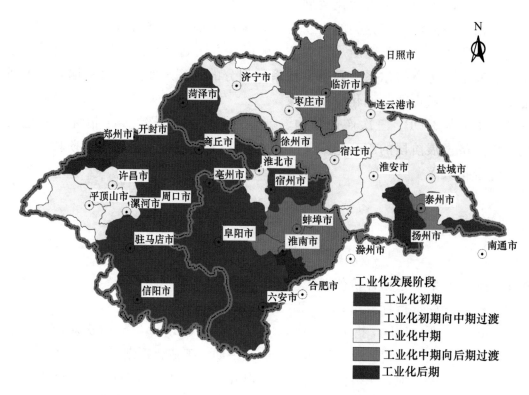

图5 淮河流域工业化发展阶段判断

值反映经济成果的贡献程度；利润总额反映行业积累能力和在市场中得竞争力。利用主成分分析法判断各省支柱产业排序情况（表5）。

淮河流域4省支柱产业以能源（煤炭开采和洗选业、电力、热力的生产和供应业）、建材（非金属矿物制品业）、食品（农副食品加工业）、纺织业、机械制造业（交通运输设备制造业、通用设备制造业、电气机械及器材制造业、通信设备、计算机及其他电子设备制造业）、化工（化学原料及化学制品制造业）、冶金（黑色金属冶炼及压延加工业、有色金属冶炼及压延加工业）行业为主要支柱产业。其中能源、建材、食品、纺织、化工均为资源密集型行业。

2010年，河南、安徽、江苏、山东八大支柱产业中资源密集型产业分别占7个、6个、4个、6个，全国前8个支柱产业中有4个资源密集型产业，分别是电力、热力的生产和供应业、黑色金属冶炼及压延加工业、化学原料及化学制品制造业、煤炭开采和洗选业。在资源密集型行业中，2010年河南省非金属矿物制品业、农副食品加工业、有色金属冶炼及压延加工业、化学原料及化学制品制造业四大支柱产业排序均比2005年有所上升；安徽省煤炭开采和洗选业、非金属矿物制品业、农副食品加工业排序有所提升，但煤炭开采和洗选业占绝对优势；江苏省排位提升的支柱产业主要是产业链末端的机械制造

表 5　2005—2010 年淮河流域 4 省八大支柱产业变化情况

排序	河南省 2005 年	河南省 2010 年	安徽省 2005 年	安徽省 2010 年	江苏省 2005 年	江苏省 2010 年	山东省 2005 年	山东省 2010 年
1	煤炭开采和洗选业 (2.642)	非金属矿物制品业 (3.395)	电力、热力的生产和供应业 (3.047)	电气机械及器材制造业 (2.571)	通信设备、计算机及其他电子设备制造业 (3.638)	通信设备、计算机及其他电子设备制造业 (3.022)	化学原料及化学制品制造业 (2.441)	化学原料及化学制品制造业 (2.909)
2	非金属矿物制品业 (2.504)	煤炭开采和洗选业 (2.499)	黑色金属冶炼及压延加工业 (2.757)	煤炭开采和洗选业 (2.403)	化学原料及化学制品制造业 (2.280)	化学原料及化学制品制造业 (2.443)	农副食品加工业 (2.242)	农副食品加工业 (2.033)
3	电力、热力的生产和供应业 (2.362)	农副食品加工业 (1.684)	煤炭开采和洗选业 (2.006)	交通运输设备制造业 (1.901)	黑色金属冶炼及压延加工业 (1.961)	电气机械及器材制造业 (2.106)	纺织业 (1.768)	通用设备制造业 (1.751)
4	农副食品加工业 (2.059)	有色金属冶炼及压延加工业 (1.601)	电气机械及器材制造业 (1.610)	电力、热力的生产和供应业 (1.899)	纺织业 (1.739)	交通运输设备制造业 (1.802)	石油加工、炼焦及核燃料加工业 (1.556)	纺织业 (1.466)
5	有色金属冶炼及压延加工业 (1.620)	电力、热力的生产和供应业 (1.155)	交通运输设备制造业 (1.494)	黑色金属冶炼及压延加工业 (1.482)	电气机械及器材制造业 (1.256)	黑色金属冶炼及压延加工业 (1.446)	黑色金属冶炼及压延加工业 (1.405)	非金属矿物制品业 (1.362)
6	黑色金属冶炼及压延加工业 (0.987)	化学原料及化学制品制造业 (0.905)	化学原料及化学制品制造业 (1.003)	化学原料及化学制品制造业 (1.225)	通用设备制造业 (1.126)	通用设备制造业 (1.427)	电力、热力的生产和供应业 (1.316)	电气机械及器材制造业 (0.945)
7	化学原料及化学制品制造业 (0.881)	通用设备制造业 (0.813)	有色金属冶炼及压延加工业 (0.954)	非金属矿物制品业 (1.181)	电力、热力的生产和供应业 (0.974)	纺织业 (0.980)	非金属矿物制品业 (1.281)	煤炭开采和洗选业 (0.831)
8	石油和天然气开采业 (0.456)	黑色金属冶炼及压延加工业 (0.811)	非金属矿物制品业 (0.728)	农副食品加工业 (1.041)	交通运输设备制造业 (0.460)	电力、热力的生产和供应业 (0.582)	通用设备制造业 (0.941)	黑色金属冶炼及压延加工业 (0.573)

注：1. 数据来源：河南省统计年鉴 (2011)、安徽省统计年鉴 (2011)、江苏省统计年鉴 (2011)、山东省统计年鉴 (2011)。
　　2. 利用 SPSS 计算 4 省工业 40 个行业主成分分值，并取排在前 8 位的产业。

业，工业结构相对合理；尽管山东省非金属矿物制品业、煤炭开采和洗选业排位有所提升，但提升幅度和排位均低于机械制造业，工业结构有优化的趋势。

淮河流域31个地级市的四大支柱产业中，淮河流域有18个地级市以食品工业为支柱产业；15个地级市以能源工业为支柱产业；11个地级市以纺织、化工为支柱产业；10个市以建材行业为支柱产业，资源密集型主导发展特征更为明显（表6）。

表6　　　　　　　　　　　淮河流域30个地级市四大支柱产业整理

支柱产业		涉及地级市	数量
食品	农副食品加工业 食品制造业 饮料制造业	漯河市、商丘市、信阳市、周口市、驻马店市；合肥市、淮北市、亳州市、宿州市、蚌埠市；徐州市、扬州市；枣庄市、济宁市、临沂市、菏泽市	16
	烟草制品业	许昌市、阜阳市	2
纺织	纺织业	周口市、驻马店市；宿州市、蚌埠市、滁州市；南通市、盐城市、宿迁市；菏泽市	9
	纺织服装、鞋、帽制造业	六安市、枣庄市	2
能源	煤炭开采和洗选业	郑州市、平顶山市、许昌市、商丘市；淮北市、亳州市、宿州市、阜阳市、淮南市；徐州市；济宁市	11
	电力、热力的生产和供应业	淮北市、阜阳市、淮南市；徐州市	4
建材	非金属矿物制品业	郑州市、平顶山市、许昌市、信阳市、驻马店市；滁州市、六安市；连云港；枣庄市、临沂市	10
化工	化学原料及化学制品制造业	开封市、平顶山市；合肥市、亳州市、淮南市；淮安市、盐城市、扬州市、泰州市；枣庄市、菏泽市	11
机械	通用设备制造业 交通运输设备制造业 专用设备制造业 电气机械及器材制造业	郑州市、开封市、许昌市；合肥市、淮北市、淮南市、滁州市；徐州市、南通市、盐城市、扬州市、泰州市、宿迁市；济宁市、日照市、临沂市	16
冶金	有色金属冶炼及压延加工业	郑州市、商丘市	2
	黑色金属冶炼及压延加工业	信阳市；连云港市、淮安市	3
其他	医药制造业	合肥市；泰州市	2
	木材加工及木、竹、藤、棕、草制品业	六安市；宿迁市；临沂市、菏泽市	4
	通信设备、计算机及其他电子设备制造业	淮安市	1
	废弃资源和废旧材料回收加工业	阜阳市	1
	造纸及纸制品业	济宁市	1

2. 低附加值的资源初加工类产品为主，产业链延伸不足

淮河流域安徽、河南主要工业产品以初级加工产品、资源产品为主。河南、安徽淮河流域地区纱、布、饮料酒、合成氨、化肥等产品产量占比远高于工业增加值占比（表7）。2010年河南省淮河流域各市（郑州除外）畜肉制品产量占全省的85%，原煤、纱、布、饮料酒、烧碱、合成氨、农用化肥产量均在40%以上；安徽省全部的煤炭、平板玻璃均产自淮河流域，淮河流域各市（合肥除外）纯碱、合成氨产量占比在70%以上，是工业增加值占比的2倍，农用化肥产量占61%，初加工特征极为明显。

表7　　　　　　　　　淮河流域主要工业产品产量及占各省比例

主要工业品产量		淮 河 流 域			
		河南 （郑州除外）	安徽省 （合肥除外）	江苏省	山东省
能源	原煤产量/万 t	9423　（44）	13030　（100）	2118　（100）	12376　（79）
	发电量/（亿 kW·h）	604　（28）	824　（57）	1119　（33）	966　（32）
纺织	纱/万 t	193　（48）	25　（44）	174　（40）	181　（25）
	布/亿 m	16　（41）	4　（36）	34　（38）	13　（9.6）
食品	饮料酒/万 kL	248　（47）	106　（52）		683　（11）
	畜肉制品/万 t	105　（85）			
化工	烧碱/万 t	66　（47）	11　（38）		30　（7）
	纯碱/万 t		26　（74）	134　（50）	
	合成氨/万 t	181　（42）	191　（72）		86　（13）
	农用化肥（折纯）/万 t	190　（43）	157　（61）	69　（28）	39　（4）
建材	水泥/万 t	3521　（31）	2471　（31）	3768　（24）	4007　（27）
	平板玻璃/万重量箱	736　（30）	1044　（100）	1172　（21）	
流域内各市工业增加值占全省比例/%		35	36	39	22

注　1. 数据来源：各市2010年国民经济和社会发展统计公报。

　　2. 表格中括号内数据为淮河流域内各市工业品产量占全省产量比例。江苏省缺淮安市、盐城市、泰州市数据；山东省缺临沂市数据。

（三）工业布局：地区工业布局趋同严重，城市辐射带动作用不强

1. 地区工业布局趋同严重

淮河流域内主导产业布局不合理，集中度不高，分工不明，各市产业同

构，区域内市场竞争激烈，难以形成规模效应，制约区域经济的协调发展。如表6，淮河流域传统支柱产业趋同严重（高皓，2011）。如表8所示，各市规划建设的经济开发区、高新产业园，多以引进新兴、高新产业为主，且新兴产业趋同。

表8　　　　　　　　　淮海经济区（20个市）新兴产业布局

新兴产业	地　级　市	数量
新能源	连云港市、淮安市、盐城市、蚌埠市、淮北市、枣庄市、济宁市、日照市、莱芜市、临沂市、菏泽市、开封市、商丘市、周口市	14
新材料	徐州市、连云港市、盐城市、蚌埠市、淮北市、枣庄市、济宁市、日照市、临沂市、菏泽市、开封市、商丘市、周口市	13
生物医药	徐州市、连云港市、淮安市、盐城市、蚌埠市、淮北市、阜阳市、枣庄市、济宁市、日照市、临沂市、菏泽市、开封市	13
电子信息	徐州市、盐城市、蚌埠市、阜阳市、枣庄市、济宁市、日照市、临沂市、菏泽市	9

2. 部分地区城市化落后于工业化，经济发达城市辐射带动不强

河南、山东淮河流域各市城镇化率明显低于工业化水平（图6）。按人均GDP和城镇化率判断工业化发展阶段的结果也表明流域内城镇化发展落后于经济发展。城镇化发展落后于工业化，结果是需求不足，第三产业难以发展，经济发展只能依靠工业拉动，将加剧产业结构的不合理。郑州市、合肥市经济发展水平远远高于其他各市，两市2010年GDP分别为周边地区的4倍以上，其辐射带动作用并无体现。

（四）承接产业转移趋势明显，承接方式仍显粗放

1. 淮河流域承接产业转移趋势明显

从淮河流域4省"十一五"承接产业转移情况看，江苏、山东位于沿海地区，与河南、安徽相比，承接国际产业转移区位优势相对明显（图7）。江苏省经济发展水平较高，近几年工业园区建设迅速发展，并且"十一五"期间批复的《江苏沿海地区发展规划》为投资者提供了优越的政策条件。2010年，江苏省外商直接投资额达285亿美元，分别是山东、河南、安徽的3.1倍、4.6倍、5.7倍。

河南省、安徽省以国内产业转移为主导，《促进中部地区崛起规划》给河南、安徽带来了良好契机。"十一五"期间，河南省、安徽省利用外省资金额持续增加，2010年分别达到2743亿元、6864亿元，是承接国际转移的6.5倍和20倍（图8）。安徽省承接国内产业转移的趋势尤为明显，2010年利用外省

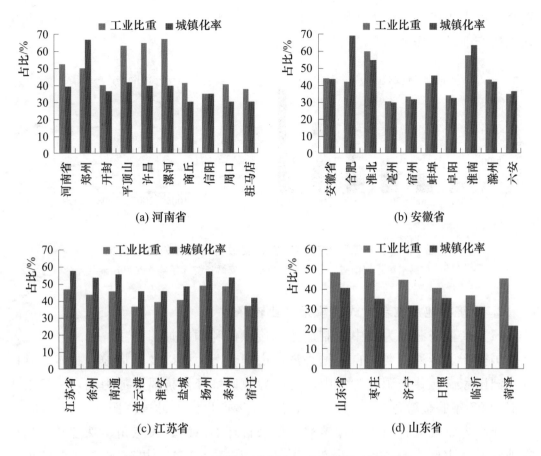

图6 2010年淮河流域各市工业比重和城镇化率

数据来源：河南省统计年鉴（2011）、安徽省统计年鉴（2011）、
江苏省统计年鉴（2011）、山东省统计年鉴（2011）。

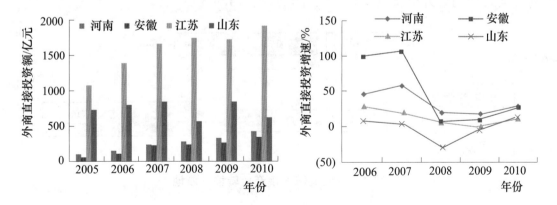

图7 "十一五"期间淮河流域4省承接国际投资情况

数据来源：河南省统计年鉴（2011）、安徽省统计年鉴（2011）、
江苏省统计年鉴（2011）、山东省统计年鉴（2011）。

资金额度占当年 GDP 的 56％，即使在金融危机冲击下，安徽省"十一五"年均承接产业转移增速保持在 40％以上。

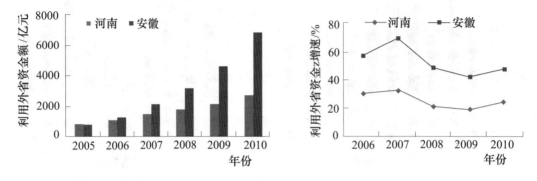

图 8　"十一五"时期河南省、安徽省利用省外资金情况

数据来源：河南省统计年鉴（2011）、安徽省统计年鉴（2011）。

2. 经济洼地加剧粗放式的承接产业转移

（1）产业来源较为集中，制造业承接以低利润的加工为主。

国际产业转移主要来自中国香港、中国台湾地区以及新加坡、日本及韩国等亚洲国家。转移来源较为集中，可能导致区域经济抗风险能力弱，一旦发生类似 1998 年的金融危机，将对流域经济发展产生巨大冲击（图 9）。

河南省、安徽省国内产业转移主要来自环渤海湾、长三角、珠三角。河南省外省资金主要来自北京、浙江、广东、上海、江苏、福建 6 省（直辖市），2007—2009 年实际利用 6 省（直辖市）资金分别占全省利用省外资金的 63.4％、59.9％、60.7％。安徽省 2008—2010 年来自 6 省（直辖市）资金分别占全省利用省外资金的 53.7％、69.6％、73.9％。

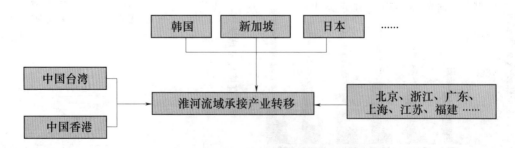

图 9　淮河流域承接产业转移来源地

河南省承接领域主要集中在河南具有相对竞争优势的行业，如房地产、冶金、机械电子、石油化工、轻工纺织、建筑以及与居民生活密切相关的消费品行业，外来投资者主要看中的是河南相对丰富的资源和巨大的消费市场。

安徽省承接产业转移中，加工制造业和房地产项目引资比重占全省实际利用省外资金总量的 70%。制造业多为家用电器、汽车配件、服装、制鞋等，技术上较成熟、劳动密集程度、基础设施与生态环境承载压力大、竞争激烈、行业利润水平低。

江苏省苏北地区承接产业转移主要以淮河流域优势产业为主，包括装备制造业、食品、纺织、化工。

（2）粗放式承接产业转移，承接载体发展相对滞后。

产业园区是承接产业转移的重要载体，而河南、安徽产业园区发展相对滞后，短期内难以达到优化产业结构的作用。工业园区主导产业集中在上游产品，深加工和高附加值产品较少，产业链延伸不足，低层次发展特征难以为继；产业趋同导致入园企业很难形成规模效益。园区基础设施配套建设不足，如信息技术、物流等投入不足，协作配套能力低，难以形成产业链。

（3）经济洼地特征使其承接高水平产业缺乏竞争优势。

江苏沿海、河南郑州、安徽合肥等地经济条件相对优越、交通便利、基础设施相对完善，产业园配套设施相对完备，因此承接产业转移优势相对突出。江苏沿沪宁线及沿江各市极富特色的工业集中区，足以屏蔽沿海所有高技术企业向河南、安徽渗透。加之皖江带、郑汴新区的吸纳作用，豫东南、皖北地区承接优质产业转移的机会大大降低，在经济利益驱动下可能会承接"三高"产业，对地区资源环境造成巨大影响。

此外，投资环境欠佳、劳动力质量不高，专业技术人才缺乏等问题同样制约产业转移的合理、有序、高质量的承接。

（五）淮河流域优势产业发展问题分析

1. 农产品加工产业

淮河流域各省已经形成了在全国范围内具有区域性特色的农产品加工产业链，如河南、安徽的小麦加工产业链，山东、江苏水产品加工产业链，山东江苏、河南食用植物油脂产品加工产业链等。但整体发展水平有待进一步提高。

1）豫东、皖北农业主产区促进农产品加工业发展的优势尚未充分发挥。2010 年，河南、安徽、山东三省农产品加工业增加值占 GDP 比重分别是13.7%、8.6%、13.5%，高于全国平均水平（8.5%）。但农产品加工业产值与农业总产值之比，河南（1.6∶1）、安徽（1.3∶1）均低于全国平均水平（2∶1），远落后于发达国家水平（3∶1）。河南省"十一五"期间粮食产量全国第一，河南、安徽两省棉花和肉类产量一直处于全国前 10 名。但与之相对应的是，河南和安徽两省的农产品加工人均产值低于全国人均水平（杨刚强，

2012)。

2）大多数企业规模偏小，竞争力不足。农产品加工产业进驻成本低，因此企业以中小型企业为主，集团化程度低、资源消耗多、经济效益低。加工产品主要集中在价值链的低端，整个产业没有形成良好的商业模式或完整的产业链。

3）农产品加工技术水平偏低，技术储备不足，加工装备落后。大部分农产业加工企业以粗加工为主。

4）淮河流域农产品加工原料资源丰富，粮食、果蔬、肉类等总量相对过剩，但用于食品加工业的优质和专用原料缺乏。大多数农产品加工企业，没有固定的原料基地，收购的原料品种混杂，难以实现标准化，造成加工企业成本增加和产品质量的不稳定，影响企业的经济效益。

5）淮河流域农产品加工业整体效率低、利润薄，河南、安徽两省粮、棉、肉的产量均占全国产量12％以上，而相应的，农产品加工利润总额却不足全国的6％。其中一个主要环节就是运输成本高昂，且无法更好地对接市场需求。我国粮食的运输成本是美国的3倍多（洪涛等，2005）。农产品具有地域分散性和季节性特点，而这与其市场需求的广泛性和全年性之间存在着普遍矛盾，供求信息难以判断，农产品生产常带有盲目性，使得整个行业利润率下降。此外，农产品的运输对储存、保鲜等有较高技术要求。而目前来说，农产品物流整体上还停留在传统物流阶段，现代物流活动主体不发达，农户自销、供销社代销、个体商贩代理等模式仍为主流，农业现代化物流几乎空白（陈淑祥，2005）。农产品物流设施和装备的标准化程度低，专用技术设备和工具少。

2. 矿产资源加工产业

淮河流域煤、盐资源丰富，煤、盐资源加工产业初具规模，但相对"高能耗、高污染、低效益"的初加工产品比例大，产业规模扩张与环境、资源之间的矛盾越发突出。

1）由煤炭产能不断扩张而造成的土地塌陷问题日趋严重。

2）以焦炭、合成氨（化肥）为代表的传统煤化工产业，产能过剩问题突出。且企业规模小、布局分散、清洁生产水平偏低、污染治理水平偏低，已形成"先污染、后治理"现状。

3）以碳-化工为代表的煤制甲醇等现代煤化工产业呈现发展过热势头。"十二五"国家总体导向是"在水资源充足、煤炭资源富集地区适度发展煤化工，限制在煤炭调入区和水资源匮乏地区发展煤化工，禁止在环境容量不足地区发展煤化工。在煤利用上，鼓励煤转电。"而淮河流域各产煤地市将煤化工作为延长产业链、实现经济转型的重要手段，有悖于国家政策。

4）淮河流域具有一定发展基础的煤化、盐化、石化等产业布局分散，流域内缺乏统筹规划，并未充分整合其资源优势，实现产业间的有效链接。

3. 机械装备制造业

淮河流域具备一定的装备制造业基础，机械制造、电子计算机制造、电子元件制造、汽车制造等占有重要地位。然而其在产业规模和技术结构两方面与国内先进水平都存在一定的差距。

1）装备制造的企业规模小。长期以来重外延、轻内涵，投资分散、重复布局现象严重，多数企业按"大而全"和"小而全"建设，致使装备制造企业规模普遍很小，所谓"特大型"和"大型"企业规模也不大。

2）流域内大部分地市的装备制造业处于技术水平的低端，很多行业并不具备核心技术，还处在简单组装阶段，如电子计算机、汽车等。企业规模小，研究开发能力弱，技术创新能力低。高新技术装备和重大技术装备在很大程度上还要借助引进外国的技术。

二、淮河流域资源环境与工业发展关系

（一）工业污染排放状况

1. 水污染物

"十一五"期间，淮河流域废水排放量增幅明显，而主要污染物（COD、氨氮）排放量明显下降。2010 年，淮河流域 184 个城镇入河污水排放总量为 51.69 亿 t，主要污染物质 COD 和氨氮排放总量分别为 86.38 万 t 和 10.66 万 t。因处理率较高，与 2005 年相比，COD、氨氮排放量分别削减 16.82 万 t、3.34 万 t，其中工业废水中 COD 排放量略微下降，氨氮下降了 41.75%（表 9）。

表 9　　　　　　　2005—2010 年淮河流域水污染物排放量

指　标		2005 年	2006 年	2007 年	2008 年	2009 年	2010 年
排放总量一/亿 t	总量	39.20	38.99	41.50	43.22	45.79	51.69
	生活污水	25.17	23.16	24.68	26.15	28.09	31.46
	生活污水处理量	7.94	8.32	10.94	14.51	19.11	23.14
	工业废水	14.09	15.83	16.82	17.06	17.71	20.22
	工业废水处理量	13.69	15.38	16.22	16.67		

续表

指 标		2005 年	2006 年	2007 年	2008 年	2009 年	2010 年
排放总量二 /万 t	COD	103.20	97.02	94.99	91.30	87.53	86.38
	氨氮	14.00	12.85	12.04	11.17	10.97	10.66
工业废水 /万 t	COD	25.98	26.01	25.47	23.51	24.06	25.62
	氨氮	4.36	4.12	3.19	2.78	2.61	2.54
生活污水 /万 t	COD	77.21	71.01	69.53	67.79	63.48	60.76
	氨氮	9.64	8.74	8.85	8.39	8.35	8.12

注　数据来源：中国环境统计年报（2006—2011）。

2. 大气污染物

"十一五"期间，淮河流域废气排放量有所增加，主要污染物烟尘、SO_2 排放量均明显削减（表 10）。

3. 固体废弃物

2010 年，淮河流域工业固体废物产生量为 44974 万 t；综合利用量（含利用往年储存量）为 40287 万 t（表 11）。

（二）环境承载能力分析

1. 淮河流域水资源严重短缺

2010 年淮河流域平均降水 871.2mm，折合降水总量 2343.0 亿 m^3，比常年 2352.7 亿 m^3 偏少 0.4%。淮河流域地表水资源量 632.6 亿 m^3，较常年 594.9 亿 m^3 增加 6.3%；淮河流域水资源总量 859.6 亿 m^3，较常年 794.4 亿 m^3 增加 8.2%（图 10）。

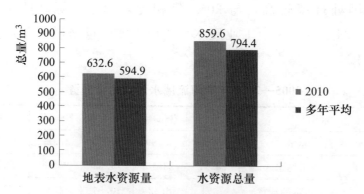

图 10　2010 年淮河流域水资源状况

数据来源：淮河流域水资源公报（2011）

表 10　　2005—2010 年淮河流域 4 省大气污染物排放量变化情况

年份	地区	废气治理设施数/套	工业废气排放总量/亿标立方米	燃料燃烧/亿标立方米	生产工艺/亿标立方米	工业二氧化硫排放量/万 t	生活二氧化硫排放量/万 t	工业二氧化硫去除量/万 t	工业烟尘排放量/万 t	生活烟尘排放量/万 t	工业烟尘去除量/万 t	工业粉尘排放量/万 t	工业粉尘去除量/万 t
2005	全国	145043	268988	155238	113749	2168.4	381	1090.4	948.9	233.6	20587.1	911.2	6453.9
2010	全国	187401	519168	303897	215271	1864.4	320.7	3304.0	603.2	225.9	38941.4	448.7	9501.7
2005	安徽	3307	6960	4478	2481	51.5	5.6	82.4	25.3	4.5	563.4	46.2	200.2
2010	安徽	4933	17849	8860	8989	48.4	4.8	161.3	20.7	4.8	1716.5	26.4	356.8
2005	河南	9336	15498	9180	6319	147.1	15.3	34.6	85.7	7.1	1848.9	70.4	538.2
2010	河南	9079	22709	12929	9780	116.3	17.6	143.3	47.4	7.3	2810.7	22.7	540.6
2005	江苏	8488	20197	12748	7449	131.2	6.1	73.3	42.6	2.6	1771.5	35.5	388.7
2010	江苏	11631	31213	20235	10978	100.2	4.8	215.8	29.9	3.6	2345.9	15.1	344.5
2005	山东	10177	24129	14333	9796	171.5	28.7	75.5	48.5	13.4	1789.9	37.3	582.1
2010	山东	11886	43837	25874	17963	138.3	15.5	315.2	29.1	10.0	3596.0	18.9	767.2

注　数据来源：环境统计年鉴（2006、2011）、河南省统计年鉴（2006、2011）、安徽省统计年鉴（2006、2011）、江苏省环境统计年鉴（2006、2011）、山东省统计年鉴（2006、2011）。

表 11   2005—2010 年淮河流域 4 省工业固体废物产生及处理利用情况

年份	地区	工业固体废物产生量/万 t	#危险废物产生量/万 t	工业固体废物综合利用量/万 t	工业固体废物储存量/万 t	工业固体废物处置量/万 t	工业固体废物排放量/t	"三废"综合利用产品产值/万元
2005	全国	134449	1161.6	76993	27876	31259	16546848	7555064.3
2010	全国	240944	1587	161772	23918	57264	4981976	17785034
2005	安徽	4196	4.5	3357	360	519	450	187615.8
2010	安徽	9158	12	7849	518	916	15	566922
2005	河南	6178	15.1	4244	857	1287	36354	339139.5
2010	河南	10714	19	8380	722	1770	2150	743909
2005	江苏	5757	83.9	5987	197	129	53	931999.9
2010	江苏	9064	133	8761	215	139		2189749
2005	山东	9175	94.3	8683	599	322	1376	935661.8
2010	山东	16038	289	15297	384	475	110	1871898

注   数据来源：环境统计年鉴（2006、2011）、河南统计年鉴（2006、2011）、安徽统计年鉴（2006、2011）、江苏统计年鉴（2006、2011）、山东统计年鉴（2006、2011）。

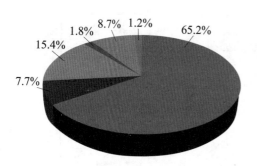

图 11   2010 年淮河流域用水情况

数据来源：淮河流域水资源公报（2011）

各类供水工程总供水量 571.7 亿 m³，比上年增加 0.5%，其中地表水源供水占 74.8%，地下水源供水占 24.9%，其他水源供水占 0.3%。2010 年淮河流域总用水量为 571.7 亿 m³，比上年增加 0.3%，其中农田灌溉用水占 65.2%，林牧渔畜用水占 7.7%，工业用水占 15.4%，城镇公共用水占 1.8%，居民生活用水占 8.7%，生态环境用水占 1.2%（图 11）。

在我国的几大一级流域中，淮河流域拥有的水资源份额和人均水资源量居倒数第二位，多年平均降雨量 883mm，多年平均河川径流量 621 亿 m³，水资源总量仅为全国的 3.4%。淮河流域和流域内豫皖苏鲁 4 省的人均地表水资源量，分别仅为全国人均水资源量的 17.6%、15%、23.4%、17.7%、15.1%。人均水资源占有量不到全国人均水平的 1/5 和世界人均水平的 1/20。目前，全流域平水年份缺水 12 亿 m^3，中等干旱年份缺水 40 亿 m^3，特枯年份缺水达 114 亿 m^3。

由此可见，缺水问题在淮河流域十分突出。目前淮河流域水资源开发利用率已高达 71.6％，大大超过国际上内陆河流开发利用率公认为 30％（合理利用程度）和 40％（合理利用上限）的水平，属严重缺水地区。

2. 环境容量接近饱和或超载

（1）水污染物排放量已超环境容量。

根据核定的纳污能力和污染物排放现状，淮河流域入河污染源的主要污染物质化学需氧量（COD）和氨氮（NH_3-N）的纳污能力分别为 46.0 万 t/a 和 3.28 万 t/a，限排总量分别为 38.2 万 t/a、2.66 万 t/a（表 12）。

表 12　淮河流域各省化学需氧量、氨氮的纳污能力、限制排污总量统计表

单位：万 t/a

省份	化学需氧量			氨　　氮		
	2009 年入河量	纳污能力	限制排污总量	2009 年入河量	纳污能力	限制排污总量
河南	34.3	12.8	10.75	4.73	0.86	0.7
安徽	28.7	14.3	11.9	3.88	1.13	0.99
江苏	26	13.6	11.19	1.62	1.03	0.76
山东	24.9	5.3	4.36	2.8	0.26	0.21
合计	113.9	46.0	38.2	13.03	3.28	2.66

注　数据来源：河南统计年鉴（2010）、安徽统计年鉴（2010）、江苏统计年鉴（2010）、山东统计年鉴（2010）。

淮河流域单位水资源量 COD 和氨氮纳污能力分别为 798t/亿 m^3 和 56.9t/亿 m^3，其中单位水资源量 COD 纳污能力最大的水资源二级区是淮河下游区，最小的是淮河上游区。

由表 12 可知，目前淮河流域 COD 的入河量是其纳污能力的 2.5 倍，氨氮入河量是纳污能力的 4 倍，排放量远超环境容量。

为了推进水污染防治精细化管理，《淮河"十二五"规划编制大纲》将淮河流域划分为 7 个控制区、54 个控制单元，综合考虑污染排放、水体水质、敏感水域、风险管理等因素，将贾鲁河、涡河、南四湖、奎河等重点水体的 17 个控制单元作为淮河流域"十二五"治污的优先控制单元；在优先控制单元相关区域内，筛选郑州、开封、淮北、淮南、蚌埠、亳州、菏泽、济宁、枣庄、临沂、徐州 11 个城市作为淮河流域污染综合整治的重点城市（图 12）。

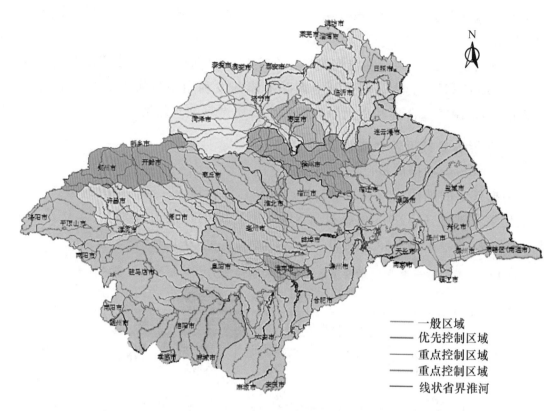

一般区域
优先控制区域
重点控制区域
重点控制区域
线状省界淮河

图 12   2010－2015 年淮河流域优先控制河段及优先控制区域

（2）大气环境容量局部超载。

流域大气环境虽总体尚有容量，但部分区域超载严重，同时考虑到能源消费的不断增长、机动车保有量的刚性增加等因素，从长远看，流域大气容量状况不容乐观。

以河南为例，2010 年河南省二氧化硫、氮氧化物尚有部分环境容量，其中二氧化硫剩余环境容量为 21.8 万 t/a，氮氧化物剩余环境容量为 71.9 万 t/a。但郑州、洛阳、平顶山、安阳、许昌、三门峡、济源 7 市已无二氧化硫环境容量，郑州、洛阳、安阳、三门峡等市区域二氧化硫排放量超载严重；郑州、洛阳、焦作、济源 4 市已无氮氧化物环境容量。

（三）淮河流域资源利用与污染排放绩效

中国科学院可持续发展战略研究组 2009 年修正了资源环境综合绩效指数（resource and environment performance index，REPI），以反映建设"两型"社会的政策实施效果。资源综合绩效指数表达一个地区多种资源消耗或污染物排放的经济产出水平与全国相应的资源消耗和污染排放的经济产出水平比值的加权平均。该指数越大，表明资源环境综合绩效水平越高。

1. 淮河流域 4 省工业相关资源环境绩效

表 13 所示，淮河流域 4 省工业相关资源环境绩效如下：

1）河南省工业用能、工业氨氮排放绩效低于全国，工业 COD 排放、SO_2 排放绩效仅为东部 60% 左右。

2）安徽省工业用水、工业氨氮排放绩效低于全国，工业 COD 排放、SO_2 排放绩效低于东部。

3）江苏省工业相关资源环境绩效均优于东部。

4）山东省工业 COD 排放、SO_2 排放绩效低于东部。

表 13　　　　　　　　2010 年各地区工业相关资源环境绩效

指　标	全国	东部	河南	安徽	江苏	山东
工业用能绩效/(万元·tce^{-1})	0.58	—	0.41	0.72	0.94	0.71
工业用水绩效/(元·m^{-3})	270	314	332	126	399	440
工业 COD 排放绩效/(万元·t^{-1})	370	699	404	471	752	639
工业氨氮排放绩效/(万元·t^{-1})	5898	11534	5167	4483	12862	12215
工业 SO_2 排放绩效/(万元·t^{-1})	86.3	163	103	112	192	136

注　数据来源：环境统计年鉴（2011）、河南统计年鉴（2011）、安徽统计年鉴（2011）、江苏统计年鉴（2011）、山东统计年鉴（2011）。

2. 各市工业相关资源环境绩效

（1）工业用能绩效。

2010 年河南省淮河流域 9 市工业用能绩效仅平顶山市低于省平均水平，信阳市等于省平均水平。河南省除郑州、漯河、周口三市，其他 6 市工业用能绩效均低于全国水平。安徽省淮河流域 9 市中，淮北、宿州、蚌埠、阜阳、淮南均远低于安徽省和全国平均水平，其中淮南工业用能绩效仅为全国的 36.2%。山东省淮河流域 5 市工业用能绩效亦远低于省平均，均低于全国平均，其中日照仅为全国的 43.1%。综上，淮河流域工业用能绩效普遍低于全国平均及所在各省平均水平（图 13）。

（2）工业用水绩效。

2010 年河南省开封、平顶山、信阳、驻马店 4 市工业用水绩效低于省平均，且低于东部平均，信阳市仅为全国的 57%。安徽省淮河流域 9 市均高于省平均，但合肥、淮北、蚌埠、淮南 4 市低于全国平均水平，仅亳州、宿州、阜阳三市高于东部平均，淮南工业用水绩效最低。山东整体工业用水绩效较高，高出东部平均，但淮河流域的 5 市中出枣庄外，均低于山东省平均（图 14）。

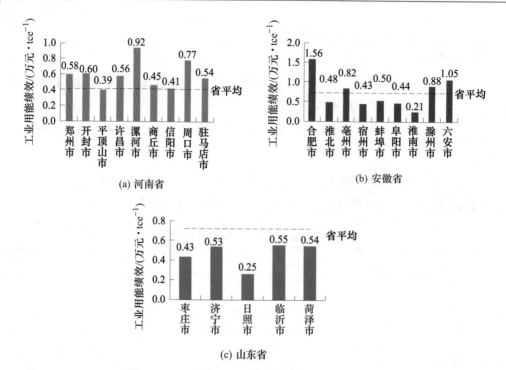

(a) 河南省

(b) 安徽省

(c) 山东省

图 13 2010 年淮河流域各市工业用能绩效

数据来源：环境统计年鉴（2011）、河南统计年鉴（2011）、安徽统计年鉴（2011）、
江苏统计年鉴（2011）、山东统计年鉴（2011）。

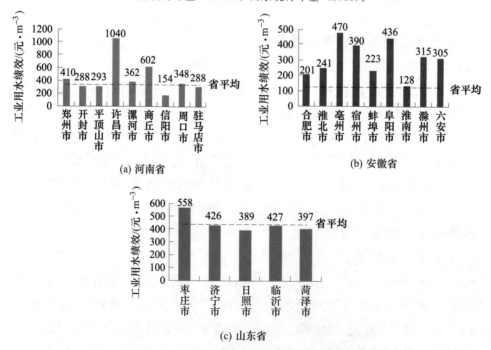

(a) 河南省

(b) 安徽省

(c) 山东省

图 14 2010 年淮河流域各市工业用水绩效

数据来源：环境统计年鉴（2011）、河南统计年鉴（2011）、安徽统计年鉴（2011）、
江苏统计年鉴（2011）、山东统计年鉴（2011）。

（3）工业 COD 排放绩效。

淮河流域各市 COD 排放绩效普遍高于全国平均水平（除安徽蚌埠、滁州、六安，山东日照）。皖、苏、鲁 3 省，流域内各市 COD 排放绩效普遍低于本省平均水平（图 15）。

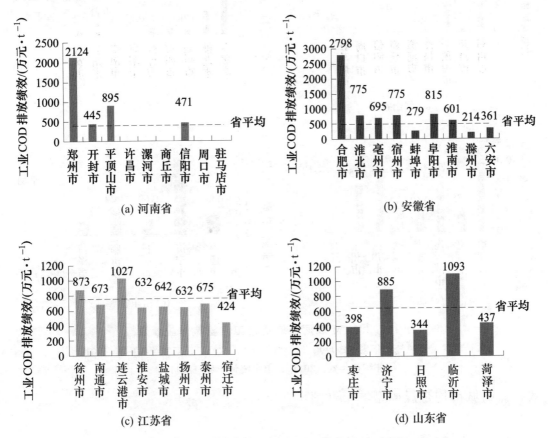

图 15 2010 年淮河流域各市工业 COD 排放绩效

数据来源：环境统计年鉴（2011）、河南统计年鉴（2011）、安徽统计年鉴（2011）、江苏统计年鉴（2011）、山东统计年鉴（2011）。

（4）工业氨氮排放绩效。

淮河流域各市工业氨氮排放绩效普遍低于全国平均水平，相对问题较为突出。安徽除合肥、淮北，其余 7 市工业氨氮排放绩效均低于安徽省平均，且亳州、滁州、六安不足全国的 50%，阜阳、淮南仅为全国平均水平 25% 东部的 15% 左右。江苏、山东流域内各市也大多低于本省平均水平（图 16）。

（5）工业 SO_2 排放绩效。

根据已有数据，淮河流域仅河南平顶山，安徽淮北、淮南，山东日照的工业 SO_2 排放绩效低于全国，其中淮北、淮南绩效仅为全国的 61.4%、40.6%。山东淮河流域 5 市均低于省平均水平 20% 以上。整体来看，工业 SO_2 排放绩

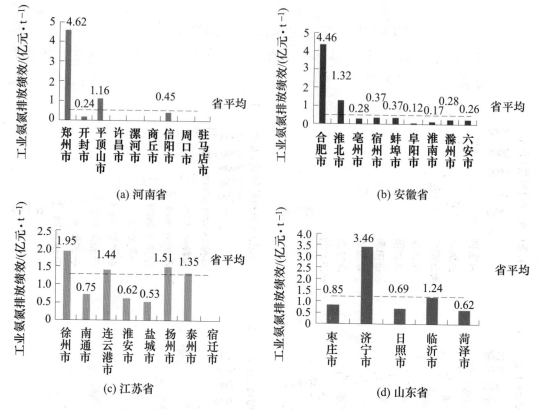

图16　2010年淮河流域各市工业氨氮排放绩效

数据来源：环境统计年鉴（2011）、河南统计年鉴（2011）、安徽统计年鉴（2011）、

江苏统计年鉴（2011）、山东统计年鉴（2011）。

效较低的城市均是煤矿型城市（图17）。

三、淮河流域矿业发展的生态问题和挑战

　　矿业是淮河流域的传统工业，矿业也是淮河流域区域经济和工业发展的支撑和保证。淮河流域主要矿业是煤炭开采，其中淮南是最接近我国经济发到地区的能源基地，每年提供浙江1/4，上海1/6的电力消费，提供安徽74%、50%华东煤炭消费，其战略地位至关重要。

　　淮河流域煤炭资源赋存与生态环境状况呈现出"富煤贫水"特征。淮河流域内的煤炭资源绝大多数业分布在生态环境脆弱、干旱缺水且煤层赋存条件十分复杂的地区。与此同时，为促进矿业对经济的拉动作用，在很长一段时间内都是采用高强度、低水平的粗放开发方式，使淮河流域本来就十分脆弱的生态系统承受着极为严峻的压力，对整个流域经济社会的可持续发展构成极大威胁。

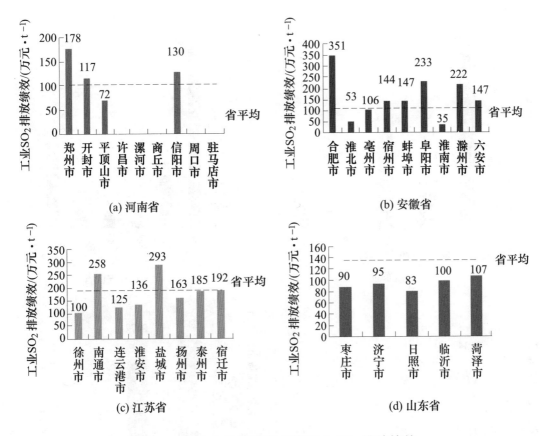

图 17　2010 年淮河流域各市工业 SO_2 排放绩效

数据来源：环境统计年鉴（2011）、河南统计年鉴（2011）、安徽统计年鉴（2011）、
江苏统计年鉴（2011）、山东统计年鉴（2011）。

（一）煤炭工业发展现状及趋势

淮河流域的矿产资源以煤炭资源为主，集中分布在河南的郑州、许昌、平顶山、商丘，安徽的淮南、淮北，鲁西南菏泽、枣庄、济宁，苏西北徐州等矿区。

2010 年河南省主要产煤城市中郑州市和平顶山市产量最大，山东省主要产煤城市中枣庄市占据了 20％的产量，安徽省以淮南和淮北两市的煤炭生产为主（图 18）。

2010 年淮河流域 4 省煤炭工业总产值在全国煤炭工业总产值中占比为 26％左右，其中山东与河南两省的经济贡献较大（图 19）。2010 年淮河流域煤炭固定投资资产占全国煤炭固定投资资产的 35％左右，流域整体水平较高，其中以安徽省的煤炭工业固定投资增长幅度相对较大（图 20）。

根据江苏、安徽、山东和河南 4 省 2005—2010 年的原煤产量环比增长数

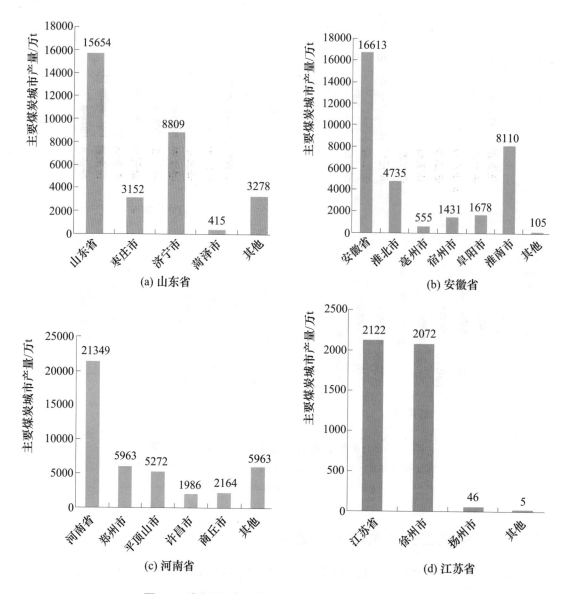

图 18　淮河流域 4 省 2010 年主要煤炭城市产量

数据来源：中国煤炭工业年鉴（2011）

据（图 21），江苏从 2007 年开始呈现负增长趋势，安徽省则从 2007 年开始连续 4 年呈现增长趋势，山东省除 2008 年外其余 4 年的煤炭产量环比增长速度均为正，而河南省 2010 年较前一年相比，环比降幅较大。

（二）煤炭工业可持续发展的约束

1. 资源与生态约束

（1）煤炭供需缺口不断扩大。

淮河流域已查明煤炭资源丰富，安徽、河南是中国煤炭，特别是华东和长

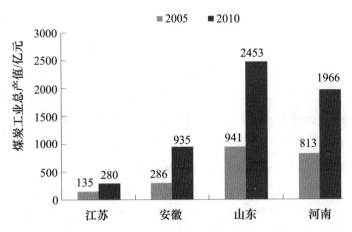

图 19　2005—2010 年淮河流域煤炭工业工业总产值

数据来源：中国煤炭工业年鉴（2006、2011）

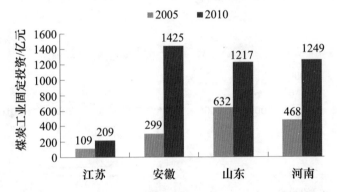

图 20　2005—2010 年淮河流域煤炭工业工业固定投资

数据来源：中国煤炭工业年鉴（2006、2011）

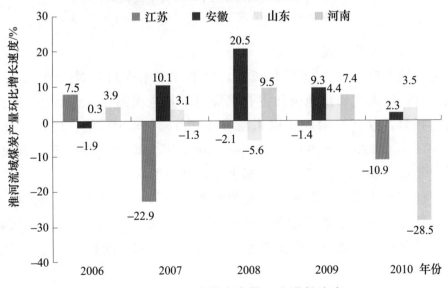

图 21　淮河流域煤炭产量环比增长速度

数据来源：中国煤炭工业年鉴（2006—2011）

三角地区煤炭使用的长期生产区和供给区。但随着淮河流域城市规模扩大和工业加速发展，以及"皖电东送"等工程的开展，自身对煤炭的需求量和消费量也越来越大。江苏是用煤大省，煤炭需求缺口在淮河流域4省中最大；山东2000年产量高于消费量，但2005年消费开始高于产出，2002年开始转变为煤炭调入省；安徽省长期以来是华东地区唯一的煤炭净调出省，2009年数据显示，安徽省的平衡差额为－106.26万t，改变了净调出省的历史（图22）。随着煤炭开采，储量减少，缺煤现象会愈加明显。

2006—2010年，流域内四省在未考虑调出煤炭的情况下，都是煤炭净调入省，其中山东和江苏省的煤炭生产与煤炭消费的缺口分别达到了48%和47%。与此同时，易开采区域煤炭资源储量逐渐减少，煤炭开采更多的需要进行"三下"采煤（建筑物下、铁路下和水体下采煤）不当开采也可能带来更严重的生态问题。

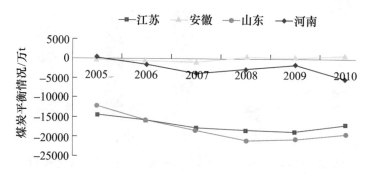

图22 淮河流域煤炭生产-消费平衡情况

数据来源：中国煤炭工业年鉴（2006—2011）。

（2）水资源供给不足。

淮河流域人口总量占全国12.7%，每平方千米人口超过600人，为全国各流域之首，但人均和耕地亩均占有水资源不足全国的1/4。历史上淮河流域旱灾发生频繁，仅新中国成立以来就发生了1958—1959年、1966—1968年、1978—1979年、1994—1995年、1999—2001年、2006—2007年、2009年等特别干旱年份，缺水范围广、干旱损失重、社会影响大。

随着社会经济的快速发展，大规模矿业开发和工业用水让淮河流域水资源短缺形势在近年来更是逐步加剧，面积大于1平方千米的60余个流域湖泊中两成萎缩甚至消失，地下水严重超采致土地沉降面积不断扩大，近一半流域河流的水质达不到水功能区目标。

煤炭工业除了采煤耗水，其他工业和火电工业用水也会消耗水资源，2008年淮南集团吨煤用水为1.76m³，预计到2020年需水量为15072万m³，缺水率为 14％，到 2030 年需水量达到 18657 万 m^3，缺水率为 24％（表 14）。

表 14　　　　　　　　　　淮南矿业集团煤炭工业水耗情况

年份	工业需水量/万 m^3	预估可用水量/万 m^3	工业缺水量/万 m^3	工业缺水率/％
2020	15072	12992.064	−2079.94	13.8％
2030	18657	14160.663	−4496.34	24.1％

注　数据来源：淮南矿业集团统计数据。

（3）采煤塌陷区面积持续增加。

淮河流域采煤历史长，采出煤量多，采空面积大，多处老矿区处于衰老报废阶段。同时塌陷区普遍具有塌陷深、城郊化和非稳层性等特点，被称为矿城的"沉疴"。

1）山东省枣庄市和济宁市都有一定程度的塌陷问题。枣庄煤炭开采历史有 100 多年，开采区地面不同程度地造成了塌陷。2011 年枣庄市煤矿井田范围内及周边共有采空区积水约 1130 万 m^3，积水面积约 1583 万 m^3（郑仰昕，2012）。2009 年底，济宁因采煤造成土地塌陷面积达 35 万亩，且以每年 3 万多亩的速度递增，塌陷区边缘地带出现地面裂缝，耕地、交通道路、通信线路、水利设施和地下水系均遭到破坏，2009 年因塌陷而减少的耕地多达 18 万亩，每年直接造成的经济损失达两亿元以上（马跃峰，2010）。

2）江苏徐州市也有一定程度的塌陷问题。徐州的"百里煤田"到目前已经开采近 130 年，已造成了 32 万亩的采煤塌陷地（范圣楠等，2010）。

3）安徽省淮南矿区采煤塌陷面积随着大批现代化高产矿井相继投产和先进煤炭开采技术的快速应用不断扩大，耕地损失和住房塌陷日益加剧。据《淮南矿区采煤沉陷区沉陷情况报告》，淮南矿区的 19 个煤矿，经常规采煤所形成了 6 个采煤沉陷区。2005—2010 年，塌陷面积几乎翻了一番。安徽省淮南市 2010 年沉陷面积 121.4km²（18.2 万亩）。预计到 2020 年，全市塌陷区总面积将达到 55.4 万亩，占全市面积的 14.6％，全市最终塌陷面积将达到 102.4 万亩（682.8km²），塌陷区占全市总面积的 27.03％。

2. 采煤塌陷治理机制约束

（1）移民安置机制约束。

安徽省淮南矿业集团的统计数据显示集团的移民安置成本逐年递增。2005—2010 年，集团共搬迁安置了 26380 户，共 72672 人（均为农村人口），用于搬迁安置的总费用为 36.5 亿元，其中征收宅基地费用为 9.49 亿元，约占总补偿费用的 26％；搬迁费用为 18.13 亿元，约占总补偿费用的 50％；青苗补偿费为 7.54 亿元，约占总补偿费用的 20％；危房租赁维护费用为 1.34 亿

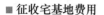

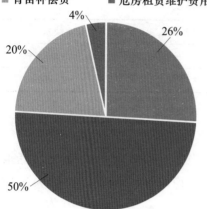

图 23　安徽省淮南集团 2005—2010 采煤塌陷补偿费用情况

数据来源：淮南矿业集团统计数据。

元，约占总补偿费用的 4%（图 23）。搬迁费用在整个补偿费用中占了近一半，移民的搬迁补偿是当前塌陷区补偿机制的重要环节，同时涉及农民生产生活的青苗补偿费仅占了总补偿的 20%，因此还需要更多青苗补偿以外的辅助补偿来保障失地农民的基本生活。

2005—2010 年，淮南集团安置人口呈指数增长，从 4000 多人增至 2.6 万人，人均安置补偿费用从 7.18 万元/人下降到 4.65 万元/人（图 24）。2005—2010 年淮南矿区共产煤 29158 万 t，搬迁安置总费用为 36.5 亿元，也就是说每生产 1t 煤炭约需要 12.52 元进行移民安置搬迁，并且还未考虑用于维稳等的其他成本。随着煤矿的继续开发，塌陷区面积持续增加，需要搬迁安置的居民也更多，移民安置成本更高。

在矿区塌陷搬迁持续进行的情况下，按照淮南矿业集团数据，每生产 1t 煤需要花费 12.52 元搬迁安置费用，到 2015 年生产 1 亿 t 煤所产生的搬迁安置费用将超过 12.5 亿元，对于企业和政府无疑都是沉重的负担，势必影响城市经济发展和煤炭工业发展。

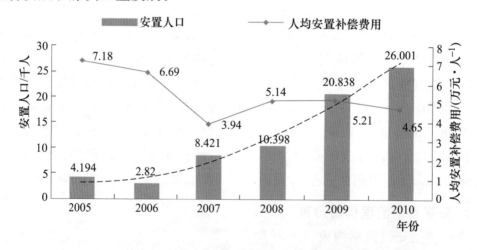

图 24　安徽省淮南集团 2005—2010 人均安置与补偿费用

数据来源：淮南矿业集团统计数据。

（2）生态补偿机制约束。

早在 20 世纪 90 年代，我国就已对两淮矿区的生态环境综合整治补偿资金进行了调查研究。2005 年以来先后制定《关于逐步建立矿山环境治理和生态恢复责任机制的指导意见》，开展了"中国生态补偿机制与政策研究"研究，提出了建立生态补偿机制框架的政策建议。2007 年的试点工作也制定了煤矿生态补偿费征收方案，进行了矿区塌陷区限期治理。但由于受多方面原因影响，征收生态补偿工作未能实施。

当前的矿区治理结果表明当前的生态补偿制度设计还有待完善，问题主要可以归纳为治理主体和补偿主体的界定，补偿方式的明确，补偿资金的来源途径以及补偿标准的确定依据 4 个方面。

1）在治理主体和补偿主体上呈现为两弱：一是煤炭企业主体意识弱；二是政府主导功能弱。采煤塌陷地和一般建设用地不同，移民安置区也和普通的征地拆迁区不同。有一类观点认为，煤炭资开采造成的土地塌陷并没有直接占用土地和耕地，只是造成土地地表破坏，不是由于采煤塌陷使农民失去土地，而只是改变了土地用途属性，导致煤炭企业的生态补偿主体意识不强，补偿积极性不高。另一方面，企业因生态补偿的压力大而动力不足。我国煤矿城市的发展规划没有将煤矿区与其他城市区分开规划，导致煤矿生产和城市建设产生大量冲突，资源浪费大。以淮南矿业集团为例，2006 年数据显示仅搬迁费每年约开支 6 亿元。就当前而言，政府在我国的生态补偿中起到的是主导作用。但是 2010 年 4 月生态补偿才开始被纳入我国的法律轨道，到目前也只有 2 年时间，还缺乏一个完善的法律制度去引导和规范政府主导功能的良好发挥，其他激励和监督政府生态补偿行为的相关制度也还十分欠缺。

2）在补偿方式上呈现为重解决、缺预防、重眼前、缺发展。生态补偿可以分为资金补偿和修复治理两方面。在资金补偿上主要以土地补偿和青苗补偿为主，这种补偿方式没有解决废弃煤矿和土地塌陷所造成的持续性损失，失地农民没有耕地也就没有生活来源成为经济发展的牺牲者和被抛弃者。在修复治理方上虽然已经有可持续发展保证金等制度的建立，但是生态补偿机制更重要的是面向未来的预防机制。

3）在补偿资金来源途径上缺乏一个协商对话的生态补偿平台。补偿资金来源是要解决一个谁来补的问题根据国家环境保护法规和地方采煤塌陷补偿制度和规则，淮南矿区的生态补偿资金主要由企业承担，用于对当地生态破坏和各类设施受损的移民搬迁安置和对农作物破坏的补偿，并未包含对因资源开发引起的水土流失、地表塌陷等生态环境破坏的补偿和挽救。根据安徽省规定，因采煤造成的塌陷土地在稳沉后，由县国土资源行政管理部门会同煤炭企业确定塌陷土地的复垦区和征用区。

4）补偿标准确定的依据缺乏资源破坏价值和修复成本的核算。当前我国的环境保护法规定因工程建设等人为活动引发的地质灾害治理费用是按照"谁污染,谁治理,谁破坏,谁补偿"的原则由责任单位承担,但对损失的范围和程度、赔偿的方式和标准暂时还没有统一的具体规定。即使是国有大型企业也仅是表面的植树造林、矿区绿化,对引发的水资源破坏及潜在生态环境影响难以考虑,治理仅处于初级水平。除此以外,许多开采时间久远、当前已无法明确责任主体的采煤矿区在当前的机制下也就更难进行。

淮河流域内的煤炭工业发展与我国其他地区煤炭工业发展相比,对矿区生态环境影响更大,由于煤炭开采区域与淮河干、支流联系紧密,对生态环境产生的破坏性和复杂性都更大。当前淮河流域水资源短缺、环境污染严重、矿难事故频发都在提示进行生态补偿机制改革迫在眉睫。

四、淮河流域"十二五"工业经济发展战略诊断

(一)发展模式:投资驱动经济增长,工业发展意愿强烈

"十二五"期间,淮河流域各市仍然处于经济的高速增长期,多个市以"GDP 五年实现翻番"的目标来指导经济发展。由于淮河流域各市在各省内处于相对落后地区,且经济结构调整相对缓慢滞后,因此工业引导的发展意愿尤为强烈,经济增长的驱动力完全来自大规模粗放式的固定资产投资。

根据河南、安徽、江苏、山东 4 省的"十二五"规划,4 省的 GDP 在"十二五"期间基本保持 9%~10%的年平均增长速度,全社会固定资产投资增速稍高,呈现出投资拉动的趋势(图 25)。

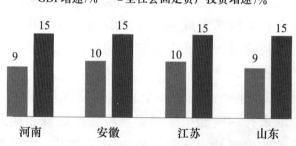

图 25　沿淮 4 省"十二五"经济发展状况
数据来源:沿淮各省、市"十二五"规划。

然而,纵观沿淮各市在各自"十二五"规划中的这两项指标(图 26),其GDP 增速几乎全部高于所在省的平均水平,经济发展的赶超意愿十分强烈。在市一级,依赖于高投资率的快速发展目标较省级更甚,流域各市在"十二五"

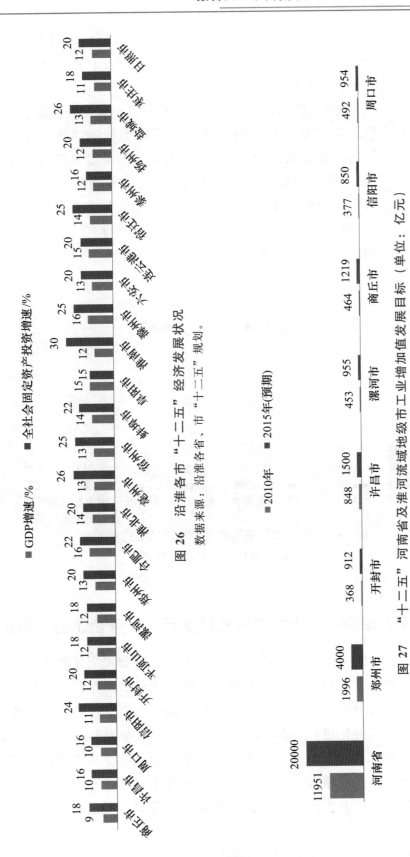

图 26 沿淮各市 "十二五" 经济发展状况

数据来源：沿淮各省、市 "十二五" 规划。

图 27 "十二五" 河南省及淮河流域地级市工业增加值发展目标（单位：亿元）

数据来源：沿淮各省、市 "十二五" 规划。

期间的全社会固定资产投资的预期年增长率均高于省规划的预期水平,且远高于规划的 GDP 年增长水平,信阳、亳州、淮南、盐城、日照等市的全社会固定资产投资增速甚至达到 GDP 增速的 2 倍以上。

依靠工业扩张带动经济增长的发展模式在河南和安徽尤为突出。河南省淮河流域内 9 市均宣称在"十二五"期间要打造不同类型的"新兴工业基地",坚持"工业强市"的发展思路。全省 2015 年工业增加值要突破 2 万亿元,比 2010 年增加近 70%。淮河流域各市在工业发展上都雄心勃勃,"十二五"期间将工业增加值基本实现翻倍(图 27)。安徽省"十二五"工业发展势头更为强劲,全省 2015 年工业增加值要突破 1.2 亿元,是 2010 年的 2 倍多,流域内各市在"十二五"期间工业增加值将增长 1~2 倍,远超过"翻番"的 GDP 增长目标(图 28)。

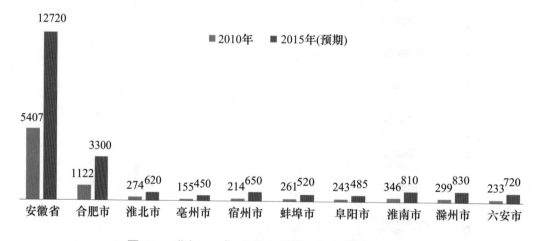

图 28 "十二五"安徽省及淮河流域地级市工业
增加值发展目标(单位:亿元)
数据来源:沿淮各省、市"十二五"规划。

(二)工业结构:经济发展方式转变受限,新型工业化发展乏力

河南、安徽、江苏、山东 4 省的"十二五"规划都提出了加快转变经济发展方式,走新型工业化道路的发展要求。河南、安徽、山东按照发展壮大主导优势产业、改造提升传统优势产业、积极培育战略性新兴产业的整体格局来推进"十二五"的工业化进程,基本沿袭"十一五"发展路径,新型工业化基础相对薄弱,发展方式转型力度也不够。江苏虽然把战略新兴产业提到"江苏经济新的支柱产业和重要增长点"的高度上,并对实施重点、项目布局等有所规划,但在推进主导产业全面提升、传统产业转型升级方面也面临与其他三省同样的问题。

1. 传统产业:"三高"行业仍占主体地位,亟待转型升级

淮河流域各市沿袭"十一五"传统产业的发展路径,仍然以化工、冶金、建材、纺织、食品等高投入、高消耗、高排放的资源密集型产业为主导(表15),这些产业的规模扩张必然产生资源环境约束,因此,"十二五"期间,淮河流域各省市在发展传统产业的同时,大力推进对该产业的技术升级和改造转型。

表 15　　　　　　　　　　沿淮各市传统产业发展重点

沿淮各市所在省份	传统产业
河南	化工、有色、钢铁、纺织
安徽	服装、冶金、建材、化工
江苏	纺织、冶金、轻工、建材
山东	建材、纺织、食品

以"三高"行业为主体的传统产业在"十二五"期间仍将是淮河流域工业发展的主要驱动力。以安徽省为例,淮北、淮南、滁州、蚌埠、六安等淮河流域内各市在传统产业的发展规划上思路清晰,发展方向明显,产业规模均在工业总产值百亿以上。

传统产业也是结构调整和产业转型升级的重要对象,煤、盐、石油化工产业依托重大项目和本地企业升级改造,往上下游一体化、产品附加值高的发展路径上走,同时限制环境危害大的传统产品生产,如河南省商丘市提出要加快延伸铝的精深加工链,信阳市提出禁止传统农药产品生产以及限制发展过分依赖资源和环境的基础煤化工产业。

传统产业转型升级的另一重点是加大技术改造投入和淘汰落后产能。"十二五"期间,江苏省沿淮各市将通过加大对重点产业链、重点产业集群的技改投入和技术设备的投资力度,提高产业技术含量和装备技术水平,并结合江苏实际和产业转型升级要求,主动和提前淘汰相对落后产能及低端产品制造能力。

2. 主导/优势产业:低端制造业主导,集约化趋势不明显

"十二五"期间,装备制造、电子信息、化工、汽车等产业占据淮河流域各省市工业产业发展的主导地位,其规模将迅速扩大。河南省将汽车、电子信息、装备制造、食品、轻工、建材等六大行业视作"十二五"工业发展的主导产业(表16),到 2015 年,装备制造、食品产业主营业务收入分别超过 2 万亿元,轻工、建材产业分别超过万亿元,汽车、电子信息产业分别超过 5000

亿元，六大产业占全省工业的比重达到 65％ 左右。江苏省以装备制造、电子信息、石油化工为主导产业，且基本在各市都形成以此三大产业为支柱的产业格局。

表 16　　　　　　　　　　　沿淮各市主导产业发展重点

沿淮各市所在省份	主导产业
河南	汽车、电子信息、装备制造、食品、轻工、建材
安徽	汽车、装备制造、家电、食品
江苏	装备制造、电子信息、石油化工、食品
山东	装备制造、原材料、化工

然而，包括装备制造、汽车及零部件、化工等在内的重工业的快速发展的原因是迅速上升的需求的强力拉动，以及在这种状况下引发的对于重工业的巨大的投资，增长还是投资拉动式而非效益驱动式的，反映出淮河流域各省市在产业发展集约化上还存在结构和质量问题。

在结构层面，流域内各省市的装备制造业处于技术水平的低端，占重要地位的是机械制造、电子计算机制造、电子元件制造、汽车制造等。一方面，装备制造的企业规模小，长期以来呈现重外延、轻内涵，投资分散、重复布局十分严重的现象，且多数企业按"大而全"和"小而全"建设，致使装备制造企业规模普遍很小，即使所谓"特大型"和"大型"企业规模也不大。另一方面，但很多行业并不具备核心技术，还处在简单组装的阶段，如电子计算机、汽车等。高新技术装备和重大技术装备在很大程度上还要借助引进外国的技术。

在质量层面，石油化工、煤化工产业作为高投入、高消耗、高污染的典型产业，虽然在各省市的规划中指出精细加工、延长产业链等措施，但其造成的资源消耗和环境污染仍然存在规模效应。以鲁南地区为例，"十二五"期间，枣庄市将发展煤化工及精细化工产业、煤电热能源产业等集群，菏泽市也明确将大力发展煤电化工、石油化工等产业。如此大规模的产业扩张势必会在淮河流域造成更为巨大的资源环境压力。

3. 战略性新兴产业：发展内容大同小异，技术含量参差不齐

（1）江苏省：新的支柱产业和重要增长点。

江苏省将战略性新兴产业提到"江苏经济新的支柱产业和重要增长点"的高度，且明确了具体的实施途径和办法，即重点实施 300 个以上重大产业化项目，培育 500 个以上重大自主创新产品，形成 200 个以上国内外知名品牌。发展 30 条新兴产业链，建设 30 个省级以上新兴产业特色产业基地，培育 100 家具有自主知识产权和知名品牌的重点企业、500 家创新型骨干龙头企业。此外，明确给出了各类战略性新兴产业的发展定位（表 17）。

表 17　　　　　　　　　　江苏省战略性新兴产业发展定位

	新能源产业	新材料	生物技术和新医药	节能环保产业	软件和服务外包产业	物联网和新一代信息技术产业
定位	国内外具有重要地位和较强竞争力的新能源产业研发、制造和应用示范基地	国家级战略性产品基地和省级特色产业基地	全球生物技术和新医药创新及产业化最活跃的地区之一	全国重要的节能环保产业基地		支持无锡国家传感网创新示范区和国家云计算创新服务城市建设全球有影响力的物联网研发、生产和应用先行区

在沿淮各市，战略性新兴产业都被摆在工业发展规划的首要位置，不仅沿袭全省新能源、新材料、生物技术和医药、节能环保产业、软件和服务外包产业、物联网和新一代信息技术产业等六大新兴产业的发展格局，而且依据地方的工业现状赋予新的内容，各市战略性新兴产业发展重点、定位和 2015 年销售目标见表 18。

在"创新驱动"的发展战略引导下，发展高新技术产业与发展战略性新兴产业相结合，沿淮各市将在"十二五"期间实现高新技术产业产值的大幅增加（图 29），有力地推进新型工业化进程。

（2）其他各省：规模有限，质量偏低，技术受到严重制约。

河南、安徽、山东各省在"十二五"规划中也明确了战略型新兴产业的发展重点，多分布在郑州、合肥、日照等经济环境相对较好的城市，其他城市则发展规模有限，质量偏低，缺乏实质性内容。

河南省战略性新兴产业的发展目的在于"抢占未来发展制高点，培育支撑未来发展新的支柱产业"。与前两大类产业相比，战略性新兴产业的总量不大（2015 年全省主营业收入 5000 亿元），但增长速度惊人，2010 年河南全省高技术产业整体主营业收入不足 1200 亿元，按照规划将在 5 年内扩大 3 倍以上的生产和销售规模。技术水平方面，除郑州外，很多城市的战略性新兴产业是对传统产业进行概念包装（表 19）。如漯河、商丘、信阳、平顶山等市的"生物医药产业"，其具体内涵主要包括现代中药生产，稻米、茶业、家畜新种的快速繁育，传统疫苗和血液等生物制剂的生产等。在安徽省的"十二五"规划中，除亳州作为现代中药产业基地被提及之外，淮河流域各市的战略性新兴产

表18 　江苏省沿淮各市战略性新兴产业发展重点

项目	淮安市	南通市	连云港市	宿迁市	泰州市	扬州市	盐城市	徐州市
战略新兴产业发展重点	新材料：凹土	海洋工程：钻井平台　新能源：风电场、太阳能　新材料：特种材料和材料	新材料：碳纤维材料、硅材料　新能源：核电、沿海风电场	新材料：新型薄膜包装材料　软件和服务外包	新能源：光伏　电子信息：高端光电产品	新能源：光伏"太阳能屋顶计划"　新光源：LED"十城万盏"半导体照明应用示范工程　智能电网	新能源：风电　节能环保　新能源汽车　海洋生物	新能源：单晶硅　光伏发电　新材料：多晶硅　物联网："感知矿山"　环保设备制造
定位	"中国凹土之都"，全省最大的金属新材料产业基地	国家级海洋工程产业基地　国家绿色能源示范基地　长三角新材料研发转化生产基地	全球最大的万吨级碳纤维基地和全国最大的硅材料基地	江苏知名、苏北领先的软件和服务外包产业新高地	新能源产业园　电子信息产业基地	国家绿色新能源产业基地　国家级智能电网产业基地	"全国一流"、国际知名"的新能源产业制造基地、研发应用基地、出口基地和示范基地　全国有影响、有特色、有优势的节能环保产品研发中心和制造中心　国家新能源汽车绿色产业示范中心　省内重要的海洋生物产业基地	
2015年销售收入目标	1000亿元	4000亿元	1000亿元	900亿元	比2010年翻两番	产值：8000亿元	3350亿元	2000亿元

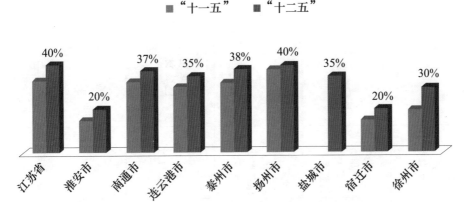

图 29　高新技术产业产值占规模以上工业总产值比例

数据来源：沿淮各省、市"十二五"规划。

注：宿迁市为新兴产业销售收入占规模以上工业销售收入比例，

徐州市为高新技术产业产值占工业总产值比例。

业重点布局几乎全集中在合肥。由表 20 可以看出，从某种意义上说，安徽省的战略性新兴产业发展布局就是合肥市的发展布局。其他市多是对传统制造业进行了概念包装，整体技术含量低（如淮北市的环保纸板材料、蚌埠市的食品包装材料等）。其次，新兴产业布局趋同严重，几乎每个市在新能源产业和生物医药产业上都有所规划，光伏产业和现代中药加工产业遍地开花。山东省沿淮各市的战略性新兴产业没有太多实质性的内容，除了日照市风能产业有具体的发展途径与定位，其他各市没有明确的资源优势和发展重点。

综上，战略新兴产业在布局上过于集中和趋同，同时淮河流域内各市的产业技术含量普遍偏低，总体经营的集约水平也较低。战略性新兴产业发展对淮河流域的工业结构影响不大，也反映了在"十二五"期间这一地区工业发展仍将以原有传统优势产业为主的产业结构格局。

（三）工业布局

1. 流域内普遍存在产业趋同现象

（1）作为工业支柱的传统产业布局趋同。

许多传统型产业，如食品加工、纺织、煤炭、化工、电力、建材等，广泛分布于淮河流域各市，且在很多地市内居于工业发展支柱产业的地位。在"十二五"期间，淮河流域内各市仍将这些产业作为重点发展对象和工业增长的重要驱动力（一般来说该行业总产值超过百亿元，或是规划中明文写到作为支柱产业、优势产业发展，则视为该地区的支柱产业）。但这类传统产业在分布上有着极强的趋同性。

表19　河南省及淮河流域各市"十二五"战略性新兴产业发展概览

项目		河南省	郑州市	开封市	平顶山市	许昌市	漯河市	商丘市	信阳市	周口市	驻马店市
战略发展重点	新能源汽车	电动汽车、动力电池及材料	新能源汽车整车、核心零配件			纯电动汽车整车、零配件、充电站	零部件		动力电池		
	生物医药	干细胞培育、新型疫苗、高端血液制品、新品种选育	干细胞治疗药物、新品种选育、聚乳酸、生物农药	抗生素、疫苗、注射剂生产		中药材深加工、流感疫苗	疫苗、血液制品、现代中药	育种、医药生产	中药材加工、稻米茶叶育种、猪禽繁育	乳酸产品	
	新材料	多晶硅、发电设备、纤维乙醇产业化	太阳能电池、纤维乙醇、生物柴油、风电整机、核能发电部件	单晶硅切片、太阳能电池	瓦斯及热能利用、煤焦油提炼加工、煤化工	风电装备		秸秆综合利用、生物柴油	光伏产业、绿色照明		
	新材料	高强轻型合金、工程塑料、超硬材料、特种玻璃	超硬材料、耐火材料、精细化工	聚甲醛、高纯铝镁头晶石	尼龙化工、特厚钢板、工业及医用膜	超硬材料、金刚石单晶、发用纤维材料	多晶硅制造	碳纤维产品	墙体材料、陶瓷材料	碳纤维电缆、包装材料	
	节能环保产业	环保设备、环保咨询服务	环保设备、绿色照明设备、节能环保咨询		煤灰粉、煤矸石综合利用；除尘设备						
	其他		企业电子商务			智能电网成套装备制造、研发和服务					

表20　　安徽省及淮河流域各市"十二五"战略性新兴产业发展概览

项目		安徽省	合肥市	淮北市	亳州市	宿州市	蚌埠市	阜阳市	淮南市	滁州市	六安市
战略发展重点	电子信息	新型平板显示、智能家电、语音产业	新型平板显示、语音产业								
	节能环保	环保设备、绿色照明灯具	节能环保装备制造、环境监测仪器								
	新能源	光伏、生物质能源、洁净煤、核电和风电	光伏太阳能电池、光伏电站风电、核电装备及关键零部件	纤维素/秸秆发电、光伏电池	秸秆发电	光伏发电、煤层气开发	太阳能电池		硅加工产业	光伏硅料加工	光伏硅料加工、电池生产
	生物医药	生物制药、现代中药、生物育种	生物基材料、现代农药、医用材料	中药成分提取	中药成分提取、疫苗、复设备	中成药品、保健、健康、饲料、农药、肥料	发酵、生物乙烯		抗菌素、中药制剂、药物辅料	中药成分提取、保健品、生物育种	中药保健品
	高端装备制造	数字化成套设备、船舶、大型铸锻件	数控机床、工业机器人			汽车零部件、电气器材、机电设备				新能源汽车及组件、轨道交通装备、自动化控制设备	
	新材料	高性能金属、硅基、膜、纳米、碳纤维、稀土永磁材料等	稀土功能材料、高性能膜材料、功能陶瓷、半导体照明	铝和煤矸石深加工、环保纸板		碳纤维为主的化纤材料	PPT工程塑料、新型纺织、食品包装材料			板材深加工、特种玻璃	钼矿开采及深加工
	新能源汽车	电动汽车及零配件	纯电动、混合动力汽车								
	其他	通信安全、信息安全、交通安全、矿山安全生产等	北斗卫星系统、应急指挥与救援、现场通信、灾害监测、预警、食品快速检测及安全控制、雷达、空管		新光源、无极灯				LED照明、电缆		

纺织服装业是 25 个地市的工业支柱产业，占沿淮 31 地市的 80.6%；食品加工业是 27 个地市的工业支柱产业，占沿淮 31 地市的 87.1%。除沿海个别地市、传统重工业基地外，几乎覆盖整个淮河流域（图 30）。

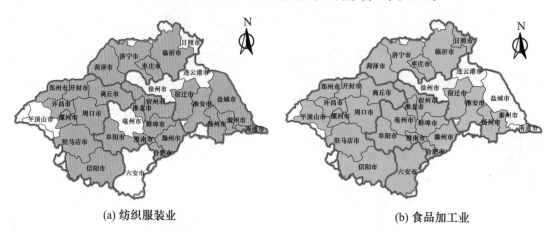

(a) 纺织服装业　　　　　　　　　　(b) 食品加工业

图 30　纺织服装业、食品加工业布局图

煤炭开采业是 16 个地市的工业支柱产业，占沿淮 31 地市的 51.6%；电力行业是 15 个地市的工业支柱产业，占沿淮 31 地市的 48.4%（图 31）。

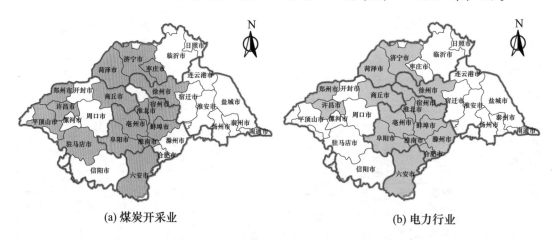

(a) 煤炭开采业　　　　　　　　　　(b) 电力行业

图 31　煤炭开采业、电力行业布局图

化工行业是 26 个地市的工业支柱产业，占沿淮 31 地市的 83.9%；建材行业是 19 个地市的工业支柱产业，占沿淮 31 地市的 61.3%。除少量经济极不发达地区外，几乎覆盖淮河流域全境（图 32）。

（2）部分战略新兴产业布局趋同。

部分战略性新兴产业布局也有趋同现象，集中体现在制药、中药加工和光伏 3 类产业上。

制药业和中药加工业处于传统产业与战略性新兴产业之间的过渡地带，在

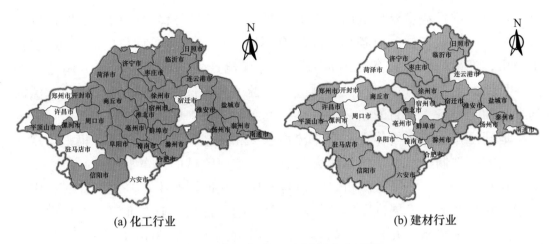

(a) 化工行业　　　　　　　　　　　(b) 建材行业

图 32　化工行业、建材行业布局图

沿淮各市的规划中，以制药业为战略新兴发展重点的有 15 个地市（占 48.4％），以中药加工为战略新兴发展重点的有 12 个地市（占 38.7％），规划项目技术创新水平低。这种现象与本地区既有的医药产业基础以及承接产业转移有关。

光伏产业在"十一五"期间发展速度突飞猛进，是近年来新的经济增长驱动产业，沿淮各市力求抓住发展契机，于是纷纷上马光伏项目。"十二五"期间共有 14 个地市将之列为战略新兴产业发展重点，占沿淮 31 地市的 45.2％。

其他如新型纤维材料、LED 照明等产业，在淮河流域内各市也有产业趋同现象。

2. 利用独特区位优势发展特色产业

在工业支柱产业和部分战略性新兴产业布局趋同的情况下，淮河流域内各市也会依托自身区位或资源优势，发展特色产业，谋求自身的差异化定位。发展特色产业的依托主要有：矿产资源，产业基础，农林资源，地理优势。总体而言仍是依赖自然资源和既有的工业基础。

钢铁和有色金属的开采和加工离不开矿产资源的支撑。平顶山、信阳、合肥、亳州、六安、徐州、南通、泰州、日照、临沂等 10 个地市依托铁矿资源，将钢铁加工作为工业支柱；郑州、商丘、合肥为铝加工；合肥、连云港、临沂为铜加工；信阳和六安则以钼矿的开采和加工为工业支柱产业。

农林资源优势催生出木材加工、木器家具、造纸以及中药加工行业。郑州、漯河、宿州、阜阳、滁州、日照、菏泽、临沂等由于自身林木资源丰富，将木材加工、造纸等作为工业支柱。亳州和阜阳则发挥中药材产地优势，将中药加工业打造成本地的工业支柱。

产业基础优势主要出自已有产业发展水平。淮河流域共有 25 个地市以装备制造业为工业支柱，但各自产品均有不同。如平顶山、许昌的输变电设备，平顶山、淮南的采矿设备，即是依托自身煤电产业基础发展而来。南通、扬州、日照的船舶和海洋工程设施制造业承继了地理位置和交通基础优势。漯河的食品加工设备、开封的空分设备是特色产业，由来已久。

地理区位优势主要体现在产业转移承接和区域辐射带动方面，集中体现在汽车及零配件制造、电子信息两大产业上。淮河流域的汽车零配件制造主要集中在郑州、开封、许昌等城市，郑州是发展已久的汽车生产基地，开封、许昌由于离郑州较近，发展汽车零配件制造业。电子信息产业在淮河流域集中分布于两处：一是郑州、开封、许昌等；二是苏北地区。郑州由于引进了富士康、惠普等大型电子企业落户，电子信息产业将步入高速增长期，开封、许昌等紧邻郑州的城市也从中获益，发展电子信息产业；苏北几市由于地处江苏省内，苏南地区转移的电子信息产业优先落户于此。

（四）区域统筹

1. 各省工业发展均以省会城市和传统工业基地为重点

淮河流域内各省，其"十二五"期间工业发展的重点均放在省会城市，或是传统的工业基地城市。

河南省的工业发展核心城市为郑州，其次为洛阳和南阳。郑州是河南省汽车产业的核心生产基地、新能源汽车示范性运营城市，是全省电子信息产业的增长驱动极，新兴产业方面是国家级生物高技术产业基地和省内重点新材料产业园区所在地，同时也是纺织业和家电业的重要生产基地。洛阳则是装备制造重镇，有色金属（钨钼钛）开采加工和石化产业基地，新兴产业方面是国家级新材料生产基地、新能源汽车动力电源生产基地。南阳是河南省内电子信息产业和盐化工重点城市，新兴产业领域内则是省级生物产业基地、国家新能源产业基地。此外，河南省的有色金属重点城市为鹤壁，钢铁行业重点城市为安阳。

安徽以省城合肥为新兴产业发展重心，以临近长三角的芜湖、马鞍山、滁州为工业发展重点城市。合肥几乎包办了安徽省"十二五"期间战略新兴产业发展的所有重大项目和重点行业，语音产业、新型平板显示器、水泥成套设备、生物医药、工程机械及工业机器人、新能源汽车、公共安全等行业的重大项目基本都落户合肥，同时还是省内重要的化工基地。芜湖、马鞍山、滁州是全省装备制造业、冶金和纺织服装业的发展重心，相关产业重大项目多半落户于此。

　　江苏省的区域统筹发展分为 3 个层次，其中苏南地区旨在实现经济转型升级，会大力发展战略性新兴产业和现代服务业，成为发展创新型经济、在更高层次上参与国际分工合作的先导区。

　　山东省"十二五"整体发展重点是省城经济圈和半岛蓝色经济区，即以济南和青岛为核心的鲁北地区。装备制造业以济南、烟台、青岛、潍坊、威海等城市为主；有色金属冶炼以聊城为重点；化工产业则以青岛、淄博、东营为重点。新兴产业方面，济南、淄博是电子信息产业重镇，海阳、荣成石岛湾建设成为两个核电基地，鲁北、渤中、莱州湾等地建设大型海上风电场，淄博、烟台等地还拥有新材料和生物医药领域的重点产业园区。

2. 除煤炭能源产地和个别传统产业外，各省对淮河流域重视程度较低

　　相比之下，沿淮各市在省内工业发展规划中所受到的重视程度非常低，能够成为省内规划重点的，一是有煤炭资源的能源产地，二是在某些传统工业方面基础较好的地区。

　　沿淮各市被所在省份列入规划重点的，半数以上是由地坐拥丰富煤炭资源，被省内定位为能源保障基地者，如河南平顶山、安徽淮南、安徽淮北、山东济宁、山东枣庄、山东菏泽。

　　除能源产业之外，沿淮各市被列省域发展重点的原因还在于原有的产业基础。如平顶山、商丘、济宁与菏泽化工产业基础较强，安徽亳州是历史悠久的中药加工基地，漯河有驰名中外的特大食品加工集团——双汇，淮南淮北依托煤炭开采发展起来的矿山设备制造等。

3. 淮河流域工业发展缺乏顶层设计

　　淮河流域各市在省内规划地位不高、不受重视，在国家层面更是缺乏自上而下的战略设计与构想。截至目前，淮河流域的主体区域甚至基本被排除在国家层面的战略规划之外，或是个别地市在当中处于从属地位。

　　山东省内，目前有两个区域的发展上升至国家层面的战略规划，即半岛蓝色经济区和黄河三角洲生态经济示范区，这两大区域是国家和山东省发展的重中之重，而位于淮河流域内的鲁南 5 市恰好被排除在这两大区域之外。

　　河南省内，中原经济区建设重点是郑州以及其周边区域，产业布局和区域带动辐射则主要面向洛阳、安阳、鹤壁、新乡等豫北地区，沿淮地市仅有平顶山、漯河、开封在规划建设意见中被提及。

　　安徽省内，至今没有一个真正意义上的综合性发展规划上升至国家战略层面。安徽首个也是目前唯一一个得到国务院批复的发展规划是《皖江城市带承接产业转移示范区规划》，这一规划区域为皖北靠近江苏、上海的若干城市，

沿淮地市中仅有六安的个别区县得以进入这一区域。而在《长江三角洲区域规划》中，甚至整个安徽省都被排除在发展区域之外。

江苏省内，淮河流域主要包括苏中、苏北等几个城市，这些区域获益于靠近长三角地区，所以在《长江三角洲区域规划》中被列为带动发展地区，但仍然不是发展重点，基本定位甚至不如浙江中南部的金丽衢地区。"十一五"期间国家批复的《江苏沿海开发战略》则涉及南通、连云港、盐城等市，为其在"十二五"乃至今后的工业发展提供国家性的平台和机遇。

（五）发展规划的资源环境影响

1. 污染排放预测

依据河南、安徽、江苏、山东4省内淮河流域各市的"十二五"规划，其2010—2015年的GDP年均增速是既定的。在这样的经济增长速度下，以工业SO_2排放为例，假定"十二五"期间各市工业占GDP比重保持"十一五"水平，且单位工业增加值SO_2排放强度不变，对2015年工业SO_2的排放量进行预测。

$$GDP_{2015}=GDP_{2010}\times(1+r_{GDP})^5$$
$$I_{2015}=GDP_{2015}\times q_{I2010}$$
$$E_{2015}=I_{2015}\times e_{2010}$$

其中
$$e_{2010}=E_{2010}/I_{2010}$$

式中　GDP_{2015}，GDP_{2010}——2015年和2010年的地区生产总值；

r_{GDP}——GDP的年均增长率；

I_{2015}，I_{2010}——分别为2015年和2010年的工业增加值；

E_{2015}，E_{2010}——分别为2015年和2010年的工业SO_2排放量；

q_{I2010}——2010年工业占GDP比重；

e_{2010}——2010年单位工业增加值SO_2排放强度。

图33为单位工业增加值SO_2排放强度不变的情况下2015年工业SO_2排放量预测值和各市减排任务要求值之间的差异。可以看出，如果不降低单位工业增加值SO_2排放强度，则到2015年，预测的工业SO_2排放量将会是各市减排任务的2~2.4倍。

进而推算2015年淮河流域各市的工业COD排放量以及工业氨氮排放量，见图34和图35。可以看出，按照各市目前的发展速度和工业规模，预测到2015年，各市工业COD的排放量将是减排任务要求量的2~2.6倍，工业氨氮的排放量将是减排任务要求量的1.7~2.1倍。

综上，"十二五"期间，在各省市经济快速增长，工业化进程迅速推进的

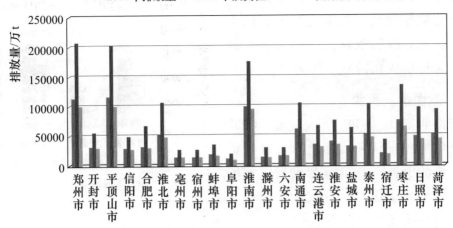

图 33　淮河流域各市工业 SO_2 排放情况

注：河南省各市及江苏省盐城市的减排任务要求量按照各市削减比例计算，
其他市按照所在省的削减比例计算。

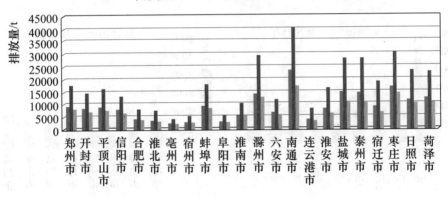

图 34　淮河流域各市工业 COD 排放情况

注：通过折算得到工业 COD 的减排比例，且各市采用的是所在省的减排比例。

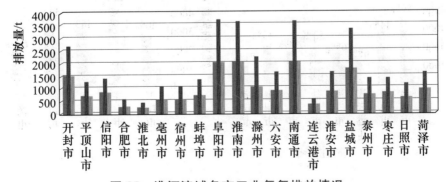

图 35　淮河流域各市工业氨氮排放情况

注：通过折算得到工业氨氮的减排比例，且各市采用的是所在省的减排比例。

大趋势下，经济增长带来的污染排放将会与节能减排的硬性约束之间形成巨大鸿沟，各地方政府也将面临增长方式转型与资源环境优化的双重压力。

2. 能源消耗预测

按淮河流域各市"十二五"GDP增速及节能减排任务目标核算，在目标全部完成的前提下，2015年淮河流域能源消费增至6.1亿tce，比2010年增长48%，能源供应压力巨大。

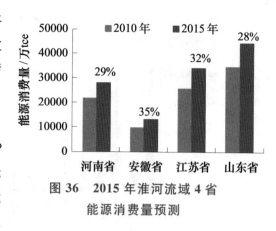

图36　2015年淮河流域4省
能源消费量预测

淮河流域各市GDP目标均高于各省目标，导致各市2015年能源消费量比2010年增长比例远高于各省增长比例。安徽淮河流域各市增势最强，平均增长63%（图36和图37）。

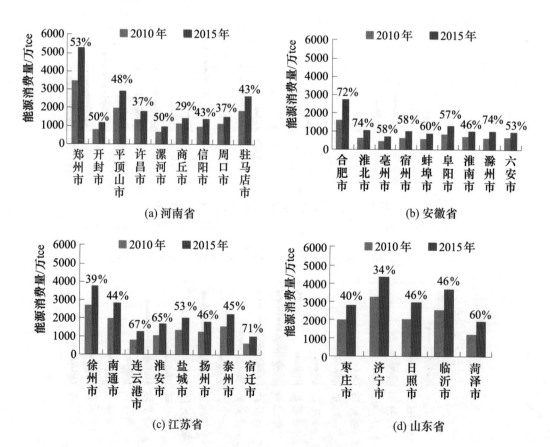

图37　2015年淮河流域31市能源消费量预测

五、淮河流域工矿发展战略建议

（一）战略目标：保护环境、谋求发展

处理好淮河流域工矿业与环境之间的问题，必须坚持"在发展中保护，在保护中发展"的原则，保护环境与谋求发展齐头并进，既追求人与自然关系和谐，又着力于与周边地区缩短差距，从而实现流域经济社会环境全面、协调、绿色、可持续发展，为建设淮河流域生态文明综合示范区奠定坚实基础。

（二）战略途径

1. 科学发展、绿色转型

符淼、黄灼明（2008）运用 1986—2006 年中国 31 个省经济和环境数据，分析工业化发展阶段与环境污染水平关系，结果呈现明显的库兹涅茨倒 U 形曲线关系（图 38），这说明中国目前整体仍在走"先发展、先污染、后治理"的道路，从工业化初级向高级阶段迈进过程中，污染物排放急剧增加。

淮河流域 31 个市中，多数地区处于工业化初期或初期向中期过渡阶段。如果仍然采用现阶段的发展模式，环境污染将持续加剧，对环境质量产生无可逆转的影响。因此，科学发展、绿色转型成为淮河流域实现经济和环境和谐发展的唯一途径，同时也是生态文明建设的具体体现。

绿色转型发展模式最首要的特征就是：经济增长不再是压倒一切的目标，要实现经济、社会、环境 3 者之间的共赢（图 39）。绿色转型发展模式不但更有利于经济可持续发展，而且创造更多就业机会，在环境效益与社会效益两个维度体现出明显的优越性，可以真正实现胡锦涛在十一届全国人大五次会议江苏代表团的会议中表示的"经济发展和人民幸福同步提升"。

如图 40 所示，环境库兹涅茨倒 U 形曲线实际传递给发展中国家一个信号：解决环境最有效的办法是加速经济增长，迅速达到倒 U 形曲线的双赢区间。而绿色低碳发展模式则是打破这一倒 U 形规律，直接"穿越"库兹涅茨曲线（如图 40 中绿线所示）。

2. 综合交通体系带动城镇化和产业发展

（1）交通引导城市化。

大部分的淮河流域面积地处中部腹地，自古以来人口稠密，交通发达。新中国成立以来经过长时间的基础建设，在公路、铁路、水运网络上已颇具规模。从铁路、高速公路通车里程总量以及路网密度上看，淮河流域 4 省在全国

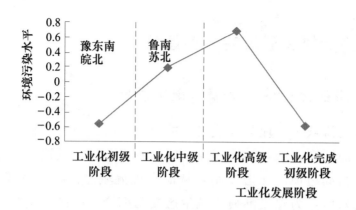

图 38　中国 31 个省经济发展阶段与环境污染水平关系拟合曲线

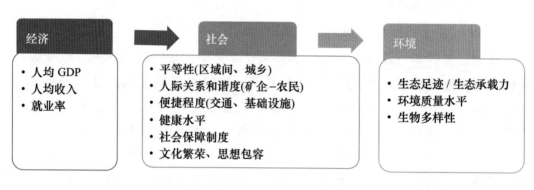

图 39　绿色转型发展模式内涵

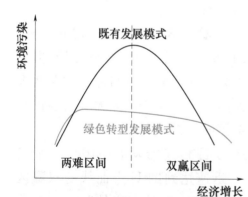

图 40　绿色转型发展"穿越"
库兹涅茨曲线

的排位均较靠前，交通区位优势较为明显（表 21）。

　　有学者专门对全国各省级行政区域的交通化与城镇化建设之间的耦合度进行定量分析，结果显示河南、安徽两省交通化水平超过城镇化水平（蒋敏，2008），而针对江苏省内各市的分析又表明苏中、苏北等淮河流经地市的交通化水平也超过其城镇化水平（孙爱军等，2007）。安徽、河南两省的交通-城镇耦合情况见图 41。浙江、广东和江苏作为东部沿海最发达的 3 个省份，城市化与交通化水平基本耦合，江苏的城市化水平还略强于交通化水平。相比之下，河南、安徽两省交通化水平并不低于东部发达三省，但城市化水平则远远不及东部，豫、皖两省的交通化建设水平均领先于本省城市化水平，尤其是河南，差距更为明显。

表 21		淮河流域 4 省铁路、高速公路现状			
指　标	河南省	安徽省	江苏省	山东省	
2009 年铁路通车里程/km	4032（No.5）	2387（No.17）	1619（No.22）	3302（No.7）	
2009 年铁路网密度/(m·km⁻²)	24.2（No.6）	17.1（No.10）	15.8（No.8）	21.5（No.7）	
2011 年高速公路通车里程/km	5196（No.1）	2969（No.14）	4120（No.5）	4350（No.4）	
2011 年高速公路网密度/(m·km⁻²)	31.1（No.6）	21.3（No.17）	40.2（No.4）	28.3（No.7）	

注　1. 数据来源：中国统计年鉴（2010、2012）河南省统计年鉴（2010、2012）、安徽省统计年鉴（2010、2012）、江苏省统计年鉴（2010、2012）、山东省统计年鉴（2010、2012）。

　　2. 括号中的内容表示在全国各省（自治区、直辖市）的排位。铁路、高速公路路网密度前三位的分别是北京、上海、天津。

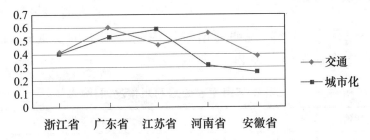

图 41　淮河流域与东部沿海省份交通与城市化发展水平耦合关系对比

江苏由于苏南和苏中、苏北地区差异较大，淮河途经区域主要是苏北地区，所以全省域数据意义不大。用类似的方法再对江苏省内各地市进行交通化和城市化的耦合分析，结果见图 42。可见由江苏省内，除南部的南京、无锡、镇江、常州和苏州五市以外，其他地市的交通化水平均高于其城镇化水平。

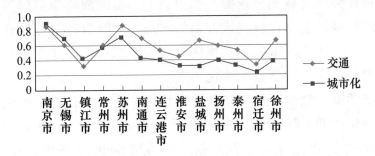

图 42　江苏省各市交通与城市化发展水平耦合关系对比

有研究者将区域的人口结构、产业结构、空间结构、经济水平、生活质量、基础设施、运输生产、运能利用效率等 8 个门类、22 项指标进行因子分析，从中抽离出了反映城市化、工业依存度、公路建设水平、水运建设水平和铁路建设水平的 5 项因子指标，对全国各省级行政单位进行了因子分析（刘芳，2007）。根据这一研究的相关数据，对淮河流域各省做了进一步分析，结果见图 43。其中以广东省代表东部沿海发达地区的水平，可以看到广东的各

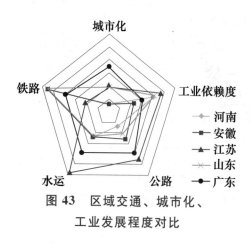

图 43　区域交通、城市化、
工业发展程度对比

项指标比较平衡，而河南、安徽、江苏、山东 4 省在城市化水平上均相对落后于广东，尤其是安徽与河南更是如此。而相应的，4 省在铁路、水运、公路 3 项交通化建设水平上则各有领先。其中江苏的水运和公路建设水平较强，安徽、河南、山东铁路建设水平较强。4 省都呈现出城市化水平落后于交通化建设水平的现象。

此外，通过对比江苏与河南两省公路利用情况发现，河南省过境性利用占 57%，省内经济联系也仅占 34%，说明河南省境内一半以上的交通运输服务未对区域经济发展产生贡献作用（表 22）。

表 22　　　　　　　　　江苏省与河南省公路利用情况对比

公路利用情况	过境性	到发性	内到内
江苏/%	4.17	17.83	78
河南/%	57	9	34
平均运距/km	1700	800	—

注　数据来源：《中国特色城镇化道路发展论坛材料汇编》，2012。

综上所述，淮河流域地区整体而言交通化建设水平要高于其城镇化建设水平，交通区位优势没有被充分挖掘、利用。下一步的战略举措应当是凭借交通区位优势，弥补城镇基础设施建设方面的不足，同时有针对性地开展产业规划和招商引资，在交通化的带动下实现区域内城市化与产业化齐头并进。

（2）新型城镇化带动新型工业化。

美国经济学家库兹涅茨把现代经济增长概括为工业化和城市化共同发展的过程：在工业化初期，城市化缓慢发展至 30%；在工业化中期，城市化水平加速发展至 70%；在工业化后期，第二产业在国民经济中的比重在上升到 40% 左右后，将缓步下降，同时城市化速度也有所降低。

在上述过程中，工业化与城市化之间存在着一个发展关系的演进过程：起初阶段是以工业化的发展为核心，工业化促进了城市化的发展；发展到一定阶段，进入城市化与工业化互动发展阶段；进入工业化发展的后期，工业化的作用开始淡化，城市化逐步成为经济发展的重心。可见，以城镇化带动工业化是经济发展的必然要求。

从淮河流域实际情况以及国家发展战略目标出发：

1）城镇化已成为国家战略。"十五"推进城镇化的条件已渐成熟，要不失时机地实施城镇化战略；"十一五"坚持大中小城市和小城镇协调发展，积极稳妥地推进城镇化；"十二五"坚持走中国特色城镇化道路，科学制定城镇化发展规划，促进城镇化健康发展。淮河流域人多、人口密度高，具备城镇化发展的基础。

2）淮河流域城镇化发展基础。①流域人口众多，人口密度极高。淮河流域面积约 27 万 km^2，占全国国土面积的 2.8%。2009 年流域总人口 1.78 亿人，占全国人口的 13%，人口密度居各大流域之首，约 659 人/km^2，是全国平均水平的 4.5 倍。②淮河流域人口回流现象初现。长期以来，河南、安徽两省均为人口净流出状态，随着《中原经济区规划》《皖江城市带承接产业转移示范区规划》两个国家级战略规划的批复实施，河南、安徽开始出现人口回流现象，如郑州市 2010 年呈现人口净流入状态。河南省农村劳动力省内就业快速增长，与 2009 年相比，2010 年河南农村劳动力省内转移增加 123 万人，增幅为 12.07%，与 2007 年相比，省内转移增加 490 万人，增幅为 75.16%。③河南、山东两省各市城镇化水平远远滞后于工业化的发展。如图 44 所示，人口近千万且经济相对落后的阜阳、周口，人口介于 700 万~800 万人左右的菏泽、驻马店、信阳等市城镇化率均低于 35%，低于全国 15 个百分点以上。城市化滞后于工业化的发展将抑制国内消费需求的释放与升级，导致严重的内需不足与产能过剩。城市化滞后必然造成工业品和服务业市场需求不能随着生产发展同步扩大，最终制约了工业化和服务业的进程。

因此，淮河流域当前应响应国家的战略，大力推进城镇化的建设步伐，通过城镇化的优先发展拉动内需，从而带动工业和第三产业齐头并进，避免脱离城市孤立存在的单纯的工业化发展道路。探索淮河流域经济欠发达地区城镇化带动工业化的逆向发展路径。

新型城镇化的核心在于不以牺牲农业和粮食、生态和环境为代价，着眼农民，涵盖农村，实现城乡基础设施一体化和公共服务均等化，促进经济社会发展，实现共同富裕。淮河流域新型城镇化不强调特大城市的建设，而是要加快节点城市、县级城镇的建设，吸纳人口聚集，先期制定合理的城市规划和产业规划，实现产城融合、资源节约、环境友好的发展模式。

（3）新型工业化驱动产业全面升级。

新型工业化是坚持以信息化带动工业化，以工业化促进信息化，是科技含量高、经济效益好、资源消耗低、环境污染少、人力资源优势得到充分发挥的工业化。这就要求工业产业在信息化的带动下进行技术创新，在谋求经济效益的同时不以牺牲资源和环境为代价，这无疑驱动产业进行全面升级。

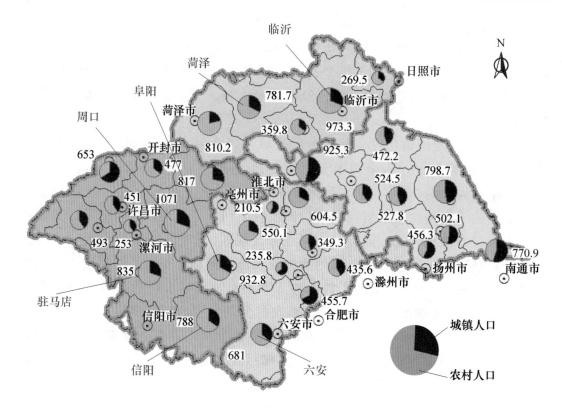

图44　淮河流域各市城镇和农村人口分布情况（单位：万人）

数据来源：中国统计年鉴（2010、2012）河南省统计年鉴（2010、2012）、安徽省统计年鉴（2010、2012）、江苏省统计年鉴（2010、2012）、山东省统计年鉴（2010、2012）。

首先，推动工业的母机——装备制造业的快速发展。装备制造业范围广，门类多，技术要求高，与其他产业关联度大、带动性强。它的发展将带动一大批产业的发展；它为各行业提供现代化设备，各行各业都离不开装备制造业。装备制造业作为技术密集工业，万元产值消耗的能源和资源在重工业中是最低的。因此，通过知识和技术进步提升装备制造业技术含量是工业结构升级的重要手段。

其次，催化新产业淘汰旧产业，引领主导产业更替。一方面，知识和技术催化新产品形成新兴的市场，最终产生新兴产业，从外围使整个产业结构发生变化；另一方面，通过过程创新如新工艺、新设备及新的管理和组织方法，促使企业生产效率乃至整个产业生产效率得以提高，传统产业得以改造，而随着产品的技术生命周期走向成熟后，社会需求得到满足，传统产业利润逐渐下降，最终结果是传统产业的淡出，新的主导产业形成，从而完成工业结构的升级。淮河流域应把增加自主创新能力作为促进工业结构优化升级、转变经济发展方式的中心环节，把建立以企业为主体、产学研紧密结合的技术创新体系作为突破口，以加速实现产业全面升级。

与此同时，在新型工业化指引下，促进工业企业节能降耗、增加效益和环境保护。通过推广应用信息化智能技术、生产各工序和全线过程的自动化控制系统，企业用水、电、煤、原材料明显降低。通过推广污染排放主要生产线和关键设备自动控制技术，应用环境监测、污染源监控等信息系统，在冶金、电力、石化、建材、造纸等高污染行业，使污染物排放得到最大限度的控制。另一方面，把产业链纵向延伸作为区域产业升级和新经济增长点培育的主要路径，发展资源共享、优势互补的一体化生产模式，优化资源配置，降低污染排放。

（三）战略重点：立足资源和产业优势，走新型工业化道路

应立足流域的资源禀赋与产业优势，重点建设现代农产品加工基地，全力打造淮海经济区装备制造业高地，改造提升矿产资源加工产业，因地制宜发展战略性新兴产业，创新驱动，助力产业全面升级，环境先导，促进工业绿色发展，走出一条适合淮河流域的新型工业化道路。

1. 依托区域优势，促进产业升级

（1）重点建设现代农产品加工基地。

1）实现农林产品加工业"两圈两带"集群发展。重点扶持食品加工业集群发展。淮河流域重点打造以皖北和豫东为主的"两圈"食品加工业集群。到2015年，实现食品工业产值倍增，建成郑州、漯河、许昌、周口、信阳、合肥、济宁等营业收入超"千亿级"的"外圈"食品工业集群以及商丘、驻马店、阜阳、亳州、六安、滁州、淮北、宿州、菏泽等超"五百亿级"的"内圈"食品工业集群（图45），以外带内，共同提升。壮大粮油制品、肉制品、乳品果蔬饮料三大优势农产品加工产业，重点扶持具有地方特色的食品工业集群的发展，如信阳、滁州茶叶加工，许昌、驻马店食用菌加工，许昌、周口薯类加工，淮南、淮北豆制品加工，宿州山芋加工，淮安小龙虾加工、菏泽莴笋加工等。

发展林纸、林板一体化生产经营体系。淮河流域重点发展"两带"林木加工体系，"一带"是流域北边界的郑州、开封、菏泽、济宁、临沂、日照；"一带"是沿淮的阜阳、亳州、宿州、宿迁；形成开封、宿迁"林板一体化"，济宁、日照"林纸一体化"，阜阳柳编工艺品、菏泽桐木制品及草条工艺品特色林木加工的经济活跃中心（图46）。按照"以板/纸促林、以林/纸促板、林板纸一体化"思路，依托林木加工企业，大力发展速生纸浆林和用材林，解决速生丰产林缺乏抚育生长量低的问题；有利于加工企业根据市场需求先期规划速

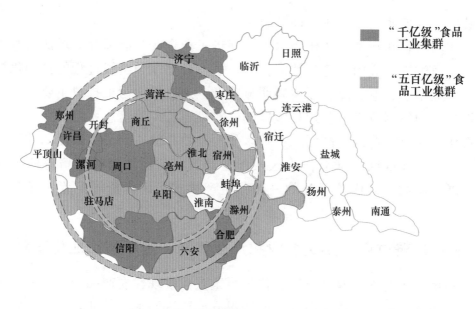

图 45　淮河流域食品加工业集群示意

生林品种，优化调整林产品结构，提高经济效益。

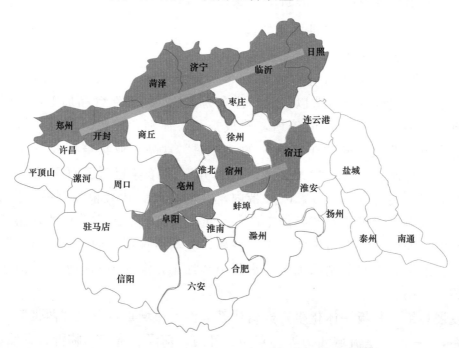

图 46　淮河流域林产品加工业"两带"集群示意

2）推进资源加工型产品精深加工，延伸产品链。食品加工以加强副产物利用、研发新品种、拓宽产品链为主要发展方向。食品加工业产品附加值较低，主要原因有两个：一是产业链条发展不完善，初级加工占比重较大；二是食品工业技术含量较低，2010 年我国食品科技投入强度约为 0.4%，不仅低于发达国家2%以上的水平，也低于新兴工业化国家1.5%的水平，且在关键生产装备上缺乏自主创新，核心技术自主知识产权缺位。

粮油加工加强副产物综合利用，发展休闲、方便、速冻食品、调味品等；果蔬加工积极发展特色果蔬加工新品种；肉制品扩大低温肉制品、功能性肉制品产量、食品添加剂等。重点发展"小麦-面粉、胚芽蛋白、食品制造-综合利用-饮料及维生素E"，"畜禽养殖-屠宰-肉制品加工、内脏综合利用-生物制药"，"油料-压榨、浸出-提纯分级、副产品综合利用"等产业链。

推动林纸、林板一体化企业开展精深加工。"林纸一体化"企业重点发展低定量、功能化纸及纸板新产品，扩大印刷书写纸、食品包装专用纸、低克重高强度瓦楞原纸及纸板等产品规模，积极开发信息用纸、医疗特种用纸等，建设环保生态型造纸产业。"林板一体化"企业重点发展定向刨花板、中高密度板、装饰板材、中高档家具、旅游文化用品、工艺品等，积极扶持多功能、高质量、环保型、高附加值的精深木材产品开发。

注重非木质林产品精深加工产业发展。除果品、菌类、茶叶等食品精深加工外，注重中药材加工产业的发展。将亳州建成"千亿元"现代中药产业基地，以中药材种植、中药饮片加工、中药提取物生产、中药产品生产为主导，以要用辅料生产为配套的现代中药产业链。

3）提升产业效率，实现"从工业到产业"式升级。推动食品加工业形成全产业链模式。将整个食品链条由加工、储藏扩展到从农产品生产、加工，到储藏、物流，再到消费、餐饮的完整过程，实现从田间到餐桌的全产业链贯通。建立全程可追溯的食品安全管理体系。培养壮大全产业链龙头企业，同时通过与中小企业的专业合作，通过规模化的收购、储运、养殖、加工，推动农产品由初加工向精深加工转变，形成一批"高质量、高效益"的产业集群。

全产业链模式通过完善现有的食品业相关业务，涵盖从田间到餐桌，从农产品原料到终端消费品多个环节的全食品产业链，以形成整体竞争力。与传统的集中在成品安全检测这一环节相比，全产业链模式更能确保食品安全。中粮集团是国内首屈一指的食品工业集团企业，其全产业链模式堪称范本，值得淮河流域内各市借鉴。中粮集团认为，保证产品的质量应该从整个产业链而非某单一环节入手，使这个问题从商业模式上得到根本解决。辨识和控制包括从种植、养殖到原料进厂，从生产加工到出厂检验，从销售到流通等各个环节可能出现的食品安全风险，采取积极有效的措施，提升对全产业链、全过程的掌控能力，真正确保食品安全。

以装备制造业支撑带动资源加工型产业全面升级。研发食品加工关键装备与配套技术，带动农产品加工业转型升级。重点发展粮食加工、油料加工、果蔬加工、禽畜屠宰加工装备和饮料制造、食品包装及食品检测与控制等装备。研发食品装备数字化设计与先进制造、智能控制与过程检测、节能减排、质量控制等关键装备与配套技术。

4）发展现代物流产业，降低行业整体成本，扩展农产品加工业利润源。由于物流成本在农产品加工整体行业成本中占据较大比重，所以发展现代物流产业，降低物流成本，可以扩大行业利润源，提升行业从业人员收入。此外，现代物流产业还将提供更多的就业岗位。

发挥交通基础设施既有优势，构建农产品物流网络。淮河流域有着比较完善的铁路、公路、水运交通网络，要充分利用和发挥这一既有优势，构建覆盖更为全面广阔的农产品物流网络。在农产品产区，做好基础设施的修建和维护，发动乡镇和村民自治组织设立物流服务终端；在产业加工区和交通枢纽城镇，建设农产品物流基地，为农产品及其加工产品的转运提供基础性保障。

培育扶持现代物流产业主体，规划发展现代物流业。专业化物流产业主体是现代物流的重要组成部分，可以提供更为专业化和标准化的物流服务。淮河流域农产品及加工业从业主体众多，很容易形成物流业的规模效益。各级政府应引入或扶植有资质的物流产业主体，给予税收、土地等方面的优惠；同时要规划发展现代物流业，有条件的地区考虑兴建物流产业园区，或对从事农产品物流业务的企业或园区给予额外的政策鼓励。

鼓励农产品加工业技术创新，提升全行业产品质量。农产品物流需要较高的仓储、保鲜和包装技术，相关领域的技术创新可以提升农产品质量，抬高行业利润。各级政府应鼓励相关企业引进行业内先进技术、采购先进设备，对于技术引进和设备采购费用可予以适当的补贴或信贷优惠；同时鼓励企业或相关科研院校自主研发。

着手现代物流业信息化建设，奠定长远的发展基础（张明玉，2006）。信息化物流是未来农产品物流的发展方向，信息化也是最终解决农产品供求矛盾的必然手段，应把信息化建设作为提高农产品流通效率的重点来抓。应在原有农村经济信息系统的基础上，加强市场信息硬件基础设施建设，实现生产者、销售者计算机联网，资源共享、信息共用，对物流各环节进行实时跟踪、有效控制与全程管理，并逐步搞好农产品信息处理与发布工作以及市场信息咨询服务。

5）构建配套公共服务体系，为农产品加工业的技术创新、行业标准、资金融通和安全监管提供有力的支持和保障。在技术创新方面，重点围绕绿色加工等，在各类科技计划中优先支持；支持相关企业建设省级重点实验室和工程（技术）研究中心，并择优推荐申报国家级重点实验室和工程（技术）研究中心，支持相关企业积极申报省科技创新团队和科技创新人才。

在行业标准方面，推行标准化生产和加工，加快推进流域内农业标国际化的战略，跟踪、研究相关国际标准，以财政补贴、税收优惠等形式支持区域内农产品加工企业推动标准化生产，同时推行地理标志制度。

在资金融通方面，加大农业发展类银行的贷款支持力度，积极争取商业银行项目直接贷款，同时鼓励和培育龙头企业、重点企业上市。视地区差异实施不同的融资担保机制，鼓励各省、市成立基金或担保公司，运营相关的投融资项目。

在安全监管方面，建设质量安全检验检测体系和质量预警体系，实现食品安全和其他农产品质量安全的全过程风险控制机制，既要注重市场产品的安全检测、检验工作，又要对重点农作物/重点产品的加工处理过程进行全过程预警。

（2）打造淮海经济区装备制造业高地。

1）以徐州、济宁为核心，打造淮海经济区装备制造业高地，围绕高地推动产业配套发展。立足流域装备制造业发展基础，依托徐州、济宁等工程机械制造优势，全面打造淮海经济区装备制造业高地。建设徐州、济宁工程机械制造基地、蚌埠环保设备制造基地、淮北煤机装备制造基地、盐城内燃机及配件制造产业基地和日照农业装备制造基地（图47）。围绕各装备制造基地，周边城市着重推动产业配套发展，提高技术装备、整机配套和材料本地化水平，推进产业集聚，形成规模化、专业化、系列化的产业发展格局。

2）根据流域产业发展需求，发展成套及重大装备行业。立足传统产业主导发展特征，着力发展具有国际竞争力的大型成套装备产业。输变电设备强化关键部件，形成超特高压为主导、高中低压为基础，一次、二次设备配套的产业格局，成为具有世界先进水平的输变电成套设备研发和制造基地；煤炭采选设备发展大型选煤和选矿成套设备，发展大型齿辊破碎强力分级机、重型脱介筛和离心脱水机、大型浮选机等关键设备，提高配套率和成套率；大型煤化工和化肥成套装备开发大型煤气化炉、大型甲醇合成塔、大型压缩机等关键和成套设备。提高大化肥成套、关键设备和配套件的制造水平；环保治理成套装备发展城市大型污水处理厂、工业污水处理站、城市垃圾处理厂等大型环保成套设备，发展大气污染治理关键设备和成套设备。

（3）推动资源依附型产业集约式一体化发展。

1）放缓或稳定煤炭产能，加大煤炭资源整合力度，实施煤炭产业升级改

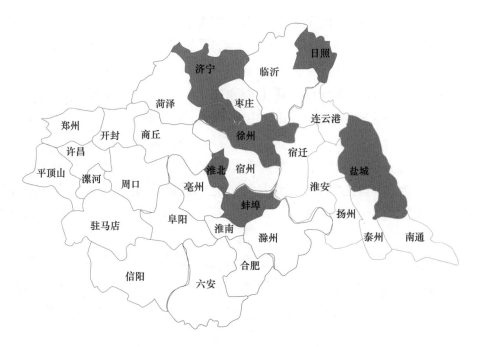

图 47　淮海经济区装备制造基地布局

造。按照国家"十二五"煤炭开发总体布局，中部地区开发强度偏大，放缓开发增速，河南、安徽产量保持稳定。大力推进企业兼并重组，淘汰落后产能，发展大型企业集团，提高产业集中度。按照上大压小、产能置换原则，合理控制煤炭产量。提高煤炭企业技术装备水平，加强大中型煤矿技术改造，提高煤炭资源回采率；大力发展煤炭洗选加工，大中型煤矿配套建设选煤厂；推进采煤采气一体化开发，支持煤矿瓦斯民用和发电，鼓励低浓度瓦斯利用。

2）适度发展煤化工产业，重点加快传统煤化工产业升级。各市发展规划显示，煤化工产业发展存在过热势头。阜阳、淮南、淮北、宿州、亳州均提出着力发展煤化工，部分地区以煤基甲醇制烯烃、二甲醚、乙二醇的现代煤化工为发展重点。煤制烯烃、乙二醇技术尚未成熟，处于工业化示范阶段不适于大力发展。另外，淮河流域水资源相对缺乏，环境容量不容乐观，同时流域4省均为煤炭调入区，不具备大力发展现代煤化工产业的基础。淮河流域传统煤化工产品以合成氨、甲醇、焦炭、电石为主，均名列"十二五"淘汰落后产能目录。因此，淮河流域煤化工产业发展重点应放在加快传统煤化工产业升级方面。严格限制行业整体产能，加快淘汰落后产能，开展行业内重组整合，提高行业准入门槛，提高资源综合利用水平。

3）发展资源共享、优势互补的一体化生产模式。煤炭开采处于产业链的上游，如果煤矿所在地没有下游产业如燃煤电厂消纳其产品，则煤炭需要被运往异地。煤炭价格居高不下，一个很重要原因就是运输成本过高和流通环节过多。1t合同电煤在大同的离矿价是346元，走铁路专线运到秦皇岛码头成了436元，走航运到浙江某发电厂专业码头成了526元，再通过指定的中间经营单位，最后该发电厂把煤拿到手时是576元。在当前货源和运力都很紧张的情况下，实际到户价格可能比这还要高。另外，煤炭在运输过程中不仅给铁路、公路交通带来了很大压力，而且还存在抛洒、污染和热量损耗等问题。

煤炭和电力作为能源安全的重要支柱，二者互为上下游关系，煤炭开采的主要用途也是供发电使用。原煤作为煤炭开采的主要产品，可通过焦化、液化、气化等不同方式作为煤化工的原料，同时，开采过程中产生的副产品如煤矸石、瓦斯、粉煤灰等都可以成为建材、有色等行业产业链的上游（图48）。通过对主要产品和副产品的充分利用，延长产业链，提高资源生产率和产品附加值。

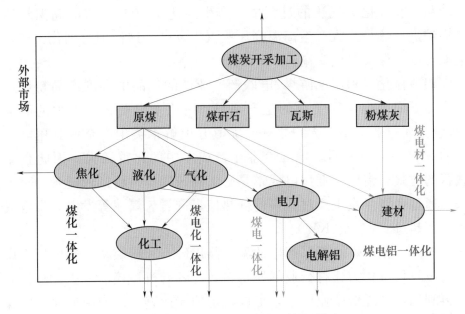

图48　以煤炭为主导的一体化模式

煤电一体化。煤电一体化又称煤电联营，是指煤炭企业、电力企业为实现持续良性发展，通过上下游产业间企业资产的重组和产权连接，以相互持股或控股的方式，实行混合经营（或称一体化经营）。通过资本融合，实现产业链联合，较好地解决了煤电之争。

两淮地区（淮南、淮北）是淮河流域煤电一体化发展的典范。基地内保有煤炭资源储量252亿t，占华东地区煤炭资源储量的45%。截至2008年，两淮煤炭基地煤炭产量达到1亿多t，电力装机规模达1300kW，实现了皖电东送"煤从天上走"的目标。到2015年，煤炭产量将达到1.8亿t，并启动实施

"皖电东送"二期工程。

煤电一体化模式，打破了行业壁垒，使得煤炭、电力两大行业增强了互补性，扩大了依存度，在资金、原料、物流和终端能源上形成一个完整的产业链，产生新的利润增长点。同时，之后将讲到的煤电化一体化、煤电材一体化以及煤电铝一体化将建立在煤电一体化的基础上。

煤电化一体化。传统的煤化工产业链虽然已经是煤炭开采和化工产业的联合体，但物质与能量单向流动的，通过煤炭的焦化、气化或液化等方式从而形成化学原料、化工产品等。发展化工产品与发电一体化，是以新型煤化工为基础，以煤为原料，形成化工产品及发电为一体的循环经济模式。新型煤化工主要是煤气化和煤液化为主，通过大型、超大型的煤气化单元或液化单元，利用副产的热能进行发电。通过现代化的新型煤气化工艺及煤气化炉，把煤气化成以 CO 为主气体，如煤气化合成甲醇，再由甲醇合成二甲醚、聚乙烯、聚丙烯等化工产品。在气化炉气化的过程中，产生高达 1200℃ 左右的高温气体，利用废热锅炉进行热量回收产生高温高压蒸汽去发电，这样即得到化工产品，又得到电能，既环保又热效率高。

煤电铝一体化。利用上游煤-电联产产业链的产品电和副产品粉煤灰、煤矸石等作为下游的电解铝工业的生产原料，解决了电解铝对电力的需求（图48）。有色金属行业是用电大户之一，尤其是电解铝类生产企业其用电成本占总成本的 35%～47% 左右。电在企业生产成本中的比重较大，因此企业采取铝电联营的方式，借以降低用电成本是必然的选择。再将产业链延伸至上游煤炭开采，通过燃烧煤炭生产过程中的低热值煤矸石、煤泥等发电，发电成本很低（预计不超过 0.17 元/KW）。

煤电材一体化。煤炭开采产生的副产品煤矸石和粉煤灰，热电厂烧煤后产生的炉渣废料均可作为建材行业的原材料，三者有机连接既减少废料排放，实现资源再利用，又降低企业成本，形成稳定的产业链。以淮南矿业集团煤电材一体化发展模式为例，煤炭开采中产生的粉煤灰作为原料用于生产熟料和水泥，使其变废为宝，成为重要的水泥生产原料。水泥厂在生产熟料时能掺入 2%～5% 的粉煤灰，每年能消耗 7 万 t 粉煤灰，在把熟料粉磨成水泥，能掺入 30% 以上，每年能消耗 25 万 t。此外，粉煤灰分筛选后还可作为商品灰出售。电厂排放的炉渣作为建材厂烧制砖瓦的原材料，可全部综合利用。目前，煤矸石、粉煤灰、炉渣利用率 100%，在实现经济效益的同时大幅度提高资源生产率。

4）流域整体布局，推动煤化盐化、石化盐化一体化发展，着重精细氯加工产业链发展。盐化工属于传统无机工业原料行业，产品技术含量和附加值都比较低，产业链短，难以单独继续向下游发展。长期以来受国家产业政策影响，绝大多数石化企业因为没有盐化工基础和产业优势只能发展石化，而盐化工企业又不能轻易涉足石化行业，制约了盐化工和石油化工"一体化"发展。国外盐化工大都配套石化原料，产业链较长，附加值高。石化盐化一体化产业方向是以石化乙烯、丙烯和芳烃为原料，同氯碱和氨碱法纯碱两大盐化工工艺相融合，发展和延伸有机氯和有机胺两大系列产品和下游产业链，推进产品和产业结构从无机产品为主到有机产品为主、从技术含量低到技术含量高、从低附加值到高附加值"三个转变"。

以山东海化集团有限公司的石化盐化一体化生产模式为例加以说明（图49）。该生产模式利用生产装置之间的"链接"和"代谢"关系，在产业的发展上采用上下游一体化的方式，使资源得到最充分的综合利用，注重产品链的延伸，提高产品附加值，从而构筑上下游一体化且独具循环经济特色的产品链结构（高力国等，2012）。

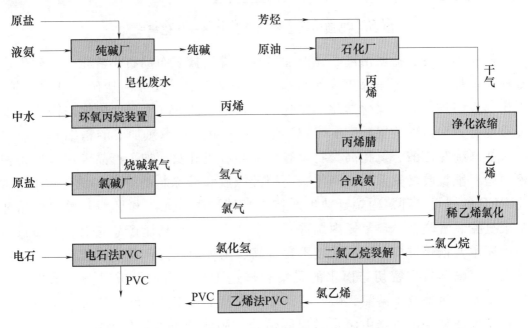

图 49　山东海化集团石化盐化一体化模式

煤化盐化一体化是煤化工产业与盐化工产业的有机结合，二者相互利用生产过程中的副产品和废弃物。以平顶山煤业集团公司为例，其发展立足于煤炭、岩盐、石灰石等资源优势，紧密依托本区域及周边产业，以盐化工和煤化工为龙头，带动副产品和废弃物的综合利用（李艳，2010）。产品包括 PVC、烧碱、电石、醋酸、甲醇、甲醛等基础化工原料，带动发展煤炭、电力、盐卤开采等上游产业，和精细化工、塑料加工、机械制造等下游产业，实现了煤化盐化一体化的发展模式（图 50）。

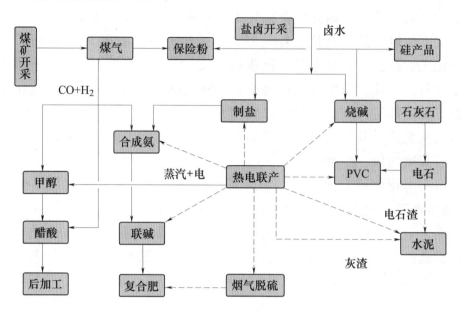

图 50　平顶山煤业集团煤化盐化一体化模式

依托连云港、盐城沿港石化产业基地及淮安盐矿布局石化盐化一体化生产基地；依托济宁、枣庄煤矿及徐州盐矿，平顶山煤矿及漯河盐矿，阜阳盐矿、煤矿及淮南煤矿布局煤化盐化一体化生产基地（图 51）。石化盐化一体化发展突破现有大型氯碱装置并配套 PVC 项目上，重点考虑氯加工的精细有机氯产品。如高纯氯乙酸、氯化高聚物及有机氟和有机硅及深加工产品等，包括特种氟树脂、氟橡胶、氟系列中间体、高档硅橡胶和硅涂料的开发，氯化 PP 和氯化 PVC 的建设、环氧丙烷延伸生产特种高档聚醚多元醇和聚酯多元醇产品并与聚氨酯装置联合、环氧氯丙烷进一步生产高档环氧树脂产品。上述产品目前国内还主要依赖进口，多属于技术含量高、附加值高的产品。煤化盐化一体化发展，氯碱项目应密切与卤水的采集和输送工程结合，形成以卤水采集、输送、精制、氯碱及下游氯、碱、氢深加工的精细化工产业链。通过卤水精制后直接作为原料，可省略由卤水做成固体盐、固体盐再溶解作精制盐水的工序，节约能量，并且生成的淡盐水又可返回注井采卤，节约用水。

（4）因地制宜发展战略性新兴产业。

1）根据区域特色制定差异化的战略性新兴产业发展政策。流域内各个城市需要结合各自的产业优势、考虑市场需求，因地制宜、因势利导地发展战略性新兴产业，避免盲目低质化发展。目前，江苏省较好地规划了各市的战略性新兴产业发展，河南，安徽则发展质量偏低，缺乏战略性新兴产业的实质。

以太阳能光伏产业为例，江苏省各市产业发展规划更侧重于光伏产业链末

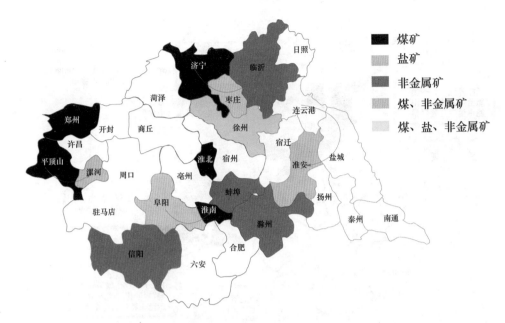

图 51　淮河流域煤、盐、化工一体化基地布局

端的太阳能利用的推进：南通提出加快太阳能的开发利用，泰州重点发展光伏系统集成，扬州提出发展光伏"太阳能屋顶计划"，徐州则更注重发电效率较高的单晶硅光伏发电（效率高出多晶硅 5%左右）。高污、高耗的多晶硅生产方面，江苏省仅以徐州为重点发展基地。

相比之下，河南省"十二五"全省的战略性新兴产业发展重点是多晶硅的生产，淮河流域内在郑州、开封、信阳均有部署，而安徽流域内绝大多数城市均将光伏加工、太阳能电池生产作为战略性新兴产业。2012 年，全国光伏产业呈现大范围的泡沫经济，江西赛维集团在合肥开设的 36 条多晶硅生产线已有 32 条停产。因此，淮河流域战略性新兴产业的布局如下：在连云港、盐城、南通等市以沿海风电场、海洋工程、海洋生物医药为发展重点；在徐州、扬州、济宁、临沂、合肥等市以光伏发电为发展重点；在郑州、合肥、盐城等市以新能源汽车为发展重点（图 52）。

2）充分发挥创新型城市对其周边城市的牵引带动作用。淮河流域整体上缺乏经济发达的中心城市，郑州、合肥、南通、扬州 4 市人均 GDP 在 4.8 万元/人左右，超过 2010 年东部 11 省平均水平，4 市均处于淮河流域周边地区。

淮河流域 31 个地级市"十二五"规划均提出大力发展战略新兴产业，但从实际情况出发，很多城市现阶段的能力不适于大力发展战略新兴产业。因此，淮河流域战略性新兴产业和高技术产业的发展需要依靠经济条件相对较好、具备创新能力的中心城市来发展。

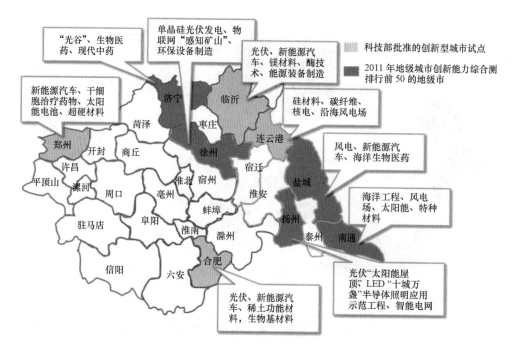

图 52　淮河流域战略性新兴产业布局

创新型城市是指主要依靠科技、知识、人力、文化、体制等创新要素驱动发展的城市，对其他区域具有高端辐射与引领作用。2008—2012 年，科技部批准了 6 批创新型城市试点共 42 个城市，其中设计淮河流域 3 个城市：合肥、连云港、郑州。中国城市发展研究会（2011）采用 21 个指标从创新基础条件与支撑能力、技术产业化能力、品牌创新能力 3 个方面对全国 282 个地级市 2011 年创新能力进行评估，淮河流域排在前 50 的城市分别是（括号内为创新能力排名）：郑州（9）、南通（17）、合肥（25）、济宁（33）、扬州（35）、徐州（37）、临沂（38）、泰州（40）、盐城（46）。

通过创新型城市的技术扩散效应和知识溢出效应，积极引导周边城市在已有的产业基础上适当发展战略性新兴产业，研发、应用和推广一批能实现传统产业向战略性新兴产业转化的核心技术，引导整合流域内高端产业的发展，从而全面实现工业转型升级。

（5）创新驱动助力科技成果快速转化。

加大对新能源、新材料、生物、信息等高技术领域自主创新成果产业化的支持力度。充分发挥淮河流域重点科研院所和大型企业的技术优势，整合南京农业大学、扬州大学、河南农业大学、江南大学、河南省农业科学院等农业部重点实验室以及中国矿业大学、兖矿集团、淮南煤矿集团等国家级煤炭资源开采研究中心的研究资源与成果，积极推动产学研用相结合，鼓励高等院校和科研机构向企业转移自主创新成果。

积极探索管理创新模式。将全产业链管理的概念引入到农产品加工的实践中去，建立全程可追溯的食品安全管理体系。以无缝式产业衔接与一体化信息网络的管理方式提高工业园区的生产效率，以资源优化配置与生产生活相融合的规划理念拓展工业园区的生态内涵。

发挥东部地区与淮河流域对口帮扶的机制优势，加强流域企业与东部先进企业的技术交流，积极引进高端技术成果，建立市场化的跨地区企业协作机制。依托重要骨干企业、重大工程项目，组织实施一批带动力强、影响面广、见效快的技术创新和高技术产业化项目。

2. 严把环境容量，实现绿色发展

（1）严格环保准入，合理承接产业转移。

产业转移是指发达国家或地区将某些产业转移到发展中国家或地区的一种经济现象。产业转移是开放经济下产业分工的结果，是经济发展不平衡的产物。产业转移往往以投资形式出现，但本质上是现有生产能力在空间上的整体或部分转移（韦伟，2008）。近代区位理论认为，促使企业转移生产重心形成产业转移现象的基本驱动力是对利润最大化的追求，一个地区工业区位的核心因素主要包括运输成本、劳动力成本和集聚成本，合理的工业区位应选择上述总成本最小的地方（P. K. Sehot，2002）。

而在现代社会，随着对环境资源认识的逐步深入以及全社会环保意识的逐步觉醒，在工业发展中"环境容量"也成了一种无形资产，许多发达地区由于本地环境状况日益紧张，加之公众对环境质量要求越来越高，所以其本地区的"环境容量"资产价格骤升，而相比之下欠发达地区由于发展愿望迫切，环境矛盾相对缓和，"环境容量"资产价格的地区差成为产业转移驱动力之一。大批高污染、高耗能企业转移到欠发达地区。中国东部长三角和珠三角地区从20世纪80年代初承接了从美国、日本等发达国家和地区转移过来的化工、电镀、冶金、制革、纺织等污染型、劳动密集型行业，一方面造就了经济快速增长的有利局面；另一方面，使中国陷入了垂直分工格局的低端，产品技术含量不高同时也伴随着对环境的高污染（黎金凤，2007）。

概括而言，在产业转移过程中，承接产业的地区所面临的资源、环境方面的风险有以下几种（胥留德，2010）：

1）废物资源化利用。有些门类的废物，尤其是废电子、化工垃圾等危险废物的资源化利用，因其分离技术复杂、成本高、二次污染严重，对这些废弃物的利用是一个棘手问题。

2）拯救濒危企业。具有一定规模企业的破产，不仅会造成地方财政收入的减少,而且还会造成大量的失业人员,影响着社会的安定,在这样的困境中,政府部门往往会出台一些优惠政策。通过招商引资并试图借助外力来解困。

3)承接淘汰产业。后发地区在承接产业、设备转移并促进经济快速发展的同时,似乎又在重蹈发达地区"先污染、后治理"的老路。东部地区产业转移的目的在于淘汰资源消耗高、污染严重、技术落后的产业和设备,这些被列入禁止发展或淘汰的产能往往通过贸易、投资等方式转移到后发地区。而落后地区为了加快经济的发展,纷纷承接这些项目。由于现阶段我国落后地区的比重大,转移的项目常常是供不应求,于是出现了争抢项目的状况。即便是污染大的产业技术,也被顺利地转移和承接。

4)资源开发项目。在整个产业链中,后发地区处于从资源开发到初级产品生产的上游,而发达地区处于精深加工的下游,这一方面导致了产业分工的不合理性及经济效益的巨大差距,另一方面又导致了环境影响中的"马太效应",发达国家和地区的环境质量越来越好,而后发地区的环境质量则越来越差。

淮河流域所承接的产业大多来自长三角地区,相关研究显示,长三角地区最有可能向外转移的产业有(刘堃楠,2007):非金属矿物制品业、医药制造业、烟草加工业、饮料制造业、有色金属冶炼及压延加工业、化学原料及化学制品制造业、化学纤维制造业、专用设备制造业、皮革/毛皮/羽绒及其制品业、食品加工业、纺织业、木材加工及竹/藤/棕/草制品业、家具制造业、印刷业记录媒介的复制、石油加工及炼焦业、橡胶制品业、塑料制品业、黑色金属冶炼及压延加工业、专用设备制造业、交通运输设备制造业、电子及通信设备制造业、仪器仪表及文化,办公用机械制造业、金属制品业。上述产业的基本特征是,依赖密集劳动力和原材料(农产品和矿产资源),且多属于污染强度比较高的传统产业,这就容易带来资源和环境方面的风险。

为防范以上资源、环境方面的风险,同时发挥淮河流域的既有优势,合理承接发达国家和东部沿海地区的产业转移以提升自身发展实力,淮河流域内各市应当做到:①在承接项目上有所选择,培植本地优势产业。②推行基于污染物总量控制的环境容量限批制度。

承接产业转移的关键是培植本地优势产业,承接产业转移本身是手段而不是目的,目的是促进本地资源的整合重组、优化升级,最终形成具有核心竞争优势的主导产业(韦伟,2008)。培植优势产业是将资源优势转变为动态市场竞争优势的基本路径。淮河地区承接产业转移的主要优势之一就是区域内矿产资源丰富,如果承接而来的产业以资源初级加工为主,那么资源优势就没有办法很好地转化成经济优势。因此,围绕优势资源开发,大力承接资源精深加工企业，发展下游产品，拉长产业链，提高产品的科技含量和附加值，做大做强资源加工型产业，是扩大经济总量、提升经济结构、加快经济发展最重要的现实选择。如河南省信阳市上天梯矿区，是全国规模最大的无机矿石产区。该矿区奉行"原矿不出产地"的管理原则，所有矿石加工制造企业必须在本地区投资办厂，将税收和产值留在本地，向外输出保温建材等加工后的产品。

基于总量控制原则的环境容量限批制度是确保淮河流域内避免成为发达地区企业的"污染天堂"。"十一五"以来，主要污染物减排一直是中国环境保护工作的重中之重，被纳入五年规划的约束性指标之中。河南省从2011年底开始实施"主要污染物排放总量预算管理"制度，规定各市县需要在完成上年度主要污染物总量减排任务的前提下，才可以获得当年度的排放预支增量。如果没有足够的预支排放量，那么相关工程项目的环境影响评价将不被通过，任何违反此规定的党政领导都将面临问责和"一票否决"——河南的总量预算制度为各地区设置了招商引资的门槛，确保了主要污染物排放量控制在既定范围内，对环境质量有一定的积极影响。

（2）重点推行清洁生产，推广应用绿色技术。

循环经济发展需要技术载体：污染治理技术、废物利用技术、清洁生产技术、产业链接技术以及大量的信息管理和决策支持技术。绿色技术不是某一单项技术，而是一整套技术，其具有高度的战略性，与可持续发展战略密不可分。考虑到淮河流域正处于工业化发展的初、中期阶段，未来传统工业仍然占据主导地位的特征，其绿色技术应重点发展减量技术、替代技术、能量梯级利用技术、"零"排放技术、有毒有害原材料替代技术、回收处理技术、绿色再制造技术以及降低再利用成本的技术等。

1）节能技术。"十一五"规划制定了能耗强度下降20％左右的约束性目标，为配合节能目标的完成，国家发展和改革委员会先后发布了4批《国家重点节能技术推广目录》，共137项。

淮河流域各城市经济发展相对落后，全面推广137项节能技术的资金障碍较大，流域内节能技术推广需利用有限的资金取得最大的节能效果。因此，从淮河流域主导的传统产业出发，结合"十一五"期间推广的各项技术的节能效果及推广率水平，确定适于淮河流域优先重点推广的节能技术（表23）。

2）污染减排技术。污染减排技术分为两大类：一种是末端治理方式，以处置废物为目的的"深绿色技术"；另一种是源头控制方式，以减少污染为目的的"浅绿色技术"。从"十一五"污染减排途径看，河南、安徽、山东淮河流域各市COD减排基本采用常规污水处理技术，个别采用深度处理、中水回

专题报告

表 23　　　　　　　　　传统行业重点推广节能技术及节能效果

所属行业	产品	节能技术	节能效果	2010年推广率/%	技术类型
电力	电	超临界火力发电技术	50gce/(kW·h)	15	技术革新
		汽轮机组运行优化技术	7.31gce/(kW·h)	10	工艺及控制
		凝汽器螺旋纽带除垢装置技术	4.00gce/(kW·h)	30	工艺及控制
		汽轮机汽封改造技术	3.31gce/(kW·h)	10	工艺及控制
		锅炉智能吹灰优化与在线结焦预警系统技术	2.32gce/(kW·h)	10	工艺及控制
		火电厂厂级监控信息系统应用技术	0.99gce/(kW·h)	35	工艺及控制
冶金	钢铁	全烧高炉煤气锅炉技术	91kgce/t 钢	10	余热回收与梯级利用
		干法熄焦技术	47.5kgce/t 钢	30	余热回收与梯级利用
		炼焦煤调湿技术	14kgce/t 钢	10	工艺及控制
		高炉炉顶余压发电技术	13.6kgce/t 钢	55	余热回收与梯级利用
		能源管理中心技术	10kgce/t 钢	12.5	工艺及控制
	电解铝	预焙铝电解槽电流强化与高效节能综合技术	437kgce/t 铝	3	工艺及控制
		铝电解槽新型阴极结构及焙烧启动与控制技术	343kgce/t 铝	3	工艺及控制
建材	水泥	水泥窑低温余热发电技术	12.5kgce/t 熟料	48	余热回收与梯级利用
		立式磨装备及技术	3.3kgce/t 水泥	50	工艺及控制
	平板玻璃	玻璃纤维池窑全氧燃烧技术	222kgce/t	5	工艺及控制
化工	合成氨	合成氨综合节能改造技术	230kgce/t 氨	30	余热回收与梯级利用
	烧碱	膜极距离子膜电解技术	39.6kgce/t 碱	10	工艺及控制
	电石	密闭环保节能型电石生产技术	216kgce/t 电石	40	工艺及控制
	硫黄	大中型硫黄制酸装置低温热能回收技术	54kgce/t 硫黄	26	余热回收与梯级利用
煤炭	电	300MW及以上煤矸石/煤泥发电技术	173gce/(kW·h)	10	替代
	电	煤矿低浓度瓦斯发电技术	173gce/(kW·h)	10	替代

注　1. 资料来源：国家发改委能源研究所. 工业节能减排关键技术分析评价 [R] .2011.
　　2. 各类技术节能效果根据资料来源核算。

434

用，均属于"深绿色技术"，"浅绿色"的清洁生产技术应用较少。

"十二五"期间，淮河流域除继续强制执行"深绿色"的污染治理技术外，还要转变生产方式，从源头出发，大力推广清洁生产技术。根据国家工业清洁生产推行"十二五"规划，结合淮河流域主导产业，重点推广以"零"排放、有毒有害原材料替代及回收处理技术为主的清洁生产技术，COD、氨氮、SO_2清洁生产技术见表 24。

表 24　　　　　　　　　　　重点推广的污染减排技术

污染物	所属行业	污染减排技术	减 排 效 果
COD	发酵（酿酒）	高性能温敏型菌种发酵技术	味精单位产品玉米消耗降低 19％以上；能耗可降低 10％；COD 产生量减少 10％
		新型浓缩连续等电提取工艺	味精吨产品减少了 60％硫酸和 30％液氨消耗，且无高氨氮废水排放，吨产品耗水量可降低 20％以上；吨产品 COD 产生量可降低 50％左右
		废母液综合利用技术	技术实施后味精吨产品 COD 产生量减少约 80％，并可产生 1t 有机复合肥，增加产值 600 元
		酒精糟液废水全糟处理等技术	应用于淀粉原料酒精企业，目前应用面不足 10％，可在全国约 80％的企业应用，COD 排放量可在现在基础上减少 30％以上。以现有水平，吨酒精可减少 COD 排放约 6kg
		啤酒废水厌氧处理产生沼气利用	逐步推广后，能够显著提升啤酒行业清洁生产水平，力争在 2012 年行业内应用比例达 33％以上，少产生 COD 9000t；少产生 BOD 3600t；减排 COD 1800t；减排 BOD 总量 1800t
	纺织染整行业	推广印染高效短流程前处理技术	此项技术按印染总量的 40％推广，每年可节水、减少污水排放量 11330 万 t。短流程印染前处理技术环境效益突出。由于前处理废水排放量占印染废水总排放量的 60％以上，印染废水占纺织工业废水排放量的 80％
		染颜料中间体加氢还原等清洁生产制备技术	目前该技术在行业内普及率 10％左右，按 COD 约 30000mg/L 左右，普及推广后可以减少废水产生 300 万 t/a、COD 约 9 万 t
	农药行业	推广草甘膦母液资源化回收利用技术	按年产 50 万 t 草甘膦计，每年处理草甘膦母液 250 万 t 以上，大大降低企业生产成本
氨氮	氮肥行业	氮肥生产污水零排放等技术	采用该技术，可使氮肥企业废水排放量减少至 5m^3/t 氨以下，先进企业达到 2m^3/t 氨以下
SO_2	钢铁行业	烧结烟气循环等技术	预计近三年大型烧结机推广使用，普及率达到 10％以上，可以大幅减少末端处里费用 15 亿元，节约固体燃料消耗 30 万 t 标准煤，减少 SO_2 排放 7.5 万 t

注　各技术减排效果出自《关于印发聚氯乙烯等 17 个重点行业清洁生产技术推行方案的通知》（工信部节〔2010〕104 号）。

（3）以循环经济为向导，建立生态工业园区。

循环经济是实现经济绿色转型发展的重要措施。在不同层面上，循环经济表现为不同模式。在企业内部，清洁生产是循环经济的实现途径；在企业之间，通过延长产业链条的方式使上游企业的废料成为下游企业的原料，从而实现物质的循环利用；在区域层面，城市和区域以可持续生产与消费为主体，把工业、农业、城市与农村有机结合，在物质与能量流动上进行大循环。

生态工业园区作为企业与企业之间相互联系发展循环经济的重要载体，通过产业高效聚集、物质充分利用、排放最大削减等途径得以实现。淮河流域的工业园区建设水平目前参差不齐，4省对于工业园发展循环经济这一内涵的实践也处于不同的阶段，但与生态工业园的最终目标仍然存在一定差距。已有的工业园区大部分以传统产业为主导，主要是企业简单的地理集中，企业之间生产过程不相关，产业链条碎裂化，同时入园的企业规模偏小，存在低水平重复建设、基础设施配套和管理水平偏低的状况。新建园区方面，除了河南、江苏对规划在建的工业园区有明确的产业集聚的要求，安徽、山东新建园区的主导产业仍不具备显著特色。高新技术工业园区多集中在郑州、合肥等省会城市，流域其他城市缺乏该方面的规划建设。针对既有园区、全新规划园区以及高新技术园区存在的不同问题，以下以具体案例给出相应的改进对策。

1）现有改造型。资源整合，产业联动。改造型园区是对现已存在的工业企业，按照生态工业学的原理，通过适当的技术改造，或引进新的产业、项目、工艺流程等，在区域内成员间建立废物和能量的交换关系。以淮河流域主导产业入手，构建相对简单的产业链条，使不同企业之间形成共享资源和互换副产品的产业共生组合，实现资源最优配置，减少资源消耗和污染排放。

以改造煤炭企业为核心的工业园区为例，一方面通过企业自身开展技术改造和清洁生产提高资源生产率，另一方面通过引进其下游企业等入园共建，使煤炭开采过程中产生的副产品得以有效利用，从而达到生态工业园的基本要求。图53展示了传统产业为主的生态工业园的运行机制。

对现有园区的改造不仅仅局限在带动园区内工业链条发展，还可以延伸至园区外的其他产业，通过产业联动的方式达到共生共荣的目的。以新疆天业生态工业园为例（图54），其主体化工园区不仅将产业链扩展到上游的矿产资源开发，为园区内化工企业提供优质低价能源和主要生产原料，而且将下游延伸至节水器材生产、食品加工和饲料生产。产业链发展涉及工业、农业、交通运输业、建筑业等多个领域，涵盖生产、消费、回收三大环节，实现了企业、区域和社会的大循环（周军等，2005）。

2）全新规划型。特色鲜明、产城融合。全新规划园区是在园区现有良好

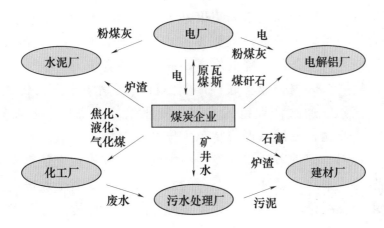

图 53 传统型产业为主导的生态工业园

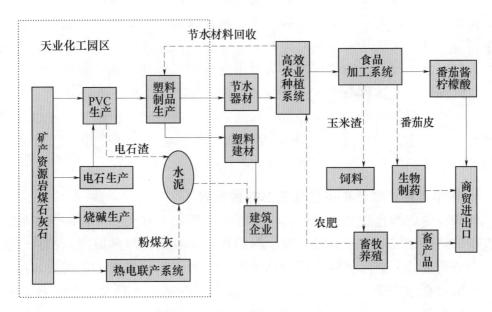

图 54 新疆天业产业联动模式

规划和设计的基础上，从无到有进行开发建设，首先需要避免企业无需重复的问题，突出园区主导产业的鲜明特色。其次，主要吸引那些具有"绿色制造技术"的企业入园，并创建一些基础设施使得这些企业间可以进行废水、废热等的交换。再者，通过工业园区的建设促进人口集中，基础设施共建共享，带动产业和城市融合发展。

河南省在"十一五"末大力推进的产业集聚区模式值得淮河流域其他省市借鉴。集聚区是以若干特色主导产业为支撑，产业集聚特征明显，产业和城市融合发展，产业结构合理，吸纳就业充分，以经济功能为主的功能区。产业集聚区是工业生态园的另外一种表现形式，其基本内涵主要包括以下内容：

企业（项目）集中布局。空间集聚是集聚区的基本表现形式。通过同类和相关联的企业、项目集中布局、集聚发展，为发展循环经济、污染集中治理、社会服务共享创造前提条件，降低成本，提高市场竞争力。

产业集群发展。区内企业关联、产业集群发展是集聚区与传统工业园区、开发区的根本区别。通过产业链式发展、专业化分工协作，增强集群协同效应，实现二三产业融合发展，形成特色主导产业集群或专业园区。

资源集约利用。促进节约集约发展、加快发展方式转变是集聚区的本质要求。按照"节约、集约、循环、生态"的发展理念，提高土地投资强度，促进资源高效利用，发展循环经济，为建设资源节约型、环境友好型发展模式提供示范。

功能集合构建。推动产城一体、实现企业生产生活服务社会化是集聚区的功能特征。通过产业集聚促进人口集中，依托城市服务功能为产业发展、人口集中创造条件，实现基础设施共建共享，完善生产生活服务功能，提高产业支撑和人口聚集能力，实现产业发展与城市发展相互依托、相互促进。

与此同时，集聚区规划与土地利用总体规划、城市总体规划"三规"合一，严格执行审批制度和总量控制，与之相配套的财税、土地、投资以及保障机制也相应建立。2012 年，河南全省共建成产业集聚区 180 个，通过机制创新与实践创新相结合，推动产业与城市共同发展。

3. 科学产能，创新矿山治理生态补偿机制

煤炭行业的绿色发展道路就是一条经济、环境和社会三方面和谐发展、协同进步的道路。按照安全高效开发、保护环境、有效保障的原则，控制煤炭开采量和消费量，大力发展清洁能源和可再生能源，加强煤炭清洁高效利用。在源头上做到科学产能，在治理上完善生态补偿机制，并通过创新矿区管理制度，最终实现经济、社会、资源和生态的可持续发展。

（1）科学产能，绿色开采，巩固能源保障基地战略地位。

科学产能，高效利用。根据中国工程院钱鸣高院士和谢和平院士对科学产能的定义，科学产能是指在具有保证持续发展储量前提下，用科学、安全和环境友好的方法将煤炭资源最大限度采出的年度生产能力。它是在充分考虑煤炭资源的可持续供应能力下，体现煤炭工业以人为本、环境保护、依靠科技进步的发展理念，符合现代化开采生产技术手段和安全、高效、环保的煤炭产业标准，满足一定环境容量指标、安全生产指标、机械化开采指标条件下的年度生产能力。

当前煤炭工业依然存在无序和过度开采的不利局面，为确保淮河流域煤炭工业的合理布局和煤炭资源的科学开发，避免开采规模失控，实现煤炭由被动

式的供应保障型向积极的科学供给型转变，必须实行一套不断完善的煤炭科学开采与科学产能的评判准则，建立健全以科学产能为依据的开采技术政策和行业标准是十分必要的。

当前煤炭科学产能的具体指标要求是：综合机械化程度大于 70%；安全度标准为百万吨死亡率 0.1～0.01 人；安全费用在生产成本中占很大比重；实行环境友好的煤矿充填开采，同时土地复垦率达到 75%；回采率达到 45%；条件不成熟的难动用储量（条件复杂、埋深大于 1500m 下的煤矿资源）应暂不列入可采储量。淮河流域的煤炭科学产能也应该符合甚至是高于此标准，重点关注煤炭工业的绿色开采，绿色开采是科学产能的必要环节。

煤炭工业的绿色开采及相关的绿色开采技术就主要包括土地与建筑物保护的离层注浆、充填与条带开采技术；煤层巷道支护技术；保护水资源的"保水开采"技术；瓦斯抽放的"煤与瓦斯共采"技术，以及减少矸石排放技术和地下汽化技术。当前这些技术已经在淮南、平顶山等十多个大型矿区大面积推广应用。

绿色开采的基本概念除了在生产过程中尽量减少环境污染和生态破坏，还要从广义资源的角度上来认识和对待煤、瓦斯、水等一切可以利用的资源，通过科学合理的煤矸石利用，瓦斯利用以及废弃物利用转化，获得最佳的经济效益和社会效益。

煤矸石利用方面，大力推广煤矿充填开采技术。煤矿充填开采是指随着采煤工作面的推进，向采空区送入矸石、沙石、膏体等充填材料，并在充填体保护下进行采煤的技术。目前我国煤炭资源探明剩余可采储量中，"三下"压煤约 140 亿 t，传统条带开采方式回收率仅为 30%～50%。通过充填开采，可将大量"三下"压煤安全高效地开采出来，资源回收率达 90% 以上。充填开采还能大量消化地面矸石及城市建筑垃圾，节约大量土地，有效减轻地层变动和沉降。截至目前，山东新矿集团已有 12 个矿 16 个矸石充填工作面，并形成了"分离-输送-充填"的"矸石充填、以矸换煤"技术。按照每年"矸石充填、以矸换煤"产量 200 万 t 煤炭资源计算，矿区每年可创造经济效益 10 亿元，减少矸石运输提升费、矸石山土地使用费等上 1000 万元。

瓦斯利用方面，淮河流域的煤矿瓦斯治理实践为安全开采提供了典范。淮河流域的安徽淮南煤矿系统地提出留巷钻孔法煤与瓦斯共采技术，创新了"沿空留巷围岩结构稳定性控制"、"巷旁充填材料研制与快速留巷充填工艺系统集成创新"和"留巷钻孔瓦斯抽采"等 3 项留巷钻孔煤与瓦斯共采技术。与此同时，在远距离煤层群煤与瓦斯共采、近距离煤层群煤与瓦斯共采两种典型条件下，分别进行了工业性试验，创造了沿空留巷综采月产 36 万 t 的世界纪录，采区的瓦斯抽采率高达70％以上。从2002年到2010年，百万吨死亡率由0.643降低到0.136，并争取到2015年降低到0.03，采煤机械化程度从28％提高到91％。

矿井水循环利用方面，淮河流域煤矿矿井水净化站大多是20世纪80年代以后建立的，如平顶山、徐州、淮北等矿区的矿井水净化站。随着淮河流域各煤矿区水资源的紧张，许多矿区都进行了不同程度的综合利用工作。俄罗斯具有较高的矿井水利用经验，技术位于世界前列。近年来主要进行了以下3个方面的工作：①矿井水进行初步的澄清和消毒后排入水体。②净化处理后作为洗煤厂和矿区综合防尘用水。③净化处理后作为矿区和城市的生活杂用水。淮河流域本就是水资源缺乏区域，加强矿井水的利用可以缓解水资源紧张。根据淮河流域矿区特色，矿井水可以首先回用于矿区本身，其利用途径主要有3个方面，即煤炭生产过程用水、矿区生活用水和其他用途用水（图55）。

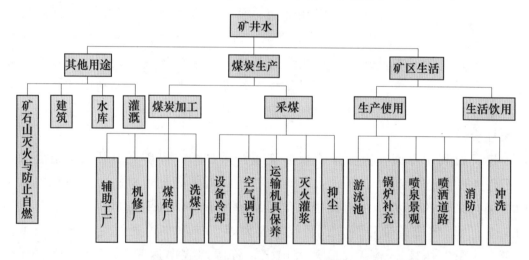

图55　矿井水综合利用途径（庞振东，2005）

巩固和提升能源保障基地战略地位。淮河流域煤炭资源丰富，是全国14个大型煤炭基地之一，对保障华东、华南地区能源供给具有重要意义。为缓解当前煤炭资源开发引发的生态环境问题，应按照高效开发、保护环境、有效保障的原则，合理控制煤炭开采量和消费量。优化淮河流域的能源结构，大力发展清洁能源和可再生能源，加强煤炭的清洁利用，提高煤炭利用效率，有效控制大气污染物和温室气体排放。

加强地校合作，发挥中国矿业大学的优势资源作用。加强与徐州矿业大学的合作，建立稳定的产学研合作机制。在行业、区域的技术创新体系建设等方面发挥高校院所优势资源作用，积极对接重点产业、添补人才短板。加快推动科技成果转化应用，有力推动淮河流域煤炭行业的科学可持续发展。

综上所述，做到科学产能，实现煤炭工业的科学、绿色和高效开采，就必须通过自主创新，具体就要做到以下几点：

第一，设定科学产能标准，严格科学开采条件。首先，充分考虑淮河流域煤炭工业发展的资源约束、环境约束和经济约束等条件，有计划地确定科学发展产能，关键在于煤炭资源开发的安排规划，以及开采和利用的市场化。其次，针对煤炭生产中的资源浪费、环境破坏等问题，对煤炭开采的资源、安全、装备、环境等条件加以限定，设定科学开采标准，符合条件的准予开采，达不到国家规定科学产能标准的企业强制退出煤炭生产，对资源浪费严重、安全生产条件不达标、瓦斯防治能力不足的煤矿坚决予以关闭。

第二，实现矿业技术创新，适应节能减排要求。煤炭行业的技术创新要贯穿到采矿、选矿等各个环节，比如"三废"排放达标，矿山选矿废水重复利用率达到90％以上或实现零排放。

第三，加快制定煤炭安全、绿色和高效开采的财税优惠政策。应加快制定具体的财税优惠政策（包括增值税、所得税和资源税等），为形成煤炭安全、绿色、高效开采的成本补偿提供法律制度保证。

（2）破解矿地矛盾，推进生态补偿机制创新。

虽然煤炭工业生态补偿已有许多研究和实践，但是要形成一套适合淮河流域煤炭工业和生态环境实情，而又行之有效的生态补偿机制绝非一朝一夕就能完成。淮河流域的特殊和复杂情况，使得生态补偿更需要因地制宜，必须坚持采煤区土地先征后用，塌陷区农民先搬后采的政策，缓和社会矛盾。

生态补偿机制要通过解决"谁来补？补给谁？补多少？怎么补？"这些问题来实现生态补偿机制的良性循环，而这种循环又是通过生态补偿具体制度的落实，在一种可信承诺、相互监督和制度供给三者的基础上得以实现。

生态补偿主体是要解决"谁来补"的问题。煤矿工业的生态补偿主体要根据生态破坏的新旧以及当前资源的占有来区分。废弃矿区和老矿区的生态环境补偿由政府通过建立"废弃矿山生态环境恢复治理基金"来实现。基金的主要来源是政府财政支出、向正在生产矿山企业征收的废弃矿山生态环境补偿费、捐赠、捐款项等。新矿区造成的破坏由企业负担全部治理责任，通过征收生态环境修复保证金实现，强调开矿许可与生态补偿相结合。对未履行修复义务、未缴纳"废弃矿山生态恢复治理基金"和"保证金"或修复不合格的单位，可以吊销开采许可证并不再允许其开采新矿。

生态补偿还要解决一个"补给谁"的问题。煤矿工业生态补偿需要从两个维度进行：一是对人的补偿；二是对环境的补偿。首先，对人的补偿是指通过现金，如青苗补偿、搬迁费，以及社会保障制度等保证基本生存的补偿，同时也包括进行就业培训等保证发展权的补偿。其次，对环境的补偿是指通过生态环境破坏的修复治理，以建立可持续发展准备金，征收资源开发税等方式进行的补偿。生态补偿资金的来源主要解决"怎么补"的问题。当前的生态补偿资金一是通过国家政策形式进行生态补偿；二是通过地方政府自主性的与市场合作；三是通过参加国际生态补偿市场交易。总体来说，现阶段主要是通过政府主导的方式来进行生态补偿，并且在一段时间内，政府依然需要发挥生态补偿的主导作用。怎样更好的引入市场机制，发挥市场作用是当前生态补偿机制需要解决的一个难题。煤矿区生态补偿机制的建立既要以行政规制为保证，也要市场经济为前提。建立协商对话平台，政府需要成立专门的煤炭资源生态补偿领导小组负责协调各部门利益、监督企业、仲裁争议等工作，基于协商对话平台可以建立专项资金、进行财政转移支付、实施税费政策等实现以政府主导的生态补偿，也可以同市场合作，采取一对一的市场交易、配额的市场交易、建立生态标志制度、土地挂牌拍卖机制等市场手段进行生态补偿，同时还可以通过扶贫和发展援助、经济合作和捐款等同社会组织的合作，发挥社会的力量进行生态补偿。

生态补偿标准是解决"补多少"的问题。生态补偿标准的制定必须在准确评估生态环境破坏所损失的价值的基础上充分考虑各个利益相关者的承受能力，以经济可持续、生态有保障、社会可接受为基本判断准则，从而在核定生态恢复和治理成本的前提下使标准具有普遍的接受性和可操作性。标准的确定应当是灵活的，不是一概而论、一刀切的。

综上所述，必须全面考虑煤矿区生态补偿的特殊性，因地制宜地建立和完善矿区生态补偿机制，明确责任主体，建立协商对话平台，调整实现相关利益各方生态及其经济利益的分配关系，发挥机制的发展性和预防性功能，从而促进生态和环境保护，促进城乡间、地区间和群体间的公平性和社会的协调发展，是实现煤炭工业可持续发展的重要保障。

（四）战略保障：国家助力城镇化

淮河流域地区人口多，底子薄，工业发展意愿迫切，同时肩负着粮食主要产区的重担，资源环境约束日渐成为经济增长的瓶颈。无论经济发展还是环境保护，淮河流域地区都处于所在省份的落后位置，远离各省的发展重点，可以说一个集多重限制因素和特殊问题的困难集中区。

新型城镇化、新型工业化、农业现代化协调发展是淮河流域谋求发展的唯一道路。而由于工业发展基础薄弱，结构调整缓慢，高新技术产业与战略性新兴产业比重偏低，新型工业化引领新型城镇化和农业现代化的趋势并不明显。

人口与交通是淮河流域地区的两大潜在优势，地区发展应通过人口迁移和交通网络引导城镇化，反向带动新型工业化和农业现代化。首先，从发展角度看，城镇化不仅解决了剩余劳动力的去向，而且是提高内需的核心动力。其次，淮河流域由于存在洪涝等自然灾害以及由于煤炭开采而导致的土地塌陷等问题，导致流于居民永久性或间歇性的背井离乡，城镇化就成为解决背井离乡的方式，从而改变了以往后靠式的人口迁移和集聚。再者，在城镇化成为国家战略的背景下，淮河流域城镇化顺势而为，并将发挥协同作用，形成促进农业现代化的重要条件。

然而淮河流域内行政隶属关系复杂，基础设施建设落后、教育与人力资源不足、科学技术发展滞后等问题突出，流域地区难以凭借自身力量走出洼地。与此同时，淮河流域周边经济较为发达的城市形成天然的磁极，吸引大批人才与资金向外流出，导致淮河流域内部的城镇化进程受阻，且效率低下，因此，淮河流域的发展必须要借助外部力量的引导与推动。

从历史经验上看，任何一个区域的发展都离不开国家的支持与助力，同时也需要中央自上而下的统筹与部署。早从"六五"计划开始，区域发展上以东部沿海地区开发开放为重点，向东部沿海地区实行投资和政策倾斜。"六五"计划提出要"积极利用沿海地区的现有经济基础，充分发挥它们的特长，带动内地经济的发展"；"七五"计划提出，我国经济发展的总体目标是"要加速东部沿海地带的发展，同时把能源、原材料建设的重点放到中部，并积极做好进一步开放西部的准备"。1987年底，国家提出"沿海经济发展战略"：明确沿海地区以发展外向型经济为主，"两头在外，大进大出"，在财政、税收、信贷、投资等方面实行优惠政策。

1990年，国家提出"西部大开发"的战略部署，目的是"把东部沿海地区的剩余经济发展能力，用以提高西部地区的经济和社会发展水平、巩固国防。"2000年1月，国务院成立了西部地区开发领导小组，时任国务院总理朱镕基担任组长，时任副总理温家宝担任副组长，国务院西部开发办于2000年3月正式开始运作。2004年国务院发出《关于进一步推进西部大开发的若干意见》，明确了国家对于西部地区的政策倾斜与项目支持，包括项目部署、基础设施建设、教育资源、财政支持等。此外，在国家很多方面给予了西部地区充分的优先权利与政策倾斜，如"由国家投资或需要国家批准的重点项目，只要西部地区有优势资源、有市场，优先安排在西部地区"，"加大中央财政和省级财政对农村义务教育的支持，新增财政收入用于支持农村教育发展的部分向西部地区农村倾斜，支持中小学校建设的中央财政专项资金继续向西部地区倾斜。继续加强教育对口支援工作。国家继续在资金投入和政策措施上给予倾斜，支持西部地区高等教育发展"等。

2003 年 10 月，国家提出"振兴东北老工业基地"战略。中共中央、国务院发布的《关于实施东北地区等老工业基地振兴战略的若干意见》，确定了社会保障试点、增值税转型、豁免企业历史欠税、国有企业政策性破产、中央企业分离办社会职能、厂办大集体改革等各项政策。2009 年，《国务院关于进一步实施东北地区等老工业基地振兴战略的若干意见》中进一步明确了国家对东北老工业基地在产业体系构建、企业技术、现代农业发展、基础设施建设、资源型城市转型、省区协作、改革开放等方面的政策。

综上，处在中部地区的淮河流域，既缺乏自身的能量来推进崛起，也从未在区域性的战略规划中受益，因此，在新一轮的国家战略部署中更加迫切地需要得到自上而下的支持与助力，从而走上以新型城镇化带动新型工业化和农业现代化的道路。"国家助力城镇化"主要体现在由国家牵头制定集淮河流域经济发展和环境保护为一体的区域综合发展规划，打破行政地域分割，实现环境与发展的统一。通过加大区域和城镇基础设施建设力度、均衡基础教育和人力资源配置、推进适用技术转移与创新等途径落实国家对淮河流域地区的政策倾斜和财政投入。

1. 区域和城镇基础设施

基础设施水平的高低决定了贸易成本的大小，而贸易成本的大小又会对产业空间布局产生重要影响。淮河流域整体经济发展落后，且各省级政府对淮河流域地区的发展重视程度仍显不足。单纯依靠省级政府、市县级政府投入对推进区域和城镇基础设施的改善程度有限，急需外部助力加快建设进度。淮河流域的重要要粮食生产基地、最接近经济发达地区的能源基地的战略地位，其经济发展水平的提升对保障全国粮食和能源安全具有无可取代的作用。因此，国家应当考虑从政策、资金等方面支持淮河流域区域和城镇基础设施的建设。

（1）打造流域综合交通体系，注重流域内部节点城市间、节点城市与下辖县级城镇的交通建设，引导城镇化快速发展。

如前分析，淮河流域四省的铁路、高速公路总量和密度方面均具有相对优势，货运、客运代表的交通利用的综合水平上也快于区域内的城镇化发展水平。从河南、江苏公路利用方式对比，主要是流域内对已有的交通体系利用不足，因此淮河流域推进工矿产业发展，一个重要的战略举措就是依托交通区位优势，充分发挥和利用交通化的带动作用。

仅仅依靠铁路、高速公路不足以完全带动流域内的经济发展，应将淮河流域视作一个整体，重点打造流域的综合交通体系：交通部"十二五"规划对流域内铁路、高速公路建设已有充足考虑，完全可以满足流域内与流域外沟通的需求，在承接产业转移的浪潮下使流域外部的资源、人才、企业、产品等向流域内的中心城市涌动。

现阶段更迫切的是如何通过综合交通体系的打造，实现流域内各市之间交通快速连接，发挥中心城市辐射带动作用：

1）注重流域内节点城市之间的畅通、快速连接，从而实现产业、产品、人才、服务在流域内的流转，加强各市之间的经济联系。如郑州、开封的郑汴新区发展首先实施的便是郑汴交通一体化项目。郑汴新区综合交通规划主要从区域和城市现状及发展规划，综合交通现状及发展趋势，综合交通系统发展战略，区域及对外交通系统规划，公共客运交通系统规划，道路网络系统规划，货运及物流通道系统规划七个方面。

2）加强淮河流域高等级内河航道和重点港口的建设。淮河流域七级及以下航道 10797km，占淮河流域总通航里程的 63％，三级航道仅有 1211km，且部分航线较长段存在不通航现象，如京杭大运河济宁至东平段 90km，沙颍河漯河至周口段 83.9km 等。流域内 13 个内河港口：徐州、济宁、蚌埠、淮滨、六安、淮南、阜阳、亳州、枣庄、宿迁、淮安、连云港、盐城，主要以煤炭、矿建大宗货物的主要运输方式之一，在流域综合运输体系中也占有重要地位，但仅有徐州、济宁、盐城货物吞吐量在千万吨级以上。

3）加快节点城市与下辖县级城镇交通廊道的建设。淮河流域腹地恰好被五大城市群包围，流域中心各地级市基本处于各城市群的边缘，因此不具备发展成为新的城市群的特征。另一方面，淮河流域大部地区是国家的粮食生产基地，保障全国粮食安全的任务不可动摇，因此以县级城镇培育为中心的城镇化发展模式可能是一条可行之路。河南省提出的即将产业发展规划、城市规划、土地利用规划合并考虑的"三规合一""产业集聚区"发展模式规划的各县级城市产业集聚区，根据地区产业基础和资源特征确定 1～2 个产业类型，先期建设公路主导的交通体系，从而带动产业和城市的发展，实现产城融合。

综上所述，从带动区域经济发展方面，淮河流域应打造以高铁、高速公路和高等级航道为骨架的对外交通体系，以铁路、快速路、等级以上主干路为骨架节点城市间互动体系、以高质量公路为主体的县级城镇交通网络体系。通过综合交通体系的建设，重点扩展淮河流域节点城市、县级城镇的经济半径。

在全面优化流域内交通体系的同时，配套相应的交通系统管理制度，加大对交通基础设施建设及运营环节的资金投入。国家适当补助淮河流域内部交通轨道的建设费用，或对其进行贷款贴息。为了全面提高流域内高速公路的使用效率，建议统一降低或免除缴纳高速过路费，并对运输农副产品的车辆一律施行免费政策。

（2）加快节点城市及县级城镇基础设施建设。

除交通基础设施外，能源基础设施（发电站、高压电传输线、电力分配系统和控制中心、服务和保护设施，煤气生产、管道、控制中心、储存柜、维护设施等）、给排水基础设施（自来水生产、供排水管道、污水处理等）、信息基础设施（包括邮政局、电话网、电视网、无线和卫星网络、信息高速公路网络等）三大基础设施对区域的产业发展起到孵化器的作用。

改善落后地区的基础设施和改善两地间的基础设施（交通）都能提高落后地区的绝对福利水平，但当发达地区初始的基础设施水平高于落后地区时，两地间基础设施的改善会扩大地区间实际收入差距；改善落后地区基础设施将使落后地区福利水平上升，但会使发达地区福利水平下降，从而存在降低社会总福利的可能，这种情况极易在地区间规模差距和基础设施差距都很大时发生（金祥荣，2012）。

淮河流域河南、安徽两省除郑州、合肥两大中心城市外，其余各市发展均相对落后，因此整体改善区域的基础设施建设，有利于吸引产业转移，有利于提升区域的经济发展潜力和人民的收入水平。注重信息基础设施建设，体现新型城镇化的发展特征，以信息化带动区域产业发展。

为了增加节点城市的吸引力，由国家投资对对淮河流域重要节点城市基础设施建设进行统一规划，并对其建设费用进行财政补贴或贷款贴息。建立基础设施建设的东部地区与淮河流域地区对口帮扶机制，结成 31 个帮扶对子，由东部地区投资帮助流域地区城市进行基础设施建设，充分学习东部地区的城市建设经验。

2. 基础教育与人力资源

（1）建立基础教育制度均衡机制，合理配置教育资源，加大资金投入，加强政策导向。

基础教育发展属于准公共产品，社会效益最高，政府是教育资源供给的主体。当前，淮河流域地区政府教育经费投入不足，是制约基础教育均衡发展的主要原因，已成为基础教育不均衡的"瓶颈"。提供义务教育是政府提供公共服务的重要内容。国家应从宏观政策入手，对淮河流域地区的教育投入有所倾斜，制定行之有效并充分体现教育均衡发展要求的经费保障政策。

采取计划和市场相结合的方式优化资源配置。一方面，政府制定优惠政策加大对淮河流域地区教育的支持力度；另一方面，淮河流域各省市应积极通过市场机制，吸引国外、发达地区及私人资金参与到办学中来，争取普遍提高现有学校办学水平，逐步形成教育均衡发展的导向机制和保障机制。

大力推动农村教育发展。淮河流域地区农村人口众多，农村地区基础教育水平普遍偏低。国家应加大财政投入推进学校规范化、信息化建设，实现农村地区中小学现代远程教育工程，缩小城乡教育机会差距。

加大中央财政和省级财政对农村义务教育的支持，新增财政收入用于支持农村教育发展的部分向淮河流域地区农村倾斜，支持中小学校建设的中央财政专项资金向淮河流域地区倾斜。逐步对义务教育阶段家庭经济困难学生免除杂费、书本费，对寄宿生补助生活费。继续加强教育对口支援工作。国家继续在资金投入和政策措施上给予倾斜，支持淮河流域地区高等教育发展。

（2）完善人才投资开发政策，深化人才管理制度改革，建立人才资源市场化配置体系。

采取更积极有效的政策措施，吸引本地出国学子和研究人员到淮河流域所在城市工作；利用高校、企业、研究机构的资源优势吸引人才、留住人才，发挥流域中心城市的人才集聚和知识扩散效应。

各级政府积极引导本地大中型企业与国内或省内大专院校以及国有大型企业建立人才引进合作模式，签订人才引进培养与产学研合作协议。充分挖掘东部对口帮扶城市的人才引进潜力，实行人才合作计划。

发挥推行评聘分开、自主聘任政策，建立和完善符合专业技术人才职业特点的评聘分级分类管理体系；制定引导激励政策，建立重实绩、重贡献，向优秀人才和关键岗位倾斜的，自主、灵活的工资体系与分配机制，积极创造条件建立"淮河流域人才发展基金"。

大力开发流域农村人力资源，通过人力资本投入来提高农民的知识和技能，从整体上提高劳动者素质。建立各类农村学习型组织和科技示范基地，加快农民技能提和高劳动力转移。

建立外出务工人员智力回流的引致机制和智力回流的模式，智力回流在促进欠发达地区农业产业化、发挥比较优势、促进产业结构升级和推进市场化进程方面具有积极的作用。

3. 适用技术创新与扩散

技术是第一生产力，新型城镇化、新型工业化发展凸显了技术带动的核心。与发达国家相比，我国自主创新能力不强，主要原因企业对引进的技术缺乏转化吸收。韩国和日本企业技术引进和消化吸收费用之比达 1：5 到 1：8，而中国的工业企业仅为 1：0.06，大中型工业企业为 1：0.15。低水平引进和重复引进技术、引进产品多于引进技术等问题突出，提高消化吸收能力，把国际先进技术及时有效地转移扩散本土企业。

（1）注重重点产业关键技术的自主创新，构建产业技术轨道。

江苏、山东的沿海区位特征使得两省一直以来具有承接国际转移的优势，在现阶段第四次全球产业转移浪潮下，河南、安徽两省也加大了承接国际产业转移、国内产业转移的力度。

而在我国承接转移的过程中，存在一个值得关注的问题：跨国资本加紧并购内资企业，一大批技术强、效益好、增长快的龙头企业被跨国公司控制，导致丧失了许多自主技术创新的主体。丧失创新主体，符合我国发展的技术轨道和多年积累起来的技术能力也就丧失了。另一方面，尽管世界500强企业中的400多家进入了中国，大多都建了或正在建研发中心，技术创新能力强劲。但根据中国社科院世界经济与政治研究所"利用外资与提高我国自主创新能力"课题组的问卷调查显示，外资企业对华技术扩散十分微弱，"技术溢出"带来的效益微乎其微。在华外资企业中有60%认为与当地的政府没有发生过合作，77%的企业表示没有与政府研究机构有过正式合作，79%的企业没有与国内企业进行结盟的意愿。

除关键技术和重点产业技术创新外，建立适合淮河流域发展模式的产业技术轨道，以及与技术轨道相匹配的产业链。所谓产业技术轨道，即在企业技术创新过程中，同行企业共同采用的包括技术路线、设计模式、技术整合方式、技术标准在内的技术选择方法，技术解决方法，以及与此相应的工艺流程。建立产业技术轨道，本土企业才能掌控技术高端和价值高端，把上下游企业和配套企业带向高端。而跨国公司则是将中国的企业从产业链的低端接入其技术轨道，成为国际大循环的一部分，成为所谓的"世界工厂"，此种方式无法提升技术层级，无法转变增长方式。

淮河流域整体经济水平相对落后，龙头企业相对较少，大多数的企业正处于成长壮大期。各地市在承接产业转移过程中，为增强区域未来的发展后劲，应注重对本土企业的扶持，注重关键技术领域关键技术领域和重点产业领域自主创新，并且借助国家的外部力量推动区域内的产业技术轨道的构建。

发挥东部地区与淮河流域对口帮扶的机制优势，加强流域企业与东部先进企业的技术交流，积极引进高端技术成果，建立市场化的跨地区企业协作机制。

促进自主创新成果产业化。大力推广应用自主创新成果，努力将其转化为先进生产力，培育新的经济增长点。加大对新能源、新材料、生物、信息等高技术领域自主创新成果产业化的支持力度。积极推动产学研用相结合，鼓励高等院校和科研机构向企业转移自主创新成果，鼓励更多科技人员创办科技型企业。优先支持符合条件的科技型企业在创业板上市融资。

（2）建立淮河流域传统产业的技术转移扩散体系。

创新成果在产业之间、企业之间、区域之间、地方之间、工农之间、城乡之间全面转移扩散，能够提高技术层级，缩短创新周期。我国目前经济结构调整缓慢和经济增长方式转变困难很大程度上是由于高新技术产业很少向传统产业转移扩散技术。究其原因：一方面是高端产业的"低端化"发展，缺乏带动传统产业的能力；另一方面，高新技术产业多参与国际大循环，与传统产业、农业基本不循环，导致高新技术产业对传统产业、农业带动很小，技术溢出很少。而传统产业中的广大中小企业以及农业，不具备独立开发技术的能力，又难以承接技术转移扩散，长期处于技术低下状态。

淮河流域大部分地级市其优势产业以传统产业为主，因此其自主创新的重点应放到传统产业，建立面向传统产业的技术转移扩散体系。由于淮河流域涉及四省，行政独立，之间可能产生技术扩散屏障。因此，在国家层面或流域层面上主导，采取依赖于市场经济条件下的技术转移扩散模式：雁阵式转移扩散平台、蜂窝式转移扩散平台、中介式转移扩散平台。技术转移扩散平台要大力开展技术经营，通过市场机制实现技术商品的价值，完成转移扩散技术。

发挥中心城市的辐射带动作用，形成区域性的经济、交通、物流、金融、信息、技术和人才中心，带动周围地区和广大农村发展。对淮河流域地区经济技术开发区、国家级高新技术产业开发区的园区内基础设施建设贷款，提供财政贴息支持。

加大对淮河流域企业技术进步与创新的支持力度，国家财政及省财政从现有相关投资专项中分离设立淮河流域企业技术进步与创新专项支持流域内企业技术改造和技术进步，并筛选一批项目予以重点支持。

依托重要骨干企业、重大工程项目，组织实施一批带动力强、影响面广、见效快的技术创新和高技术产业化项目。要充分利用已有的科研和产业优势，通过国家重大科技专项和创新能力建设专项，支持建设一批工程研究中心、工程实验室和企业技术中心，突破一批核心技术和关键共性技术。

参 考 文 献

［1］ Schott P K. Moving Up and Moving Out：US Product – Level Exports and Competition from Low Wage Countries ［J］. Yale School of Management mimeo，2002（3）：11 – 14.

［2］ 安徽省统计局. 安徽统计年鉴（2006—2011）［M］. 北京：中国统计出版社.

［3］ 蔡菡. 让"煤矿疮疤"变为城市新宝藏［N］. 徐州日报，2008.

［4］ 陈佳贵，黄群慧，钟宏武，等. 中国工业化进程报告［M］. 北京：社会科学文献出版社，2007.

［5］ 陈淑祥. 简论我国农产品现代物流发展［J］. 农村经济，2005（2）：18 – 20.

［6］　崔艳红．山东省每年新增采煤塌陷地 5 万亩［N］．山东商报，2012 年 5 月 30 日 6 版．

［7］　范圣楠，李莉，于新兰，等．徐州修复城市伤疤再造环境优势采煤塌陷地变身城市生态圈——七万多亩"瘫痪"土地重新焕发生机［N］．中国环境报，2010 年 6 月 2 日 1 版．

［8］　符淼，黄灼明．我国经济发展阶段和环境污染的库兹涅茨关系［J］．中国工业经济，2008，6：35 - 43．

［9］　高皓．淮海经济区产业结构趋同及矫正研究［J］．科技信息，2011（30）：349．

［10］　高力国，迟庆峰．石化-盐化一体化循环经济模式分析与探讨［J］．石油炼制与化工，2012，43（7）：81 - 85．

［11］　关于印发聚氯乙烯等 17 个重点行业清洁生产技术推行方案的通知（工信部节〔2010〕104 号）．

［12］　国家发改委能源研究所．工业节能减排关键技术分析评价［R］．2011．

［13］　国家统计局，环境保护部．中国环境统计年鉴（2006—2011）［M］．北京：中国统计出版社．

［14］　国家统计局．中国统计年鉴（2006—2011）［M］．北京：中国统计出版社．

［15］　国家统计局网站 http：//data. stats. gov. cn/index．

［16］　河南省人民政府办公厅关于印发河南省主要污染物排放总量预算管理办法（试行）的通知，豫政办〔2011〕144 号．

［17］　河南省统计局．河南统计年鉴（2006—2011）［M］．北京：中国统计出版社．

［18］　洪涛，王群．针对我国粮食物流瓶颈，构建起现代粮食物流体系［EB/OL］．http：//www. heagri. gov. cn/hbagri/detail. jsp？articleId＝52824&lanmu _ id＝2005．

［19］　胡锦涛．努力实现经济发展与人民幸福同步提升［EB/OL］．新华网 http：//news. sina. com. cn/c/2012 - 03 - 07/011624070553. shtml．

［20］　江苏省统计局．江苏统计年鉴（2006—2011）［M］．北京：中国统计出版社．

［21］　蒋敏，中国省域交通与城市化的耦合度分析［J］．新疆社会科学，2008（5）：19 - 24．

［22］　金祥荣，陶永亮，朱希伟．基础设施、产业集聚与区域协调．浙江大学学报（人文社会科学版），2012，42（2）：148 - 160．

［23］　黎金凤．产业转移与中部地区面临的环境风险［J］．经济与管理，2007，21（11）：30 - 34．

［24］　李艳．基于产业集群的氯碱生态工业园模式与评价研究［D］．东华大学，2010．

［25］　刘芳，交通与城市发展互动作用机理与适应性评价方法研究［D］．北京工业大学，2007．

［26］　刘堃楠．安徽省承接长三角产业转移的对策研［D］．2007．

［27］　马跃峰．山东济宁土地因煤而"伤"：采煤造成的塌陷达 35 万亩［N］．人民日报，2010 年 6 月 28 日 15 版．

［28］　庞振东．煤矿矿井水资源化研究［D］．合肥工业大学：硕士学位论文，2005．

［29］　山东省统计局．山东统计年鉴（2006—2011）［M］．北京：中国统计出版社．

［30］　食品工业"十二五"规划，发改产业〔2011〕3229 号．http：//www. sdpc. gov.

cn/zcfb/zcfbtz/2011tz/t20120112 _ 456305. htm.

[31]　孙爱军，等. 交通与城市化的耦合度分析［J］. 城市交通，2007，5（2）：42 - 46.

[32]　王莉萍，潘希. 面对旱灾的反思：战略问题是生态环境建设［EB/OL］. 科学时报新闻中心，2009 年 2 月 11 日.

[33]　韦伟. 安徽承接长三角产业转移的几个问题［J］. 江淮论坛，2008，6：16 - 19.

[34]　谢和平. 我国煤炭科学产能不宜超过 38 亿 t［J］. 能源技术与管理，2011（6）.

[35]　辛文轩，韩广臣，徐悉. 山东新矿集团"告别"矸石山实现"绿色开采"［EB/OL］. 中国煤炭新闻网，2010 年 1 月 14 日.

[36]　胥留德. 后发地区承接产业转移对环境影响的几种类型及其防范［J］. 经济问题探索，2010（6）：36 - 39.

[37]　杨刚强. 中国中部地区农产品加工业发展战略研究［M］. 北京：社会科学文献出版社，2012.

[38]　袁亮. 低透气性煤层群无煤柱煤与瓦斯共采理论与实践［M］. 北京：煤炭工业出版社，2008.

[39]　张明玉. 农产品市场现代物流模式［J］. 农产品市场，2006（1）：55 - 57.

[40]　郑仰昕. 枣庄全市煤炭工作报告［EB/OL］. 枣庄市煤炭工业局网站，2012 年 2 月 7 日.

[41]　中国城市发展研究会. 2011 地级城市创新能力综合测评排行［EB/OL］. http：// www. chinacity. org. cn/csph/csph/77986. html.

[42]　中国科学院可持续发展战略研究组. 中国可持续发展战略报告——全球视野下的中国可持续发展［R］. 北京：科学出版社，2012.

[43]　中国煤炭工业年鉴（2006—2011）［M］. 北京：中国煤炭工业出版社，2006—2011.

[44]　中国乡镇企业企业及农产品加工业年鉴 2010［M］. 北京：中国农业出版社，2011.

[45]　周军，张新力，安志明. 煤电盐化一体化：氯碱工业发展的新亮点——以新疆天业创新推动氯碱工业发展模式为例［J］. 新疆农垦经济，2005，7：4.

附件：

课题组成员名单

顾　问：袁　亮　淮南矿业（集团）有限责任公司副总经理，中国工程院院士

组　长：齐　晔　清华大学公共管理学院教授

副组长：程红光　北京师范大学环境学院教授

成　员：（按姓氏笔画排序）

王　晓　清华大学公共管理学院博士后

刘雪莲　北京师范大学环境学院硕士研究生

李佩全　淮南矿业（集团）有限责任公司副总工程师

李守勤　淮南矿业（集团）有限责任公司高级工程师

沈思良　淮南矿业（集团）有限责任公司高级工程师

宋修霖　清华大学公共管理学院博士研究生

宋祺佼　清华大学公共管理学院博士研究生

陈永春　淮南矿业（集团）有限责任公司高级工程师

徐　翀　淮南矿业（集团）有限责任公司地质管理研究院院长

龚梦洁　清华大学公共管理学院博士研究生

琚旭光　淮南矿业（集团）有限责任公司工程师

程功林　淮南矿业（集团）有限责任公司副总经理

淮河流域土地利用及农业发展与环境问题研究

一、土地利用与农业发展现状与趋势

(一) 土地利用现状与趋势

1. 淮河流域土地利用现状

2008 年淮河流域土地利用结构和空间格局分别见表 1 和图 1。淮河流域最大的土地利用类型为耕地，面积达 1888.35 万 hm^2，占该流域总面积的70.29%，土地垦殖率高；其次是城乡工矿及居民用地比例较高，面积总计371.66 万 hm^2，占到流域总面积的 13.83%；林地和草地的比例均较小，面积分别为 203.66 万 hm^2 和 87.33 万 hm^2，两者合计占到流域总面积的 10.83%；未利用地面积仅为 1.47 万 hm^2，所占比例不到 0.1%，表明流域后备土地资源极为紧张。

表 1　　　　　　　　　　2008 年淮河流域土地利用现状

项　　目	耕地	林地	草地	水域	城乡工矿及居民用地	未利用地
土地利用面积/万 hm^2	1888.35	203.66	87.33	134.08	371.66	1.47
占土地总面积比例/%	70.29	7.58	3.25	4.99	13.83	0.06

注　数据来源：中国科学院资源与环境数据中心；耕地面积为遥感解译的毛面积。

从淮河流域各省情况看（表 2），耕地在河南省的分布最广，面积达 613.81万 hm^2，占到全流域耕地面积的 32.52%；其次是安徽省和江苏省，面积分别为481.52 万 hm^2 和 445.36 万 hm^2，比例各自占流域耕地面积的 25.50% 和23.56%；山东省在 4 省中耕地面积最小，为 345.06 万 hm^2，占 18.29%。

林地主要分布在伏牛山、桐柏山、大别山和沂蒙山等山区，其中以河南省为最多，面积 102.55 万 hm² ，占到流域林地总面积的一半以上；安徽省次之，面积为 50.66 万 hm² ，占林地总面积的 24.91% ；林地在山东省和江苏省分布相对较少，面积分别为 26.75 万 hm² 和 12.41 万 hm² ，各自占林地总面积的 13.16% 和 6.10% 。

表 2 　　　　　　　　　　2008 年淮河流域各省土地利用状况

省份	项　目	耕地	林地	草地	水域	城乡工矿及居民用地	未利用地
山东	面积/万 hm²	345.06	26.75	39.19	22.12	68.20	1.36
	比例/%	18.29	13.16	44.90	16.52	18.36	92.79
河南	面积/万 hm²	613.81	102.55	14.36	20.62	112.61	0.03
	比例/%	32.52	50.45	16.44	15.39	30.31	2.22
江苏	面积/万 hm²	445.36	12.41	4.33	64.61	105.85	0.06
	比例/%	23.56	6.10	4.95	48.16	28.45	4.13
安徽	面积/万 hm²	481.52	50.66	29.39	26.49	84.97	0.01
	比例/%	25.50	24.91	33.65	19.76	22.86	0.86
湖北	面积/万 hm²	2.61	11.29	0.06	0.24	0.03	0.00
	比例/%	0.13	5.38	0.06	0.17	0.01	0.00

草地在山东省分布最广，面积为 39.19 万 hm² ，占流域草地总面积的 44.90% ，主要集中在沂蒙山区；其次分布在安徽省的大别山区，面积为 33.65 万 hm² ，占草地面积的 40.26% ；河南省草地面积为 14.36 万 hm² ，占草地面积的 16.44% ；江苏省草地面积最小，面积为 4.33 万 hm² ，仅占草地总面积的 4.95% 。

水域在江苏省的面积最大，达 64.61 万 hm² ，占总水域面积的 48.16% ，集中分布在洪泽湖、高邮湖及其周边地区；安徽省水域面积次之，为 26.49 万 hm² ，占水域面积的 19.76% ；山东省和河南省的水域面积大致相当，分别为 22.12 万 hm² 和 20.62 万 hm² ，各自占水域面积的 16.52% 和 15.39% 。

城乡工矿及居民用地在河南省和江苏省分布较多，面积分别达到 112.61 万 hm² 和 105.85 万 hm² ，占城乡工矿及居民用地总面积的 30.31% 和 28.45% ；其次是安徽省，面积为 84.97 万 hm² ，比例达到 22.86% ；山东省城乡工矿及居民用地的分布较少，面积为 68.20 万 hm² ，比例为 18.36% 。未利用地几乎全部集中在山东省，占到流域全部未利用地面积的 92.79% ，其中 79.82% 为裸岩石砾地，主要分布在该省的沂蒙山区，陡坡土层浅薄，石砾多，是水土流失发生频繁的地区，应以种植林草保护为主，不应被开发为耕地加以利用。江苏省也有未利用地的零星分布，面积为 0.06 万 hm²，占未利用地面积的 4.13％，大多为散落在各地的自然湿地，属于被保护的生态用地。河南省和安徽省未利用地面积极小，基本无开发利用空间。总体看，淮河流域后备土地资源尤其是耕地后备资源极为短缺。

2. 淮河流域土地利用变化趋势

从 20 世纪 80 年代末到 2008 年，淮河流域土地利用类型发生较大变化，不同类型变化程度存在差异（表 3）。耕地、草地和未利用地呈现不同程度的减少趋势，其中以耕地下降最为显著；林地、水域和城乡工矿及居民用地均呈增加趋势，以城乡工矿及居民用地扩张最为突出。

表 3　　20 世纪 80 年代末至 2008 年淮河流域各省土地利用变化量统计

单位：万 hm²

地区 ＼ 增加量	耕地	林地	草地	水域	城乡工矿及居民用地	未利用地
山东省	−0.43	−0.53	−9.00	5.84	10.22	−6.11
河南省	−16.49	13.61	−9.97	2.84	10.05	−0.04
江苏省	−13.51	−1.28	−3.36	3.16	15.08	−0.08
安徽省	−4.61	−0.32	−1.26	2.17	4.02	0.00
湖北省	−0.11	0.09	0.00	0.01	0.01	0.00
淮河流域	−35.15	11.58	−23.59	14.01	39.38	−6.23

流域内耕地在各省均呈下降趋势，20 世纪 80 年代末到 2008 年间耕地面积共计减少 35.15 万 hm²，其中以河南省和江苏省下降明显，分别下降了 16.49 万 hm² 和 13.51 万 hm²；安徽省减少了 4.61 万 hm²；山东省在 4 省中耕地下降数量较少，减少 0.43 万 hm²。流域内林地面积整体上增加了 11.58 万 hm²，增加区域主要在河南省境内，增加量为 13.61 万 hm²；而在江苏省、山东省和安徽省林地面积均呈减少趋势，分别减少了 1.28 万 hm²、0.53 万 hm² 和 0.32 万 hm²。草地各省均呈下降趋势，共计减少 23.59 万 hm²，且以河南和山东省下降显著，分别减少了 9.97 万 hm² 和 9.00 万 hm²。城乡工矿及居民地在各省均呈增加趋势，江苏、山东和河南分别增加了 15.08 万 hm²、10.22 万 hm² 和 10.05 万 hm²；安徽在 4 省中增量相对较少，为 4.02 万 hm²。未利用地共计减少 6.23 万 hm²，其中以山东省减少最多，为 6.11 万 hm²；江苏和河南分别减少 0.08 万 hm² 和 0.04 万 hm²。

不同时段淮河流域土地利用的变化也存在明显差异，以下分别针对 20 世纪 80 年代末至 2000 年和 2000—2008 年两个时段进行分析。

20 世纪 80 年代末至 2000 年期间，淮河流域耕地、草地和未利用地有不

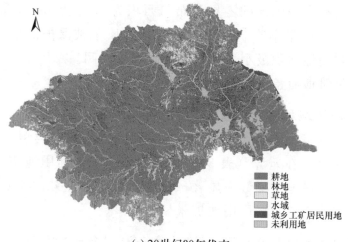

(a) 20世纪80年代末

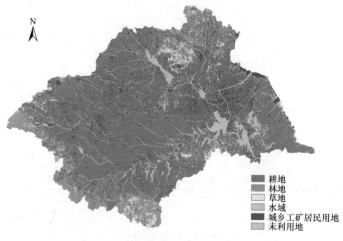

(b) 2000年

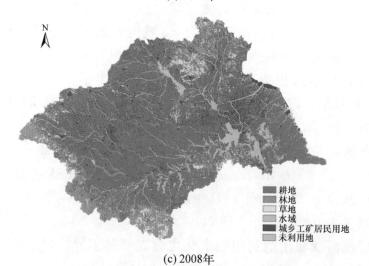

(c) 2008年

图 1　三期淮河流域土地利用图

同程度的减少，其中以耕地减少最为显著（表4，图1）。林地、水域和城乡工矿及居民用地均在增加，其中以城乡工矿及居民用地扩张最为剧烈。在此期间，耕地面积共计减少 16.27 万 hm^2，其中江苏省耕地净减少量最大，为 6.24 万 hm^2；其次是山东省，减少了 4.65 万 hm^2；河南省减少相对较少，为 1.66 万 hm^2。耕地减少的主因是由于城市扩张导致周边优质耕地被占用。林地整体上增加了 0.51 万 hm^2，其中河南和山东分别增加了 0.53 万 hm^2 和 0.08 万 hm^2；而江苏和安徽的林地分别减少了 0.08 万 hm^2 和 0.01 万 hm^2。各省的草地均呈下降态势，共计减少 7.12 万 hm^2，其中河南省的减幅居首，江苏省次之，分别减少了 5.38 万 hm^2 和 1.52 万 hm^2，主要分布在伏牛山和桐柏山区，以及江苏省的沿海地区，草地减少的主要去向为开垦耕地。流域水域面积共计增加了 8.18 万 hm^2，其中山东和江苏增加面积显著，分别占到增加总量的 66.37% 和 28.61%，主要分布在山东省的南四湖水域，归因于未利用地向水域的转移。城乡工矿居民点增幅最大，共计增加 20.30 万 hm^2。其中以河南省的增幅最大，为 6.17 万 hm^2，接下来依次是江苏、山东、安徽。未利用地整体上减少 5.60 万 hm^2，主要集中在山东省南四湖水域附近。

表 4　　　　　20 世纪 80 年代末至 2000 年淮河流域土地利用变化　　　单位：万 hm^2

区域　＼　增加量	耕地	林地	草地	水域	城乡工矿及居民用地	未利用地
山东省	−4.65	0.08	−0.12	5.43	4.75	−5.49
河南省	−1.66	0.53	−5.38	0.36	6.17	−0.02
江苏省	−6.24	−0.08	−1.52	2.34	5.60	−0.10
安徽省	−3.71	−0.01	−0.11	0.05	3.78	0.00
湖北省	−0.01	0.00	0.00	0.01	0.00	0.00
淮河流域	−16.27	0.51	−7.12	8.18	20.30	−5.60

　　2000—2008 年期间，各种土地利用类型变化与 20 世纪 80 年代末至 2000 年时段的变化趋势总体一致，但局部地区存在差异（表5，图1）。流域耕地、草地和未利用地减少，以耕地减幅最大；而林地、水域和城乡工矿及居民用地在增加，以城乡工矿居民用地增幅最大。耕地面积总共减少 18.88 万 hm^2，以河南省减幅最大，为 14.82 万 hm^2；山东省耕地面积有所增加，为 4.22 万 hm^2，在南四湖地区附近及沂蒙山区，新开垦耕地的来源以草地为主。林地整体上增加了 11.06 万 hm^2，增长区基本在河南省，主要由于山区实施退耕还林政策导致林地面积有所扩大。与此同时，江苏、山东和安徽 3 省的林地面积均呈下降态势。流域草地面积有所减少，共计 16.47 万 hm^2，其中以山东省居首，河南次之，分别减少了 8.88 万 hm^2 和 4.60 万 hm^2。水域共计增加 5.83 万 hm^2，各

省均增加且以河南和安徽省增加居首,分别为 2.48 万 hm² 和 2.13 万 hm²。城乡工矿及居民用地扩张依然显著,共计 19.09 万 hm²,不过城市扩展重心由河南省转向江苏省和山东省,其中以江苏省净增加量最大,达 9.48 万 hm²,山东省为 5.48 万 hm²,值得注意的是河南省郑州市建设用地的扩张尤其显著。未利用地面积减少 0.63 万 hm²,以山东省减少为最多,达 0.62 万 hm²。

表 5　　　　　　　　　　2000—2008 年淮河流域土地利用变化　　　　　　单位:万 hm²

区域＼增加量	耕地	林地	草地	水域	城乡工矿及居民用地	未利用地
山东省	4.22	−0.61	−8.88	0.41	5.48	−0.62
河南省	−14.82	13.08	−4.60	2.48	3.88	−0.02
江苏省	−7.27	−1.20	−1.84	0.82	9.48	0.01
安徽省	−0.91	−0.31	−1.15	2.13	0.24	0.00
湖北省	−0.11	0.09	0.00	0.00	0.01	0.00
淮河流域	−18.88	11.06	−16.47	5.83	19.09	−0.63

(二)农业发展现状与趋势

1. 农业发展现状

(1)农业发展基础较好,人口压力大。

淮河流域气候、土地、水资源等条件较优越,适宜于发展农业生产,是我国的主要农业生产基地之一,也是我国重要的粮、棉、油主产区。淮河流域农作物分为夏、秋两季,夏季主要作物是小麦、油菜等,秋季主要作物是水稻、玉米、薯类、大豆、棉花、花生等。2010 年,淮河流域乡村人口 1.47 亿人,占全国乡村人口的 20.40%;耕地面积 1549.99 万 hm²,占全国耕地总面积的12.91%。2010 年淮河流域农林牧副渔业总产值 9806.62 亿元,农业产值5053.88 亿元,分别占全国的 14.1% 和 14.4%。2010 年淮河流域人口密度为661 人/km²,远远高于全国 138 人/km² 的密度。农业生产用地、农村生活用地、农业生产污染排放、农村生活污染排放等,对区域农业发展水土资源、农业环境等胁迫作用较大。

(2)粮食对全国产量贡献大,贡献率的增长有放缓趋势。

将全国粮食产区按照流域划分,对比分析各区对全国粮食增产的贡献,研究表明,20 世纪 60 年代末期以来,淮河流域对全国粮食增产的贡献一直排在各大流域之首。20 世纪 70 年代至 2010 年以来,淮河流域粮食增产贡献率也一直保持领先,但增长率的增加速度显著地慢于松辽河区域。尤其是到了2000 年后,粮食增产贡献率开始出现小幅度下滑(表 6)。

表6　　　　　　　　　淮河流域粮食增产贡献率变化趋势

粮食生产区域	粮食总产量/万 t	各时期、各分区对全国粮食增产的贡献率/%				
	1969—1971 年	1970—1980 年	1980—1990 年	1990—2000 年	2000—2010 年
全国	23501.9	100	100	100	100
松辽河区	2909.5	11.5	19.7	31.9	35.8
滦海河区	1460.2	5.2	6.9	5.4	5.1
黄河区	1227.4	4.8	4.3	0.1	0.1
淮河区	5915.5	30.5	31.6	42.9	42.6
内陆河区	757.8	2.0	4.7	4.8	5.0
北方合计	12270.4	53.9	67.3	85.1	88.6
长江区	6414.3	29.7	24.3	11.3	10.9
东南诸河区	1843	7.1	2.3	—10	—12.7
珠江区	2270.7	7	4.3	3.8	2.9
西南诸河区	703.5	2.2	1.9	9.9	10.3
南方合计	11231.5	46.1	32.7	14.9	11.4

注　数据来源：①2000—2010 年数据，来源于中国水利年鉴、各省年鉴、中国农村统计年鉴（2001—2011）；②1969—2000 年数据，参照刘玉杰、杨艳昭等，资源科学，2007，29（2），8-14。

（3）各类农产品均占有重要地位。

2010 年，淮河流域农作物总播种面积 2971.713 万 hm²，占全国 16067.48 万 hm² 的 18.5%，占山东、安徽、河南、山东 4 个省的 71.2%。其中粮食播种面积 2090.264 万 hm²，占全国 10987.610 万 hm² 的 19.0%，占四省 7872.38 万 hm² 的 72.7%。粮食总产量 12706.96 万 t，全国为 54647.70 万 t，流域四省总产为 16088.4 万 t，淮河流域粮食产量占全国 23.1%，占四省的 78.98%。粮食商品量占全国的 25%。其中，小麦产量 5935.91 万 t，占全国 51.52%；稻谷产量 2790.35 万 t，占全国 14.2%，玉米产量 2657.58 万 t，占全国 16.3%。豆类产量 370.14 万 t，占 19.5%。薯类产量 360.33 万 t，占全国 11.6%；棉花产量 1.41 万 t，占全国的 21%。油料产量 924.02 万 t，占全国的 29.6%。水果产量 705.90 万 t，占全国 3.7%；蔬菜产量 9556.30 万 t（不含瓜类），占全国的 14.8%。肉类总产量 1402.61 万 t，占全国 17.7%，占流域 4 省的 67.6%。猪肉产量 881.06 万 t，占全国 17.37%。水产品产量 558.12 万 t，占全国 10.4%。综上，除水果外，淮河流域其他大宗农产品比重均高于 10%，充分表明淮河流域农业生产的重要地位（图2）。

（4）种植业为主的农业结构特征。

2010 年淮河流域农林牧副渔业总产值达 9806.62 亿元，农业产值为

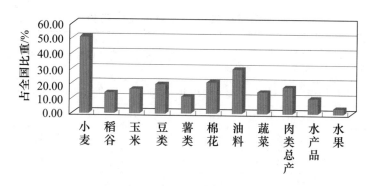

图2　淮河流域各类农作物产量占全国比重

5053.88亿元，占50.6%，林业产值611.63亿元，占6.5%，牧业产值3187.38亿元，占31.9%，渔业产值690.19亿元，占7.1%，农业服务业产值421.90亿元，占3.9%。淮河流域农林牧副渔业总产值占全国的14.4%（图3）。

2. 农业发展趋势

（1）劳动力结构变化趋势。

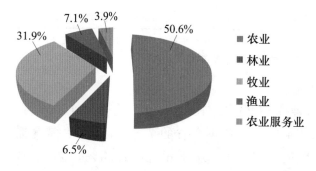

图3　淮河流域大农业结构

从总人口看，20世纪80年代以来，淮河流域总人口增长速度略低于全国人口增长速度，淮河流域人口占全国总人口比例30年来由16.5%降到15%左右。从乡村人口来看，由于较快的城市化进程，全国乡村人口下降速度较快，但淮河流域乡村人口比例却从17%上升到22%左右。从乡村劳动力来看，全国有下降趋势，而淮河流域则有小幅增长。增长的农业劳动力并没有完全被农业吸纳，由于规模化和机械化的农业生产模式拓展以及以粮食作物为主的种植结构，导致淮河流域虽然农业人口和农业劳动力有上升趋势，但从事大农业的劳动力有下降趋势，大量的乡村劳动力从事其他非农行业。

（2）农业装备与灌溉条件变化趋势。

淮河流域的农业机械化水平较高，农机总动力呈逐年增长态势。特别是从2005年开始，农机总动力增长明显超过全国增长速度。到2010年，淮河流域农机总动力占全国的23.2%，领先于其他各大流域（图4）。从有效灌溉面积来看，淮河流域有效灌溉面积逐年增长。但与全国其他流域相比，从2005年之后，有效灌溉面积的增长速度低于全国平均速度。目前，有效灌溉面积占全国的18.8%（图5）。

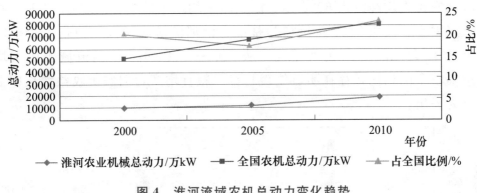

图4 淮河流域农机总动力变化趋势

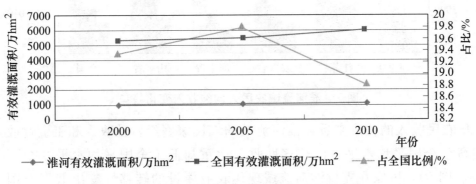

图5 淮河流域有效灌溉面积变化趋势

（3）农业产值和农民收入变化趋势。

虽然淮河流域粮食总产表现为增产趋势，产值也不断增长，但产值增长速度与全国平均增长水平相比有放缓趋势。2005年，淮河流域的农业产值占到全国的20%以上，2010年，农业产值占全国比例下降到16%左右（图6）。

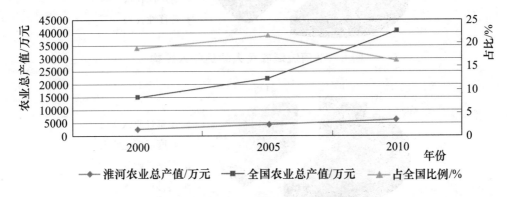

图6 淮河流域农业总产值变化趋势

淮河流域农民人均纯收入略高于全国水平，低于江苏省和山东省水平，高于安徽省和河南省平均水平。从趋势来看，2000年，淮河流域农民人均纯收入2355元，比全国平均水平的2253元高102元；2010年，按当年价格计算，淮河流域农民人均纯收入 6022 元，比全国平均水平的 5919 元高 103 元。扣除物价上涨因素，按照 2000 年价格为基准，淮河流域农民人均纯收入较全国平均水平高 36 元（图 7）。也就是说，从 2000—2010 年，淮河流域农民人均纯收入增幅较全国相比，存在明显放缓趋势。粮食增产，但农民收益增长率下降现象较为突出。

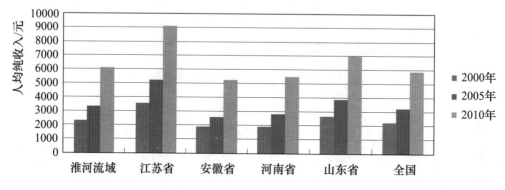

图 7　淮河流域农民人均纯收入变化趋势

从农民收入的构成来看，淮河流域的农民家庭经营性收入和工资性收入比重均高于全国平均水平，但转移性收入比重却低于全国平均水平 3 个百分点（图 8、图 9），国家在支持淮河流域现代农业建设的转移性支出低于全国的平均转移支付支持强度。

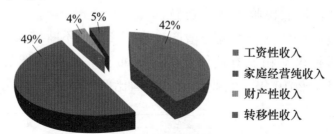

图 8　淮河流域农民人均纯收入结构

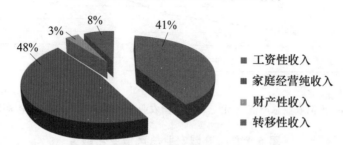

图 9　全国农民人均纯收入结构

（4）农业化学品投入变化趋势。

从农业化学品投入上分析，淮河流域化肥、农药和地膜的使用量逐年上涨，在全国所占比例也逐年升高。2010年，淮河流域的化肥、农药和地膜使用量分别占全国的27.5%、17.7%、17.6%。过去10年，淮河流域的化肥、农药和地膜施用量占比，有升高趋势，除了农膜在2005年由降低趋势转为升高趋势外，化肥和农药施用量10年来稳定升高（图10~图12）。

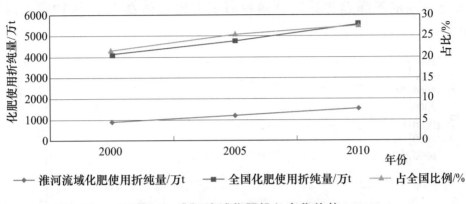

图10　淮河流域化肥投入变化趋势

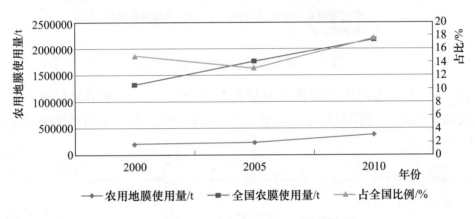

图11　淮河流域农用地膜投入变化趋势

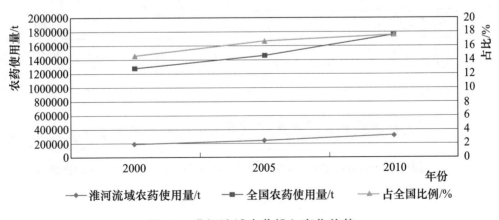

图12　淮河流域农药投入变化趋势

（5）粮食生产变化趋势。

淮河流域的种植业总播种面积有小幅增长趋势，但明显低于全国总播种面积增长水平。从比例来看，淮河流域总播种面积占全国播种面积的比例有较大的波动，在20世纪90年代有一个小幅的下降过程，进入2005年后，又出现一定下降趋势。但总播种面积占比总体在18%～19%之间徘徊（图13）。

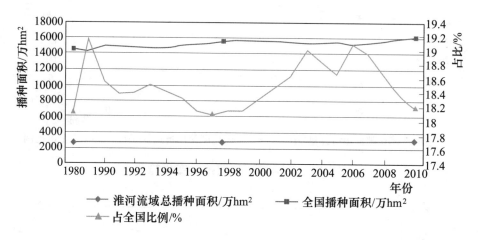

图13　淮河流域播种面积变化趋势

近30年来，淮河流域粮食播种面积基本稳定，但占全国粮食播种面积有较大波动，表现为先降低后上升。波动的原因主要是由于全国粮食面积的波动（图14）。

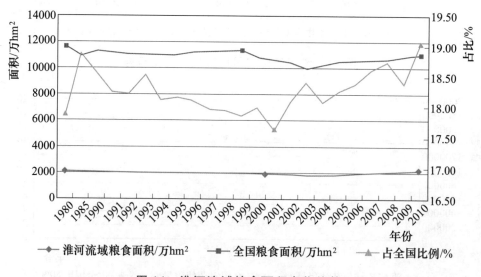

图14　淮河流域粮食面积变化趋势

30年来，淮河流域粮食单产始终高于全国。阶段分析表明，1980—2000

年，上升趋势十分明显，从 1.03 倍上升到了 1.16 倍。到了 2003 年前后，有一个降低阶段，但仍高于全国单产平均水平的 1.03 倍，目前，又恢复到 1.15 倍左右（图 15）。

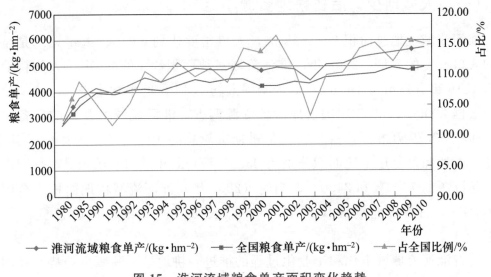

图 15　淮河流域粮食单产面积变化趋势

30 年来，淮河流域粮食总产量保持增长态势，从 1980 年的 8000 万 t 左右增长到 2010 年的近 13000 万 t，年均增长 2%，产量占全国比重始终保持在 20% 以上。但从总产量在全国的占比变化来讲，在 2000 年前后有明显不同的趋势。2000 年，淮河流域粮食产量占全国比重最高达到 29%，之后该比重呈缓慢下降趋势，2010 年，总产占比为 23%（图 16）。

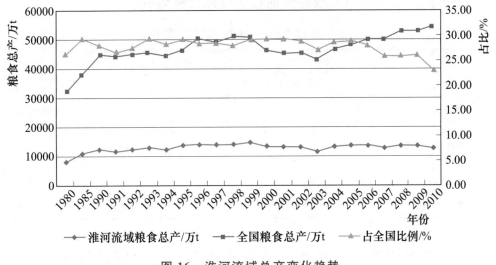

图 16　淮河流域总产变化趋势

二、土地利用存在的主要问题

（一）人多地少，后备耕地资源不足

淮河流域土地总面积 268384km²，人口密度达到 630 人／km²，约是全国平均人口密度的 5 倍。2008 年，淮河流域耕地面积约 1.95 亿亩，人均耕地面积为 1.16 亩（1hm² ＝ 15 亩），低于全国人均 1.40 亩的平均水平。

根据 2000—2003 年中国耕地后备资源调查，淮河流域可开发的后备耕地资源面积 33.79 万 hm²，占全国后备耕地资源总面积的 4.6%（表 6）。其中，可开垦土地和可复垦土地面积分别为 25.67 万 hm² 和 8.12 万 hm²，分别占耕地后备资源的 76.0% 和 24.0%。当时（2000 年）淮河流域耕地面积占全国面积 10.6%，后备耕地资源仅占 4.6%，即表明淮河流域耕地后备资源相对紧张。

随着淮河流域城市化和工业化过程的推进，耕地呈不断减少趋势。在国家严格的耕地保护、"占补平衡"的政策驱使下，淮河流域也开垦了相当数量的后备耕地资源以减缓耕地的下降态势。根据对中国科学院资源与环境中心土地利用数据的分析（表 7），2000—2008 年淮河流域共新增耕地约 49.42 万 hm²，其中坡度小于 5°的平原区新增耕地 44.50 万 hm²（遥感解译毛面积），按系数 0.7 进行转换，实际新增耕地面积达到 31.15 万 hm²，基本接近 2000 年时淮河流域的耕地后备资源数量。即使新增耕地不都是来源于当时的耕地后备资源，但也可推测目前淮河流域的耕地后备资源已极为有限。

表 7　　　　　　　　　淮河流域 2000—2008 年新增耕地　　　　　　　单位：hm²

地　　区	坡度小于 5°	坡度大于 5°	总　　计
山东省	142542.18	28807.65	171349.83
河南省	114092.55	14822.19	128914.74
江苏省	80747.93	822.31	81570.24
安徽省	106857.63	4237.11	111094.74
湖北省	757.49	475.44	1232.93
淮河流域	444997.78	49164.70	494162.48

（二）建设用地需求增长与耕地保护之间的矛盾日趋突出

随着淮河流域经济发展和工业化城镇化速度加快，建设用地的需求量不断

增长。我们针对河南、安徽、江苏和山东四省 2010 年和 2020 年居民点及独立工矿用地的规划目标与当前实际用地现状（2008 年）进行了比较分析。结果表明（表 8），江苏省建设用地的供需矛盾最为尖锐，其 2008 年的居民点及独立工矿用地已经超过了 2020 年的规划目标值。河南和安徽的土地供需矛盾也较突出，居民点及独立工矿实际用地均不同程度的超过了 2010 年的规划目标值，且接近于 2020 年的目标规划值。山东省居民点及独立工矿实际用地也已超过 2010 年的规划值。实际上，国土资源部近期完成的土地利用二调数据显示，淮河流域建设用地现状面积远超出上述结果。

表 8　　淮河流域各省居民点及独立工矿用地的规划目标与实际用地对比

单位：万 hm²

省份	2010 年（规划目标）	2020 年（规划目标）	2008 年（实际数）
河南	186.00	194.00	188.28
安徽	129.50	136.16	133.41
江苏	147.70	156.00	161.04
山东	196.93	——	209.25

注　数据来源：2006—2020 年各省土地利用规划以及 2008 年国土资源部土地利用变更数据。

建设用地快速增长的直接后果就是占用耕地尤其是平原地区优质耕地的速度加快。依据中国科学院资源与环境中心的 20 世纪 80 年代末期、2000 年和 2008 年三期土地利用数据，分析淮河流域各省建设用地占用耕地的情况（表 9）。

表 9　　　　　　　淮河流域建设用地占用耕地速率统计　　　单位：hm²/a

省份 时期	山东	河南	江苏	安徽	湖北
20 世纪 80 年代末至 2000 年	4767.31	6087.46	5309.55	5878.15	0.88
2000—2008 年	6838.69	7270.05	8270.55	5020.06	3.42
增加量	2071.38	1182.59	2961.00	−858.09	2.54

20 世纪 80 年代末至 2000 年期间，河南省建设用地占用耕地年增加速率最快，达到 6087.46hm²/a；其次是安徽省，年增加速率为 5878.15hm²/a；江苏与山东建设用地占用耕地的速度分别为 5309.55hm²/a 和 4767.31hm²/a。此期间建设用地占用耕地强度远高于其他区域的地区为河南省的郑州市、商丘市以及山东省的临沂市（图 17）。

2000—2008 年期间，除安徽省外，江苏、山东和河南 3 省建设用地占用耕地面积的速率较之上一时段迅速提高。江苏和山东较第一个时段的增量远高

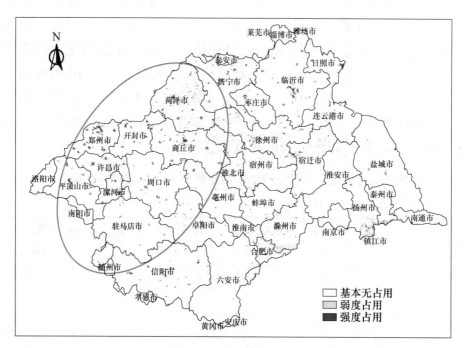

(a) 20世纪80年代末至2000年

(b) 2000—2008 年

图 17　建设用地占用耕地强度分布图

于其他各省，分别达到 2961hm²/a 和 2071.38hm²/a，河南省的增量为 1182.59hm²/a。与第一个时段相比，安徽省建设用地占用耕地速率有所减少。从图 17 可以看出，从第一时段到第二时段，淮河流域建设用地占用耕地由大范围低强度模式转为局部高强度的扩展模式，每一个地级城市周边都是占用耕地高强度区。需要指出的是，郑州市在第二时段仍是建设用地大量占用周边优质耕地的最为显著区域。

选取淮河流域内连云港市、徐州市、宿迁市、盐城市、淮安市、宿州市、淮北市、亳州市、阜阳市、淮南市、蚌埠市、信阳市、平顶山市、许昌市、济宁市、枣庄市等 16 个城市作为样本，利用皮尔逊相关系数分析 2000—2008 年期间这些城市建设用地增加与占用耕地和经济的关系。结果表明（表 10），建设用地占用耕地与建设用地增加呈极显著相关性（$r=0.72$，$P<0.01$），表明 2000—2008 年建设用地的急剧增加是以侵占大量耕地为主要扩展方式。建设用地占用耕地与 GDP 和非农 GDP 均呈极显著相关性（$P<0.01$），相关系数均为 0.72，表明建设用地对耕地的占用会随着经济的快速发展愈发严重，在未来一段时间耕地被占用状况仍不可避免。

表 10　建设用地增加与占用耕地和经济的关系（2000—2008 年）

项　目	统计量	GDP	非农 GDP	建设用地增加	建设用地占用耕地
建设用地增加	相关系数	0.48	0.51[①]	1	0.72[②]
	双尾检验显著性	0.06	0.05	—	0.00
建设用地占用耕地	相关系数	0.72[②]	0.72[②]	0.72[②]	1
	双尾检验显著性	0.00	0.00	0.00	—

① $P<0.05$ 水平，为显著水平；
② $P<0.01$ 水平，为极显著水平。

总体而言，随着淮河流域工业化城市化进程加快，其建设用地的需求量也随之增长，占用耕地的趋势不可避免。而淮河流域是国家重要的农产品生产基地，更是国家实施严格耕地保护政策的重点地区。工业化城市化发展与耕地保护的矛盾日趋突出。考察表明，淮河流域各地对于招商引资项目难以落地均有较强的反映。

（三）工业化、城市化过程中土地利用粗放

淮河流域一方面建设用地供需矛盾突出，另一方面在工业化、城市化进程中却存在着土地利用粗放的问题，主要表现为以下几个方面：部分开发区、工业园区土地利用率低，闲置现象严重，且皆位于平原良田之上。城市扩张蔓延

中土地集约程度不够，存在追求"大手笔"、"高标准"、一味"做大"的现象，大马路、大广场、大水面随处可见。

比较淮河流域山东临沂市、江苏连云港市和发达地区工业开发区的土地产出效益可以看出（表11），淮河流域目前的工业开发区具有面积大，单位面积产出额低的特点，单位面积土地产出额低于发达地区几倍乃至10倍，开展土地集约利用的潜力空间极大。

表11 工业开发区单位面积土地产出水平的对比

各工业开发区	年份	面积/hm²	单位面积产出额/(亿元·km⁻²)
台湾出口加工区	1996	192	287.93
上海国家级工业开发区	2006	61.5	119.62
上海市级工业开发区	2006	338.21	40.73
临沂市域省级开发区	2010	5678	32.17
连云港市国家级园区	2008	—	20.87

注 资料来源：余光亚（台湾楠梓加工出口区管理处处长），台湾加工出口区之创设、贡献及转型，2002年10月19日。临沂市域省级开发区根据密长林等（2011）资料整理；连云港市国家级园区根据马红（2010）资料整理。

另外，比较淮河流域主要城市与发达地区的单位城建面积的非农产业产值也可以看出，淮河流域内各城市的城建区单位面积非农业产值基本在20000万～50000万元/km²范围内，而长三角地区达到100000万～150000万元/km²，珠三角地区和京津地区也达到80000万～100000万元/km²。可见淮河流域单位城建面积的第二、第三产业产值远小于发达地区，土地利用集约度相对较低，不少地区仍在重复东部工业化和城市化进程初期的粗放利用模式，集约利用潜力空间很大。

（四）部分山丘区坡耕地持续增加，水土流失危险加大

依据中国科学院资源与环境中心的地形数据，将淮河流域进行坡度等级划分，划分标准为平地及浅丘地（<5°）、缓中坡地（5°～15°）、陡坡地（15°～25°）和极陡坡地（≥25°）。然后将三期土地利用数据叠加在地形图上进行分析，结果表明（表12）：20世纪80年代末至2000年期间淮河流域的耕地面积整体呈减少态势，其中耕地净减少区主要分布在平地及浅丘地区，达1717.04km²，而耕地增加区则集中分布在>5°的坡地上。其中缓中坡地的耕地增加居首，为93.72km²；陡坡地和极陡坡地耕地分别增加了5.58km²和0.96km²。从空间格局上看［图18（a）、图19（a）］，坡耕地增加的区域集中在河南省，如大别山的草地转为耕地和桐柏伏牛山区的林地转为耕地。

2000—2008 年淮河流域耕地面积总体上亦呈减少态势。除山东省外，河南、安徽和江苏 3 省耕地面积在不同坡度下垫面上均有所减少（表 12），但耕地减少区仍集中发生在平地及浅丘地区。山东省在不同坡度上的耕地均呈增加趋势，其中大于 5°的坡地上耕地增加面积合计达到 200.74hm²，主要分布在沂蒙山区与山前丘陵地区；平地及浅丘地上耕地面积增加 221.67hm²，主要集中在南四湖周边的区域 ［图 18（b）、图 19（b）］。

表 12　　　　　　　　淮河流域不同坡度级别的耕地变化统计　　　　　　　单位：km²

时　期	分区	平地及浅丘地 (<5°)	缓中坡地 (5°~15°)	陡坡地 (15°~25°)	极陡坡地 (>25°)
20 世纪 80 年代末至 2000 年	山东	−462.14	−2.29	−0.39	−0.07
	河南	−266.59	93.72	5.58	0.96
	江苏	−621.75	−2.27	−0.11	0.00
	安徽	−367.73	−2.87	−0.16	−0.06
	湖北	0.64	−0.89	−0.30	0.00
	淮河流域	−1717.04	84.91	4.59	0.81
2000—2008 年	山东	221.67	164.72	33.96	2.06
	河南	−957.31	−381.71	−127.55	−15.59
	江苏	−713.17	−9.58	−3.36	−0.71
	安徽	−73.72	−10.75	−5.88	−0.24
	湖北	−3.46	−6.55	−0.66	−0.07
	淮河流域	−1527.03	−243.47	−102.93	−14.48

已有研究表明，淮河流域沂蒙山区水土流失相对较重，桐柏伏牛山和大别山区次之，且中度以上土壤侵蚀多发生在坡耕地上。上述数据以及实地调查表明，沂蒙山、桐柏伏牛山和大别山当前仍存在相当数量的坡耕地，部分省区近年来还呈上升趋势。主要原因之一是受国家耕地占补平衡政策的影响，平原地区的优质耕地被建设用地占用，而平原区本身已无后备耕地资源，只能到山地丘陵区开垦土地实现耕地总量平衡，结果不但实现不了耕地质量上的平衡，反而导致水土流失风险加大；另外的原因是承包山林地的农民为追求经济效益开垦耕地，种植经济林果或小杂粮等作物造成坡耕地增加，而稳定生态系统的林灌草地随之减少。总之，无论何种原因导致的山丘区坡耕地大量增加的现象，都将进一步加剧这些地区水土流失的风险。

（五）滩涂、沼泽等自然湿地面积不断减少

目前湿地缺乏统一的定义，本研究依据《土地利用现状调查技术规程》中

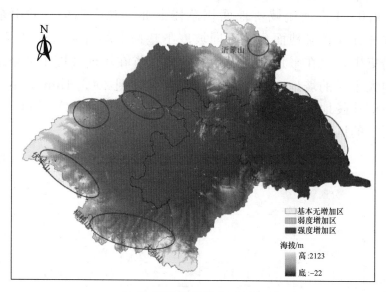

(a) 20 世纪 80 年代末至 2000 年

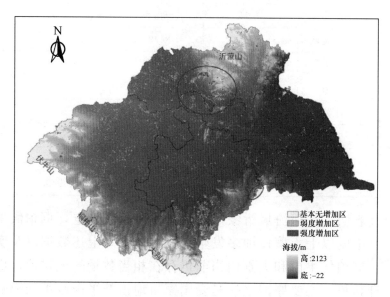

(b) 2000—2008 年

图 18　淮河流域耕地增加空间分布图

湿地的分类并结合中国科学院资源环境科学数据中心的土地利用分类体系，把湿地分为以下 3 类：滩涂、滩地和沼泽，而这 3 类土地大多为自然湿地。20 世纪 80 年代末至 2000 年淮河流域的湿地合计减少 65134.53hm²，以沼泽地减少为主，占湿地净减少面积的 85.63%；滩地面积减少 9359.03hm²，而滩涂地基本没有变化。具体到各省，山东省湿地面积减少最多，达到 59571.01hm²，占该阶段湿地减少总面积的 91.46%，主要源于沼泽地的锐减，集中分布在南四湖区域。河南和江苏省湿地面积略有下降，以滩地减少为主。而安徽湿地面

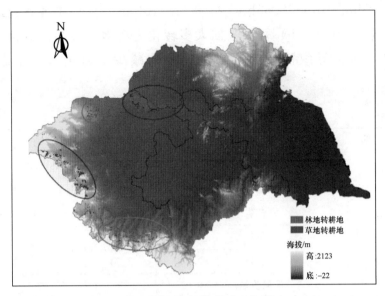

(a) 20 世纪 80 年代末至 2000 年

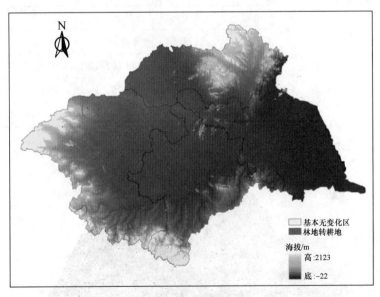

(b) 2000—2008 年

图 19　林地和草地转为耕地空间分布图

积变化较小［表 13 和图 20（a）］。

　　2000－2008 年淮河流域的湿地减少了 283299.51hm²，减少面积明显高于第一阶段，并且以滩地减少为主，达 282515.51hm²，占湿地净减少面积的 99％；滩涂和沼泽地则分别减少了 234.92hm² 和 549.08hm²。其中，江苏省的湿地面积减少了 142216.78hm²，占该阶段湿地总减少面积的一半左右，主要分布在洪泽湖、高邮湖、白马湖及射阳湖等地。山东、河南和安徽省分别减少了 51847.47hm²、49888.65hm² 和 38741.10hm²。滩地是各省湿地减少的主要来源［表13、图20（b）］，而去向大多转化为耕地。淮河流域自然湿地面积的不断下降，必将导致流域内生物多样性的减少，影响流域生态系统的稳定性。

表13　　　　　　　　　　淮河流域不同时段湿地面积统计　　　　　　单位：hm²

时　期	地区	滩涂	滩地	沼泽地	总面积
20世纪80年代末 至2000年	山东省	0.17	−4724.88	−54846.30	−59571.01
	河南省	0.00	−3071.91	27.16	−3044.75
	江苏省	−0.10	−1507.43	−956.43	−2463.96
	安徽省	0.00	−62.52	0.00	−62.52
	湖北省	0.00	7.71	0.00	7.71
	淮河流域	0.07	−9359.03	−55775.57	−65134.53
2000—2008年	山东省	−57.28	−51348.20	−441.99	−51847.47
	河南省	0.00	−49800.70	−87.95	−49888.65
	江苏省	−177.64	−142020.00	−19.14	−142216.78
	安徽省	0.00	−38741.10	0.00	−38741.10
	湖北省	0.00	−605.51	0.00	−605.51
	淮河流域	−234.92	−282515.51	−549.08	−283299.51

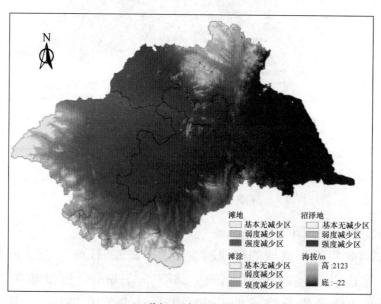

(a) 20世纪80年代末至2000年

图20（一）　湿地变化强度空间分布图

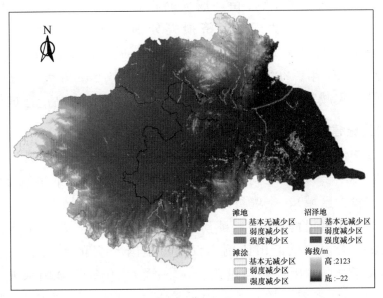

(b) 2000—2008 年

图 20（二）　湿地变化强度空间分布图

三、农业发展面临的关键问题

（一）生产条件问题

1. 水资源紧缺，利用方式粗放

淮河流域人均和亩均水资源量均不足全国的 1/4，水资源分布与流域人口、耕地分布不协调，加剧了水资源供需矛盾。近 20 年来，淮河流域水资源数量呈减少趋势，淮河流域现状地表水开发利用率已达 44.4%，现状浅层地下水开发利用率高达 58.4%，流域水资源短缺问题十分突出。农业用水水资源总量不足，特别是干旱年份农业用水"瓶颈"凸显。骨干排水工程排水标准不高，田间排水工程较少，桥、涵、闸等建筑物配套不全，现有灌溉工程大都是 20 世纪 50—70 年代兴建，多年老化失修，田间灌溉大部分采取传统的地面灌溉方式，农业用水效率较低。

2. 旱涝灾害频发，防灾减灾能力弱

流域处于我国南北气候过渡地带分界线，干旱、洪涝频繁发生。尽管 50 多年的治淮建设，尤其是 1999 年以来，淮河流域沿淮低洼地先后进行了多次不同程度的治理，流域整体防洪、抗旱条件有所改善，但防灾减灾设施和措施仍然薄弱，灾害对农业生产的威胁十分巨大。据统计，1949—2000 年，全流

域年平均水灾成灾面积 2379 万亩，成灾面积超过 3000 万亩的年份有 14 年，2003 年、2007 年两个年度直接经济损失分别达到 286 亿元、152.2 亿元。1949－2000 年，年均旱灾成灾面积 2293 万亩，成灾面积超过 3000 万亩的年份也是 14 年。1994 年、2001 年成灾面积分别达到 7552 万亩、6953 万亩。旱涝灾害频发及防灾减灾能力偏弱，对淮河流域粮食的稳产高产造成极大威胁。

3. 基础设施建设仍滞后，农业抗灾能力弱

淮河流域中低产田经过改造，耕地生产能力得到大幅度提升，但按目前各省标准，仍在 45％～60％之间以上。低产田主要类型有干旱缺水型（河南、安徽淮河流域较大区域）、土壤贫瘠型（安徽淮北淮河流域部分区域）、渍涝水田型（江苏淮河流域沿海区域）、渍涝旱地型（河南、安徽、江苏、山东淮河流域部分区域）等。中低产田比例不仅超过全国 65％的平均水平，且由于潜在产量远远大于全国，因此，经过改造，增产潜力仍高于全国水平。以河南省为例，2011 年，全省有 6490 万亩中低产田需要改造，占全省耕地面积的 54％，大部分分布于淮河流域，近 3000 万亩耕地不能得到有效灌溉。全流域农田水利工程老化失修情况严重，农业减灾抗灾能力弱，制约着农业综合生产能力的提高。近几年来，虽然淮河流域在重大水利工程建设方面取得重大进展，但田间排灌系统建设严重滞后，极易受旱涝灾害的影响。国家投入的资金多用于大中型农田水利设施的建设，而对于伸入到田间地头的支渠、毛渠等排灌设施则投入较少。以淮河流域 5—6 月旱灾为例，河南、安徽的粮食主产区，除了水源紧缺外，很多地区由于田间取水系统不完善，"有水取不上"的现象普遍存在。同时，灌区田间灌溉大都采取传统的大水漫灌，跑、冒、滴、漏现象十分严重。

（二）管理与组织问题

1. 投入机制不健全，支农资金使用效率低

主要表现为：一是投入责任机制问题。由于粮食生产未纳入县域政府强制性考核指标，虽然淮河流域省级部门将粮食生产和农业可持续发展作为工作重点，但由于农业与工业相比，无税收贡献，对地区财政贡献率也低；与教育、医疗、计划生育等事业相比，政绩考核权重较低，导致国家的农业政策与区域发展目标不对称，国家支农政策的执行力不强，农业大县对发展农业不重视，部分区域甚至出现抢占、挪用农业资源和资金的现象。以农业综合开发投入政策为例，按照财政部规定，地方财政配套资金省级财政承担 80％以上，地（市）、县级财政承担 20％以下，但过对安徽、河南淮河流域粮食主产区调研发现，国家基础设施投入资金要求粮食主产县少量配套基本没有实施，即使得到上千万元奖励的粮食生产大县，也不愿意拿出甚至 100 万元的配套建设资金（阜阳市调查），造成了农业基础设施建设已开展项目的"最后一公里"问题。二是粮食大县普遍是财政穷县，无力投入农业。虽然淮河流域地处我国中东部，但由于农业的弱质性，农业大县财政收入普遍较低，部分县市资金紧张，配套投入困难，更谈不上自主投入。国家的基础设施建设项目要求各级政府按各级政府预算投入总量核定面积与规模，验收也按总投入量考核面积，在地方无配套的情况下，主产县采取不牺牲面积的情况下牺牲质量，支农资金使用效率大打折扣。三是多头投入、多头管理，标准不一，重复建设。涉及农田水利投入的渠道较多，从政府主体的角度看，有水利部门、财政部门、国土部门和农委部门等；从投入的形式看，有的是综合开发，有的是土地复垦，有的是中低产田改造，有的是高效农田补贴。这种分散投入、多管齐下、部门建设项目相互交叉重叠现象，使得同一项目实施和执行的标准不同；同时，也存在同一项目有不同的投入渠道，使得执行与监管难度增大。四是粮食主产县补偿机制不健全。中央财政对包括淮河流域在内的产粮大县实行奖励政策，在一定程度上缓解了产粮大县的财政困难，保护了产粮大县发展粮食生产的积极性。但流域内产粮大县生产负责人普遍反映，奖励资金规模仍然偏小，如 2011 年中央财政对河南省产粮大县奖励资金，平均每亩只有 11 元，按粮食总产量计算，平均每斤不足 0.015 元钱。当前，产粮大县财政困难的局面仍十分突出，粮食奖励资金大都由财政统筹，部分产粮大县奖励资金甚至全部用来发工资，不用于粮食生产。

2. 兼业化农民是农业经营的主体，阻碍集约化水平的提高

淮河流域调研表明，农民兼业化、老龄化、妇女化的问题十分突出，并且文化程度不高，严重影响了先进技术的应用和推广，成为区域农业可持续发展的潜在隐患。江苏调研表明，从事种植业的农民高中以上学历的占 4.4%，小学及未上学的占 55.9%。从年龄来看，60 岁以上的占 16.7%，51～60 岁之间的占 29.2%，30 岁以下的占 10.3%。从经营主体来看，由于淮河流域人均耕地少，农民主要收入来源已不是种植业，但由于较高的机械化水平、较高的地租和种粮补贴，农民不愿意土地流转，兼业农民成为种植业的主体。同时，对土地流转的专题调研表明，越是粮食生产大县，土地流转进行的越是缓慢。河南、安徽两省淮河流域土地流转平均水平均达不到 20%，国家重点粮食大县阜南县流转水平低于 15%。同时，绝大部分的粮食生产合作社，由于种粮效益低、入社农户面积小，分红等利益连接纽带难以有效建立，在统一供应优良品种、统一机耕机播机收、统一浇水、统一测土配方施肥、统一技术指导、统一病虫害防治等方面没有作为，形同虚设。而发展现代农业需要形成成片规

模，由于地块划分过小，即使几亩土地也要涉及很多农户，且群众的惜土意识越来越强（租金越来越高），一些投资规模经营的人望而却步。这种小规模分散生产，在发展现代农业中不利于农业机械化的实施，更不利于农业规模化、产业化发展，也不利于合理、科学使用农药化肥和控制面源污染，增加了农业集约化经营的难度。

3. 农业产业化水平不够高

从全流域看，农业生产专业化、组织化程度不高，特色产业布局不够集中，生产基地相对分散，缺少覆盖面大的专业化生产基地。农产品加工业发展滞后，加工规模和整体水平还比较低，初步估算，淮河流域农产品加工产值与农业产值加权平均值的比值约为0.46∶1，其中安徽、河南的淮河流域比值分别为0.40∶1和0.48∶1，不仅低于全国的0.5∶1，也分别低于河南、山东、安徽、江苏的0.6∶1、0.6∶1、0.45∶1和0.7∶1。而发达国家为（2~4）∶1。另外，拉动力大的龙头企业少，中小企业和家庭作坊较多，产业集中度不高。目前以专业化产地批发市场为主的市场载体辐射带动能力还不强，没有真正形成农产品集散地，农副产品的流通仍然停留在欠发达的农贸市场水平。以龙头企业和各类经济合作组织为主的市场主体发育程度还不高，农民抵御市场风险的能力还不强，农民进入市场的组织化程度有待于进一步提高。

4. 农技服务推广体系低效

与其他区域一样，淮河流域农业科技服务体系的"线断、网破、人散"情况普遍存在，基层农业科技服务体系的服务能力不强，服务方向出现"越位"：流域内基层农技服务体系在新品种引进、病虫害防治、质量安全监测、农业资源、农民培训等公共产品的提供上存在不作为、"缺位"现象。同时，目前的农技服务体系主要集中在农资产品的经营方面，在安徽省淮河流域，体系的作用受行政工作重心的影响，与指导农业生产的功能渐行渐远，农技服务存在着"越位"。而随着专业合作社、生产大户的逐步壮大和发展，亟须公共科技服务体系支持，必须与时俱进，加快改革，建立直接面向生产的、与专业合作社和种植大户紧密衔接的科技服务体系，摆脱日常行政事务，改变服务方向，提升服务能力。

5. 鼓励粮食生产的政策效应难以进一步发挥

一方面表现为政策支持的总体水平与农业生产的地位并不相称，突出表现在财政的农业支出比例严重偏低。这里的财政农业支出主要是指用于对农业生产的支持、农林水利气象等部门的相关事业费支出、农业基本建设支出、农业科技支出和农村救济支出等。衡量财政农业支出的比例主要采用两种指标，即区域财政农业支出占区域财政支出的比例、财政支农支出占农业总产值的比例。以河南省为例，近年来农业总产值在生产总值中的比例逐渐减少，而财政农业支出占财政总支出的比例一直低于农业总产值在全省生产总值的比例（图21）。

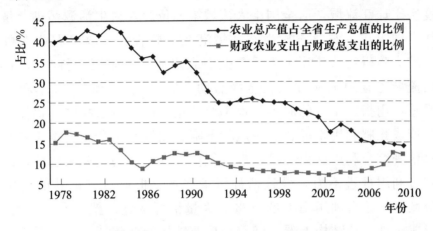

图 21　1978—2010 年河南省财政支农比例情况

另一方面，财政支农的政策效应逐渐减弱，资金使用的效率和方向急需提高和改变。例如虽然近几年来，粮食补贴等政策，在促进粮食生产和提升农民收入方面发挥了积极作用。但通过对淮河流域调查表明，当前粮食增产和农民增收的关系渐行渐远，农民之所以选择种粮的最主要原因：一是土地租金预期增值潜力大；二是较高的机械化水平使其劳动量降低，为其外出务工扫清了"障碍"。这也可以从淮河流域的农业生产结构变化得到印证：淮河流域机械化水平较高的小麦、玉米得到了大幅度发展，油菜和棉花等机械化水平较低的作物则大幅度下降。机械化水平也决定着水稻的栽培面积，目前淮河流域适宜种稻区，农业现代化水平较高区域实施机械化育秧、插秧；现代化水平较低区域则选择直播；不能直播、也不能机械化栽培区域的农户则放弃种植水稻。可见劳动力投入成为影响农业种植结构的至关重要的因素。继续靠政策补贴拉动农民增收已经十分困难，财政转移支付难以在较高基础上维持农民收入大幅度增长。按照目前的补贴标准，种粮补贴、综合补贴、良种补贴、农机补贴加起来不足 200 元/亩，合计相当于一个劳动力 2 天的打工收入。其次，近年来，国家提高了粮食等农产品的最低收购价格，但由于农产品的特殊性，粮食价格上涨幅度大大低于农业生产资料价格上涨幅度，河南省调研（2012 年春季）的情况来看，小麦保护性收购价格提高 0.07 元，但生产小麦所需的 19 种农资价格涨幅高于小麦价格涨幅，其中过磷酸钙等 4 种肥料涨幅超过 20%，价格支持的作用甚微。支持方式和方向亟须作出调整。

（三）农业生态保护问题

农业面源污染严重，农业生态环境改善面临认识、结构、政策法规和技术四大障碍。农村环境监测数据的分流域对比分析表明（2007），淮河流域化肥施用强度次于珠江流域，居全国十大流域第二位。农村生活源污染总量次于长江流域居全国第二，农业农村生态环境潜在威胁较大。改善农业农村生态环境，存在较大障碍：从认识上看，是兼业农户对科学施肥、科学喷药不重视。虽然淮河流域各省测土配方施肥全面启动，但农户由于农资成本和人工成本高，不愿意使用指定企业的肥料，也不愿意按照配方自己拌肥，仍使用传统施肥方式，造成化肥利用率低、土壤质量下降、面源污染严重；由于各级政府和生产者对秸秆综合利用认识不足，没有把秸秆真正作为资源来看待，缺乏统筹规划，综合利用推进不力，导致秸秆污染严重。根据对产粮县的调研进行估算，全流域平均综合利用率不足 70%。大量秸秆焚烧、露天堆放、丢入河道，腐烂后形成污染。从结构上看，随着种植业结构的调整，蔬菜、瓜果等设施农业发展迅速，设施农业的单位面积化肥、农药使用量平均高于粮食作物 5 倍以上；淮河流域畜牧业发展也十分迅速，排放量日益升高，猪牛等大牲畜 70%以上已经实现了养殖小区生产。但从调研情况来看，安徽、河南畜牧主产区的大牲畜养殖小区粪便及猪牛舍废水无害化处理率不足 30%，养殖业非点源污染成为农业污染的重灾区。从政策法规来看，强制执行的《中华人民共和国环境保护法》主要针对城市地区，对于农村和农业生态环境的保护，仍存在法律真空。特别是随着农药化肥、养殖排放、农村生活垃圾排放总量不断增加，应加快出台针对农业、农村生态环境治理的政策和法规来约束有关行为。特别是针对养殖小区废弃物的无害化处理，既无实质性的政策支持，也无强制性的法律规范，造成畜牧业点源污染日趋严重。国家沼气工程项目建设对于养殖小区沼气建设支持不足，而对于普通户用沼气的支持则存在较大浪费。淮河流域部分地市，农村弃用的户用沼气占总量的 80% 左右。同时，农村生活垃圾的收集和处理设施、机构、人员不健全。在安徽及河南淮河流域大部分地区，建制镇无污水处理厂，县市以上区域才设固体垃圾填埋场。而处理方式也很粗放，大量垃圾被运输到人烟稀少的山区，遇到大雨冲刷，对下游形成污染。从技术上看，许多生态技术的推广应用存在"瓶颈性"因素。例如测土配方施肥指定的大企业不能对省内所有区域的土壤做出科学配方，导致农户有肥不用、有方不配；在农药使用上，由于区域病虫害防治频率高，同时缺乏服务和监管，为了实现粮食保产，农药施用量大，调研区域的农药有效利用率仅 30%；淮河流域农作物轮作茬口紧，秸秆便捷处理设施不配套，农民收集处理秸秆的难度大，随意遗弃和露天焚烧现象严重。而秸秆综合利用新技术应用规模也较小，尤其是适宜农户分散经营的小型化、实用化技术缺乏，各项技术之间集成组合不够。

1. 排放总量大

淮河流域中，种植业源、畜禽养殖业源和水产养殖业源的化学需氧量、总氮和总磷流失量（排放量）分别共计 190.05 万 t、44.71 万 t 和 4.15 万 t。其中种植业总氮流失量为 28.82 万 t，总磷流失量 1.41 万 t，分别占到总量的 65.46％和 33.98％；畜禽养殖业化学需氧量排放量为 184.72 万 t，总氮排放量为 15.08 万 t 和总磷排放量为 2.56 万 t，分别占到总量的 97.20％，33.73％ 和 61.69％；水产养殖业化学需氧量排放量为 5.33 万 t，总氮排放量为 0.81 万 t 和总磷排放量为 0.18 万 t，分别占到总量的 2.81％，1.81％和 4.34％（表 14）。

表 14 淮河流域农业污染总量及其来源 单位：万 t

农业污染物	总量	其 中		
		种植业源	畜禽养殖业源	水产养殖业源
COD	190.05		184.72	5.33
总氮流失量（排放量）	44.71	28.82	15.08	0.81
总磷流失量（排放量）	4.15	1.41	2.56	0.18

注 数据来源：第一次全国污染源普查资料（2007）。

2. 种养业发达区域，面源污染相对严重

COD 排放量重点集中在河南省驻马店市和周口市，江苏省徐州市和盐城市，山东省临沂市，5 个地市的排放量均在 10 万 t 以上，占全流域排放量的 43％。5 个地市的化学需氧量排放强度在全流域排位中也居于首位（图 22）。

淮河流域总氮排放强度占前几位的主要为河南省的漯河市、周口市、驻马店市，安徽省的宿州市，总氮排放强度均在 40kg/hm² 以上。周口市、驻马店市以及江苏省盐城市的总氮排放量均位于淮河流域各个地市的首位，均在 2.5 万 t 以上，3 个地市总氮排放量占全流域总氮排放量 24％（图 23）。

总磷排放强度全流域各市排位中，河南省周口市、驻马店市、漯河市以及江苏省徐州市处于前列，总磷排放强度均在 4kg/hm² 以上。总磷排放总量中河南省周口市、驻马店市，江苏省徐州市、盐城市，山东省临沂市均居首位，排放总量之和占流域总磷排放量的 37％（图 24）。

综上，农业面源污染排放量与种养业总量成高度相关。从养殖业来看，河南周口市和驻马店市、江苏盐城市的肉类总产量均为 55 万 t 以上，在全流域

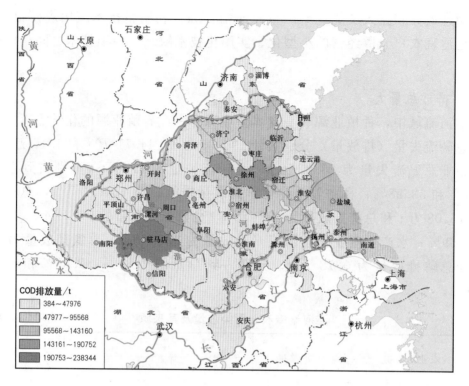

图 22　流域 COD 排放总量

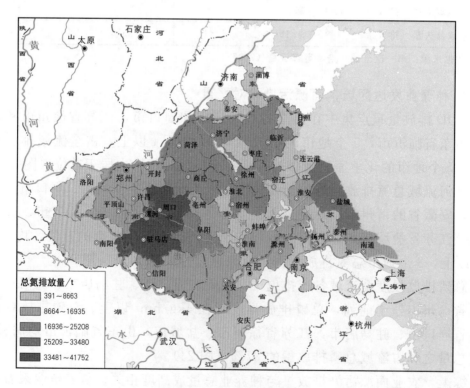

图 23　流域总氮排放总量

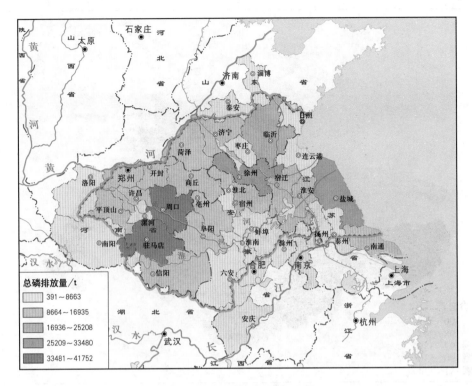

图 24　流域总磷排放总量

各地市排位中都居前列。从种植业源来看，河南周口市和驻马店市、江苏盐城市的耕地面积均在 78 万 hm² 以上，在流域中所占耕地比例均较大。并且，三地市化肥使用折纯量也居于首位。平均施肥量较大的蔬菜种植模式中，江苏徐州市蔬菜播种面积为 24.7 万 hm²、盐城市为 18.0 万 hm²，河南周口市为 20.7 万 hm²、驻马店市 11.9 万 hm²。河南周口市和驻马店市的粮食总产量分别为 685 万 t 和 607 万 t，江苏盐城市为 544 万 t，在全流域各市排序中也占有重要地位。

（四）空间布局问题

1. 粮食产量布局与农民收入布局不匹配

从市级统计数据来看，粮食生产主要集中在中部、西部区域；但从农民收入来看，东部地区偏高（图 25 和图 26）。

2. 旱涝保收田总体比例不高，分布不集中

从旱涝保收田占耕地面积比例来看，2009 年，淮河流域超过 60% 的县市（区）旱涝保收田面积比例低于 52%。仅有 11% 的县市（区），旱涝保收田面积比例超过或达到 66%。从空间分布来看，以苏北及江苏沿海、安徽和河南淮河流域中部区域居多，分布不集中（图 27 和图 28）。

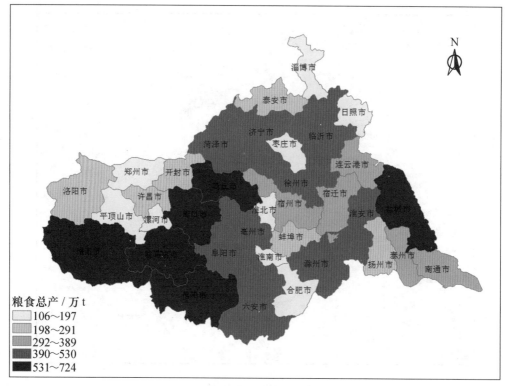

图 25　淮河流域粮食生产布局图

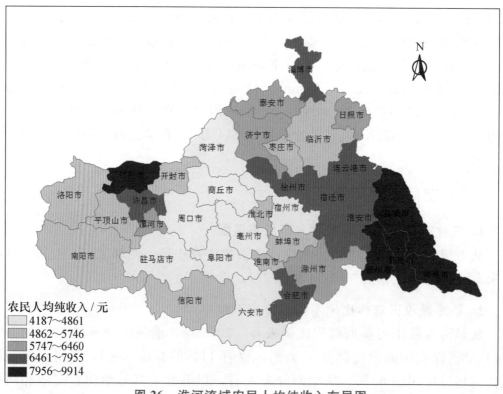

图 26　淮河流域农民人均纯收入布局图

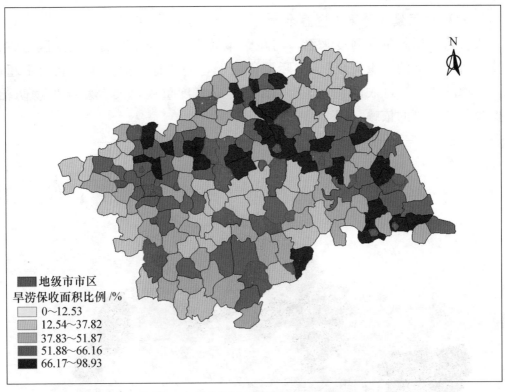

图 27　淮河流域旱涝保收田布局图

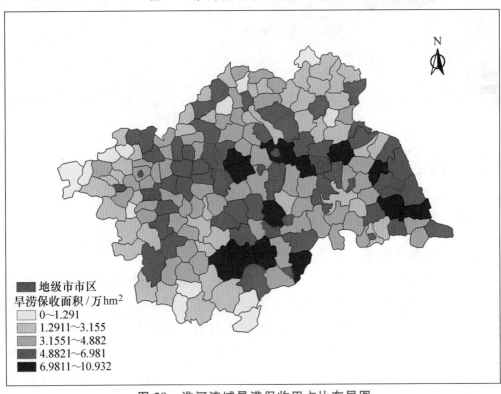

图 28　淮河流域旱涝保收田占比布局图

3. 农药使用量与蔬菜产区叠合

从农药施用总量和强度来看，与蔬菜布局高度吻合，表明蔬菜产区已成为种植业面源污染的"重灾区"。实际调研表明，一些地区的蔬菜化肥用量超过粮食作物的 10 倍，农药用量超过 15 倍。应高度重视，大力发展生物防治，较少对化学防治的依赖（图 29 和图 30）。

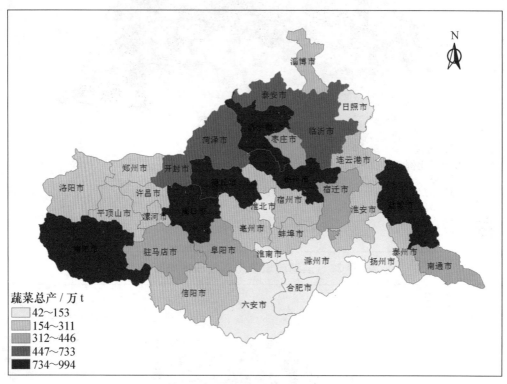

图 29 淮河流域蔬菜生产布局图

四、优化土地利用和农业发展方式的建议

（一）土地利用对策建议

1. 稳定耕地保有量，确保国家粮食安全

淮河流域后备耕地资源极为短缺，在工业化城市化进程中严格控制耕地粗放非农化，是确保和巩固其国家农业生产基地的关键。淮河流域各地级市土地利用总体规划对 2020 年相应的耕地保有量做出了规划控制指标，严格管理，试行土地用途管制制度。数据显示 2005 年与 2020 年耕地保有量的差额为 38700hm^2，个别省份耕地数量基本保持平衡不变，体现出淮河流域各省在规划上严格控制耕地转为非耕地的决心。

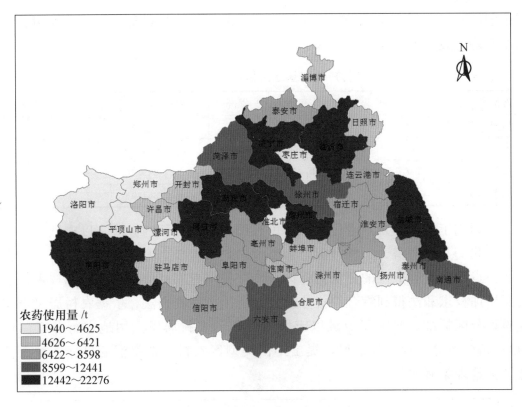

图 30　淮河流域农药使用量分布图

2. 控制城乡建设用地规模

2005 年，淮河流域城乡建设用地总量 321.87 万 hm^2。其中，城镇工矿用地 71.92 万 hm^2，占到城乡建设用地总量的 22.4%，城镇人口人均城镇工矿用地 $123m^2$；略高出国家规定的人均 $120m^2$ 的标准；农村居民点用地 249.94 万 hm^2，占到城乡建设用地 77.6%，人均所占面积高达 226 m^2，远超出国家规定的 $150m^2/$人的标准，而且很多地市农村居民点面积当前仍呈上升趋势，是今后进行集约利用的重点（表 15）。需要指出的是安徽省淮河流域片区的城镇人口人均城镇工矿用地仅为 $87m^2$，低于河南、江苏和山东的人均水平。随着该区城市化进程加快和经济的发展，预计其城镇工矿用地也将有所增加。

3. 有序推进农村土地综合整治

淮河流域平原农区农村村庄数量多、布局散，户均宅基地面积远高于发达的东南沿海农村地区（表 15），整治潜力大。实地调查也表明，目前一些地区因村庄建设缺乏规划、农村公共服务设施短缺等问题，导致农村空心化现象普遍，而且具有加快发展趋势。农村宅基地及其附属设施用地利用率低，闲置废弃范围广，进行综合整治的潜力很大，这也是深入开展耕地保护、新农村建设和城乡协调发展的关键。

表 15 农村户均宅基地面积及容积率比较

省份	面积/(m² · 户⁻¹)	容积率	省份	面积/(m² · 户⁻¹)	容积率
河南	381.29	0.27	浙江	164.26	1.014
安徽	519.51	0.241	福建	207.69	0.727
江苏	322.14	0.41	广东	233.10	0.40
山东	324.55	0.308	全国	361.43	0.268

参照刘玉等（2011）进行农村居民点用地整理分区的方法，以市域为基本单位，我们从整理潜力、整理能力和整理迫切度等 3 个方面构建了淮河流域农村居民点用地整理分区的评价指标体系，并根据专家打分法获取指标权重；然后采用加权求和法得到综合评价分值，并运用指标判别法，依据农村居民点用地整理分区标准，对淮河流域以市域为单位的农村居民点用地进行分区（图31）；结合各分区的实际情况，提出不同类型区农村土地整治的目标、重点任务及其整理策略如下：

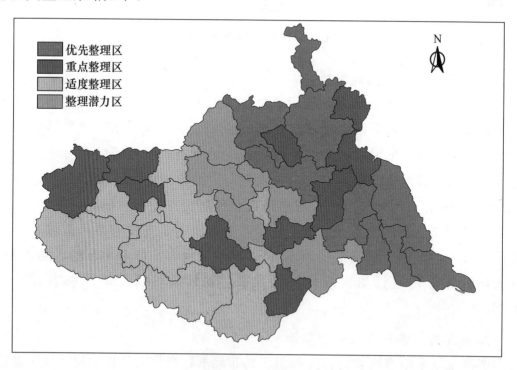

图 31 淮河流域农村居民点整理分区

优先整理区：包括济宁市、临沂市、淄博市、盐城市、南通市、泰州市、扬州市、淮安市和徐州市等共 9 个市。大部分市域位于平原地区，人均农村居民点用地 249m²，农村人口非农化转移较快，地形起伏度较低，开展居民点整理的自然条件好，整理潜力较大。市域城乡居民人均储蓄存款余额 9561 元，农村居民人均纯收入 4687 元，开展居民点整理的实力强。建设用地扩展速度快，人均耕地仅 0.075hm²，耕地后备资源面积小，是淮河流域开展居民点整理客观需求最迫切的区域。这些区域特别是城市辖区和城市近郊县域，应加快推进城镇化进程，以城镇发展规划为基础强化中心村和中心社区建设，推行城镇化引领型的空心村整治模式，统筹城乡发展和集约利用土地资源。在新村建设过程中，应积极推广和实施"低能耗、低污染、低排放"的低碳技术和措施，重塑农民生产、生活新观念，发展低碳乡村。

重点整理区：包括许昌市、阜阳市、连云港市、宿迁市、枣庄市、蚌埠市、合肥市、洛阳市、郑州市和日照市等共 10 个地级市。人均农村居民点用地为 217m²，居民点用地占区域建设用地的 63.8％，地势较为平坦，整理出的土地适宜于农业生产；居民点整理潜力较大，但整理能力和整理迫切度低于优先整理区。整理方式以迁村并点及空置、废弃居民点复垦为主，整理出的土地要尽可能转化为耕地；做好村镇中长期规划，有选择地培育乡村集聚点，优化乡村空间结构；同时扼制村庄建设用地扩展占用周边耕地，逐步推进对村内旧宅基地、闲散地、废弃工矿用地的整理复垦。

适度整理区：包括淮北市、六安市、淮南市、开封市、周口地区、平顶山市、漯河市、驻马店市、南阳市和信阳市等 10 个市。该区耕地单产水平低（粮食播种面积平均单产为 4712kg/hm²），人均居民点用地较少，为 205m²，土地整理潜力有限；农民人均纯收入仅 2679 元，整理能力最弱。包括平顶山市、六安市、驻马店市、南阳市和信阳市的生态环境相对脆弱，地形起伏度大，整理能力弱。该区农村居民点布局分散，经济落后，城镇化水平相对较低。因此，考虑到山区生态环境脆弱性和地质灾害频发等因素，农村居民点整理应采取"散村归并、危房改造、扶贫搬迁、生态移民"等不同模式，通过"中心村提升、大村扩容、小村归并、散户搬迁"的整合模式，推进农村旧宅基地、老院落、废弃地的整理复垦。整理的重点区域应以平原地区为主，山区可根据实际情况有序、适度推进。

整理潜力区：包括宿州市、亳州市、滁州市、商丘市和菏泽地区。人均居民点用地高达 256 m²/人，居民点用地占区域建设用地的 66.7％，空废宅基地比重大，整理增地潜力大。由于该地区主要处于传统农区，非农产业不发达，2008 年，农村居民人均纯收入 2659 元，城乡居民人均储蓄存款余额为 3489 元，户均农村社会固定资产投资额处于较低水平，区域内部进行居民点整理的能力较弱。区域耕地资源相对丰富，人均耕地高达 0.11hm²，远高于其他地区；区域城镇化、工业化进程缓慢，建设用地增加量少，区域自身进行整理的意愿不强烈。随着农村居民收入水平的提高，区域新建房屋的数量逐年增加，农村空心化呈现发展的趋势。这些区域可作为跨区域城乡建设用地增减挂钩的优选区，实施"整域规划、整合资源、整村推进"的区域整理模式，创新城乡用地配置与空心村整治挂钩的融资机制；按照城乡一体化发展要求，形成"城镇-集镇-中心村-行政村"完善的城乡等级结构体系；整理出的土地要尽可能转化为耕地，构建大型现代农业园区，集中发展高效、特色、优质、生态农业；结合土地开发整理工程和基本农田建设工程项目，将集中连片、产能高的耕地建设成永久性基本农田，确保粮食高产稳产。

4. 建立健全耕地保护的经济补偿机制

建议国家建立中央、省、地市三级耕地保护补偿基金，按照区域间耕地保护责任和义务对等原则，由部分经济发达、人多地少地区通过财政转移支付等方式，对承担了较多耕地保护任务的地区，进行经济补偿，基金主要来自新增建设用地土地有偿使用费、耕地占用税、土地出让收益等。淮河流域作为国家重要的农业基地，经济相对落后，承担了较重的基本农田和耕地的保护任务，以及维护国家粮食安全的责任，建议国家对其进行补偿和奖励，以协调不同区域在耕地保护上的利益关系。

5. 针对淮河流域实施差别化的土地管理政策

淮河流域内部在经济发展和区域功能上存在差异，应根据实际情况实施差别化的土地利用管理政策。对于郑州、合肥等省会城市以及江苏一些经济相对发达区域，土地利用战略应该尽可能服务于其区域发展的需要，同时制定相应政策，鼓励其凭借自身较强的经济实力和科学技术手段，不断提高土地集约利用水平，走内涵挖潜的道路。而对于经济发展相对落后的粮食主产区的产粮大县（市），建议在土地利用调控上给予一定的政策倾斜，如建设用地计划指标和城乡建设用地增减等方面，鼓励其在保障粮食生产的同时，能够加速城镇化进程，大力发展县（市）域经济。

6. 开展城乡统筹、农村居民点改造的改革试验示范

建议在淮河流域典型农业地区，建立国家级城乡统筹、农村居民点改造综合配套改革试验示范区，在尊重农民意愿、保障农民权益的前提下，深入开展农村城镇化、农民宅基地退出和农村建设用地整理，以及城市建设用地增加与农村建设用地减少挂钩的试验示范，加大农村土地资源挖潜力度，深化探索改革，国家应在相关政策上给予倾斜支持。

（二）农业对策建议

未来淮河流域农业的发展，应以转变农业发展方式为主线，以农民增收为核心，以保障农产品有效供给为主要任务，以保护耕地、改善生态环境、节本增效、集约化生产为手段，以科技支撑为动力，加快构建现代农业产业体系，着力提高农业综合生产能力、抗风险能力、市场竞争力，着力提高农业生产经营的专业化、规模化、标准化、集约化水平，着力提高农产品质量安全水平，加快社会主义新农村建设，实现流域由农业大区向农业强区的跨越，为全流域生态、经济和社会可持续发展奠定坚实的基础。

1. 实施以农业综合生产能力建设为核心的农田质量提升工程

因地制宜、分类实施农田质量提升工程，全面改善淮河流域农业生产基础条件，主要包括中低产田改造和高产高效模式示范工程。

（1）中低产田改造。

建议的建设内容包括：①耕地培育：实施面积1亿亩，主要包括平地整地工程、土壤培肥工程、道路工程、林网工程、电力工程。②土地整理：实施土地整理工程500万亩。包括调整农地结构，归并零散地块；归并农村居民点、乡镇工业用地等；复垦废弃土地。③农田水利：改造提升1亿亩耕地农用水利工程，有效灌溉面积达到7000万亩，其中，节水灌溉改造5000万亩。④科技推广：按照提高经营效率、提高农业集约化经营水平的要求，完善农田改造提升区域的农业科技推广体系。着力整合农业科技资源，加大培训力度，推进农业信息化建设，着力解决区域农技推广服务"最后一公里"的问题。

经过改造，到2020年，流域中南部平原耕地实现田成方、林成网、渠相通、路相连、旱能灌、涝能排、渍能降，实现园田化；沂蒙山区、大别山区的川地基本实现园田化，坡地基本实现梯田化。

（2）农业高产高效模式示范工程。

在中低产田改造的基础上，以建设旱涝保收的吨粮田为核心，建议启动实施高产高效示范工程。建议率先在流域内的沂水县等15个农业部确立的国家现代农业示范县内（图32），实施此项工程，从而以点带面，示范带动。最终实现示范区内高标准农田所占比重达到80%以上，节水灌溉面积达到70%以上，灌溉水有效利用系数达到0.55，农业耕种收综合机械化率达到80%以上，粮食单产达到500kg以上，耕地保有率达到100%，示范区主要粮食作物实现单种、单收、单打、单储，主要粮食作物良种覆盖率达到100%。主要措施：①耕地培育：实施面积500万亩，主要包括：平地整地工程、土壤培肥工程、排灌工程、道路工程、林网工程、电力工程。②节水灌溉改造：15个示范区，节水灌溉改造 900 万亩，主要包括：喷灌改造 200 万亩、微灌改造 100 万亩、低压管灌改造 300 万亩，渠道防渗 300 万亩。③连片品种推广：15 个示范区，优质粮食品种连片推广 1000 万亩，其中小麦 750 万亩，水稻 250 万亩。④机械化改造：为实现规模化经营，新增激光平地、深翻、播种、除草、施肥、施药、联合收割机械动力 200 万 kW，在精准施肥、施药、智能栽培等方面率先做出示范，引领全流域农业自动化、智能化、绿色化、低成本化发展。⑤仓储物流能力提升工程：每个示范区建设一个高标准粮食仓储物流平台，仓储能力达到 100 万 t，包括粮食仓库、制冷设备、传送设备、监测设备、信息设备、结算设备等配套建设。到 2030 年，全流域建成高产稳产农产品生产基地，优质高产高效生产模式示范区、先进适用技术示范应用区、农业现代化建设先行区。

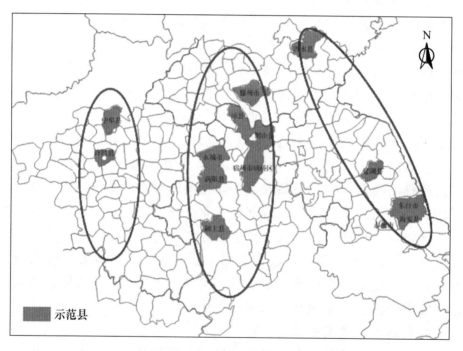

图 32　农业高产高效模式示范工程区

2. 实施以资源循环高效利用为核心的种养业生态化改造工程

为了提高淮河流域农业可持续发展水平，在提高农业综合生产能力的同时，不断改善农业生态环境，建议在淮河流域选取商水县等 10 个种养业规模大、污染物排放总量高、农业面源污染严重的县（市、区）（图 33），实施种养业生态化改造工程，建设内容包括：①绿色植保工程。在 10 个示范县（市、区），1000 多万亩耕地绿色植保工程，以村为单位，整村连片推进病虫害统防统治改进工程，并推广先进适用农艺植保、物理植保、生物植保技术，降低化学农药使用强度，保护农业生态环境。②秸秆综合利用工程。10个示范县（市、区），1000多万t秸秆实现综合利用。其中，开展土地深翻、增加施用氮肥，实现秸秆还田、降解、利用600万t；秸秆饲料化利用100万t；秸秆作物食用菌基料利用50万t；秸秆其他用途100万t。③养殖小区废弃物资源化利用标准化工程。10个示范区1100个养殖小区，需要提升改造设施330万 m^2；每个养殖小区新建800m^3大型沼气池工程1处，配套建设输气设施，燃气供应养殖小区和周边农户。每个养殖小区配套建设有机肥加工厂，示范区有机肥年总产量超过100万t。④蔬菜废弃物综合利用工程。每个示范县选择10万亩蔬菜集中生产区域，对蔬菜废弃物综合利用。

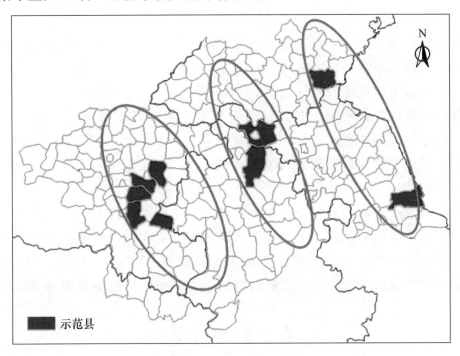

图33　种养业生态化改造工程示范区

3. 加快推进以增加生产者收入为核心的农业政策改革工程

（1）实施规模化优质专用小麦补贴的政策。

小麦是中国第二大口粮作物，对保障国家粮食安全具有重要作用。中国是全球第一大小麦生产国消费国，也是主要进口国。2011年全年进口小麦达到125万t。由于大国效应存在，中国大量进口必将引发全球小麦价格的剧烈波动。因此，必须立足国内、巩固基地，确保产业安全。建议补贴实施范围：对于小麦播种面积所占比例大、集中连片的生产区域，实施规模化优质专用小麦补贴政策。对郑州、许昌、洛阳、开封、南阳、平顶山、漯河、淄博、宿迁、连云港、淮北、淮南、驻马店、周口、阜阳、商丘、蚌埠、菏泽、济宁、临沂、枣庄、泰安、日照、徐州、宿州、亳州等 26 个市范围内的 1000 亩以上种植规模的种粮大户、公司、合作社进行专项补贴。推进实现优质强筋、弱筋小麦的集中连片生产，以满足加工需求，减少淮河小麦加工转化集聚区对进口专用优质麦的依赖，提高产值。

（2）试点建立主产大县粮食生产激励机制。

对流域内所有种粮大县，开展粮食生产保障机制建设：①加大补贴力度。提高流域产粮大县补贴标准，每亩粮食奖励补贴不低于 50 元；②严格规范补贴使用方向。对奖励资金进行用途管制。用于农业基础设施建设、种粮大户奖励、农业技术推广等农业综合生产能力提升方面的资金，不得低于奖励资金的 60%；③改革考核机制。将优质耕地面积、农业生态环境、粮食生产投入作为强制性考核指标，严格监管抢占、挪用农业资源和项目资金，使县域政府能够更好地履行国家战略意图。

（3）完善土地流转服务体系。

鼓励流域内各行政单元试点建立并完善土地流转服务体系。鼓励以股份制、土地银行等多种形式，引导耕地规模化经营。对于有偿转出土地的农民，由国家、省级财政拨款使其纳入国家城市社保，免除后顾之忧。

（4）扶持农产品加工业发展。

增加对农产品加工骨干企业基地建设、科研开发、技术服务、质量标准和信息网络体系建设的投入。把中小型农产品加工企业列为中小企业信用担保体系的优先扶持对象，对农产品加工企业收购农产品所需流动资金予以金融支持。对于"种养加"循环农业发展较好的企业，予以税收减免和资金奖励。

参 考 文 献

［1］　封志明，唐焰，杨艳昭，等．中国地形起伏度及其与人口分布的相关性［J］．地理学报，2007，62（10）：1073－1082.

［2］　高燕，叶艳妹．农村居民点用地整理的影响因素分析及模式选择［J］．农村经济，2004，（3）：23－25.

［3］　谷晓坤，陈百明，代兵．经济发达区农村居民点整理驱动力与模式：以浙江省嵊州市为例［J］．自然资源学报，2007，22（5）：701－708.

［4］　刘玉，刘彦随，王介勇．农村居民点用地整理的分区评价：以河北省为例［J］．地理研究，2010，29（1）：35－42.

［5］　刘玉，刘彦随，郭丽英．环渤海地区农村居民点用地整理分区及其整治策略［J］．农业工程学报，2011，27（6）：306－312.

［6］　龙花楼．中国农村宅基地转型的理论与证实［J］．地理学报，2006，61（10）：

1093 - 1100.

[7]　沈燕，张涛，廖和平．西南丘陵山区农村居民点整理潜力的评价分级：以重庆市长寿区为例［J］．西南大学学报：自然科学版，2008，30（6）：141 - 147.

[8]　宋伟，陈百明，陈曦炜．农村居民点整理潜力测算模型的理论与实证［N］．农业工程学报，2008，24（增刊1）：1 - 5.

[9]　郧文聚，杨红．农村土地整治新思考［J］．中国土地，2010（2/3）：69 - 71.

[10]　温明炬．唐程杰，等．中国耕地后备资源［M］．北京：中国大地出版社，2005.

[11]　中共中央国务院．中原经济区规划（2012—2020年）［R］．2012.

[12]　河南省人民政府．河南省农业和农村经济发展"十二五"规划［R］．2011.

[13]　江苏省人民政府．江苏省"十二五"农业和农村经济发展规划［R］．2011.

[14]　安徽省人民政府．安徽省农业和农村经济发展第十二个五年规划［R］．2011.

[15]　山东省人民政府．山东省农业农村经济发"十二五"规划［R］．2011.

[16]　国家发展与改革委员会．国家粮食安全中长期规划纲要（2008—2020年）［R］．2008.

[17]　河南省农业资源区划办公室．河南省构建新时期强农惠农政策体系研究［R］．2011.

[18]　安徽省农业区划办公室．安徽省粮食综合生产能力提升目标及保障措施研究［R］．2011.

[19]　河南省农业厅．河南省农村土地流转与适度规模经营情况调研报告［R］．2011.

[20]　河南省人民政府．河南省人民政府关于印发河南省粮食生产核心区建设规划（2008—2020年）的通知［EB］．2008.

[21]　国务院办公厅．全国新增1000亿斤粮食生产能力规划（2009—2020年）［R］．2009.

[22]　农业部．全国优势农产品区域布局规划（2008—2015年）［R］．2008.

[23]　环境保护部．我国"十二五"农业非点源污染治理方向和框架研究［M］．2012.

[24]　刘玉杰，等．中国粮食生产的区域格局变化及其可能影响［J］．资源科学，2007（2）.

[25]　黄莉新，等．江苏农村改革发展30年［M］．北京：中国统计出版社，2008.

[26]　李庆宝．关于皖北地区农田水利建设的调查与思考——以淮北小型农田水利工程建设为例［J］．淮北职业技术学院学报，2012（1）.

[27]　杨海钦．建设中国第一个农业特区的政策建议［J］．农村经济，2012（3）.

[28]　江苏省农业委员会．江苏沿海地区现代农业发展规划（2008—2020年）［R］．2009.

[29]　靳文学，等．粮食主产区和主销区利益平衡机制探析［J］．农业现代化研究，2012（2）.

[30]　张蔚文．农业非点源污染控制与管理政策研究［D］，浙江大学博士学位论文，2006.

附件:

课题组成员名单

顾　问：石玉林　中国科学院地理科学与资源研究所研究员，中国工程院
　　　　　　　　院士

　　　　刘　旭　中国工程院副院长，中国工程院院士

组　长：唐华俊　中国农业科学院副院长，中国工程院院士

副组长：王立新　中国科学院地理科学与资源研究所研究员

成　员：罗其友　中国农业科学院农业资源与农业区划研究所研究员

　　　　张红旗　中国科学院地理科学与资源研究所研究员

　　　　尤　飞　中国农业科学院农业资源与农业区划研究所副研究员

　　　　杨小唤　中国科学院地理科学与资源研究所研究员

　　　　刘宏斌　中国农业科学院农业资源与农业区划研究所研究员

　　　　王秀斌　中国农业科学院农业资源与农业区划研究所副研究员

　　　　严茂超　中国科学院地理科学与资源研究所副研究员

　　　　王　欧　农业部农村经济研究中心副研究员

　　　　谈明洪　中国科学院地理科学与资源研究所副研究员

　　　　陶　陶　中国农业科学院农业资源与农业区划研究所副研究员

　　　　闪　辉　安徽省农业区划研究所研究员

　　　　张　薪　河南省能源站工程师

　　　　刘　申　中国农业科学院农业资源与农业区划研究所博士后

　　　　赵　娜　辽宁师范大学城市与环境学院研究生

　　　　王　芳　中国农业科学院农业资源与农业区划研究所研究生

　　　　朱　聪　中国农业科学院农业资源与农业区划研究所研究生

报告六

淮河流域城镇化进程与环境问题研究

目前，我国的城镇化发展水平已经超过 50％，进入城镇化发展的关键时期。党的十八大明确提出坚持走中国特色新型工业化、信息化、城镇化、农业现代化道路，促进工业化、信息化、城镇化、农业现代化同步发展的要求。2014 年的政府工作报告进一步提出城镇化是我国现代化建设的历史任务，与农业现代化相辅相成。要遵循城镇化的客观规律，积极稳妥地推进城镇化健康发展。

随着国家区域发展总体战略及"中部崛起"战略的实施，原来发展相对滞后的中部地区将会得到更多的政策支持，各地推动经济发展的积极性会更加高涨。淮河流域地区由此进入一段"追赶式"的城镇化发展时期。同时，这一地区的生态环境也将面临更大的压力。形势的发展迫切需要从宏观层面上把握该地区城镇化与环境之间的相互关系，研究城镇化的发展战略与对策，为促进"两型社会"建设和城镇化健康发展提供建议。

本课题 2011 年下半年启动，经过综合考察、文献研判、专题研讨等方法，就淮河流域城镇发展的特征与主要问题、新型城镇化内涵与模式、城镇发展布局、农村新型社区建设以及流域发展的主要支撑能力建设等多方面进行了探讨，形成课题的成果。

课题研究中的淮河流域涉及河南、安徽、山东、江苏 4 省 35 个地级市，面积 27.67 万 km²。从城镇研究角度，研究范围包含 174 个市县，其中 28 个地级市市辖区、26 个县级市和 120 个县，见图 1。

一、淮河流域城镇发展历程与启示

（一）城镇发展的主要历史阶段

淮河流域是我国主要大江大河流域之一，在我国人口、经济、社会发展史

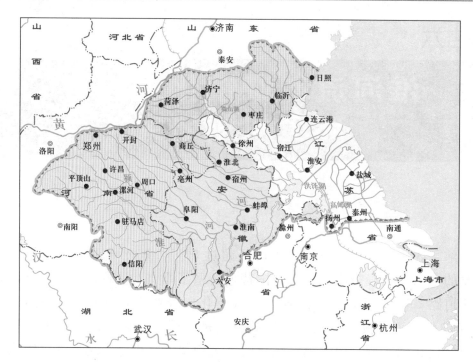

图1　淮河流域范围及主要城市示意图

中具有重要的地位。在长期的历史进程中，淮河流域有过辉煌时代，也历经衰落。基于社会经济的盛衰和城镇空间的调整，淮河社会经济和城镇发展大致可分为5个阶段。

第一阶段为先秦至两汉时期，流域农耕经济初步繁荣，城镇体系初现端倪。夏商开始，淮河流域的农耕地区由汝、颍地区为中心，不断向南扩展，至东汉时期淮河流域的经济发展水平已经赶上甚至超过黄河流域，流域城镇体系初步形成。主要以封国、郡县中心为主出现了一些地域性的政治和经济中心城市，如东汉时的陈（今淮阳）、大梁（今开封）、睢阳（今商丘）、安阳（今曹县东）、薛（今滕州东南）、彭城（今徐州）等，以及如陶（今山东定陶）这样的商业城市和海曲（今日照市）和盐渎（今盐城市）等重要的盐业基地。

第二阶段为魏晋南北朝时期，流域社会经济曲折发展，城镇体系瓦解分裂。这一时期，因汉末的军阀混战和永嘉之乱后的南北角逐，流域社会经济遭受严重破坏，流域城镇体系总体上处于分裂状态。期间，曹魏、西晋、北魏等的屯田对流域经济的恢复和发展起到了一定作用。在历次战争后得以恢复和重建的城市，大多数为政治中心和军事重镇，如许昌（今许昌市东）、邺城（今临漳县西南）是曹魏时期的政治中心，彭城（今徐州市）、寿春（今寿县）、下邳（今睢宁县）等则是延续数朝的军事重镇。

第三阶段为隋唐北宋时期，流域农工商经济全面繁荣，城镇体系基本形成。这一时期，稳定的政治环境、不断完善的水利设施、特别是大运河的开通，促进了淮河农业、手工业、交通运输业和商业的繁荣。同时，城市也呈现高度繁荣局面，如淮浦（今涟水县）、扬州是重要的造船基地，徐州的利国监是重要的冶铁基地，宋代五大名窑，流域范围内就有汴京（今开封市、唐时称汴州）的官窑、钧州的钧窑和汝阳的汝窑，扬州、汴州、宋州（今商丘市）、蔡州（今汝南县）、徐州、泗州（今泗县）、申州（今信阳市）是著名的纺织业中心，地处交通要冲的汴州及运河、淮河两岸的扬州、徐州、泗州、寿州（今寿县）、许昌等都是著名的商业都会。这一时期，流域内城市以大运河首尾的两大城市汴州、扬州为中心，形成了较为完整的城镇体系。

第四阶段为南宋至清中期，长期受黄河夺淮影响，社会经济和城镇衰落。南宋建炎二年（1128 年）黄河夺淮入黄海，直至清咸丰五年（1855 年）黄河恢复北流入渤海，期间 700 余年，淮河流域水系受到较大破坏，水患增多，流域农业生产衰落。期间，虽有明朝初年实行的兴修水利、鼓励垦荒、开展屯田、减免租税，以及营建凤阳中都等复兴政策，流域在全国经济发展中的地位仍不免下降。元明清三代，京杭大运河两岸如扬州、淮安、济宁等重要节点城市的商贸、手工业仍较为发达，但淮河干流、支流两岸的城市则逐渐衰落了。

第五阶段为近代以来，流域社会经济逐步恢复，城镇体系发生重大调整。近代以来矿产开采和铁路、公路建设，特别是新中国成立后大规模的水利设施建设、工业基地建设，使得淮河流域经济逐渐恢复。这一时期，新的工矿业城市出现，如平顶山、淮南、淮北、枣庄等煤炭基地城市，新的交通枢纽城市快速发展，如蚌埠、郑州、徐州、济宁、阜阳、连云港等铁路公路枢纽和港口城市。另外，1855 年，黄河北徙在山东省夺大清河入海，大运河全线南北断航，导致了沿运河繁盛的扬州、淮安等城市逐渐衰落。

（二）城镇发展的主要影响因素

水利和水患是淮河流域农耕经济盛衰的决定性因素。淮河流域发展的主要转折点是南宋建炎二年的黄河夺淮入海。在此之前，淮河流域水热条件良好，水利设施不断完善，支撑了农耕经济的长期繁荣。早在春秋时期，流域内就兴建了芍陂、期思、零娄等水利工程。两汉和隋唐出现了两次修建灌溉陂塘的高潮，形成了陂渠串联的水利灌溉网。北宋时期，引黄淤灌、治碱改土措施取得成效，并建成了苏北沿海捍海堰。在此之后，由于自然气候的变化，特别是淮河水系受到破坏、排水不畅，流域内自然灾害频繁，造成了流域经济的衰落。据历史文献统计，公元前 252 年至公元 1948 年的 2200 年中，淮河流域每百年平均发生水灾 27 次。黄河夺淮初期的 12—13 世纪每百年平均发生水灾 35 次，

14—15 世纪每百年平均发生水灾 74 次，从 16 世纪至新中国成立初期的 450 年中，每百年平均发生水灾 94 次，水灾日趋频繁。此外，从 1400—1900 年的 500 年中，流域内发生较大旱灾 280 次。洪涝旱灾的频次已超过三年两淹、两年一旱，灾害年占整个统计年的 90% 以上。

古代河运和近代交通是淮河流域城镇空间调整的决定性因素。淮河流域较早的开始人工开挖运河，公元前 486 年挖通邗沟，公元前 482 年挖通鸿沟，沟通了长江至淮河以及淮河支流泗水经古济水至黄河的航运。加之淮河干、支流本身适合航运，淮河流域形成了四通八达的河运体系，催生了沿淮、特别是干支流交汇处城镇的发展。605 年开凿洛阳到江苏清江（今淮安市）长约 1000km 的通济渠，610 年开凿镇江至杭州长约 400km 的"江南运河"，同时对邗沟进行改造，使得洛阳与杭州之间全长 1700 多 km 河道可以直通船舶。大运河联系了富庶的江南地区和隋唐、北宋时期的京师地区，带动了两岸城市手工业和商贸业繁荣，催生了一批新兴城市，形成了以大运河两端扬州、开封为中心沿淮河、沿运河的流域城镇体系。元明清三代定都北京，流域的交通动脉为南北向京杭大运河，沿运河的扬州、淮安、济宁等城市继续维持繁荣局面，但流域的河南、安徽两省部分则逐渐被边缘化。清末漕运改经海道并最终停止、运河逐渐废弛，新兴的交通动脉则改为铁路和公路，沿运河的扬州、淮安等城市则逐渐边缘化，而连云港、蚌埠等陇海、津浦铁路沿线城市兴起。至此，以依托河运的城镇格局被打破，流域型城镇体系逐渐丧失完整性、独立性。

区域经济发展决定了淮河流域在全国经济和城镇格局中的地位。隋唐之前，我国的经济中心在关中—河洛一带，农业经济则以麦、粟、麻为主，随着南方地区的开发，经济中心转移至长江中下游，农业经济则以水稻、蚕丝为主，到了近现代，工业取代农业成为经济的主体，沿海地区特别是长三角、珠三角地区成为全国的经济中心。与之相对应，淮河流域在全国经济和城镇格局中的地位也不断变化。夏商时期，紧邻河洛地区的汝颍地区得到最先开发，此后伴随着中原文化的南进，淮河流域由北向南逐步开发，直到两汉时期，淮北是素称发达的中原地区的重要组成部分，淮河流域在此期间可称为全国的"核心区域"。隋唐时期，我国形成关中—河洛地区和江南地区两大区域经济中心，因此地处两大区域之间并有大运河沟通南北的交通之便，淮河流域成为全国重要的"枢纽性区域"。元明清时期，政治中心北移至北京，京杭大运河因沟通江南经济中心和北京政治中心而带动两岸城市繁荣，运河以西淮河流域的大部分地区则逐渐被边缘化。近代以来，外向型经济、工业经济成为经济发展的核心，长三角、珠三角地区的经济中心地位日益强化，淮河流域作为产粮大区，其经济地位不免下降，淮河流域在此期间逐步沦为全国的"边缘性区域"。不过，京沪、陇海两大全国性交通动脉沿线的中心城市依然得以保持较强的区域地位。

(三) 城镇发展历程回顾的启示

环境条件是淮河流域经济发展的基础。先秦两汉、隋唐北宋时期淮河流域的繁盛，首先在于淮河流域具有发展农业经济的良好环境，包括先天的水热条件和人工的水利工程。南宋黄河夺淮是淮河流域发展历程中最重大的"环境事件"，加之自然气候的变化，导致了流域内持续数百年的衰落。因此，加强水利设施建设，保护和改善生态环境，是发展流域经济的基础。

交通是构建淮河流域城镇空间格局的重要支撑。历史经验表明，因淮河干支流河运、大运河漕运以及铁路、公路交通体系的变迁，有的城市兴盛，有的城市衰落，城镇体系由以开封—扬州为中心，演变为以济宁—淮安—扬州为中心，再演变为流域自身中心城市地位下降，流域城镇体系独立性丧失，可见交通体系对淮河流域城镇空间格局的巨大作用。因此，在新的历史时期，促进流域城镇空间体系的完善，也需要从区域交通体系的构建着手。

全国视野是梳理淮河流域发展战略思路的关键。淮河流域随着全国经济发展阶段和经济中心格局的变迁，从农业主体区域演变为现代工业的滞后区域，从全国经济的核心区域演变为枢纽性区域，再演变为边缘性区域。因此，需要从全国经济发展的阶段性和经济中心—边缘区域的关系，来梳理淮河流域经济发展战略和空间调整的思路。

二、淮河流域城镇化特征与问题

(一) 城镇概况

新中国成立后，淮河流域社会经济发展进入到一个新时代。淮河治理成为国家建设中的一项大事，新的交通体系得以构筑，一些工业基地得到建设。目前，淮河流域大城市主要有三大类：一是工矿城市，如平顶山、淮南、淮北、徐州、枣庄、兖州等六大煤炭基地城市；二是铁路、海运枢纽城市，如郑州、连云港、蚌埠等；三是原有历史基础的城市和工业制造基地城市，如开封、扬州等。

改革开放以来，沿海地区逐步成为全国的发展重心，长三角、珠三角等地区成为工业化和城镇化发展的核心。在全国尺度上，淮河流域只是作为粮食生产基地和水患、水污染等问题治理区域，逐渐被边缘化。但这一时期，淮河流域的城镇体系仍取得了较大程度的发展。设市城市由 1980 年的 21 个增长到 2010 年的 54 个，增长了 157％。城市人口（不含小城镇）由 1980 年的 515.3 万人，增长到 2010 年的 3120.6 万人，增长了 505％。百万人口以上的特大城市从无到有，发展到 6 个，50 万～100 万人口的大城市由 3 个增长到 15 个，见表 1。

表 1　　　　　改革开放以来淮河流域设市城市人口规模分布

城市人口规模/人	1980 年	1990 年	2000 年	2010 年
200 万以上	—	—	—	郑州（1 个）
100 万～200 万	—	郑州（1 个）	郑州（1 个）	临沂、徐州、淮安、淮南、平顶山（5 个）
50 万～100 万	郑州、徐州、淮南（3 个）	徐州、淮南、开封（3 个）	徐州、淮南、枣庄、平顶山、开封、临沂、蚌埠（7 个）	商丘、开封、枣庄、济宁、日照、菏泽、连云港、盐城、扬州、泰州、蚌埠、淮北、阜阳、六安、漯河（15 个）
20 万～50 万	开封、蚌埠、平顶山、淮北、扬州、连云港（6 个）	蚌埠、平顶山、连云港、淮北、扬州、盐城、淮阴、许昌、济宁、枣庄、东台（11 个）	连云港、淮北、扬州、济宁、信阳、淮阴、商丘、盐城、阜阳、漯河、六安、许昌、日照、宿州、菏泽、滕州、泰州、邹城、驻马店、周口（20 个）	许昌、信阳、周口、驻马店、新郑、汝州、项城、禹州、永城、滕州、兖州、邹城、邳州、新沂、东台、宿迁、高邮、江都、如皋、宿州、亳州（21 个）
10 万～20 万	枣庄、清江（淮安）、济宁、信阳、许昌、泰州、阜阳、商丘、六安（9 个）	宿迁、信阳、阜阳、商丘、兴化、菏泽、临沂、泰州、宿州、周口、六安、驻马店、滕州、漯河、淮安、亳州（16 个）	宿迁、淮安、兴化、兖州、江都、高邮、新沂、亳州、天长、东台、明光、曲阜、姜堰、禹州、大丰、长葛、永城、邳州、舞钢、新密（20 个）	荥阳、登封、新密、舞钢、长葛、曲阜、大丰、兴化、姜堰、明光、界首、天长（12 个）
10 万以下	周口、漯河、驻马店（3 个）	新沂、日照、禹州、曲阜、汝州、舞钢、界首（7 个）	项城、汝州、新郑、荥阳、界首、登封（6 个）	—
城市数量	21 个	38 个	54 个	54 个

（二）城镇化发展特征

1. 人口密度大、外出人口多且逐步上升

2010 年 11 月 1 日，"第六次全国人口普查"（以下简称"六普"）淮河流域户籍人口 18399 万人，户籍人口密度 681.5 人/km²，是全国人口密度 142.8 人/km² 的 4.8 倍，为我国各大流域人口密度之首，与长江中游地区及成渝地区相当。淮河流域常住人口 16133 万人，常住人口密度 597.5 人/km²。与"第五次全国人口普查"（以下简称"五普"）（2000 年）相比，户籍人口密度增加了 57.91 人/km²，常住人口密度减少了 5.20 人/km²。

从人口密度分布看，4 省交界处是人口高密度区域，其中河南东部、安徽西北部连绵数县人口密度在 1000 人/km² 以上，见图 2。

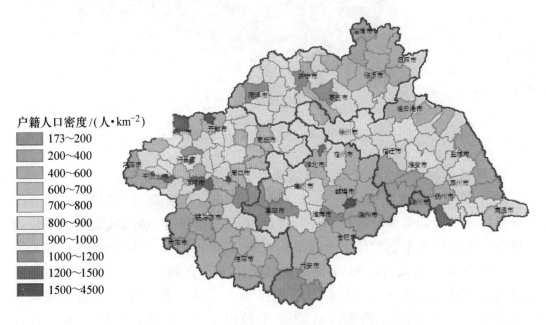

户籍人口密度/（人·km⁻²）
173~200
200~400
400~600
600~700
700~800
800~900
900~1000
1000~1200
1200~1500
1500~4500

图 2　淮河流域 2010 年户籍人口密度

"六普"淮河流域净流出人口 2266 万人，净流出率（净流出人口/户籍人口）为 12％。"五普"流域净流出人口 572 万人，净流出率 3.3％。2000 年，流域涉及的 35 个地级市中，人口净流出的有 31 个，到 2010 年增长到 32 个；2000 年，流域所包含的 146 个县和县级市中人口净流出的有 129 个，到 2010 年增长到 145 个。总的来说，10 年来，淮河流域人口净流出率大幅度增加，人口净流出地区不断扩大。

河南省东南部、安徽中西部是净流出量、净流出率较大的区域。2010 年，固始县净流出 68.35 万人，净流出率达 40％，临泉县 64.52 万人，净流出率

29％，颍上县净流出 50.43 万人，净流出率 30％，阜南县净流出 50.90 万人，净流出率 30％，见图 3。

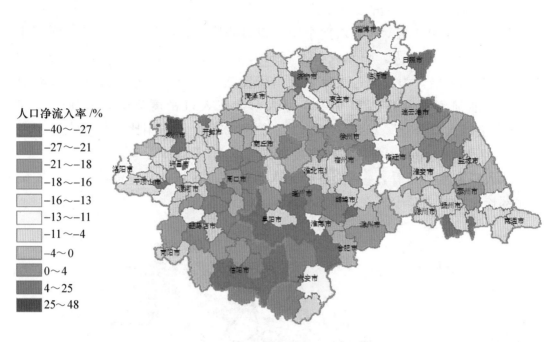

图 3　淮河流域人口净流入比例

2. 城镇化加速但水平较低，且区域发展不平衡

2010 年淮河流域城镇化率为 41.9％，比 2000 年的 26.3％提升了 15.6 个百分点，高于同期全国城镇化率提升幅度（13.6 个百分点），城镇化进入快速发展期。但城镇化率仍然低于全国平均水平（49.9％）8 个百分点，见图 4。

2010 年淮河流域内共 12 个地级市城镇化率低于 40％。其中，江苏省地级市城镇化率除宿迁市（48.3％）以外都在 50％以上，而河南省地级市城镇化率除郑州市（63.6％）、洛阳（44％）、平顶山市（41.4％）以外都在 40％以下，流域内城镇化发展水平不平衡。其次，部分地区城镇化率严重滞后，有 9 个地级市的城镇化率低于 35％，它们分别是安徽省的阜阳市、宿州市、六安市、亳州市和河南省的南阳市、商丘市、信阳市、周口市、驻马店市，其中商丘市、周口市、驻马店市低于 30％。

3. 城镇密度较高但规模偏小，干流沿线城镇发育较差

2010 年，淮河流域内城市 54 个（其中地级市 28 个、县级市 26 个）、县城 120 个。城市和县城密度 6.32 个/万 km²，高于全国水平（2.34 个/万 km²），与各省（自治区、直辖市）相比，列第六位，淮河流域城镇密度较高。

2010 年，54 个城市中，特大城市有（100 万人以上）6 个，包括郑州、临

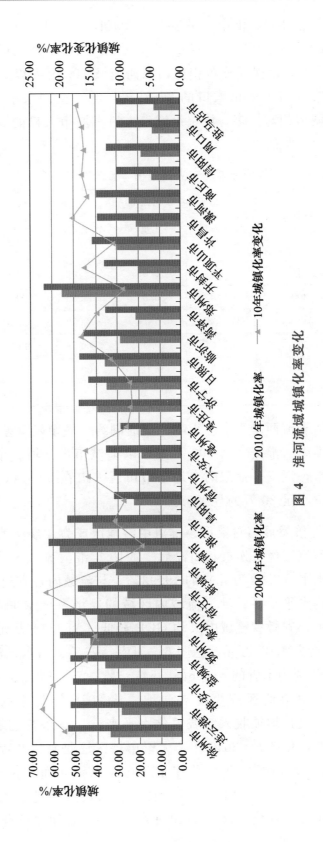

图 4 淮河流域城镇化率变化

沂、徐州、淮安、淮南、平顶山，大城市（50万～100万人）有15个，中等城市（20万～50万人）有21个，小城市（20万人以下）有12个。与全国657个设市城市规模分布相比，淮河流域100万人以上城市偏少，100万人口以上城市人口占城市人口的36.85%，低于全国水平（54.4%）；50万～100万人口城市相对较多，该层级城市人口占城市人口的35.74%，高于全国水平（17.3%），见表2。

表2 淮河流域城市人口规模等级分布与全国比较（2010年）

城市人口规模 /万人	淮河流域			全　　国		
	城区人口 /万人	比重 /%	比重累计 /%	城区人口 /万人	比重 /%	比重累计 /%
200以上	499.93	16.02	16.02	16674.64	42.20	42.20
100～200	649.93	20.83	36.85	4788.78	12.10	54.40
50～100	1115.37	35.74	72.59	6823.78	17.30	71.70
20～50	655.01	20.99	93.58	8045.70	20.40	92.10
20以下	200.38	6.42	100.00	3135.90	7.90	100.00
合计	3120.62	100.00		39468.8	100.00	

淮河干流两岸受水患影响、交通制约，城镇发育差。沿淮河干流两岸地级市中仅淮南、淮安2个100万人口以上城市，蚌埠、阜阳2个50万～100万人口城市，六安、信阳两个地级市市区人口在50万以下，此外只有明光一个市区人口不足20万的县级市。

4. 经济发展相对滞后，淮河中游地区成为发展洼地

淮河流域经济发展相对滞后。2010年淮河流域人均GDP2.39万元，为全国平均水平（2.99万元）的79.93%。与流域内各省经济水平相比，略低于山东省平均水平。各省淮河流域内区域的经济发展水平均低于各省全省平均水平。其中，安徽省流域内人均GDP最低（为1.14万元），江苏省流域内人均GDP最高为4.03万元，见图5。河南、安徽、山东、江苏省内淮河流域人均GDP则分别为本省的81.56%、54.55%、61.31%、76.33%，见图6。

淮河中游地区成为发展洼地。从2010年各市区和县、县级市的人均GDP、农民人均纯收入、城镇化水平来看，豫东皖北是一个明显的经济和城镇化洼地，见图6。2010年，无论市辖区还是县、县级市人均GDP普遍低于15000元/人，其中19个县在10000元以下，而同期全国的人均GDP已达30000元/人。流域内21个县、县级市农民人均纯收入在4500元以下，而同期全国农民人均纯收入为5919元/人。江苏省和山东省流域内各县、县级市农

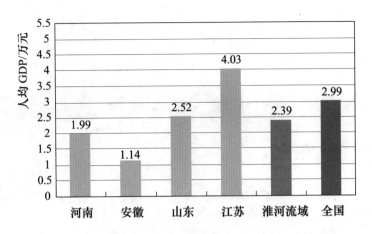

图 5 淮河流域人均 GDP 与全国及 4 省比较 (2010 年)

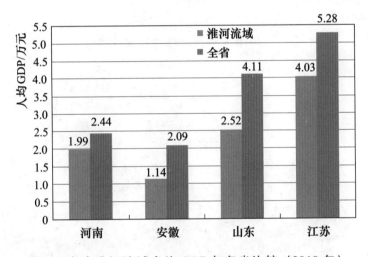

图 6 各省淮河流域人均 GDP 与各省比较 (2010 年)

村居民人均纯收入总体高于安徽和河南两省，河南东部和安徽中西部县、县级市农民人均纯收入普遍低于 5000 元/人，见图 7。

（三）存在的主要问题

1. 远离全国、各省发展重点，淮河流域成为边缘地区

改革开放以来，沿海地区特别是长三角、珠三角和环渤海地区发展成为全国经济发展和人口集聚的中心。这些地区，具有融入全球经济大循环的优势，已经形成了辐射带动能力强的中心城市、发达的交通网络、完善的产业体系和良好的创新环境。而淮河流域则演变成为劳动力输出、粮食输出地，自身缺乏工业化、城镇化的竞争优势，造成淮河流域成为全国东中部地区的经济洼地。2010 年，淮河流域人均 GDP 为 2.39 万元/人，相当于东部 10 省平均水平（4.64 万元/人）的 51.50%，也低于中部 6 省平均水平（2.42 万元/人），见图 8。

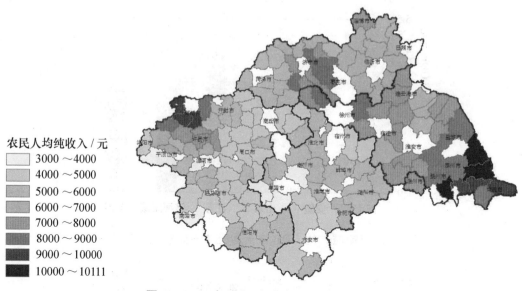

图 7　2010 年淮河流域农民人均纯收入

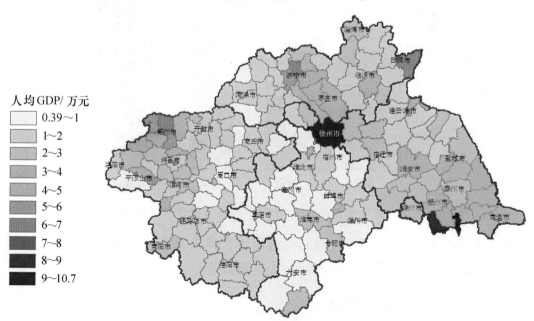

图 8　2010 年淮河流域人均 GDP

　　国家层面的空间规划,如全国主体功能区规划、全国城镇体系规划,都突出以长三角、珠三角和环渤海三大地区作为带动全国经济社会发展和城镇化的龙头。全国主体功能区规划提出的第二梯度的重点开发区域有 18 个❶,其中

　　❶　18 个重点开发区域为:冀中南地区、太原城市群、呼包鄂榆地区、哈长地区、东陇海地区、江淮地区、海峡西岸经济区、中原经济区、长江中游地区、北部湾地区、成渝地区、黔中地区、滇中地区、藏中南地区、关中-天水地区、兰州-西宁地区、宁夏沿黄经济区、天山北坡地区。

中原经济区、东陇海地区分别位于淮河流域的西北和东北角，而淮河干流地区则被边缘化了。从各省来看，河南以中原城市群为发展重点区域，安徽省以皖江城市带承接产业转移示范区为发展重点区域点，江苏省则以苏南现代化建设示范区和江苏沿海地区为发展重点区域，山东省以山东半岛蓝色经济区、黄河三角洲高效生态经济区为发展重点区域。淮河流域，特别是淮河干流地区，在各省的发展规划中，也被边缘化了，见图9。

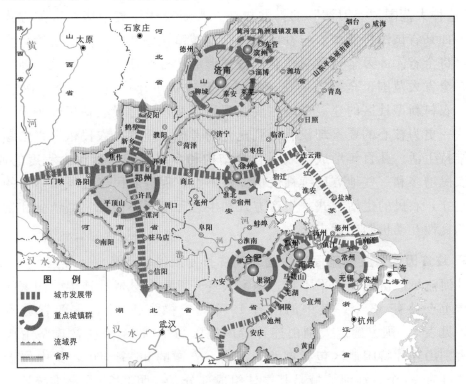

图9　淮河流域4省发展重点示意图

2. 城镇化存在误区，盲目推进城市新区和新型农村社区建设

近年来，淮河流域各地推进城镇化的热情普遍很高。但在对城镇化内涵的理解和城镇化推进方式上存在一定的误区。一些地方在推进城镇化过程中过度推进土地开发，重城市规模扩张，轻城市质量提升；重经济总量增长，轻经济模式转变和环境保护；重硬件设施建设，轻社会建设和配套制度改革。这种粗放型的城镇化模式造成城市用地盲目扩张、资源浪费严重、能源利用效率低下、普遍存在的环境污染、公共服务和社会保障水平偏低，以及区域发展差距扩大，城乡二元结构突出等问题。

一些地方打着"加快城镇化进程"的旗号，普遍设立城市新区，如某省17个地级市全部设立城市新区，并由省政府批复新区建设方案。城市发展盲目拉大城市框架，不断扩大城市面积，提出超越发展阶段的人口、城区面积等指标，存在竞相攀比和盲目开发现象，以至于一些新区建设千城一面，缺乏地域文化特征。同时，与新区规划面积形成明显反差的是新区人口数量相对偏小，集聚能力不足。城市新区大肆扩展及对土地增值收益的追求，不同程度地带来土地资源浪费严重，助长了多占耕地和不合理拆迁的行为。同时，新区投资规模巨大，加大了地方债务风险。

在推进农村新型社区的规划建设中，一些地方片面追求省域、市域"全覆盖"，这种大范围"一刀切"的拆并村庄、大规模建设集中居住区的方式存在隐忧。如某省试图将新型农村社区作为新型城镇化的战略基点和统筹城乡的切入点，将全省 4.8 万个行政村整合，规划形成 1 万个新型农村社区。新型社区建设在全省大范围、全覆盖的快速推进，全省初步建成近 300 个，在建 1400 多个。农村新型社区的建设成绩主要表现为新型社区建设及住房改善上，生产发展这一更为核心的要素却没有得到充分的考虑和重视，农民依旧得依赖进城打工维持生活。几百年形成的农村社会结构和乡村风貌受到很大程度的冲击，失地农民增多和一些地方后续社会保障跟不上，促进农民工在城市落户的制度仍未建立，农民的生活方式、生产方式和生态环境互不协调，城镇化和新农村建设的良性互动机制还远未建立。

3. 致贫因素多且覆盖面广，国家扶贫开发工作重点县成片连绵

淮河流域经济发展水平不高，国家扶贫开发重点县成片连绵。国家扶贫开发工作重点县有 32 个，其中河南省 19 个，安徽省 13 个，占两省贫困县的 64%，见表 3。国家确定大别山连片特困地区为全国 14 个扶贫攻坚主战场之一，大别山连片特困地区包括湖北、河南、安徽的 36 个县市，其中位于淮河流域的县有 23 个，淮河流域是其主体组成部分。按照 2300 元标准统计，大别山片区的贫困人口数量为 1443.5 万人，占全国贫困人口的比例是 11.1%，占大别山片区户籍人口的比例是 40%，是 14 个片区中贫困人口最多的片区之一。同时淮河流域内的鲁山、汝阳等县属于另一个扶贫攻坚重点——秦巴山集中连片特困地区。

大别山连片特困地区城镇化水平偏低，县市的平均水平在 30% 左右，部分县市如固始、阜南甚至不到 10%。县城驻地规模大多为 10 万～20 万人口的中小城市，对于人口基数大多为 100 万左右的人口大县而言，城镇化水平以及县城驻地的集聚度明显不足。除县城以外，纳入国家确定重点镇名单的其他小城镇非常少，小城镇的发展基础还非常薄弱。

大别山连片特困地区涉及大别山区和黄淮泛区两个自然地理单元，大别山区为水源涵养区域，黄淮泛区是传统的农业地区。水患频繁和疾病肆虐是造成大别山片区贫困的主要原因。同时，在卫生部公布的 51 个艾滋病综合防治中

央重点建设示范区中，地处大别山片区的有安徽的临泉县、阜南县、利辛县，河南的新蔡县、柘城县、商水县、沈丘县等 7 县，见图 10。

表 3　国家扶贫开发工作重点县名单

省份	数量/个	其中位于淮河流域数量/个	淮河流域扶贫开发重点县名称
安徽	19	13	颍东区、**临泉县**、阜南县、**颍上县**、砀山县、萧县、灵璧县、泗县、裕安区、**寿县**、**霍邱县**、金寨县、**利辛县**
河南	31	19	**兰考县**、汝阳县、鲁山县、桐柏县、**民权县**、睢县、**宁陵县**、虞城县、**光山县**、新县、商城县、固始县、淮滨县、**沈丘县**、**淮阳县**、上蔡县、平舆县、确山县、新蔡县

注　黑体字加粗为集中连片特殊困难地区范围内的国家扶贫开发工作重点县。

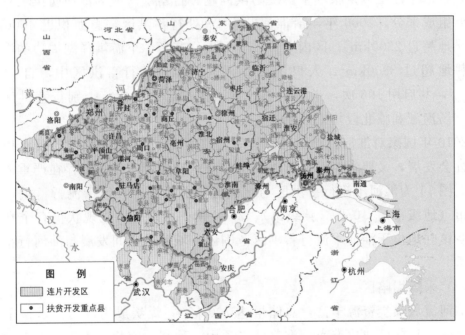

图 10　淮河流域集中连片特困地区及扶贫开发重点县

4. 青壮年劳动力流出严重，造成农村一系列社会经济等问题

淮河流域特别是皖西北、豫东南地区各县青壮年劳动力大量外出。2010年，淮河流域 146 个县和县级市户籍人口为 1.44 亿人，常住人口为 1.21 亿人，净流出 2300 万人，净流出率达 16.3%。其中，皖西北和豫东南地区大部分县的人口净流出率超过 25%。而人口的大规模流出，主要以青壮年劳动力、

特别是男劳动力外出务工为主。

青壮年劳动力大量外出，造成一系列社会、经济问题。一是老龄化水平高，流域148个县常住人口中65岁以上人口比重达到10.3%，高于全国平均水平（8.9%）；二是留守儿童多，以阜阳为例，根据其市政府的调查，全市共有留守儿童约70万人，其中留守学生46万余人；三是村庄的空心化，在皖西北农村的调研发现，许多村庄无论住房建设质量如何，都存在明显空置现象；四是大量青壮年劳动力的外出，使得当地经济发展的动力减弱，农业经营以老人和妇女为主，缺乏结构调整和规模化发展的动力，工业企业招工困难，当地难以吸引劳动密集型产业转移。

5. 行蓄洪区和采煤塌陷区对城镇发展构成重大安全隐患

（1）淮河行蓄洪区。

由于淮河流域有着复杂的地理和气候条件，依靠干流加固堤防和修建大坝等工程技术手段难以从根本上解决防洪问题，行蓄洪区成为淮河防洪工程体系的重要组成部分。2006年，沿淮河共有27处行蓄洪区，总面积近4000km²，其中耕地超过2300km²，区内人口176万人。若考虑下游洪泽湖周边的滞洪圩区，耕地超过3300km²，人口约280万人。淮河的行蓄洪区中，自1950—2006年，共启用196次，平均每个行蓄洪区被启用7次，个别行蓄洪区没有启用（汤渔湖和临北段均未启用过）。

2010年国家对淮河行滞洪区修订后调整为21个。行蓄洪区既要承担区内经济社会发展，又要承担淮河行蓄洪水的双重功能，两种功能存在严重矛盾和冲突。图11为淮河干流行蓄洪区与城镇分布关系图，淮河干流行蓄洪区共涉及2市（地级市）、10县（县级市）、39乡镇。可以看出，现状仍有个别县城以及乡镇驻地位于淮河干流行蓄洪区范围内，城镇的空间发展与淮河行蓄洪存在矛盾。

（2）采煤塌陷区。

淮河流域煤炭资源丰富，总储量达700亿t，煤炭成为淮河流域最重要的产业之一。目前已建成淮南、淮北、平顶山、徐州、兖州、枣庄等国家大型煤炭生产基地，产煤量占全国产煤量的1/8，见图12。淮河流域典型地质环境问题是因煤炭开采引起的地面塌陷，淮河流域主要产煤城市均有不同程度的采煤沉陷区。这些采煤沉陷区部分位于城市内部或周边，且难以在短时间内进行治理并再利用，同时部分采煤沉陷区处于不稳定状态，存在潜在的威胁，成为城市发展的一个重要影响因素。

以淮南市为例，2010年该市各矿区采煤沉陷面积已达121km²，积水面积

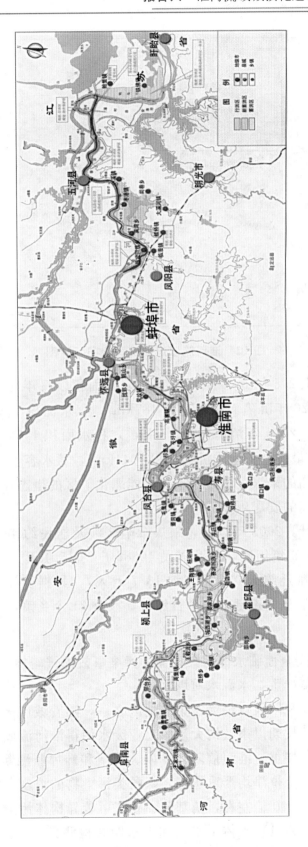

图 11 淮河干流行蓄洪区与城镇分布图

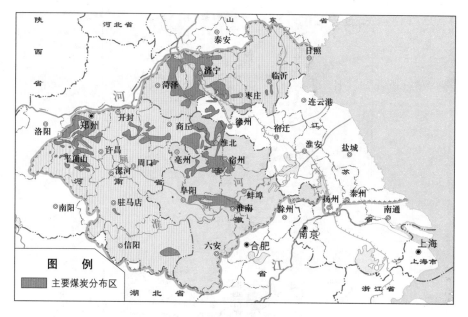

图 12　淮河流域煤炭资源分布示意图

59km²，蓄水容积 2.5 亿 m³。目前全市沉陷区面积以每年约 12～17km² 的速度增加，预计 2020 年沉陷面积将达到 187km²，积水面积 113km²，蓄水容积可达 6.16 亿 m³；2030 年沉陷面积 275km²，积水面积 195km²，蓄水容积可达 13.48 亿 m³；最终，将形成沉陷面积 1041km²，蓄水容积 101 亿 m³。大面积形成且迅速增加的采煤沉陷区，不仅可能恶化矿区的生态环境，还将严重影响人居环境和居民的安居乐业。

据不完全统计，2003 年以前，采煤沉陷区涉及居民约 46644 户，13.4 万人。2004 年到 2009 年年底，涉及居民 40686 户约 15.4 万人。预计从 2010—2020 年，全市需搬迁约 38032 户（约 13.7 万人）。另据统计分析，受煤炭开采影响，2020 年后还需搬迁 346 个自然村，涉及 21 个乡镇，约 5.1 万户 18.6 万人。

6. 城镇供水安全面临水源污染和突发污染事故的严峻挑战

（1）水体污染严重，水源水质堪忧。

淮河流域作为我国人口最为密集的地区之一，随着城市化进程和经济发展速度的逐步加快，长期以来接纳大量的工业废水使得淮河流域水环境中合成有机污染物负荷不断加重。淮河信阳、阜阳、淮南和蚌埠监测断面，2，4-二硝基苯、六氯苯、阿特拉津均严重超标，氯酚类污染物的浓度大约是长江清洁河段沉积物的 100～1000 倍左右，硝基苯、硝基甲苯异构体污染程度与第二松花江相当。淮河（江苏段）水体枯水期和丰水期共检测到 33 种半挥发性有机污染物（SVOC）和 15 种有机氯农药（OCPs），其中 47 种属于美国国家环保局规定的 129 种优先控制污染物（2002—2003 年）。另一方面，淮河流域作为我国粮食的重要主产区，化肥使用量大，农业面源污染导致地表饮用水源水质下降，雨水期氨氮明显升高（原水氨氮高达 2.53mg/L，砂滤出水氨氮高达 1.62mg/L）。特别是夏季秸秆等农业废弃物腐烂产生大量腐殖质类天然有机质，造成水体季节性污染严重。

在淮河流域平原地区，埋深小于 50m 的地下水是城镇和农村及工业用水的主要水源。由于过度开发利用，淮河流域地下水已受不同程度的污染，农村饮用水安全受到威胁。根据相关调查，埋深小于 20m 的地下水重度污染区占 26.5%，中度污染区占 33.8%，轻度污染区占 17.6%，总污染区域达到 78%；埋深 20～50m 的地下水，重度污染区占 13.8%，中度污染区占 51.7%，轻度污染区占 34.3%，几乎所有的区域均被污染。污染物超标组分主要为硝酸盐氮、亚硝酸盐氮、氨氮等。

（2）突发污染事故频发，安全供水任务艰巨。

淮河流域是我国污染较早污染较重的流域。改革开放初期至 1994 年为重度污染阶段，经过"九五""十五""十一五"的综合整治，淮河流域的水环境状况得到了一定的改善，但近些年流域内又多次发生突发性重大水污染事故，如 2009 年 3 月盐城饮用水源对氯苯酚污染事件，2009 年 8 月邳州砷污染事件，2010 年 4 月淮河航道盱眙段中石化输油管道泄漏事件，污染事故频发严重威胁到流域内城市居民生活用水安全，给工农业生产造成了巨大的损失。

淮河流域水源水质偏低，污染事故频发，水厂供水能力不足给城镇供水安全形成了巨大挑战。根据全国城镇供水水质普查结果显示，淮河流域县城以上 317 个城镇公共供水厂中原水水质超标的水厂共 158 个，占调查水厂总数的 50%，供水能力 750.96 万 m³/d，占总供水能力的 52.46%。其中，各水厂水源主要超标指标江苏省为浑浊度、COD_{Mn} 和氨氮；山东省为硫酸盐、硝酸盐和总硬度；河南省为氟化物、硝酸盐和氯化物；安徽省为浑浊度和氟化物。

7. 缺乏便捷的对外通道，严重制约淮河干流两岸地区发展

淮河流域现有 4 条铁路交通动脉，其中，京沪、京九、京广 3 条南北向铁路从流域的东、中、西部穿过，陇海一条东西向铁路从流域的北部穿过。流域内主要城市都有南北向铁路依托，但干流两岸地区城市间缺乏东西向铁路依托，造成该地区货物到达东部沿海港口城市交通不便，制约了该地区经济的开放度。

根据全国中长期铁路网规划，淮河流域内主要新增铁路线仍为南北向，包括江苏沿海连云港—盐城线、江苏中部淮安—扬州—镇江线、河南安徽境内商丘—阜阳—淮南—合肥线，此外，西安—信阳—六安—合肥线从流域西南侧穿过，干流两岸的阜阳市、淮南、蚌埠等城市仍缺乏通往东部港口城市的铁路。

公路方面，淮河流域干流两岸地区较为薄弱，现有交通运输结构对淮河流域尤其是中游地区和干流地区的工业化、城镇化的效应较小。一方面是地级市间高速公路线路不畅，如阜阳市至周边的区域中心城市徐州、合肥需绕道较远距离，另一方面是高速公路网密度不足，县城缺乏近便的高速公路，更有一些县域如阜南县、淮滨县等不通高速公路。同时，省际间高速公路缺乏协调。

三、淮河流域城镇化发展目标与战略

（一）城镇发展形势分析

1. 淮河流域发展的国家要求

淮河流域是我国洪涝灾害频发区、地方疾病多发区，也是人口密度较大、而经济发展水平较低地区。淮河流域的治理和建设是国家推动区域协调战略部署的重要组成部分。

淮河流域是国家重要的农产品主产区，承担着为保障国家粮食安全和优质农产品供应的重任。淮河流域现有耕地面积 1333 万 hm²，粮食产量占全国约 30%，商品粮率约 25%，淮河流域在我国农业生产中已占有举足轻重的地位。《全国主体功能区规划》确定了东北平原、黄淮海平原、长江流域、汾渭平原、河套灌区、华南和甘肃新疆等 7 个农产品主产区，淮河流域是黄淮海平原农产品主产区的重要部分，承担着建设优质专用小麦、优质棉花、专用玉米、大豆和畜产品产业带的重任。因此，保护耕地、治理淮河和加强水利设施建设、强化流域优质农产品生产基地职能，是国家对淮河流域发展的重要要求。

淮河流域是全国主要的人口密集地区，承担着促进全国 1/9 人口全面实现小康社会的重任。淮河流域目前经济发展水平还比较低，2010 人均 GDP 为 2.39 万元/人，是全国平均水平（2.99 万元/人）的 79.93%；人民收入水平也比较低，146 个县和县级市中有 75 个县和县级市农民人均纯收入低于全国平均水平（5919 元/人），28 个地级城市中有 24 个城市的城镇居民人均可支配收入低于全国平均水平（19109 元/人）。至 2020 年，我国要全面建成小康社会，国内生产总值和城乡居民人均收入比 2010 年翻一番。因此，淮河流域要加快经济发展、提高城乡居民收入，缩小与全国平均水平的差距，与全国同步实现小康社会，任务艰巨。

2. 涉及淮河流域的国家规划

近年来，国家较为密集地批复了一批区域发展规划或政策意见，其中与淮河流域密切相关（涉及4省）的规划（意见）包括：《促进中部地区崛起规划》《长江三角洲地区区域规划》《国务院关于支持河南省加快建设中原经济区的指导意见》《皖江城市带承接产业转移示范区规划》《江苏沿海地区发展规划》《山东半岛蓝色经济区发展规划》《黄河三角洲高效生态经济区发展规划》，见图13。

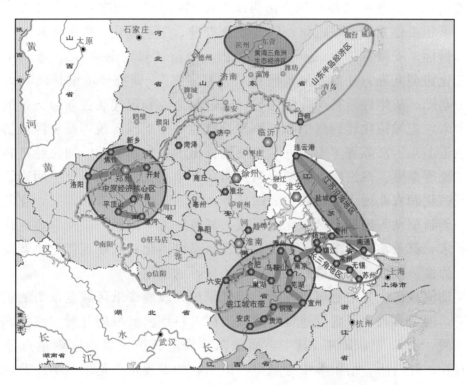

图13 国家已批复涉及淮河4省的相关规划或意见空间示意图

在这些规划或意见中，针对淮河流域相关地区的发展都提出了发展定位，为确定流域发展的总体定位提供了基础。但是从国家已经批准实施的涉及淮河流域的相关规划或政策意见来看，淮河流域的区域经济格局已经基本划定为：中原经济区相关部分、江苏沿海地区相关部分、山东半岛蓝色经济区南翼等。但是所有现行政策基本不涉及淮河流域的核心地域，对解决整个淮河流域的环境与发展问题带动有限。

3. 淮河流域发展的地方诉求

治理洪涝灾害，保障供水安全、防范地面塌陷等，是促进地方经济社会发展的前提。淮河流域是我国旱涝灾害最为频繁的区域之一，这其中不仅有黄河夺淮等历史因素，也与淮河流域水系特殊的分布形态等地理因素有关。进入21世纪以来，淮河流域旱涝灾害呈增多趋势，特别是2003年和2007年发生的全流域大洪水造成了严重的损失。淮河流域大中城市呈现出普遍性水质性缺水问题，水污染还影响到南水北调东线工程的输水安全。淮河流域采煤带来的塌陷问题严重，对人民生命财产造成较大威胁。

促进新型工业化、城镇化和农业现代化，是地方政府推动社会经济发展的内在动力。河南省政府提出"探索不以牺牲农业和粮食、生态和环境为代价的新型城镇化、工业化和农业现代化协调发展的路子"。山东省"十二五"规划也提出了积极稳妥推进城镇化，以及农业提升、工业优化、服务业跨越发展的思路和目标。安徽省"十二五"规划提出，坚持"双轮驱动"，即推动工业化和城镇化协调共进、互动发展，坚持"转型发展"，即把经济增长转到以现代农业为基础、战略性新兴产业为先导、先进制造业和现代服务业为支撑的发展轨道上来，把城镇化转到以中心城市和县域经济为支撑、统筹城乡区域协调发展的轨道上来。江苏省"十二五"规划则提出了"创新驱动、加快经济转型升级"、"统筹兼顾、推进城乡区域协调发展"等重点任务，事实上也明确了工业化、城镇化和农业现代化协调发展的任务。总的来说，各省强调工业化的结构转型、创新驱动等内涵，城镇化的区域、城乡统筹等内涵，以及农业现代化的发展要求，都是在积极探索新型工业化、新型城镇化和农业现代化协调发展的思路，为淮河流域的发展道路探索提供了良好的基础。

推动流域内主要中心城市发展，仍然是地方政府谋求区域竞争力的重要空间策略。河南省提出了重点建设中原城市群，将淮河流域的开封、许昌、平顶山、漯河、济源等城市纳入其中，而豫东、豫南城镇发展地区则重点建设周口、商丘、驻马店、信阳等中心城市。山东省的发展重点是山东半岛蓝色经济区、黄河三角洲高效生态经济区两大由国务院批复区域规划的地区，此外，山东省政府还制定《鲁南经济带发展规划》，要推进以日照、临沂为主体的临港经济区，以济宁、枣庄为主体的运河经济区，以菏泽为主体的京新沿路菏泽经济区3个重点区域发展，加快其中心城市的发展。安徽省的发展重点是皖江城市带和合肥省会经济圈，淮河流域的发展则以沿淮城镇群为空间组织，重点建设蚌埠、阜阳两大区域中心城市。江苏的发展重点则是苏南地区和沿海地区两大国务院批复区域规划的地区，淮河流域的发展则以淮安、徐州两个区域中心城市为龙头。总的来说，淮河流域涉及的4个省的重点发展区域并不在淮河流域（仅中原城市群涉及部分淮河流域城市），对淮河流域核心地区发展的支持有限，但各省开始注重加快本省淮河流域的战略开发，推动淮河流域主要中心城市发展仍是 4 省发展的重要策略。

4. 淮河流域城镇化发展基本态势

淮河流域仍将处于持续快速城镇化发展阶段。淮河流域城镇化率由 2000 年的 26.0% 提升到 2010 年的 41.9%，年均提升 1.6 个百分点，高于全国同期提升幅度（年均 1.4 个百分点）。初步预计，2020 年，淮河流域人均 GDP 将超过 5 万元/人，城镇化率可能超过 55%。届时，淮河流域城镇人口总量约 1 亿人，比 2010 年新增 3000 万人以上，每年新增 300 万人以上。2030 年，淮河流域人均 GDP 将达到 8 万～10 万元/人，城镇化率将达到 65% 以上，城镇人口总量约 1.2 亿人，比 2020 年新增 2000 万人以上，每年新增 200 万人以上。

城镇化面临转型发展的新要求。淮河流域的城镇化应强调以人为核心的城镇化，要求以服务人、发展人为核心推进制度创新。面对资源环境约束进一步强化，城镇低碳生态发展的要求更加紧迫的形势，必须形成人口、经济、社会、生态、资源、环境相互协调的城镇化，增强城镇化发展的科学性和可持续能力。要按照中央要求，坚持走中国特色新型工业化、信息化、城镇化、农业现代化道路，促进工业化、信息化、城镇化、农业现代化同步发展。

（二）城镇化发展目标

探索在不牺牲农业和粮食、生态和环境的前提下，以新型城镇化引领城乡协调发展，构建"四化"同步发展平台，努力形成生态宜居、民生安全和共同富裕的城乡发展新格局，全面建成小康社会和国家生态文明综合示范区。

目标包括以下内涵。

1）保障国家粮食安全、农业持续发展。城镇化的发展不以减少耕地、减少粮食产出为代价，同时要促进农业的持续发展，实现农业现代化。

2）构建资源节约、环境友好型社会。要节约资源、能源，减少环境污染、修复生态，强化对自然资源、历史人文资源及城乡生态环境的保护力度，加强空间开发管制。

3）建设安全宜居城镇。特别关注威胁人民生产生活的洪涝灾害、采煤塌陷等问题，保障人居安全，结合淮河治理及流域内公共安全问题的解决，统筹考虑行蓄洪区、低洼地及采煤沉陷区的人口与发展问题，把城镇供水安全、环境安全及综合防灾放在突出位置，努力建设生态宜居城镇。

4）实现共同富裕。逐步缩小淮河流域与所在省份经济社会发展的差距，实现淮河流域的扶贫攻坚地区基本公共服务主要领域指标达到全国平均水平。

（三）新型城镇化战略

淮河流域的新型城镇化道路要在城镇化过程中解决城乡良性互动和协调发展问题，解决农业和粮食安全问题，解决生态和环境问题，解决公共安全问题，走一条以新型城镇化引领城乡协调发展，"四化"同步、城乡统筹、多级集聚，生态文明的新型城镇化道路。

具体战略包括以下几点。

1）"四化"同步。促进城镇化与农业现代化协调发展，城镇化与工业化良性互动，城镇化与信息化融合，把产业尤其是农基产业作为城镇发展的基础，把城镇作为产业发展的载体，以产兴城、以城促产、产城融合、协调推进，形成产业集聚与城镇发展相互依托的发展格局。

2）城乡统筹。城镇化与新农村建设良性互动，发挥县城及集镇城乡互动的纽带作用，引导公共设施和服务向农村延伸，城乡要素合理流动和优化配置。

3）多级集聚。充分发挥中心城市辐射带动作用，发挥县（市）域城镇承接转移的关键作用，把县域经济和县域中心城镇发展作为淮河流域城镇化发展的战略重点，着力提升城镇功能，增强发展活力。

4）生态文明。坚持把生态文明建设作为重大战略贯穿到城镇化发展的各个方面和全过程。在城市规划和建设中，要积极倡导"集约、智能、绿色、低碳"的新型城镇化发展模式。

四、淮河流域城镇发展对策措施

（一）改革试点，探索农业地区城镇化道路

1. 设立全国新型城镇化综合配套改革试验区

淮河流域是我国重要的粮食生产区域，也是我国主要的人口密集区，人口密度是全国平均人口密度的 4.7 倍，同长江中游地区相当，是未来主要的人口红利区。农业人口比重大，人地矛盾突出。外出人口比重大，据统计，仅周口、阜阳两市常年外出人口 500 万，占总人口的 1/4，人口完全城镇化任务艰巨。河南是中国的缩影，豫东皖北地区是缩影中的缩影，是复杂的特殊困难比较集中的地区，是有地域代表性的典型农业地区，尝试以新型城镇化为主要内容的改革试点，有利于破解中国在城镇化过程中长期存在的体制机制矛盾，探索中国特色的城镇化道路。

　　凡是新的尝试都需要先行试点，而设立"综合配套改革试验区"是我全国近 20 年来的通行做法，是国家支持发展的有效办法。新型城镇化领域问题复杂，影响深远，而至今还没有设立改革试验区，所以有必要选择典型地区进行综合改革试点。

　　应该考虑在淮河流域豫东皖北地区（如周口、阜阳等地区）设立全国新型城镇化综合配套改革试验区，探索典型农业地区新型城镇化内涵、模式、路径、体制、机制以及相关的配套政策，见图 14。

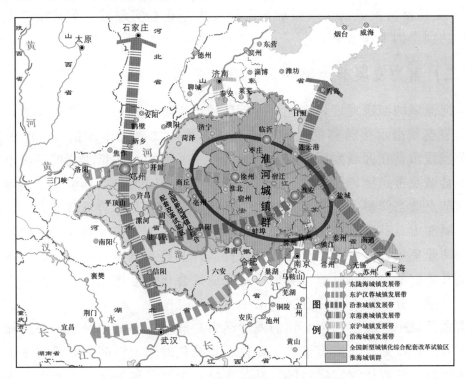

图 14　淮河流域城镇战略格局示意图

2. 改革试点及国家支持领域

主要改革试点及国家支持领域包括以下几点。

1）农村土地管理制度改革试点，建立城乡统一的土地市场，改革和完善土地征用制度，确保农民在土地增值中的收益权。

2）探索加快新型工业化、信息化、新型城镇化和农业现代化"四化"同步、协调推进、同步发展。

3）探索有利于人口稳定迁移的体制机制，制定农村人口市民化政策措施。

4）探索新型农村社区建设模式，在城乡地位、管理体制、农村发展的持久机制等方面需求突破。

5）建立承接产业转移示范区，引导生产要素合理流动与优化配置，充分发挥比较优势，壮大产业规模，加快发展步伐。

6）支持教育、卫生等公共服务设施发展，推进基本公共服务均等化，强化对农业现代化的服务支撑。

7）推进体制机制创新，积极进行以县域为基本单元的城镇化、新农村和制度创新试点，推动公共资源配置向县域适当倾斜。

8）支持全面提升县域中心城市市政公用基础设施水平，市政基础设施按照城乡统筹的要求进行建设，缩小与大中城市的差距。

9）支持淮河流域扶贫攻坚地区全面发展，基本实现基本公共服务主要领域指标达到全国平均水平。

（二）着力发展节点城市，提升城镇服务功能

淮河流域的城镇发展，在充分发挥区域中心城市辐射带动作用同时，要更加突出节点城市承接转移的关键节点作用，作为"不完全城镇化"的破题之举。节点城市是在区域发展轴带上的地区性中心城镇，包括主要的地级市、县级市、县城及重点镇。在财政、投资、产业、农业、人口、环境、土地等政策方面向节点适当倾斜，提高节点城市的就业容纳能力和综合承载能力，提高其经济发展能力、基础设施和公共服务水平。节点城市的发展应依托区域发展条件促进产业集聚，有序承接产业转移，提高产业核心竞争力，通过完善城市功能，提升辐射能力。同时节点城市也是农业社会化服务体系中心，并成为农业科技、金融服务、农产品综合交易的平台。

增强县域中心城市和中心镇的发展活力。县域中心城镇是集聚经济和人口的重要节点，也是淮河流域推进工业化、城镇化的国土空间，是承接发达地区的经济辐射、统筹持续发展地区，是落实城乡统筹发展的重要着力点。在这一地区，宜着力提升城镇功能，促进工业向园区集聚，人口向城镇集中。增强县城发展活力，支持有条件的县城逐步发展为中等城市，支持基础较好的重点镇逐步发展成为小城市，强化对周边农村的生产生活服务功能。推动基础设施和公共服务向农村延伸。有序推进农村人口向城镇转移，把符合条件的农业转移人口逐步转成城镇居民，享有平等权益。推动城乡之间公共资源均衡分配和生产要素自由流动。

（三）整合流域空间，构筑沿淮城镇发展带和淮海城镇群

构筑沿淮城镇发展带。淮河流域中游地区和干流地区是经济和城镇发展的洼地，近年淮河干流的淮安、蚌埠等地发展迅速，可能成为淮河流域新的增长极，为支撑中游地区和干流地区的强势崛起，有必要实施国家助力的城镇化。

强化沿淮干线区域中心城市的综合实力，承接长江三角洲等我国经济发达地区的经济辐射，增强引领区域发展的核心带动作用。

大力培育淮海城镇群。中部地区是未来 10～20 年城镇化的重点区域。长江中游城镇群及成渝城镇群将成为继珠三角、长三角、京津冀三大城镇群之后的国家核心城镇群，同样具有典型中部特点的淮海城镇密集区，人口密度和人口红利与成渝地区和长江中游基本相当，凭借巨大的人力资源优势、综合交通运输条件，在新一轮国家政策扶持下，有可能形成国家区域重点的城镇群，见图 14。

淮海城镇群主要城市包括徐州市、连云港市、宿迁市、淮安市、盐城市、蚌埠市、淮南市、淮北市、宿州市、阜阳市、亳州市、商丘市、周口市、济宁市、枣庄市、临沂市等城市。通过积极培育战略性新兴产业，加快发展现代服务业和文化、教育和科技事业，构筑高效便捷的交通运输网络，构建全国性的物流中心等城市等措施，把淮海城镇群提升为我国中部地区重要的重点城镇群，带动区域发展。

（四）关注城乡安全，探索安全隐患地区适宜的城镇化模式

淮河流域属气候的过渡性、不稳定地区，洪涝旱灾频繁，生态环境脆弱，流域内安全问题错综复杂、解决难度大。淮河流域的安全隐患地区主要包括行蓄洪区和采煤沉陷区两类。淮河流域面临的安全与防灾问题的解决，是城镇化的重要推动力之一，对于这些地区的城镇化，对于安全隐患问题的解决成为重要的主导因素。对于这种外在动力为主的城镇化，应采用适宜的模式和不同的策略。

1. 行蓄洪区

淮河流域的行蓄洪区一方面有效保障了淮河洪涝灾害发生的可能，同时也与其内的城镇发展形成制约关系。行蓄洪区既承担了淮河行洪滞洪的功能，也是城镇发展的重要区域，行蓄洪区的这种双功能定位存在着严重的矛盾和冲突，这种矛盾和冲突是我国在特定发展阶段的产物，短期内难以完全消除，需要通过多面协调逐步予以缓解。

提升防洪标准，调整行蓄洪区数量和面积。对启用标准低、运用频繁、居住人口较少的行洪区通过堤防退建和疏浚河道等措施还原为河道，将部分行洪区合并改为蓄洪区或防洪保护区，尽可能减少淮河干流行蓄洪区的数量，或者压缩行蓄洪区的面积，并提高行蓄洪区启用标准。另外，提高淮河干流及主要水系的防洪标准，也是减少行蓄洪区数量和压缩行蓄洪区面积的方式。

城镇空间发展尽可能规避行蓄洪区。城镇的发展，尤其是城镇建设用地的选择，要尽可能规避行蓄洪区，通过土地利用规划或者城市总体规划等，进行

城镇建设用地、产业类型、城镇结构等的调整，保证河道行蓄洪水对城镇生产、生活的影响降到最小，从而提高城镇安全。

妥善安置并逐步搬迁超标人口。居住在淮河行蓄洪区和淮河干流滩区设计洪水位以下以及行蓄洪区庄台上超过安置容量人口，要按照"政府主导、群众自愿、统一规划、分步实施"的原则，逐步将其搬迁至安全地区。

2. 采煤沉陷区

淮河流域面临的采煤沉陷问题的解决，是城镇化的外在推动力之一，要采用适宜的模式，按照采煤沉陷区及区内村镇现状情况的差异，采用不同的城镇化策略。

集中式搬迁模式。对于衰退型矿井区和兴盛型矿井区，采煤引起的地面沉陷处于不稳定状态，沉陷区范围难以准确划定，且采煤可能引起沉陷区的居民难以就近安置，宜采用集中式搬迁。

在城镇规划若干个安置点，对未来一段时间内可能发生沉陷地区的居民进行集中搬迁。由"小、近、散"到"大集中"。按照搬迁点的不同，尊重民意，形式多样化的选择，如毗邻矿区大门、拓展乡村集镇、依托政务中心、再建安置新区等。政府提供部分配套资金，注意户籍转换、社会保障和土地集约利用等问题，重点加强公共服务设施的配套完善。淮南市采煤塌陷区众多，2009年以来，全市共投入搬迁资金33.8亿元，建立沉陷区搬迁居民安置点46个，涉及居民17.8万人，现已逐步搬迁入住。类似的这种方式值得其他城市借鉴。

发展式安置模式。按照城乡一体化、新型城镇化的要求，通过市场运作、投资代建等方式，建设宜业、宜商、宜居、宜学新型社区。解决人民居住问题的同时，配套建设农民创业园、劳动密集型工业园。如淮南市针对采煤沉陷区的居民安置，规划新建了凤凰湖工业园、潘一东矿安置点平圩工业园，并强化技能培训。从2010年开始，3年内投入6000万元，对沉陷区所有失地农民开展培训。完善就业机制。按照"企业培训，政府补贴，劳务派遣，择地就业"的方法，给农民提供一次就业机会。

采煤沉陷区（煤炭采空区）开发式治理应该走综合开发、发展生态产业、建立立体经济的路子。借鉴国内外先进案例，有生态农业、生态工业园区和生态旅游等发展模式。

（五）尊重农民意愿，因地制宜地稳妥推进新型农村社区建设

1. 新型农业社区典型调查

为了解新型农村社区建设情况，课题组采用深入访谈、座谈会以及问卷调

查等社会调查的方法，对河南省周口市新型农村社区建设情况进行了典型调查和评估，以探讨河南新型农村社区建设情况。问卷调查结合周口实际情况，在市域 8 县 2 市进行问卷抽样，确定调查样本 1340 份，涉及农村居民、城镇居民及外出务工人员。

在调查中，对于目前许多地方都在按统一规划集中建房，计划将分散居住的农民集中居住在一起的做法进行笼统测量，有 75.0％ 的农村家庭表示赞成。而问及是否赞成将其所在的自然村与周边一个或其他几个自然村集中居住时，赞成的比例降为 64.8％，而在是否赞成将其所在的行政村与周边其他的一个或者几个行政村合并为一个大的行政村时，赞成的比例随之降至 57.6％。

在对农村居民的集中居住的地点选择进行测量发现，集中居住的地点主要以在本村为主，占 61.3％。这与农村居民对在行政村内集中的赞成比例正好吻合，这就意味着农村居民对集中居住的赞成主要是以村内集中为主。

对不同行政村之间的集中，或者说行政村的合并，在实际过程中，农村居民的赞成超过 50％。在具体操作过程中，村庄村民的归属感、村庄原有的债务、村庄行政机构的设置及收入以及村庄土地等诸多问题都会面临很大的障碍。

其他调查显示，农村居民认为集中居住的规模要有所限制，对于农村地区的集中居住的规模，47.9％ 的人认为需要限制，平均为 587 户。在农村地区，集中居住区的规模应该适度，人口规模以可以支撑一所小学或者幼儿园为标准，不应该规模过大，造成诸多问题。没钱盖房和干农活不方便是农村居民对集中居住的最大担心。对现在诸多新型农村社区的上楼运动，对于上楼，有 50％ 的农村居民表示愿意，也有 30％ 以上的表示不愿意。买不起楼房和怕生活不习惯是农村居民对上楼的最大担忧。

2. 完善新型农村社区建设的建议

根据调查，对新型农村社区建设提出以下建议。

1）农村居民有改善居住条件的强烈愿望是新型农村社区建设的基础，防止农民"被迫城镇化"。

2）以集中居住为特征的土地集约使用是必然要求，也符合民意，但要考虑集中居住的规模和农民生产生活的便利，以及原有社会结构的影响。

3）新型农村社区建设的资金问题或成最大障碍，应多渠道筹集新型社区建设资金。

4）新型农村社区建设应稳步推进，要充分尊重农村居民意愿。

5）产业与住房配套方能实现农村社区的新型化，城郊和镇区可首先推进新型社区建设。

6）土地流转具有较大潜力，可以适度推进，充分考虑土地流转过程中农民的利益，防止城市过度占有土地指标。

7）重点发展农民专业合作社，发展集体经济。

（六）完善交通基础设施建设，保障城镇供水安全

1. 完善交通基础设施

（1）打造支撑淮海城镇集群崛起的沿淮综合运输通道。

从城镇发展角度，重要交通走廊成为提升沿线区域、沿线中心城市的交通区位优势，推动这些地区成为我国城镇化和工业化发展的重要承载区域。淮河流域中游地区和干流地区远离国家交通发展主轴，中游地区和干流地区成为经济和城镇发展的洼地，为支撑中游地区和干流地区的强势崛起，有必要实施国家助力的城镇化，在交通领域支持淮河中游地区和干流地区的崛起，着力壮大阜阳、蚌埠、淮安等沿淮中心城市，促进豫东、皖北、苏北城镇发展。

强化沿淮综合运输通道建设，发挥苏北地区东西向联系的交通通道功能，拓展沿海港口群辐射范围。加快发展铁路和港口集疏运设施，形成一条新的由中西部地区通往沿海（如盐城港口）的运输通道。研究沿淮干线铁路、高速公路及淮河内河航运，形成淮河中部地区与沿海港口"无缝衔接"的内河水运、铁路、公路陆运，以及港口海运一体化综合交通运输系统。

沿淮干线铁路应沿淮河干流建设，重点带动淮河干流城镇发展，经过主要控制点有驻马店-阜阳-蚌埠-淮安-盐城等城市，选择盐城港出海。沿淮高速公路选线也基本沿淮河干流，带动蚌埠、淮安等城镇发展，见图15。

（2）建立淮河四省交通发展区域合作机制。

逐步实现淮河流域交通发展从省域到区域、流域的统筹协调，强调区域开放性，共建四省综合交通运输区域合作机制。发挥各省交通运输的比较优势，打破行政区划界限，全方位开展合作交流，推进淮河流域综合交通运输体系建设，着力降低中部地区运输物流成本。在基础设施建设、重大关联项目、重点领域、信息技术等方面协调对接，加快省际高速通道"断头路"建设、省际路网规划衔接、省际间不停车收费系统、信息互通共享平台等方面，提高交通运输效率。

2. 保障城镇供水安全

（1）提高水质监测能力，完善应急预警机制。

加强水环境的保护，保障供水安全，需提高淮河流域城镇水质监测、检测能力。通过水质监测预警，从而有效应对突发性事件。在日常检测方面，淮河

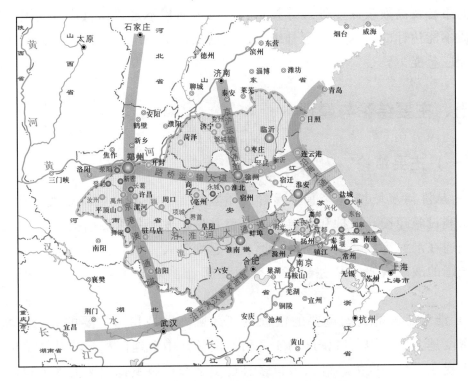

图15　淮河流域综合交通运输通道规划设想示意图

流域城镇要按照《全国城镇供水设施与改造与建设"十二五"规划及2020年远景目标》要求，提高区域内供水水质检测能力，完善应急预警机制。

在应急能力建设方面，市县政府应建立针对淮河水污染高峰及水质突发事件的快速反应机制和水质污染事故应急管理体系，根据不同污染等级划分确定各应急方案。完善应急供水相关设施，配备必要的应急物资；供水企业配备必要的应急监测设备，储备应急物质，建立应急抢险队伍；水厂应配备针对本地区水源特征污染物的药剂、计量装置和设备等。

（2）开展多水源优化调度，提高净水技术水平。

针对淮河突发的水污染高峰事件，运用以规避水污染高峰为目标的多水源优化调度方法，开展季节性重污染河流水源城市多水源供水优化调度。一方面保障水源供给可靠和水厂间的供水调配，按照不同水源地水质规律性变化，提出动态的水源优化配置方案，实现流域内优水优用及多水源综合调配；另一方面应加强应急联络和调度管道建设，在突发性供水事故时以降低管网水的水质风险，确保遇突发水污染事故时居民用水能得到优先保障。

针对淮河阶段性、季节性重污染水质的特点，综合运用原水优化取水与原水渗渠/岸滤强化自然强化处理技术、适合季节性重污染河流水源水处理的混凝技术、沉淀-气浮联用技术和传统滤池改造技术，高效节能节地型的氧化-生物过滤组合及高效膜深度处理等技术，对占地面积不足、运行成本受限、出厂水水质不能达标的老水厂进行升级改造，增强供水系统的整体性、适配性、扩展性和应急能力。

五、主要结论与建议

（一）主要结论

1）从淮河流域城镇发展历程看，环境条件是淮河流域城镇发展的基础，加强水利设施建设，保护和改善生态环境是城镇发展的重要前提，古代水运和近代交通在淮河流域城镇空间格局形成中起到巨大作用。在新的历史时期，需要有全国的战略视野，从完善区域交通设施着手，促进流域城镇空间体系的调整。

2）淮河流域是我国重要的粮食生产区域，也是我国主要的人口密集区，人口密度是全国平均人口密度的 4.7 倍，同长江中游地区相当。其城镇化特征主要表现在人口密度大、外出人口多且逐步上升；城镇化加速但水平较低，且区域发展不平衡；城镇密度较高但规模偏小，干流沿线城镇发育较差；经济发展相对滞后，淮河中游地区成为发展洼地。

3）淮河流域由于远离全国、各省发展重点，流域经济社会发展水平相对滞后，成为经济洼地和边缘地区。淮河流域发展主要制约因素包括致贫因素多且覆盖面广；壮年劳动力流出严重，造成农村一系列社会经济等问题；各类安全隐患对城镇发展影响较大；城镇供水安全面临挑战；缺乏便捷的对外通道，制约淮河干流两岸地区发展。

4）淮河流域的国家要求主要体现在国家粮食安全和农业基地建设、全国 1/9 人口全面实现小康社会两大任务上。而治理洪涝灾害，解决安全供水、地面塌陷等紧迫性问题，是促进地方经济社会发展的前提。促进新型工业化、城镇化和农业现代化，是地方政府推动社会经济发展的内在动力。

5）探索淮河流域的新型城镇化内涵、模式与途径，对解决中国的三农问题，对于中国农业地区的城镇化道路探索具有典型意义。从淮河流域城镇化发展态势看，淮河流域仍将处于持续快速城镇化发展阶段，同时城镇化面临转型发展的新要求。

6）淮河流域城镇化总体目标是探索在不牺牲农业和粮食、生态和环境的前提下，以新型城镇化引领城乡协调发展，构建"四化"同步发展平台，努力形成生态宜居、民生安全和共同富裕的城乡发展新格局，全面建成小康社会和国家生态文明综合示范区。

7）淮河流域的新型城镇化道路要在城镇化过程中解决城乡良性互动和协调发展问题，解决农业和粮食安全问题，解决生态和环境问题，解决公共安全问题，走一条以新型城镇化引领城乡协调发展，"四化"同步、城乡统筹、多级集聚，生态文明的新型城镇化道路。

8）淮河流域的城镇发展，在充分发挥区域中心城市辐射带动作用同时，更要突出节点城市承接转移的关键节点作用，作为"不完全城镇化"的破题之举，在财政、投资、产业、农业、人口、环境、土地等政策方面向节点城市适当倾斜，提高节点城市的就业容纳能力和综合承载能力，提高其经济发展能力、基础设施和公共服务水平。

9）淮河流域在新一轮"城镇化热潮"中存在一定的盲目性，一些地区在城市新区的规划建设中，有脱离实际、过度扩张、片面追求速度的倾向。一些地区在新型农村社区的规划中，追求全省域、全市域"全覆盖"，过于理想化。应在充分尊重农村居民意愿的前提下，通过改革试验积极稳妥推进，探索有利于农民生产生活便利，长效持久的建设模式。

10）淮河流域的城镇化要结合淮河治理及流域内公共安全问题的解决，统筹考虑行蓄洪区、低洼地及采煤沉陷区的人口与发展问题，把安全隐患治理作为城镇化的重要推力，实现安全的城镇化。淮河流域行蓄洪与采煤塌陷是区内数百万居民的严重安全隐患，应采取以集中式搬迁为主的、外力推动下的就近城镇化。重点扶持基础设施、公共服务设施和再就业型产业的建设，引导人口迁移和集中安置，并对采煤塌陷区进行以再利用为主的综合整治。

（二）政策建议

1. 设立综合配套改革试验区，探索农业地区城镇化道路

建议国家在淮河流域豫东皖北地区（如周口、阜阳）设立全国新型城镇化综合配套改革试验区，探索典型农业地区新型城镇化的内涵、模式和实现路径。以改革创新为动力，破解制约城镇化科学发展的体制机制障碍，探索以农业转移人口市民化为主要任务，引导人口合理有序迁移，优化城镇布局，提升城镇功能，创新城镇管理，彰显城市文化，统筹城乡发展的中国特色城镇化道路。

2. 加快淮海城镇群发展，完善城镇布局，优化基础设施

建议国家将淮海城镇群作为区域重点城镇群纳入全国城镇化发展规划，积极培育战略性新兴产业，加快发展现代服务业和文化、教育和科技事业等措施，把淮河城镇集群提升我国中部地区重要的重点城镇群，带动区域发展。

建议规划建设沿淮干线铁路，以重点带动淮河干流城镇发展，经过主要控制点有驻马店—阜阳—蚌埠—淮安—盐城等城市，选择盐城港出海。沿淮高速公路选线也应基本沿淮河干流，带动蚌埠、淮安等城镇发展。

3. 支持解决流域安全问题的城镇化，探索安全城镇化模式

建议在政策层面上，对因为采煤塌陷区及行蓄洪区内居民的搬迁安置给予资金扶持，从国家、省、市以及企业等多渠道加强资金扶持力度；对于安置区内的农民创业园、劳动密集型工业园给予一定的税收优惠或减免政策；采取多种方式鼓励居民的技能培训和再就业，以民生为重，实现可持续发展。

建议在管理层面上，要因地制宜、有步骤地逐步推进安全隐患地区的城镇化工作，以规划为龙头，从用地布置、产业类型、基础设施建设、公共设施配套等方面综合考虑，通过新型宜居社区建设，强化社区文化构建，逐步引导居民走向健康的新生活。

建议在工程技术层面上，一方面通过防洪设施建设，提高淮河行洪标准，压缩行蓄洪区面积；另一方面采用先进工程技术，保证重要基础设施、公共服务设施、居民安置区的安全性，对采煤塌陷区进行生态化、多样化的综合治理，进一步挖掘采煤沉陷区的生态价值、产业价值、经济价值等。

附件：

课题组成员名单

顾　　问：周干峙　原建设部副部长，中国科学院院士，中国工程院院士
　　　　　邹德慈　中国城市规划设计研究院原院长，中国工程院院士
组　　长：邵益生　中国城市规划设计研究院副院长，研究员
副组长：张　全　中国城市规划设计研究院水务与工程院院长，教授级高级工程师
成　　员：龚道孝　中国城市规划设计研究院高级工程师
　　　　　蒋艳灵　中国城市规划设计研究院高级工程师
　　　　　曹传新　中国城市规划设计研究院高级城市规划师
　　　　　张桂花　中国城市规划设计研究院研究员
　　　　　袁少军　中国城市规划设计研究院副研究员
　　　　　刘广奇　中国城市规划设计研究院高级工程师

荀春兵　中国城市规划设计研究院城市规划师

蔡立力　中国城市规划设计研究院教授级高级城市规划师

许顺才　中国城市规划设计研究院教授级高级城市规划师

王　璐　中国城市规划设计研究院城市规划师

冯利芳　中国城市规划设计研究院高级建筑师

汪　科　住房和城乡建设部高级城市规划师

罗　赤　中国城市规划设计研究院教授级高级城市规划师

鹿　勤　中国城市规划设计研究院教授级高级城市规划师

王　纯　中国城市规划设计研究院高级城市规划师

黄仪荣　中国城市规划设计研究院城市规划师

淮河流域水资源与水利 工程问题研究

一、流域概况

淮河流域地处我国东中部，介于长江与黄河两大流域之间，东经 111°55′～121°20′、北纬 30°55′～36°20′，西起伏牛山、桐柏山，东临黄海，北以黄河南堤和沂蒙山脉与黄河流域接壤，南以大别山、江淮丘陵、通扬运河及如泰运河与长江流域毗邻；跨湖北、河南、安徽、江苏、山东 5 省，涉及 40 个地级市、155 个县（市），面积约 27 万 km²，有耕地 1.9 亿亩，人口约 1.7 亿，约占全国总人口的 13％，平均人口密度约为 631 人/km²，是全国平均人口密度的 4.5 倍。流域内矿产资源丰富，交通发达，在我国国民经济中占有十分重要的地位。

（一）水文气象

1. 气候

淮河流域气候四季分明，春温多变，夏雨集中，秋天凉爽，冬季干冷。大体以淮河和入海水道一线为界，北部属暖温带半湿润季风气候区，南部属亚热带湿润季风气候区。春季（3—4 月），东北季风减弱，西南季风加强，流域降水逐渐增多；夏季（5—8 月），盛行的西南气流携带大量的暖湿空气，为淮河的雨季提供水汽，是一年中降水最多的季节；秋季（9—10 月），西南季风南退，降水减少；冬季（11 月至翌年 2 月），流域盛行干冷的偏北风。季风是影响流域天气的主要因素，支配着流域四季降水的多寡。

2. 降水

淮河流域降水的主要因素是夏季季风，降水以锋面雨、气旋雨为最多。流域多年平均年降水量为 875mm（1956—2000 年），其中淮河水系为 911mm、沂沭泗河水系为 788mm。降水量分布总的趋势是南部大、北部小，沿海大、内陆小，山丘区大、平原区小。年降水量 800mm 的等值线，大体为流域湿润和半湿润区的分界线。汛期（6—9 月）的降水量约占全年的 63%。降水量最大月份一般为 7 月，平均降水量 220mm，占全年降水量的 24%。流域年际降水变化也较大，最大与最小年降水量比值一般在 2～6 倍，年降水量变差系数（C_v）在 0.25～0.30 之间。

3. 暴雨洪水

（1）暴雨。

影响淮河流域暴雨的天气系统众多，主要有切变线、低涡、低空急流和台风，同一次暴雨可能受多个天气系统影响。淮河流域的暴雨多发生在 6—8 月，其中 6—7 月主要受梅雨锋影响，8 月易受台风影响，以 7 月最多，且强度大、范围广，持续时间长。

（2）洪水。

淮河流域的洪水主要由暴雨造成。流域洪水大致可分 3 类：①由连续一个月左右的大面积暴雨形成的流域性洪水，量大而集中，对中下游威胁最大。②由连续两个月以上的长历时降水形成的洪水，整个汛期洪水总量很大但不集中，对淮河干流的影响不如前者严重。③由 1～2 次大暴雨形成的局部地区洪水，洪水在暴雨中心地区很突出，但全流域洪水总量不算很大。

淮河干流的洪水特性是洪水持续时间长，水量大，正阳关以下一次洪水历时一般为 1 个月左右。每当汛期大暴雨时，淮河上游及支流洪水汹涌而下，洪峰很快到达王家坝，由于洪河口至正阳关河道弯曲、平缓，泄洪能力小，加上山丘区支流相继汇入，河道水位迅速抬高，洪水经两岸行蓄洪区调蓄后至正阳关洪峰既高且胖。支流洪水分两种情况：山丘区河道径流系数大，汇流快，在河槽不能容纳时就泛滥成灾；平原河道汇流时间长，加上地面坡降平缓，受干流洪水顶托，常造成洪涝灾害。

沂沭泗河水系洪水多发生在 7—8 月。沂河、沭河上中游暴雨出现机会多，由于河道比降大，洪水来势凶猛，峰高量大。南四湖湖东支流多为山溪性河流，洪水来水迅急；湖西支流流经黄泛平原，洪水过程平缓。邳苍地区上游洪水陡涨陡落，中下游洪水变化平缓。骆马湖是沂沭泗洪水重要的调蓄湖泊，其下游新沂河为平原人工河道，比降较缓，洪水过程较长。沂沭河洪水经刘家道口和大官庄枢纽分流进入新沭河，经石梁河水库调节后，水势减缓。20 世纪 40 年代后期以来，随着大量水利工程的兴建，该水系的洪水特性变化较大。

4. 干旱

淮河流域干旱的根本原因是气象因素造成的降水偏少，主要因素有：大气环流异常、东亚季风异常、赤道辐合带异常和赤道太平洋海温异常，其中最主要的是季风的作用。

淮河流域四季均可能出现干旱，干旱可能连季发生，也可能连年发生；区域性大旱常有发生，流域性大旱也曾有发生。

（二）地形地貌

淮河流域地处我国第二级阶梯的前缘，大都在第三级阶梯上。地理形态自北向南呈较为规则的平行四边形，东西长约700km，南北平均宽约400km，大体上由西北向东南倾斜。根据地势形态和高程，淮河流域可分为山地、丘陵、平原、洼地和湖泊5种类型地貌。南部、西部及东北部为山地、丘陵区，面积占流域总面积的1/3；其他为平原、湖泊和洼地，面积占流域总面积的2/3。西部的伏牛、桐柏山区，高程一般为200.00～300.00m，沙颍河上游尧山（石人山）为全流域最高峰，高程2153.00m；南部大别山区，高程一般为300.00～500.00m，淠河上游白马尖高程1774.00m；东北部沂蒙山区，高程一般为200.00～500.00m，沂蒙山龟蒙顶高程1155.00m。丘陵主要分布在山区的延伸部分，西部高程为100.00～200.00m，南部高程为50.00～100.00m，东北部高程一般为100.00m左右。淮河干流以北为广大冲、洪积平原，高程为15.00～50.00m；南四湖湖西为黄泛平原，高程为30.00～50.00m；里下河水网区高程为2.00～5.00m。

淮河流域地形复杂，地貌类型多样，自上而下以阶梯式分布，地形呈现出明显的层次性。这一特征致使上游山区源短流急，洪水迅速进入中游平原，但下游排洪不畅，洪水拥塞回旋于淮北平原，是造成流域严重洪涝灾害的重要原因。

（三）河流水系

1. 水系变迁

"导淮自桐柏，东会于泗、沂，东入于海"（《禹贡》），描述了当时的淮河流域轮廓，这一形势一直延续到12世纪90年代。古淮河干流在洪泽湖以西大致与今相似，那时没有洪泽湖，干流经盱眙后折向东北，在云梯关入海。历史上最早记载的黄河泛淮是在汉文帝十二年（公元前168年），据《史记·封禅书》："今河溢通泗"。1194年以后，进入黄河长期夺淮时期。黄河洪水携带大量泥沙，在豫东、鲁西南、皖北、苏北诸河道和湖泊中淤积，使淮河水系遭受了巨大的破坏。直至清咸丰五年（1855年），黄河改道经山东大清河入海，结束了长达661年的夺淮历史。淮河入海古道已淤积呈一条高出地面的废黄河，成为淮河水系与沂沭泗河水系的分水岭。

黄河夺淮使淮河流域发生了 3 个重大变化：①改变了淮河中下游地区的地形地貌，使淮河水系河道发生巨大的变迁。②淮河入海故道淤塞，壅积成为洪泽湖，淮河被迫改从洪泽湖东南角的三河进入长江。③废黄河把淮河流域分为淮河与沂沭泗河两个水系。

2. 水系现状

淮河流域由淮河和沂沭泗河两大水系组成，废黄河以南为淮河水系，以北为沂沭泗河水系。两大水系由京杭大运河、分淮入沂和徐洪河沟通。

淮河发源于河南省南部的桐柏山，流向大致由西向东，经过河南省南部以及安徽省与江苏省北部，纳百川来水，注入洪泽湖，经其调蓄，分两路下泄：一路由洪泽湖南部三河闸，经入江水道，至扬州三江营汇入长江；另一路由洪泽湖湖东的二河闸和高良涧闸，经入海水道和苏北灌溉总渠至扁担港注入黄海。

淮河全长约 1000km，总落差 200m，平均比降 0.2‰，集水面积 19 万 km²。从桐柏山淮源至河南、安徽两省交界的洪河口为上游，流域面积 3.06 万 km²，河长 360km，落差 178m，该段河床比降大，水流湍急，暴涨暴落。洪河口到洪泽湖中渡是淮河中游，流域面积 12.76 万 km²，河长 490km，落差 16m，平均比降 0.03‰。从洪泽湖出口处的中渡到长江边三江营的入江水道是淮河的下游，流域面积 1.65 万 km²，河长约 150km，落差 6m，平均比降 0.04‰。洪泽湖以下淮河下游的排水出路，除入江水道以外，还有苏北灌溉总渠、淮沭新河和 2003 年建成的入海水道。

沂沭泗河水系由沂河、沭河、泗河组成，集水面积约 8 万 km²。沂河发源于沂源县鲁山南麓，自北向东南流经临沂、郯城进入骆马湖，再由嶂山闸控制经新沂河入黄海；在彭家道口分流入沭河，在江风口分流经邳苍分洪道入中运河，流域面积 1.15 万 km²。沭河发源于沂山南麓泰薄顶，与沂河并行东南流至新沂市口头入新沂河，在临沭县大官庄辟新沭河向东南入海，流域面积 9000km²。泗河发源于山东省新泰市蒙山太平顶西麓，向西南流经曲阜、兖州、邹县注入南阳湖，全长 156km，流域面积 2366km²。

3. 主要支流和湖泊

淮河水系支流众多，南岸支流发源于山区或丘陵，流程较短，具有山区河道特征；北岸支流除洪汝河、沙颍河发源于山区外，其他大都发源于黄河南堤，一般都源远流长，具有平原河道特征。流域面积在 1000km² 以上的支流共 23 条，其中流域面积大于 10000km² 的支流有洪汝河、沙颍河、涡河、濛潼河（怀洪新河）4 条。沂沭泗河水系较大支流有洙赵新河、万福河、东鱼河、梁济运河、东汶河、祊河、浔河等。

淮河流域湖泊较多，其水面面积约为 7000km²，总蓄水能力 280 亿 m³，兴利库容 66 亿 m³。较大的湖泊中有淮河水系的洪泽湖、高邮湖、宝应湖等，以及沂沭泗河水系的南四湖、骆马湖等。

（四）水旱灾害

淮河流域洪涝旱灾害频发，水灾与旱灾发生的概率大体相当，旱涝交替发生，连续干旱多发、持续时间长，灾情严重，是制约经济社会发展和环境保护的主要问题。

1. 水灾

（1）历史上的水灾。

根据古文献记载，在远古传说中的尧、舜、禹时代，中原大地（含淮河流域大部分地区）就不断有大洪水发生，出现洪水灾害。基于淮河历史上受黄河夺淮的影响，历史上的水灾分为黄河夺淮（1194 年）以前、1194—1855 年黄河夺淮期间和 1855—1948 年 3 个时期。

在南宋以前，淮河是一条直接入海的河流，河床深广，尾闾排泄通畅。根据流域内豫、皖、苏、鲁 4 省的历史水灾资料统计，从公元前 185 年（西汉）至 1194 年（南宋）的 1379 年中，共发生洪涝灾害有 175 年，平均每 8 年发生 1 次，较大洪涝灾害 112 次，其中黄河决溢 14 次，平均 12.3 年发生 1 次较大水灾。

从 1194—1855 年（清咸丰五年）黄河夺淮的 661 年中，淮河流域共发生较大洪水灾害 268 次（其中黄河决溢水灾 149 次），平均 2.5 年发生一次较大洪水灾害，除去黄河决溢水灾，淮河流域本身洪水造成的水灾，平均 5.6 年发生一次。

从 1855 年至新中国成立前，黄河虽然北徙，但洪涝旱灾害频繁的状况仍未改变。这个时期全流域共发生洪涝灾害 85 次，平均 1.1 年发生一次洪涝灾害，几乎是年年有灾。

（2）当代水灾。

新中国成立后，豫、皖、苏、鲁 4 省开展了大规模的淮河治理，基本建成了流域防洪除涝工程体系，洪涝灾害大大减轻。但由于特定的气候因素和地形条件，加上黄河夺淮的影响，流域内洪涝灾害仍很严重。

1949—2010 年全流域水灾年平均成灾面积 2529 万亩，成灾面积超过 3000 万亩的年份有 15 年，占统计年数的 24.2%；超过 4000 万亩的年份有 11 年，占统计年数的 17.7％；超过 5000 万亩的年份有 7 年，占统计年数的 11.3％；成灾面积超过 6000 万亩的年份有 1954 年、1956 年、1963 年、1991 年，占统计年数的 6.5％。据统计，1991 年淮河洪涝灾害中，全流域受灾耕地 8275 万亩，成灾 6024 万亩，受灾人口 5423 万人，倒塌各类房屋 196 万间，直接经济损失达 340 亿元。2003 年淮河大水，河南、安徽、江苏 3 省共有 3730 万人受灾，倒塌房屋 77 万间，农作物洪涝受灾面积 5770 万亩，直接经济损失约 286 亿元。2007 年淮河大洪水，全流域农作物洪涝受灾面积 3748 万亩，受灾人口 2474 万人，倒塌房屋 11.53 万间，直接经济总损失 152.2 亿元。

2. 旱灾

（1）历史上的旱灾。

淮河流域历史上的旱灾，据流域内各种文献和地方志记载，不仅频率高，受灾范围大，而且灾情惨重。"淮水竭，井泉枯"，"赤地千里"，"民无食大饥，人相食"，"人相食，饿殍载道"等大旱饥荒，史不绝书。

据统计，从公元前 246 年（战国末期秦王政元年）到 1949 年新中国成立，共计 2194 年，淮河流域共发生旱灾 915 次，平均 2.4 年就有 1 次旱灾。其中以 10 世纪和 17 世纪旱灾年数最多，平均 3 年有 2 年旱灾；10—11 世纪和 15—19 世纪的旱灾平均不到 2 年就出现 1 次旱灾。

（2）当代旱灾。

新中国成立后，淮河流域抗御水旱灾害的能力有较大的提高，但旱灾依然很严重。

据统计，1949—2010 年全流域年平均旱灾成灾面积 2351 万亩，成灾面积超过 3000 万亩的年份有 15 年，占统计年数的 24.2％；超过 6000 万亩的年份有 5 年，占统计年数的 8.0％。2001 年淮河流域大旱，受灾面积 11285 万亩，成灾面积 6953 万亩，淮河干流断流，洪泽湖几近干涸。2002 年南四湖流域大旱，南四湖干涸，造成严重的生态问题。

（五）流域特点

1. 地处南北气候过渡带，极易发生洪涝旱灾害

淮河流域是我国南北气候过渡带，气候变化幅度大，灾害性天气发生的频率高；受东亚季风影响，流域的年际降水变化大，年内降水分布也极不均匀；洪、涝、旱及风暴潮灾害频繁发生，且经常出现连旱连涝或旱涝急转的情况。

2. 地势低平，蓄排水条件差

淮河流域平原广阔，占流域总面积的 2/3，淮北平原地面高程一般为

15.00～50.00m，淮河下游平原地面高程一般为 2.00～10.00m。由于山区面积小，平原地势平缓，拦蓄洪水的条件差。受地形影响，淮河中下游河道比降小，干流洪河口至中渡为 0.03‰，中渡至三江营为 0.04‰，洪水下泄缓慢；广大平原地区地面高程大多低于干支流洪水位，排水困难。加之人水争地矛盾突出，无序开发，侵占河湖，更加恶化了蓄排水条件。

3. 水资源总量不足，供需矛盾突出

淮河流域水资源总量为 794 亿 m³，人均水资源量不足 500m³，是水资源严重短缺地区。水资源的时空分布不均和变化剧烈，70%左右的径流集中在汛期 6—9 月，最大年径流量是最小年径流量的 6 倍，使水资源短缺问题更加突出。水资源分布与流域人口和耕地分布不平衡，山丘区水资源量相对丰富而用水需求相对较小，平原地区人均和亩均水资源量小但用水需求大。河湖调节能力低，开发利用难度大。水污染问题尚未得到有效遏制，使部分水体功能下降甚至丧失，进一步加剧了水资源供需矛盾。

4. 区域之间矛盾突出，协调难度大

淮河流域排蓄条件差，水资源短缺，也造成区域之间水事矛盾突出，协调难度大，增加了治理的复杂性。

5. 黄河夺淮影响深远，增加了淮河治理难度

12 世纪以后黄河长期夺淮，改变了流域原有水系形态，淮河失去入海尾闾，淮北支流河道、湖沼多遭淤积，沂河、沭河、泗河诸河排水出路受阻，中小河流河道泄流能力减小、排水困难。黄河夺淮使淮河流域自然水系发生巨大变化，影响深远，增加了淮河治理的难度。

二、流域水资源及开发利用

（一）流域水资源

淮河流域水资源总量为 794 亿 m³（1956—2000 年），其中淮河水系 583 亿 m³，沂沭泗河水系 211 亿 m³。

淮河流域地表水资源量 595 亿 m³，分布呈南部大北部小，山区大平原小，沿海大内陆小。地表径流量主要集中在汛期 6—9 月，占全年的 46%～70%。地表径流的年际变化也很大，丰水年径流量最大可达 1000 亿 m³ 以上，而枯水年不及 200 亿 m³。

淮河流域浅层地下水资源量 338 亿 m³，呈现出平原区大于山丘区的分布特性。平原区浅层地下水资源，具有埋深浅、分布范围广、水质良好、水量丰富，易于开采利用等优点，其中适宜工农业生产应用和人畜饮用标准的淡水量（矿化度小于 2g/L）达 279.41m³，占全流域平原区浅层地下水资源量的 89％。

淮河流域水污染始于 20 世纪 70 年代，80 年代以后，工业废水和城市污水日益增加，江河、湖库、地下水等水体受到污染。1990—2010 年淮河流域水质经过了由恶化得到控制并好转的变化过程。2001—2010 年，水质在波动中逐步向好的方向发展。

（二）水资源开发现状和预测

淮河流域水资源利用历史悠久。早在远古时期，氏族部落多沿河边、湖边居住，人们在求生存、发展的过程中逐渐形成和发展了灌溉和供水技术，是我国开展农业灌溉最早的地区之一，唐宋以前是发展时期，之后总体上陷于停顿，个别地区略有发展。总体上看，新中国成立前淮河流域水资源主要用于农田灌溉，开发利用水平较低，至 1949 年，全流域有效灌溉面积仅 1200 万亩，主要灌溉水稻，年水资源利用量为 100 亿～120 亿 m³。

1. 新中国成立后水资源开发利用状况

新中国成立后，淮河流域水资源开发利用得到快速发展，大致可分为 3 个阶段。

（1）以农业为主的灌溉发展时期（至 20 世纪 80 年代初）。

新中国成立后，随着大规模治淮建设，农业灌溉发展迅速，流域水资源开发利用量逐年增加。上中游主要利用山丘区已建成的 5000 多座大中小型水库，兴建了淠史杭灌区，下游利用洪泽湖蓄水，南四湖地区提、引河湖水发展农田灌溉，江苏建成江都抽水站；广大淮北平原打井开发利用地下水；河南、山东两省沿黄地区引用黄河水。初步具有既能开发利用地表水与地下水，又能跨水系跨流域调水，江淮、沂沭泗及黄水并用的水资源开发利用工程体系。有效灌溉面积从 1200 万亩发展到 1.1 亿亩，占流域耕地面积的 55％；需水量从 20 世纪 50 年代初的 120 亿 m³ 左右增长至 80 年代初的 400 亿 m³ 左右，增加约 280 亿 m³。

（2）供水目标多元发展时期（20 世纪后 20 年）。

1978 年大旱，蚌埠闸断流 200 多天，不仅大面积农田受旱，淮南、蚌埠两城市及沿淮居民生活和工矿企业用水也告急，水资源开发利用对国民经济各部门的保障作用突显，各行各业逐步开始重视水资源利用与保护。建了很多蓄、引、抽、提、输、调水工程，为国民经济各部门和城乡人民生活提供了大量优质水源。至 1985 年，淮河流域水资源开发利用工程体系得到进一步完善，供水能力约为 500 亿 m^3。

在 1980—2000 年期间,农业年供水量稳定在 400 亿 m^3 左右,平均约占总供水量的 80%。城镇生产、生活用水呈上升趋势,2000 年城镇生产、生活用水与 1980 年相比,分别增加了 1.91 倍、1.04 倍。

随着国民经济和社会的发展,城市人口和工业生产日益增长,生活污水和工业废水逐年增加,导致水域污染十分严重,水质日趋恶化。另外,农田所施的化肥、农药残留的有机物等也严重污染河流。到 20 世纪 80 年代后期,已有 2/3 的河段水质不符合国家地面水环境质量标准。

(3) 供水能力持续增长时期(2000 年以来)。

至 20 世纪末,淮河流域修建了大量水利工程,已初步形成淮水、沂沭泗水、江水、黄水并用的水资源利用工程体系。至 2010 年,淮河流域年供水能力 606 亿 m^3,地表水源工程分为蓄水、引水、提水和调水工程,现状供水能力 457 亿 m^3,地下水源现状供水能力为 149 亿 m^3。

南水北调东线、中线一期工程也在 2013 年年底和 2014 年年底先后建成通水。

2. 水资源开发利用形势与展望

(1) 面临的形势和问题。

水资源短缺将是淮河流域长期面临的形势。淮河流域水资源总量不足,人均亩均水资源占有量仅为全国平均的 1/4,是我国水资源严重短缺的地区之一。淮河流域水资源具有时空分布极不均匀,地表径流量年内变化大、年际年内变化剧烈的特点。加之流域平原面积大,蓄水条件差,加剧了水资源开发利用难度。随着经济社会快速发展、生态文明不断进步,流域水资源供需矛盾仍将十分突出。

流域水资源配置体系尚需完善。经过 60 多年的建设,淮河流域初步形成了河道、水库(湖泊)、地下水利用、跨流域调水等以工程为主的流域骨干配水体系,供水能力达 600 多亿 m^3,但供水体系尚不能相互贯通、互济互补、配套完整,局部地区水资源配置也不尽合理,需要完善。

水污染问题仍十分突出。淮河流域工业废水排放达标率不高,城市污水处理率较低,非点源污染日渐突出且缺乏有效的防治措施,致使水污染问题仍很突出,加剧了流域缺水状况,部分城市供水安全受到威胁。淮北地区主要城市大量开发利用深层地下水、超采浅层地下水,致使局部地区出现地面沉降和大面积漏斗,水环境持续恶化。

农业供水工程老化失修严重。20 世纪 80 年代以来,淮河流域农业用水量总体呈现下降趋势,节水灌溉有一定的贡献作用,但主要原因是农业供水工程老化失修、配套不完善,供水能力不足,降低了农业生产用水保障程度,影响粮食安全。

（2）水资源供需展望。

淮河流域的经济社会发展较快，对水资源的需求旺盛。据分析，到 2030 年，淮河流域需水量按现状用水模式将达到 708 亿 m^3，按一般节水的用水模式将达到 672 亿 m^3，按强化节水的用水模式仍需 647 亿 m^3。

为保障流域用水需求，在强化节水、转变经济增长方式以抑制水资源需求过快增长的基础上，通过建设大中型水库、实施跨流域调水、完善配套工程，辅以非工程措施，使淮河流域 2030 年供水量达到 642 亿 m^3，基本实现供需平衡。

（三）水质和水生态

1. 水质

淮河流域水功能区 1017 个，其中有 394 个水功能区纳入《全国重要江河湖泊水功能区划（2011—2030 年)》。

根据 2012 年监测结果，按照《地表水环境质量标准》（GB 3838—2002）22 项指标评价，淮河流域 394 个重要河流湖泊水功能区中，水质达到Ⅱ类的占 12.9%，Ⅲ类的占 26.4%，Ⅳ类的占 27.2%，Ⅴ类的占 10.7%，劣Ⅴ类的占 22.8%。对照水功能区水质目标评价，淮河流域重要河流湖泊水功能区 2012 年水质达标率为 26.1%。

淮河流域 1017 个水功能区中，2012 年水质达到Ⅱ类的占 8.6%，Ⅲ类的占 26.3%，Ⅳ类的占 27.1%，Ⅴ类的占 10.5%，劣Ⅴ类的占 27.5%。对照水功能区水质目标评价，淮河流域全部水功能区水质达标率为 20.5%。

1994 年 6 月开始，淮河流域水资源保护机构对淮河流域主要跨省河流省界断面实施水质监测，监测频次为每月 1 次。目前监测的跨省河流为 47 条共 51 个省界断面，监测频次为每月 2 次。监测评价结果表明，近 13 年来淮河流域省界河段水质总体呈现好转趋势，污染恶化的局面得到控制，但水污染仍然不容乐观。2000 年省界断面Ⅴ类和劣Ⅴ类水的比例为 71.3%，到 2012 年下降至 40.4%；2000 年符合Ⅲ类水的比例只有 11.5%，到 2012 年上升至 34.1%。但近几年Ⅴ类和劣Ⅴ类水比例仍高达 40% 左右。

2000—2012 年淮河流域省界断面逐年水质变化情况详见图 1。

2012 年监测了淮河流域 1365 个入河排污口，废污水入河排放量为 51.36 亿 t，主要污染物质化学需氧量和氨氮入河排放量分别为 48.51 万 t 和 4.51 万 t。

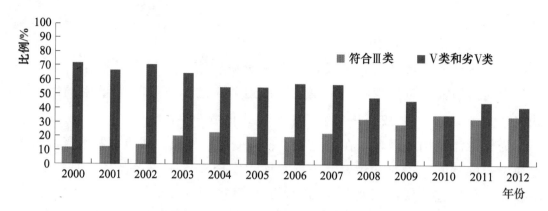

图1　2000—2012年淮河流域省界断面逐年水质变化情况

2. 水生态

根据2008年对淮河干支流、南水北调东线输水干线和重要湖泊水库进行的水生态状况调查评价专题研究表明，淮河干支流水生态状况在空间分布上有比较大的差异。在71个监测断面中，水生生物多样性最好的断面是汝河汝南，多样性最差的断面是南四湖独山岛；丰度最高的断面是涡河马头，丰度最差的断面是南四湖独山岛；水生生物物种均匀度指数最大的断面是运河台儿庄，各类物种分布最不均匀的断面是南四湖独山岛。采用生物指数法评价结果表明，71个监测断面中水生态系统稳定、脆弱和不稳定的比例分别占9％、73％和18％。总体上看，淮河流域水生态系统脆弱，河湖生态系统大多遭受到了不同程度的破坏。

三、流域水利工程

1950年夏，淮河发生严重水灾，引起以毛泽东同志为核心的中央领导集体的关注，同年8月政务院召开第一次治淮会议，10月14日颁布《关于治理淮河的决定》，确定了"蓄泄兼筹"的治淮方针。1950年11月6日治淮委员会成立。在国民经济极为困难的情况下，掀起了新中国第一次大规模治理淮河的建设高潮，新中国全面治理淮河的进程由此启动。

（一）水利工程建设

1. 治淮工程建设历程

在新中国政治经济发展的不同历史时期，治淮的内容和特点有所不同，大致可分为5个阶段。

（1）第一阶段（1949—1957年）。

新中国治淮起步于 1949 年，1949 年 4 月，山东导沭整沂工程开工，1949 年开始江苏省导沂整沭工程。1950 年 11 月政务院发布《关于治理淮河的决定》后，掀起了新中国治淮第一次高潮。

从 1950—1951 年，在淮河中游动工兴建城西湖、城东湖、濛洼、瓦埠湖 4 个蓄洪区，总蓄洪量为 64.9 亿 m^3。在淮河上游对河南淮滨、潢川境内堤防全线进行修复加固，中游安徽境内干支流复堤 903km，中游淮河北岸干支流重点河段防洪堤基本形成；整治疏浚洪河、颍河、澧河、西淝河、沱河等；实施润河集分水闸、瓦埠湖蓄洪区进洪闸以及东、西淝河闸等工程；开挖了下草湾引河。下游开工建设皂河闸、苏北灌溉总渠以及山东省导沭整沂第 3 期至第 6 期等工程。

1952 年相继开工建设安徽省佛子岭、河南省南湾水库和薄山水库等 3 座大型水库。实施了河南省洪河杨埠至新蔡县三岔口段疏浚培堤工程、汝河何坞至三岔口河段疏浚和分洪工程，安徽省霍邱县城东湖蓄洪闸和五河县泊岗引河工程，江苏省三河闸和新沂河第二期工程；山东省赵王河、洸府河整治，继续实施导沭整沂工程。

1952 年汛期，皖北地区发生一次较大涝灾，治涝问题受到重视。从 1953 年开始对西淝河、港河、澧河、沱河、唐河、北淝河、泥黑河、安河、漴潼河、小潢河等进行较全面治理，初步改善了淮北平原地区的排水条件。在淮河中下游河道兴建一批控制洪水泄量的节制闸，如王家坝、三河闸、高良涧闸、杨庄闸、射阳河闸、江风口闸等。

这一时期，国家治淮投资为 13.3 亿元，共完成土方 15.14 亿 m^3，石方 701.6 万 m^3，混凝土 166 万 m^3。共修建大型水库 9 座（安徽 5 座、河南 4 座），总库容 86 亿 m^3，兴利库容 24 亿 m^3。利用沿淮湖泊洼地修建蓄洪工程 13 处，总库容为 272 亿 m^3。初步治理平原地区 170 多条支流；培修淮河干流主要堤防 3985km（其中河南 2102km，安徽 1883km），江苏培修运河堤防 633km；建大小涵闸 559 座，桥梁 1185 座。增加灌溉面积 1500 万亩，全流域灌溉面积达到 3250 万亩。

（2）第二阶段（1958—1970 年）。

在山区、丘陵区共修建大型山谷水库 26 座（河南 7 座，江苏 3 座，湖北 1 座，山东 15 座），总库容达 78 亿 m^3，兴利库容为 37 亿 m^3；中型水库 98 座（其中河南 28 座、安徽 24 座、江苏 14 座、山东 31 座、湖北 1 座），是新中国成立以来建成水库最多的时期。

河南省对洪汝河、涡河、惠济河进行了治理，发展平原地区井灌，效益显著。安徽省兴建淮河干流临淮岗水利枢纽、蚌埠闸，以及阜阳闸、澧河泾塘沟闸、涡河蒙城闸、新汴河宿县闸、灵西闸、濉潼河北店子闸等支流节制闸，其中，临淮岗水利枢纽因国家经济困难，中途停建。1966年，安徽省与河南、江苏3省团结治水，共同开挖新汴河直接入洪泽湖，把沱河、王引河、濉河上游的水截引入新汴河，使淮北平原又增加了一条排水入洪泽湖的出路，解决了河南、安徽两省长期的水利纠纷。1958年动工兴建淠史杭大型灌溉工程，形成"蓄、引、提"相结合的"长藤结瓜"式的灌溉系统，成为新中国水利建设上的一颗璀璨的明珠。江苏省开工骆马湖大控制工程，开挖淮沭新河、整治入江水道，退建新通扬运河、中运河的堤防，加固新沂河、新沭河堤防和洪泽湖大堤，兴建石梁河水库，兴建江都大型抽水站，整治苏北各段运河等一批大型水利骨干工程。山东省修筑南四湖西堤，开挖湖西河槽；开挖韩庄运河和伊家河，扩大泄洪能力，兴建韩庄闸和伊家河闸；对沂沭河干流进行复堤和加固；调整湖西地区水系，开挖东鱼河、洙赵新河、梁济运河，宋金河改道，治理万福河；在南四湖湖腰兴建全长4000多米的二级坝，形成上下两级湖，蓄水兴利。

1968年、1969年淮河干流连续发生洪水灾害后，国务院成立治淮规划小组，一批治淮骨干工程相继开工。河南省开工建设泼河、鲇鱼山、孤石滩3座大型水库，扩建宿鸭湖水库，治理颍河。安徽省开挖茨淮新河。江苏省加固洪泽湖大堤，整治入江水道。

1958年后的一段时间，淮河流域水利建设也出现了一些问题，在淮北平原上各地大搞蓄水工程和河网化，造成平原涝碱灾害加重，河道严重淤积，加剧了各省边界地区水利纠纷；一些工程缺乏足够的前期工作，仓促上马，造成一批工程中途被迫停工，或不同程度地存在病险隐患。

这一时期，国家治淮投资29.46亿元，完成土方30.2亿 m³，石方9301万 m³，混凝土252.7万 m³。通过兴建水库和整治干流、支流河道，使淮河及洪泽湖的防洪标准提高到50年一遇，骆马湖、新沂河达10年一遇，南四湖为20年一遇。灌溉面积达7000多万亩。

（3）第三阶段（1971—1980年）。

1971年2月，国务院治淮规划小组讨论通过了《关于贯彻执行毛主席"一定要把淮河修好"指示的情况报告》，提出"初步设想再用十年或稍长的时间，基本实现'一定要把淮河修好'的任务"。

这一时期，在淮河中游对淮北大堤主要堤段进行灌浆加固，基本完成茨淮新河开挖及上桥、阚疃、茨河铺枢纽工程，蚌埠闸枢纽分洪道扩建，小蚌埠段河道切滩退建工程。下游加固入江水道堤防。整治淮河支流汾河、包河、惠济河，动工开挖徐洪河、永幸河。开工沂沭河洪水东调和南四湖洪水南下工程。

在淮河干支流河道兴建 30 多座节制闸。1975 年 8 月特大暴雨洪水造成板桥、石漫滩两座大型水库垮坝失事，之后组织对淮河流域水库的安全进行全面检查、复核，对 25 座水库进行不同程度的加固。

在灌溉方面，河南省进行水库灌区建设，同时大力发展井灌；安徽省在淮南丘陵区围绕淠史杭灌区续建配套开展灌区建设；江苏省实施江水北调和淮水北调，整治里运河、三阳河，修建运西引江河、徐洪河，建成江都第四抽水站、淮安、刘老涧、刘山和解台 5 个大型抽水站，修建了入江水道金湾闸和太平闸；山东省重视水库灌区建设，发展河湖、井灌。

这一时期，国家治淮水利基本建设投资 26.7 亿元，完成土方 27.33 亿 m^3，石方 4290.6 万 m^3，混凝土 370.3 万 m^3。

（4）第四阶段（1981—1990 年）。

1980 年 12 月，水利部召开治淮工作会议，研究如何贯彻落实党中央关于对国民经济实行调整、改革、整顿、提高的方针，把治淮工作重点转移到管理上来，力求在调整期间，充分发挥各项水利工程潜力。一些大型水利工程如沂沭河洪水东调、韩庄运河、怀洪新河、徐洪河停缓建。

"六五"时期，淮河流域安排中央投资的治淮工程只有 7 项，分别为河南省的洪河洼地处理，宿鸭湖水库除险加固；豫、皖两省淮河上中游堤防加固与河道整治；安徽省淠史杭灌区续建配套工程；江苏省洪泽湖抬高蓄水位影响处理，新汴河堤防加固等；山东省南四湖治理与庄台建设。

1985 年 3 月国务院治淮会议，确定"七五"时期中央投资的治淮工程，除"六五"及 1970 年代开工的淮河干流上中游河道整治及堤防加固、新沂河大堤除险加固、宿鸭湖水库除险加固、南四湖治理、茨淮新河等一批在建工程进行续建外，新开工板桥水库复建，陡山、许家崖、田庄水库除险加固，河南省沙河南堤除险加固，入江水道三河拦河坝、万福闸、嶂山闸除险加固，东调清障与堤防加固应急工程，邳苍分洪道排涝保麦第一期工程，梁济运河治理，中运河试挖，沈丘船闸修建等工程。上述治淮工程项目在"七五"期间完成不到半数，大部分延到"八五"时期继续施工。1988 年安排实施黑茨河治理项目。

这一时期，国家治淮建设投资为 21.67 亿元，共完成土方 5.64 亿 m^3，石方 826 万 m^3，混凝土 211.3 万 m^3。期间，国务院把黄淮海平原列为国家农业发展重点开发区，豫、皖、苏、鲁 4 省淮河流域共投资 40.32 亿元，改造中低产田 5391 万亩，新增灌溉面积 2115 万亩，改善灌溉面积 2989 万亩，新增除涝面积 1791 万亩，改善除涝面积 1822 万亩。

（5）第五阶段（1991—2011 年）。

1）治淮 19 项骨干工程。1991 年淮河大水后，国务院发出《关于进一步治理淮河和太湖的决定》，确定了治淮 19 项骨干工程，包括淮河干流上中游河道整治及堤防加固、行蓄洪区安全建设工程、怀洪新河续建、入江水道巩固、分淮入沂续建、洪泽湖大堤加固、大型病险水库除险加固、淮河中游临淮岗洪水控制、防洪水库、沂沭泗河洪水东调南下、淮河入海水道、包浍河初步治理、汾泉河初步治理、洪汝河河道近期治理、奎濉河近期治理、涡河近期治理、沙颍河近期治理、湖洼及支流治理和治淮其他等。国务院分别于 1991 年、1992 年、1994 年、1997 年、2003 年召开 5 次治淮会议，布置治淮骨干工程建设。

至 2010 年年底，治淮 19 项骨干工程已全面建成，治淮 19 项骨干工程累计安排投资 461 亿元，完成投资 455 亿元，占已安排投资的 98.7％；累计完成土石方 17.24 亿 m^3，混凝土 924.45 万 m^3。

治淮 19 项骨干工程构建了流域防洪体系的框架，流域总体防洪标准得到提高。在行蓄洪区充分运用的情况下，能安全防御新中国成立以来发生的流域性最大洪水。洪水调度、防控的能力和手段增强，社会防汛抢险成本得到节约，全流域抗洪灾风险能力和社会安定程度大为提高。据分析，治淮 19 项骨干工程多年平均减淹面积 3493km²，多年平均年减灾效益 82 亿元。据统计，1991 年、2003 年、2007 年大水中受灾面积、人口和直接经济损失均呈逐步减小趋势，特别是在经济快速发展、经济总量大幅提高的情况下，2007 年直接经济损失分别比 1991 年、2003 年减少 54.3％和 45.7％。

2）淮河流域 2003 年、2007 年灾后重建。2003 年、2007 年淮河发生流域性洪水后，国家安排投资开展了灾后重建，由沿淮河南省、安徽省、江苏省分别负责实施。

2003 年灾后重建主要包括移民迁建和灾后重建工程两部分，共安排投资 46.8 亿元。移民迁建主要是河南省、安徽省、江苏省内行蓄洪区和淮干滩区 40 万群众居住问题；灾后重建工程包括行洪区堵口复堤及口门建设、堤防除险加固、病险水闸除险加固、行蓄洪区与骨干分洪道因洪致涝处理等工程，共 60 项。

2007 年灾后重建共安排投资 10.1 亿元，主要内容包括河南、安徽行蓄洪区和淮干滩区移民迁建约 9 万人，以及行洪区堵口复堤和应急工程、汛期出险的险工险段和病险涵闸除险加固工程，除涝应急工程等。

3）面上水利项目。2005 年以后，农村饮水安全、病险水库加固、大中型灌区续建配套与节水改造、中小河流治理等工程大规模展开。

病险水库除险加固。1998 年以来，安排大量投资对病险水库进行除险加固。截至 2010 年年底，淮河流域及山东半岛共完成 255 座大中型病险水库除险加固任务，河南 51 座，安徽 44 座，江苏 18 座，山东 112 座，青岛 24 座，湖北 6 座。其中，大型 39 座（河南 10 座、安徽 4 座、江苏 3 座、山东 19 座、青岛 2 座、湖北 1 座），中型 216 座（河南 41 座、安徽 40 座、江苏 15 座、山东 93 座、青岛 22 座、湖北 5 座）。按照规划流域各省还逐步开展了重点小型病险水库除险加固工作。

大型灌区续建配套与节水改造。2006—2010 年，国家启动了大型灌区续建配套与节水改造建设，涉及淮河流域（含山东半岛）75 座大型灌区，其中，河南省杨桥灌区、赵口灌区、梅山灌区、柳园口灌区、三义寨灌区等 13 座大型灌区；安徽省淠史杭灌区、茨淮新河灌区、女山湖灌区等 3 座大型灌区；江苏省洪金灌区、皂河灌区、沂北灌区、沭南灌区、小塔山灌区等 24 座大型灌区；山东省胜利渠灌区、陈垓灌区、日照水库灌区等 33 座大型灌区，青岛市产芝灌区、尹府灌区等 2 座大型灌区。据统计，新增灌溉面积 539 万亩，其中，河南 176 万亩，安徽 15 万亩，江苏 149 万亩，山东（含青岛）199 万亩；节水灌溉面积 1490 万亩，其中，河南 110 万亩，安徽 40 万亩，江苏 722 万亩，山东（含青岛）618 万亩。

农村饮水安全。从 2000 年开始，国家安排专项资金重点帮助中西部地区解决农村饮水困难问题。至 2004 年底，淮河流域共计解决了约 550 万农村人口的饮水困难问题。2005 年起，工作重点由解决饮水困难转向解决饮水安全，国家安排专项资金用于补助农村饮水安全工程建设，累计安排淮河流域投资 167.7 亿元（中央 73.28 亿元），其中，河南 41 亿元（中央 25 亿元），安徽 52.7 亿元（中央 28.3 亿元），江苏 33 亿元（中央 8.98 亿元），山东 41 亿元（中央 11 亿元）。全流域已安排解决 2749 万 [河南 903 万、安徽 592 万、江苏 676 万、山东（含青岛）578 万] 农村人口饮水安全问题。

中小河流治理。2009 年 10 月，水利部、财政部联合印发《全国重点地区中小河流近期治理建设规划》，淮河流域河南、安徽、江苏、山东（含山东半岛）2009—2015 年重点治理河流 185 条（河南 39 条、安徽 38 条、江苏 49 条、山东 59 条）。2009—2010 年共安排了 86 项中小河流治理试点项目建设。

4）南水北调工程。南水北调工程是缓解我国北方水资源严重短缺局面的重大战略性工程，分东线、中线、西线 3 条调水线，途经淮河流域的有东线和中线工程。南水北调东线一期、中线一期工程已分别于 2013 年和 2014 年建成通水。

2. 重点工程建设

淮河是新中国成立后第一条系统治理的大河，治淮 60 多年期间，在勘测设计、工程施工中注重新技术、新产品的应用，不断研究和采用新材料、新技术、新工艺、新设备，建设了许多代表性的工程。特别是19项骨干工程建设过程中，加强与高等院校、科研单位的合作，在混凝土防裂、承压水处理、淤土筑堤、地基处理等方面开展技术攻关，通过不断创新、严格管理、科学管理，治淮工程建设成就斐然，4项工程荣获国家最高质量奖"中国建筑鲁班奖"，两项工程荣获国家质量协会颁发的"国家优质工程银奖"，荣获省部级优质工程奖、国家和省部优秀勘测设计奖、科技进步奖、文明建设工地等国家和省部级奖项百余项。以下是几项在不同时期建成的代表性工程：

（1）佛子岭水库。

佛子岭水库位于淮河支流淠河东源，是新中国成立之初治理淮河的第一个骨干工程，是我国自行设计并施工的第一座钢筋混凝土连拱坝，具有防洪、灌溉、发电、养鱼等综合效益。当时世界上连拱坝才出世不久，仅美国和法属阿尔及利亚各有一例。1952年1月开工，历时33个月，就高质量地完成了当时亚洲最大的钢筋混凝土连拱坝大型水库。60多年来，佛子岭水库在防洪、灌溉、发电、城镇供水、航运、养殖等方面发挥出巨大的社会效益和经济效益。1969年遭受200年一遇特大暴雨，大坝安然无恙。

（2）淠史杭灌区。

淠史杭灌区位于安徽省中西部和河南省东南部，横跨江淮两大流域，是淠河、史河、杭埠河3个毗邻灌区的总称，是以防洪、灌溉为主，兼有水力发电、城市供水、航运和水产养殖等综合功能的特大型水利工程。工程从1958年开工建设，1972年基本建成。工程受益范围涉及安徽、河南2省4市17个县区，设计灌溉面积1198万亩，实灌面积1000万亩，区域人口1330万人，是新中国成立后兴建的全国最大灌区。

（3）江都水利枢纽。

江都水利枢纽工程位于江苏省江都市境内，是南水北调东线工程和江苏省江水东引北调工程的起点。江都水利枢纽工程始建于1961年，建设历时16年，第一抽水站在1963年4月完成。该工程由4座电力抽水站、12座水闸、2座船闸及配套工程组成，具有灌溉、防洪、排涝、引水、航运、发电以及为江苏沿海冲淤保港、改良盐碱地提供淡水资源等综合能力，工程先后被评为全国优质工程、省十佳建设工程，荣获国家金质奖。

（4）临淮岗洪水控制工程。

该工程位于淮河干流中游，是整个淮河防洪体系的重要组成部分，也是迄今为止淮河上最大的水利枢纽工程。主体工程由主坝，南、北副坝，临淮岗、城西湖船闸，以及深孔闸、浅孔闸、姜唐湖进洪闸等建筑物组成。工程于2001年开工，2006年建成，结束了淮河中游无防洪控制性工程的历史。工程建设过程中开发运用了一系列新技术，荣获 2007 年度中国建筑工程鲁班奖（国家优质工程）。

（5）淮河入海水道近期工程。

入海水道西起洪泽湖东至黄海，水道全长 163.5km。入海水道近期工程包括 163.5km 河道开挖和堤防填筑、5 座大型跨河枢纽、29 座穿堤涵闸以及 7 座桥梁等系列配套建筑。1998 年开工，2003 年 6 月完工，建设过程中采用了大量的新工艺、新材料、新技术以及新设备，工程建设中超大型薄壁混凝土结构裂缝防控技术、海淤土基础上的筑堤技术、海淤土上建筑物基础加固技术以及桥梁整体抬高工艺等居行业领先水平，荣获 2006 年度中国建筑工程鲁班奖（国家优质工程）。

（二）水利工程现状

新中国 60 年治淮，建成水库 6360 座，总库容 296.36 亿 m^3，防洪库容 85.71 亿 m^3，兴利库容 137.36 亿 m^3。其中，大型水库 38 座，总库容 200.18 亿 m^3，防洪库容 67.38 亿 m^3，兴利库容 84.72 亿 m^3；中型水库 189 座，总库容 53.40 亿 m^3。另外，淮河中游临淮岗洪水控制工程，滞洪水位 28.41m 时，对应库容 85.6 亿 m^3；滞洪水位 29.49m 时，对应库容 121.3 亿 m^3。

蓄滞洪区和大型湖泊共 16 处，其中，蓄滞洪区 12 处，蓄滞洪容量 120.14 亿 m^3；大型湖泊 4 处，总容量 239.14 亿 m^3。

沿淮河干流中游建有 17 处行洪区，在设计条件下如充分运用，可分泄河道设计流量的 20%～40%。

整治了干支流河道，扩大了泄洪排涝能力。下游先后开辟了新沂河、新沭河、苏北灌溉总渠、淮沭新河和入海水道（近期），扩大了入江水道，使淮河水系尾部的排洪能力由不足 8000 m^3/s 扩大到 15270～18270 m^3/s，沂沭泗河水系的入海排洪能力由不到 1000 m^3/s 提高到 12000 m^3/s。新开了茨淮新河、怀洪新河等一批骨干排水河道和众多的排水河渠。

修筑 5 级以上堤防长约 6.5 万 km。按堤防等级划分，淮北大堤、洪泽湖大堤、里运河大堤、南四湖湖西大堤、新沂河大堤等 1 级堤防 1692km，2 级堤防 2198km。

建成各类水闸 19074 座，总过闸流量 97.07 万 m^3/s，包括节制闸、排水闸、分洪闸、挡潮闸、进水闸和退水闸等。其中，大型水闸 156 座，过闸流量 44.61 万 m^3/s；中型水闸 1054 座，过闸流量 28.60 万 m^3/s。

水电站 192 座，总装机容量 65.08 万 kW。其中，中型 2 座，装机容量 13 万 kW；小（1）型 8 座，装机容量 20.86 万 kW；小（2）型 182 座，装机容量 31.22 万 kW。

泵站 1.67 万座，总装机流量 32283.66 m³/s，总装机功率 283.18 万 kW。其中大型泵站 53 座，总装机流量 5274.83m³/s，总装机功率 47.54 万 kW；中型泵站 341 座，总装机流量 4677.56m³/s，总装机功率 55.21 万 kW。

总灌溉面积 1031.49 万 hm²，其中，耕地有效灌溉面积 986.95 万 hm²，园林草地等有效灌溉面积 44.54 万 hm²。高效节水灌溉面积 35.59 万 hm²（其中，低压管道 28.10 万 hm²、喷灌 7.04 万 hm²、微灌 0.45 万 hm²），占流域总灌溉面积 3.45%，耕地灌溉率达 80%。其中大型灌区 75 处（河南 19 处、安徽 6 处、江苏 32 处、山东 18 处），总耕地面积 453.86 万 hm²，总灌溉面积 341.95 万 hm²。

（三）水利工程规划

1. 流域水利发展目标

流域水利发展的总体目标是：建立适应流域经济社会发展的完善的水利体系，保障淮河流域防洪安全、供水安全和生态安全，协调人与自然的关系，实现人水和谐，支撑流域经济社会可持续发展。

近期（2020 年）基本建成较完善的防洪除涝减灾体系，防洪标准基本达到国家规定的要求。淮河干流一般堤防防洪标准达到 20 年一遇，上游防洪标准达 20 年一遇，中游淮北大堤防洪保护区和沿淮重要工矿城市的防洪标准达 100 年一遇，洪泽湖大堤的防洪标准达 300 年一遇；沂沭泗河中下游地区主要防洪保护区的防洪标准达 50 年一遇；重点平原洼地除涝标准基本达到 5 年一遇，里下河腹部地区除涝标准基本达到 10 年一遇；重要支流防洪标准达到 10～20 年一遇，排涝标准达到 3～5 年一遇；重要城市防洪标准基本达到国家规定的要求；海堤基本达标。

基本形成较为完善的流域水资源配置格局，水资源调配能力大为提高。城乡供水条件进一步改善，节水水平显著提高；通过污染源治理控制入河排污总量，实现集中式饮用水供水水源地水质全面达标，河湖功能区水质总体达标率提高到 80% 以上。通过水资源调配改善生态用水状况，使流域内重要河湖和湿地最小生态水量得到保障，使流域水生态系统得到有效保护。基本解决农村饮水安全问题，农业生产条件和农村水环境有较大改善。

水土保持工作得到进一步加强。流域内水土流失治理程度 60% 以上，其中新增水蚀治理面积 2.0 万 km² 和风蚀治理面积 0.5 万 km²。25°以上坡耕地退耕还林，适地适量实施坡改梯工程；桐柏、大别、伏牛、沂蒙三大山区林草覆盖率提高 5% 以上，正常年份减少泥沙下泄 40% 以上；人为水土流失得到初步遏制。

完善流域管理和区域管理相结合的水资源管理体制与机制，初步形成协调、有效的涉水事务管理和公共服务体系。

远期（2030年）建成适应流域经济社会可持续发展、维护良好水生态的整体协调的水利体系。建成较完善的现代化流域防洪除涝减灾体系，各类防洪保护区的防洪标准达到国家规定的要求，除涝能力进一步加强。建立合理开发、优化配置、全面节约、高效利用、有效保护、综合治理的开发利用和保护水资源的体系，全面实现入河排污总量控制目标，水土流失得到全面治理，水生态系统和生态功能恢复取得显著成效。流域水利基本实现现代化管理。

2. 水利工程建设的主要任务

未来一个时期，淮河流域水利工程建设仍然以防洪、水资源开发利用为重点。

上游山丘区增建水库，增加拦蓄能力，建设出山店、前坪、张湾、江巷、庄里等大型水库，兴建中型水库，适时加固病险水库；在淮河中游对行洪区采取废弃、改为行蓄洪区或适当退建后改为保护区的方式进行调整，整治河道，扩大中等洪水行洪通道，巩固排洪能力；淮河下游整治入江水道、分淮入沂，加固洪泽湖大堤，建设入海水道二期工程，增建三河越闸，巩固和扩大入江入海泄洪能力，降低洪泽湖水位。沂沭泗河水系扩大韩庄运河、中运河、新沂河行洪规模，整治沂河、沭河上游河道，完善防洪湖泊和骨干河道防洪工程体系；实施淮干一般堤防达标建设，进一步治理洪汝河等重要支流和中小河流；治理沿淮、淮北平原、里下河、南四湖滨湖等低洼易涝地区；建设城西湖、洪泽湖周边、南四湖湖东等蓄滞洪区工程和安全设施，实施行蓄洪区和淮干滩区居民迁建；加强城市防洪和海堤工程建设。

在完成南水北调东、中线一期工程的基础上，启动南水北调东线后续工程和引江济淮、苏北引江工程等跨流域调水工程建设，完善水库、湖泊、闸坝等调蓄工程和沿黄、沿江引水工程，与淮河干流共同构建淮河流域"四纵一横多点"的水资源配置和开发利用工程格局。新建、改建水源地，保障城乡饮水安全；加快大中型灌区节水改造与续建配套，完善面上农田排灌体系。

四、流域水管理

（一）历史上的流域管理

我国是世界上实施水行政管理较早的国家。历代政府都把水利管理作为政府的重要职能，并设置专门的机构加以实施。

淮河流域历来是水利管理的重点。宋元以后，由于黄河长期夺淮，加上京杭运河全线开通，黄河、淮河、运河在淮河流域交汇，治河、治运、治淮交织在一起。明代总理河道、总理漕运和清代河道总督、漕运总督的机构多设在淮河流域，重点治理和管理该区域的黄河、淮河、运河河道，可认为是淮河乃至我国早期的流域管理。1855年黄河北徙，"复淮""导淮"呼声渐起，1866年（清同治五年）10月，曾国藩在清江浦（现淮安）创设"导淮局"，成为近代淮河流域机构。1929年国民政府制定《导淮委员会组织法条例》，成立国民政府导淮委员会，隶属国民政府掌握治淮一切事务，后经多次调整，至1947年导淮委员会改组为淮河水利工程总局，隶属行政院下设的水利部，是民国时期全国统一的治淮管理机构。新中国成立后，淮河流域经济社会发展进入了全新的时代，治淮得到党和政府的高度重视，水利管理体系逐步健全。

（二）流域管理现状和问题

1. 流域管理体制

淮河流域目前实行流域管理与区域管理相结合的体制。淮河水利委员会作为水利部的派出机构，负责流域管理。流域各省设有水利厅，为所在省的水行政主管部门，市（地）、县也设有水行政主管部门，分别管理本行政区域的水利事务。流域机构和各省水利厅之间无直接的行政隶属关系。

淮河水利委员会作为流域管理机构，依法进行流域管理，主要起规划、组织、指导、协调、监督作用，对具体的水事活动多为间接管理，对重要水利工程和部分跨省河道也实行直接管理。地方水行政主管部门负责本地区内的水资源管理、水利工程管理和其他水事行为管理。

2. 流域机构

（1）淮河水利委员会沿革。

新中国成立后，接管了"淮河水利工程总局"。随着大规模治淮的展开，1950年11月，在安徽蚌埠成立治淮委员会，统一规划与治理淮河。治淮委员会由中共中央华东局代管。

1958年7月，治淮委员会撤销，治淮工作由淮河流域4省分别负责。至1969年10月国务院成立治淮规划小组，从统一规划入手，开始加强流域层面的管理。1977年，在治淮规划小组办公室的基础上，重新组建水利电力部治淮委员会，作为水利电力部的派出机构，1990年改名水利部淮河水利委员会（以下将新中国各时期淮河的流域机构均简称为淮委）至今。

（2）流域机构的职责。

1994 年 1 月，国务院办公厅以国办〔1994〕7 号文印发水利部"三定"方案，其中明确，流域机构是水利部的派出机构，在本流域内行使水行政主管部门的职责，并要求加强和充分发挥流域机构的作用，其后历次"三定"基本维持上述定位，主要管理职责有：负责保障流域水资源的合理开发利用；负责流域水资源的管理和监督，统筹协调流域生活、生产和生态用水；负责流域水资源保护工作；负责防治流域内的水旱灾害，承担流域防汛抗旱总指挥部的具体工作；指导流域内水文工作；指导流域内河流、湖泊及河口、海岸滩涂的治理和开发；按照规定权限，负责流域内水利设施、水域及其岸线的管理与保护以及重要水利工程的建设与运行管理；指导、协调流域内水土流失防治工作；负责职权范围内水政监察和水行政执法工作，查处水事违法行为；负责省际水事纠纷的调处工作；指导流域内水利安全生产工作；指导流域内农村水利及农村水能资源开发有关工作；按照规定或授权负责流域控制性水利工程、跨省水利工程等中央水利工程国有资产的运营或监督管理。

3. 淮河流域管理的基本经验

（1）流域与区域管理相结合的管理体制基本符合我国国情。

流域与区域管理相结合是我国的基本水管理制度。淮委作为淮河的流域管理机构，曾经历高度集中管理、撤销、重新组建的历史变革，说明中国的历史、文化背景下，由于地方政府主导的区域管理强势，流域性的高度集中管理难以实行；流域管理是水的自然属性决定的，没有流域机构的统一、协调管理，水利建设与管理很难达到预期的效果，淮委从组建、撤销至重新组建的历史充分说明了这个问题。恢复淮委后，实施流域管理并逐步加强的实践，证明流域与区域管理相结合的管理体制能够更大程度地发挥水管理的功能，最有效地治水害、兴水利。

（2）统一的流域规划是流域管理的主要任务。

60 多年来，在党中央、国务院领导下，按照"蓄泄兼筹"治淮方针，多次编制淮河流域规划。较全面的流域综合治理规划有：治淮初期的《关于治淮方略的初步报告》和《沂沭汶泗流域洪水处理初步意见》；1956 年和 1957 年的《淮河流域规划报告（初稿）》和《沂沭泗流域规划报告（初稿）》；1971 年的《关于贯彻执行毛主席"一定要把淮河修好"的情况报告》及其附件《治淮战略性骨干工程说明》；《淮河流域综合规划纲要（1991 年修订）》以及近期编制的《淮河流域综合规划（2013—2030 年）》。20 世纪 90 年代以来，针对淮河流域治理与开发暴露出一些突出的和亟待解决的问题，淮委还先后组织编制一批专业规划、专项规划、发展规划和战略规划。

这些规划科学指导了不同时期的治淮工作,为推进流域管理和治淮建设奠定了坚实基础。依据《淮河流域综合规划纲要(1991 年修订)》,国务院在《关于进一步治理淮河和太湖的决定》中确定了治淮 19 项骨干工程建设任务,掀起了新一轮治淮建设高潮。目前 19 项骨干工程已经完成建设,为保障流域经济社会持续发展发挥了巨大作用。

(3)行政区域管理与流域管理相辅相成。

即使在 20 世纪 50 年代,淮河的流域管理也没有排斥区域管理,淮委主要承担流域规划、勘测、设计及主要水库等大型建筑物的建设、管理。许多治淮工程,需要发动大量民工挖筑土方,由地方政府组织实施;大型工程、控制性工程由淮委组织实施时,也得到地方政府和地方水利管理机构的有力支持和配合。随着流域经济社会的进步与发展,流域管理已涉及规划、设计、建设、运营及涉水事务行政许可、监督、查处等方面,更是离不开分级的区域管理。实践证明,行政区域管理与流域管理可以相辅相成。

(4)协调、指导和监督是流域机构的基本工作方法。

从目前的流域管理机构的职能和作用看,作为国务院水行政主管部门的派出机构,授权行使的水行政管理职责代表国家和流域整体利益,应该是高于区域利益为目标的地方区域管理。按照我国行政分级管理的原则,凡是地方各级政府及其部门能够实施管理的事务,都可由地方管理;地方各级政府及其部门实施管理有困难、需要中央协调的事务,应该由流域机构或国家水行政主管部门管理。流域机构与地方省市水行政主管部门不存在隶属关系,对整个流域水事活动的管理,基本手段是协调、指导和监督。

在淮委的协调、指导和监督下,河南、安徽统一治理了王引河,较好地解决了沱河、新汴河流域的洪涝问题;省际矛盾复杂的怀洪新河续建、临淮岗洪水控制、沂沭泗河洪水东调南下、入海水道、洪汝河治理等治淮重大工程和南水北调一期工程得以顺利实施;取得了 1991 年、2003 年、2007 年等大水年份的抗洪减灾胜利;流域省际水事矛盾大为减少,近 10 多年没有出现需要国务院、水利部协调的边界水事纠纷,保障了流域边界地区的社会和谐稳定、经济持续发展。

(5)流域管理机构应对重要水事矛盾敏感区域实施直接管理。

沂沭泗河水系历史上省际水事矛盾多发,严重影响了水利建设和地区的和谐稳定。1981 年国务院批准水利部对南四湖和沂河、沭河水利工程进行统一管理的请示,成立沂沭泗水利工程管理局,对主要河道、湖泊和枢纽实行统一管理和统一调度。此后,该局的管理职能经过几次调整,更名为水利部淮委沂沭泗水利管理局,代表国家在授权的省际河道、湖泊管辖范围内,实施水利工程建设、防汛抢险、河道湖泊、水资源及保护、水土保持与水生态保护管理。30 年实践表明，流域机构必要的直接管理可有效缓解敏感地区的水事矛盾，维护了稳定，保障了发展。

4. 存在问题

（1）管理事权不够清晰。

2002 年修订的《中华人民共和国水法》从法律层面上提高了流域机构管理地位，但在涉及流域管理机构的 18 条法律条文中，只有第十二条第三款流域管理机构"在所管辖的范围内行使法律、行政法规规定的和国务院水行政主管部门授予的水资源管理和监督职责"这一条原则规定是独立的，其他 17 条涉及与地方政府、水行政主管部门管理关系的，都是"会同""和""或"，流域机构究竟该有什么职责仍较模糊。在事权划分上对于流域机构宏观管理和必需的一些微观管理职能不够清晰，导致越权、交叉管理和管理缺失，甚至在流域管理的南四湖地区出现具有管理职能基本相同的流域和地方两个机构。地方人民代表大会和政府具有立法、执法权，且控制大多数水利工程，具有事实上的管理权和调度权，流域机构的统一规划、调度，在执行中经常遇到困难，削弱了对区域管理的指导和调控作用。另外，流域管理还涉及环保、农业、渔业、交通、林业、建设、国土等多个部门，流域机构作为水利部的派出机构，在协调相关部门工作时难免处于被动地位。

（2）管理法规和制度不够协调。

流域管理立法进程滞后，我国至今还没有一部流域管理法，参照世界各地的流域管理成功经验，无论采取什么模式的流域管理，都必须有涵盖流域水管理各方面的流域管理法律体系，跨国的流域这些法律就成为国际法；2002 年《中华人民共和国水法》修订对流域管理提出了多条要求，但由于与流域管理有关的配套法律文件制订工作迟缓，使流域机构在管理实践中得不到法律的有效保障。法律之间的相互关系需要理顺，从理论上讲防洪、水资源保护、水环境保护、水污染防治、水土保持等相关法律与《中华人民共和国水法》不应是一个层次，否则法律文件之间易产生矛盾，不利于依法实施流域管理。法律法规的执行中也存在一些问题，如国务院、水利部明确规定淮河水利委员会是南四湖、沂沭河、骆马湖等直管河湖段取水许可管理实施主体，但个别地方从本区域利益出发制定地方法规和制度，对本应统管的水资源实行地方管理，造成无序取水和水事矛盾。

（3）淮河流域机构的统一管理能力较弱。

一是流域机构的权威性不够，协调难度大。水利工程、防洪、水资源、水资源保护、水生态保护等方面的管理常涉及局部利益的调整，而流域机构作为水利部的事业单位，难以与各省政府及其相关部门协调问题，往往与水利厅协调达成一些共识后，因省政府及其相关部门异议，不得不由水利部、国务院及相关部门再协调，降低了行政效率。二是监督管理能力比较弱。近几年，淮委为加强自身能力建设做了大量工作，在水质水量监测、水政监察执法、防洪抗旱调度等方面取得了显著成效，但在水资源的配置、调度，水土流失治理、水生态保护等方面的监管仍显不足。三是缺少对违反流域统一管理行为的处罚权力。有关法律法规对流域机构在涉及水事时的必要处罚缺乏授权，或授权不明确，使流域机构难以有效行使流域管理的职责。

（三）国外流域管理

1. 国外水资源管理制度

（1）多瑙河流域管理制度。

多瑙河流域覆盖欧洲 19 个国家，其中 14 个国家的领土大部位于流域内，是世界上最国际化的流域，居住着 8100 万不同语言、文化和历史的人口。多瑙河沿岸的合作始于 20 世纪 80 年代中期（布加勒斯特宣言），1994 年成功签署了多瑙河保护公约，1998 年 10 月成立了多瑙河保护国际委员会（ICPDR），其目的是执行多瑙河保护公约。多瑙河保护公约目的如下：①实现可持续的、公平合理的水管理。② 保持或改善多瑙河流域地表水、地下水以及水生生态系统的状况。③ 控制多瑙河流域水体的水质和有害物质排放，特别是点源和非点源排放的营养物及危险物质，重点是控制跨界影响和减少排入黑海的污染物负荷。④对可能造成意外污染的危险源进行预防性控制，并建立报警系统，在发生特大水污染事件时开展互助。⑤通过协调行动提高防洪能力。

在流域管理方面，多瑙河保护国际委员会（ICPDR）是欧洲最大的国际组织。该委员会是决策机构，负责确保多瑙河流域各国在公约的框架下信守承诺。虽然该委员会只有建议权，但如果其建议在 1 年的质疑期内没有被缔约方否决，其决定将具有约束力，涉及财务的决策尤为如此。该委员会每年 12 月份召开 1 次例会，通常在秘书处所在地维也纳举行，各缔约方派代表团参加会议，最多 5 名代表，其中包括代表团团长。常设工作组首先由代表团团长及其下几名成员组成。工作组每年召开 1 次会议，在 ICPDR 轮值主席（每年轮流担任）所在国召开。解散工作组需经 ICPDR 批准。

（2）美国的田纳西河流域管理制度。

田纳西河是美国东南部俄亥俄河的最大支流，流域面积 10.5 万 km²，涉及美国 7 个州，但是流域淤沙沉积，土地严重荒漠化，经常发生洪涝灾害。1933 年美国颁布了《田纳西河流域管理局法》，并成立了权威的流域管理机构

"田纳西河流域管理局"（TVA）。《田纳西河流域管理局法》规定流域管理局是政府机构，负责田纳西河流域防洪、航运、灌溉等综合开发和治理。同时，法律授予该流域管理机构很大的行政管理权力并明确与其他机构的关系，使管理局能有效、顺利地行使职责。由于有法律的授权，使得田纳西河流域管理局能够根据本流域的资源状况、充分考虑开发工程所必须适应的长期发展要求，制定包括防洪、发电、航运、灌溉、农业生产、环境保护等内容的综合性的长期开发方案，同时，协调产业经济与环境保护之间的关系，成果显著。

（3）法国的流域管理委员会制度。

法国于1964年颁布了水法，建立起高效率的水资源管理系统。这个系统被誉为世界上比较好的水资源管理系统之一，其显著特点是将全国按河流水系分成六大流域，成立流域管理委员会。首先将水当作水的汇集系统的整体进行管理，以河流域为单位，按照流域层面而不是按行政区进行管理。由于运用了这个系统，法国河流的生态状况有了显著的改善，甚至在人口特别密集的巴黎地区，饮用水源的质量也能满足现代的要求。

（4）英国的泰晤士河水务局。

泰晤士河水务局是英国于1974年成立的一个综合性流域管理机构，依照1973年英国颁布的水法，它负责流域统一治理和水资源统一管理，包括水文站网建设、水文水情监测预报系统的管理、城市生活和工业供水、下水道、污水处理、防洪、水产、水上娱乐等河流管理所有方面的内容，并有权确定流域水质标准，颁发取水和排水（污）许可证，制定流域管理规章制度，是一个拥有部分行政职能的非盈利性的经济实体。

2. 国外流域水管理的经验

（1）依法治水管水。

由于河湖流域的综合开发涉及、生态、环境、动植物、气象、水利工程以及经济、社会、人口等诸多方面，需要通过立法给予流域管理机构广泛的管理权及实施保障。尽管世界各国的水管理体制不尽一致，但涉水法律法规多比较健全，水事活动也多能严格遵守。流域管理的法律法规一般有两类：一类是涉及全流域的立法，如科罗拉多河的"河流法"，密西西比河的"洪水灾害防御法""水资源规划法"；另一类是对某一方面的管理采用具有法律效力的协议，如伊利湖的"大湖区管理协议"等。

（2）加强流域管理机构建设。

英国在这方面有成功的经验。英国政府针对供水和水污染问题，根据1973年议会通过的水法，实行按流域（或联合附近几个小流域），分区管理，在英格兰和威尔士成立10个水务局，每个水务局对本流域与水有关的事务全面负责、统一管理，将过去的多头分散管理基本上统一到以流域为单元的综合性集中管理，逐步实现了水的良性循环，促进流域经济和社会的繁荣发展，被称为英国水管理的"现代革命"。美国、法国、土耳其等国家也通过组建流域管理机构，按流域进行统一管理。

（3）重视公众参与。

由于流域管理的广泛性和社会性，一些国家相当重视公众参与，并将其作为流域管理的关键因素。如法国的流域委员会中，采取"三三制"的组织形式，由一百多人组成，其中 1/3 是用户和专业协会代表，1/3 是地方当局代表，其余 1/3 是政府有关部门的代表，被称为"水务议会"。

（四）改进流域水管理

1. 推进流域立法

除《淮河流域水污染防治条例》外，淮河流域尚无流域性立法，我国其他流域情况基本相同。流域立法应当在进一步明确流域管理的目标、原则以及流域管理的任务基础上，创新体制机制，理顺流域和行政区域（中央和地方）及各部门之间在洪水管理、水资源管理、水利工程管理等方面的事权划分，授予流域机构恰当的仲裁处罚权以及涉及水管理相关的调查、监测、预报预警、应急处置等职责和权力。流域机构是流域江河湖泊的代言人，代表全流域公共利益，监督、制止流域内涉水的违法行为，使流域内各方享受公平的权利。

2. 改革流域管理机构

20 世纪 50 年代治淮委员会和目前淮河防汛抗旱总指挥部的管理实践表明，加强流域统一管理需要一个高规格跨部门、跨行政区域的流域管理机构，基于淮河流域水系复杂、跨省河湖多、水事矛盾多的特点，参照国外流域管理的成功经验，建议成立类似于国务院三峡工程建设委员会、国务院南水北调工程建设委员会的淮河流域管理委员会，现有的淮委既是水利部的派出机构，也作为该机构的办公室，接受国务院有关部委的业务指导，级别宜恢复到 20 世纪 70 年代末淮委重新组建时的水平。这将有利于统一规划、统一建设和管理；有利于流域机构与地方政府及涉水相关部门沟通；有利于水事纠纷调处；有利于涉水事务的执法与监督；有利于提高管理效率，减少行政管理成本。

3. 加强流域机构自身建设

淮河流域管理能力建设主要包括下面几个内容：①前期规划能力建设，要提高规划制定者的素质，改善规划制订的保障手段，提高流域发展规划的公平性、科学性。②监测能力建设，建立和完善流域水资源监测站点和监测系统，根据防洪、除涝、抗旱、水资源管理等实际需要，补充、调整、完善各类监测站网。③水行政执法能力建设，近期要加强流域水政执法基础设施建设和流域水政执法队伍建设，提高水政执法的专业化水平，远期要完善流域水行政执法体系，加强流域水行政执法制度建设。④应急处理能力建设，近期要加强水旱灾害和突发事件的预测预警能力建设，编制应急预案，提高应急专业化水平。⑤创新能力建设，近期要开展与流域管理相关的科技研究，开展与流域管理相关的制度研究，远期要建立健全科技创新和制度创新体系，加速培养高素质人才队伍。⑥信息化和网络化建设，建成集淮河防洪、除涝、抗旱、水资源管理等多位一体的综合管理平台。

4. 完善信息共享和公众参与机制

目前在流域层面上缺少正式的信息共享机制，流域管理机构与其他相关的部门没有正式的信息交流渠道，甚至有些部门和单位，将监测数据视为其"私有财产"。一方面，要大力加强流域防汛抗旱指挥系统、水资源监测系统、水污染监测系统和水土保持监测系统建设，以现有流域信息网络为基础，全方位构建流域水利信息系统。另一方面，可由流域管理机构牵头，从信息的搜集、整理、分析与评价、信息的公告等方面入手，整合水利、环保等系统监测资源，建立流域水资源监测站网，统一监测与评价方法，统一发布水资源信息，提高信息资源利用水平，实现全流域水信息的互联互通、资源共享，提高水管理决策的支持与保障能力。

当前，我国的流域管理基本以行政推动为主，利益相关方参与不足，应加快建立流域管理中的公众参与机制，增加透明度，使公众获得流域规划、水资源状况、重大项目进展等必要的信息；在流域规划或政策的制定过程中，通过召开听证会或发放公众意见调查表等形式，征求公众的意见；建立一套引导和激励群众积极主动地参与水资源节约、保护的制度，培养企业、用水户及利益相关者参与水资源管理的意识；在各种涉水行政审批程序中设置公告和公众参与环节；推动环境公益诉讼。

五、水利与流域发展

纵观华夏文明史，历朝历代兴国安邦的大政方略均与治水密切相关，"善治国者必先治水""水兴则邦盛，邦盛则民安，民安则天下太平"，兴水利、除水害攸关民之生存、邦之盛衰、社会进步。淮河流域水利开发历史悠久，流域水利发展一直伴随着历史的进步而进步，也伴随着朝代的更迭而起伏。顺应经济社会发展需求，水利建设会得以长足发展，社会政治环境动荡和经济发展水平的衰落，也会大大制约水利建设的进步。

（一）古代水利发展及影响

淮河流域气候适宜，雨量充沛，土地肥沃，是我国经济文化开发历史最为悠久的区域之一。流域内 100 多处新旧石器文化遗址的发现，说明 1 万年以前，我们的祖先就在这块土地上劳动生息。传说中的伏羲氏和炼石补天、以止淫雨的女娲，是淮河流域氏族的祖先。远古时期就有大禹治水和伯益凿井的传说。大禹导淮三至桐柏、降妖锁蛟、大会诸侯于涂山的故事，家喻户晓。早在 3000 多年前的殷商甲骨文里，就已经出现"淮"字。

1. 古代水利发展简述

中国几千年来以农业经济为主，水利是农业的命脉，流域内农田水利比较发达。春秋中期楚国令尹孙叔敖在淮河流域兴建了我国最早的灌区期思雩娄灌区和芍陂蓄水灌溉工程。芍陂几经演变成为现在安丰塘，至今仍在发挥效益；两汉时期在淮河以北和汝水两岸兴修陂塘，据《水经注》记载淮河以北陂塘达 90 余处，汝水两岸陂塘有 37 处之多，陂塘沟通沟渠，形成了灌溉网，农田水利灌溉工程有了长足的发展；三国曹魏时期大兴屯田需要，修陂塘、通河渠、筑坝堰，改建邗沟，也常对汴渠进行整修，以灌溉农田；唐在两淮兴建、整修了许多陂塘灌溉工程，农田灌溉发展大大提高；北宋时期制定了《农田利害条约》，广泛调动了全社会兴修水利的积极性，大大促进了农田水利的发展。

淮河流域位居黄河、长江之间，历史上即是沟通南北、控引东西的战略要冲，航运历史悠久。春秋战国时期出于政治、经济和军事的需要，相继开挖了沟通江、淮、河的人工运河，如周代徐偃王"欲舟行上国，乃沟通陈蔡之间"；春秋晚期，吴王夫差兴兵北图，开邗沟，通江淮，继而又"阙为深沟通于商鲁之间"，是为菏水，沟通淮黄两水系；战国时期之魏国，东扩图强，开鸿沟"与济、汝、淮、泗会"，形成沟通今河南、山东、江苏、安徽等地的水运网络。隋代开凿南北大运河，南达杭州，北通涿郡，西至长安，沟通海河、黄河、淮河、长江和钱塘江五大水系，唐宋时期又进行了大规模整治，对当时的经济社会发展发挥了巨大作用；元代为解决南粮北运，开凿贯通了北起北京、南抵杭州的京杭大运河，明清两代又进行了整治，使之成为南粮北运的大动脉。

在古代，黄河洪水一直是淮河的心腹大患，治河与治淮密不可分。东汉时期王景治汴，修筑千余里黄河堤防，固定了黄河河床，整治了汴渠河道，使黄河洪水对淮河流域的危害得到缓解；明清时期黄、淮、运河在淮河流域交汇，治河、治淮又增加了治运的任务，三者交织在一起，成为全国水利建设的重点，处理好黄河、淮河、运河的关系成为明清两代最为棘手的治水问题。到明万历年间潘季驯定"蓄清刷黄"之策后，明清两代大筑高家堰，逐步形成如今的洪泽湖。

古代的水利工程很多都带有军事性质。梁武帝时在淮河干流修建拦河大坝（浮山堰），以蓄水淹北魏寿阳城（今安徽寿县）；曹魏在流域内发展军屯，为军队提供粮饷；吴国夫差开凿邗沟，最初也是为了运输兵员和粮草。

水利发展在历史上发挥了巨大的政治、经济和军事作用。而水利工程因其工程浩大，在古代经济、技术条件欠发达的条件下，往往需要举全国之力兴办。因此，水利的发展也离不开稳定繁荣的社会经济条件，历史上每逢战乱、社会动荡，水利多因之荒废。

2. 水利发展对经济社会发展的作用——运河的开凿

古代淮河流域人工运河有三大体系，汉代以前，以鸿沟水运网为纽带，沟通中原诸侯各国，鸿沟水系沿线崛起一批繁华都市；隋唐北宋时期，以通济渠（唐宋时称汴渠）为骨干，把北方政治中心与南方经济中心联系起来；元明清时期，京杭大运河成为国家南北交通大动脉和政治、经济、文化的生命线。据初步统计，淮河流域古代较大的人工运河有 34 条，约占我国古代较大人工运河（58 条）的 59%左右。淮河流域人工运河开凿之早，数量之多，工程之艰巨，技术之先进，对国家贡献之大，都是举世瞩目的，其中隋代南北大运河和元代京杭大运河的影响尤为深远。

（1）隋代南北大运河。

隋代开通的南北大运河沟通了海河、黄河、淮河、长江和钱塘江五大水系，对唐宋时期经济社会发展起到了至关重要的作用。就航运而言，唐朝漕运量达到数百万石，到宋朝时达到六七百万石之多。在唐朝，运河沿岸的扬州成为国内贸易中心，扬州、楚州（今淮安）都与日本等国有贸易往来；运河为北宋建都开封提供了优越条件，当时的东京汴梁（今开封）成为中国的政治、经济、文化中心和繁华的世界大都会。

（2）元代京杭大运河。

元朝建都大都（今北京），政治中心北移，为解决漕运问题，开通由元大都到杭州沟通海河、黄河、淮河、长江的京杭大运河，明清对运河又进行改建。京杭大运河对后世影响深远，意义重大。自 1293 年开通、到 1901 年漕运废除的 600 余年间，特别是明清时期，在沟通南北交通、保障南粮北运方面发挥重要作用，在淮河流域的运河沿岸也崛起了扬州、淮安、徐州、济宁等商业重镇。

3. 水问题对经济社会的影响——黄河夺淮前后淮北地区经济发展演变

12世纪以前，淮河可以独流入海。其时，淮河下游河槽宽深，泄水通利，民间有"走千走万，不如淮河两岸"的说法。然而，从1194年黄河决阳武南流入淮，一直到1855年黄河决铜瓦厢北行大清河入海为止，期间600多年，形成了黄淮合流，"以一淮受全河之水"的不正常局面，使淮河水系受到了巨大的破坏，甚至使淮河流域的地貌也发生了很大变化，对经济社会带来了深重的影响。

中国水科院的相关研究成果认为，以各代政府财政资料统计为依据，将唐宋与明清经济发展水平做一比较，可以大致看出夺淮前后淮北区的经济演变脉络：黄河夺淮前唐宋淮北地区田赋在全国位居前列，唐天宝八年（749年）国内十道，时河南道包括今山东省西南、河南省东南及安徽省淮河以北区。其中河南道正仓、义仓和常平仓的储粮总量占全国的27％，十道之中，河南道田赋位列第1。

黄河夺淮后，元明清淮北地区的田赋在江苏和安徽位居末位，清代淮北地区凤阳、颍州、泗州、陈州、归德等州府丁口数只占全国的4.4％，地亩占3.6％，粮赋占3.3％。据道光年间成书的《皖省志略》资料统计，当年淮北地区经济发展水平在安徽省位居中下等。

淮河流域悠久的的水利发展历史证明，流域水利发展与经济社会发展密切相关。总体而言，两汉、隋唐和北宋以及明清等政局比较稳定、封建社会经济也有较大发展的时期，也是流域水利有长足发展的时期，而三国至南北朝、南宋金元时期政权割据、屡遭战乱，则水利失修。

（二）新中国治淮对流域经济社会发展的支撑和保障

新中国成立以来，经过60多年持续治理，淮河流域初步形成了防洪、除涝、灌溉、航运、供水、发电等水资源综合利用体系。基本建成由水库、河道堤防、行蓄洪区、控制性湖泊和防汛调度指挥系统等组成的防洪除涝减灾体系，初步建成蓄、引、提、调相组合的水资源配置工程体系，减灾兴利能力显著提高，对保障流域防洪安全和粮食安全、支撑经济社会发展发挥了基础性的作用。

1. 水利基础设施的减灾作用

如前所述，淮河流域曾经是我国水旱灾害损失非常严重的地区。新中国治淮使这种状况有了根本性的改变。目前流域已建成的防洪除涝减灾体系，在行蓄洪区充分运用的情况下，可防御新中国成立以来发生的流域性最大洪水，能够满足重要城市和保护区的防洪安全要求。2003 年、2007 年淮河防洪实践也证明，目前淮河防洪体系对洪水调度、防控能力大大增强，全流域抵御洪水灾害的能力和社会安定程度要好于历史上任何一个时期。

（1）1950 年和 2007 年的淮河水灾对比。

1950 年淮河发生洪水，此次洪水是当年 6—7 月 3 次暴雨形成，主要来自淮河上游及中游淮北各大支流，其重现期约 10 年一遇。2007 年淮河又一次发生洪水，此次淮河水系干、支流洪水并发，重现期大致在 15～20 年一遇。两次洪水比较，前者洪水规模小于后者，所造成的灾情却是另一种状况。由于 1950 年淮河灾情主要集中在皖北，而 2007 年为流域性大洪水，受灾范围缺乏一致性，故采用 2007 年安徽灾情与 1950 年皖北灾情进行对比。与 1950 年相比，2007 年成灾面积减少 36.8%，倒塌房屋数量和因灾死亡人口更是大幅减少；1950 年安徽受灾人口占皖北地区的 60%，而 2007 年安徽受灾人口占其流域总人口的 36%，相对受灾人口 2007 年比 1950 年减少了近一半。需要说明的是，1950 年洪水中洪泽湖以上淮河干流决口达 10 余处，当年沿淮地区洪、涝灾害并发，而 2007 年洪水中，除部分行蓄洪区因主动开放而造成行蓄洪区的洪灾外，其他基本上都是涝灾所致。

由此可见，2007 年的洪水量级大于 1950 年，而灾情要明显小于 1950 年。治淮工程的防洪减灾效益十分明显。

（2）沂沭泗河洪水东调南下工程的防洪作用。

新中国成立前，整个沂沭泗河水系入海能力尚不足 1000m³/s。1957 年沂沭泗河水系发生了新中国成立后的最大洪水，汛期暴雨集中，量大面广，相当于 90 年一遇洪水，受灾面积 123 万 hm²，倒塌房屋 249 万间，灾情十分严重。沂沭泗河水系 1957 年洪水淹没范围见图 2。

1991 年国务院治淮治太会议决定"续建沂沭泗河洪水东调南下工程，沂沭泗流域达到 50 年一遇防洪标准"。经过近 20 多年的建设，截至目前整个工程已经全部建成，沂沭泗河水系的防洪标准已大为提高。未来沂沭泗河水系如发生 1957 年洪水，整个区域洪涝灾情将有根本性改善，据分析，除南四湖湖西的万福河、东鱼河部分地区及沂沭河上游少部分地区将遭受洪灾外，其他地区将免受洪水灾害。与 1957 年实际淹没面积相比减少淹没面积 15030km²。沂沭泗河洪水东调南下工程实施后 1957 年洪水重演淹没范围见图 3。

2. 水利发展对粮食生产的支撑作用

（1）主要粮食作物及产量的变化趋势。

淮河流域农作物包括小麦、水稻、玉米、油菜、花生、芝麻、薯类、大

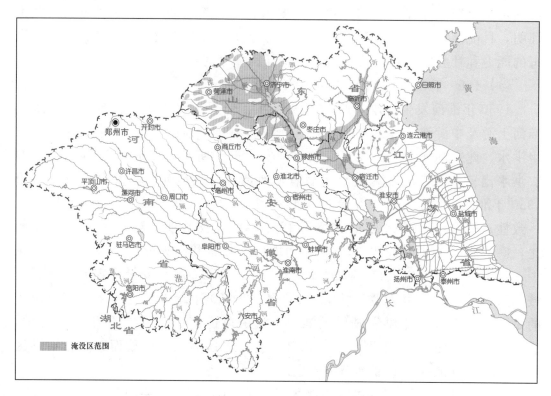

图2　沂沭泗河水系 1957 年洪水淹没范围图

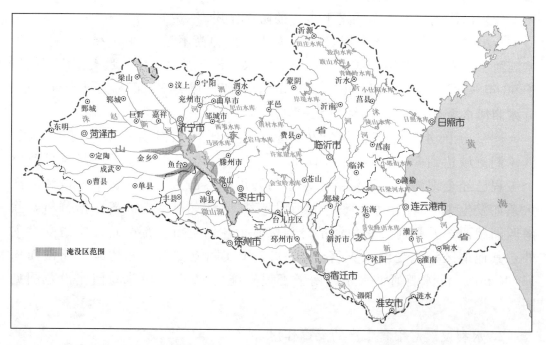

图3　沂沭泗河水系规划工况下 1957 年洪水重演淹没范围图

豆、棉花等,其中小麦、水稻为主要粮食作物。在新中国成立初期,小麦种植面积为 11673 万亩,相当长的时间里保持稳定,近些年有不断增加的趋势,2010 年小麦的种植面积达到 13058 万亩,约占总耕地面积的 70%。随着水利灌溉工程的兴建,新中国成立后水稻的种植面积增长迅速,从 1950 年的 1718 万亩倍增至 1978 年的 3182 万亩,其后种植面积趋于稳定,到 2010 年水稻种植面积为 4692 万亩。

淮河流域的粮食产量在新中国成立初期只有 1400 万 t,1978 年为 4198 万 t,2010 年流域粮食总产量为 10836 万 t。2010 年的粮食产量比新中国成立初期增长了 6.74 倍,比改革开放前的 1978 年增长了 1.58 倍。

2010 年淮河流域粮食总产量约占全国的 1/5,其中小麦 5332 万 t,约占全国的 46%;水稻 2614 万 t,约占全国的 13%。除水果外,淮河流域主要大宗农产品在全国比重均高于 10%,油料和棉花高于 20%,豆类、玉米高于 15%。有研究对我国十大农作区的粮食总产量的贡献率进行了评价。结果表明对全国总粮食贡献率较高的区域依次是黄淮海地区(29.71%)、长江中下游地区(21.40%)和东北地区(11.23%)。1970—2010 年,淮河流域粮食生产对全国粮食增产的贡献率持续增长,增产贡献率由 20 世纪 70 年代的 30.5% 提高到 21 世纪 10 年来的 43.3%,居各大流域之首。

(2)水利发展与粮食生产的关系。

新中国成立以来,淮河流域的粮食播种面积从新中国成立初最高的 36176 万亩下降到 20 世纪 70—80 年代的 24500 万亩左右,一直呈下降趋势;90 年代的粮食播种面积稳定在 24150 万亩左右;2000 年后粮食播种面积继续下滑,最低点 2004 年为 21648 万亩;近些年来,粮食播种面积开始逐年小幅增长,2010 年为 26534 万亩。总体而言,淮河流域的粮食播种面积呈下降—稳定—下降—相对增长的趋势。而粮食总产量除了 1958—1963 年和个别大水年份外,一直呈增长的趋势(图 4)。

比较淮河流域的粮食总产量和粮食播种面积的变化趋势,可以发现期间粮食播种面积相对稳定,而粮食总产量却呈不断增长的趋势。其中,1980—2010 年淮河流域粮食总产从 0.44 亿 t 增加到 1.08 亿 t,增加了 145%,而播种面积仅增加了 10%,可见粮食增产主要是通过粮食单产提高来实现的。2010 年粮食亩产量达到 408kg/亩,高于全国平均水平 22%。

虽然影响淮河流域粮食单产的因素较多,但水利在其中起到关键性作用。有研究表明,新中国成立以来有效灌溉面积,亩用化肥、农机动力、农药、良种,以及复种指数对粮食单产都作出了重要的贡献,但不同阶段对单产影响的大小是不同,从总体看,从 1952—1997 年各因素对单产增长的贡献由大到小

图 4　淮河流域粮食播种面积和粮食总产量变化趋势图

依次是：灌溉、良种、农药、复种、化肥、农机。

淮河流域新中国成立初期有效灌溉面积约为 1714 万亩，到 1978 年发展到 11224 万亩，2010 年为 14379 万亩。有效灌溉面积总体上呈不断增长的趋势，经历了 3 个阶段：第一阶段是新中国成立初期到 20 世纪 80 年代的快速增长，增长了近 6 倍，年均增长 19%；第二阶段是 20 世纪 80—90 年代初期，稳定维持在 11000 万亩左右的水平；第三阶段是 20 世纪 90 年代以来，缓慢稳定增长到 14000 多万亩。淮河流域域粮食单产和有效灌溉面积变化趋势见图 5。由图 5 可见，除个别大水年份外，淮河流域粮食单产和有效灌溉面积的增长之间

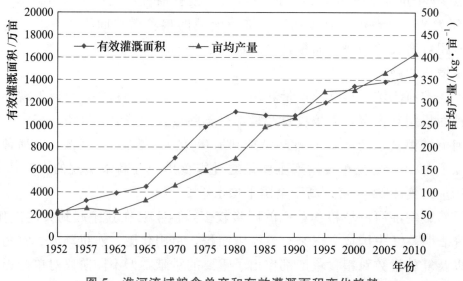

图 5　淮河流域粮食单产和有效灌溉面积变化趋势

的相关性较好，即粮食单产随有效灌溉面积的增长而增长。

（3）流域农业用水量。

淮河流域农业用水始终是流域各行业用水中的第一大户。随着有效灌溉面积的不断增长，流域农业用水量也在不断增加。有效灌溉面积和农业用水量趋势见图 6，有效灌溉面积不断增加，而农业用水量平均在 330 亿～430 亿 m³之间波动，并趋于稳定。

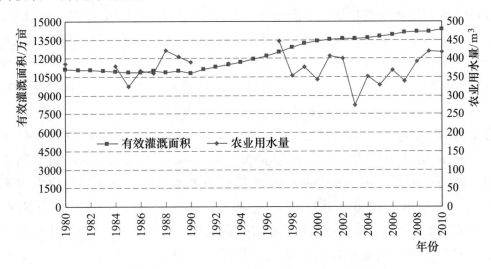

图 6　淮河流域农业用水量和有效灌溉面积变化趋势图

随着流域经济社会快速发展，工业、生活和生态用水需求都在不断地增长，未来流域农业用水总量进一步增加的空间有限，或将略有下降，因此保障粮食增产，除在有条件的地区适度发展灌溉面积外，更重要的是强化节约用水，通过大中型灌区节水改造、推广先进节水灌溉技术等措施，进一步挖掘农业节水潜力，提高农业用水效率。据《淮河流域综合规划（2012—2030 年)》预测，到 2020 年淮河流域农田灌溉需水量为 387.2 亿 m³，到 2030 年降低到373.0 亿 m³。

3. 水利发展对经济社会发展的保障作用

淮河流域包括湖北、河南、安徽、江苏、山东五省 40 个地级市，168 个县（市），2010 年总人口 1.68 亿人，约占全国总人口的 13%，其中城镇人口5657 万人，城镇化率 34.81%。煤炭资源探明储量为 700 亿 t，且煤种齐全、质量优良，是我国黄河以南地区最大的火电能源中心，华东地区主要的煤电供应基地。流域内工业门类较齐全，以煤炭、电力、食品、轻纺、医药等为主，近年来化工、化纤、电子、建材、机械制造等有很大的发展。淮河流域是我国重要的粮、棉、油主产区之一，总耕地面积为 1.9 亿亩，约占全国总耕地面积的 11.7%，2007 年粮食总产量 9490 万 t，约占全国粮食总产量的 17.4%，人均粮食产量 559kg，高于全国人均粮食产量。

（1）近几十年水资源供给基本满足了流域经济发展的需求。

新中国成立以来修建了大量的水利工程，初步形成了淮水、沂沭泗水、江水、黄水并用的水资源利用工程体系，年现状实际供水能力达到约 606 亿 m³，有效保障了流域经济发展需求。表 1 和表 2 分别是 1980—1990 年和 2000—2010 年经济发展和用水量变化情况，分析近几十年供用水量的变化过程，可以发现，总体上看供用水总量是随着经济总量的增加而稳步增长，全流域 GDP 从 1980 年 368 亿元增加到 2010 年 39136 亿元，期间全流域供用水总量也从 1980 年 446.1 亿 m³ 增加到 2010 年 571.69 亿 m³；期间用水总量的波动，主要是因降雨在时间上分布上不均、年际间变化比较大而使农业用水年际变化大引起的，如 2002 年淮河流域降雨偏少，2003 年雨水丰沛，农业用水量分别为 400.32 亿 m³、273.94 亿 m³，全流域用水量分别为 530.41 亿 m³、410.86 亿 m³，如果剔除农业用水波动的因素，则用水总量稳步增长趋势更加明显。用水结构也发生了明显变化，农业用水比重逐步下降，工业、生活用水比重上升，农业用水从 1980 年的 90% 左右下降到 2010 年的 70% 略多；期间工业、生活用水量增长速度大大高于整个用水总量增加速度，供用水总量年均增加 0.8%，而工业用水总量年均增加 3.3%，这也符合期间流域内工业快速发展、城市化率水平提高的趋势。用水效率不断提高，随着水资源管理工作不断加强，水资源论证制度得到全面贯彻落实，工业用水量由 2000 年的 80.60 亿 m³ 增长到 2010 年的 86.87 亿 m³，年均增长约 0.8%，万元工业增加值用水量由 263m³ 下降到 127m³。

表 1　　　　1980—1990 年淮河流域经济发展与用水量变化情况表

年份	GDP/亿元	用水量/亿 m³			
		小计	农业	工业	城镇生活
1980	368	446.10	409.11	32.85	4.14
1985	781	379.50	324.20	29.60	6.70
1986		403.69	367.46	30.40	5.83
1987		402.66	360.86	36.31	5.49
1988		477.54	422.13	49.48	5.93
1989		463.86	404.22	51.09	8.55
1990	1626	452.04	390.65	52.38	9.01

注　GDP 数据为淮河流域及山东半岛水资源综合规划编制过程中测算的数据；用水量：1980 年数据引自《淮河流域水中长期供求计划报告（1996—2000—2010 年）》，其他数据引自《淮河规划志》（2005 年 12 月第一版）。

表 2　　　　　　　2000—2010 年淮河流域经济发展与用水量变化情况表

年份	GDP /亿元	用水量/亿 m³						
		合计	农业	工业	城市居民 生活	城镇公共	农村居民 生活	生态环境
2000	8474	468.77	343.48	80.60	11.11	7.99	26.58	0.01
2001		536.80	407.74	80.48	13.87	9.11	25.56	0.04
2002	10575	530.41	400.32	79.79	14.39	9.50	26.09	0.32
2003	11526	410.86	273.94	83.77	15.79	6.11	27.28	3.97
2004	14440	493.20	353.04	86.85	18.35	6.22	25.54	3.20
2005	27971	479.62	329.31	95.18	18.38	6.69	26.44	3.62
2006	22334	521.61	368.62	96.20	18.93	7.74	26.00	4.12
2007	24767	487.07	338.82	87.65	20.78	8.47	26.69	4.66
2008	28146	544.23	393.24	86.84	22.02	8.73	26.61	6.79
2009	32858	572.11	400.47	86.41	22.73	9.44	26.97	6.09
2010	39136	571.71	417.99	86.87	24.64	10.29	25.21	6.71

注　2000 年 GDP 数据为淮河流域及山东半岛水资源综合规划编制过程中测算的数据，2002—2010 年
GDP 数据引自历年《治淮汇刊（年鉴）》，其中 2005 年 GDP 数据含山东半岛数据；用水量为《淮
河流域水资源公报》数据。

（2）保障了城市供水安全。

改革开放以前，淮河流域城市化进程缓慢，这一阶段，水资源基本上没有
制约城市的发展。改革开放以后，随着城市化水平的快速发展，淮河流域的城
市供水量大幅增加，城市用水由 1980 年的 36.99 亿 m³ 增长到 2010 年的
128.51 亿 m³。城镇居民生活用水快速增长，1980—1990 年间由 4.14 亿 m³
增长到 9.01 亿 m³，年均增长 8.1%，2000—2010 年间由 11.11 亿 m³ 增长到
24.64 亿 m³，年均增长 8.3%。工业用水量由 1980 年的 32.85 亿 m³ 增加到
2010 年的 86.87 亿 m³，其中 1980—1990 年增速相对较快，年均为 4.8%，
2000 年以后增速放缓，2006 年达到用水高峰 96.20 亿 m³；2007—2010 年基
本保持在 87 亿 m³ 左右。21 世纪以来，随着社会对生态环境的愈加重视和水
资源统计的变化，生态用水逐渐在淮河流域水资源统计公报中出现，且用水量
持续增加，从 2000 年的 0.01 亿 m³ 迅速增长到 2010 年的 6.71 亿 m³，成为城
市用水的重要组成部分。

4. 水利发展与河湖生态

随着经济社会发展，河湖的生态问题日益突出并且也成为社会关注的焦点
问题，社会各界对水利发展的要求也不仅仅局限于如何保障防洪安全、保障经

济社会发展用水安全的范畴，如何维护良好的水生态已成为全社会对水利发展的要求之一。事实上，现有的水利工程体系不仅具备防水害、兴水利的功能，也能够在维护、改善河湖生态方面发挥很好的作用。早在 20 世纪 90 年代起，针对淮河流域水污染问题严重的情况，淮委及流域相关省有关部门在淮河进行水质水量联合调度探索和实践活动，有效减轻了水污染造成的危害。2001 年引沂济淮和 2002 年南四湖生态补水更是充分利用水利工程保护重要河湖生态健康的成功实践。

淮河和沂沭泗河水系是淮河流域两大水系，由于废黄河的阻隔而使两大水系无法自然沟通。从降雨的时间分布上看，两大水系大多数时间并不重合；而治淮骨干工程和南水北调东线工程建设，使得这两个水系的主要河湖得以连通，淮河的洪水可以通过分淮入沂工程调度至沂沭泗河水系的新沂河入海，南四湖、骆马湖和洪泽湖可相互调度。

（1）2001 年引沂济淮。

2001 年的淮河流域气候异常，严重的旱情，使流域内诸多中小河流断流，湖库水位急剧下降，淮河干流航运中断。干旱不仅给农业生产带来重大危害，而且给城乡供水及水生态带来严重影响。从 7 月中旬开始，沂沭泗河水系陆续开始降雨，7 月 20 日起，沂沭泗地区连续出现降雨天气过程，该地区旱情得以缓解，但淮河水系的旱情仍较严重，洪泽湖上游仍无来水补给。至 7 月下旬，淮委紧急会商江苏省防汛抗旱部门，决定实施引沂济淮跨水系调水，利用中运河和徐洪河南调沂沭泗河水系洪水补给淮河水系。此次跨水系调水共调出骆马湖洪水 7.8 亿 m^3，其中进洪泽湖水量 6.8 亿 m^3，有效缓解了淮河洪泽湖地区的旱情，极大地改善了洪泽湖的水生态环境，保护了洪泽湖的渔业资源，恢复了航运。

（2）2002 年南四湖生态补水。

2002 年，南四湖流域降水量严重偏少，南四湖遭遇了 100 年一遇的特大干旱，其中部分地区的旱情达到了 200 年一遇。由于特大干旱，湖内蓄水几近干涸，周边地区的经济损失严重，湖区人民生活用水困难，湖内水道全线断航，湖区生态环境已到了毁灭的边缘。为了缓解南四湖旱情，山东省于 2002 年 4—5 月和 8—10 月两次实施引黄济湖，合计入上级湖水量 1.4 亿 m^3，一定程度上缓解了南四湖旱情。由于黄河流域用水本已紧张，再就近从黄河引水救助南四湖基本没有可能。

为进一步缓解南四湖旱情、维系湖区生态平衡，国家防汛抗旱总指挥部、水利部决定从长江向南四湖应急生态补水。补水以江苏江都抽水站为起点、以京杭运河为输水骨干河道，沿程利用江都、淮安、淮阴等 9 级抽水泵站，将长江水送到南四湖下级湖；再以微山西及昭阳临时泵站为起点，经由老运河从下级湖向上级湖输水。

此次补水过程于 2002 年 12 月 8 日正式启动，到 2003 年 1 月 24 日 8 时，注入南四湖下级湖的水量达 11539 万 m^3；2002 年 12 月 20 日至 2003 年 3 月 4 日注入南四湖上级湖的水量达 5095 万 m^3。通过应急补水，长江水、淮河水、沂沭泗河水、黄河水在南四湖上级湖首次实现了交融，极大地改善了南四湖的水环境和生态环境，恢复了航运。

（三）流域水利发展展望

1. 淮河流域水利发展需求演变

从新中国成立之初开始，淮河流域相继经历 1950 年、1952 年、1954 年、1957 年以及 1968 年流域性或区域性洪涝严重的年份，防洪除涝保安问题突出，同时为解决吃饭问题急需发展农业灌溉，因此解决洪涝旱问题成为 20 世纪 80 年代以前淮河流域水利发展的紧迫而首要的问题。

20 世纪 80 年代起，流域经济快速发展，期间虽然对防洪减灾、农业灌溉等方面的安全性需求仍然很高，工业、城镇生活等经济性需求快速增长，从用水结构变化看，农业用水占总用水量的比重从在 80 年代初期的 90％左右降低到 2000 年 70％略多。同时，流域水污染问题日趋严重，到 90 年代水污染事件仍有发生，水生态迅速恶化，水环境方面安全需求重要性日益显现。

进入 21 世纪的前 10 年，淮河流域又连续发生 2003 年、2007 年洪水，对防洪保安等安全性需求不断提高；农村饮水不安全的问题十分突出；新一轮经济快速增长以及工业化和城镇化加速推进，使工业和城镇供水需求进一步增长、水资源供需矛盾加剧，水污染事故频繁发生。同时随着一些地区居民收入从小康走向富裕，对水生态安全、水景观建设等舒适性需求开始涌现。

未来一个时期，由于自然条件的差异性和区域经济社会发展的不均衡性，安全性需求、经济性需求和舒适性需求的迫切性在流域不同地区或许有所侧重，但总体而言，淮河流域将处在安全性需求、经济性需求和舒适性需求均持续增长的时期。

2. 未来流域水利发展的重点

未来淮河流域水利发展要围绕满足流域经济社会发展的安全性需求、经济性需求和舒适性需求均持续增长，以建立、健全和完善防洪减灾、水资源保障、水资源和水生态保护、流域综合管理"四大体系"为重点。

针对流域防洪安全要求不断提高，防洪减灾能力相对不足的问题，要健全流域防洪减灾体系。进一步控制山丘区洪水，上游山丘区建设出山店、前坪等大中型水库，增加拦蓄能力；完善中游蓄泄体系和功能，调整行洪区布局、整治河道，扩大中等洪水通道，实施蓄滞洪区建设，开展行蓄洪区及淮河滩区的居民迁建；巩固和扩大下游泄洪能力，整治入江水道、分淮入沂，加固洪泽湖大堤，建设淮河入海水道二期工程，扩大淮河下游洪水出路，降低洪泽湖洪水位。沂沭泗河水系在既有东调南下工程格局的基础上，进一步巩固完善防洪湖泊和骨干河道防洪工程体系，扩大南下工程的行洪规模；实施沿淮、淮北地区和里下河等低洼易涝地区的综合治理；合理安排重要支流治理和中小河流治理；加强城市防洪和海堤建设。

针对经济社会快速发展，水资源供需矛盾将持续存在的状况，要完善水资源保障体系。建设南水北调东线、中线和引江济淮、苏北引江工程等跨流域调水工程，完善水库、湖泊、闸坝等调蓄工程和沿黄、沿江引水工程，与淮河干流共同构建淮河流域"四纵一横多点"的水资源配置和开发利用工程格局。完善沿淮湖泊洼地及沂沭河洪水资源利用工程，加快大中型灌区节水改造，在水土资源较匹配的地区适度发展灌溉面积，提高城乡供水能力，保障城乡供水安全和粮食生产安全。全面解决农村饮水安全问题，改善农业灌排条件，整治农村水环境。加强全国内河高等级航道、区域性重要航道和一般航道网建设，完善港口体系。

针对工业和城市化进程加速，水资源和水环境保护压力倍增的状况，要构建水资源和水生态保护体系。构建以淮河干流、南水北调东线输水干线及城镇集中供水水源地为重点的"两线多点"的地表水资源保护格局。严格水功能区纳污总量控制管理和入河排污口管理。在水污染严重地区采取工程措施对水污染进行综合整治。加强地下水资源保护，禁采深层承压水，压减浅层地下开采。强化城镇集中饮用水水源地保护和管理。开展生态用水调度，重点水域实施生态保护与修复工程。加强水土流失综合治理和预防保护，防治山洪灾害。

针对社会管理和公共服务理念不断更新，流域综合管理能力亟待提升的态势，要进一步加强流域综合管理体系建设。完善流域管理法律法规体系，完善流域管理和区域管理相结合的水资源管理体制与机制，初步形成协调、有效的涉水事务管理和公共服务体系。加强防洪抗旱减灾管理、水资源管理、水资源保护管理、河湖岸线及水利工程管理、水土保持管理，建立健全应急管理体系。加强流域综合管理能力建设，开展重大问题研究。

总之，未来一个时期，淮河流域将进入加快发展的重要时期，将是我国承载人口和经济活动的重要地区，在保障国家粮食安全、支撑能源安全、实施国家交通安全战略等方面的作用和地位愈加显现，流域经济社会发展对水利发展的安全性需求、经济性需求及舒适性需求均处在持续增长的时期。流域水利要围绕经济社会持续增长的各类需求加快发展，健全流域防洪减灾体系、完善水资源保障体系、构建水资源和水生态保护体系、进一步加强流域综合管理体系建设。

六、需研究的主要问题及相关评估

（一）淮河与洪泽湖的关系

淮河原是一条出路通畅，直接入海的河流。1194—1855 年黄河夺淮 661 年期间，黄水挟带的泥沙把淮阴以下淮河淤成"地上河"，同时大量泥沙排入黄海，使河口海岸向外延伸 70 多千米，在盱眙和淮阴之间逐渐形成了洪泽湖。1851 年，淮河出路改由三河入高邮湖，经邵伯湖及里运河入长江，从此淮河干流由独流入海改道经长江入海。淮河支流也承受黄河泥沙的淤积，沂沭泗河失去入淮通道，废黄河故道将整个淮河流域分割为淮河水系和沂沭泗河水系，使淮河失去了原本的面貌。

1991 年、2003 年、2007 年淮河流域发生了较大洪水，淮河干流河道长时间持续高水位，支流排水受到顶托、面上涝灾损失严重，行蓄洪区运用困难、淮河下游洪水出路不足等问题依然显现。这些问题引起了社会各界的高度关注，有认为产生涝灾的主要原因是洪泽湖水位的顶托造成的，通过淮河与洪泽湖分离降低淮干中下游水位可彻底解决淮河中游洪涝问题，并设想了利用溯源冲刷恢复淮河窄深河床以期达到降低水位的目的。

洪泽湖水位对淮河中游洪涝的影响，河湖分离方案对降低淮干沿程水位的作用，以及溯源冲刷恢复淮河深水河床的可能性及效果等问题，淮委曾组织进行过研究。

1. 洪泽湖水位对淮河中游的洪涝影响分析

（1）现状工程条件下淮干水位流量分析。

1）淮干设计水位与中等洪水位分析。淮河干流王家坝-正阳关-涡河口-浮山-蒋坝地面高程分别为 26.12m～20.90m～17.50m～15.50m～11.00m 左右，设计水面线各节点水位分别为 29.30m～26.50m～23.50m～18.50m～16.00m，设计水面线一般高出两岸地面约 3～6m，因此设计水位下两岸涝水根本无法自流排出。

中等洪水（淮河干流 6000～8000m³/s）采用洪泽湖蒋坝起推水位 13.00m 推出的水面线普遍高出两岸地面约 2～4m，因此遇中等洪水，两岸涝水也无法自流排出。

2）淮干平槽泄量分析。经分析，淮干正阳关-涡河口平槽泄量约为

2500m³/s，涡河口以下平槽泄量约为3000m³/s，遇中等以上洪水时，河道流量超过平槽流量的时间长达2～3个月，淮干水位高于两岸地面，涝水难以排出，形成"关门淹"。因此，淮河干流中上游来水流量大于平槽流量，致使沿程水位高于地面，且时间较长，这是影响面上排涝的最主要原因。设计水面线、中等洪水水面线、平槽泄量水面线见图7。

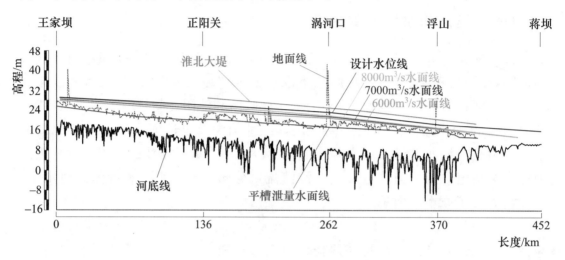

图7　设计水面线、中等洪水水面线、平槽泄量水面线（王家坝—蒋坝）

（2）洪泽湖水位降低对淮河中游洪涝影响分析。

1）基本设想。假定淮河干流河道为现状，洪泽湖出口和下游河道规模能满足蒋坝控制水位的要求，即入湖洪水在控制水位以下可全部下泄。在这种情况下，运用恒定流和非恒定流两种方法来分析对中游洪涝的影响。

2）计算结果。恒定流分析计算：经分析，影响面上排涝时（自排，下同）的浮山水位为14.50m，吴家渡水位为16.50m，相应淮干流量不到3000m³/s。经计算，蒋坝控制水位由13.00m降低到12.50m，即蒋坝水位降低0.50m，在淮干流量3000～9000m³/s级配时，浮山水位降低约0.102～0.015m，吴家渡水位降低约0.066～0.004m；蒋坝控制水位由13.50m降低到12.50m，即蒋坝水位降低1.00m，在淮干流量3000～9000m³/s级配时，浮山水位降低约0.303～0.048m，吴家渡水位降低约0.185～0.017m。

由此可见，在假定工况情况下，降低洪泽湖水位对降低淮干浮山以下沿程水位作用较为明显，对降低淮干吴家渡附近水位作用已较小；当流量大于3000m³/s时，无论是控制蒋坝水位由13.00m降低到12.50m还是控制蒋坝水位由13.50m降低到12.50m，吴家渡水位都高于面上排涝要求的水位，对解决面上排涝作用不大。

非恒定流分析计算：从1991年、2003年洪水演进计算结果可知，对于

1991 年洪水，控制蒋坝水位不超过 12.50m、13.00m、13.50m 洪水演进的计算结果与按照现行防汛调度预案作为控制条件洪水演进的计算结果比较。控制蒋坝水位不超过 12.50m 时，浮山水位降低 0～0.13m，吴家渡水位降低 0～0.013m；控制蒋坝水位不超过 13.00m 时，浮山水位降低 0～0.055m，吴家渡水位降低 0～0.01m；控制蒋坝水位不超过 13.50m 时，浮山水位降低 0～0.007m，吴家渡水位降低 0～0.003m。对于 2003 年洪水，控制蒋坝水位不超过 12.50m 时，浮山水位降低 0～0.50m，吴家渡水位降低 0～0.015m；控制蒋坝水位不超过 13m 时，浮山水位降低 0～0.44m，吴家渡水位降低 0～0.014m；控制蒋坝水位不超过 13.5m 时，浮山水位降低 0～0.31m，吴家渡水位降低 0～0.009m。由此可以看出，对于 1991 年、2003 年洪水，降低蒋坝水位到 12.5m，淮干吴家渡水位过程变化较小，对解决面上的排涝作用不大。

（3）洪泽湖内开挖一头两尾河道方案对淮河中游洪涝影响分析。

1）基本设想。在淮河干流入湖口老子山附近分别对着二河闸、三河闸开挖新河，在洪泽湖内筑堤，使淮河形成一头两尾的河道，一支经入海水道下泄，一支经入江水道下泄，实现河湖分离。新建二河深水闸接入海水道二期、新建三河深水闸与入江水道沟通。在这种工况下，分析该方案对解决淮河中游洪涝问题的作用。方案布局见图 8。

2）计算结果。恒定流分析计算：经计算，在淮干流量 3000～9000m³/s 级配时，方案计算出的浮山水位比现有规划的浮山水位降低约 0.591～0.392m，方案计算出的吴家渡水位比现有规划的吴家渡水位降低约 0.205～0.024m。该方案对降低淮干浮山以下沿程水位作用较为明显，对降低淮干吴家渡附近水位作用较小，对解决面上排涝作用不大。

非恒定流分析计算：在 1991 年洪水条件下，拟订方案实施以后，大于 3000m³/s 以上流量时，浮山水位降低 0.16～0.4m，吴家渡水位降低 0.02～0.26m；吴家渡附近洼地"关门淹"历时基本没有什么变化。

在 2003 年洪水条件下，拟订方案实施以后，流量大于 3000m³/s 时，浮山水位降低 0.14～0.27m，吴家渡水位降低 0.03～0.25m；吴家渡附近洼地"关门淹"历时基本没有什么变化。

（4）盱眙新河方案对淮河中游洪涝影响分析。

1）基本设想。假定淮河干流现状情况，在淮干盱眙县城下游四山湖入口处，开挖一条新河，在三河闸下 1km 处与入江水道连通，实现河湖分离。淮干盱眙处建闸控制，中等以下洪水不入洪泽湖，直接由盱眙新河进入三河闸下入江水道；大洪水时，超过盱眙新河设计规模部分的流量仍进入洪泽湖。方案布置见图 9。

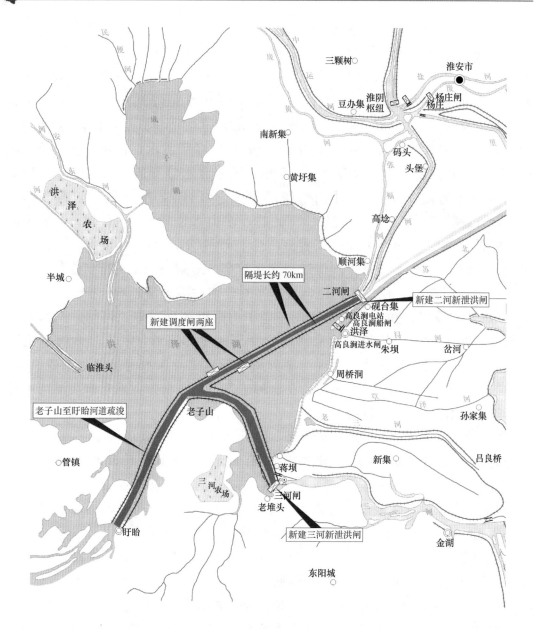

图8　一头两尾方案示意图

2）计算结果。恒定流分析计算：经计算，在淮干流量 3000～9000m³/s 级配时，方案计算出的浮山水位比现有规划的浮山水位降低约 0.733～0.480m，方案计算出的吴家渡水位比现有规划的吴家渡水位降低约 0.272～0.059m。

该方案对降低淮干浮山以下沿程水位作用较为明显，对降低淮干吴家渡附近水位作用较小。

非恒定流分析计算：在 1991 年洪水条件下，拟订方案实施后，流量大于

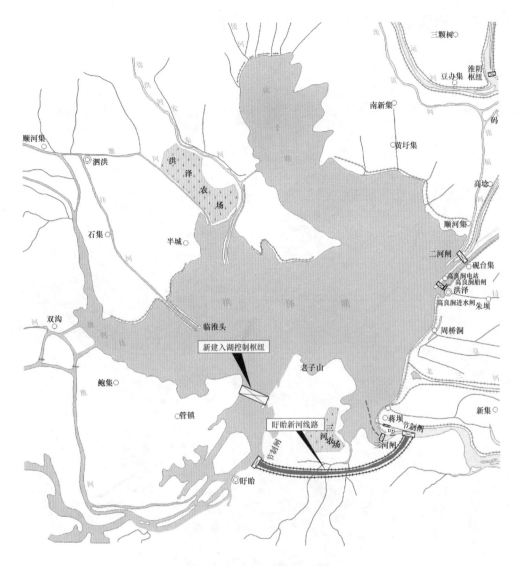

图 9　盱眙新河方案示意图

3000m³/s 时，浮山水位降低 0.43~0.20m，吴家渡水位降低 0.28~0.04m；吴家渡附近洼地"关门淹"历时基本没有什么变化。

在 2003 年洪水条件下，拟订方案实施后，流量大于 3000m³/s 以上时，浮山水位降低 0.48~0.19m，吴家渡水位降低 0.32~0.04m；吴家渡附近洼地"关门淹"历时基本没有什么变化。

2. 溯源冲刷的可能性及对淮河中游洪涝影响分析

（1）基本设想。

假定沿淮干入湖口老子山附近至三河闸建隔堤，在湖内形成一条新河，将淮河与洪泽湖分离，淮干来水从新河通过入江水道下泄。研究降低三河闸水位产生溯源冲刷恢复淮河深水河床的可能性及效果。方案布置见图 10。

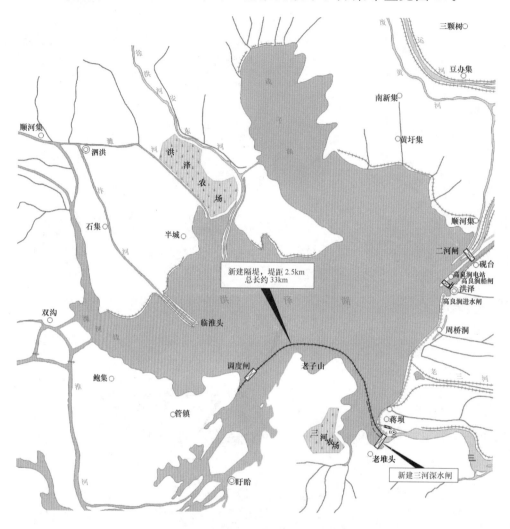

图 10　溯源冲刷方案布置图

老子山至三河闸建隔堤，长约 33km，堤距 2.5km，堤顶高程 18.00m，在湖内形成一条新河，淮干来水全部由新河至三河闸经入江水道下泄，隔堤上建一座调度闸；为便于溯源冲刷，在新河尾段至三河闸开挖 1.00km 长的引河，拟定河底高程 1.00m，开挖底宽 700m；假定现状三河闸废弃，新建三河深水闸，闸底板高程 0m，与引河河底高程相同；考虑溯源冲刷需要下边界产生一个巨大的势能，并考虑到长河道需要有一个合理的水面比降，拟将三河闸下水位降低 2～3m，方案实施后入江水道水面比降约为 0.04‰。入江水道三河闸下至高邮湖段挖河，拟定河底高程 0～2.00m，开挖宽度约 700m。

（2）计算结果。

按水沙系列 1（1950—1959 年）计算 10 年后，冲刷上溯到老子山上游

14km 附近，其中受溯源冲刷影响的入湖河段长度占整个入湖河段的 1/3，平均刷深 0.14m，老子山以下的湖区段有 21km 发生下切，平均下切深度 1.61m。

按水沙系列 2（1950—1959 年、1968 年、1975 年、1982 年、1991 年、2003 年、2007 年）计算 16 年后，冲刷上溯到盱眙上游 4km 附近，其中受溯源冲刷影响的入湖河段长度约占整个入湖河段的 62%，平均刷深 0.33m，老子山以下的湖区段有 21km 发生下切，平均下切深度 1.73m。

按水沙系列 3（1950—1969 年、1975 年、1982 年、1991 年、2003 年、2007 年）计算 25 年后，冲刷上溯到盱眙上游 5km 附近，其中受溯源冲刷影响的入湖河段长度约占整个入湖河段的 65%，平均刷深 0.50m；老子山以下的湖区段有 21km 的长度发生下切，平均下切深度 2.08m。在流量为 3000m³/s 时，浮山站水位较分离初始时下降 0.27m，在流量增至 8000m³/s，水位仅下降 0.05m。

在当前淮干来水来沙和拟采用的方案条件下，无论是用长系列还是短系列计算，溯源冲刷主要发生在洪山头以下河段，对中游水位的影响到浮山附近，对中游排涝作用不明显。

3. 淮河干流中游扩大平槽泄流能力研究

（1）拟定标准。

选择 3 个不同标准进行初步研究：一是淮河干流中游按 3 年一遇除涝标准扩大平槽泄量；二是淮河干流中游按 5 年一遇除涝标准扩大平槽泄量；三是淮河干流中游按 10 年一遇除涝标准扩大平槽泄量。

（2）参数拟定。

1）除涝水位。王家坝-正阳关除涝水位约为 24.8～20.0m、正阳关-涡河口除涝水位约为 20.0～16.5m、涡河口-浮山除涝水位约为 16.5～14.5m、浮山-盱眙除涝水位约为 14.5～13.25m。

2）除涝流量。据 1951—2005 年实测资料初步分析，淮干 3 年、5 年、10 年一遇除涝流量王家坝-正阳关段分别约为 4100m³/s、5500m³/s、7400m³/s，正阳关-涡河口段分别约为 4500m³/s、6000m³/s、7800m³/s，涡河口-浮山段分别约为 5000m³/s、6500m³/s、8300m³/s。

（3）实施效果及影响分析。

淮河干流中游按 3 年、5 年、10 年一遇除涝标准扩大平槽泄量后，在现有设计水位情况下，淮干王家坝-盱眙段滩槽泄量较设计流量分别提高 4100～4600m³/s、5300～5900m³/s、7500～10600m³/s；在现有设计流量情况下，淮干王家坝-盱眙段主要控制点水位较设计水位分别降低 0.34～1.35m、0.96～

2.9m、1.5～4.2m。遇 1991 年洪水沿淮洼地"关门淹"历时分别减少约 30d、49d、75d；遇 2003 年洪水沿淮洼地"关门淹"历时分别减少约 25d、41d、62d。但还有以下一些问题需要做深入研究和论证：

1）扩挖后，必然导致淮干洪水入湖过程发生很大变化，对淮干整体防洪除涝体系产生重大影响，特别是淮河下游和洪泽湖防洪影响巨大。

2）扩挖河槽工程量巨大，且还未考虑面上配套和洪泽湖及下游工程建设所需的投资，挖压占地约 63 万～114 万亩，移民约 22 万～50 万人。大规模移民难度巨大，将会产生较多的社会问题，还涉及大量移民和环境问题。

3）扩挖后，河槽截面积是现状的 1.75～3 倍，河道流速会下降，水流挟沙能力显著降低，不利于河道的稳定，对河道的发育带来不利影响。

4）扩挖后，中游汇流条件也会发生了很大变化，上游来水加快，且并没有改变淮干山丘区洪水挤占干流河槽的格局，因而对淮北地区洪水汇流过程的影响和面上排涝的作用到底如何还存在很大的不确定性。

4. 洪泽湖扩大洪水出路规模研究

（1）基本设想。

扩大洪水出路有 3 项措施：一是拟通过兴建入海水道二期工程，将入海水道泄流能力由 2270m³/s 提高到 7000m³/s。二是拟通过兴建三河越闸工程，进一步降低洪泽湖水位，在低水位时，增加泄量。三是拟根据洪泽湖周边滞洪圩区人口、地形、重要设施的分布特点等，进行滞洪区分区，遇大洪水时，可分区滞洪。

（2）方案实施效果。

根据现有防洪调度预案，对实施后的工况进行调洪计算，其中入海水道启用水位为 13.50m。实施后效果如下。

1）遇 300 年一遇洪水，洪泽湖最高水位 15.52m，比现状 17.00m 降低 1.48m；洪泽湖周边滞洪圩区可减少滞洪面积约 215km²、可减少影响人口约 15 万人；渠北地区不需要分洪。

2）遇 100 年一遇洪水，若控制洪泽湖最高水位不超过 14.50m，经调洪演算，仍有 8 亿 m³ 洪水需要圩区滞洪，按分区滞洪的安排，只要安排一区即可满足要求。因此，遇 100 年一遇洪水，滞洪一区 9.5 万人口仍需进行安置。

3）遇 1954 年洪水，洪泽湖最高水位 13.78m，比现状 14.50m 降低 0.72m；洪泽湖周边滞洪圩区不需要滞洪。

4）遇 1991 年洪水，洪泽湖最高水位 13.42m，比现状 13.64 降低 0.22m。

5）遇 2003 年洪水，洪泽湖最高水位 13.61m，比现状 13.95 降低 0.34m。

6）对加快淮河中游的洪水下泄能起到一定的作用。

以上可以看出建设入海水道二期（7000m³/s）和三河越闸工程后，洪泽湖遇 100 年一遇洪水，周边滞洪圩区仍需滞洪，滞洪量约 8 亿 m³。为提高洪泽湖周边滞洪圩区的防洪标准，使周边滞洪圩区遇 100 年一遇洪水不滞洪，需进一步扩大洪泽湖洪水出路。经分析，通过增加入海水道二期泄流能力，可以进一步扩大洪泽湖洪水出路规模。经调洪演算，遇 100 年一遇洪水，在洪泽湖水位 16.00m 时将入海水道二期泄流能力扩大至 8000m³/s 左右（入海水道启用水位为 13.50m），需在规划的入海水道二期规模的基础上挖深 1.5m，拓宽 30～80m，新增土方约 1 亿 m³，可以增加泄量 8 亿 m³，可避免洪泽湖周边滞洪圩区滞洪。

5. 小结

1）淮河变迁和洪泽湖形成与黄河夺淮密切相关。洪泽湖抬高了淮河下游水位，淮河失去下游原有河道和入海口，海岸线向东延伸了 70 多千米，淮河主流改道入江，都直接影响淮河中游洪涝水下泄，加重了中游洪涝灾害。

2）淮河干流平槽泄量太小，上中游来水量远大于河道平槽泄量，淮河水位极易高于两岸地面，且历时长，严重影响面上涝水排泄。

3）在淮河现有工况下，采取扩大洪泽湖出口规模或河湖分离等工程措施降低洪泽湖水位，对降低浮山以下河道水位有一定的作用，但到蚌埠附近已影响甚小，遇中等以上洪水时，"关门淹"的问题仍无法解决。

4）溯源冲刷的效果主要发生在洪山头以下河段，对中游水位的影响只到浮山附近，对中游排涝作用不明显。

5）开挖深大河槽对于增加泄量、解决行蓄洪区问题、减少沿淮洼地"关门淹"历时效果是好的，但工程量巨大、移民众多、河床能否稳定、淮北地区汇流条件如何变化和对上下游影响如何都存有大量不确定因素。

6）通过实施入海水道二期工程和三河越闸工程，使洪泽湖 100 年一遇时水位控制不超过 14.5m，使圩区在设计条件下少进洪甚至不进洪，同时也可减小对中游河道洪水位的影响。

（二）淮河中游洪涝治理

经过 60 年的持续治理，淮河流域初步形成了防洪、除涝、灌溉、航运、供水、发电等水资源综合利用体系，减灾兴利能力得到显著提高，在保障防洪保护区防洪安全和粮食安全、促进能源开发利用、推进工业生产、提高人民生活水平等方面，充分显示出基础地位和"命脉"作用。但相对来说，淮河中游的洪涝问题还不能说得到了根本性解决，尚需针对存在的问题，研究采取合适的对策进行进一步治理。

1. 淮河中游主要洪涝问题

从 1991 年以来发生的 3 场大洪水来看，淮河中游仍存在着行蓄洪区人口众多、难以及时启用，广大平原洼地排涝出路不畅、涝灾严重，以及洪泽湖周边滞洪圩区涉及面广、使用困难等问题。

（1）行蓄洪区问题。

淮河干流现有行蓄洪区 21 处，总面积 3148km²，蓄滞洪容积 127 亿 m³，内有耕地 265 万亩，人口 134 万人。

淮干行洪区是淮河干流泄洪通道的一部分，用于补充河道泄洪能力的不足，设计条件下如能充分运用，行洪流量占干流相应河段河道设计流量的 20%～40%。淮干 4 个蓄洪区有效蓄洪库容 63.1 亿 m³，占正阳关 50 年一遇 30 天洪水总量的 20%，对淮河干流蓄洪削峰作用十分明显。在淮河历次防洪规划中，行蓄洪区的作用已被计入防洪设计标准内的行蓄洪能力之中。只有行蓄洪区充分运用，才能保证淮北大堤保护区达到设计防洪标准。

行蓄洪区在历年大洪水中分洪削峰，有效降低河道洪水位，减轻淮北大堤、城市圈堤等重要防洪保护区的防洪压力，为淮河防洪安全发挥了重要作用。淮河流域行蓄洪区虽然在保证防洪保护区安全方面起到了重要作用，但也带来了一系列的问题。如启用标准低、进洪频繁、社会影响大，区内群众生产、生活不安定，人与水争地、防洪与发展的矛盾十分突出。从 1991 年以来的 3 场大洪水中行蓄洪区运用情况来看，仍难以做到及时、有效地行洪、蓄洪。

（2）洪泽湖周边滞洪圩区问题。

洪泽湖周边滞洪圩区位于洪泽湖大堤以西，废黄河以南，泗洪县西南高地以东，以及盱眙县的沿湖、沿淮地区。主要范围为沿湖周边高程 12.50m 左右蓄洪垦殖工程所筑迎湖堤圈至洪泽湖校核洪水位 17.00m 之间的圩区和坡地。涉及江苏省宿迁、淮安两市的 6 个县（区）及省属洪泽湖、三河两个农场，共 49 个乡镇，总人口约 106 万人，总面积 1884km²，耕地 155 万亩。其中地面高程在 15.00m 以下的低洼地大部分已圈圩封闭，高程 15.00m 以上地区为岗、坡地，基本未封闭圈圩。洪泽湖设计洪水位 16.00m 时周边圩区滞洪库容约为 41 亿 m³，是洪泽湖及下游地区达到防御 100 年一遇洪水能力的重要组成部分。

洪泽湖周边滞洪圩区是淮河流域防洪体系的重要组成部分，洪泽湖设计防洪标准是在利用洪泽湖周边滞洪圩区滞洪的情况下才能达到。洪泽湖周边滞洪圩区是流域防洪规划及流域洪水调度方案明确的设计标准内的滞洪区。国务院批准的《黄河、长江、淮河、永定河防御特大洪水方案》（国发〔1985〕79

号)、国家防汛抗旱总指挥部发布《淮河洪水调度方案》(国汛〔1999〕9号)、国务院批复的《淮河防御洪水方案》(国函〔2007〕48号),都明确了洪泽湖周边滞洪圩区的启用方案:"当洪泽湖蒋坝水位达到14.5m且继续上涨时,滨湖圩区破圩滞洪"。

按照现在的防洪规划,一旦洪泽湖水位达到14.50m,洪泽湖周边滞洪圩区需要蓄洪,但目前区内人口众多,防洪安全建设严重滞后,启用后居民生命财产难以得到保障,启用相当困难;滞洪圩区除涝标准低,区内涝灾严重。

(3) 中游易涝洼地问题。

淮河中游易涝洼地主要分布在沿淮两岸、支流河口洼地、分洪河道的两侧,淮河中游易涝洼地总面积约19099km²、耕地约1831万亩、人口约1472万人。其中沿淮洼地面积约5367km²、淮北平原洼地面积约12987km²、淮南支流洼地面积约745km²。

淮河流域历来是洪涝灾害频发的地区。据不完全统计,自1949—2007年的59年中,流域平均成灾面积为2664万亩/a,平均成灾率(成灾面积与同期耕地面积之比)超过14.3%。严重的洪涝灾害,对社会、经济、环境、安全造成很大的负面影响。其中沿淮地区及淮北支流是淮河流域洪涝灾害最为频繁的地区,因洪致涝"关门淹"现象较为严重。在历年洪涝灾情统计中,涝灾面积大都占受灾面积的2/3以上,越是大水年份,干流、支流降雨遭遇的可能性越大,淮干水退得越慢,沿淮洼地"关门淹"的时间越长。

2. 问题成因分析

造成淮河中游洪涝灾害的原因是多方面的。主要有以下几方面。

(1) 自然因素。

1) 特殊的水文气象条件及暴雨洪水。淮河流域地处我国南北气候过渡地带,天气易变,具有暴雨多发且历时长覆盖广的特性,极易造成洪涝。

2) 自然地理及河道特性。淮河流域西部、西南部及东北部为山区、丘陵区,其余为广阔平原和为数众多的湖泊、洼地,淮河中游南岸紧邻山区丘陵,北岸面对广阔平原,形态极不对称;河道主槽狭窄弯曲,滩地多被围垦为行、蓄洪区。每当汛期暴雨时,上游和南岸山丘区支流洪水汹涌而下,很快占据河道,抬高水位,继而北部支流洪水源源而来,迫使行蓄洪区频繁使用;由于干流水位长时间高出地面,顶托支流及洼地的排水,形成关门淹的严重灾害;随着洪水持续进入洪泽湖且又不能及时下泄,导致周边的洪涝威胁并在一定范围和一定程度上顶托了中游来水。

(2) 社会因素。

1) 水土资源过度开发,人水争地矛盾突出。淮河两岸行蓄洪区和沿淮洼地虽然经常遭受洪涝袭击,但该地区土地肥沃,日照充足,人口集中,人与水争地的矛盾突出。部分群众为了生产生活的需要,自行在河滩地上圈圩种地,种植阻水植物,在湖泊周围围垦,占据了洪水通道和蓄滞场所,使洪涝发生时灾害加重。

2)经济条件较为薄弱。淮河流域总体经济发展水平仍然较低,特别是沿淮洼地,主要靠农业。2007 年沿淮洼地农民人均纯收入仅 2500 元左右,相关县区农民人均纯收入也仅为 3000 元左右,这种情况近年虽有一定程度改变,但经济状况仍很薄弱,这就使得群众自身抗御洪涝灾害的能力低,一旦受水淹没,房倒屋塌,财产损失殆尽,恢复起来十分困难。

(3)工程因素。

1)上游拦蓄洪水能力较小。淮河流域洪水主要来自山丘区,治淮以来,淮河水系建成大型水库 20 座,但控制面积仅 1.78 万 km^2,总库容 155 亿 m^3,其中防洪库容 45 亿 m^3。虽然大型水库的拦洪削峰作用十分显著,但由于控制面积还不到正阳关以上流域面积的 1/4,并且水库分布在各支流的上游,不能同时有效地发挥拦洪作用,大量洪水仍要通过河道下泄,下游地区的防洪压力仍然较大。

2)中游河道滩槽泄量小,高水位持续时间长。淮干洪河口至正阳关河道河槽窄小、弯曲、比降平缓,河道行洪能力仍不足。淮干中游河道行洪区使用前的滩槽流量正阳关—涡河口约为 5000 m^3/s,涡河口以下约为 7000 m^3/s,当洪水超过这一流量时就要使用行洪区行洪。

淮河中游遇中等洪水时,水位高、持续时间长、影响两岸排涝。2003 年、2007 年大水,在开启行蓄洪区的情况下,润河集超警戒水位(24.30m)时间 30d;正阳关超警戒水位(24.00m)时间 24d;蚌埠超警戒水位(20.30m)时间 24d。由于中游高水位顶托,沿淮洼地涝水难以排出,关门淹现象严重。

3)下游洪水出路不足。洪泽湖防洪标准尚未达标。洪泽湖是淮河中下游结合部的巨型综合利用平原水库,承接上游 15.8 万 km^2 来水,设计洪水位 16.00m 时总库容 132 亿 m^3,校核洪水位 17.00m 时总库容 169 亿 m^3。洪泽湖大堤保护渠北、白马湖、高宝湖和里下河地区,总面积 2.74 万 km^2,耕地 1946 万亩,人口 1775 万人。根据《防洪标准》(GB 50201—94),洪泽湖的防洪标准应达到 300 年一遇,现状防洪标准仅为 100 年一遇。

淮河下游洪水主要出路有入江水道、灌溉总渠、分淮入沂和入海水道近期工程 4 处,总设计泄洪能力 15270～18270 m^3/s。由于洪泽湖在淮干中、下游的结合部,具有调节洪水的作用,而现有出路规模较小,入江水道和分淮入沂工程由于种种原因目前仍存在一些问题,很难达到设计标准。

洪泽湖低水位时下游泄洪能力较小,蒋坝水位为 12.50m 时,入江水道泄流能力仅为 4800m³/s,灌溉总渠加废黄河泄流能力为 1000m³/s,分淮入沂和入海水道尚未达到启用条件。

4)面上除涝标准低且排水工程不完善。沿淮洼地面上除涝标准低。如淮北地区经过初步治理的地方,除涝标准仅 3~5 年一遇,有些支流还未列入治理范围之内,加上排水沟系不健全,配套工程建设标准低,沿淮又缺乏排涝泵站,因此遇较强降雨时,极易出现大面积、长时间的地面积水。

因此,工程建设滞后于经济社会发展的需求,是中游洪涝灾害的重要原因。

3. 治理对策研究

(1)行蓄洪区治理对策。

根据淮河流域防洪的总体要求,按照构建流域防洪减灾体系的需要,结合淮河干流河道整治,扩大行洪通道;建设有控制的标准较高、调度运用灵活的行蓄洪区,行蓄洪区的安全措施完备,群众居住安全,保证及时有效行洪、滞洪;在淮河干流遇设计标准及以下洪水,行蓄洪区正常运用时,群众生命安全有保障,区内群众不需要大规模撤退转移,财产少损失,实现人与自然的和谐。建立较为完善的行蓄洪区管理制度,使得行蓄洪区的综合管理工作坚强有序,经济社会活动朝着良性方向发展。结合社会主义新农村建设,基本形成适应行蓄洪区特点的可持续发展的经济社会体系,提高区内居民的生活水平和改善生态环境质量。具体治理对策有:①进行行蓄洪区调整。②加强行蓄洪区工程建设。③加快移民迁建及安全设施建设。④全面规划、综合治理、加强管理。

(2)洪泽湖周边滞洪圩区治理对策。

按照构建流域防洪减灾体系的需要,结合淮干扩大下游规模,降低洪泽湖设计水位,提高洪泽湖周边滞洪区启用标准,遇 100 年一遇洪水时,洪泽湖最高水位不超过 14.50m,周边滞洪圩区不破圩或仅使用部分圩区滞洪,区内群众基本不搬迁;因地制宜,分区运用,把洪泽湖周边滞洪圩区建设成为有控制的、标准较高、调度运用灵活的滞洪圩区,实现人与自然的和谐;加强滞洪圩区建设,使滞洪圩区内的广大人民群众生产、生活条件得到较大改善,促进流域社会经济可持续发展。

针对洪泽湖周边滞洪圩区人口、重要设施的分布及地形、现有水利工程状况等特点进行分区运用,使滞洪圩区运用灵活,及时适量蓄滞洪水,减少滞洪损失。具体治理对策有:①引导滞洪范围内群众迁移,加快安全设施建设。②结合洪泽湖扩大洪水出路进行分区运用研究。③加强滞洪圩区防洪工程建设。

（3）中游易涝洼地治理对策。

以现有防洪除涝体系为基础，兼顾生态环境和水资源的可持续利用，协调人与自然的关系，构建较为完善的除涝减灾体系，统筹考虑除涝与粮食生产安全，为把淮河中游建设成国家级商品粮基地创造条件。中游易涝洼地总体治理目标是在设计标准内，通过洼地治理等项目的实施，使中游易涝洼地排涝标准基本达到5年一遇，重要区域可提高至10年一遇，改善区域排涝条件，能够通过除涝工程设施及时除涝除灾；在超标准情况下，能够通过除涝工程设施及时排除部分涝水，尽量减少涝灾面积，降低经济损失，使治理区内的广大人民群众生产、生活条件得到较大改善，促进流域社会经济可持续发展。具体治理对策有：①全面规划，突出重点，实施河道疏浚、泵站工程、圩堤加固等防洪除涝工程，提高防洪除涝减灾能力。②合理确定自排与抽排的规模，处理好防洪与治涝，临时滞蓄洪涝水与洪水资源利用、生态保护的关系，综合治理易涝区域。③因地制宜，大力开展农业结构调整，宜农则农，宜林则林，宜水则养，促进沿淮易洪易涝地区人与自然和谐。④总结移民建镇经验，结合城镇化进程和新农村建设，引导洼地内群众向集镇转移。⑤多渠道解决除涝工程建设资金问题，创新管理机制，保证除涝工程建设的顺利开展和工程效益的发挥。

淮河中游治理虽有各自区域不同的特点，但洪涝问题相互影响，关联性强，需要统筹规划布局，有计划地安排项目，共同治理、共同受益。

（三）临淮岗控制工程蓄水利用

临淮岗工程为淮河中游大洪水控制工程，它与上游的山区水库、中游的行蓄洪区、淮北大堤以及茨淮新河、怀洪新河等共同构成淮河中游综合防洪体系。临淮岗洪水控制工程的主要任务是配合现有水库、行蓄洪区和河道堤防，关闸调蓄洪峰，控制洪水，使淮河中游防洪标准提高到100年一遇，确保淮北大堤和沿淮重要工矿城市安全。

为缓解淮河中游地区水资源短缺问题，增加淮河中游地区水资源调蓄能力，充分发挥临淮岗洪水控制工程的作用，研究利用临淮岗以上淮河干流河槽及河滩地，在非汛期进行河道内蓄水，提出合适的蓄水方案是十分迫切和必要的。

1. 蓄水方案

临淮岗工程河道蓄水，主要是利用淮河干流洪河口-临淮岗坝址的河槽蓄水。从地形条件和工程现状，综合考虑河道通航，沿淮灌溉用水，特别是两岸排涝条件因素，拟定高、较高、中、低 4 种河道兴利水位进行研究。

低水位方案（方案一）：蓄水位为 20.50m，总库容 1.55 亿 m³，兴利库容 0.88 亿 m³。

中水位方案（方案二）：蓄水位为 21.00m，总库容 1.84 亿 m³，兴利库容 1.17 亿 m³。

较高水位方案（方案三）：蓄水位为 22.00m，总库容 2.60 亿 m³，兴利库容 1.93 亿 m³。

高水位方案（方案四）：蓄水位为 23.00m，总库容 3.81 亿 m³，兴利库容 3.14 亿 m³。

供水范围为霍邱、颍上、阜南、阜阳城市供水及临淮岗以上淮北地区农业补水灌溉。

2. 临淮岗工程蓄水的作用

利用临淮岗控制工程，适度拦蓄洪水尾水，以提高淮河中上游水资源利用水平，优化淮河流域水资源配置，缓解淮北地区水资源供需矛盾，改善淮河干流生态环境，保障水环境安全，为沿淮抗旱提供水源且降低提水灌溉成本，提高低枯水期淮河水运通航保证率。

（1）提高水资源利用水平，缓解区域水资源供需矛盾。

临淮岗工程蓄水可以提高水资源利用水平，缓解区域水资源供需的矛盾，优化和改善供水水源结构，有利于促进区域水资源的协调利用，有利于区域地下水的保护，特别是现状地下水超采区的水生态环境保护。

临淮岗工程蓄水后，规划 2020 年多年平均缺水量将由 3.3 亿 m³ 降低到 1.4 亿 m³，缺水率由 7.1% 降低为 3.0%；规划 2030 年多年平均缺水量将由 0.7 亿 m³ 降低到 0.2 亿 m³，缺水率由 1.4% 降低为基本不缺水。可见，工程蓄水后可缓解区域水资源供需矛盾，改善缺水状况作用较为明显的，特别是枯水年份的作用更为显著。

（2）改善生态环境，保障水环境安全。

临淮岗工程蓄水可以改善坝址上水生态环境，保障水环境安全。利用部分兴利库容，枯水期增大下泄流量，可以提高下游淮河干流的水功能区纳污能力约 0.67%~22%，减轻水质的污染程度，改善水质；同时枯水季节根据沙颍河、涡河来水情况，相机增加临淮岗下泄流量，可减轻沙颍河、涡河污水下泄对淮河干流水质的影响。

（3）改善通航条件，提高通航保证率。

临淮岗工程蓄水后，可以改善通航条件，枯水期通航水深增加 1m 以上，上游水位抬升，增加了航道宽度，减少了船舶与航标碰撞概率，同时增加了船舶选择航行线路的灵活性，有利于上、下行船舶的转向。

（4）对区域经济社会发展的作用。

临淮岗工程蓄水后，将给区域经济带来效益和发展契机。将有利于区域内工业发展，如炼钢、采煤的行业；有利于改善投资环境；有利于航运业发展；有利于旅游业发展，将提高整个区域经济发展水平，改善居民生活。

工程蓄水用于灌溉、供水可以缓解区内缺水状况。临淮岗工程蓄水多年平均可新增供水量 0.99 亿～3.18 亿 m^3，年效益约 2.30 亿～6.58 亿元，可新增补水灌溉面积 30 万～110 万亩。

3. 临淮岗工程蓄水的影响

临淮岗工程蓄水作用是显著的，效益也是巨大的，但同时也对上游河滩地、上游行蓄洪区洼地的排涝、堤防和临淮岗枢纽工程等有一定不利影响。

（1）蓄水将对上游河滩地、洼地产生不利影响，造成一定的经济损失。

临淮岗工程蓄水，可以带来较大经济效益，但同时也带来一定的负面影响。蓄水将淹没大片河道滩地；造成两岸地下水水位的抬升，部分低洼区土地将产生一定浸没影响，造成粮食减产；使部分洼地失去自排机会，增加抽排几率，蓄水影响排涝面积 $400km^2$ 左右。

（2）对工程产生一定的不利影响。

临淮岗工程蓄水后，将对堤防、临淮岗枢纽等工程产生一定不利影响。临淮岗副坝和部分堤段常年受到浸泡，姜唐湖进洪闸、邱家湖退水闸、城西湖进洪闸等建筑物检修条件受到影响。

（3）对淮河干流径流过程的影响。

经分析，一般年份，对淮河水资源配置影响不明显。特枯年份蚌埠闸下泄量将减少 10%。

4. 小结

1）临淮岗工程蓄水可以提高水资源利用水平，缓解区域水资源供需的矛盾，优化和改善研究供水水源结构，有利于促进区域水资源的协调利用，将给区域经济带来效益和发展契机；有助改善生态环境，为应急调度提供条件；改善通航条件，通航保证率有所提高。

临淮岗工程蓄水，可以带来较大经济效益，但同时也带来一定的负面影响。蓄水将淹没上游河道滩地，使临淮岗上游部分行蓄洪区及洼地涝水失去自排条件；对堤防、临淮岗枢纽等工程产生一定不利影响，一定程度上提高了防洪风险；蓄水将对淮河干流河道原有的径流过程将发生改变，对临淮岗以下蚌埠闸上的蓄水及闸下泄流产生一定影响。

2) 由于临淮岗工程蓄水受益区和淹没影响区范围不一致，涉及安徽、河南两省，利益划分的过程中将可能面临区域纠纷，建议蓄水方案进行专题研究，经水利部淮河水利委员会与安徽、河南协商后，报批实施。

（四）跨流域调水

淮河流域属我国严重缺水地区，长期以来存在水资源供需矛盾。淮河流域南靠长江，引江方便，跨流域调水是解决淮河水资源供需矛盾的重要途径。

1. 淮河流域调水工程的总体格局

目前，与淮河流域有关的引江调水工程主要有南水北调中、东线工程，江苏省东引工程和拟议中的引江济淮工程。这四项调水工程与长江、淮河、黄河大致形成"四纵三横"的格局，供水范围基本覆盖了淮河流域主要缺水地区。

（1）南水北调中线工程。

南水北调中线工程从长江支流汉江丹江口水库引水，跨长江、淮河、黄河、海河四大流域，向京津华北地区城市供水。远景考虑从长江三峡水库或以下长江干流引水增加北调水量。

一期工程设计输水规模，陶岔渠首 $350\text{m}^3/\text{s}$，穿黄河 $265\text{m}^3/\text{s}$，进北京和天津各为 $50\text{m}^3/\text{s}$。受水区包括北京、天津、河北、河南等省（直辖市）的 21 座地级以上城市，总面积 15.1 万 km^2，其中淮河流域受水区有河南省的平顶山、漯河、周口、许昌和郑州 5 个地市的部分地区，面积约 3.8 万 km^2。中线一期工程总干渠陶岔渠首多年平均调出水量 95 亿 m^3，分配给淮河流域的水量约为 12.79 亿 m^3。

中线一期工程于 2014 年建成通水，主要缓解北京、天津等城市的供水紧张局面，而且也将使淮河流域上游地区的部分城市供水条件有所改善。

（2）南水北调东线工程。

东线工程在江苏省江水北调工程基础上，扩大规模、向北延伸。

东线工程的供水范围主要是黄淮海平原东部地区和山东省胶东地区，涉及海河、淮河和山东半岛 25 座地市级以上城市，总面积约 18.3 万 km^2，其中淮河流域受水区包括苏北、皖东北、鲁西南 11 个地市，面积 7.9 万 km^2。

东线工程分三期实施，其中第一期工程首先调水到山东省鲁北和胶东地区，设计引江规模在江苏省江水北调工程现有 $400\text{m}^3/\text{s}$ 基础上扩大到 $500\text{m}^3/\text{s}$，过黄河 $50\text{m}^3/\text{s}$，到胶东 $50\text{m}^3/\text{s}$。第一期工程于 2013 年完工，建成通水后多年平均净增供水量 36.01 亿 m^3，其中淮河流域 24.76 亿 m^3，海河流域 3.79 亿 m^3，胶东 7.46 亿 m^3。

（3）江苏省东引工程。

江苏省从 20 世纪 50 年代后期开始提出江水北调规划设想，以后分期实施，逐步完善，形成北调和东引两部分。北调工程目前已发展成为南水北调东线工程的组成部分；东引工程以自流引江供水为主，主要向里下河地区和东部沿海地区供水。

东引工程规划为"两河引水、三河输水"，既利用新通扬运河和泰州引江河从长江引水，利用三阳河、卤汀河和泰东河向里下河腹部和东部沿海输水。江苏省已建成泰州引江河一期工程和通榆河工程，江水可送达连云港赣榆。

东引工程现状引水约 40 亿 m³，目前，江苏省正在实施泰州引江河二期工程以及卤汀河、泰东河拓浚等里下河腹部河网治理，工程完成后将使向东部沿海和连云港地区的供水条件大为改善，并且发挥排水、航运等综合效益。

（4）引江济淮工程。

引江济淮工程是一项以城乡供水、发展江淮航运为主，结合农业灌溉补水，兼顾改善巢湖及淮河水生态环境等综合效益的大型跨流域调水工程。规划从安徽省境内长江干流引水，经巢湖向北跨越江淮分水岭调水入瓦埠湖和淮河，再经沙颍河、茨淮新河、涡河等主要支流平行向北输水至淮北地区各地市。

引江济淮工程区域南起长江，北至黄河、废黄河；东西向位于京沪铁路与京广铁路之间。行政区划涉及皖中、皖北、豫东地区 14 个地级以上城市，面积约 7.06 万 km²，其中安徽省约 5.85 万 km²，河南省约 1.21 万 km²。供水范围的东、西、北三面分别与南水北调东、中线工程及河南引黄工程供水范围相邻。

2. 引江济淮工程建设的必要性及有关问题分析

（1）引江济淮工程建设的必要性。

1）水资源短缺已成为淮河中游地区经济发展的制约因素。淮河中游沿淮及淮北地区包括安徽省蚌埠、淮南、阜阳、亳州、宿州、淮北 6 个市和河南省周口、开封、商丘 3 个市，面积约 6.8 万 km²，人口 5600 万人。根据《淮河流域及山东半岛水资源综合规划》成果，该区域现状枯水年尤其是特枯年份水资源短缺达 43 亿~75 亿 m³，预测到 2020 年，在实施洪水资源利用工程和南水北调东、中线工程后，多年平均缺水仍有 23.7 亿~28.8 亿 m³。该地区地表水体污染严重，浅层地下水也遭污染，大多数城市供水以开采地下水为主，已出现地下水漏斗和地面下沉等环境问题。近几年持续发生春旱、夏旱，农业受损，河道断航，城市饮用水水源亦承受水量、水质的双重压力。未来随着城镇人口增加和第二、第三产业的发展，水资源供需矛盾将日益突出。

2）南水北调东、中线一期工程不能解决淮河中游缺水问题。南水北调中线工程主要供水目标是京津华北地区，一期工程在淮河流域是沿总干渠沿线提供一部分城市生活和工业用水，供水范围主要在河南省沙颍河白龟山水库以下、周口市以上区域，周口市东部和开封市、商丘市均无中线供水区。南水北调东线工程供水范围主要是京杭大运河沿线和胶东半岛，一期工程除在江苏省江水北调工程基础上增加供水、提高供水保证率外，并向鲁西南、鲁北和胶东部分城市供水，二期工程将扩大供水范围至河北省和天津市。规划的东线工程安徽省供水范围为蚌埠闸以下淮河干流沿岸和新汴河下游地区，但在 2001 年修订规划仅考虑了为洪泽湖周边地区的后续发展预留一部分水量，而未对安徽省供水范围及其发展作出具体安排。因此，南水北调东、中线一期工程实施后不能解决淮河中游地区缺水问题。

根据南水北调工程总体规划和全国水资源综合规划，引江济淮工程与其他跨流域调水工程有各自合理的供水范围，在南水北调东、中线一期工程实施后，仍不能从根本上解决淮河中游地区的缺水问题。

3）在安徽境内开辟引江调水线路有利于工程建设的良性发展。有关向淮河中游淮北地区的调水方案，在以往南水北调前期工作中曾做过一些探讨，中线工程规划曾提出黄河以南受水区范围，西以总干渠为界，东抵豫皖省界，北临黄河，南达鄂豫省界和淮河流域的汝河，即，供水范围覆盖整个豫东地区；东线工程规划曾研究经淮河、新汴河向蚌埠、宿州、淮北供水，继续向北扩大供水范围至河南永城、夏邑。目前也有建议研究扩大南水北调东、中线以替代引江济淮可能性问题。

引江济淮供水范围主要是安徽淮北地区，在安徽境内开辟引江口门和输水线路，可以避免跨省矛盾以及与其他规划交叉引起的协调难度，有利于统筹工程沿线防洪、排涝、交通、环境等综合治理，加快前期工作进度和尽早立项实施，促进工程建设和运行管理的良性发展。

南水北调中、东线一期工程通水后，淮河上游和下游地区水资源供给条件有不同程度的改善，但淮河中游水资源配置工程仍为空白，缺水问题已成为制约该地区经济发展的“瓶颈”。引江济淮前期工作已开展了几十年，安徽省政府高度重视，沿线人民积极支持。为保障淮河中游地区城乡供水安全、促进工农业发展、遏制环境进一步恶化，实施引江济淮工程是十分必要的。

（2）引江济淮工程主要规划问题分析。

引江济淮工程的建设目标为济淮、济巢和结合航运建设。由于工程的多目标开发要求和自然地理环境等条件，工程规划问题比较复杂。

1）关于调水水质问题。与南水北调东线工程类似，引江济淮工程同样存在水质污染问题。引江济淮的源头水质良好，为Ⅱ类水，但通过巢湖及沿线其他现有河道后，水质难有保证。

淮北平原地势平坦，支流较多，但是现有河道承接上游排污，利用其输水不能保证向城市生活供水的水质要求。近十几年来，淮河流域水污染的治理工作取得很大成绩，据监测结果表明，淮河干流和主要支流水质明显改善，不少河段达到Ⅲ类水标准，但仍存在水质不稳定因素。因此在重视水质保护规划的同时，应研究分质供水问题，即向农业和一般工业供水可利用沙颍河、茨淮新河、涡河等天然河道输水；向城市自来水厂供水另辟输水专线，新建管道或利用水质较好的支流河段输水。

2）关于运行费用高的问题。引江济淮工程由长江取水口调水至淮北皖豫边界，输水线路长约500km，需泵站提水跨越江淮分水岭后降落至淮河，再由淮河提水送至淮北供水区。在江淮分水岭段采取加大开挖深度方案后，总的地形扬程仍达40m左右。泵站提水运行费用高，对受水区是不小的负担。因此，应遵循"三先三后"的原则，在充分考虑节水和充分利用当地水资源基础上，科学论证调水规模。

3）关于"济巢"和"济淮"。巢湖近年来污染严重，水质恶化，蓝藻频发，环境问题成为困扰巢湖流域经济发展的重要因素之一。

引江济淮工程经巢湖向淮河流域调水，巢湖生态环境和水质状况是影响调水水质的关键因素。无论从环巢湖地区社会经济发展的需要，还是为济淮提供水质保障的需要，巢湖水环境治理都是当务之急的大事。但是，引江济巢的主要作用是加快巢湖水体循环，提高巢湖水体自净能力，仅仅是巢湖水环境治理的措施之一，并不能替代巢湖周边污染源治理。治污是根本，调水是辅助。

4）关于结合航运问题。引江济淮工程结合航运建设的主要目的是在京杭运河基础上打通第二条淮河至长江的水运通道，构建淮北地区与长江中上游、苏浙沪地区连接的高等级航运网络，航运部门称这项工程为"江淮运河"。该工程实施后，淮北至长江中上游水运可减少绕行200~600km，并且可避免京杭运河航运繁忙和枯水期航道不畅的影响。根据航运规划预测，2030年运量6500万t，2040年9000万t，拟按Ⅲ级航道标准建设。

由于淮河流域水资源丰枯变化较大，引江济淮工程建成后其水量调度也将存在丰枯变化大的特点，因此在丰水年或丰水期存在不开机、不调水的闲置风险。引江济淮工程结合实施江淮运河，能够促进引江济淮工程的综合利用，充分发挥工程效益，也可以降低淮北地区的煤炭、粮食、建材等大宗物品的外运成本。

通航问题交通部门有强烈要求，地方政府支持率很高。但是，调水工程结合航运工程实施，关系到线路布置和工程量，而且涉及水质保护、投资分摊以及工程管理等诸多问题。应对航运效益和航道等级等进行充分论证，开展多方案经济技术比较，为科学决策提供依据。

3. 对南水北调东线工程的几点认识

国务院批复《南水北调工程总体规划》已 10 年有余，东线第一期工程建成目标已由 2007 年调整到 2013 年，在各方面情况均发生较大变化情况下，对今后如何开展南水北调东线前期工作有以下几点认识。

（1）东线工程分期实施步骤及其调整的必要性。

南水北调东线主体工程按照先通后畅的原则，并考虑北方各省市对水量、水质的要求和东线治污进展情况，拟在 2030 年以前分三期实施。

南水北调东线第一、第二期工程的规划水平年均为 2010 年，第三期工程规划水平年为 2030 年。东线工程规划提出 2007 年完成第一期工程，在东线治污取得成效，满足出东平湖水质达Ⅲ类标准前提下，二期与一期工程连续实施，于 2010 年完成第二期工程。第一期工程已于 2013 年建成通水，第二期工程连续实施的条件并不具备。而且，国务院批复《南水北调工程总体规划》已 10 余年，期间我国社会、经济、环境均发生了巨大变化，现状情况已经与原规划条件存在较大差距。因此，对原规划提出的南水北调东线工程分期实施步骤进行重新论证和调整是必要的。

（2）东线第二期工程的建设时机。

这里讨论的第二期工程是指下一期工程，可能与原规划第二期、第三期均不相同。

南水北调东线第一期工程已通水，但配套工程的实施以及工程达到设计效益期尚需时日。2012 年，河北省和天津市表态支持东线开展第二期工程前期工作，并希望第二、第三期工程合并实施。而对于东线淮河流域片供水范围，第一期工程实施后供水条件有较大改善，2020 年前后增加供水的需求并不迫切。江苏、山东两省，第一期工程完工后有一个消化调整过程，在第一期工程达到正常运行状态前启动二期工程建设不现实。

河北、天津已连续 9 年引黄补水，应急引黄几乎成为常态。为了解决河北、天津较为紧迫的缺水问题，建议开展东线第一期工程向河北、天津应急供水方案研究。南水北调东线第一期工程提出的建设目标包括"为向天津市应急供水创造条件"。穿黄河工程是按照 $100\text{m}^3/\text{s}$ 规模建设，当淮河或大汶河来水较丰时，有条件向河北、天津供给一部分水量。这样既做到先通后畅，也有利于充分发挥第一期工程的效益。

（3）东线后续工程补充论证工作的重点。

目前，水利部正在组织开展南水北调东线后续工程补充论证工作，主要任务是对影响东线规划方案变化较大的关键问题进行补充分析论证,为下阶段组织项目建议书编制工作奠定基础。

1) 关于需调水量与调水分期论证。补充论证工作根据供水范围内海河、淮河和胶东地区水资源状况及受水区经济社会发展和环境改善需求,论证东线后续工程合理的供水范围和工程规模,研究论证东线二期、三期工程合并实施的必要性。

东线规划安徽省供水范围为淮河蚌埠闸以下蚌埠市、淮北市以东沿淮、沿新汴河地区,对该区域范围及与南水北调东线水资源配置之间的关系存在定位含糊问题。建议结合引江济淮工程规划对安徽省南水北调供水范围作为重点进一步论证。

2) 关于南水北调东线治污规划实施效果分析。论证工作的主要任务是,调查治污规划中提出的各项治污措施的落实情况;监测输水沿线各治污控制单元污染源达标及污染负荷变化情况;监测和调查评价输水沿线各节点水质达标情况以及治污规划实施以来的变化趋势,重点评价南四湖、东平湖水质状况;预测分析现状治污水平下南水北调东线输水水质目标的可达性。

山东省实施的截污导流工程,基本是中水拦蓄回用。不少人对其运行效果和对当地环境的影响存在担忧。建议对截污导流工程的实施效果进行充分调研,分析存在的问题,为今后安排治污措施提供科学依据。

3) 关于南水北调东线后续工程总体布局研究。重点是研究工程"扩建"问题,后续工程在第一期工程基础上扩大规模,部分区段存在扩建困难。例如,梁济运河和胶东输水干线,全部为混凝土衬砌断面,穿济南市区段 20 多千米为地下暗涵输水,在原断面基础上扩建有很大难度。如果后续工程增加向胶东输水的规模,建议研究经连云港、日照到青岛的滨海线输水方案。

调水线路的各区段,都可能存在经济和技术问题,甚至存在社会矛盾。如:长江—洪泽湖区段,考虑三阳河继续扩建有一定难度,可比选经入江水道输水入洪泽湖的运西线方案;骆马湖—南四湖区间,韩庄运河、不牢河分别属于山东和江苏两省,新增加的规模如何安排也需协调苏鲁两省意见。

4. 跨流域引江向黄河补水问题

南水北调东线替代引黄供水问题早已提出,淮委组织编制《南水北调东线规划(2001 年修订)》过程中曾研究利用南水北调东线替代引黄供水问题,并开展了一些分析工作,主要目的是解决黄河断流对生态环境和沿黄地区用水的影响。根据当时资料,黄河断流主要发生在山东省境内,而山东省大量引黄又加剧了黄河水资源的危机。20 世纪 90 年代以来,黄河连年断流,而这一时期山东省引黄水量仍维持在 75 亿～94 亿 m³ 之间。黄河断流最严重的 1997 年，山东引黄水量仍高达 85 亿 m³。因此，减少山东省引黄来解决黄河断流问题是最直接、有效的办法。

在山东省南四湖以北地区，南水北调东线供水范围和引黄供水范围大部分是重叠的，长江水调到东平湖后，不论是向胶东，还是向鲁北，都能很方便地与引黄地区衔接。至于替代多少黄河水，取决于东线工程规模和水量调度。东线工程替代引黄供水在工程上和水量上都具有一定的条件。

最近，水利部有关部门开展了《南水北调工程与黄河流域水资源配置的关系研究》课题研究，重点分析调整龙羊峡、刘家峡水库水库联合运用方式，增加黄河上中游地区用水，以及扩大南水北调东、中线工程的供水能力置换黄河下游引黄水量的可能性及其相关影响，以期为南水北调工程下一步前期工作提供支持。

按照 1990 年 5 月《南水北调东线工程修订规划报告》，东线工程预期远景可达最大规模为抽江 1400m³/s，过黄河 700m³/s；多年平均抽江水量 260 亿 m³，过黄河 120 亿 m³，主要为农业供水，但根据当前和今后社会经济发展情况，原规划区域内农业需水很难达到原规划水平。按照这个分析，东线有较大的能力置换黄河水量。但是，原规划的东线工程地理位置偏低，可置换的引黄供水范围大致在黄河位山以下区域，以及河北、天津的经位山引黄的地区，可置换范围基本还在东线原规划的供水范围内；东线从长江取水处水量丰沛，可以研究调水进洪泽湖后，利用淮河以及淮北支流（引江济淮工程在淮北流量不大，与东线调水并无矛盾）在郑州、开封一带进入黄河，为河南、山东两省引黄地区补水，扩大置换引黄的范围，在此条件下，研究南水北调工程实施后的黄河分水方案问题。东线替代引黄的关键问题是水价差别大，需与西线调水以及黄河分水联系，从总体上研究制定合理而又切实可行的水价政策。

（五）采煤沉陷区

淮河流域采煤沉陷区大都位于人口密集，土地开发利用程度高的平原地区，由于采煤沉陷区引起的土地减少、居民大量迁移、基础设施损坏，已成为新的环境问题。据对流域东部的淮南、淮北、徐州、兖州、枣庄等市部分煤矿初步调查，2010 年沉陷区约为 382km²，影响耕地面积约 47 万亩，预计 2020 年、2030 年沉陷区面积分别为 584km²、787km²，最终将达到约 2000km²。除了对土地的影响，采煤沉陷区影响的基础设施主要有水利工程中的堤防、水闸、中小河流治理以及面上排灌工程，交通工程中的道路、桥梁，还有输电线路等。受沉陷区影响的堤防有淮河干流堤防、南四湖湖西及湖东、淮南城市圈堤等；中小河流治理、重点平原洼地治理工程是进一步治淮确定的重要内容，因受采煤沉陷影响，致使部分工程刚建不久就失去原有功能，需加固或重建；部分工程因采煤沉陷而无法实施，影响规划总体效益的发挥。东线南水北调的关键工程二级坝泵站进水渠沉陷，已失去功能，沉陷还在向泵站平台方向发展。采煤沉陷区也改变了区域生态环境，恶化了当地居民的居住环境。

淮河中游和沂沭泗河水系的南四湖地区，如果出现以 1000km² 计的大面积沉陷区，将使淮河流域水生态与水环境发生重大变化，并严重影响到经济社会的发展。当前应在国家层面迅速组织调研，掌握全面情况，制止沉陷区恶性发展，防止大的灾害出现；同时组织跨行业的规划，从能源供需、防灾减灾、综合治理、受影响的民众补偿安置等方面统筹安排，逐步解决这一新的重大问题。

七、结论和建议

（一）结论

（1）水利是淮河流域经济社会发展首要的基础条件。

淮河流域悠久的水利发展历程证明，水利基础设施是保障和促进流域经济社会发展不可或缺的条件，在特定的时期和条件下甚至是决定性的因素。从春秋时期以来历朝历代的农田水利（包括屯田水利）、人工运河的建设，以及明清以来黄淮运统一治理，都是基于当时经济发展、社会稳定甚至国家安全需要，也对保障和促进当时及后来的经济社会发展发挥了重要作用，有些至今仍在发挥效益。黄河夺淮 600 多年，淮河流域河流水系及水利条件遭受重大破坏，对经济社会发展产生了重大影响，淮河流域作为我国农业经济中心的地位不复存在，这也从另一角度说明了水利至关重要的作用。新中国治淮 60 年，淮河流域基本建成了防洪除涝减灾体系和水资源利用体系，保障了流域经济社会发展，彻底改变了流域多灾多难的历史面貌，充分说明了水利在淮河流域发展中的基础性地位。

（2）特殊的自然地理和社会条件决定了治淮的长期性、复杂性和艰巨性。

过渡带气候条件导致了流域内降雨时空分布不均，极易发生水旱灾害；淮河流域平原面积比重大、地势低平、蓄排水条件差的特点以及淮河南北扇形不对称的河流水系形态决定了淮河流域是极易孕灾的区域；黄河 600 多年夺淮加剧了流域洪涝旱灾害，影响深远。流域内人口密集，土地开发利用程度高，人与水争地的矛盾突出；随着经济增长，又出现了水质恶化、水资源过度开发、城市无序发展等问题，加剧了水旱灾害的影响程度和水资源的供需矛盾；经济社会发展还将对水利的发展不断提出新的要求。这些都决定了淮河流域治理是一个长期的、复杂的、不断完善的过程，不可能一蹴而就。

（3）流域管理是淮河流域水利发展的核心问题。

淮河水利发展的历史实践证明，流域管理能够最大限度地发挥水管理的综合功能，最有效地治水害、兴水利。60多年来，以流域管理机构为主导，坚持规划先行，组织编制了一系列流域治理规划，科学指导不同时期的治淮工作，为治淮建设奠定了坚实基础。流域水利管理工作坚持流域管理与区域管理相结合，坚持顾全大局、团结协作的治淮精神，以协调和指导作为基本手段，对流域的水事活动进行监督管理，加强重要水利工程的建设和管理，减少了水事纠纷，实现了淮河流域蓄、泄、引、提、排功能协调和洪、涝、旱、渍、污兼治，显著发挥减灾兴利效益，为经济社会的可持续发展提供了重要支撑保障。

当前流域管理也面临着诸多问题，主要是法律法规不健全，管理体制有缺陷，管理手段不完善，协调与合作机制的效能有待提高；随着水利建设的不断推进、工程体系的逐步完善，如何更加有效地发挥各类水利工程的效益、更好地协调和满足不同地区、行业的利益诉求、更加体现公平合理，也是新的课题。解决这些问题，是流域管理今后的重要任务。

（4）淮河中游洪涝治理是流域防洪除涝体系的薄弱环节。

经过60年的持续治理，淮河流域已经基本形成较为完备的防洪除涝体系。但是，淮河中游的洪涝仍然是治淮的重大问题。

当前淮河中游存在的主要问题是行蓄洪区数量多，进洪频繁，社会影响大，区内群众生产生活不安定，防洪与发展的矛盾十分突出；洪泽湖周边滞洪区缺少安全设施，启用困难，居民生命财产难以得到保障；平原洼地排涝标准低，骨干河道排水不畅，抽排能力明显不足，支流和沿淮低洼地区常受干流高水位影响形成"关门淹"。经常性的暴雨洪水、低洼的地势和平缓的河道特性是造成洪涝的最主要原因，人类活动的影响加重了洪涝灾情。淮河中游的洪涝治理比较困难，需要根据不同地区的具体情况，因地制宜，采取综合措施，并注意相互协调，统筹规划。提高中下游排水能力，调整行蓄洪区，应该是治理的主要方向。

（5）跨流域调水是解决淮河流域区域性缺水和枯水期缺水的根本途径。

淮河流域气候复杂，地势低平，降水时空分布不均，当地水资源调蓄能力差，属严重缺水地区，水资源短缺已成为经济社会发展的主要制约因素。解决缺水问题需要开源节流并举。首先要加强节水型社会建设，提高水资源利用效率，通过水价机制、限制高耗水项目等措施抑制需求；同时大力开源，在充分挖掘当地水资源潜力的基础上，实施跨流域调水。从流域水资源分布和配置的情况看，区域性缺水和枯水期缺水无法利用当地水资源解决，只能依靠外流域调水。淮河流域南靠长江，引江方便，引江调水工程主要有南水北调中、东线工程，江苏省苏北引江工程和拟议中的引江济淮工程，这四项调水工程与淮河干流形成淮河流域"四纵一横"的水资源配置格局，供水范围基本覆盖了淮河流域主要缺水地区，随着这些工程的实施，将为淮河流域水资源供需平衡提供可靠的保障。

（6）水质改善是淮河流域生态文明建设最为重要的任务。

水资源时空分布特点和经济活动造成的污染等原因导致了 20 世纪末以来的淮河流域水质恶化。经过 10 多年的治理，水质恶化的趋势已经得到遏制，流域水质总体呈明显改善态势，但部分支流水质依然较差，无法达到水功能区的水质目标，2010 年水功能区水质监测中劣 V 类水仍占 28.9%。

水生态文明是淮河流域生态文明建设的重要基础，良好的水质是保障水生态系统安全的必要条件。虽然目前淮河流域水质恶化的趋势已经得到明显改善，但距良好的生态要求尚有差距，水质改善仍是淮河流域生态文明建设最为重要的任务。严格的水功能区水质管理和水功能区纳污红线管理是实现水质改善目标的主要手段。

（7）采煤沉陷区是流域环境面临的新问题。

淮河流域煤炭资源丰富，煤炭开采造成大面积沉陷。淮河流域是国家重要的粮食主产区，人口密度大、水利、交通等基础设施众多，采煤沉陷已经并将对河流水系、耕地、居民的生产生活、水利交通等基础设施及区域生态与环境造成巨大的不利影响，成为淮河流域新的环境问题。

（二）建议

1. 落实流域立法，强化流域管理

（1）落实流域立法。

淮河流域面临的防洪、缺水、水污染等问题均比较突出，在各大流域中具有代表性；流域内自然、社会人文条件相近，区域之间经济发展水平相当，面临的水问题相似；流域管理的历史长、实践经验丰富，各地对流域管理的认同程度比较高；国务院颁布的《淮河流域水污染防治暂行条例》已在淮河流域施行。2009 年国务院批复的《淮河流域防洪规划》明确提出"在完善国家相关法律的基础上，针对流域防洪实际，研究制订'淮河法'或'江河流域管理法'"，2013 年国务院批复的《淮河流域综合规划（2012—2030 年)》中也有类似要求。因此，在淮河流域制定法律的条件已经成熟，可以列入国家的立法计划。

（2）理顺流域管理的体制与机制。

立足淮河流域的实际情况并借鉴国际上比较成熟的经验，进一步明确流域管理的目标、原则，创新体制机制，理顺流域和行政区域（中央和地方）及各部门之间在洪水管理、水资源管理、水利工程管理等方面的事权划分；建立健全以流域管理机构主导、各方共同参与、民主协商、科学决策、分工负责的决策和执行机制。

2. 落实流域规划，推进水利基础设施建设

近年来水利部已经组织编制了淮河流域防洪规划、水资源综合规划等一批规划，修编了流域综合规划，对未来流域水利建设做出部署。上述规划均已经国家批准，应按照这些规划的安排组织实施，主要是：

健全流域防洪除涝减灾体系。兴建出山店、前坪等一批大中型水库，增加拦蓄能力；适时加固病险水库、水闸。采取废弃、改为蓄洪区或适当退建后改为保护区的方式，对淮河中游现有行洪区进行调整，整治河道，扩大中等洪水通道，巩固排洪能力。实施淮河入海水道二期、入江水道整治等工程，增建三河越闸，巩固和扩大淮河入江入海泄洪能力，降低洪泽湖洪水位。扩大韩庄运河、中运河、新沂河等沂沭泗洪水南下工程的行洪规模，完善湖泊和骨干河道防洪工程体系。治理沿淮、淮北平原、里下河、南四湖滨湖、邳苍郯新、分洪河道沿线等低洼易涝地区；建设城西湖、洪泽湖周边、杨庄、南四湖湖东等蓄滞洪区工程和安全设施，推进行蓄洪区和淮河干流滩区居民迁建。治理洪汝河、沙颍河、汾泉河、包浍河等重要支流和中小河流，开展流域内21座重要城市的防洪建设。

完善水资源保障体系。适时启动建设南水北调东线后续工程、引江济淮工程、苏北引江工程等跨流域调水工程，提高引江能力，增加外调水量，从根本上解决淮河流域水资源和水环境承载能力不足的问题。研究利用临淮岗洪水控制工程等现有水利工程与湖泊洼地，增加平原区水资源调蓄能力。建设一批区域性的调水、水库等水资源调配工程，完善流域内水资源配置工程体系，提高水资源调配能力。通过新建、改造水源地等措施，提高城乡供水保障能力。

推进农业节水。加快大中型灌区节水改造、农田排灌设施建设，推广管灌、喷灌、滴灌等先进灌溉技术，在适度发展灌溉面积的情况下，维持农业用水规模基本不变或略有增加。

3. 研究和解决采煤沉陷区问题

建议在国家层面尽快组织对采煤沉陷区问题进行专题研究，提出相应的对策。

（1）重视沉陷区防灾，控制采煤沉陷发展。

由水利、安全生产、国土资源、能源等主管部门组成联合调查组，尽快掌握沉陷区尤其是其地下的基本情况、发展趋势及对水利工程等基础设施和耕地、民居的影响，尽快采取措施，防止发生大的灾害；能源主管部门会同地方政府，统筹考虑调整沉陷区煤矿发展定位和生产计划，制定办法，严格控制沉陷的发生发展。

（2）组织编制淮河流域采煤沉陷区综合整治与利用规划。

由国土资源和水利等主管部门共同组织开展相关规划工作，组织实施采煤沉陷区综合整治与利用。探索采煤沉陷区有效利用的途径和鼓励政策。对于无法继续农业耕种的连片沉陷区，实行企业赔偿、国家征用，开展整治利用。对于历史遗留沉陷区，国家应设立专项资金支持开展综合整治和利用。

4. 研究东线南水北调扩大供水范围问题

东线南水北调从长江下游取水，水量丰沛，虽需抽水，但扬程不高，与从长江上、中游引水影响发电相比，能耗相对很少，而且过（入）黄河后即可自流，不似上游引江入黄后需高扬程抽水才能使用，对长江整体的生态与环境影响比较小，研究扩大其供水的覆盖范围，是有意义的，可以在南水北调东、中线第一期工程建成后的南水北调方案研究中，统筹加以考虑。

可以设想，从已有规划的运西线调水入洪泽湖再进入淮河，利用淮北支流或开辟专线，调水在郑州、开封一带入黄河，部分置换引黄水量（东线现有线路也可置换部分引黄水量），并可以过黄河进入中线供水区补充水源。外调水与引黄水价格差异大，需从长江向黄河调水的全局和黄河全河的利益考虑，公平公正地统筹研究解决。

参 考 文 献

［1］ 水利部淮河水利委员会《淮河志》编撰委员会.淮河志［M］.北京：科学出版社，1997.

［2］ 石玉林，卢良恕.中国农业需水与节水高效农业建设［M］.北京：中国水利水电出版社，2001.

［3］ 水利部淮河水利委员会.淮河流域综合规划（2012—2030年）［R］.

［4］ 水利部淮河水利委员会.淮河流域蓄滞洪区建设与管理规划［R］.

［5］ 水利部淮河水利委员会.淮河水利简史［M］.北京：中国水利水电出版社，1990.

［6］ 宁远，钱敏，王玉太.淮河流域水利手册［M］.北京：科学出版社，2003.

［7］ 《治淮会刊（年鉴）》编辑部.治淮会刊年鉴［M］.2001—2012.

［8］ 《淮河志》编撰委员会.淮河志［M］.北京：科学出版社，1997.

[9] 水利部水文局，水利部淮河水利委员会.2007年淮河暴雨洪水 [M].北京：中国水利水电出版社，2010.

[10] 焦艳平.我国主要农作区粮食产量贡献率分析 [J].作物杂志，2006 (1).

[11] 钱正英，张光斗.中国可持续发展水资源战略研究报告集 [M].北京：中国水利水电出版社，2001.

[12] 淮委科学技术委员会，等.淮河中游洪涝问题与对策研究综合报告及各专题报告 [R].

[13] 王亚华，胡鞍钢.中国水利之路：回顾与展望 (1949—2050) [J].清华大学学报 (哲学社会科学版)，2011 (5).

[14] 陈桥驿.淮河流域 [M].上海：春明出版社，1952.

附件：

课 题 组 成 员 名 单

顾　问：王　浩　中国水利水电科学研究院教授级高级工程师，中国工程院院士

组　长：宁　远　国务院南水北调工程建设委员会专家委员会副主任，教授级高级工程师

副组长：顾　洪　水利部淮河水利委员会副主任，教授级高级工程师

成　员：储德义　水利部淮河水利委员会副总工程师，教授级高级工程师

　　　　王世龙　水利部淮河水利委员会规划计划处调研员，教授级高级工程师

　　　　王九大　水利部淮河水利委员会规划计划处调研员，教授级高级工程师

　　　　万　隆　中水淮河规划设计研究有限公司董事长，教授级高级工程师

　　　　何华松　中水淮河规划设计研究有限公司副总经理，教授级高级工程师

　　　　陈　彪　中水淮河规划设计研究有限公司总规划师，高级工程师

　　　　张少华　中水淮河规划设计研究有限公司副总工程师，教授级高级工程师

　　　　沈　宏　中水淮河规划设计研究有限公司水科学研究院院长，教授级高级工程师

陈光临　水利部淮河水利委员会治淮工程建设管理局局长，教授级高级工程师

钱名开　水利部淮河水利委员会水文局（信息中心）局长（主任），教授级高级工程师

张炎斋　淮河流域水资源保护局总工程师，教授级高级工程师

蒋云钟　中国水利水电科学研究院教授级高级工程师

雷晓辉　中国水利水电科学研究院教授级高级工程师

李原园　水利部水利水电规划设计总院副院长，教授级高级工程师

杨　栋　国务院南水北调办公室

秘　书：杨　栋（兼）

　　　　王世龙（兼）